大气科学前沿译丛

次季节—季节尺度预测

Sub-seasonal to Seasonal Prediction
The Gap Between Weather and Climate Forecasting

安德鲁·W. 罗伯逊（Andrew W. Robertson）

弗雷德里克·维特（Frédéric Vitart）　　　　　　著

张卫民　贾文韬　等　译

气象出版社
China Meteorological Press

内 容 简 介

本书的核心内容是总结介绍"次季节—季节（Sub-seasonal to Seasonal，S2S）预测"计划第一阶段取得的一些关键性进展。本书第一部分基于天气预报的范畴和气候、行星波动动力学理论，介绍了 S2S 的可预测性背景。第二部分系统回顾了可预测性的潜在来源，包括 Madden-Julian Oscillation（MJO）、各类遥相关、陆地、海洋、海冰和平流层。第三部分概述了 S2S 预测系统的一些重要构成，包括集合生成、模式开发、后验校准，以及多模式集合和对比。最后，第四部分说明了这类研究的社会效益，包括改善极端天气的预测、加强人道主义行动的准备、产品的交互应用、季风的无缝预测、辅助决策以及气候对健康的影响等。

图书在版编目（C I P）数据

次季节 ： 季节尺度预测 ／（美）安德鲁·W. 罗伯逊，（美）弗雷德里克·维特著 ； 张卫民等译. -- 北京 ： 气象出版社，2023.9
书名原文：Sub-seasonal to Seasonal Prediction: The Gap Between Weather and Climate Forecasting
ISBN 978-7-5029-8032-0

Ⅰ．①次… Ⅱ．①安… ②弗… ③张… Ⅲ．①天气预报 Ⅳ．①P45

中国国家版本馆CIP数据核字(2023)第168794号

北京版权局著作权合同登记：图字 01-2023-5080 号

次季节—季节尺度预测
Cijijie—Jijie Chidu Yuce

出版发行：气象出版社			
地　　址：北京市海淀区中关村南大街 46 号		邮政编码：100081	
电　　话：010-68407112（总编室）　010-68408042（发行部）			
网　　址：http://www.qxcbs.com		E-mail： qxcbs@cma.gov.cn	
责任编辑：隋珂珂		终　审：张　斌	
责任校对：张硕杰		责任技编：赵相宁	
封面设计：楠竹文化			
印　　刷：北京地大彩印有限公司			
开　　本：787 mm×1092 mm　1/16		印　　张：29.5	
字　　数：750 千字			
版　　次：2023 年 9 月第 1 版		印　　次：2023 年 9 月第 1 次印刷	
定　　价：280.00 元			

Sub-seasonal to Seasonal Prediction: The Gap Between Weather and Climate Forecasting

Andrew W. Robertson, Frédéric Vitart

ISBN: 978-0-12-811714-9

Elsevier

Radarweg 29, PO Box 211, 1000 AE Amsterdam, NetherlandsThe Boulevard, Langford Lane, Kidlington, Oxford OX5 1GB, United Kingdom

50 Hampshire Street, 5th Floor, Cambridge, MA 02139, United States

《次季节—季节尺度预测》
翻译组

组　长:张卫民

副组长:贾文韬

成　员:王　博　陈　雄　孙迪夫　姚　强

译　校:贾文韬　高振力

译者前言

大气现象在一定时间和空间范围内具有连续性,使得大气可预报性时间尺度从几小时到几周、几个月、几年甚至更久。传统的天气预报主要预报未来几天到两周的逐日天气状况,气候预测主要预测未来一个季节及更长时间尺度平均的气候变化,天气预报和气候预测之间的空隙就是本书所关注的次季节到季节(Sub-seasonal to Seasonal,S2S),它的时间范围从两周到一个季节内。

S2S 预测在数值天气预报与短期气候预测之间建立起一座桥梁,是实现"无缝预测"的关键一环,但 S2S 预测业务相对开展得比较晚。2013 年 11 月世界气象组织(World Meteorological Organization,WMO)启动了次季节至季节预测项目,全球 11 个国家和地区的集合预报模式参与其中,极大地推动了 S2S 相关理论及预测技巧的进步。2018 年已经完成项目第 1 阶段的主要研究任务,并开启了为期 5 年的第 2 阶段研究计划。欧洲中期天气预报中心在其发布的"2025 路线图"中提出,在 2025 年前将高影响天气事件的有效预报时效提升至 2 周,大尺度环流形势及转折的预报时效提升 4 周;美国国家科学院提出,要将次季节至季节尺度预测应用的广度和深度提升至当时天气预报水平;中华人民共和国国务院印发的《气象高质量发展纲要(2022—2035 年)》中也指出,要实现提前 1 个月预报重大天气过程的能力。

我们团队长期以来从事军队数值预报系统的研发工作,也一直关注 S2S 相关的前沿知识与动态。总体来说,当前在深入研究 S2S 预测理论并将潜在可预测性转化为实际的预测技巧,以及提升数值模式 S2S 时间尺度预测性能方面仍需进行大量探索。技术的进步需要理论的支撑,但国内尚缺乏 S2S 预测相关的系统性著作。《Sub-seasonal to Seasonal Prediction》是一本详细介绍国际上 S2S 研究进展的综合性著作,它的翻译和出版将为国内相关从业者提供一个非常有价值的参考。本书共分为 4 个部分 23 个章节,第一部分主要是综述性介绍,由陈雄翻译;第二部分介绍了 S2S 可预测性的来源,由贾文韬翻译;第三部分介绍了 S2S 模式的构建与应用,由王博、姚强翻译;第四部分绍了 S2S 的社会应用,由孙迪夫翻译。

在本书翻译过程中,许多朋友给予了大力支持和帮助。感谢宋君强院士对 S2S 预测的长期关心和支持,感谢任开军、曹小群、吴建平、王舒畅等对本书翻译工作的支持,感谢贾文韬、陈雄、王博、姚强、孙迪夫等人组成的翻译团队的通力合作,感谢戴海瑶、余意和高振力等的帮助,感谢气象出版社隋珂珂副编审的合作与支持！

需要指出的是，由于 S2S 预测及数值预报相关的新技术、新知识正在以空前的速度涌现和积累，加之译者水平有限，书中不当之处在所难免，恳请读者不吝赐教。

张卫民

2023 年 8 月 20 日

于国防科技大学长沙校区

原书前言

世界气象组织（World Meteorological Organization，WMO）于 2013 年 11 月启动了次季节至季节预测项目（Sub-seasonal to Seasonal Prediction Project，S2S），作为介于世界天气研究计划（World Weather Research Programme，WWRP）和世界气候研究计划（World Climate Research Programme，WCRP）之间的研究项目。该项目的主要目标是提高预测技巧，并深入了解 S2S 时间尺度上（从两周至一个季节内）的动力机制和气候驱动因素。S2S 的实施计划是由一个团队共同发起的，其中包括来自 WWRP/THORPEX（观测系统研究与可预报性试验）、WCRP、基础系统委员会（Commission for Basic Systems，CBS）和气候学委员会（Commission for Climatology，CCl）的成员；它高度关注并致力于在业务中心和研究机构之间建立合作的桥梁。S2S 项目特别注重高影响天气事件的预测，利用"Ready-Set-Go"的方法，以加强各业务中心的协作、提高用户对 S2S 产品的利用率。这一原则与 WMO 研究人员提出的"无缝预测"思想密切相关。

Shapiro 等（2010）提出了当前发展地球系统观测、分析和预测能力所面临的重大挑战。在此背景下，我们将 S2S 预测引入了无缝预测，以填补天气和气候之间的空白（Brunet et al.，2010）。相关研究人员还将无缝预测的概念扩展到大气预测之外的领域，包括在考虑生物物理和社会经济因素影响的决策方面。在 2014 年的世界气象开放科学会议（World Weather Open Science Conference，WWOSC）上，研究人员指出无缝预测的突出特点是覆盖从几分钟到几个月的时间尺度，并且涵盖地球系统的所有部分（包括水文和空气质量），并且与用户、数值模式及社会科学家深度相连。无缝预测是一个非常有应用价值的概念，可以满足用户和决策者对信息的需求；这些信息可以跨越时空尺度、观测系统、建模方法、学科等人为的限制。WWOSC 的讨论结果促进了 WWRP 计划的实施，其中 S2S 项目是 WWRP 和 WCRP 之间无缝衔接的一个非常典型的例子。

为了响应一系列国际气候会议要求，提高人类社会应对气象变化的能力，WCRP 也逐渐进入一个综合性更强、多学科交叉的新时代。其中，S2S 项目就是一个有代表性的例子，其在协调不同科研机构于短时间内解决共同关心的问题，并取得有实际应用价值的成果方面，起到了非常好的示范作用。

在 WMO 的引领下，无缝预测不仅包括地球系统的所有成分，而且还涵盖了天气—气候—水—环境相关的所有学科（监测和观测、模式、预测、产品、传播和通信、感知和解释、决策应用以及用户反馈），以提供有针对性的（从几分钟到几个世纪、从区域到全球）天气、气候、水和环境的信息服务。

S2S 计划的第一阶段（2018 年结束）已经取得了一些重大的成就，但对此我们也要有一个清醒的认识：即大部分的研究成果、产品开发及应用仍处于起步阶段。要完全实现 S2S 时间尺度预测的愿景，未来还有很多工作要做，包括提高预测的技巧以及通过产品帮助用户做出相关决策等。这些问题将是 S2S 计划第二阶段的研究重点。

本书的核心内容是介绍 S2S 计划第一阶段取得的一些关键进展。本书第一部分在天气预报的范畴和气候、行星波动动力学可预测性的背景下介绍了 S2S 特征。第二部分系统地回顾了可预测性的潜在来源，包括 Madden-Julian Oscillation(MJO)、各类遥相关、陆地、海洋、海冰和平流层。第三部分概述了 S2S 预测系统的一些重要构成，包括集合生成、模式开发、后验校准以及多模式集合和对比。最后，第四部分说明了这类研究的社会效益，包括改善极端天气的预测、加强人道主义行动的准备、产品的交互应用、季风的无缝预测、辅助决策以及气候对健康的影响等。

迄今为止，S2S 计划第一阶段取得的进展为科研成果转化应用到业务预报中奠定了基础；同样，成果转化也是第二阶段的重要关注方向(现已得到 WWRP、WCRP 理事机构和 WMO 执行委员会的批准)。第二阶段也将加强 S2S 数据库的建设，并建立更加顺畅的用户应用和决策链路。此外，还要加强对 MJO 预测和遥相关的基础研究，提高 S2S 时间范围内的预测能力；提高陆地、海洋和平流层初始场精度；提升集合预报技术；进一步加强天气和气候研究之间的衔接，改进大气预测的效果。

WMO 非常感谢 S2S 计划所做的努力和贡献，尤其是 S2S 指导委员会以及其共同主席——来自欧洲中期天气预报中心(European Centre for Medium-Range Weather Forecasts，ECMWF)的 Frédéric Vitart 和来自哥伦比亚大学的 Andrew Robertson 为该计划的顺利实施所做出的卓越贡献。还要感谢许多国家和机构在 S2S 计划第一阶段期间提供的财力和物力支持，特别是 ECMWF 和中国气象局(China Meteorological Administration，CMA)为 S2S 数据库建设提供了重要的支持。

S2S 计划第二阶段的工作是非常值得期待的，我们非常感谢和鼓励国际间的合作与支持。

共同作者：
Paolo Ruti，世界天气研究计划(World Weather Research Programme)主席；
Michel Rixen，世界气候研究计划(World Climate Research Programme)首席科学家；
Estelle de Coning，世界天气研究计划(World Weather Research Programme)研究员。

致　谢

　　我们对所有节的作者都表示真诚的感谢,感谢他们提供的关于 S2S 学术研究、数值模式和社会应用等各个方面的知识和经验,因为他们的热情和奉献,这本书才得以顺利出版。此外,几位匿名评论者的建议也有助于改进该书的整体质量。我们还要感谢爱思唯尔的出版商和编辑人员,感谢他们的技术指导和耐心;特别是 Emily Thomson 和 Louisa Hutchins,他们为本书的编辑和出版花费了近两年的时间。最后,还要感谢 IRI 和 ECMWF 的支持,以及哥伦比亚大学气候与生命中心的基金资助。

目　录

第二部分 次季节—季节预测的可预测性影响因素

第三部分　次季节—季节模式与预测

第一部分

背景介绍

第1章

引言：为什么需要次季节到季节预测(S2S)

目前，天气预报和气候预测正在快速发展(Shapiro et al.，2010；Bauer et al.，2015)。虽然天气预报和气候预测都使用了相似的数值计算工具，但由于历史原因，天气预报和气候预测之间有着明显的区别。天气预报是指预报未来几天到两周的逐日天气状况，而气候预测主要是指预测未来一个季节及更长时间尺度平均的气候变化。由于天气预报和气候预测在时间尺度上的差异就导致了天气和气候两个研究团体的分离，天气和气候研究团队的分离主要受到一些历史原因的影响，这将在本章后面阐述。然而，随着人们逐渐认识到天气和气候在时间和空间上都具有一定的连续性，天气和气候的相关研究也正逐步走向融合。大气现象在一定时间和空间范围内的连续性，使得大气可预报性时间尺度从几小时到几周、几个月、几年、几十年甚至更久(Hoskins，2012)。本书所关注的 S2S 时间范围是指大于两周但是小于一个季节的时间尺度，这也是天气和气候相交接的时间尺度。同时，S2S 也是无缝天气预报、气候预测的关键时间范围，在这个时间范围内，可以使用相同的数值模式对天气尺度、季节尺度或更长时间尺度的大气变化进行预测。严格说来，是大气潜在可预报性在时间尺度上是无缝的，因为目前天气预报和气候预测使用的预测模型和预测的时间都是不同的(Brunet et al.，2010)。值得注意的是，S2S 一词最近被更广泛地用于包含未来 12 个月的季节性预测(NAS，2016)。

天气预报和气候预测方法主要可以分为两类：经验(或统计)预报和采用动力模式的数值预报。经验预报已通过这样或那样的形式开展了很长一段时间，即使没有上千年，至少也有一百多年了(Taub，2003)。它包括根据过去的经验进行预测或者使用当前和过去的观测数据拟合(训练)一个统计预测模型(这主要是近代才开展的工作)。经验预报方法可以是简单的(例如，持续性方法，利用当前天气、气候变化的持续性对未来一定时段天气、气候进行预测)，也可以是复杂的(例如，构建回归或判别分析模型)。例如，历史相似天气预报方法就是诊断分析现在的大气状态，并找出过去有类似天气形势时，然后，预报员将根据过去类似的天气变化来预测当前天气的变化。相应地，历史相似季节气候预测也可以基于过去的厄尔尼诺-南方涛动(El Nino-Southern Oscillation，简称 ENSO)的相似位相阶段进行类似的预测。

另外，数值天气预报和气候预测是使用数学的(动力的)大气或地球系统模型来预测天气或气候。短期天气预报或长期气候预测数学模型都是基于相同的物理原理和方程组(称为原始方程组)，主要的区别是气候预测模型需要根据预测的提前时间有针对性地包含其他的气候系统的组成部分，如海洋。通过这些方程可以计算出未来一段时间不同经纬网格点或者谱空间上的大气密度、大气压强和位温等标量场及大气运动速度(风)等矢量场。对流、辐射和与下垫面的相互作用等次网格过程的影响在大气模式中是没办法直接处理的，而是通过参数化的方法转换为可分辨尺度的相关变量进行处理。虽然经验预测方法也可以用于次季节到季节的预测,但本书主要讲述动力数值模式预测。

本章将结合世界气象组织在协调天气和气候预测以及促进 S2S 预测诞生等方面的相关项目,简单介绍天气和气候动力数值预报模式发展概况。然后,我们从 S2S 可预测性来源的发现、数值天气预报(Numerical Weather Prediction,简称 NWP)的改进、无缝预报的发展和应用需求等方面介绍次季节到季节预测的研究和实践。本章最后对全书的结构进行了简要介绍。

1.1 数值天气预报和气候预测的历史

20 世纪初,在人们对大气运动的物理过程有了较好的了解并建立了大气运动原始方程组之后,数值天气预报就逐渐开始萌芽了(Abbe,1901;Bjerknes,1904)。第一次数值天气预报的尝试是英国科学家 Lewis Fry Richardson 于 1922 年在第一次世界大战中当救护车司机时开展的。他在《通过数值方法预报天气》报告中论述了如何忽略控制大气流体运动方程组中的小项、如何构建时间和空间上的有限差分从而求解数值预报。他通过人工计算,对欧洲中部两个地区未来 6 h 的气压进行预报,整个计算过程耗时 6 周。很不幸的是,他错误地预测出了海平面气压急剧变化,而实际上海平面气压的变化很小,甚至几乎不变。数值天气预报所需的计算量是如此之大,以至于只有随着数字计算机的出现和数值方法的发展,实时的数值天气预报才有可能实现。

第一次成功的数值天气预报是 1950 年在 ENIAC(Electronic Numerical Integrator and Computer)计算机上完成的,Charney 等(1950)耗时 24 h 制作了未来 24 h 的天气预报。此后,1954 年 9 月卡尔·古斯塔夫·罗斯贝使用正压方程组开始了数值天气预报的业务运行(即实际应用的常规天气预报)。不久之后,美国就开始定期发布数值天气预报结果,而其他国家也几乎在同一时间开展了数值天气预报业务。很长一段时间内,数值天气预报都是基于最优的大气初始状态通过数值模式单一积分得到。爱德华·洛伦兹 1963 年开创性的论文《确定性非周期流》发表在《Journal of the Atmospheric Sciences》期刊上,他指出由于大气原始方程组的非线性,初始条件的微小变化都会导致非常不同的预报结果。因而,20 世纪 90 年代集合预报就开始进入业务化运行。和以前对未来最有可能天气的单一预报不同,集合预报会进行一组(一系列)的预报,进而给出未来大气最有可能的状态范围以及由于初始条件和计算误差所带来的预报不确定性。今天,集合天气预报通常会使用大量的初始化扰动,模式的输出结果也通常以概率的形式给出。

获得对大气初始状态的最佳估计一直是数值天气预报的核心工作。过去 10 a 里,数值预报水平的提升很大一部分来自于对相关初始化模型的改进和发展(Bauer et al.,2015)。各种各样的方法用于初始化数据的采集(例如,无线电探空仪、气象卫星、商业飞机和舰船航行报告等)。这些观测数据通常在空间分布上不规则,而且包含一定的误差;因此,需要对它们进行质量控制和处理,以获得可以在数值模式中使用的网格点上的值,这个过程被称为资料同化或客观分析。然后,可以作为一个初值条件,利用数值模式预测未来天气将如何演变。

自 20 世纪 50 年代以来,数值天气预报水平已经有了显著的提升,这要归因于科学理论的发展、计算能力的巨大提高以及卫星观测数据的应用。自 20 世纪 80 年代以来计算能力以每

5 a 一个数量级的速度增长。资料同化通过使用预测模型和每天 10^7 量级的观测资料得到最佳的初始条件（Bauer et al.，2015）。基于观测结果，对数值预报客观定量的评估分析表明：3～10 d 的天气预报技能大约每 10 a 提高 1 d，这也就是说现在的 10 d 的预报和 20 世纪 80 年代 7 d 预报的准确度是一样的（Bauer et al.，2015 中的图 1）。由于卫星观测数据的全球覆盖和有效使用，目前，数值模式对南、北半球的预测能力几乎相当。

第一个季节尺度预测是由印度气象局在 19 世纪 80 年代制作的一个经验预测，他们使用喜马拉雅积雪作为印度夏季风的一个统计预测因子。殖民时期，印度气象局的两名局长亨利·布兰福德和吉尔伯特·沃克对 19 世纪末印度发生的毁灭性的干旱和饥荒（存在一定争议，Davis，2000）的研究促进了现代热带气象学的诞生。

第一个动力气候模式是由诺曼·菲利普斯在 1956 年开发的，该模式能成功模拟出对流层环流的月和季节平均模态。在菲利普斯的工作之后，一些科研小组开始基于球面大气原始方程组构建通用大气环流模式（general circulation models，GCMs）。气候模式的发展与天气模式的发展并驾齐驱，但气候模式水平分辨率较低难以满足和实现更长时间的模拟；同时，为了研究季节到年际的气候变化，参数化必须严格保证质量和能量守恒。第一个包含海洋和大气过程的 GCM 是在 20 世纪 60 年代后期由美国国家海洋和大气管理局（NOAA）的地球物理流体动力学实验室研发的。

气候可预测性主要来源于变化相对缓慢（几个月甚至更长）的大气边界条件的演变，如海洋表面温度（Sea Surface Temperature，简称 SST）、海冰、土壤湿度和积雪。例如，与厄尔尼诺或拉尼娜相关的海温异常可以提前几个月被预测（Barnston et al.，2012），从而可以预测这些异常对大气的影响，比如大西洋的热带风暴活动减少或者热带许多地区降雨的减少（Gray，1984；Ropelewski et al.，1987）。然而，海温异常对逐日天气的影响是不确定的，因而，季节平均的大气可预测性也被称为"第二类可预测性"（Lorenz，1975）。

天气预报和季节气候预测之间的根本区别导致了概率预报在天气预报（包括集合预报）中得到了较好的应用。季节气候预测应当是指大气要素（温度、降水等）气候概率分布的改变和漂移；季节或更长时间尺度的气候预测不是提前预测未来几个月或几年的准确天气，而是未来长时间平均（几个月到几十年）的概率分布的改变。基于 ENSO 相关的热带海温异常作为大气的边界强迫的重要性，相关人员开发了两步季节预测系统，它包括两个分开的部分：预测热带太平洋海温演变的部分以及利用大气环流模式模拟的大气对海温异常响应的部分。这种两步预测方法是将季节预测作为边值问题的一个范例，该方法被许多部门采用并用于实时气候预测（Mason et al.，1999）。然而，从本质上说，所有动力预报都是相关大气现象在可预报时间尺度上的初值问题（Hoskins，2012）。

如前所述，气候预测和天气预报的数值模式都采用的是同一原始方程组。但是，气候模式中需要包括地球系统的其他组成部分，以保证气候变化在更长的时间尺度上具有可预测性。主要包括海洋、陆地表面和冰冻圈以及大气化学（包括气溶胶、臭氧和温室气体）和更精细的平流层模型。耦合的大气和海洋数值模式通常是由大气和海洋的研究小组分别单独开发的，这也就给气候耦合模式的构建带来了一个巨大的挑战，因为在耦合模式中大气和海洋之间热通量很小的不平衡都将会导致很大的气候状态的漂移。

气候系统其他组成部分的时间演变通常很缓慢而无法对几天后的天气预报产生重大影响。这就是为什么数值天气预报主要采用全球或区域的大气环流模式，在数值天气预报模式中海冰和海温场一直采用其初始状态,而地球系统的其他组成部分(如气溶胶)基本都采用气候平均态。然而,相对于气候模型中这些复杂的外边界问题,天气模式中准确初始条件的构建显得更加重要和复杂。大气的观测和资料同化通常是和天气预报密切相关的,因为一个好的初始化对天气预报非常关键,而季节时间尺度的气候预测主要依赖大气中与海温边界条件演变有关的第二类可预测性。天气预报模式和气候预测模式另一个关键区别在于模式的分辨率。因为天气预报的积分时间步长比季节预测短得多,天气预报的水平和垂直分辨率通常也比气候模型高得多。典型的季节气候预测的分辨率大约在 100 km(例如,北美多模式集合(NMME,Kirtman et al.,2014);第 5 次气候模式比较计划(CMIP5,Taylor et al.,2012)中的模式,而全球天气预报现在通常的分辨率在 8 km 以内,用于区域短期天气预报的分辨率可以更高,达到几百米。

目前,季节预测主要在世界气象组织的 12 个全球预报中心、北美联合研究预测中心以及其他非政府组织中心进行。通常,预测结果会在每月中旬发布。所有这些中心现在都使用海洋-大气耦合模式,这些模式对海洋、陆地和海冰的变化都有描述和模拟。因此,这些模式中季节气候预测很大程度上是一个初值问题,而不是两步模式中的边值问题。海洋-大气-陆地-冰耦合模式中的关键边界条件是温室气体浓度。

气候预测也可以在更长的时间尺度上进行,例如年代际预测和人为气候变化预估。政府间气候变化专门委员会(IPCC)基于日益完善和复杂的地球气候系统模式对未来气候变化进行了连续评估,在这些模式中增加了地球系统中更长时间尺度变化的成分,例如冰盖等。

1.2 次季节到季节预测

如前所述,次季节到季节预测(2 周至一个季节)填补了中期天气预报和季节预测之间的间隙。根据 WMO 的定义(http://www.wmo.int/page /prog/www/DPS/ GDPS-Supplement5-AppI-4.html),S2S 尺度主要包含延伸期天气预报(10~30 d)和长期气候预测的第一部分(30 d~2 a),这个范围与美国国家科学院委员会定义的 2 周~12 个月(NAS,2016)基本一致。由于历史原因导致了天气预报和季节气候预测的分离,S2S 被认为是一个天气预报难以实现的时间范围,既太长而难以记忆大气初始条件,又太短而对海温异常的响应不够明显,从而导致 S2S 预测很难实现,出现了天气预报和气候预测之间的缝隙。

Miyakoda 等(1983)开创性地进行了次季节预测尝试。他们展示了如何使用一个大气环流模式提前一个月对 1977 年导致异常降雪的阻塞事件的成功预报(Miyakoda et al.,1983 中的图 6)。Miyakoda 等(1986)进一步发现了使用 10 d 平均能显著提升气候预测水平。因为 10 d 低通滤波引入了一个气候预测中的重要因素(概念)——时间平均的重要性。10 d 以上气候预测的成功在当时引起了科研和业务人员的极大兴趣,世界上许多业务预报中心都开始了延伸期(10~30 d)天气预报试验(Molteni et al.,1986;Owen et al.,1987;Teacton et al.,1989;Déqué et al.,1992)。

1985 年 4 月—1989 年 1 月,欧洲中期天气预报中心每月以连续的 2 d 作为开始使用业务预测模式制作了一组 31 d 的预报(Palmer et al.,1990)。这些试验都表明 10 d 以上的大气变化仍然具有一定的可预测性(Miyakoda et al.,1986;Brankovic et al.,1988;Déqué et al.,

1992），尤其是在将预报结果和气候态进行比较时更明显。然而，延伸期天气预报中一个重要的问题是要提升持续性预测的预报技巧。Molteni 等（1986）在欧洲中期天气预报中心进行的 10 d 以上延伸期天气预报并没有得到比中期天气预报更好的预报技巧。因此，这次试验并没有推动欧洲中期天气预报中心延伸期天气预报系统的业务运行。

Anderson 和 Van den Dool（1994）的研究给延伸期预报带来了一个新的困难，他们研究发现，那些激发对月预报热情的、具有较高技巧的延伸期预报可能只是一些偶然事件。使用美国国家环境预报中心（NCEP）的动力延伸期预测模型（DERF）（Tracton et al.，1989），他们发现 12 d 之后模式的预报结果和没有技巧控制的模式预报结果基本没有什么差别。这些令人失望的研究结果多年来一直萦绕在科研人员心头，以至于把次季节到季节时间尺度称作是"可预测性的沙漠"。然而，由于以下四个方面的影响，重新燃起了人们对 S2S 的兴趣。

1.2.1　大气、海洋和陆面过程中次季节到季节可预测性来源的发现

迄今为止最重要的 S2S 可预测性来源主要有（虽然还没有完全被理解）：

①MJO：有组织对流活动季节内变化的主要模态。MJO 活动不仅对热带天气、气候有重要影响，对中、高纬度也有显著作用。此外，它被认为是全球次季节性时间尺度上可预测性的主要来源（Waliser，2011）。

②土壤湿度：土壤湿度中的记忆可持续数周并通过调节蒸发量和表层能量收支来影响大气，进而可以对某些地区某些季节气温和降水的次季节预测产生影响（Koster et al.，2010b）。

③积雪：大面积积雪异常的辐射和热力特性可以调节当地和其他地区的月到季节时间尺度的气候变化（Sobolowski et al.，2010；Lin et al.，2011）。

④平流层-对流层相互作用：极地涡旋、北半球环状模/北极涛动（NAM/AO）变化的信号从平流层向对流层的下传会导致对流层环流持续大约 2 个月的异常（Baldwin et al.，2003）。

⑤海洋状况：海温异常可通过海-气热通量交换和对流活动进而影响大气环流。当使用海-气耦合模式时，可使热带大气季节内变化的预报水平显著提升（Woolnough et al.，2007；Fu et al.，2007）。

1.2.2　数值天气预报的提升

在过去 20 a 里，由于模式的改进、更好的数据和预报初始化，中期天气预报水平持续提升，并且预测水平的提升不只限于最开始的 2 周，尤其是动力模式最近几年对 MJO 的预报技巧得分显著提升（图 1.1）。10 a 前，MJO 动力模式预测技巧大约只有 7～10 d，远低于经验模型预测技巧（Chen et al.，1990；Jones et al.，2000a；Hendon et al.，2000）。最近，据报道 MJO 的预报技巧已远超过了 10 d（Kang et al.，2010；Rashid et al.，2011；Vitart et al.，2010；Wang et al.，2014；Vitart，2014），这主要归因于模式的改进（Bechtold et al.，2008a）和更好的初始条件以及可用历史数据的丰富（可校准预测模式）。Vitart（2014）也指出，热带外 2 m 气温的周平均提前 3～4 周的预测水平显著提升。Newman 等（2003）使用统计线性模型研究表明，北半球某些地区 2～3 周大气具有较强的可预报性。数值预报的这些改进激发了相关业务中心重新考虑次季节到季节的预测问题。

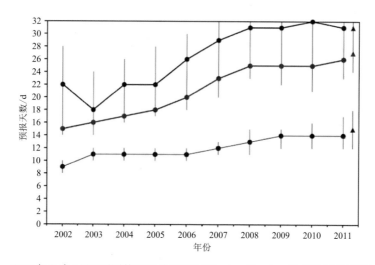

图1.1　2002年以来MJO预测技巧得分（基于Wheeler-Hendon双变量相关系数）的演变
MJO技能得分是根据一整年的欧洲中期天气预报中心再预报的集合平均值计算得到。蓝色、
红色和棕色线分别表示MJO双变量相关系数达到0.5、0.6和0.8；三角形表示使用新的
IFS版本后重新计算的2011年的预测技巧；竖线表示95%的置信区间（Vitart，2014）

1.2.3　无缝预测的发展

如前所述，在过去的10 a里，跨越多个时间尺度的天气—气候可预测性的概念逐渐走向统一，最近发表的相关文章也说明了这一点（Hurrell et al.，2009；Brunet al.，2010；Shapiro et al.，2010；Hoskins，2012）。Hurrell等（2009中的图1）也阐述了这个概念：慢的大尺度的气候现象为小尺度快过程提供了背景，而后者的累积效应可以对前者产生重要的反馈。S2S尺度预测是这个概念的集中体现，S2S是连接行星尺度现象（包括ENSO和MJO）和局地每日天气情况的桥梁。天气和气候一直是应用科学，对高影响天气更好的早期预警的追求也促使人们重新对S2S产生兴趣。关于中纬度天气的低频变率（$T > 10$ d）的研究已有很长的历史，最早开始于罗斯贝和他的同时代人关于指数周期的研究，该指数周期描述了北半球中纬度地区阻塞流和纬向流之间的次季节性波动。这一早期工作导致了对天气变化多平衡态和天气形态的研究（Charney et al.，1979；Charney et al.，1980；Reinhold et al.，1982）以及动力学理论在S2S时间尺度的应用（Ghil et al.，2002）。

在预报方面，大气模式以尽可能高的分辨率运行，以更好地模拟天气锋面的变化。另外，气候预测是基于更完整的地球系统模型，以更好地代表大气边界条件的演变，而不太强调高分辨率，因为逐日天气变化不是气候预测研究的重点。气候和天气预报之间的差异正在逐渐淡化，相关原因将在本书其他部分中深入探讨。

如何打破洛伦兹提出的大气2周的可预测性极限？无缝预测在以下两方面发挥了重要作用。第一，洛伦兹极限理论是在中纬度斜压波动力学背景下推导出来的结果，斜压波的生命周期约为1周。在更长的时间尺度上可预测性的关键来源是在这些时间尺度上存在可预测的现象，如MJO。第二，在相关的时间尺度上平均是至关重要的；虽然1～2周之后某一天的天气细节是无法准确预测的，但从气候预测的概率意义上讲，每周或更长时间的天气统计特征在许多情况下是可以预测的。S2S预测的平均周期应该是什么？Zhu等（2014）提出平均周期应与提前期预测时间同步增大，1周平均对应提前1周的预测时间，依此类推，如图1.2所示。

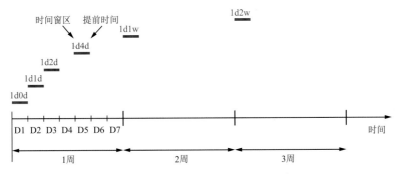

图1.2　时间窗区和提前时间示意图。横坐标表示从初始状态开始的预测时间。"1d1d"表示提前1 d预测1 d的平均；"2d2d"表示提前2 d预测2 d的平均，依此类推。在一些文献中"1d1d"通常称为"第2天"，"1w1w"通常也称为"第2周"（Zhu et al.，2014）

随着数值天气预报模式技能不断提升，现在预报技巧已经能够达到9 d。这也使得天气预报研究人员越来越多地追求使用包含地球系统其他圈层的复杂模式以推动预报极限的提升。例如，大多数值天气业务预报系统仍然使用固定的海表温度（数值模式在积分过程中海温一直保持不变），因为假定海温的变化很慢、很小而不能对天气预报产生显著的影响。然而，最近研究发现，海洋和大气相互作用对一些大气现象也会产生重大影响，比如MJO（Woolnough et al.，2007）和热带气旋强度（Bender et al.，2000）。因此，在欧洲中期天气预报中心等的数值天气业务预报模式中也开始包含和使用海洋和海冰模式（Janssen et al.，2013），而这些以前只有在气候模式中使用。

同样，气候学界对在长期模拟中更好地模拟中尺度天气事件的兴趣越来越浓厚。这主要有两个原因：

①气候模式中更好的天气尺度事件的模拟可以为更好地模拟大尺度气候事件提供正反馈效应。

②如果模式能很好地模拟出天气尺度事件，则可以预测出气候变化对天气尺度事件的影响。这将有助于回答全球变暖是否会影响冬季欧洲风暴的数量和强度。

对气候模式中天气事件的模拟和评估，一方面，可以找出模式模拟中的系统误差，进而帮助提升和改进模式对天气事件的模拟性能（在世界气象组织Transpose-AMIP项目中就是使用气候模式进行天气预报）；另一方面，也可以测试和缓慢变化的边界条件相关的系统误差的演变（Hazeleger et al.，2010）。

从物理的角度来看，天气和气候模型的不同并没有什么重要的原因。一些气象业务中心，如英国气象局（UKMO）已经在使用相同的大气模型进行天气和气候预测（http://www.metoffice.gov.uk/research/modelling-systems/unified-model）。这种向无缝预测的发展有利于次季节预测水平的提升，次季节预测中大气可预测性则来自初始条件和边界条件。另外，出于实际考虑，提前更长时间集合更多的低分辨率模式成员和根据提前时间和大气现象可预测时间选择最后的初始化策略在实际业务运行中可能会更加高效。

1.2.4　S2S 预测应用需求

天气和气候科学及其预测的发展都有着强烈的使用目的在驱动。因此,为什么要开展 S2S 预测也就不足为奇了。世界气象组织是联合国下属的专门负责在联合国成员国和地区中开展天气、气候、水资源等领域的研究机构,其研究工作主要由两部分组成:世界气候研究计划(WCRP),负责确定气候的可预测性和人类对气候的影响及世界天气研究计划(WWRP),负责通过研究提高天气预报的准确度、提前时间和利用率,从而提高社会应对高影响天气的能力。WWRP 和 WCRP 都大力支持为社会利益开展 S2S 预测,WWRP/WCRP S2S 联合预测项目就是他们共同开展的项目,旨在改进极端气候早期预警能力、解读人类活动对后代活动的影响。

虽然天气和气候预报可以为人们的决策提供有利帮助,但许多研究表明,这些信息在广泛的经济部门中却没有得到充分利用(Morss et al.,2008b;Rayner et al.,2005;O'Connor et al.,2005;Pielke et al.,2002;Hansen,2002)。这可能源于像次季节尺度这样预测的"沙漠",以及物理科学和最终用户领域之间的巨大差距,即如何将复杂的预测信息用于多方面的决策领域。

次季节到季节的预测可以弥补日常天气时间尺度预报和季节到 10 a 的更长时间尺度预测之间的间隙;天气和气候对社会和经济活动的影响目前已开展了相关研究,例如决策和经济评估研究以及气候变化影响和适应研究。因此,S2S 是提升预测水平、评估预报信息在决策中的应用和价值的理想时间尺度。季节气候预测可以为作物种植选择提供重要参考信息,而一个月以内的气象预测可以为农作物的灌溉、施肥和杀虫等决策的制定提供帮助。这将使种植日历成为次季节到季节预测的时间动态函数。在已经使用季节性预测的情况下,可以使用次季节预测作为更新,例如对季末作物产量的评估。当初始条件和季节内振荡产生很强的次季节可预测性,而季节性可预测性较弱时,次季节预测可能发挥特别重要的作用,例如印度夏季风的活动。对数值天气预报解释应用的延伸,就有可能将洪水的预报从几天延长到几周。

在人道主义援助和防灾、减灾的背景下,红十字协会气候中心/IRI 提出了使用天气预报到季节预测产品的"Ready-Set-Go"概念(Goddard et al.,2014)。在这个概念中,季节预测用于开展中期和短期预测的监测,更新应急计划,培训志愿者,并启用早期预警系统(Ready);月内预测用于提醒志愿者并向社区发布警告(Set);天气预报用于通知志愿者行动,向社区发出指示,并在需要时做出撤离(Go)。这种模式作为次季节预测对气候服务发展的一种,在部分地区可能会产生作用(Vaughan et al.,2014),它为提高气候服务质量、数量和应用提供了一种全球协调机制,这些气候服务旨在为气候敏感部门的决策者提供更高质量的信息,帮助他们做出气候智能型决策,帮助社会更好地适应气候变化。

理论上,热带风暴、极端风浪或寒潮、季风降水的发展和异常以及其他高影响事件提前 2 周及以上的预报可以通过降低死亡率、疾病发生率,从而带来很大的广泛的经济效益。事实上,这些气象服务的潜在价值会受到许多因素的影响:例如个人、团体、企业或组织对特定天气事件的敏感性;暴露于危险中的数量和程度;采取减轻影响从而避免损失、增加收益的行动的能力以及预测信息影响其决策而采取行动的能力。因此,增强气象服务价值所涉及的不仅仅是创建新的或更准确的预测、产品或服务。

气候学的天气与季节性预测(Weather-within-climate)已经在实际应用中开展了一段时

间。例如,作物生长季节降水的总体频率对作物来说是一个关键因素,因为分布均匀的降水对作物的益处远大于持续干旱后几次强降水(Hansen,2002)。研究表明,在热带地区,局地日降水频率的季节预测技巧通常高于对降水总量的季节预测(Moron et al.,2007),这对提升预测的显著性和可信度具有重要的潜在意义(Meinke et al.,2006)。因此,针对农业用途的季节预测已经开始以特定 3 个月内发生的降雨天数为目标,而不是通常的 3 个月的平均降雨量。这种气候中天气的预测,其提前的时间是季节尺度,而其预测的目标变量是次季节尺度的,相关内容将在第 3 章中进一步讨论。

1.3　次季节到季节预测的发展近况

现在,越来越多的研究团体和业务部门对次季节到季节预测产生了浓厚的兴趣,并开展了相关业务。10 a 前只有日本气象厅(JMA)和欧洲中期天气预报中心开展相关的次季节预测业务,而现在至少有 10 个业务中心和大多数世界气象组织成员都开始定期发布次季节到季节气象预测产品。

2013 年,WWRP 和 WCRP 发起了一项为期 5 a 的联合研究计划,即次季节到季节预测计划(S2S),旨在提高预测技能和对次季节到季节时间尺度的理解以及气象业务中心次季节预测的开发和应用用户对其的开发利用(Vitart et al.,2012b)。该计划的主要成果是建立了一个来自全球 11 个业务中心近实时预报(比实时预报晚 3 周)和再预报数据库(Vitart et al.,2017)。11 个业务中心主要包括:澳大利亚气象局(BoM)、中国气象局、欧洲中期天气预报中心、加拿大环境与气候变化中心(ECCC)与意大利国家研究委员会合作的大气科学与气候研究所(ISAC)、俄罗斯水文气象中心(HMCR)、日本气象厅、韩国气象局(KMA)、法国国家气象研究中心(CNRM)、美国国家环境预报中心和英国气象局。该数据库为提升对 S2S 的理解、评估改进次季节预测模型提供了一个重要的工具。次季节到季节预测也是美国当前若干倡议的核心,例如由美国国家海洋大气管理局(NOAA)资助的 NOAA/MAPP 倡议。美国也在努力加强不同机构之间的合作,美国海军、NOAA、美国国家航空航天局(NASA)和美国国家科学基金会(NSF)等机构正联合致力于发展和改进几天、几周、月、季节及以上时间尺度的地球系统的预测能力(ESPC)。

1.4　本书章节安排

本书分为四个部分。第一部分是背景介绍。第 1 章主要讲述次季节预测产生的缘由、数值天气预报产生的背景以及集合预报方法。在此基础上,介绍了预测时间尺度和大气现象的空间尺度的依赖性,其中大的时、空尺度系统具有 S2S 甚至更长时间尺度的可预测性,然后讨论了基于时、空聚合的天气统计特征的气候可预测性的概念(第 2 章和第 3 章)。最后,从大气动力学的角度,思考了 S2S 时间尺度潜在预测模式的理论架构(第 4 章)。

第二部分是本书的主要部分,讨论了目前已知的次季节可预测性的主要来源:MJO(第 5 章);热带外的波动、振荡和模态(第 6 章);热带-热带外遥相关(第 7 章);陆面过程(第 8 章);

中纬度海-气相互作用(第 9 章);海冰(第 10 章);平流层(第 11 章)。第 6 章举例说明了动力理论框架如何为经验模式和 S2S 变化预测提供实际帮助的。

第三部分专门讨论了几个 S2S 模式和预测问题:次季节预测模型的设计(第 12 章);集合预报和资料同化的产生(第 13 章);高分辨率模式的重要性(第 14 章);产品订正和多模式集成的 S2S 预报产品的发展和测试(第 15 章);检验方法(第 16 章)。第 13 章介绍了当前世界上主要业务中心中期预报和次季节预测系统。

第四部分主要讲述次季节预测的应用。主要包括:极端天气事件早期预警(第 17 章);季风暴发、活跃和中断的无缝预测(第 20 章);人道主义援助中使用次季节预报的无缝框架(第 18 章);预测结果的沟通、传播和使用(第 19 章);气候概率预测在乌拉圭农业和能源部门 25 年决策中的经验(第 21 章);次季节预测对健康的影响(第 22 章)。

本书最后在第 23 章中简要介绍了 S2S 的未来前景。虽然每一章大部分都是独立的,但参考文献在本书的最后给出,因为许多文献在多个章节中被引用。

第 2 章

天气预报:什么影响了预报技巧水平?

2.1 引言

对于随时间演变的大气而言,天气和气候只是一个事物(大气现象)的两个方面。简单地说,天气可以定义为这一现象的瞬时表现,而气候是指天气状况或其长时间(通常是季节或更长时间)的统计特征。正如本章后面所讨论的,大气及其周围圈层的状况可以科学地预测出来。一般来说,提前的时间越短,可以预测的天气细节特征就越多,而在较长的时间范围内可以预测的瞬时天气的细节就会很少。特别是随着预报提前时间的延长,有关天气事件的性质、时间和位置的特定细节变得越来越难以预测。

随着科学技术的进步,天气预报的质量也有所提高,天气预报的时间范围也逐渐延伸。例如,北半球热带外 10 d 的天气预报技巧和 30 a 前 7 d 的预报技巧几乎一样(图 2.1)。次季节到季节预测中精细的天气预报信号基本消失(大约是 15 d),而更低频的、次季节时空尺度变化的信号仍然具有一定的可预测性(可达一个季节)。在第 2.2 节将讨论天气预报所用方法的科学基础及其发展,第 2.3 节通过对预报技术发展的历史性回顾,探讨如何推动天气预报不断提

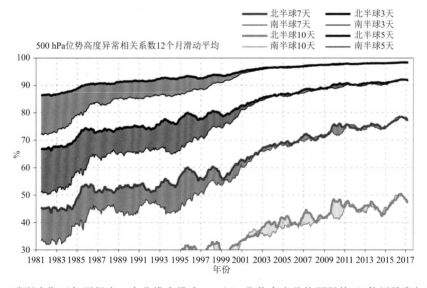

图 2.1 欧洲中期天气预报中心高分辨率模式 500 hPa 位势高度月均预报技巧(使用异常相关系数表示)。蓝色、红色、绿色和黄色分布表示 3 d、5 d、7 d 和 10 d 的预报。粗线(细线)表示北(南)半球预测水平,阴影表示南北半球预测水平的差异

升报上限,第 2.4 节将讨论在低预报技巧情况下如何使用预报技术,第 2.5 节介绍了当今普遍使用的集合预报技术,第 2.6、2.7 节讨论了过去的天气预报发展和改进经验对提升延伸期天气预报技能和 S2S 预测水平的指导意义。

2.2　数值天气预报基础

我们每天经历的天气都取决于大气过程。当然,大气并不是孤立于周围环境,而是受其周围环境的影响。太阳日照的年变化是驱动大气环流的主要因素之一。许多其他缓慢变化的外部因素,例如海洋和陆面过程,通过它们与大气的耦合赋予了大气额外的可预测性,这在 S2S 时间尺度上尤为明显。除非另有说明,可预测性是指基于当前或未来科学能力对大气或其他圈层演变的科学预测技巧。在讲解耦合系统之前,我们先讲解一下大气系统本身。

2.2.1　大气是一个动力系统

大气过程一直是科学研究的主题。作为一个动力系统,大气的一个公认的关键特征是它的时间演化遵循特定的规则。在宏观尺度上,大气的演化也是确定的,受特定的物理定律支配。更重要的是,如果我们知道某个时间点的大气状态,可以利用这些自然规律预测它在未来的状态。因此,大气的确定性(Richardson,1922)为使用计算机对其预测提供了基础。

2.2.2　可预测性

相对于系统特征时间尺度的周期或准周期系统性变化可以在很长一段时间内得到很好的预测。然而,在某些情况下,这种周期性或准周期性确定性系统的行为会变得不稳定。这主要受到系统不稳定性的影响。正是由于不稳定的出现,以前可以稳定存在的平衡态变得不再平衡,从而产生了一种新的、动态演变的行为。大气的变化似乎就是这样的:在黏性比较大的时候,其实验和数值模型遵循规则的、周期性的、具有高度可预测性的行为;而当黏性降低到一定水平以下时,这种行为变得非周期性且更不可预测(Ghil et al.,2010)。

具有至少一种不稳定关系或不稳定性的确定性动力系统称为混沌系统。通过弹性带(例如,蹦极)或弹簧(Lynch,2002)悬挂的钟摆是具有非周期性运动的系统的一个简单示例,其中离心力和重力暂时超过悬挂力,直到弹簧或弹性带被充分拉伸,因此,随着其弹性降低,它可以抵消其他两个力。本例中的弹性是弹簧或带子长度的非线性函数。有限尺度混沌系统的时间不稳定发展受到这种非线性相互作用的影响。

如果一个确定性系统(如大气)在某一瞬间的支配规律和状态都准确知道,那么即使系统是混沌的,未来的状态也可以永远完美地预测。但是,支配实际系统变化的定律和准则并不是被完全精确地掌握。即使可以估计出分析场中的误差方差,但由于观测的不确定性,自然系统的实际状态也是未知的。实际上,我们只能使用不完善的数值模型,从不完善的初始条件开始预测。由于大气系统的不稳定性,初始条件的误差会在这种预测中被放大,并与使用不完善模式产生的误差相混淆。

由于自然系统的真实状态永远未知,因此,分析场中的真实误差也是未知的。然而,可以通过研究各种扰动的演变来探索假定的预测误差的演变。通过对动态系统的控制方程的线性化推导出来的线性扰动模型及其伴随模型可以探索无限小的初始扰动的演变（Errico，1997）。线性扰动研究揭示了混沌系统不稳定性的内在本质。如果整个系统中没有非线性相互作用，与系统不稳定性相关的线性扰动就会呈指数级地无限增长（Lorenz，1963 中的图 2.2），扰动的增长主要受到单一的增长参数 S 的影响，扰动增长表达式为：

$$v(t) = e^{St} \qquad (2.1)$$

式中，$v(t)$ 表示 t 时刻扰动或误差。如前所述，混沌系统至少有一种这样的不稳定性。有趣的是，在复杂的动力系统中，几乎任何误差在系统的多维相空间中的所有方向上都有一个有限的投影。因此，无论多么的小误差，由于系统的不稳定性，最终都会导致混沌系统完全丧失可预测性。

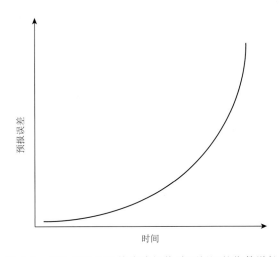

图 2.2　不稳定混沌系统中线性扰动（误差）的指数增长

线性扰动的指数增长清楚地表明：像大气这样的混沌系统只有有限的可预测性。然而，在现实系统失去可预测性后的性质和时间演变，只能通过考虑非线性相互作用来分析。虽然非线性扰动不太适合理论研究，但可以通过比较使用相同模型但初始条件略有不同的数值预测来研究它们（Yuan et al.，2018）。通过分析评估预测结果的误差变化，可以为研究误差变化的统计特征提供帮助。

研究表明，非线性相互作用将会限制扰动和误差的指数增长。在混沌的动力系统中，最初的指数增长的误差将会趋于稳定，其表达式为（Lorenz，1982）：

$$v(t) = \frac{R}{1 + e^{-St}} \qquad (2.2)$$

上式所描述的误差增长率如图 2.3 所示。上式中除了包含增长速度参数 S 外引入了一个新参数 R。R 反映了误差增长在很长时间内（达到饱和稳定）的总的方差水平。

2.2.3　尺度依赖性

大气运动可以使用不同的基函数或相空间坐标系来描述。例如，变量的状态可以使用空间中的选定点（即网格点）或网格变量的特殊组合来表示。例如，经验正交函数（EOF；Lorenz，1956）或基于波动尺度的傅里叶分解的坐标系（Orszag，1969）。Rossby（1939）使用尺度分析表明大气和海洋中波动（Rossby 波）的传播速度和它们的尺度密切相关，通常较小尺度的波传

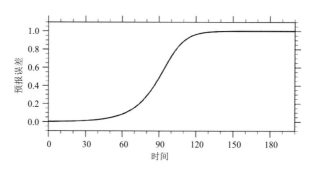

图 2.3　不稳定混沌系统中标准化的扰动（误差）方差的非线性增长，开始的指数增长和图 2.2 类似

播得更快。

　　研究表明：不稳定性的强度以及误差增长的速度（增长率）也依赖于运动的特征尺度。事实上，式（2.2）的 S 和 R 都是扰动特征时、空尺度的函数。天气现象在时、空变化中具有一致性特征。例如，较小尺度（数百米）的积云的发展比几天内的大尺度（数百千米）温带气旋要快得多（在几十分钟内）。对于较小尺度的系统，这会导致更快的非线性扰动增长（即更大的 S）和在更低的能级上趋于稳定（更小的 R）。

　　同样地，激发气流特征的不稳定也会导致误差的产生，而误差或多或少地会导致相关气流特征发生改变或丢失。因此，更快的扰动增长对应于更快的误差增长以及小尺度系统可预测性的更快衰减。衡量预测技巧的一个简单标准是计算预测结果和分析误差（相对于再分析气候态）的相关系数，即异常相关系数（Anomaly correlation，AC）。异常相关系数（AC）或空间相关系数（AMS，2000）为 1 表明对天气变化进行了一个完美的预测，而 0 则表示对气候信息完全没有预报技巧。如图 2.4 所示，波数为 10 波的系统（水平尺度大约 3000 km，例如大型温带气旋）具有大约 6 d 的可用的预测水平（AC 高于 0.6），而小尺度系统（波数 60，约 500 km，例如组织成中尺度对流系统的对流云）只有大约 1 d 的预报技巧，单个云体的可预测性甚至更短。

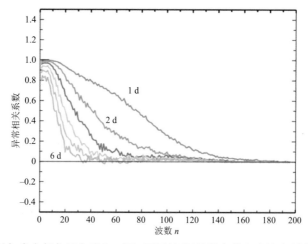

图 2.4　2002 年 1 月加拿大气象局全球 500 hPa 不同尺度（从最大的全球尺度到波数等于 200 的大约 200 km 尺度）预报结果和再分析资料的 1～6 d 的误差相关系数（来自 Boer G J，2003 中的图 6）。

异常相关系数可用来衡量预测和分析的一致性变化特征,因此,它对误差振幅不敏感。分析和预测误差方差可以测量每个网格点的误差幅度。随着预测结果变得不相关,预测误差方差在 R 值是相关尺度气候方差水平的两倍时趋于饱和稳定(Pena et al.,2014)。如图 2.4 所示,小尺度系统可预测性减小得非常快。图 2.5 给出了数值天气预报中不同尺度、不同起报时间的可预测性的定量评估。可以看到,较小尺度(较大波数)系统的预测具有较小的气候方差,因此,饱和度值 R 较低(参见图 2.5 右侧的粗实线,对应在每个尺度上表示预测结果和观测结果气候方差之和)。图 2.5 中的虚线和较浅的实线分别代表初始和 1~14 d 预测场中的误差方差;对于天气尺度和更小尺度(波数>8),这些和粗实曲线之间的差异可以解释为数值预报中剩余的信息或可预测性。

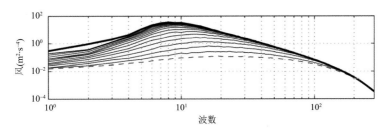

图 2.5　OSSE 试验中 7—8 月平均的 356 hPa 上旋转风分析误差(虚线)、1~14 d 预报误差(浅实线,从下往上分别表示 1~14 d)和随机预报误差(R,粗实线)(Privé et al.,2015 中的图 1)

随着尺度的增大(图 2.5 中从右自左),分析误差曲线在总波数 200 左右(大约 150 km)开始偏离随机误差曲线,这表明在 OSSE 试验中分析资料中模拟的实际气象信息主要在该尺度以下。然而,2 d 后的预报已经失去了比波数 100(约 300 km)更精细的尺度信息和可预测性,并且在 4 或 7 d 后失去了比 750 km 或 1500 km(波数 40 和 20)更精细的尺度信息和可预测性。14 d 的预报(较 S2S 时间范围短)只保留了相对少的大于 5000 km 的行星尺度信息。顶部细线之间的明显差异表明,在这个 OSSE 试验中,即使在没有与缓慢变化的海洋或冰雪完全耦合的情况下,大尺度系统在 14 d 仍然具有一定的可预测信息和可预测性。随着尺度的变化,误差增长和 S 呈负相关,而和 R 呈正相关,误差增长大约在 4000 km(波数 8)处达到最大值。

虽然确定性使预测成为可能,但由于初始误差和模式的不完美,混沌效应会限制可预测性的范围。特别是以目前的分析误差水平,超过 14 d 的个别事件的可预测信息仅限于缓慢演变的行星尺度波,而更精细的细节信息只能在更短的时间尺度上预测。这些限制对 S2S 预测的影响将在第 6 节中进一步讨论。

2.2.4　耦合系统

前面在讨论大气的可预测性及其预测时并没有考虑大气和其他圈层的耦合。事实上,大气与海洋、陆地和冰雪圈之间存在相互作用。与其他圈层的耦合作用会使得大气的运动变得更加复杂。然而,由于某些海洋、冰雪和陆面过程有较长的"记忆"时间,因此,这种复杂性实际上可能会使得耦合系统中天气及其统计特征的可预测性得到延伸。事实上,与大气中的过程相比,耦合系统中的许多过程都在缓慢的时间尺度上起作用。例如,耦合系统中很大一部分能量都被锁定在深海环流、深层土壤水分和温度以及冰雪圈的年际和年代际变化中。当大气与这些系统耦合时,它的能谱也会向较慢的尺度转移,从而在充分耦合的大气系统中其潜在可预测性得到延伸。

特别是,耦合的海洋-大气系统使一些发展较慢的不稳定性出现或增强了其影响。这反过来又导致 ENSO 等寿命更长的现象的形成。与非耦合大气系统一样,耦合系统的动力过程既能产生(由于确定性)也会限制(由于混沌性)整个耦合的海洋-陆地-冰-大气系统的可预测性。后续节中我们将详细介绍耦合系统中缓慢演变过程产生的与缓慢增长的不稳定性和误差有关的一些现象。

2.3 数值天气预报技术的发展

未来天气的演变和当前观测的大气状态密切相关。目前,大气的观测主要是基于空基、天基和地基观测平台的站点观测或遥测。观测数据在时间和空间上是稀疏的、在分布上是不完整的,并且数据中还包含了一些观测误差。为了减少这方面的问题,资料同化必须包含从观测点向未观测的点、时间和变量传播信息。从过去的观测信息进行时间外推是资料同化过程的一个关键部分,因为每次分析的第一次猜测都是短期数值天气预报基于以前的分析数据得到的。在连续的同化—预报循环过程中,资料同化不断地将初始预报结果和最近观测进行结合。

分析误差包含随机误差(源自观测、第一次猜测预报和统计过程)和增长误差(源自第一次猜测预报)。增长误差会在混沌系统的数值天气预报中不断增长放大,而随机误差通常会逐渐减小。正如 Toth 和 Kalnay(1993,1997)所指出的,资料同化—预报循环过程还充当了不断增长误差的滤波器或放大器。数值天气预报发展的一个主要问题是减少分析中的误差,尤其是对预测结果影响最大的增长误差。

数值天气预报是在有限分辨率网格上以时、空离散方式近似计算大气的时间演化。数值天气预报模式的核心是预报方程,它描述了系统在两个连续时间步长上的状态之间的关系。预测是由这些方程的时间积分产生的。自然过程在空间、时间和所代表的物理过程的范围内被截断,因此,模式无法计算和表达更精细尺度上发生的某些物理过程。次网格过程的影响通常是统计参数化(即对流的物理参数化)或者是被忽略(例如电过程)。因此,数值天气预报模式是不完美的。

除了前面提到的初始误差会在混沌系统放大之外,预报还受到与使用此类不完美模型相关的误差的影响。在每次时间积分引入的随机误差(例如,与截断相关的)的一小部分投射到增长方向上就会像初始误差一样放大。其他与模式相关的误差是由于模式的吸引子从自然吸引子中移出表现为从观测到的初始状态开始的预报系统性的漂移,直至模式达到接近其吸引子的状态。

数值预报系统将如何发展?接下来,我们将简要概述 1950 年以来的情况。更多信息请参阅 Lynch(2006,2008)、Deutsche Meteorologische Gesellschaft e V(2000),以及本章列出的参考文献。

2.3.1 计算设施

数值天气预报的概念和科学基础是在 20 世纪 20 年代提出的(Richardson,1922)。然而,由于涉及大量计算,其实际实施一直到 20 世纪 50 年代电子计算机发明之后才开展。从此以后,随着计算能力不断提高,数据处理、资料同化和预报模式的空间和时间分辨率变得越来越高,并且越来越复杂。到 20 世纪 90 年代,并行计算的处理器数量急剧增多,这种增长的速度越来越快。

2.3.2　观测系统

地面和高空观测(图 2.6)对三维数值模式中初始化而言是必不可少的。地面站观测网发展于 19 世纪末,而高空观测网发展于第二次世界大战,并在 20 世纪 50—60 年代支撑了数值天气预报。观测资料共享是数值天气预报成为可能的一个关键发展。在世界气象组织(https://www.wmo.int/pages/index_en.html)推动下,制定了观测标准,达成了及时收集和交换观测数据的协议。这促进了全球观测网的进一步扩展,使得数值预报能够对大气初始状态进行更准确估计,而这是实际天气预测业务开展所必需的。

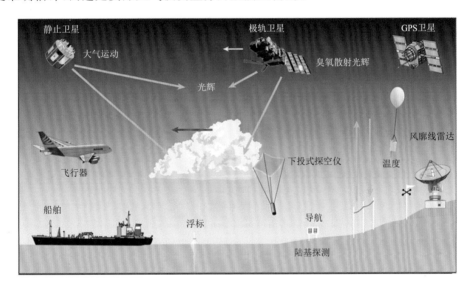

图 2.6　大气常规观测站和遥感观测系统示意

(https://www.ecmwf.int/en/research/data-assimilation/observations.)

在观测网络发展中,有两个比较重要的计划项目。第一个是成立于 1963 年的世界天气网(http://www.wmo.int/pages/prog/www/index_en.html)。世界天气观测计划一直是世界气象组织的核心计划项目之一,它将观测系统、电信设施、数据处理和预报中心有机地连接起来。今天,世界气象组织成员把气象和相关环境信息免费提供给所有国家和地区以提供高效的气象服务。第二个项目是 1967—1982 年开展的全球大气研究计划(GARP)。GARP 帮助推进了天气预报领域的研究,组织和协调了几个重要的现场试验,如 1974 年的 GARP 大西洋热带试验和 1982 年的高山试验。GARP 的一个关键内容是 1979 年进行的第一次全球试验(FGGE)。FGGE 也促进了世界天气网观察范围的扩大。这些现场试验有助于获得更多更准确的观测数据,使科学家能够更好地测试和验证他们的数值模式。

对于现有的或可能计划的观测系统的最佳配置,没有可靠的成本效益分析存在,因此,与观测系统有关的发展有些特别。发达国家在卫星平台设计和实施方面进行了战略投资,虽然可能存在其他竞争性目的。一个重要里程碑是 20 世纪 60 年代美国国家航空航天局(NASA)发射的第一颗气象卫星 TIROS-1 号(TIROS 表示"Television Infrared Observation Satellite";详见 https：//science.nasa.gov/missions/tiros)。TIROS-1 为"Nimbus"计划铺平了道路,该计划的技术和发现为美国国家航空航天局、美国国家海洋和大气管理局后续的地球观测卫星发展提供了很大的帮助。如图 2.7 所示,自 20 世纪 50 年代数值天气预报开始以来,总的观测量(包括地面、高空和基于卫星的测量)显著增多。特别值得注意的是自 20 世纪 80 年代以来以卫星为基础、主要是辐射观测呈指数增长。今天,大约 95% 的观测资料来自卫星仪器。正如其他遥感数据,如激光雷达和雷达观测一样,这些观测中包含不可忽略的系统误差,并且是间接的(即不是 NWP 模式变量本身,而只是与它们有关的物理量)。因此,它们的同化面临着一些特殊的挑战。数值天气预报中观测系统与资料同化系统的相互关系将在第 3.5 节重新讨论。

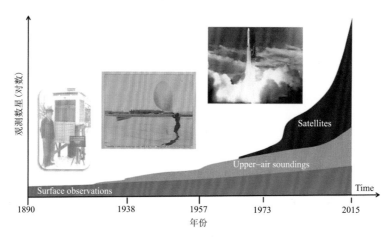

图 2.7 欧洲中期天气预报中心再分析项目在不同时期每日所使用的地基(绿色)、天基(橙色)和卫星观测(紫红色)数量示意图,横坐标为时间,纵坐标为对数坐标(来自 Dee D,2009. 见 https：//www.dropbox.com/s/ifge2r5wimiyc3h/Dee_2009_Melbourne.pdf?dl¼0)

2.3.3 资料同化

资料同化中最关键的步骤可能是观测信息从观测变量到未观测变量的时、空转换。最初的资料同化尝试抛弃了所有先前观测信息,而是使用气候态背景场来填补观测未覆盖范围的巨大空白区域(Bergthorsson et al.,1955)。直到 20 世纪 60 年代资料同化—预报循环的思路才被引入到数值天气预报中,并沿用至今。这一变化导致预报水平的重大提升,以及现代资料同化技术的诞生。

使用高斯相关模型对站点观测信息进行时、空转换成为"最优插值"(Gandin,1963)。相对简单的关系可以保证模型变量之间的动态平衡(例如,标准模初始化;Errico et al.,1988)。三维变分同化(3DVar)的引入,是资料同化发展中非常重要的一次进步。三维变分同化是利用跨空间和变量的协方差信息求解一个全局最小化问题,该协方差信息来源于相似预报的气候态差异(Parrish et al.,1992)。

直到四维变分同化(4DVar)的引入,观测信息才能实时地不断地向不同时、空尺度和不同变量转换(Courtier et al.,1994)。这彻底改变了资料同化的主要技术。过去研发的许多基于集合的顺序资料同化方法的性能落后于4DVar(Bonavita et al.,2017)。虽然4DVar基本方法和思路没有被超越,但在过去的10 a中,各种改进已经得到了快速发展,包括基于集合的方法跨同化窗口协方差信息的传播。

变分方法的一个关键属性是它允许同化非模式变量数据的远程观测数据,如辐射或雷达反射率。在这种情况下,连接观测和分析变量的观测模型(称为观测算子)成为资料同化方案的一部分。在这个基于卫星辐射和其他间接遥感观测不断增加的时代,这一特性具有无限的好处。

2.3.4 模式

除了资料同化的不断改进,模式的研发是提高数值天气预报准确度的另一个关键方面。1950年,美国宾夕法尼亚大学在电子计算机(ENIAC)上使用一组简化的方程,制作了第一个数值天气预报。在这项工作中,使用了美国麻省理工学院开发的正压涡度模型(MIT;Charney et al.,1950)。1955年,美国在空军、海军和气象局的联合之下,开始了常规数值天气预报业务。

在大西洋的另一边,1954年罗斯贝带领的研究团队在瑞典气象和水文研究所使用一个类似的数值模式制作了欧洲第一个业务预报(Persson,2005;Harper et al.,2007)。随着计算机的发展,能够模拟更广泛物理过程的、更复杂的模式也逐渐建立起来。Phillips(1956)研发了第一个能够真实地描述对流层主要特征的原始方程数值模式。作为S2S的先驱,1960年NOAA的地球物理流体动力学实验室开发了第一个海洋-大气环流耦合模式(https://www.gfdl.noaa.gov/climate-modeling/)。随着科学家对数值模式的不断更新和研发,计算机计算能力的不断提升,越来越多的国家开始制作数值业务天气预报。1966年,德国和美国开始根据原始方程进行实际预测,英国和澳大利亚也分别于1972年和1977年开始了数值天气预报业务。

1967年,欧盟委员会的一个工作组指出,加强自然科学特别是天气预报方面的合作,可以促进这一领域科学和技术的发展。最终,1975年成立了欧洲中期天气预报中心(https://www.ecmwf.int/)。ECMWF加入了美国、德国、英国、澳大利亚和许多其他国家已经建立的国家气象机构的行列,目的是解决中期天气预报问题,评估是否有可能在5~10 d前发布准确的天气预报。

由于减小网格间距(即提高空间分辨率)直接减小了截断误差,因此,它导致分析和预测误差方差的减小也就不足为奇了。然而,水平分辨率的变化需要计算能力至少三次方的增大,因为还需要按比例缩短时间步长。例如,1991年ECMWF采用64 km分辨率模式进行的一次单一预报使用的持续计算能力约为0.001 TF(图2.8),该模式中大约有300万个网格点。相比之下,2017年ECMWF的高分辨率全球模式有大约3亿个网格点,空间分辨率9 km,使用了大约300 TF的持续计算能力。

数值计算中时间步长和插值方案的技术性选择、水平和垂直网格或其他分辨率以及模型变量配置都旨在最小化噪声和最大化保留数值天气预报质量,到目前为止,这一领域并没有得到明确或普遍有效的解决办法。

除了减小与空间/时间截断相关的误差外,引入新的或改进的物理过程或相关参数化是数

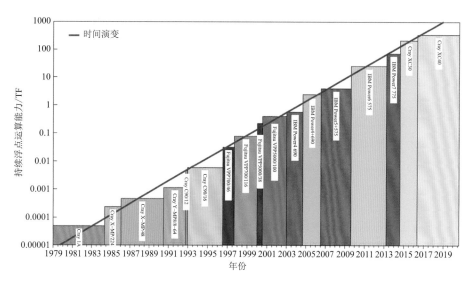

图 2.8　以持续浮点运算(TF:每秒 10^{12} 的浮点运算)
表示的 1979 年以来的欧洲中期天气预报中心计算能力的时间演变

值天气预报性能显著提高的另一个缘由。20 世纪 50 年代和 60 年代的第一代数值模式中没有或只有非常简单的物理过程,而今天的模式中物理过程及其相互作用也越来越多、越来越复杂(图 2.9)。

图 2.9　WRF 模式中 5 个物理过程参数化过程(黑色)之间的相互作用(灰色)
(发展实验中心(DTC)供图)

大气模式与周围圈层模式的耦合是提高预报性能的另一个关键途径。双向耦合地球系统模拟对于 S2S 尺度预测尤为重要,因为缓慢变化的海洋、冰冻圈和陆面过程携带了相对较大的可预报性。图 2.10 显示了用于天气和气候研究的最先进的地球系统模式的组成。

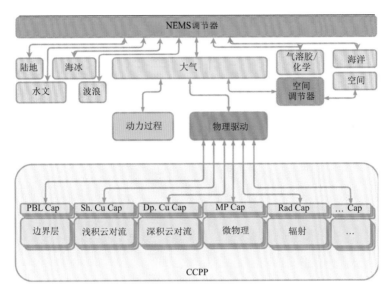

图2.10 美国下一代通用全球预测系统（NGGPS）地球系统模式中主要模式（黄色）、总体调节器
（珊瑚色）及耦合联系（箭头灰线），大气模式的动力、物理驱动和物理组成分别用浅绿色、深绿色
和蓝色表示（DTC全球模型试验台供图）

2.3.5 预报能力的提升

本章前面图2.1所示的预报能力的提升，是受到数值天气预报所有主要部分的综合影响，主要包括：①更多和更高质量的观测，②改进的数据分析方法，③更真实的数值模式，④更强大的计算机能力。我们必须注意到，无论是出于设计或是需要，数值预报中心经常在同一时间引入多个领域的变化（更新），这使得归因更加困难。

图2.11揭示了观测系统与资料同化系统的变化对预测技能提升的相对作用。在1984—1998年的15 a中，北半球的天气业务预报水平显著提高，这一时期卫星观测的可用性也显著增强（图2.7）。和资料同化、模式设计相比基于卫星的观测系统的开发和维护可以说是数值天气预报中最昂贵的组成部分。一个问题随之而来，北半球相关系数评分17%的增大（如图2.11中的黑色虚线所示）主要是由于卫星观测系统这种价格高昂设备的投入或是资料同化、数值模式和计算技术的这种成本相对低廉的发展的综合影响？

图2.11黑色实线除反映出来大气可预报性自然变率外，也反映出再分析数据水平的提升主要是由于观测系统的改进所致，因为NCEP再分析和再预报资料同化系统是固定不变的（Kistler et al.，2001）。值得注意的是，1984—1998年，北半球的再预测没有（或者只有很小的）提升，这表明资料同化系统的改进主导了预报水平的提高，而这可能只花费了观测系统发展的一小部分成本。另外，在数据稀疏的南半球，资料同化和模式技术的改进（灰虚线）似乎并没有给观测网络的扩展（灰实线）带来额外的好处。

图2.12进一步揭示了预报水平提升和资料同化及数值模式改进的关系。图2.12给出了高分辨率模式预报技巧相对于再分析—再预测系统（该系统2003年实施之后就未升级，从而反映了2003年的技术水平）的演变。图中给出了天气尺度（500 hPa位势高度、850 hPa温度和平均海平面气压/MSL）和局地天气参数（2 m气温、云量和10 m风速）的预报水平演变。

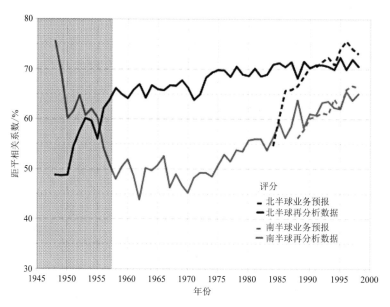

图 2.11　NCEP-NCAR 50 a 再分析数据(实线)和 NCEP 业务预报数据(虚线,北半球 1984 年开始,南半球
1988 年开始)5 d 异常相关系数的年平均值,黑线和灰线分别表示北半球和南半球。南半球
20 世纪 60 年代之前较高的虚假评分是因为分析场的观测量太少而不能作为
数值预报评分的背景场(图片来自 Kistler et al.,2001)

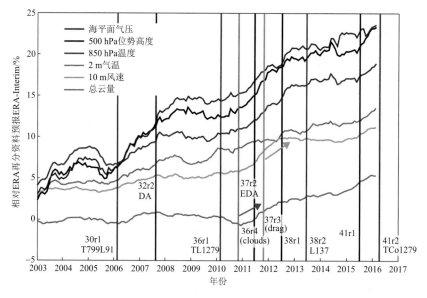

图 2.12　2003—2017 年北半球热带外欧洲中期天气预报中心 5 d 高分辨率模式预报相对于固定资料同化
系统的再预报系统预报技巧的逐月演变(Dee et al.,2011)
相对技巧是业务预测技巧和 ERA-Interim 再预报技巧百分比的变化,两者都与 ERA-Interim 分析相验证。
红色竖线表示模式分辨率提升的时间

图 2.12 中的竖线表示数值模式升级的日期;红线表示分辨率发生了变化。需要指出的

是，模式分辨率的提高也伴随着资料同化分辨率的提高，这通常需要使用更多的观测数据。图中主要反映了包括分辨率提升（2006 年为 30r2，2010 年为 36r1，2013 年为 38r2）在内的变化通常带来最大的改进，但由于也包括了其他部分的改变，我们不能只将改进归因于分辨率。资料同化的升级（例如，2007 年的 32r2 版本和 2010 年的 37r2 版本）也带来了实质性的改进。一些模式非分辨率提升的改进（例如，2010 年的 36r4 和 2011 年 37r3）也能带来实质性的改善，特别是和模式中变量密切相关的升级（例如，36r4 中云方案的改进极大地提升了对总云量的预报技巧）。每一个升级或改进都是要仔细甄选的，以实现预测效果的尽可能提升。

2.3.6　天气预报与气候预测

刚开始，数值天气预报只做提前 24 h 的预报。随着技术不断改进，天气预报的业务范围扩展至未来 3 d，然后再扩展至未来 5～10 d，未来可能达到 15 d。这些预报一方面尽可能地利用有关大气初始状态的信息，另一方面不断提升模式对相对快速的天气过程的模拟。通常，数值天气预报模式中只是很简单地考虑海洋、陆地和冰面过程；而气候模式的构建主要关注初始化和耦合系统中缓慢变化的海洋、陆地以及海冰等过程的模拟。NCEP 首次成功地对 1997—1998 年厄尔尼诺事件进行了实时季节性预测（Barnston et al.，1999），这进一步推动了天气和气候耦合模式的发展。提升模式初始化和对快速、缓变过程的模拟能力不是相互排斥的。事实上，科学研究和实践都表明，全面的无缝天气—气候预报工作可能对天气和气候预报都有好处（Toth et al.，2007）。然而，介于天气和气候之间的 S2S 预测在没有对快速的大气过程和缓慢的海洋/陆地/冰过程进行很好的初始化和耦合的情况下是很难取得成功的。

天气与气候一体化预报，首先在科学研究上开始，而后很快就在业务预报中开展起来。早期，大气模式与海洋、海冰和陆面模式的完全耦合以及数值天气预报时效延伸到一周以上，使得业务天气预报和月—季尺度的气候预测之间的界限逐渐变得模糊。例如，现在 ECMWF 的次季节系统是其中期集合预报向无缝预测的延伸，该系统是一个陆地、海洋和大气的耦合模式，每周发布两次 46 d 的延伸预报（Vitart et al.，2014a）。虽然趋势是明确的，但综合预测能力仍未达到季节时间范围。由于各种原因，包括在完全耦合模型中普遍存在较大偏差，季节预测业务和研究中使用的模式和过程与天气尺度及 S2S 预测中的有些不同。

季节气候预测业务基本在 20 世纪 90 年代中、后期就在许多数值天气预报和气候预测中心开展。自首次实施以来，ECMWF 已对其季节集合预报系统进行了 4 次升级（Molteni et al.，2011），最新版本 system-5 已于 2017 年 11 月投入运行。该系统采用海洋、陆地、海冰和大气的耦合模式，每月进行一次预测，预测时间可提前 7 个月（每季度一次，预测时间可延长至 13 个月）。除了天气预报产品，部分气象中心也在运行发布全年的季节集合预测产品。

2.4　可预测信号的增强

如前所述，小尺度系统的可预测性很快就会消失，中尺度系统的可预测性也会在几天内消失。我们如何提取一个相对少量有用的信号（即预报中的可预测成分），或者如何从大范围天气、S2S 甚至更长的范围预报中滤除大量的噪声信号？数值天气预报经过偏差订正后，提前

20 d 的预测结果和提前 3 d 的预测结果看起来一样真实,把它两个放在一起我们很难分辨出哪个是提前 20 d 的,哪个是提前 3 d 的。然而,我们知道,20 d 预报的技巧是非常低的,而 3 d 预报的技巧通常已经足够满足大多数用户需要。这对天气预报的非专业用户和专业用户来说都是一个真正的挑战,因为从长期天气预报中提取有用的信息并非易事。然而,大气中时、空相关特征的存在提供了不同的方法来消除预报中的高频信号,这种高频信号在给定的提前时间内可能已经失去了可预测性。

2.4.1 时、空聚合(平均)

由于小尺度天气特征的确切时间和位置在非常短的时间之后都无法预测,我们可以使用在时间和空间上有效的替代方案,通常的做法是考虑感兴趣的点的时、空区域聚合(平均)相关预测值(空间平均见图 2.4 和图 2.5,时间平均见 Roads,1986)。只要周围的地形相当均匀,这是一种生成一系列预报值的廉价方法。例如,可以计算预报的空间和/或时间平均值(或从长期平均值计算其异常),作为一种消除预测中不可预测噪声的方法。或者相邻的预测值可以作为多次、一定范围或概率预测的结果(Atger,2001)。

可从滤除与不可预测尺度相关的大部分偏差而保留大部分可预测的信号的角度选择平均的空间域或时间域。5 d、7 d(每周)、10 d 或 30 d(每月)以及地区、州或大洲的平均是研究人员和业务预报员试图从低技巧的预报中提取信号并向用户呈现的一些方法。

众所周知,由于误差叠加效应,在简单的空间或时间平均中使用的盒形滤波器或聚集区域(在感兴趣区域外的权值为 0)会在预测中引入一些噪声(Smith,2013 中的图 15-2)。一些叠加误差和噪声可以通过使用不同形状的过滤器(例如,高斯权重)来缓解,或者使用能对每个感兴趣的要素重新定位的过滤器(例如,对网格点或时间的移动滤波或滑动平均)。

通过结合来自邻近地区或时间的信息,时、空平均在对选定的感兴趣点的预测中引入了一些误差。此外,滤波参数的选择必须对应于实际的预测技巧水平。为了避免过滤不足或过滤过度,必须仔细选择过滤参数,以匹配实际的技巧水平。

2.4.2 集合平均

集合预报为上述时、空平均问题提供了一个动态的解决方案。集合预报的概念将在本章第 5 节进一步讨论。通过引入在初始状态估计不确定性范围内的扰动的多重估计,有意地降低了对大气状态的分析误差。除了对最优分析的对照预报外,还要对所有的扰动状态进行数值预报。尽管计算成本非常高,但预测的集合平均提供了一个实时过滤器,只要扰动与误差统计特征一致,就能反映实际的预测技巧水平。集合预报还提供了对每个时间和空间点有效的替代预测情景,而不需要邻域聚合。

2.4.3 系统偏差订正

数值模式以近似的方式反映真实大气的动力学和物理过程。自然过程在空间上被截断到模式网格空间,在时间上被模式时间步长截断,也被一些物理过程的参数化(或忽略的物理过程)截断。因此,预测误差的累积不仅由于混沌放大效应,而且也由于现实的动力学过程和我们的模式之间的差异。模式在时间积分时引入的微小的随机误差,由于混沌放大效应也会像初始误差一样不断增长。其他与模式相关的错误,在本质上是系统性的,表现为再分析结果和模式初始预测之间的漂移，这种系统性漂移也妨碍了天气预报的使用。为了减轻这个问题，人们提出了许多统计方法。根据对预报分析数据的复杂性和可用性的要求，系统性误差可以通过整个气候吸引子（比较不同起报时间数据的平均值或气候态）或者不同气候状态（比较不同情况下的气候平均）估算出来。

由于模式截断或其他原因，用户所关心的气象要素状态并不是模式的直接输出结果。这是数值天气预报面临的又一个难题。因此，需要在模式预报结果和用户使用变量要素需求之间建立统计或物理的关系（通常比模式网格更细的空间尺度）。关于数值天气预报结果后处理将在 15 章中进一步讨论或参考 Li 等（2017）的研究内容。

2.5　集合预报简介

在过去的 25 a 中，数值天气预报已经从基于单一数值积分的确定性预报转变为利用数值积分的集合来估计大气变量未来状态的概率分布函数。本节简要介绍在数值天气预报中普遍使用的集合预报方法，更多的实际业务和近实时的集合预报请参阅第 13 章。

2.5.1　背景

由于大气本身是一个具有很强的不稳定性的混沌系统，即使很小的初始误差也会迅速增大，从而在很短的预报时效内也会影响预报效果。因此，早期的数值天气预报中，某些情况下，即使在较长的预测范围内，预测误差也很小，而在其他情况下，即使在较短的预测范围内，误差也可能很大。

然而直到 20 世纪 90 年代，Bengtsson（1991）所表达的主流观点是"天气预报是一个定义明确的确定性问题。从一个给定的初始状态开始，任何未来的状态都可以通过对经典的纳威-斯托克斯方程向前时间积分得到。因此，理论上天气预报的计算方法与行星运动或导弹轨道的计算方法是相同的。"

然而，Bengtsson 本人以及 20 世纪 50 年代以来的一些先驱者（Lewis，2005）都认识到，观测的误差和不完善的数值模式都可能影响预测结果。在 20 世纪 70 年代和 80 年代，许多科研小组研究了是否可以提前（例如，在发布预报时）估计预报质量的相关情况，以确定未来的天气比平均情况更容易预测或是更难预测。换句话说，科学家们在寻找一种客观的方法，将每个预测与一定的置信度联系起来。当时，各种方法在主要的数值天气预报中心都进行了测试。到 20 世纪 90 年代初，许多单位都采纳了使用集合预报的思想。继 Lorenz（1975）等的早期工作之后，1992 年在 ECMWF 和 NCEP 实施了第一个业务的集合预报。这一发展开启了数值天气预报的新时代，通过提供多种预报结果取代了传统的从初始状态的最佳估计开始的单一预报。NCEP 和 ECMWF 在业务上开始实施集合预报之后，世界上其他地区和组织也陆续开始采用集合预报。

2.5.2　方法

集合方法背后的基本概念相当简单：生成一组 N 个扰动预报，每一个预报用来模拟与未扰动（或控制）预报相关的可能不确定性的影响。然后使用这 N 个扰动预报结果来估计可能结果的范围,最可能的值集和/或未来参数(例如,时间和空间上某一点的温度)将高于或低于某个值的概率(图 2.13)。

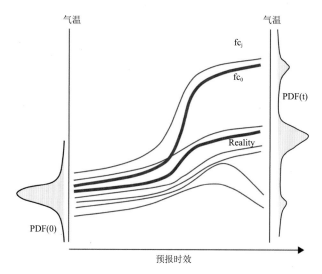

图 2.13　确定气象要素时间演变的集合预报方法示意(红线)
直到 1992 年,数值天气预报都是使用误差最小的初始状态的单一的模式积分预报(蓝色粗线)。由于初始不确定性和模式的误差,混沌系统的预报就会逐渐偏离现实。集合预报方法引入了一组扰动预报(细蓝线)来估计大量可能的初始和预报状态,这些状态反过来可以用来估计初始时刻(左侧)和一个确定时间(右侧)相关的概率分布函数(黑色曲线和黄色阴影)

20 世纪 80 年代,不同的技术被开发和测试以生成可靠和准确的集合预报结果。NCEP 之前曾测试过一种使用滞后预报的方法:最近初始的预报结果(例如,过去 2 d 内每 6 h 一次)作为一个滞后集合(Ebisuzaki et al.,1991)。结果表明,中期天气集合预报时效能超过 1 周。然而,在较短的时间范围内,技术较差、较老的预报降低了集合预报的质量。ECMWF(Hollingsworth,1980)和 NCAR(Errico et al.,1987;Tribbia et al.,2003)几乎同时开展了基于随机过程产生初始扰动的集合预报。这种方法也没有提供好的结果,因为随机扰动没有产生足够的预测多样性:集合成员过于相似,无法提供关于可能的未来情景的有价值的信息。

20 世纪 90 年代初,ECMWF 和 NCEP 都开发和测试了更有价值的方法。可以通过不同的方式来模拟与初始条件和模式相关的不确定性。在 ECMWF 的第一版全球集合预报系统中(Molteni et al.,1996),初始不确定性是用奇异向量(Singular Vectors,SVs)来模拟的,奇异向量是指在有限时间间隔内增长最快的扰动(Buizza et al.,1995)。2008 年之前,SVs 一直是 ECMWF 集合中使用的唯一一种初始扰动。到 2008 年,除了 SVs 之外,来自多个资料同化周期的扰动(称为资料同化集合(EDAs))也被使用(Buizza et al.,2008)。今天,SVs 仍然是 ECMWF 预报系统的重要组成部分,它们提供了与预测误差有关的初始不确定性的动态相关信息。

和欧洲中期天气预报中心使用 SVs 方法不同,NCEP 第一版全球集合预报系统中使用了繁殖向量(Bred Vectors,BVs)来模拟初始状态的不确定性(Toth et al.,1993)。BVs 周期扰动旨在模拟分析预报周期中的误差(见第 5 节的讨论)。BVs 方法是基于这样一种观念:由于扰动动力作用,增长误差有在资料同化的分析场中不断累积的趋势(Toth et al.,1997)。假设同化过程中引入的误差在增长和衰减方向上都存在，可以观察到，在后续预报步骤中增长方向上的误差逐渐增大，而衰减方向上的误差逐渐减小。在连续的分析—预测循环中就会对快速增长的误差做出自然选择，OSSE 研究（Errico et al.，2014）也证实，与随机（中性）误差的先验期望相比，增长的扰动误差主导了分析误差。

1995 年，加拿大气象局（MSC）在业务上采用了集合预报方法，采用的是蒙特卡罗方法，旨在包含尽可能多的误差源。他们模拟了由于观测误差和资料同化造成的初始不确定性，并首次模拟了模式的不确定性（Houtekamer et al.，1996）。对于初始条件不确定性的估计和表示，类似于 Evensen（1994），加拿大气象局设计了一种新的资料同化方案，该方案是大量集合资料同化的先驱。继加拿大气象局之后，ECMWF 集合预报中引入了一种用于模拟模式不确定性的随机扰动方案（Buizza et al.，1999）。

在 NCEP、ECMWF 和 MSC 开展集合预报之后，大多数其他业务中心也引入了全球和区域尺度的集合预报技术，通常包括模拟模式不确定性的方案。本书第 13 章将详细介绍 2017年运行的全球集合预报系统的主要特征。这表明数值天气预报已从基于单一积分的确定性预报转变为概率的集合预报，其中集合技术被用来估计初始和预报状态的概率密度函数。

2.5.3　集合预报的应用

如今，人们普遍认为，预报产品必须包括对其结果的不确定性或置信度的估计，以便让预报员评估未来的可预测性。短期和中期预报、月度和季度预测、甚至 10 a 预测和气候预测都是基于集合技术，不仅提供了最可能的情景，还提供了与之相关的不确定性。短期预报的集合或资料同化循环也被用来估计初始状态（分析数据）的不确定性。

概率预报，即预报预定义事件发生的概率，是最常见的基于集合技术的产品之一。由于集合预报是围绕数值天气预报展开的，并使用了相同的预测技术，因此，能够得到几乎相似的预报形态。类似于图 2.1，图 2.14 给出了 1995 年至今的北半球 500 hPa 位势高度集合概率预报。这两幅图都显示了多年来预报精度的稳步提高，今天的 7 d 预报与 20 a 前的 5 d 预报一样准确。

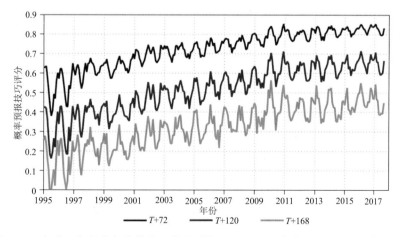

图 2.14　与基于气候的概率信息比较得到的 ECWMF 北半球 500 hPa 位势高度 3 d（蓝色）、5 d（红色）和 7 d（绿色）概率预报（CRPSS）技巧得分的月均演变

因为预报技巧会随着预报时间的延长而下降,可预报的信号也会逐渐消失,所以概率方法就显得尤为重要。概率预报可以基于集合预报的统计结果,也可以基于单个未受干扰的预报得到(Glahn et al.,1972)。然而,许多用户会受到跨越时间、空间和变量的多种天气参数的影响。考虑到用户应用的绝对数量(有时是不可预见的类型),使用统计校准方法预先生成单一预测或基于集合的联合或聚合概率产品是不合理的。因而,更合理的集合产品应当指出相关结果的创新应用,包括在给定初始条件及其不确定性的情况下,提供一系列的合理的时、空场景应用方案。

可以根据用户的实际需求提供不同场景的实时集合预报产品,例如基于各种天气要素和其他参数制作的能源模型。假设对集合成员进行等概率抽样,就可以根据天气预报做出合理的确定能源生产和分配的最优决策。

诚然,许多用户并没有构建类似应用模型的复杂需求。然而,类似这种提供一种定量的全面的预测方式方法对现实生活中与天气相关的活动至关重要。集合预报还可以帮助为其他和大气耦合的圈层中由天气引发的具有威胁性的高影响事件做好准备,在其他地球系统圈层中,高度非线性的关系可能会限制其他以统计为导向的后处理方法的使用。

2.6 预报技巧水平的提升

回想一下前面的讨论,天气这个术语指的是大气事件的时间演变。正如我们在图2.4和图2.5中所看到的,随着提前时间的延长,我们在时间和空间中精确预报小尺度特征的能力迅速降低。因此,在更长的时间内,只有更大的空间尺度特征在空间和时间上是可追踪的。这证实了Shukla(1981)的猜测,即"长波的演变至少在1个月内仍然是可以很好预测的"。他还提出模式分辨率和物理参数化的改进可以将时间和空间平均的可预测性扩展到甚至超过1个月。

Buizza和Leutbecher(2015)解释说,"由于数值天气预报的重大进展,现在可以实现超过两周的可预报范围。更具体地说,它们依赖于更好的和更现实的模式,包括更准确的模拟相关的物理过程(例如,大气的耦合动力学海洋和海浪模型)、改进的资料同化方法(可以允许更精确的估计的初始条件)和集合预报技术的不断提升"。这一解释与Shukla(1998)和Hoskins(2013)早期的讨论是一致的。Shukla(1998)提出用"混沌中的可预测性"来解释像厄尔尼诺这样的现象为什么具有较长期的可预测性,尽管从小尺度到大尺度的都拥有很快的误差增长率。Hoskins(2013)曾写过关于"区分协音和噪声"的文章,并引入了可预测链的概念,例如"冬季平流层涡旋的巨大异常为接下来几个月的对流层提供了一些可预报性"。

读者可参考Buizza和Leutbecher(2015)关于集合预报对空间和时间滤波的敏感性的讨论(本书第4章也有相关论述)。

他们将同样的方案应用于时间和空间尺度越来越大的ECMWF集合预报,结果表明瞬时格点场的预报技巧大约在16~23 d,而大尺度、平均场的预报技巧可达23~32 d(因为他们使用的集合预报最长预报时间为32 d,所以他们无法确定预报技巧时间是否会更长)。如图2.4和图2.5所示,这些基于集合的结果与单个预测的技能估计一致。

预报技巧的尺度依赖性如图2.15所示,图中给出了不同现象的预报技巧。该图中不仅包括 Buizza 和 Leutbecher(2015)集合预报结果,还包括对地面变量(如总降水)和大尺度/低频模式(如北大西洋涛动(NAO)、MJO 和 ENSO)的结果。竖直线表示 36 km,这也是 Buizza 和 Leutbecher(2015)使用的 2013—2014 年 ECWMF 集合预报系统的水平分辨率,反映了能被模式分辨和不能被模式分辨的尺度。靠近 X 轴的红线代表是的瞬时的、精细的地表变量,反映出地表变量的可预测性相对较低。相反,蓝线所代表的大气遥相关(NAO 和 MJO)、ENSO 导致的太平洋平均海温异常距离 X 轴更远,表明这些大尺度模态具有更高的预测技巧,能提前几个月进行预测。

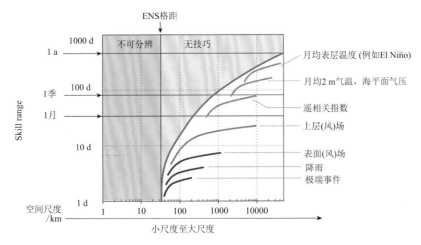

图 2.15 预报技巧示意图

该图展示了基于时间集合的概率预测的预报技巧(Buizza et al.,2015)。标注"ENS 格距"的
曲线表示 Buizza 和 Leutbecher(2015)研究中使用的 ECWMF 集合预报的网格间距(约为 36 km),
它也用于本图中的一些曲线的生成

图 2.15 中还有两个明显特征:一个蓝色线区域,即绘制单独曲线的区域以及一个粉红色的"无技巧区域"。蓝线区域显示了 Buizza 和 Leutbecher(2015)以及 Buizza 等(2015)研究期间 ECMWF 集合预报的预测技巧水平。对于非常精细的预报来说,现在还远不到 10 d。事实上,正如图中蓝线右侧曲线表明,预测技巧水平是与尺度和变量相关的(Boar,2003)。预测技巧也是地理位置和季节的函数(Buizza et al.,2015)。图 2.15 所示的预测技巧结果反映了 21 世纪第 2 个 10 a 中期的科技水平,也是和分析误差(即初始误差的大小)和数值模拟中由于近似而引入的误差密切相关的。如果资料同化和模式技术继续改进(部分得益于 S2S 的研究),预测性能统计特征或实际可预测性也将继续提升。

图 2.15 表明,今天的 NWP 系统可以成功地预报部分大尺度和低频变率。同样明显的是(图 2.5),误差能量谱以及潜在可预报信号在波数 8 附近达到峰值,并在更可预测的行星尺度上迅速下降。与行星尺度温度或其他关心的变量相关的可预测信号甚至更低,而这种缓慢变化的社会经济影响可能还并不明显。在未来几年,大气与周围圈层适当耦合的引入,会在一定程度上提升更大尺度和更长期运动的可预测性。众所周知,高影响天气事件通常是由更精细的尺度和更快演变的特征触发的,这些特征超过了几天就没有可追溯性了。这种大气变化往往也是其他突发或灾难性事件的原因,如内陆洪水、泥石流、吹雪、巨浪、高海浪和冰架断裂。总之,中、小尺度系统精细特征的可预报性很快就会衰减,而行星尺度系统在延伸期的可预报

性基本没有太大变化,仍具有一定的可预测性。

Lorenz(1975)和后续研究者(Chu,1999)区分了第一类和第二类可预测性。第一类受系统本身初始条件的影响,第二类受系统边界条件的影响。耦合系统中两个子系统之间的边界条件——就像耦合系统的任何其他变量一样也依赖于初始值,这样就为我们认识可预报性提供了一个稍微不同的视角。根据到目前为止所给出的讨论,我们将第一类(或可追溯的)可预测性定义为从最初时间开始就持续跟踪预测中特性的传播、出现和消亡的能力(图 2.16)。图 2.15 中评估了当今数值天气预报系统中的此类可预报性。正如我们所看到的,对于小尺度系统此类可预报性很快就消失了。由于不同尺度的运动之间存在非线性相互作用,在不同的大尺度条件下,更小尺度现象的统计量(即时间频率)可能会有所不同。

例如,高影响的天气事件统计特征是由缓慢变化的和某种程度上可预测的现象调制的。换句话说,高频天气调制是以较慢的变化为条件的。我们将这种频率变化的可预测性和其他小尺度系统的统计特征的可预测性称为第二类可预测性,也叫气候可预测性。

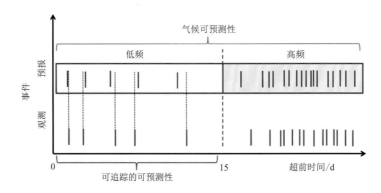

图 2.16 可追溯的和气候可预测性示意

天气尺度单个观测到的事件(红色条)具有较短的可预测(蓝色条)时间(可追溯的可预测性)。与大范围尺度相关的观测事件的频率或其他统计特征的低频变化可以在较长时期内预测(气候可预测性)

因此,第二类可预测性是指与此类事件的全部气候频率相比,更小尺度天气现象的气候频率取决于是否存在某种程度上仍可预测的大尺度现象。龙卷或飓风的频率可能低于或高于总体气候频率,这取决于大尺度天气或季节特征,即使在特定地点或时间的小尺度个体特征的可追溯的可预测性消失后,这些大尺度或季节特征仍在一定程度上保持可预测性。有关这些事件的某些统计特征的可预测性的例子和更多讨论请参阅本书第 17 章。例如,集合预报可以揭示一些在一定时段内仍可以预报的大尺度信息(可追溯的可预测性),而在本身的可追溯的可预测性之外,集合成员中可能反映出与可预测性大尺度一致的小尺度现象的频率统计特征(气候可预测性)。第二类可预测性在数值预报中可能发挥重要作用,特别是在 S2S 的预测中。

2.7 结束语:预测的经验教训

本章回顾了天气可预测性的基础和限制。可以看到,旨在利用第一类或可追溯的可预报性的系统努力如何推动数值天气预报水平的发展。数值模式和资料同化技术的发展主要集中于捕捉对天气预报至关重要的大气及其边界的短时间小尺度过程。在这些成功的基础上，人们还在可追溯的可预报尺度以外的预测领域取得了进展。过去 10 a 中，数值天气预报开始采用将大气过程与缓变过程完全耦合的地球系统模拟器；同时，天气事件的气候特征或统计特征的可预报性也逐渐凸显。为了更好地利用第二类大气可预测性（气候可预测性），并根据天气预报的经验和成功，S2S 在数值模式和缓变过程的初始估计（这些缓变过程可能会为未来长时间大气状态变化提供额外的可预测信息）等方面必须建立自己的系统性的方法和道路。经济社会中更广泛和高质量的高影响天气的统计应用数据可以通过集合或其他方法得到。

第3章

气候中的天气：热带日降水特征的次季节可预测性

3.1 引言

热带降水的次季节性特征,如降水发生和季风暴发的日期,对农业非常重要,长时间的干旱期会毁掉农作物,而雨季也通常会在农作物种植期开始(Sivakumar,1988)。每日天气的统计特征可能最终会成为具有较强社会影响的气候异常事件,例如洪水和农业干旱,有时这种现象被称为"气候中的天气"。虽然无法在天气尺度之外预报个别干、湿期的发生时间,但对其发生频率进行 S2S 较高水平的预测是可行的,并可能具有重大的社会价值。

季节降水量(以下用 $\overline{R}$ 表示,其中上划线表示时间平均)是雨季最简单和最普遍的特征表征量,因为它是一个季节中所有降水事件的总和。一般认为 $\overline{R}$ 是区域尺度(100~1000 km)的季节时间上最具可预报性的降水量,目前许多预报中心也定期发布 $\overline{R}$(通常为 3 个月的平均)的季节预报(Goddard et al. ,2001;Gong et al. ,2003;Barnston et al. ,2010;Kirtman et al. ,2014;Tompkins et al. ,2017)。季节降水的可预报性主要与海表温度(SST)异常和海洋—大气耦合模式的变化有关(主要是 ENSO),但是土壤湿度(Team et al. ,2004;Douville et al. ,2000)、积雪和海冰(Cohen et al. ,1999)以及平流层和对流层相互作用(Thompson et al. ,2002;Cohen et al. ,2010)的异常也有一定的贡献。大尺度大气对这些异常强迫的持续响应导致了在区域尺度上 $\overline{R}$ 的异常有明显的一致性特征。$\overline{R}$ 异常的可预报性和空间尺度之间的联系来自于整个季节中近乎恒定的强迫和响应,使可预报的"信号"强于不可预报的"噪声"。在这种情况下,噪声是一个统计量,可以被视为大气所有天气变化的影响,这些影响在整个季节的时间平均中被相互抵消。这种信噪比的概念类似于使用通用大气环流模式(GCM)模拟边界强迫时所使用的集合方法(Rowell,1998)。通过对集合成员(台站或格点)的平均可以得到一种信号,该信号是集合成员对外强迫的相同的动力响应,并独立于成员的不同的初始条件(例如,不同的位置);而噪声信号可以用集合成员(台站或格点)之间的差异来表示,即噪声信号是强迫之外的响应(Shukla,1998)。因此,对观测异常的空间一致性的潜在可预报性的测量(度量),如相关图、去相关距离、自由度数量等,都是基于与 GCM 成员揭示的潜在可预报性类似的概念。注意我们不试图回答如何在一个近均匀区域内局部修改信号的降尺度问题。

对 $\overline{R}$ 的一个简单而有指导意义的分解是降水日数 N_R(降水量 $\geqslant$ 1 mm)和平均降水强度($\overline{I}=\overline{R}/N_R$)的乘积。$\overline{I}$ 既反映了瞬时降水率(Le Barbe et al. ,2002),也反映了与降水系统的空间尺度和运动有关的降水事件的持续时间(Ricciardulli et al. ,2002;Smith et al. ,2005;Dai et al. ,2009);持续时间范围从局部雷暴到更大的有组织系统,如热带气旋和中尺度对流复合体可以是数小时到一天或更长时间。Ricciardulli 等(2002)研究表明,根据卫星图像估计的热带降水在大陆上平均持续 4.9 h,在海洋上平均持续 6.2 h。雷暴单体可以产生非常高的局地降水率(Dai et al.,2009;Trenberth et al.,2017),这导致季节平均后的 $\bar{I}$ 仍存在年际变化噪声(Moron et al.,2007)。相反,降水发生场更倾向于反映对流的时、空分层结构(Orlanski,1975)。此前对包括印度和热带非洲在内的多个热带地区雨量的分析发现(Moron et al.,2006,2007,2009b,2017),$\bar{R}$ 的空间一致年际变化主要由 N_R 控制,而 $\bar{I}$ 表现出较强的噪声信号;这是由于 $\bar{I}$ 依赖于各季节降水最强的日数,其空间自相关的衰减速度比 $\bar{R}$ 和 N_R 都更快。利用更精细的时、空数据(可以分别时间尺度小于 1 d 的降水事件)也得到了类似的结果,萨赫勒—苏丹和几内亚非洲地区降水的年际到年代际变化主要与降水事件数量的变化有关,这主要是由于中尺度对流系统(MCSs)的影响(Le Barbe et al.,2002;Lebel et al.,2009)。这表明,非洲这些区域的季节降水量在年际变化的可预报性可能主要来自 MCSs 频数的变化,而不是它们强度的变化。

通过考虑雨季的开始和结束日期,可以细化上一段关于 $\bar{R}$ 的基本分解,从而实现与季风期本身暴发的延迟有关的干旱期之间的区分(Moron et al.,2015a)。因此,$\bar{R}$ 可以用季风季节各时段的日降雨量统计数据(例如,降水频率和平均强度)进行更充分的分解。这些日降水特征的可预报性主要来源于对各种降水系统(从单个雷暴到 MCSs 和热带低压)起调制作用的一些缓变现象。例如,在暖(冷)ENSO 事件期间,9—11 月海洋大陆地区区域尺度季风的暴发几乎是系统性地推迟或提前(Haylock et al.,2001;Moron et al.,2009a),而在季风季节核心时期(12 月至次年 2 月),降水的年际变化在空间上的一致性和潜在可预报性明显偏低(Moron et al.,2010)。另一个较短的可预报性来源是对流耦合赤道波(CCEW)(Wheeler et al.,1999;Lubis et al.,2015),包括 MJO(Waliser et al.,2003;Zhang,2005)。

对于次季节预报,时间平均周期通常只有 1 周或 2 周(Zhu et al.,2014),因此,需要更强的信号或减少的噪声,以获得与季节情况可比的信噪比。越来越多的证据表明,流行的 2 周～"3＋4 周"(即开始日期后的 15～28 d)月内预报在某些情况下可能实现这样的目的。MJO 和 ENSO 的特定位相可能会使得可预报信号增强,从而提供预报机会窗口(Li et al.,2015)。两周的平均可以减少季风季节演变某些阶段的天气噪声,并增强在连续两周内无法消除的季节内变化信号。即使 MJO 某一位相在特定区域的持续时间不到 1 周,但其影响在两周内仍可观测到,因为相反阶段不会出现在连续的两周内。

本章提出了基于网格点观测降水数据集计算的空间一致评估的气候中热带降水天气事件的可预报性。使用 15 d 滑动时间窗口来识别次季节调制作用。有了这些潜在可预报性的估计方法,我们就可以利用它们来分析欧洲中期天气预报中心第 3＋4 周的回报中的异常相关技巧。

3.2　数据和方法

3.2.1　逐日降水和 OLR

主要使用了两个降水数据集。第一个是印度气象局(IMD)1901—2014 年 4—11 月的高分辨率网格日降水数据(0.25°×0.25°,Pai et al.,2014;Moron et al.,2017)。这些网格数据是通过对印度 6955 个站(不同数据可用期不一样)的逐日降水量使用反距离加权空间插值得到的(Shepard,1968)。插值的数据来自以格点为中心,1.5°半径内所有站点数据的加权结果,并基于方向和边界作用进行了局地修正(Shepard,1968)。第二个是 1996 年 10 月—2016 年 9 月的逐日全球降水气候项目(GPCP)1.3 数据集(1°×1°)。日降水量由多卫星观测值估算,并在月时间尺度上与雨量计结果进行校准(Huffman et al.,2001)。本节还利用 1979 年 1 月—2015 年 12 月的候 CPC 降水合并分析(CMAP)的降水数据(Xie et al.,1996)。此外,还使用了 1974 年 6 月—2016 年 12 月的逐日插值向外长波辐射数据(2.5°×2.5°,Liebmann et al.,1996)。

3.2.2 S2S 预报

利用 ECMWF 变量分辨率集合预报系统(VarEPS-monthly;Vitart et al.,2008)对总降水的回报,并为 WWRP/WCRP S2S 项目做好数据准备(Vitart et al.,2017)。ECMWF 模式(CY41R1 版)的大气部分垂直方向上分为 91 层,10 d 内的水平分辨率为 TCo639(16 km)和 10 d 后的为 TCo319(32 km),更多的模型细节在 Vitart 等(2017)中给出。分析了 ECMWF 模式在 1995 年 6 月—2014 年 5 月这 20 a 间的半周的再预报,并与 2015 年 7 月—2016 年 6 月每周一和周四的实时预报进行对比分析。ECMWF 对每个起始日期的再预报由 1 个对照预报和 10 个扰动预报组成,并对集合平均技巧进行评估。使用 GPCP 2.1 版(Huffman et al.,2009)的网格日降水估算进行预报验证。用第 15 d 到第 28 d 的逐日数据平均值生成第 3+4 周的预报和观测时间序列。将 ECMWF 的再预报总降水分辨率从 1.5°插值到 1°,以便与 GPCP 数据集进行比较。

3.2.3 空间一致性的估计方法

空间一致性通过 500 km 范围内 15 d 滑动平均的降水总量或降水日数(日降水大于 1 mm)频率在年际尺度上的空间自相关系数来表征。由于考虑的是降水等级而不是降水总量本身,因此,使用其他半径(150~1000 km)也会得到类似的空间一致性的时、空演变特征。同样,主要结果对数据的敏感性不是很高,因为尽管 OLR 或 CMAP 数据集的低分辨率会增强平均的空间自相关,但也会得到相似的结果。因此,我们关于空间一致的时、空演变的主要结果对数据、水平分辨率和经验估计均不敏感。

3.3 结果

3.3.1 印度夏季风逐日降水特征

图 3.1 给出了印度夏季风降水次季节变化的多样性,主要给出了孟买(18°56′N,72°50′E)和新德里(28°37′N,77°14′E)附近的两个 0.25°网格点上,两个异常干旱(1986 年和 2002 年)和两个洪涝(1983 年和 1988 年)的季风季逐日降水情况。在孟买,这 4 次雨季都在平均日期(6 月 13 日)开始,而雨季结束的时间在涝年偏晚而在旱年偏早。在新德里,由于 1986 年降水不稳定,无法确定开始和结束的日期(只有 3 个显著的降水期与长期的干旱期分开,图 3.1f);而

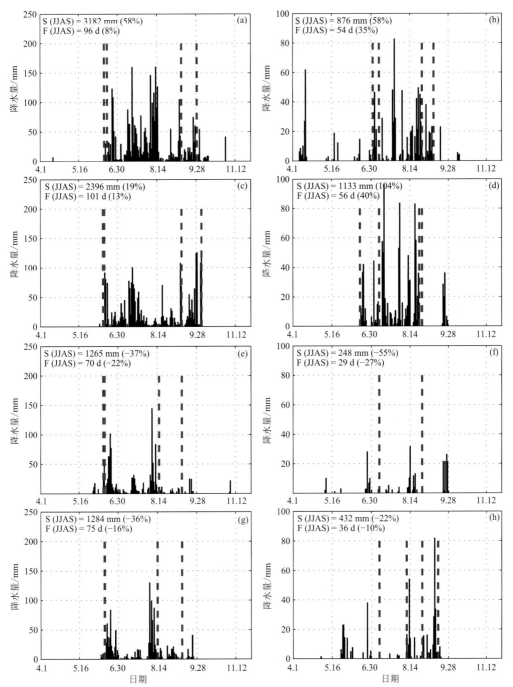

图 3.1　印度孟买（左侧）和新德里（右侧）附近的两个 0.25°格点上（印度气象局提供的数据集）季风强年
（1983 年和 1988 年）和季风弱年（1986 年和 2002 年）夏季（6—9 月）的逐日降水（Sontakke et al.，2008）
图中红色虚线表示季风暴发和结束的气候态日期，定义为 5 d 潮湿期的第一个和最后一个潮湿日，潮湿期
的降水量至少达到 4—10 月气候平均降水量，在开始后（或结束前）的 30 d 内没有出现连续 10 d 降水量
小于 5 mm 的干旱期。蓝色虚线表示当年季风开始和结束的日期。（a）1983 年的孟买，（b）1983 年的
新德里，（c）1988 年的孟买，（d）1988 年的新德里，（e）1986 年的孟买，（f）1986 年的新德里，
（g）2002 年的孟买，（h）2002年的新德里

2002 年的雨季较以往更短,转换的时间也较晚,主要是由于 6 月下旬—7 月下旬有一段很长的干旱期(图 3.1h)。新德里的两个旱季都表明,一旦在第一个降水期之后(或两者之间)出现相当长的干旱期,就很难确定雨季的真正开始日期,例如 2002 年 6 月底前后的新德里(图 3.1h)。这种暴发日期的不确定性使得预报极具挑战性。还要注意的是,尽管新德里和孟买相距 1100 km,但这两个干旱年份在 7 月都有一个很长的干旱期。新德里 1983 年出现洪涝是因为雨季持续时间更长,降水日数也比常年偏多(图 3.1b);1988 年也观测到类似现象(图 3.1d),1988 年雨季结束日期与常情况基本一致。与孟买不同的是,新德里雨季降水的强度更大。

图 3.1 表明次大陆尺度雨季降水偏多(Sontakke et al.,2008),例如 1983 年或 1988 年,在区域尺度上可能会有非常不同的次季节演变(Moron et al.,2017),这反映了对这些日降水统计特征预报的重要性。这个例子也说明严格在季风开始和结束日期之间计算逐日降水统计特征也是非常困难的,因为这些雨季开始和结束的日期本身就具有很大的不确定性。另外一个选择是考虑跨季节的滑动窗口内空间一致性的次季节特征。滑动窗口应该足够短,以正确区分季风的不同阶段,如开始、盛行和结束,也要能捕捉 MJO 的不同位相和相关现象,如向北传播的季节内振荡(ISO;Krishnamurthy et al.,2000,2008;Moron et al.,2012);但又要足够长,以过滤与天气系统相关的短时间尺度信号。

3.3.2　印度地区降水空间一致性的次季节变化

印度季风区(图 3.2b~f 黑色粗线区域)$\overline{R}$、N_R 空间一致性的次季节演变如图 3.2a 所示(Moron et al.,2017)。这两条曲线都有相似的演变,在平均暴发日期附近有一个小的、短暂的峰值,在平均撤退日期附近有一个更大、更长的峰值(图 3.2a)。雨量和频率的空间一致性在雨季盛行阶段最小,此时降水气候平均值达到最大。使用其他的空间一致性度量方法(例如自由度)也会得到类似的结果(Moron et al.,2017)。降水频率的空间一致性特征比降水量的空间一致性更显著,特别是在季风的盛行期(图 3.2a 中绿色粗线对比绿色细线)。

图 3.2b~e 给出了季风暴发、盛行和结束等阶段(图 3.2a 中的垂直红线)4 个 15 d 的降水量的经验正交函数(empirical orthogonal function,EOF)主模态的空间分布。EOF 主模态由印度季风区(包括西高止山脉、半岛北部、印度—恒河平原的大部分地区和西北部的沙漠地区)降水的年际变化所主导。然而,在季风开始(图 3.2b)和结束(图 3.2e)前后,降水量通常比 7 月(图 3.2c)和 8 月(图 3.2d)季风盛行期间高得多,EOF 主模态解释方差在 7—8 月显著下降。季风开始日前后 15 d 的降水量和频率的年际变化会受到季风暴发异常提前或延迟的影响,与图 3.2a 中 6 月初附近的空间一致性峰值是一致的。然而,从 8 月下旬—10 月上旬空间一致性的逐渐增强可能是由于撤退日期的变化所致,因为整个印度地区季风的撤退要比季风的建立需要的时间更长(Moron et al.,2014)。因此,降水的次季节变化表明,7—8 月的降水有很大一部分是由于中、小尺度系统导致的强降水(Stephenson et al.,1999),这些系统尺度远小于由于季风暴发和撤退所导致的大气环流异常的尺度(Moron et al.,2017)。

3.3.3　热带地区降水空间一致的次季节变化

整个热带地区(30°S—30°N)是否存在类似的次季节变化?图 3.3 给出了利用 GPCP 的日降水量对全球热带地区(包括海洋)进行类似分析的结果。

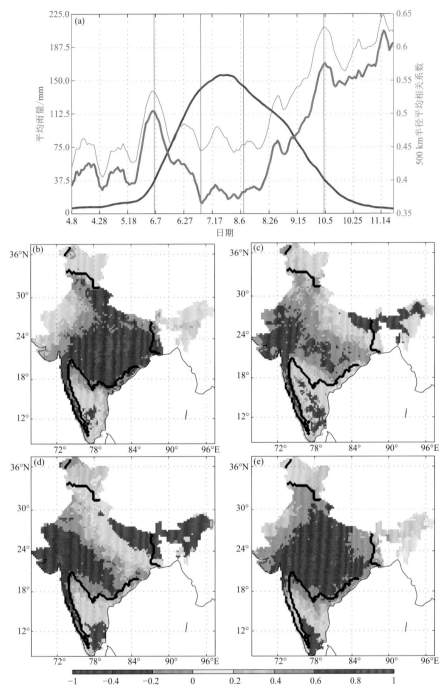

图 3.2　(a)印度季风区(图 b～e 中黑色曲线区域,Gadgil,2003；Moron et al.,2017)夏季逐日降水气候态 (蓝色实线,左侧坐标轴)、降水量空间相关系数(绿色粗线,右侧坐标轴)和降水频数的空间相关系数(绿色 细线,右侧坐标轴)计算空间相关系数时气候态(1901—2014 年)15 d 滑动的降水总量小于 10 mm 的格点 不予以考虑,图中红色垂直线表示图 b～e 中 15 d 窗区的 EOF 分解的中心日期。图 b～e 给出了 4 个阶段 的 EOF 分解的第一模态及其解释方差,未通过 95%信度显著性检验的区域用灰色标出,(b)5 月 30 日— 6 月 13 日,解释方差 27%,(c)7 月 2—16 日,解释方差 19%,(d)8 月 1—15 日,解释方差 23%,(e)9 月 28 日—10 月 12 日,解释方差 29%

总体而言,15 d GPCP 降水异常的空间一致性在陆地上远低于海洋。表 3.1 给出了不同区域空间自相关系数的平均值,包括沿海地区(离陆地小于 500 km)和开阔海域(离陆地超过 500 km)。空间一致性的最小值通常和较强的日均降水有关,特别是在大陆(南亚和东南亚、亚马孙西部等)地区;尽管在海洋上,赤道东印度洋和西太平洋暖池洋区均表现出较强的降水强度和较高的空间一致性(图 3.3)。在北赤道中、东太平洋和大西洋上空,空间一致的相对极小值与太平洋热带辐合带(Inter Tropical Convergence Zone,ITCZ)重合(图 3.3),因为空间自相关的形态主要是纬向而不是各向同性的。空间一致性在南半球夏季达到峰值,而在北半球夏季达到最小,特别是在北半球陆地上。季节变化可能部分与 ENSO 事件的振幅在年底达到峰值有关。几个空间一致性较大的区域与季节降水可预报性高的区域吻合,包括赤道以南的海洋大陆在 9—11 月南半球夏季风开始的时候(Haylock et al.,2001;Moron et al.,2009b)和 3—5 月中国南海和菲律宾附近的北半球夏季风暴发的时候(Moron et al.,2009a)。空间一致性较低可能部分是由于 500 km 半径内的正相关和负相关相互抵消,例如印度东北部和印度河—恒河平原在雨季盛行期间的相关(图 3.2c 和 3.2d),或者它们可能反映了深对流中心上升的增强和附近下沉的增强。表 3.1 还包括 GPCP 空间自相关与使用 CMAP 和 OLR 数据集计算的结果之间的相关关系,表明结果对于降水或深对流数据集的选择是相当稳健的。陆地上较低的空间一致性可能在一定程度上受到小尺度深对流和日循环、陆海和山谷风,以及重力波效应的相互作用(Yang et al.,2001;Slingo et al.,2003),这些效应在大陆和沿海地区的强度远大于在开阔海域。

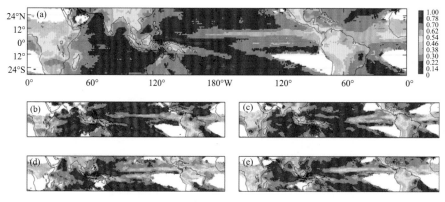

图 3.3　基于 1996 年 10 月—2016 年 9 月 GPCP 数据计算的整个热带的空间自相关系数
空间自相关系数是利用中心网格点和半径 500 km 内所有网格点之间的降雨量等级(包括地图纬度界限的南、北纬度)计算出来的。连续 15 d 的窗口期其气候平均量＜10 mm 不被考虑。(a)全年,(b)冬季(DJF),(c)春季(MAM),(d)夏季(JJA),(e)秋季(SON),图中白色区域表示 15 d 滑动的气候态降水总量从未超过 10 mm

表 3.1 给出不同区域平均的空间自相关系数,第 2～6 列分别表示陆地地区、近海地区、远海地区、OLR 和 CMAP 数据的结果。在第 1 列所示的期间内,15 d 滑动窗期的平均降雨量总是＜10 mm 的区域不计入空间平均值;第 5～6 列给出了 GPCP 数据(线性插值到 CMAP 和 OLR 网格上)空间相关系数和整个热带地区 500 km 半径内的平均自相关系数。在第一列所示的时段内,未考虑滑动窗口的 15 d 平均降雨量总＜10 mm 的区域。

表 3.1　不同区域平均的空间自相关系数

	陆地	近海	远海区	OLR	CMAP
年	0.53	0.64	0.68	0.61	0.65
12 月—次年 2 月	0.59	0.66	0.71	0.66	0.69
3—5 月	0.55	0.64	0.69	0.67	0.68
6—8 月	0.49	0.62	0.66	0.70	0.67
9—10 月	0.53	0.64	0.67	0.64	0.64

　　图 3.4 给出了整个热带地区空间一致性的次季节演变。局地空间一致性的最大、最小值通过 15 d 平均降雨量局地季节演变计算得到。空间一致性和平均降水经过 1/90（循环/天）截断的递归数字滤波器滤波。大部分热带地区都是单峰型的，两个不同的雨季是比较少见的。图 3.4 显示了全年最小和最大空间一致性的时间变化。图中只考虑气候平均降水量达到 10 mm/（15 d）的日期，图 3.4a 和 d 是所有热带区域，图 3.4b 和 e 只有陆地区域，图 3.4c 和 f 只有海洋区域。空间一致性的最小值往往出现在降水量最大时，尤其是在陆地上。最大的空

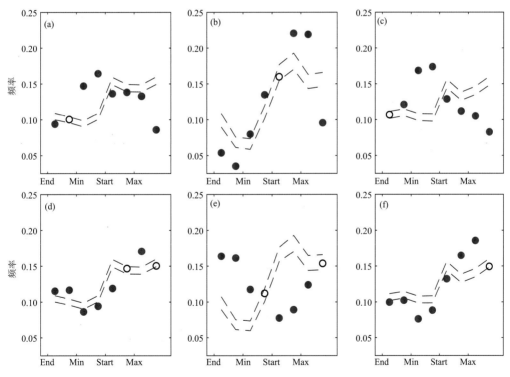

图 3.4　最大（a～c）和最小（d～f）空间相关系数（根据中心网格点的 15 d 滑动窗口与周围 500 km 半径内网格点的平均相关系数估计）在季风平均降水量的 8 个位相阶段出现的频率

频率分布仅限于每 15 d 窗口平均量≥10 mm 的时间，但季风降水 8 个位相阶段是从全年平均量的低通滤波计算出来的。2～3 位相对应最低的年降水量，6～7 位相对应最高的年降水量。图中横坐标表示季风结束（End）、最小（Min）、开始（Start）和最大（Max）的阶段，虚线表示 95％信度显著性检验的曲线，红色和蓝色实心圆点分别表示显著的增强和减弱。（a）和（d）表示整个热带，（b）和（e）表示陆地地区，（c）和（f）表示海洋地区

间一致性往往出现在雨季的开始和结束前后,而在局地降水季节周期的峰值附近不太常见,特别是在陆地上(图 3.4)。

图 3.5 给出了基于 GPCP 数据构建的 12 个热带地区的低通滤波的平均降水量的次季节变化和空间一致性。印度(图 3.5b)表现出与图 3.2a 相似的现象,尽管所涉及的分辨率和时期不同。萨赫勒也有类似的结果(图 3.5a),空间一致性的最小值与 8 月初的最大平均降水量吻合,空间一致性的峰值在两侧,接近雨季的开始和结束。大多数只包括陆地格点区域(图 3.5a~d,f,j,k),以及北大西洋 ITCZ 上空(图 3.5l)都可以看到类似的现象。赤道东非地区在 3—5 月的雨季表现出不同的现象,空间一致性在 3 月初达到峰值,然后在 6 月中旬减弱(Camberlin et al.,2009;Moron et al.,2013,2015a),然后又在 10—12 月的短暂雨季中显著增强(图 3.5e)。在南非(图 3.5k)和亚马孙(图 3.5j)也可以看到类似的现象,但振幅较弱。在西部、中部和东部赤道太平洋(图 3.5g~i)区域没有显示出明显的(通常很强的)空间一致性的次季节变化。

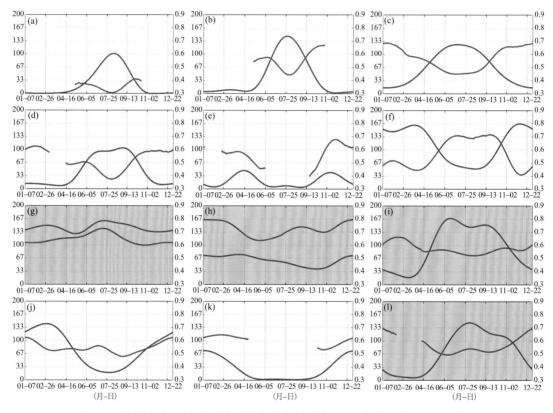

图 3.5　热带地区不同区域平均的降水总量(蓝线)和空间相关系数(红线)的演变
(a)12°—16°N,15°W—10°E;(b)17°—30°N;72°—87°E;(c)12°—30°N;100°—122°E;(d)12°—25°N;240°—270°E;(e)5°S—5°N;35°—50°E;(f)10°S—0°,90°—120°E;(g)0°—10°N,135°—160°E;(h)5°S—5°N,160°—210°E;(i)5°—13°N,250°—280°E;(j)15°S—0°,290°—320°E;(k)28°—15°S,20°—40°E;(l)5°—13°N,320°—345°E
灰色填充表示只使用了海洋上的格点数据,未填充的表示只使用陆地上的格点数据。降水量和相关系数使用 15 d 滑动窗口的 GPCP 数据计算得到(每个 15 d 窗口的中心日期为横坐标上标注的日期),时间序列进一步经过 90 d 的低通滤波。空间平均值中不使用连续 15 d 窗口中平均降水量<10 mm 的数据

从图3.4和图3.5可以看出，降水量的空间一致性通常在雨季盛行期较低，在雨季结束或向干旱期过渡期间趋于峰值。同时，陆地和海洋的次季节变化是不同的，陆地地区具有明显的季节变化，因为陆地地区季风最强。雨季结束（其次是雨季的开始）的异常提前和延迟期间降水空间尺度比季风盛行期尺度更大，而当小尺度系统增强增多时，可能会导致空间一致性降低，至少在一些大陆区域是这样的（图3.5a~d和f）。这种现象在大多数海洋中并没出现，一些大陆也没有表现出类似的特征。这可能和对流耦合的赤道波动（CCEWs，包括MJO）的振幅以及日循环、小尺度陆海风和山谷风以及相关重力波对局地尺度降水的影响有关。当前者（后者）过程主导了日降水的总体变化时，空间一致性会更强（更弱）。

3.3.4　S2S回报的空间一致性及技巧

本节主要分析ECMWF再预报的15~28 d（"3+4周"）预报的S2S降水空间一致性（图3.6a）及其预报技巧（图3.6b和图3.7）。预报技巧通过ECMWF回报的3+4周平均值的集合平均值的时间相关系数（CORA）表示。异常值通过去除季节长期观测平均值、模式的第3+4周回报的气候态、平均值偏差和模式漂移值得到。ECMWF从每个季节每隔半周开始的所有日期进行预报，并将其汇总为一个时间序列，以便与观测到的对应日期结果进行比较。

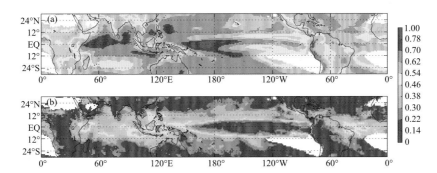

图3.6　（a）ECWMF中心3+4周再预报降水异常的平均空间自相关系数，空间自相关系数通过中心格点及其周围500 km范围内格点计算得到；（b）ECWMF中心3+4周再预测全年降水异常相关系数异常相关系数大于0.3即通过99%信度显著性检验。区域降水量小于10 mm的区域（参考图3.3a）用白色标出

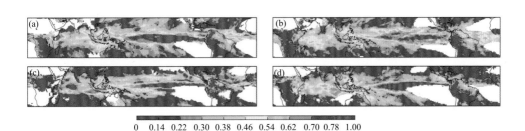

图3.7　同图3.6b，但为不同季节的结果，（a）冬季（DJF）；（b）春季（MAM）；（c）夏季（JJA）；（d）秋季（SON），图中空白区域是图3b~e中降水量小于10 mm的区域

ECMWF对照预报的第3+4周降水异常的空间一致性（图3.6a）与观测结果（图3.3a）非常相似，两者的空间相关系数为0.73。图3.6a重现了陆地和海洋之间的一致性的对比差

异。ECMWF 预报结果空间一致性的在陆地、近海和远海分别为 0.49、0.57 和 0.62(与表 3.1 中的 GPCP 数据结果接近)。

ECMWF 第 3+4 周预报技巧的分布与空间一致性基本一致,但两者的空间形态相关系数较低(0.27)。空间相似性主要与海洋上的技巧较高有关,特别是在热带太平洋上 ENSO 海温异常具有较高持续性(Li et al.,2015)。这一高度可预报范围随季节而变化(图 3.7),在 6—8 月相对狭窄(图 3.7 中太平洋红色区域)。在北半球的冬季和秋季,西印度洋到非洲也具有较高的预报技巧(图 3.7a 和 d)。在北半球冬季和春季,热带大西洋西部和毗邻的大陆,如亚马逊东部,也表现出较好的预报技巧(图 3.7a 和 b)。相反,热带东印度洋和海洋性大陆在南半球冬季和春季预报技巧更高(图 3.7c 和 d)。

预报技巧的季节变化与空间一致性的季节变化(图 3.3)具有高度的相关,空间一致性越高,预报技巧越高。这在海洋性大陆地区表现得尤其明显,与周围海洋相比,岛屿上较低的技巧往往与较低的空间一致性吻合。然而,预报技巧和降水异常的空间一致性之间的对应关系在其他地区不太清楚。例如,尽管空间一致性相对较低,但中东太平洋的 ITCZ 和大西洋的 ITCZ 的技巧水平往往较高。大多数大陆在第 3+4 周预报方面缺乏技巧,这表明在热带降水的次季节变化方面动力学模型仍有很大的可提升空间。然而,与空间一致性的比较表明,这些区域在本质上降水往往是不可预报的。

3.4　讨论与总结

以往对热带降水的可预报性研究主要集中于季节降水量的年际变化,而这通常与大气对缓慢边界强迫的响应有关,主要是 ENSO 和其他海洋-大气耦合变化模态。整个季节的时间总和平滑了个别降水事件的特征,从而强调了系统(即时间上接近恒定)缓变强迫的影响。整个季节的时间总和也增加了降水异常的空间一致性,这是由于系统性天气对不同地区瞬时降水事件的强度、大小或频率的影响几乎是一致的。本章中我们重点关注次季节尺度(2 周平均)降水异常的空间一致性,从而可以分析雨季中不同的次季节性阶段。利用每个格点周围 500 km 半径内的平均空间自相关估计空间一致性。然后将这些可预报空间尺度的次季节观测结果与来自 S2S 数据库的 ECMWF 第 3+4 周再预报的预报技巧进行比较。

对印度 0.25° 逐日降水格点资料分析表明,印度季风强年(1983 年和 1988 年)和弱年(1986 年和 2002 年)局地降水表现出非常不同的次季节演变(图 3.1)。准双周降水异常的空间一致性在夏季风开始和结束时达到峰值,在 7—8 月雨季盛行期达到最小(图 3.2a)。这也表明,7—8 月主导的季节(6—9 月)降水量可能会模糊 6 月或 9 月较小的可预报信号。7—8 月降水的 EOF 主模态(图 3.2c 和 d)表明半岛大部分地区和印度西部之间,以及喜马拉雅山麓和印度东北部降水的反位相特征,这可以认为是季节内变化的主要模态(Krishnamurthy et al.,2000,2008;Moron et al.,2012),但在 7—8 月中最大振幅区域(>0.6)也比季风开始阶段(图 3.2b)和撤退阶段(图 3.2e)的区域较小。这种在雨季盛行期空间一致性最小的现象几乎在整个热带大陆上都是相当普遍(图 3.4b 和 e),除了部分地区(如赤道东非、非洲南部和亚马逊,图 3.5e、j 和 k)。此外,海洋的一致性空间尺度大于陆地上(图 3.3、3.4、3.6a 和表 3.1、表 3.2)。这种陆、海对比也可以在 S2S 预报技巧中看到(图 3.6b 和表 3.2)。

表 3.2 同表 3.1,但为 ECWMF 中心 3+4 周再预报结果

	全部	陆地	近海	远海
年	0.30	0.20	0.31	0.34
12 月—次年 2 月	0.33	0.23	0.32	0.37
3—5 月	0.31	0.21	0.31	0.36
6—8 月	0.27	0.19	0.30	0.29
9—10 月	0.29	0.21	0.32	0.32

关于陆地和海洋之间空间一致性尺度的差异,我们可以做这样一个假设:即连续的格点或在给定阈值以上的每日深对流系统的面积在大陆上比在海洋上更小(Ricciardulli et al.,2002;Smith et al.,2005;Dai et al.,2009;Trenberth et al.,2017)。此外,日循环和相关过程的影响在大陆上更强,包括陆海风和山谷风以及重力波(Yang et al.,2001;Slingo et al.,2003),这也进一步导致大陆降水系统尺度比海洋上更小。由于热惯性作用,海洋相对于陆地对大气施加了均匀的大规模边界强迫,从而使得大气的日循环减小。强日循环与各种 CCEWs 影响之间的相互作用是一个有待解决的问题(Wheeler et al.,1999;Lubis et al.,2015)。例如,在北半球春季,CCEWs 从几内亚湾到中非的移动伴随着振幅的急剧下降(Kamsu-Tamo et al.,2014)。因此,对大范围降水有强烈影响的地区,例如非洲东南部的南印度洋辐合带和巴西东部的南大西洋辐合带地区的热带低压或热带温度槽(TTT)系统,以及 CCEWs 对局地尺度降水的强度和发生有强烈影响的地方,可能会导致更大空间范围内一致的降水特征。因此,空间一致性和可预报性之间可能存在差异,因为在 S2S 时间尺度上,较大的逐日或小于 1 d 的降水不一定是可预报的。例如,在非洲南部副热带地区(图 3.3a、3.6a),具有很强的较大范围的空间一致性,尤其是 12 月至次年 2 月(图 3.3b),但并没有较高的预报技巧(图 3.7a)。这种较大的空间一致性可能主要是 TTT 在逐日时间尺度上产生的较大范围的降水(Macron et al.,2014),而这种降水可能无法被 ECMWF 提前 2 周正确预报出来。ECMWF 结果中较大范围的空间一致性和较高的预报技巧吻合的区域(图 3.3 和图 3.6),例如在 9—11 月赤道东非地区,主要是因为这些地区的降水受到 MJO 的影响和调制,而这是可以被 ECMWF 系统在 S2S 尺度上预报的(Pohl et al.,2006;Berhane et al.,2014)。类似特征在南美洲东北部、澳大利亚北部、中国南部也可以观测到。

关于空间一致性的时间演变和 S2S 预报,需要强调几个假设。这种季节变化可能只是众多可预报性来源中的一个微不足道的来源。在空间一致性和可预测性都最高的 12 月—次年 2 月,通常是和 ENSO 事件峰值相联系的(Rasmusson et al.,1982;Ropelewski et al.,1987,1996)。而空间一致性最小的时段不是出现在 ENSO 冷、暖事件位相转换的 3—5 月,而是 6—8 月,此时 ITCZ 达到距离赤道最远的位置,主要位于中美洲大陆、西萨赫勒—苏丹和东南亚地区。而这些热源纬度位置变化对大气异常尺度和可预报性的影响的具体作用目前还不是很清楚。另一个来源可能是极端降水事件,这些事件显著降低了印度地区季节性降水的空间一致性和可预报性(Stephenson et al.,1999;Moron et al.,2017)。次季节变化的第三个来源可能与缓变强迫、基本大气状态和跨季节周期的日循环的多尺度相互作用有关。例如,ENSO 暖事件促进了海洋大陆区域的下沉运动,但这些下沉运动与局地降水的相互作用随时间而变化。ENSO 暖位相期间,低层区域性东风异常倾向于抵消通常的季风流,从而导致雨季盛行期(12

月一次年 2 月)以异常弱的低层风为特征的平衡天气类型的发生(Moron et al. ,2015b)。这会使得日循环的作用更加凸显,尽管存在区域的异常下沉运动,但也能导致岛屿小部分地区的局部正降雨异常(Qian et al. ,2010)。当西风基流几乎被与 ENSO 强迫相关的异常东风所抵消时,雨季盛行期降水异常场的空间分布就显得破碎且不均匀。这种变化的相互作用可能发生在加勒比盆地等其他群岛上。

最后,空间一致性通常在季风开始或结束时达到峰值这需要进一步研究证实。首先,季风暴发和撤退的异常延迟或提前可能是该段时间前后空间一致性峰值的一个主要信号。我们可以对陆地-大气相互作用所起的作用做如下假设:除了一些赤道地区具有很长的恒定的潮湿的条件,大多数热带大陆土壤都存在 6~10 个月的完全干燥期。这些陆地上的季风开始主要是由大尺度大气环流造成的,因为土壤不能提供任何可以触发深对流的水汽条件。换句话说,热带大陆在旱季结束时将等待有利的条件,这些条件与任何来源的缓变的 S2S 可预测性和大尺度现象相结合,从而为第一次季风降雨提供足够的水汽。干燥地表的强烈升温降低了低层大气的静力稳定性。在接近季风暴发时,由大尺度大气环流输送的湿不稳定和局地干燥的组合可能非常有效。印度季风的第一次降雨确实非常强(Moron et al. ,2017)。第一次降水事件或与局地雷暴或 MCS 有关,将产生两个影响:①提高土壤湿度并启动当地的水循环,从而产生一个正反馈效应(Meehl,1997;Douvill et al. ,2001,2007);②增强了区域地表温度和湿度非均匀性。随着时间的推移,由于大气环流(包括 S2S 现象)导致降水事件(从雷暴到 MCSs)的位置(或路径)不同,第二种影响将逐渐消失。它可以部分解释空间一致性在季风结束时的增强,至少在印度是这样的(Douville et al. ,2001,2007),而似乎在大多数热带大陆地区都是这样的。在赤道以北热带地区,这种影响可能叠加在 ENSO 事件的逐渐增强的影响之上。

第 4 章

跨时间尺度可预测性波动过程的识别:经验标准模方法

4.1 引言

当预测指标涉及对天气变量的统计处理时,预测技巧范围可从周延伸到季节。通常,随着统计处理时间窗区的增大、区域尺度的考虑,区域预测技巧都能有一定的提升,这可以通过预测提前时间的平均值、集合成员的平均值或者在概率意义上的集合预测比较得到。这种延伸期天气预报时间范围已经超出了点预报(特定时间和地点的大气变量值)可预测性的限制。这种预测取决于被预测变量的性质和主导其波动的现象。例如,等压面上重力位势是一个平滑的场,由天气尺度(或更大)的大气系统主导,根据气流配置可预测 7~15 d。更小尺度的物理量,比如涡度,可预测极限更短。例如,Frame 等(2015)表明,在欧洲—大西洋给定半径内的扇区,气旋涡度中心的袭击概率的预测技巧随着其强度和尺度的增大而升高。通常,降水的可预测时限要短得多,因为它依赖于气流中的垂直运动和对流尺度特征。

S2S 的可预测性有许多可靠的来源,包括对流层天气系统缓慢变化的边界条件:与海洋耦合(参见第 5 章和第 9 章)、陆地表面过程(参见第 8 章)、冰冻圈(参见第 10 章)和平流层(参见第 11 章)。然而,次季节状态的典型特点是在长时间尺度上表现出内部变化的大尺度变化模态,它们在本质上可以是振荡的或以遥相关为特征。这里给出三个典型的例子:

①MJO 不同位相对热带和热带外的天气有着显著不同的影响。MJO 是热带次季节变化的主要模态,它沿赤道向东传播,但却能对很远的地区的天气产生影响(第 5 章和第 7 章)。

②近 10 a 来,西欧发生了前所未有的极端夏季降水事件与中纬度急流上准静止的罗斯贝波有关(Blackburn et al.,2008),从而引发了关于罗斯贝波共振激发的新理论(Petoukhov et al.,2013;Coumou et al.,2014)。

③2010 年俄罗斯发生的热浪事件与持续的中纬度阻塞有关(Dole et al.,2011)。

在这些例子中都各自涉及一些独特的动力过程,而这些过程以一种可预测的方式影响天气。这里,我们主要关注对 S2S 范围内强降水有影响的一些单纯振荡现象或缓慢传播的模态。除了从数据中分离提取这些现象之外,重要的是要深入了解它们的内在动力特性和相互作用,以便分析它们对可预测性的提升有着怎样的影响。此外,在气候变化的背景下,如果我们了解了这些变化模态与气候变化的关系,我们将能对大气变率和可预测性随气候变化的特征进行预估。

波数空间中的能量谱(通过空间分布变换和多次平均计算)表现出从行星尺度到几千米尺度的平滑连续,这表明大尺度现象和小尺度现象之间没有明显的间隙。同样,从季节到小时的频率谱也是一个平滑的连续谱。然而,时、空统计方法,例如常用的经验正交函数(EOF)方法，表明时间上的协方差通常由大尺度的变化模态所主导。给定变量的 EOF 方法是用一系列固定长度截断的方法获得最大化的解释方差。

EOF 方法的一个显著特性是 EOF 的模态彼此正交（在两个不同 EOF 模态域上的积分相乘等于 0），它们对应的时间序列也是正交的，这使得它们构成了离散数据中变量投影的一个完整的基。EOF 第一模态解释大部分时间变化的空间模态；EOF 第一和第二模态形成了二维（2D）正交基，解释了绝大部分的方差。纯统计方法的缺点是得到的空间结构（EOFs）及其相应的时间序列不具有明显的物理意义；因此，很难预测它们超出时间序列的变化情况。

一种使用相对较少的方法是将大气动力学中的守恒定律与正交性方法相结合，从而得到具有确定物理特性的空间模态（例如，固有频率或相速度），这种方法可以称为经验正态模分析（Empirical Normal Mode，ENM）。就像对钟的形状和物理结构的分析可以用来预测它被敲击时的鸣响频率一样，ENM 的空间结构可以用守恒特性来预测它的固有频率或相位速度。如果可以一般地证明，少数这样的模态主导了 S2S 变率，就像 Brunet(1994) 对 315 K 等熵面所证明的那样，这将使得待分解系统的维度尺寸大幅度减小。因此，正如后面第 6 章所讨论的那样，ENM 基可以很自然地用于研究低阶动力系统中的波动和天气状况。

其他扰动也可能产生在大范围的频率上或随机的扰动模态上，从而使观察到的频谱看起来是连续的。因此，了解它们的固有频率可以提供潜在的有用信息。著名的涨落耗散定理（Fluctuation-Dissipation Theorem，FDT）描述了动态系统对随机扰动的时间平均响应如何类似于最慢（时间尺度最长）的非强迫变率模式的结构。例如，Ring 和 Plumb(2008) 利用 FDT 研究了南半球环状模对强迫的响应。他们使用了由 Hasselman(1988) 和 Penland(1989) 开发的主振荡模态（POP）分析，该分析方法通过滞后协方差的计算来获得空间模态的时间演变。ENM 技术的一个优点是不需要滞后协方差，因为频率信息来源于动力学特性。

在天气和气候中研究长时间序列时常使用的一种方法是合成分析。使用这种方法，可以检查时间序列相似片段的统计属性（例如，平均和标准偏差），如果一个给定片段中发生了特定事件，那么该片段就被包含在合成中。有大量的文献使用了这种方法研究大气再分析时间序列中天气-气候事件的关联（Molteni et al.，1988；Robertson et al.，1989；Cotton et al.，1989；Vautard，1990；Ferranti et al.，1989；Lin et al.，2009）。例如，Asaadi 等(2016a，2017) 使用这种方法研究了飓风发生的基本动力和物理过程。他们表明，非洲东风波非线性临界层和区域弱的经向位涡（PV）梯度在数天内的共存可能是决定热带扰动是否发展为飓风的一个主要因素。这一发现回答了一个长期存在的问题，即为什么只有一小部分非洲东风波促成了飓风的发生。这项研究也展示了 S2S 变化如何调节飓风。

通常我们还需要利用不同复杂程度的模式来理解和确定可预报性的来源。例如，在次季节变率方面，使用这种方法首次证明在简化的大气环流模式（GCM）、数值天气预报（NWP）系统和观测中 MJO 和北极振荡（AO）之间的相互关联。这些研究为提高 S2S 预测能力指明了方向，并为全球遥相关如何在更复杂的系统中影响区域天气提供了例子（Lin et al.，2007，2009，2010a；Lin et al.，2011）；第 7 章中也有相关例子。

这项工作中产生的一个关键信息是，尽管大气是一个混沌系统并被大尺度波动所扰动，小尺度涡旋既能导致大气中的一些精细结构特征，也能产生一些守恒物理属性（例如 PV）。因此，大尺度动力过程可能比想象的更接近线性。在本质上缓慢变化但不具有周期性的特定空间模态通常被视为振荡，遥相关通常属于这一类。在许多情况下，波动之间的相互作用可以用线性动力学来识别和解释。本章的目的是提供一个理论和统计框架，以综合使用这些理论来研究观测数据和模式数据中的次季节可预测性。

第 4.2 节介绍了框架的组成部分，包括背景状态和其扰动之间的概念划分，波活动守恒的概念，以及守恒性对模式变率的指示意义。第 4.3 节概述了 ENM 技术，并指出了该方法提取的扰动的一些物理含义。通过对全球大气数据的分析，说明该方法及其潜力。第 4.4 节给出了相关结论。

4.2　利用大气守恒性区分其活动变化

研究掌握大气变率主要有两个目的：一是发展一种理论框架，能够分离出大气中受缓变过程（如辐射强迫）影响并由众所周知的方程描述的缓慢变化的部分，这部分可能与气候有关。二是发展一种技术，从观测到的全球数据和模式中分离出相关的、动态的变率模态。这些模态具有可以从理论上推导出来的内在特性。

尽管存在跨尺度的复杂连续变化（包括非线性相互作用）这一事实，但我们的目标是尽可能地从观察中得到相关基础理论，并在预测中应用它们。该方法的稳定性将通过全球再分析数据进行测试。关于变率的强迫、动力过程和波共振的推论等可能的应用也将被讨论。

这种方法可能有用的领域包括：通过增加对变化模态性质及其对背景状态依赖的理解，可以预测相关模态如何随气候变化而变化。确定大尺度变化模态与通常发生在小尺度上的高影响天气之间的物理联系。利用这些联系来预测高影响天气，尽管在模式中高影响天气本身的预测非常具有挑战性。诊断识别模式中的动力过程的误差。

例如，MJO 位相和极端降水风险之间的联系，准静止罗斯贝波特定阶段和中纬度持续极端天气的关联，如 2007 年和 2012 年夏季西欧出现的极端降水（Blackburn et al., 2008；de Leeuw et al., 2016），2010 年俄罗斯热浪（Dole et al., 2011）。

4.2.1　区域变率：背景状态和波活动

通常情况下，大气变率是通过统计分析得到的，很少使用已知的大气动力学特性。对扰动场的识别，它可能是大气中某种容易识别的清晰连贯结构（如热带气旋），但更多的情况下，它是通过减去某种形式的平均状态来定义每一点的扰动场：

$$q' = q - q_0 \tag{4.1}$$

然后对这些扰动进行统计分析。在这种方法中，扰动的定义及其性质显然取决于所选择的平均状态（q_0）。定义平均状态的最常用的三种方法如下：

①全球平均。在这种情况下，系统可以用演化方程的全球积分来描述，但所有的动力学都完全包含在主导大气对强迫响应的扰动中（例如，全球温度对温室气体强迫或火山爆发的响应）。

②欧拉时间平均（在固定位置）。这种平均状态可以很容易地从数据中计算出来，但它不是控制方程的完全解，必须加上涡流通量的强迫。所有的时间依赖关系都在扰动中。这种方法的一个例子是预测区域季节性温度异常。

③欧拉纬向平均（整个纬圈的平均值）。虽然这种方法在动力气象中经常使用，如在波-平

均流相互作用问题中，这种方法有一个缺点：由于平均态受绝热涡旋通量的影响，它可以像扰动一样迅速变化。

20世纪60年代、70年代和80年代的研究表明，平均经向环流（纬向平均值，通常经过时间过滤）的演变在很大程度上取决于所选取的变量（Andrews et al.，1987）。特别是，等压面平均（同化观测数据最容易使用的坐标）推导出的平均状态与沿等熵水平（恒定位温表面）平均相比有非常显著的差异。其关键原因在于绝热运动时位温守恒，所以等熵坐标平均将绝热和非绝热过程区分开了。相反，绝热过程和绝热过程的垂直运动都可以穿越等压面。一个典型例子就是费雷尔环流，它在中纬度压强坐标系平均值中是一个热力间接环流，但在等熵坐标平均值中却不存在（Townsend et al.，1985）。这种结构的起源主要是中纬度天气系统常常是沿倾斜等熵面的绝热运动。

等熵坐标系的一个扩展涉及使用两个近似守恒的变量作为坐标。最常见的是将PV与位温结合使用（Nakamura，1995）。如果运动是绝热和无摩擦的，那么PV和位温沿轨迹就不会改变。如果固定位温面和PV面相交，这些交线必然是大气运动的迹线。例如，中纬度对流层顶通常被描述为一个等PV面（2PVU），对流层顶在与之相交的每个等熵面上的位置随后会受到沿该面运动的流体的扰动（Hoskins et al.，1985）。然而，对于保守运动，质量不能通过等熵面或PV面传输，也不能通过两个面之间的交点传输，这是对流体行为的一个很强的约束。

从理论上讲，我们可以用守恒变量坐标（即以位温和PV为轴的二维平面）描述整个大气，其中大气的运动只有通过非绝热或摩擦过程的作用才可能实现。这个框架被描述为一个改进的拉格朗日均值（MLM；McIntyre，1980）。一个真正的拉格朗日均值需要计算所有空气微团的轨迹以及在类似的初始条件下沿轨迹进行的某种形式的时间平均。相反，MLM是通过使用近似守恒的变量作为气团的标记，进而追踪流体的运动。这有一个明显的优势，随时间变化的风扰动示踪变量使精细尺度结构通过混沌平流得到发展，在没有非保守过程的情况下，存在一个降尺度到更精细的结构。然而，真正的示踪变量包括化学成分以及PV和位温都服从非保守过程，其作用是耗散小尺度特性（停止尺度串级），同时也保持大尺度特征（这样整个大气就不会混合得很好）。MLM方法正是利用了这一特性。

划分背景状态和该状态的扰动之间的另一个关键方面是，有必要使用运动方程和热力学方程来预测这两个分量的演化。首先，我们将考虑背景状态（扰动的演化将在第2.2节中考虑）。预测背景状态演化的一个重要方法是利用全状态的积分守恒性。MLM状态的定义采用了两种守恒属性。由此可以推断，如果运动是守恒的（绝热和无摩擦），质量不能穿过特定的等位温面或等Ertel PV面。因此，由上、下两个相邻的等熵面和横向的PV等值线包围的体积中的质量必须是守恒的：

$$M(Q,\theta) = \frac{1}{\Delta\theta}\iiint r dA d\theta \tag{4.2}$$

式中，r是等熵坐标系下的密度，A是包围的区域。

开尔文环流定理表明：如果流动是绝热无摩擦的，在等熵表面上的任何封闭曲线上的环流都是不变的。一组循环积分可以由围绕所有闭合PV曲线的切向绝对速度（在惯性坐标系中）的积分得到：

$$C(Q,\theta) = \oint_{q=Q} \underline{u} d\underline{l} = <u_t> L_Q \tag{4.3}$$

式中,闭合曲线上的平均切向速度($<u_t>$)必须与路径的长度(L_Q)成反比。虽然曲线所包围的质量是不变的,但其边界的长度取决于流动对 PV 等值线的扭曲程度。因此,平均速度和局部速度必定取决于 PV 等值线的形状。为了完全确定背景状态及其扰动,有必要对定义背景状态的 PV 等值线的形状进行假设。

一种可选择的方案是假定 MLM 背景状态是纬向对称,并且整个流体运动遵守相同的运动方程。这可以通过绝热重构来实现,即等熵层中每个 PV 等值线所包围的质量和环流与完整状态相同。等值线的几何形状以纬度圈为中心(McIntyre,1980;Methven et al.,2015)。利用斯托克斯定理,循环也可以表示为 PV 的体积积分:

$$C(Q,\theta) = \frac{1}{\Delta\theta}\iiint rq\,\mathrm{d}A\mathrm{d}\theta \tag{4.4}$$

因为等熵面上绝对涡度通过 rq 确定。

考虑一个理想实验,在一个等熵层中有一个扭曲的极涡,其特征是极涡内部 PV 均匀(其值为 Q),而外部 PV 为 0。假设沿该层等熵面的密度扰动比平均密度 R 小。在这种情况下,等值线内的波动环流近似为 RQA,其中 A 为围起来的面积。因此,涡旋边缘的背景态纬向流为:

$$u_0 = \frac{RQA - C_p}{L_0} \tag{4.5}$$

式中,L_0 为背景状态下 A 区与涡旋绕极同心的纬度圈长度。通常会定义一个等效的纬圈 $L_0 = 2\pi a(\pi/2 - \phi_e)$,$A = 2\pi a^2(1 - \sin\phi_e)$,其中 a 表示地球半径。背景状态等值线内行星涡度垂直分量的面积积分为 $C_p = \Omega \cdot 2\pi a^2(1 - \sin\phi_e)^2$,减去它就得到地球旋转框架内的纬向流,围绕纬度 ϕ_e 的纬向平均流为

$$[u] = \frac{RQ(A-B) - C_p}{L_0} \tag{4.6}$$

式中,B 为纬圈内扰动涡旋以外的 PV 为 0 的区域。两个性质是显而易见的:如果有扰动,我们希望 $[u] < u_0$,因为 $0<B<A$;我们还可以看到欧拉纬向平均 $[u]$ 将随着扰动幅度的变化而变化。

通过对 PV 分布的分析可以得到流速和密度(Methven et al.,2015)。这样,我们就可以确定大气动力变量的分布及其演化。由于 MLM 的 PV 和 θ 分布是纬向对称的,因此,由 PV 反算得到的流速也一定是纬向对称的。此外,由于等熵面上纬向流平行于等 PV 线,因此,不可能有平流变化。如果没有额外的近似,在这种情况下,球体上的原始方程的解满足流体静力和梯度风平衡状态。由于纬向积分要满足角动量守恒以及纬向传输不变,背景态的纬向对称性也是守恒的。扰动也必须遵守假角动量守恒定律,如第 2.2 节所述。

另一种方法是将背景定义为严格的稳定状态。在这种情况下,时间不变性意味着背景态能量守恒以及全状态的整体能量守恒,而扰动遵循假能量守恒定律。然而,这种方法有几个缺点。如果气流是纬向不对称的,背景状态就不是完全平衡的,所以一般情况下,PV 分布不能用来反算得到流速和密度。此外,除了在一些特殊的情况下,流动是平行于等 PV 线,背景态不可能是稳定的,除非强迫的持续作用引入到演化方程。

因此,必须做出妥协。要么我们用纬向对称来确定背景状态,在这种情况下,即使是静止波和气候的纬向变化也必须被视为扰动场的一部分;要么我们用稳定状态(时间对称)来确定背景状态,在这种情况下,背景的演变(根据定义)不被考虑,背景的维持也需要方程中的一个

强迫项。大多数人会用一些缓慢变化的、固有的大尺度的概念成分来定义气候术语,但这种方法失去了在空间或时间上精确对称的优势。

在本章接下来的扰动分析中,我们将使用纬向对称背景状态,但也假设它的演化比扰动慢得多。正如前面所解释的,这对 MLM 来说是近似正确的,因为它只能通过非保守过程进行变化,而这些过程导致的全球环流的改变是非常缓慢的。图 4.1 展示了 2007 年 6 月北半球 MLM 状态的演变,这是利用 Methven 和 Berrisford(2015)的 PV 反演(ELIPVI)方法进行等效纬度迭代得到的。

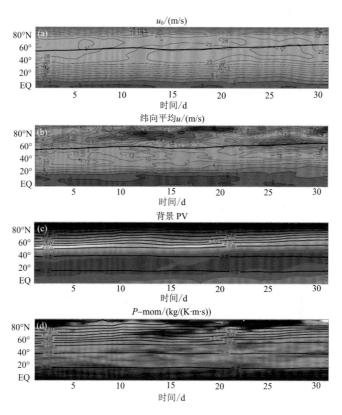

图 4.1　ERA-Interim 数据 2007 年 6 月 320 K 等熵面上大气的演变
(a)MLM 背景纬向流,(b)欧拉纬向平均流,(c)PV(等值线)及其经向梯度(色阶),(d)波活动
(假能量,等值线,范围为 5000~153000 kg/(K·m·s))及气候态 PV(色阶)分布

很明显,正如先前预测的那样,$u_0 > [u]$,$[u]$ 变化更快。图 4.1a 和 b 上的黑色粗线表示 320 K 等熵面上对流层顶。很明显,除了中间短暂的一段时间外,它会在 1 个月内向极地迁移。图 4.1c 为 320 K 表面 MLM 状态 PV 分布。所有中纬度 PV 线都在向极地移动,这只能通过非保守(非绝热或摩擦)过程发生。PV 的经向梯度(色阶)也随对流层顶在该表面上移动,这是对流层顶的季节性变化导致的。

其机制是"涡旋侵蚀"(Legras et al.,1993),在极地涡旋边缘上,罗斯贝波的破碎使 PV 形成连续的小扰动,它将大气从边缘区域输送到更远的地区(McIntyre et al.,1984)。最终的结果是漩涡内的空气质量变少,从而产生了向极地方向的气流。平流层低层(极地地区)的高 PV 是由辐射冷却维持的(Haynes,2005),但这在夏至最弱;因此,高 PV 无法维持。这种情况一直持续到 8 月底,那时冷却开始再次加强,高 PV 区域逐渐建立起来。秋季对流层顶缓慢地向赤道方向移动。因此,太阳日照周期延迟的时间尺度与对流层的辐射平衡时间尺度有关(30 d,James,1994)。图 4.1d 显示了 320 K 表面上的波活动测量值,这将在 4.2.2 节中解释。可以看出纬向平均值的显著变化与本节前面所论述的波活动的变化有关。

4.2.2　波活动守恒定律

只有当我们能对扰动的演化性质进行预测时,气候态和扰动的分离才是有意义的。目的是找到满足下列形式守恒定律的波活动的定义:

$$\frac{\partial A}{\partial t} + \nabla \cdot F = D \tag{4.7}$$

该式源于全系统所遵循的守恒定律与背景态所满足的守恒定律。A 表示波活动密度,F 表示波活动通量,D 表示非守恒过程的作用。

McIntyre 和 Shepherd(1987)提出了一种系统的方法,通过将全局守恒性质(如角动量或能量)与只依赖于物质的守恒性质(Casimirs)相结合,找到扰动的守恒定律。两个关键的例子是等熵面上等 PV 线包围的质量和环流,可以描述为 PV 和位温(θ)坐标的函数。

该方法将假(角)动量密度定义为:

$$P = -r(Z+S) + r_0(Z_0 + S_0) \tag{4.8}$$

式中,Z 为特定的纬向角动量,S 为 Casimirs 密度(尚未指定),下标 0 表示与背景态相同的值。一个中心问题是,存在一个完整的连续的守恒性质,但方法是识别一阶贡献(在波振幅中)为 0 的性质,因此,确保产生的波活动是二阶(或更高)。Haynes(1988)给出了球面上原始方程的完全非线性结果,在小波斜率的极限下,简化为我们所熟悉的波活动密度形式:

$$P = \frac{1}{2} r_0 Q_y \eta^2 - r'u'\cos\phi + \left(\frac{1}{2} r_0^2 q_0 \eta_b^2 - r_0 u' \eta_b\right)\cos\phi \frac{\partial \theta_{0b}}{\partial y} \tag{4.9}$$

式中:$Q_y = r_0 \cos\phi \partial q_0 / \partial y$ 是球面上适当的质量加权的 PV 经向梯度,$y = a\phi$ 是经向坐标,$\eta = -q'/(\partial q_0 / \partial y)$ 是背景状态下等 PV 线相对于纬度的经向位移。由于背景态 PV 梯度为正,因此式(4.9)的第一项为正定,因此,它是测量罗斯贝波活动振幅的一个有用的方法。南向(负)位移通过 PV 平流引起 PV 正异常。第二个项通常被描述为重力波项,因为它在准地转平衡动力学中是不存在的,并且不涉及 PV 经向通量。然而,在一些大尺度运动中,它可以是一个重要的参与者。例如,它是赤道开尔文波活动的主导项。最后一项与沿下边界的位温经向梯度成正比。因为 $\frac{1}{2} r_0 \eta_b^2$ 是正值,因此,它的符号取决于 $r_0 q_0 \frac{\partial \theta_{0b}}{\partial y}$,而 $r_0 q_0 \frac{\partial \theta_{0b}}{\partial y}$ 通常是负值。η_b 表示全态时沿下界的 θ 曲线相对于背景态时的位置的经向位移。

图 4.2 显示了一个在 320 K 等熵面大气的 PV 异常形势(色阶)。Ertel PV 异常是背景状态等熵密度加权,因为在准地转理论的近似下,$r_0(q-q_0)$ 将减少为准地转 PV 异常场(参见 Hoskins et al.,2014 中的第 12.4 节)。因为在高纬度平流层的密度要小得多,这降低了高纬度负异常的权重;因此,正异常更加突出。正异常在对流层顶槽中,那里的空气远离赤道,导致对流层顶低于周围。虽然每个波谷因平流而扭曲不同,但可以清楚地看到,在中纬度地区周围有 7 个活动中心。然而,它们的分布并不均匀,美国东部和西欧的强异常分布最多,而阿拉斯加和北美西海岸的异常分布接近。

总的来说,这种模态在纬向 6 波上的投影最强,并且可以通过傅里叶变换将 PV 场的 6 波

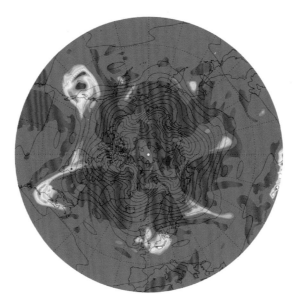

图 4.2　2007 年 6 月 23 日 00 时 320 K 等熵面上大气形势

等值线表示 PV(傅里叶分解得到的纬向 6 波的结果,等值线间隔 0.5 PVU),色阶为 PV 的异常值

(粉色表示负,红色表示正)。类似形势在 2007 年 6 月和 7 月反复出现,西欧上空的波谷

(正 PV 异常)导致了极端的月降水(Blackburn et al.,2008)

分离出来,进而更突出这种对应关系。尽管平流和罗斯贝波破碎引入了非线性,但大尺度模态的动力学可以用波传播和相互作用来解释。这一假设将用 ENM 方法进行检验,ENM 方法是通过结合数据统计分析和波活动守恒特性推导出来的。

　　类似的,但较少使用的守恒定律存在于扰动能量(假能量)中。大振幅扰动(Haynes,1988)类似于式(4.8)的定义,但使用能量密度代替纬向角动量。然后利用背景状态的时间对称性(即稳定性)得到假能量守恒定律。Methven(2013)推导了假能量的小振幅表达式,包括下界附近的扰动:

$$H = \frac{1}{2} r_0 (u'^2 + v'^2) + \frac{1}{2} \frac{h_0}{g p_0 \theta} p'^2 - \frac{u_0}{\cos\phi} P \tag{4.10}$$

式中,右侧第一项是扰动动能,第二项是有效位能,第三项是多普勒项,它正比于 P。扰动的定义和计算采用式(4.1),位置使用的是等位温坐标(λ, ϕ, θ)。

　　即使在大振幅时,守恒定律也暗示了扰动的某些性质。考虑一个连续的扰动,它既不增长也不衰减,而主要是沿着纬圈转换。如果背景态可以定义为带状对称和稳定的,那么扰动必然同时具有守恒的假动量和假能量。假能量与假动量的比值给出了参照系的平移速度,参照系上的扰动对观测者来说是稳定的。也就是说,它定义了扰动的相位速度(Held,1985;Zadra,2000)。这是我们将用来描述数据变换模态的核心属性之一。

4.2.3　波活动守恒对模态变化的指示意义

　　式(4.9)中波活动的小振幅极限在扰动振幅上正好是二次的,Held(1985)利用这一性质对扰动的一般性质和大气动力学标准模的特殊性质作了推论:

①由于全球波活动守恒，它的变化率为 0。因此，如果背景状态也是稳定的，只要当全求波活动等于 0 时，扰动振幅就能在任何地方增长。由式（4.9）可导出著名的切变不稳定 Charney-Stern 必要条件：PV 梯度必须在域内某处改变符号。正如 Bretherton（1966）首次描述的斜压不稳定性，负假动量可能与式（4.9）中的边界波活动有关。

②增长的正模态必须有 0 的假动量，而中性模态可以有非 0 值。

③因为标准模是独立演化的，每一种模态都能自己保守假动量。因此，如果要使模态叠加的整体假动量守恒，那么标准模态必须是正交的。

④如果背景态也是稳定的，则假能量守恒，结论（2）和（3）对假能量也适用。此外，由于扰动能量是正值，从式（4.10）我们可以得到切变不稳定的 Fjortoft 必要条件：纬向流和 PV 经向梯度必须在整个域上平均呈正相关。

⑤如第 2.2 节所述，中性模态的相速度由假能量与假动量之比给出。考虑到小振幅二次项，我们看到对相位速度有两个明显的影响：

$$c_p = -\frac{<H>}{<P>} = <\frac{u_0}{\cos\phi}P>/<P> - <E>/<P> \tag{4.11}$$

这里，尖括号表示整个定义域上的积分。假能量中的多普勒项给出了纬向流扰动的平流率，既使在切变存在的情况下也是这样的。由于波的频率可以定义为 $\omega = c_p k$，所以多普勒项表示背景流与纬向平流相关的频率偏移。它的符号仅取决于背景纬向流的符号，该符号由波活动最大的位置加权决定。第二项描述了相对于纬向流的传播，它与扰动能量（E）成正比。由于扰动能量是正值，因此，传播方向取决于模态假动量的符号。

请注意，如何预测增长的标准模态的相速度并不是立即能看到，因为它们必须具有 0 的假动量和假能量。然而，Heifetz 等（2004）得到了这个问题的一个解决方案，他们利用波活动正交性，用一对反向传播的罗斯贝波（CRWs）的线性叠加，重构了增长和衰减方向的标准模态。通过重构，CRW 与伪动量正交，一个 CRW 具有正的伪动量，另一个 CRW 具有负的伪动量，因此，当只有增长模式时，它们的和为 0。因此，它们描述了向相反方向传播的扰动（相对于波活动大的流动）。然而，它们与能量不是正交的，能量可以随着 CRW 对的演化而增长或衰减。

它们被用来对斜压或正压不稳定性（对任何不稳定平行纬向流的 Eady 模型的推广）给出一个机理解释。标准模的增长速度可以用 CRWs 间的相互作用来表示。也许最重要的是，增长模的相速度可以用两个 CRWs 的特征相速度的平均值表示：

$$c_{NM} = -\frac{1}{2}\left(\frac{<H_1>}{<P_1>} + \frac{<H_2>}{<P_2>}\right)$$

式中，$<P_1> = -<P_2>$。

4.3 观测和模式数据的 ENM 方法及其与 S2S 动力学和可预测性的相关

一种诊断和表征大气 S2S 变率的方法是使用相空间方法，该方法已被证明在数学、物理和大气动力学中非常有价值。地球流体的相空间是流体在给定时间的状态对应的一个唯一空间。通常，地球流体的相空间可以用稳定的基本状态和叠加的波扰动来表示，它们分别表示为二维相平面上的振荡(具有特征振幅和相位)。在非线性流中,这种分解是非唯一的(如 2.1 节所讨论的),相空间轨迹可以是复杂的。

这里,我们将专注于波动的演化和关于线性波理论应用于小振幅扰动极限的理论。这得益于波在大尺度上传播的普遍性(图 4.3),尽管大尺度的扰动会导致 PV 向更小尺度的连续串级以及与类似遥相关的波动模态。尽管存在这样苛刻的假设,提出 ENM 诊断框架是非常有远见的,也被成功地应用于各种类型的流动,包括非线性流。

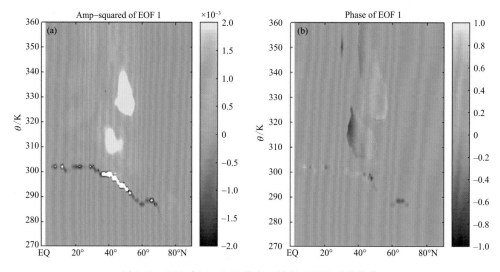

图 4.3 2007 年 6—7 月纬向 6 波的 ENM 对的结构

(a)ENM 假动量的结构(振幅的平方),在内部为正,在边界区域为负,它跨越了下边界(对应每个 θ 值)的波态和背景态 θ 之间的空间。对 ENM 进行了归一化,使振幅的平方在纬度-θ 平面上的积分是统一的。(b)与 ENM 相关的空气经向位移的相位(弧度/π)

一般来说,波通过遵循守恒定律的动力过程在气流中传递能量和动量。在 4.3.1 节中,我们将说明标准模态理论的核心守恒定律从根本上约束了波的时、空特性。对于一个给定的耗散和随机强迫流,守恒定律可以用来增加统计主成分分析(PCA)及其相关 EOFs 的物理相关。在相对于稳定基本状态的波动背景下,如果主成分分析使用波活动守恒定律,我们可以证明 EOFs 是由线性波动理论得到的正模。后者的结果可以让我们发展一个基于线性波动理论的统计和经验诊断框架。它被 Brunet(1994)命名为 ENM 分析。当由 ENM 性质得到的相速度与跟踪观测到的波相速度一致时(ENM 相速度条件;参见式(4.19)),我们还将在 4.3.1 节中表明,ENM 分析的某些方面在概念上和数量上仍然与随机强迫和阻尼非线性流动有关。在第 4.3.2 节中,我们将讨论 ENM 分析在不同应用中的潜力,在第 4.3.3 节中,我们将重点讨论 S2S 变率的 ENM 分析。

4.3.1 ENMs:连接了主成分、标准模和保守性

在第 4.2.2 节中,我们讨论了地球物理流体动力学中两个著名的波活动守恒定律(Haynes,1988)。这些波活动是稳定基本态的总假能量和带状对称基本态的总假动量。当基流是均匀的时,假能量和假动量分别减小为总能和总熵,而基本态流中的切变则从根本上改变动力结构。

在过去,对最优基的追求带来了许多独立的重新发现,即现在所知的 EOF 时、空双正交展开式。Sirovich 和 Everson(1992)对这一主题进行了历史回顾。North(1984)用标准模态基对满足自伴随方程的标准模态大气线性动力系统进行了物理解释。Brunet(1994)利用守恒的假动量和假能量波活动将这项工作扩展到切变流的原始大气方程(通常不是一个自伴随问题)的正态模。在这种更一般的情况下,ENM 不是协方差矩阵的统计特征函数,而是广义对称特征值问题的一个解。

关于动力系统、标准模态、相速度和守恒定律的论述可以在 Brunet(1994)、Brunet 和 Vautard(1996)以及 Charron 和 Brunet(1999)中找到。在接下来的讨论中,我们将假设存在一个纬向基本态,以确保在无强迫和无黏流中假动量和假能量是守恒的。

考虑如下形式的一个非线性动力系统：

$$\frac{\partial X}{\partial t} = G(X) \tag{4.12}$$

式中,X 表示状态矢量,$G(X)$ 表示导致状态变率的动力算子。考虑独立于时间的纬向基流 X_0,对上式线性化可得：

$$\frac{\partial X'}{\partial t} = iG_0 X' = iH_A A X' \tag{4.13}$$

式中,H_A 和非奇异向量 A 是 $W_A = <X', AX'>$ 为一个保守量情况下的 Hermitian 算子(Charron et al.,1999)。这对球面上的浅水模型的罗斯贝波和重力波是满足的(Brunet et al.,1996)。在接下来的讨论中,我们将假设 W_A 是总的假能量。

尖括号 $<f,g> = \int f^+ g \, dv$ 表示对线、面或体积的积分。具体的例子由方程(4.10)给出,在球面上由原始方程描述的动力学过程中状态向量需要用 $X' = (u', v', p', r', \eta)$ 来描述,包括出现在内部和低边界项的扰动,尖括号表示在大气上的体积积分。

考虑正态模展开,其中每个 Z_n 都是方程(4.13)的单波解,因此：

$$\begin{cases} X' = \sum_n a_n(t) Z_n = \sum_n a_{n,0} e^{i\omega_n t} Z_n \\ \omega_n Z_n = H_A A Z_n \\ <Z_n, AZ_m> = \alpha_n \delta_{n,m} \\ \overline{a_n a_m^*} = \delta_{nm} \end{cases} \tag{4.14a}$$

式中,α_n 是正态模 Z_n 的总的假能量,a_n、ω_n 是正态模的自然频率,上横线表示时间平均。

这是一个广义特征值问题,由于 A 和 H_A 是 Hermitian 算子,且 A 是非奇异量,我们可以证明一系列 $\{Z_n\}$ 可以形成有限维空间的一个完全正交基(Bai et al.,2000)。因此,正态模展开为方程(4.13)的初值问题提供了一个完整的解。正态模跨越相空间中的一个相平面,它们表示除驻波外的传播波。

如果对方程(4.12)的纬向对称基的解 X_0 线性化,假动量 $W_J = <X', JX'>$ 守恒,则正态模满足：

$$\begin{cases} \omega_n Y_n = H_J J Y_n \\ <Y_n, JY_m> = \beta_n \delta_{n,m} \\ \overline{a_n a_m^*} = \delta_{nm} \end{cases} \tag{4.14b}$$

式中,β_n 是正态模 Y_n 的总假能量。值得注意的是,如果本征值对 (α_n, β_n) 是非退化矩阵,则正态模$\{Z_n\}$和$\{Y_n\}$是相同的并形成唯一的基。在接下来的讨论中,我们将假设情况就是这样。它遵循了交换算子的完全集合(CECO)的框架,其中许多算子的集合具有相同的特征向量(Cohen-Tannoudji et al.,1973)。对于具有假能量和假动量守恒的球面上的原始方程,我们可以写作:$W_A = cW_J$,因此,对每个正态模都有:

$$c_n = \frac{<z'_n, Az'_n>}{<Y'_n, JY'_n>} \tag{4.15}$$

式中,c是气流的平均相速度(Held,1985;Zadra,2000)。对于不与表面相交的单个等熵面,这种关系也适用于修正的波活动(通过添加一个守恒的散度项)(Zadra,2000)。

在地球物理环境中,采用阻尼和随机强迫模型通常更能代表观测到的大气运动(关于这方面的更多信息,请参阅第6章)。为了简单起见,我们将在下文中假设我们已经将式(4.13)分解到每个纬向波数k上。

则每个纬向波数(忽略下标)强迫耗散的式(4.13)可表示为:

$$\frac{\partial X'}{\partial x} = iH_A AX' - \gamma X' + \varepsilon \tag{4.16}$$

式中,γ为Raleigh耗散衰减系数,ε为一个和时间无关而在空间上平方可积的随机强迫。

若用正态模$\{Z_n\}$表示式(4.16),则完整的时间序列可以写为:

$$X'(x,t) = \sum_n a_n(t)Z_n(x)$$

时间域傅里叶变化的系数为:

$$\tilde{a}_n = \frac{\tilde{\varepsilon}_n}{i(\omega - \omega_n) + \gamma}, \text{其中} \alpha_n \tilde{\varepsilon}_n = <Z_n, A\tilde{\varepsilon}> \tag{4.17}$$

式中:傅里叶变换变量$\tilde{g}(\omega) = 2\pi^{-1}\frac{1}{T}\int_{-T/2}^{T/2} g(t)e^{-i\omega t}dt$ 和 α_n 由式(4.14a)确定。

当$\gamma = 0$时,只有当Fredholm替代方案满足时,式(4.17)的解才存在(Riesz et al.,1953),因此,对所有的n都有$\varepsilon_{\tilde{n}}|_{\omega=\omega_n} = 0$。

如果(α_n, β_n)是非退化矩阵,那么在极限$T \to \infty$时。如果A和B是非奇异的,随机强迫和阻尼动力系统式(4.16)就有一个解为时间序列X',那么对于每个纬向波数k有:

$$\begin{cases} CJX_n = \beta_n X_n \\ CAX_n = \alpha_n X_n \\ \omega_n = k\frac{\alpha_n}{\beta_n} \end{cases} \tag{4.18}$$

式中,$\{X_n\}$是方程(4.13)的正态模,协方差矩阵为$C(x,x') = \overline{X'(x)X'(x')^*}$。式(4.18)中通过最大协方差矩阵得到的正态模$X_n$就称为ENM。

相位速度关系式(4.15)表明,如果知道X_0的时间序列,我们求解方程(4.13)就是求解带有随机强迫的非齐次阻尼式(4.16)的初值问题。因为非强迫和非耗散的演化方程(4.13)是一个完全可积分的Hamiltonian系统,对于给定的截断N,有$2N$个运动常数。和ENM的基$\{X_n\}$相对应,我们在时间域中也有一个完整的标准正交基(即主成分)$\{a_n\}$,其中$a_n a_m^* = \delta_{nm}$。这意味着通过ENM分析得到的不同类型的每一个单独的波/ENM(例如,重力和罗斯贝波)将是具有清晰的动力学意义的跨越空间和时间的双正交子空间。

在实践中,ENM方法可用于分析诊断特定波的空间结构及其时间演化,而不受其他波动的影响。特别的是,它可以在不使用任何时间滤波技术的情况下高效地划分快模态和慢模态。Brunet 和 Vautard(1996)已经证明,对于模拟的线性和非线性对流层高层正压流,这种方法相对于标准 EOF 分析是非常有利的。应该指出的是,在有阻尼和随机强迫的情况下,还有其他统计技术可用于研究和预测大气振荡。例如,主振荡模态(POP)方法(Penland,1989)和构造模拟(CA)方法(Van den Dool,1994),它们已成功地用于长期天气预报(Van den Dool et al.,1995)。

对于给定的变量时间序列,这两种统计方法基本上依赖于时间滞后技术,在该时间序列中,利用线性回归方程根据当前变量值和滞后(过去时期)值预测未来值。可以很容易地证明,一般来说,这两者在数学上是等价的。ENM 分析有着本质上的不同,因为它不是基于时滞相关,而只是基于波活动守恒。这使得 ENM 分析在处理噪声时非常稳定。例如,由方程(4.19)导出的 ENM 完全不受时间序列随机重新排序的影响。这不是 POP 和 CA 分析的情况,因为协方差矩阵只依赖于时间平均,因此,在时间序列的重新排序下是不变的。

当然,在实践中进行 ENM 分析时,我们需要评估给定时间序列的基础正态模假设的有效性,例如基本状态的选择、守恒定律和小振幅波活动。小振幅近似可以通过使用有限振幅波活动来放宽,但正如 Brunet(1994)所讨论的,ENM 分析结果的解释肯定是有问题的。除了 Brunet(1994)的研究外,迄今为止所有的 ENM 分析都是使用小振幅波活动进行的。

一般来说,我们可以客观地证明 ENMs 在代表大气流体动力学方面的有效性(无论是模拟的或是观测的)。它可以在 CECO 理论的背景下完成,并使用时间滞后技术,如 CA 和 POP 分析。这种评估方法的一个重要方面是 ENM 相位速度条件:

$$\overline{\Omega_n} = -i \overline{\frac{da}{dt}a^*} = k\frac{<X_n, AX_n>}{<X_m, JX_m>} = \omega_n \tag{4.19}$$

式中,$\overline{\Omega_n}$是观测的平均自然频率。如前所述,这些关系是证明大气变化是一个可积动力系统所必需的。在实践中,主成分通常不是单一的,但 ENM 相速度条件要求对于每个 ENM 观测到的平均固有频率$\overline{\Omega_n}$(来自于主成分时间序列)等于其固有频率ω_n。这些相速度条件已经在统计估计误差内得到验证,并为许多问题提供了重要的参考。

4.3.2 ENM 在跨时间尺度可预报性中的应用

首先,我们将用一个相对简单和明确的例子来说明 ENM 分析的应用(Brunet et al.,1996):在球坐标上的浅水模型。该模型在很多方面都与 S2S 预测问题有关。这是一个全球正压模式,包含罗斯贝波、罗斯贝-重力波、开尔文波和典型的中纬度和热带对流层上层的重力波。对于演化方程(4.12)的 ENM 分析,对于给定的纬向波数 s,我们有以下扰动状态向量:

$$X' = X - X_0 = \begin{pmatrix} u' \\ v' \\ \sigma' \\ P' \end{pmatrix}, 其中 X_0 = \begin{pmatrix} u_0 \\ 0 \\ \sigma_0 \\ P_0 \end{pmatrix} \tag{4.20}$$

式中,u'、v'、σ'、P'分别是无量纲纬向风、经向风、高度和 PV 扰动。假能量 A 和假动能 J 表达式为:

$$A = \frac{1}{2} \begin{pmatrix} \sigma_0 & 0 & u_0 & 0 \\ 0 & \sigma_0 & 0 & 0 \\ u_0 & 0 & 1/F_R & 0 \\ 0 & 0 & 0 & -\dfrac{u_0 \sigma_0^2}{\dfrac{dP_0}{d\phi}} \end{pmatrix} \quad J = \frac{\cos(\varphi)}{2} \begin{pmatrix} 0 & 0 & 1 & 0 \\ 0 & 0 & 0 & 0 \\ 1 & 0 & 0 & 0 \\ 0 & 0 & 0 & -\dfrac{\sigma_0^2}{\dfrac{dP_0}{d\phi}} \end{pmatrix} \qquad (4.21)$$

式中,F_R 是弗劳德数,ϕ 是纬度。因此,根据上一节的考虑和这些算子,我们可以通过求解广义特征值问题(方程(4.18))对给定的浅水模式时间序列 X 进行 ENM 分析。

需要注意的是,ENM 基的唯一性和完备性仅依赖于这两个矩阵(以及协方差矩阵)的秩。从它们的行列式中我们可以看出这等于是有界的(a 和 j),对于任何纬度,

$$0 < \frac{\sigma_0^2}{\dfrac{dP_0}{d\phi}} < j \quad 0 < \frac{u_0 \sigma_0^3}{\dfrac{dP_0}{d\phi}} \left(\frac{\sigma_0}{F_R} - u_0^2 \right) < a \qquad (4.22)$$

如果它们不满足,则第一和第二条件也分别和 4.2.3 节所讨论的 Charney-Stern 和 Fjort-oft 相关。但第二个条件也指出,风速与局部重力波相位速度不一定是一致的。第二个稳定性判据首先是由 Ripa(1983)以某种不同的方式推导出来的,它保证不存在不稳定的正态模。在不稳定正态模存在的情况下,ENM 分析仍然有效,但它需要一种不同的方法,就像 4.2.3 节中对 CRWs 所解释的那样。当然,不稳定的 ENMs 也可以直接从假动量广义本征值问题(方程(4.18))中得到(Martinez et al.,2010a)。

使用球面上的浅水谱模式,Brunet 和 Vautard(1996)利用典型的北半球冬季急流的线性和非线性状态以及各种变量测试了 ENM 相速度状况(方程(4.19))。基于不同量的 EOF 诊断已经清楚地显示了利用波活动的优势。

时间序列的时间和纬向平均是基本状态的最佳选择。它使扰动方差最小化,因此,它最接近小振幅假设。值得注意的是,与 20 世纪 90 年代典型气候模式(T32—64)分辨率相比,分辨率相对较高(T100)仅满足线性区域的切变低频罗斯贝波的相速度条件。具有现实变形半径的浅水模型的变化模态只有在足够高的分辨率下才能得到很好的模拟。这个例子突出了 ENM 分析作为评估气候和预测模式中动力过程数值准确度的合适工具的潜力。Zadra 等(2002b)将该方法从原始方程模型扩展到多层数据,并将其应用于加拿大全球环境多尺度数值天气预报动力核心。

一个重要的发现是,ENM 相速度条件甚至在有波破碎发生的非线性模拟中也得到了验证(Brunet et al.,1996)。这表明,在足够长的时间内,在验证相位速度条件时,非线性项的累积效应可以被认为是可以忽略的,即使 ENMs 是非线性相互作用的。例如,虽然在图 4.2 中罗斯贝波破碎和大气运动的复杂性导致个别槽以不同的方式拉伸和折叠,但 PV 异常的波型的传播可以通过方程(4.19)进行定量预测。因此,ENM 在某些方面与非线性问题具有动态联系。Vanneste 和 Vial(1994)建立了研究切变气流中正态模的非线性相互作用及其与波活动关系的框架。这可能为研究 ENMs 的非线性相互作用提供一条途径并应用于研究 S2S 相空间的可预测性和动力学过程,也为应用不同的混沌理论技术来识别混沌路径(如 KAM 理论和周期倍增)铺平道路。

迄今为止,ENM 相速条件已被相关研究证实,例如 315 K 等熵面上的全球大气、北半球大气变率(Brunet,1994)、浅水模式罗斯贝波(Brunet et al.,1996)、多层 NCEP 冬季再分析

(Zadra et al.，2002a)、Charron 和 Brunet(1999)模拟的重力波以及飓风涡旋的罗斯贝波动力学(Chen et al.，2003；Martinez et al.，2010a，2010b，2011)。在这些研究中，ENM 相速度条件在大部分研究的波活动方差的合理范围内得到了证明。

Methven 等(2018)将该技术扩展到分层问题，包括下边界，这在使用再分析数据时引入了相当大的复杂性；但它很重要，因为在假动量中引入负项和假能量中相应的项。换句话说，位温扰动沿下边界的传播改变了斜压波的相位速度，这是在斜压不稳定性的 Eady 和 Charney 模型中所熟知的(hefetz et al.，2004)。图 4.3 显示了 2007 年 6—7 月 ERA-I 资料在纬向波 6 处的最大振幅 ENM 的结构。注意，在计算中微扰动是相对于 Methven 和 Berrisford(2015)计算的 MLM 背景状态定义的。模态是传播的，因此，可以用一对正交的 ENM 基来描述。

它在对流层上层和平流层下层(跨越对流层顶)有最大的振幅，并且有与边界项相关的一个明显的负的假动量贡献(这里看到的是沿着背景状态的下边界倾斜)。因此，它是一种斜压波，尽管它的内波活动比边界项强得多，但它不像斜压增长正态模所期望的那样有 0 的假动量。它的相位在对流层的中纬度急流中发生变化，这是急流两边的波破碎方向不同所致。这一点在图 4.2 傅里叶滤波的 PV 场中也可以看到。这种特殊的结构在每秒几米的速度内满足 ENM 相速度条件(Methven et al.，2018)。这些研究清楚地表明主成分分析(PCA)、波活动(包括它们相关的 Elliasen-Palm 通量)和正态模理论在诊断大气动力学方面的相关关系。

双正交 ENMs 的明显优势是：它为分析数据的统计特征和探索模态视角是否动态相关提供了一个系统性的方法。ENM 相速度条件提供了在 ENM 所跨越的每个子空间中动力过程的重要信息(例如，重力波和罗斯贝波)，例如在飓风中，由于罗斯贝波数有限重力波与旋涡罗斯贝波之间没有时间尺度的分离(Chen et al.，2003)。类似地，该技术可以用于区分在空间尺度没有明显区别的不同类型的波动状态，这对热带动力学问题是非常有用的。

假定 ENM 相速度条件能够满足主要是因为：①非线性效应不可忽视；②阻尼不是 Raleigh，随机强迫不是 Wiener；③模型对波动变化模拟得不好；④一些动力和物理过程在波活动中没有得到很好的表现。正如 Brunet 和 Vautard(1996)用浅水模型所证明的那样：后者对基本状态选择很敏感。在某些情况下(如斜压发展)，边界项的重要贡献被忽视了(Zadr et al.，2002a；Methven，2013)。

ENM 方法也可以用来研究守恒的动力系统对随机强迫的响应，这是当今气候科学中的一个关键话题。根据 Cooper 和 Haynes(2011)关于 FDT 的研究，当 $t \to \infty$ 时守恒动力系统对稳定的强迫等同于 ENM 框架中 $\delta x = -\mathbf{T}^{-1}\delta f$，$\mathbf{T}$ 是由 ENMs 的固有频率组成的对角矩阵。相对于 POP 方法的优势是：可以对每个双正交 ENM 的响应进行单独研究，并给出直接的物理解释。当然，气候研究的重点之一应该是像 S2S 变率这样的低频动态过程。

4.3.3　ENM 在大气 S2S 变化中的应用

在 Brunet(1994)和 Zadra 等(2002a)研究中，ENMs 跨越大尺度大气变率，其固有的自然振荡周期从天到月不等。除某些特定的 ENM 外，几乎所有的波活动都验证了 ENM 相速度条件。例如，Brunet(1994)表明与大西洋阻塞相关的 ENM 不满足 ENM 相速度条件，可能是由于波活动中存在非线性瞬态反馈和忽略边界项造成的。

Brunet(1994)在 ENM 框架内定量和经验地描述了 24 个冬季 315 K 等熵面北半球 S2S 变率。图 4.4 显示了在不同截断阈值下，每天观测到的总的波活动随 ENM 内在固有振荡周期的分布。共有 8 个离散型 ENMs，它们对总波活动的贡献有限（单个超过 1%），在 S2S 时间范围内具有不同的内在周期，从 14 d 到 200 d 不等。它们约占总波活动的 20%～30%，并与 AO 和大西洋阻塞等大尺度模态密切相关。

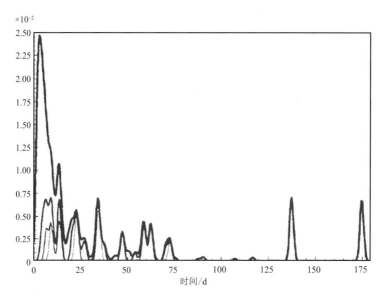

图 4.4　北半球 315 K 等熵面上观测到的 ENM 振荡周期的波活动谱密度分布

由粗到细的实线表示每个 ENM 对总的波活动贡献大于 0.1%，0.4%，0.7%，1%（取自 Brunet G，1994）

其余的波活动（70%～80%）由连续的 ENM 谱表征，其峰值为 3～5 d，与瞬变、风暴和斜压波有关（诊断为非常明显的传播 ENM 对，如图 4.3 所示）。离散的 ENM 对显示出相对可预测，具有 3～5 d 的 e 折叠时间。在这里，e 折叠时间被定义为每个 ENM 对的振幅趋势（增长或衰减）在相平面的时间平均值（Brunet，1994），这是一个很好的可预测性的衡量标准。连续谱的 e 折叠次数小于 3 d，这与斜压波活动的可预测性理论是一致的（Leith，1978）。8 对离散型 ENM 对在一定程度上控制了连续谱的演变和高影响天气的分布，因为它们是主导 PV 平流的大尺度特征。它们是跨越 S2S 低频变化模态相空间的很好的参考因子（参见第 6 章）。

例如，图 4.5 给出了 1963—1987 年冬季纬向波数 2 的 ENM 对的相空间——概率密度，其固有周期为 35 d。可以清楚地看得到概率密度具有一个不对称的双峰特征、一个局部小峰和一个宽峰。结合波活动特征，小波峰与大西洋阻塞有关。Vautard（1990）获得的纬向（ZO）和大西洋阻塞（BL）天气状态事件的概率密度也证实了这一点，其中 ZO 事件密度与 ENM 双峰的主要结构相似。

值得注意的是，图 4.5 中 ZO 和 BL 密度显示出相对于 ZO 区域，BL 的 ENM 对波活动有较强的放大，振幅也有类似的相位变化；BL 的最大密度比 ZO 的最大密度距离相平面原点更远。对于另外两个离散的 ENM 对，这是一个典型的共振过程。Charney 和 DeVore（1979）的波-平均流相互作用理论预测了慢变过程中存在弱不稳定的半球正态模（参见第 6 章），他们提出了用地形诱导的线性和非线性共振机制来解释相位锁定和天气特征的多重平衡态。

人们已经认识到，北大西洋涛动（NAO）的时间变率跨越许多时间尺度，并受到广泛的大气和海洋强迫。例如，Molteni 等（2015）指出热带外与印度—太平洋地区相连的遥相关，会存

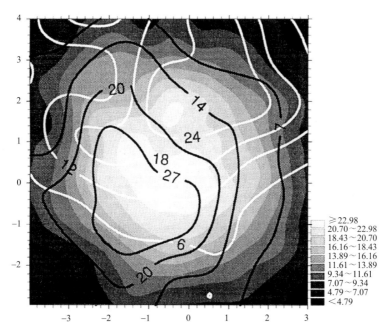

图 4.5　纬向波数为 2 的 ENM(周期大约 35 d)的位相—纬向—空间概率密度分布(色阶)
黑线和白线分别表示 ZO 和 BL 天气事件(取自 Brunet G,1994)

在跨越周到年代际时间尺度的大气响应,这与共振行为是一致的。需要对离散的 ENM 相空间、天气状况和共振机制进行更深入的研究,才能在 S2S 问题上取得进展。Zadra 等(2002a, 2002b)对观测和模拟的全球大气进行了三维 ENM 分析,从而实现了这一目标。Zadra 等(2002a)的重点不是 S2S 变率本身,而是对流层上层和平流层下层沿对流层顶观测到的变率。已有研究(Rivest et al.,1992)表明,对流层顶附近的波活动有很大一部分是特征振荡周期小于 14 d 的 ENMs。

　　准模态被定义为奇异模态的叠加,这些奇异模态在相速度域内急剧达到峰值,但具有大尺度结构,与奇异模态相反(奇异模态表示流受到的切变扰动)。它们常常让人联想到单一离散模式(中性或不稳定)通过风基本状态(例如,风切变)或动力学过程的(f 平面或 β 平面, Zadra,2000)改变而分解为连续谱。准模态通常受到临界层搅拌的弱阻尼作用(Briggs et al., 1970;Schecter et al.,2000,2002;Schecterand Montgomery,2006;Martinez et al.,2010a),并在相对较长的时间内保持它们的能量。它们的空间结构较大,具有典型的离散模态,容易受到外强迫的激发。它们不容易通过数值或分析方法计算或识别(例如,识别相关的 Landau 极),但在飓风模拟(Martinez et al.,2010a)和大气再分析(Zadra et al.,2002a)诊断中,ENM 分析很容易识别它们。后者的研究能够识别夏季半球沿对流层顶的偶极型气压主要模态,这些模态具有明确的相速度和几天的衰减率,可以用准模态理论解释(例如,波数 5,相速度为 12 m/s,衰减率为 3 d)。

　　在 Brunet(1994)的二维正压研究中,跨越 S2S 变率的 8 个离散型 ENMs 很可能是准模态。这需要进一步的研究来证实这一假设,这可能需要三维 ENM 分析,因为 Zadra 等(2002a,2002b)已经确定了相对较多的离散型 ENM,其固有周期超过 14 d(例如,仅纬向波数 1 就超过 6 个)。

ENM 也可以用于大气-海洋 S2S 研究,一般来说,假能量是守恒的,而假动量是不守恒的。例如,当海洋盆地边界不规则时,由于纬向对称被打破,后者就不守恒。海洋 ENM 诊断可用于 MJO 大气-海洋耦合问题(海洋仅限于混合层)。这将是在次季节到几十年时间尺度上观测海洋-大气的 ENM 的第一步。值得注意的是,除了 P Ripa(Shepherd,2003)的工作外,海洋的波活动研究很少。

4.4 小结

本章的第一个重要目标是利用地球物理流体动力学的基本原理,通过分割绝热和非绝热流过程来解决诊断大气 S2S 变率的问题。利用基于 PV 守恒和位温守恒的 MLM 理论证明了这是可能的。根据慢绝热过程(如,辐射强迫)和大尺度绝热动力学过程对 S2S 变率的 MLM 划分导致了我们所提出方法的第二个重要目标,即基于理论推导出的基本性质,从观测到的全球数据和具有相干时、空特征的模式模拟数据中提取 S2S 变率的动力学模态。

在本章中,我们证实了基于守恒定律、PCAs 和正态理论的特性构建的 ENM 分析方法,对此提供了一个合适的理论框架。ENM 分析能够为 S2S 的科学研究带来新的视角(例如,根据 ENM 特征相位速度将 S2S 的可变性划分为快模态和慢模态)。例如,迄今为止 ENM 技术的使用已经揭示在较低相位速度下少数结构主导了观察到的变率,而不是斜压波。然而,关于这些模态的性质还有许多未解之谜。ENM 结构是否与振型结构一致?我们能否确认或排除它们的准模态解释?它们在很长的时间序列中是否稳定?背景状态有很强的季节变化,但是计算时假设背景是稳定的,那么是否应该对每个季节分别考虑?边界波活动的作用是什么?

一旦掌握了跨越 S2S 变率的离散的 ENM 相空间的特征,我们将很好地解决 S2S 可预测性问题。为了应对可预测性的挑战,我们需要更好地理解以下几点:

①少量不同模态描述 S2S 时间尺度上的可变性的程度,以及这些模态结构每年的稳健性。

②这些离散模如何通过非线性过程和更快的扰动、背景状态等发生相互作用。波共振、多重平衡、吸引集、稳定和不稳定的极限环(第 6 章)的物理机制也很重要。

③缓变模态在 S2S 时间尺度可预测性中的作用。

④如何使用 ENM 方法来分析热带-热带外相互作用,以及导致热带外长期可预测性的遥相关。

⑤在系统对随机和其他强迫的平均响应方面,ENMs 表现出大气动力学减弱的程度。全球和区域气候模式的相互比较,利用 ENMs 的相空间来理解 S2S 变率随气候变化的变化,包括天气状况对气候变化的响应(结构和发生)。

同时使用统计和理论研究将提高我们对 S2S 预测问题的认识,并为发现可预测性的新来源指明方向。例如,Brunet(1994)和随后对观测和模拟的全球大气 ENM 分析的应用(Zadra et al.,2002a,2002b)提供了通过遥相关来研究 MJO 和 NAO 双向相互作用问题(Lin et al.,2009)及其对数值天气预报技巧的影响(Lin et al.,2010a;Lin et al.,2011)。如前面的例子所示,为了在未来的 S2S 预测问题上取得进展,我们还需要使用一个越来越复杂的谱模型来获得必要的动力学过程和物理意义(Derome et al.,2005;Lin et al.,2007)。

　　我们认为，S2S 预测问题是天气预报和气候预测的前沿问题，其中 S2S 变率可以用有限数量的相对大尺度离散模态来表示。这些离散模态通过与自身、瞬态涡流和弱耗散过程的非线性相互作用以一种复杂的方式进行演变。可预测性的来源是快速绝热和缓慢绝热过程的混合物，而这可以通过基于 ENM 和 MLM 理论的相空间方法进行适当的区分和诊断。虽然这里描述的方法不是唯一的，但在不断变化的气候中，更好地预测 S2S 变率和天气状况的关键在于提高对 S2S 相空间结构的基本性质以及由动力学过程产生的相关可预测性的理解。

第二部分

次季节—季节预测的可预测性影响因素

第5章

热带大气季节内振荡

5.1 简介

热带大气季节内振荡(MJO)是热带气候系统季节内变率的主要模态。MJO 是一种行星尺度的、向东传播的波动现象,其波动周期为 40～60 d;在传播过程中它会影响热带地区深对流的发展,进而调节热带地区降水活动。同时,与 MJO 相关的异常深对流可以激发热带地区罗斯贝波,它可以传播到温带地区并影响中纬度天气系统。正因为 MJO 对全球天气、气候系统都有重要影响,因此,它成为次季节尺度上潜在可预测性的主要来源。

季节内振荡现象(ISO)最早是由 Madden 和 Julian(1971,1972)通过分析高空风的观测资料发现的。他们通过对 Canton 岛(3°S,17°W)上纬向风的长时间观测资料进行谱分析,发现在对流层上、下层都存在 40～50 d 的振荡周期。之后,Madden 和 Julian 通过对热带其他地区测站资料的进一步分析发现,热带地区存在普遍的 1～2 波数、向东传播的行星波扰动,他们将其描述为"沿着赤道(纬向)平面向东传播的大尺度对流系统"。从大尺度环流辐合—辐散异常的角度出发,Madden 和 Julian(1972)详细描述了 MJO 及其相关对流异常的纬向结构。此外,早期卫星遥感资料的分析结果(Gruber,1974;Zangvil,1975)也验证了他们对 MJO 相关对流异常特征的描述。

在北半球夏季,印度洋和西太平洋的 ISO 同时具有显著的东向和北向传播分量(Lau et al.,1986;Lee et al.,2013)。这类北向传播的 ISO 与亚洲夏季风活动的中断/暴发有密切的关系。夏季北传的 ISO 活动通常与 MJO 有密切的联系,例如 Wang 和 Rui(1990b)在研究中指出,大约 50%的北传 ISO 与 MJO 有关。为了区别北半球夏季 ISO 活动与其他大气季节内振荡现象,我们通常将其当做一种独立的现象,即北半球夏季季节内振荡(Boreal Summer Intraseasonal Oscillation,BSISO)。虽然 MJO 和 BSISO 存在明显的关联,但本章的关注重点还是东向传播的 MJO,它有明显的季节性差异。

本章将概述 MJO 的观测特征、对热带和热带外天气的影响、MJO 形成和传播的基本理论、MJO 的数值模拟以及当前次季节预报系统对 MJO 的预报能力。本章最后一节将重点讲述 MJO 与次季节预测相关的最新进展。

自 20 世纪 70 年代发现 MJO 现象以来,已经有大量文献对 MJO 进行了全面、系统、深入的研究。因篇幅所限,本节不可能囊括所有相关研究成果。在此期间,有很多的综述性文章,例如 Madden 等(1994)和 Zhang(2005)的论文;国际间合作开展的两次大型的实地观测试验,即 TOGA-COARE(Webster et al.,1992)和 CINDY/DYNAMO(Gottschalck et al.,2013);以及由 Lau 和 Waliser (2005)撰写的关于季节内振荡现象的综合性著作都可以作为读者深入了解的重要参考资料。

5.2 实时多变量 MJO 诊断指数

要想描述 MJO 的物理特性,我们需要一种可以在观测或模式输出数据中识别 MJO 的方法。对热带地区向外长波辐射(outgoing longwave radiation,OLR)数据(或其他相关变量,见图 5.1)进行功率谱分析的结果,可以较为直观地展示热带大气波动特征(Matsuno,1966)。如图 5.1 所示,OLR 功率谱在波数 1~5、周期 40~60 d 有明显的极大值,这与 MJO 的活动特征十分接近。MJO 的频谱特征使得学者们在研究该现象时常采用带通滤波方法,滤波区间根据研究需求从 20~100 d(Slingo et al.,1996)至 30~60 d(Knutson et al.,1987)不等。研究 ISO 现象最简单方法是对 OLR(通常是有限区域)滤波后再进行相关-回归分析,以揭示其变率的时、空结构。目前,这种方法仍常用于分析气候模式对 ISO 的模拟效果(Jiang et al.,2015)。另一种方法是使用经验正交函数(EOF)分析(Wilks,2011),特别是对 OLR 进行 EOF 分解后提取主要空间模态。当对带通滤波后的 OLR 进行 EOF 分解时,前两个主模态即可描述沿赤道东传的 MJO 主要特征。主模态的时间序列可进一步与其他变量做相关分析,从而研究 MJO 对其的影响(Matthews,2000)。

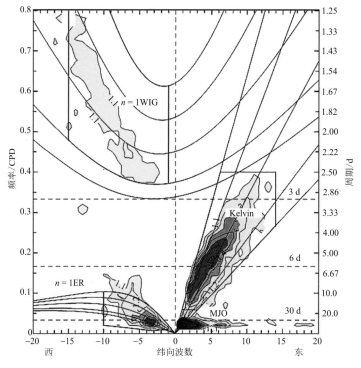

图 5.1　对 1983 年 7 月至 2005 年 6 月 15°N 到 15°S 之间亮温(T_b)进行功率谱分析,并绘制成 T_b 功率与平滑的红噪声背景下的功率之比

等高线自数值 1.1 开始每间隔 0.1 绘制 1 条,当功率谱信号在超过 95% 信度水平时可认为显著

(引自 Kiladis et al.,2009)(译者注:CPD 为频率的单位,即 Count Per Day)

虽然上述方法能够很好地提取 MJO 时、空特征，但它们在计算中依赖时间滤波，因此，不适用于实时分析。为了开发一种可以用于实时监测和预测 MJO 的指数，Wheeler 和 Hendon（2004）提出了一种实时多变量 MJO 指数（real-time multivariate MJO index，RMM）。RMM指数是基于对赤道附近（15°N—15°S）的 OLR、200 hPa 和 850 hPa 纬向风逐日异常值进行多元 EOF 分解，得到的前两个主模态特征。要获得逐日异常值，需要对原始数据去除季节循环和年际变化特征。年际变化特征的去除是通过剔除与 ENSO 相关的海表温度（SST）变化的线性趋势，然后再减去前 120 d 的平均值得到。RMM 指数能很好地描述 MJO 行星尺度特征，以及异常的对流结构和对流层上、下层风的反位相关系，这与 Madden 和 Julian（1972）提出的MJO 特征基本一致。EOF2 描述了印度洋和西太平洋上空 MJO 的活跃和抑制位相，而 EOF1主要描述了海洋大陆上空的 MJO 活动（图 5.2）。

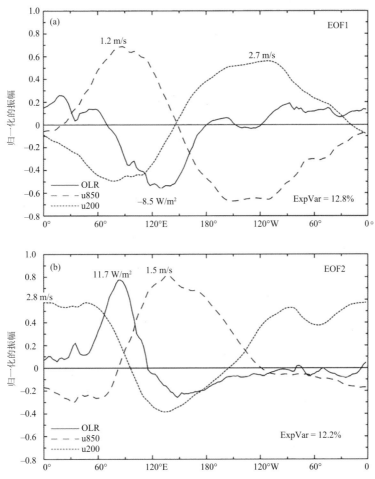

图 5.2　OLR 和 850～200 hPa 纬向风（u_{850}、u_{200}）进行多变量 EOF 分析得到的前两个主模态的空间结构　两个模态的 EOFs 解释的方差分别为 12.8% 和 12.2%（引自 Wheeler et al.，2004）

RMM 指数是通过将当日观测数据的异常值投影到初始 EOF 模态上，最后得出两个指数：RMM1 和 RMM2；这两个指数共同描述了 MJO 的位相和振幅。图 5.3 是 RMM 指数空间位相图（2003 年 10 月—2004 年 3 月）的一个示例，如图所示，一个典型的 MJO 活动在 2003 年

10 月中旬出现在第 5 位相,到 11 月初传播到第 8 位相并消亡;在 12 月初,一个新的 MJO 事件在西印度洋区域生成(第 2 位相)并逐渐发展,在 7~8 位相时加强;之后经过印度洋继续传播,最终在海洋性大陆(第 5 位相)衰减消失。大约在 2004 年 3 月的第二周,一个新的 MJO 事件出现并活跃在西印度群岛海域(第 3 位相),接着经过西太平洋继续传播。图 5.4 描述了 2003—2004 年冬季赤道地区(15°N—15°S)OLR、850 hPa 和 200 hPa 纬向风异常的时间-经度气候态分布。这些与 MJO 相关的、向东传播的 OLR 和斜压纬向风异常特征十分明显。

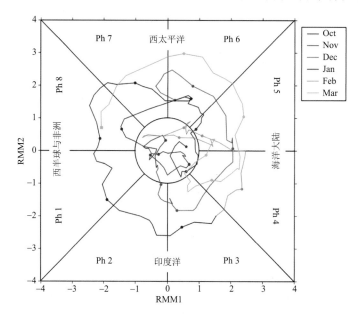

图 5.3 2003 年 10 月 1 日(蓝色星号)—2004 年 3 月 31 日(蓝色方块)的 MJO 活动 RMM 指数位相,两点之间间隔 7 d
(位于图中心圆内的 MJO 强度较弱。MJO 活动沿图逆时针方向传播,被划分为 8 个位相,并在下方标记了每个位相表示的区域)

许多研究已经注意到 RMM 指数受风场要素的影响较大(Kiladis et al. ,2014;Kerns et al. ,2016),而受对流异常信号的影响相对偏弱。Wheeler 和 Hendon(2004)指出:相比于单变量,多变量指数与真实 MJO 时空特征的相关性更高。为了更好地体现 MJO 的对流异常信号,Kiladis 等(2014)提出了一个基于 OLR 数据的 MJO 实时监测指数(OLR MJO Index,OMI)。虽然这两个指数描述的 MJO 平均特征是基本相同的,但具体到单个 MJO 事件的差异可能会较大。OMI 指数相比于 RMM 指数,能更好地体现 MJO 伴随的降水或非绝热加热异常现象。

5.3 观测的 MJO 结构

目前,学者们已经对 MJO 的结构和传播特征进行了大量研究(Rui et al. ,1990;Hendon et al. ,1994;Matthews,2000;Sperber,2003;Kiladis et al. ,2005;Waliser et al. ,2009;Wang et al. ,2018)。Waliser 等(2009)介绍了气候变率与可预报性研究计划(Climate Variability and Predictability Program,CLIVAR)中,MJO 研究小组开发了一整套用于诊断数值模拟 MJO 准

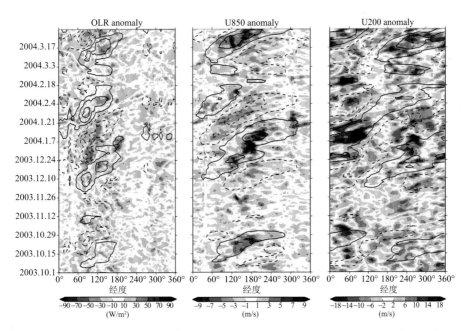

图 5.4 2003 年 10 月 1 日—2004 年 3 月 31 日赤道地区（15°N—15°S）平均的 OLR（资料来自 NOAA）、
850 hPa 和 200 hPa 纬向风（资料来于 ERA-Interim）异常的经度-时间图。
色阶表示 1996 年 10 月—2015 年 9 月的季节性循环异常的气候特征。等值线线表示 RMM 指数
在这些变量场的投影

确率的指数，并在其网站公布了大量的分析结果和数据。虽然类似的诊断分析能体现 MJO
的统计或平均态特征，但对于每个独立的 MJO 活动的特征（如初始位置、振幅、相位速度和持
续时间等）的体现不够。

　　Matthews（2008）对 1974—2005 年的所有 MJO 事件进行了统计分析，并将其划分为源
发和衍生的 MJO。衍生 MJO 是指那些经过完整传播周期（即 1~8 位相）的 MJO 活动，而
源发 MJO 是那些脱离周期、突然出现的 MJO 活动。他发现，40% 的源发 MJO 活动起源于
印度洋。Kiladis 等（2014）分别使用了 RMM 和 OMI 指数对 MJO 事件的初始特征进行分
析，发现基于 OMI 指数的统计结果中，生成于印度洋的 MJO 比例有所提高。虽然 MJO 起
源于印度洋的概率最高，但事实上 MJO 可以产生于任一位相。此外，Matthews（2008）还发
现部分起源于印度洋的 MJO，在其生成前 15 d 会在相同区域出现抑制对流异常。但之后
Straub（2013）的研究结果却与 Matthews（2008）相反：他发现印度洋上空并没有明显的抑制
对流信号，但在海洋性大陆上空有一个微弱的抑制信号；虽然对流异常不显著，但是大尺度
环流场却会出现异常变化，特别是在西印度群岛和印度洋会出现低层东风和高层西风的异
常。Straub（2013）提出了一个值得注意的问题：不同指数计算得到的 MJO 起始时间和位置
存在显著差异，这也导致诊断 MJO 的起源地相对较难。虽然 Matthews（2008）发现，在衍生
MJO 活动传播到印度洋之前，会有热带以外的大气扰动向赤道传播，但他并没有找到源发
于印度洋的 MJO 存在类似的特征。然而，一些研究表明热带外环流与 MJO 的联系，例如：
Lin 等（2009）发现 NAO 与大西洋、非洲上空的 MJO 活动存在联系；Vitart 和 Jung（2010）指
出，基于欧洲中期天气预报中心的模拟结果显示，北半球热带外地区模拟效果的改善也会

提高 MJO 的预测能力。

图 5.5 和图 5.6 展示了基于 RMM 指数的 MJO 各位相的结构和分布。RMM 指数计算用到的数据是各变量逐日异常值(减去平均季节循环和前 120 d 的平均值),时间为 1996—1997 年、2013—2014 年的冬季(11 月—次年 4 月)。各位相的异常分布是通过对该位相 RMM >1 的天数求平均得到的。

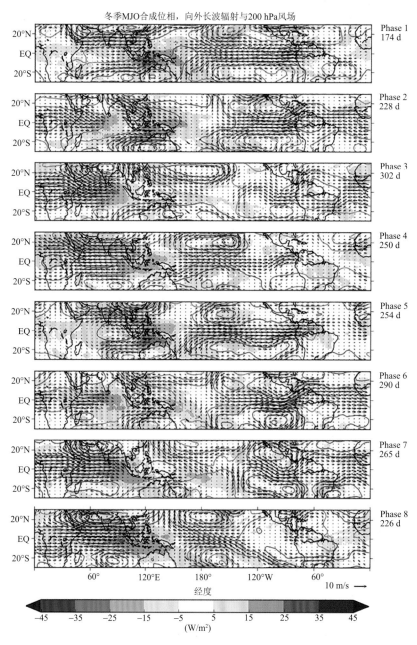

图 5.5 1996—1997、2013—2014 年冬季(11 月—次年 4 月)基于 RMM 指数合成的 MJO 位相图
色阶为基于 NOAA 的 OLR 异常,等值线为基于 ERA-Interim 的 200 hPa 位势高度异常
(绿色为正值,红色为负值)。矢量为基于 ERA-Interim 的 200 hPa 合成风异常

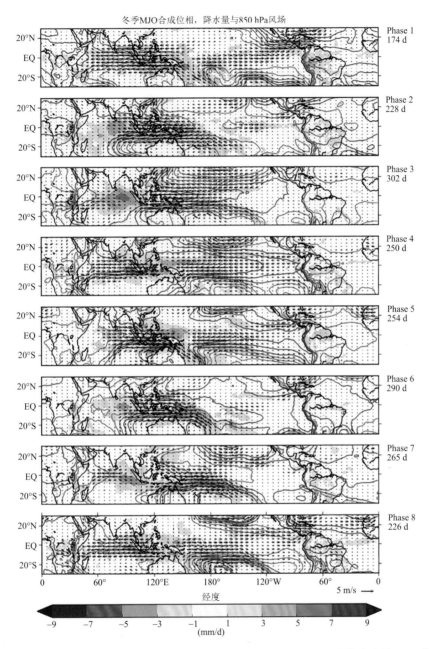

图 5.6　1996—1997、2013—2014 年冬季(11 月—次年 4 月)基于 RMM 指数合成的 MJO 位相图
色阶为基于 GPCP 的降水异常,等值线为基于 ERA-Interim 的 850 hPa 位势高度异常(绿色为
正值,红色为负值)。矢量为基于 ERA-Interim 的 850 hPa 合成风异常

　　虽然每个 MJO 事件各不相同,但"典型"的 MJO 特征表现为在印度洋上空发展的活跃对流异常,在西太平洋和南太平洋辐合区(South Pacific Convergence Zone,SPCZ)上空则为抑制对流(图 5.5 和图 5.6 第 1～2 位相)。MJO 相关的对流及其环流异常以 5 m/s 左右的速度向东加强和传播。在地形复杂的海洋性大陆上空(第 4～5 位相),MJO 与陡峭的地形、强的陆海风等相互作用使得对流信号减弱,尤其是在陆地上(Wu et al.,2009;Peatman et al.,2014)。

在海洋性大陆地区,陆地上的 MJO 对流异常往往比海洋上的要超前一个位相(Peatman et al.,2014)。第 1 位相之后 20~30 d,西太平洋和 SPCZ 地区出现活跃对流,而印度洋地区则转为抑制对流(第 5~6 位相)。当然,不是所有的 MJO 传播路径都是从印度洋到西太平洋的。一旦经过太平洋中、东部较冷的水域,MJO 对流异常会显著减弱,但环流异常仍保持相当强度并持续向东传播,尤其是在高空。MJO 在印度洋和西太平洋的对流活跃区域以外,传播速度增大到 10 m/s 左右。

多变量中的 OLR 异常从整体上表征了与 MJO 相关的活跃对流,但其中也包含了一系列与 MJO 无关的中、小尺度对流系统,例如以 15~20 m/s 的相速度向东传播的赤道开尔文波,以及周期为 1~2 d 的赤道西传波。

计算结果显示,每个位相的平均维持时间约为 6 d,因此,MJO 的整个周期约为 48 d。图 5.7 为 20~100 d 带通滤波后的降水和 850 hPa 纬向风滞后相关,清楚地表现了 MJO 信号在印度洋上出现,随后在印度洋和西太平洋上空缓慢传播;在到达海洋性大陆后对流信号减弱,而在西半球时,对流异常减弱但传播速度却加快。Seo 和 Kumar(2008)的研究显示,较强的 MJO 活动往往比较弱的 MJO 传播更慢、周期更长。

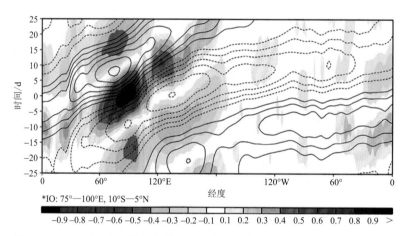

图 5.7　11 月至次年 4 月印度洋地区 10°N—10°S 平均的滤波后(20~100 d)
降水异常(色阶)和纬向风异常(等高线)的滞后时间-经度分布(引自 Waliser et al.,2009)

与 MJO 对流异常相关,在活跃对流以东存在一个 850 hPa 位势高度(以及海平面气压)偏低的舌状结构。这使我们想起 Gill(1980)提到的热带对流层低层风场异常对加热的响应:在对流系统以东会出现异常东风,以西出现异常西风。虽然基于流函数的计算结果显示位势场或风场异常并不明显,但在对流系统以西还是表现出典型的低层罗斯贝环流特征(Kiladis et al.,2005)。虽然对流层低层的特征使我们联想到 Gill(1980)提到的响应机制,但 Wang 和 Chen(2017)却注意到,实际的 MJO 对流以东的东风异常强度、范围都要比 Gill(1980)的结论小。海平面低压异常与对流以东的边界层辐合和水汽辐合有关。在高空,纬向风的异常是相反的,对流活动以东为西风异常,以西则为东风异常。位势高度场异常对热带地区加热具有典型的"四极响应"特征,即在对流以西高空有一对反气旋式异常,在对流以东则有一对气旋式异常。MJO 的垂直结构表现为湿度场西倾和垂直速度(Sperber,2003;Kiladis et al.,2005)、非绝热加热(Jiang et al.,2011)的异常。随着对流系统以东低层湿度的升高,云层也由浅薄云系逐渐发展为深厚的对流层积云;随之与 MJO 相关的对流活动也从抑制阶段过渡到活跃阶段 (Kikuchi et al.,2004)。

　　图 5.8 显示了北半球夏季(6—9 月)的降水和低层大气环流情况。在印度洋和西太平洋有明显的 BSISO 向北和向东传播,存在一个西北—东南向倾斜分布的降水带。MJO 活动的年际变化差异相当大。图 5.9 显示了 91 d 滑动平均的 RMM 指数方差。北半球冬季的方差振幅明显偏大,不同年份之间的差异也很明显。Hendon 等(1999)发现,MJO 的这种年际变化很大程度上可归因于一个季节内 MJO 事件数量的差异,而不在于 MJO 的强度。Hendon 等(1999)和 Slingo 等(1999)研究了 MJO 活动与 ENSO 海温年际变化的联系,发现两者并无显著的线性相关。但最近的一些研究(Son et al.,2017)却证实 ENSO 和 MJO 存在部分联系。

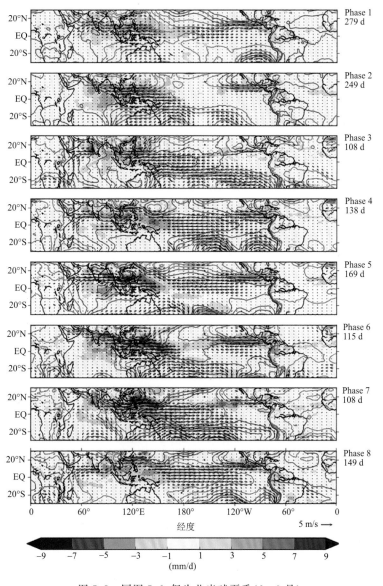

图 5.8　同图 5.6,但为北半球夏季(6—9 月)

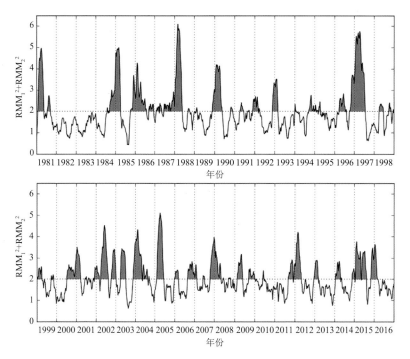

图 5.9　91 d 滑动平均的 RMM 方差（$RMM_1^2 + RMM_2^2$）
显示了 MJO 活动的年际变化差异（引自 Wheeler et al. ,2004）

多项研究（Feng et al. ,2015；Pang et al. ,2016）分析了 MJO 和中部型或东部型厄尔尼诺事件的关系，发现北半球冬季的 MJO 在中部型厄尔尼诺事件中偏强，在东部型厄尔尼诺事件中偏弱。Hendon 等（1999）也注意到了 1982—1983 年和 1997—1998 年的强东部型厄尔尼诺期间 MJO 偏弱的现象。但是由于样本数量少、非线性相关的原因，使得 MJO 与厄尔尼诺的相关并不明确。虽然总体来说，ENSO 并不能决定 MJO 活动，但它确实会在一定程度上影响 MJO 的部分特性。在厄尔尼诺期间，MJO 对流信号在太平洋中部会有所增强，这与厄尔尼诺事件造成太平洋中东部地区海表温度升高、对流活动增强的趋势是一致的（Kessler,2001）；总之，MJO 传播特征的变化可能是厄尔尼诺事件所引起的大气环流背景场变化导致的（Feng et al. ,2015；Pang et al. ,2016）。

　　虽然 MJO 活动与海温年际变化之间没有明确的关系，Yoo 和 Son（2016）、Son 等（2017）却发现北半球冬季 MJO 活动与准两年振荡（Quasi-Biennial Oscillation,QBO）存在确定的相关关系——MJO 活动强度（基于 RMM 和 OMI 指数计算）与 50 hPa 赤道地区平均纬向风存在较强的线性相关，相关系数达到 −0.55；在 QBO 的东风位相 MJO 活动会增强，而在西风位相 MJO 活动会减弱。Son 等（2017）也发现在 QBO 的东风位相时 MJO 周期变长、传播速度降低；根据 Seo 和 Kumar（2008）的推测，这种变化可能是由于 MJO 振幅（强度）增大造成的。北半球冬季 MJO 活动与 QBO 具有较强的相关，但在其他季节相关却十分弱。虽然其物理机制目前尚不明确，但据研究分析，在 QBO 东风位相时，对流层上层的静力稳定度较低、平流层下层（150～70 hPa）的温度偏低；Son 等（2017）推测这种静力稳定度的变化，以及与低温相关的云量增加所导致辐射效应可能会增强 MJO 的活跃程度。

5.4　MJO 与热带及热带以外天气的关系

MJO 作为热带气候系统的次季节变率的主要模态,对热带及热带以外的天气和气候都会产生相当大的影响,例如 MJO 能够调节全球温度和降水,包括极端天气事件的产生概率(Jones et al.,2004;Donald et al.,2006;Matsueda et al.,2015)。由于篇幅所限,本章无法对这些现象及影响机制进行全面的阐述,读者可以参考 Lau 和 Waliser(2012)论文中的相关章节。

在印度—太平洋暖池区域,研究人员发现 MJO(或 BSISO)会影响主要季风系统的开始、活跃和中断的周期性变化(Wheeler et al.,2004;Evans et al.,2014;Annamalai et al.,2001;Hung et al.,2008)。比如,Wheeler 和 Hendon(2004)发现 80% 的澳大利亚季风开始日期发生在 MJO 的 4~7 位相(海洋性大陆);Evans 等(2014)也发现澳大利亚季风的活跃—中断周期与 MJO 密切相关。在北半球冬季,MJO 还会影响中国南海海域寒潮和婆罗涡旋的形成与强度(Chang et al.,2005;Lim et al.,2017),以及该地区强降水发生的频率(Aldrian,2008;Wheeler et al.,2009;Xavier et al.,2014)。

研究发现,在印度—太平洋暖池以外的地区,如非洲(Pohl et al.,2006a,2006b;Pohl et al.,2009;Zaitchik,2017)、热带南美洲和中美洲地区(Barlow et al.,2006;Souza et al.,2006),MJO 也可以调节其降雨量。MJO 相关的非绝热加热和环流异常可作为罗斯贝波的波源,通过遥相关作用引起热带以外地区大气环流的响应(Stan et al.,2018),包括北太平洋(Mori et al.,2008)、北大西洋(Cassou,2008;Lin et al.,2009)和南半球(Berbery et al.,1993;Carvalho et al.,2005)。

众所周知,MJO 还会影响热带气旋的形成(Klotzbach,2014),主要表现在 MJO 的活跃区域台风形成的概率及发展强度会显著增大:一方面是由于 MJO 会引起大尺度环流的异常,另一方面是由于 MJO 活跃对流以西的西风气流具有气旋式涡度场(Carmago,2009)。在更长的时间尺度上,当 MJO 进入西太平洋时,活跃对流以西的西风气流可以激发赤道海域的海洋开尔文波,并且该波可以沿太平洋向东传播,从而会触发或加强厄尔尼诺强度。对流以西的西风异常也可以驱动暖池东部边缘向太平洋中部的海表面流,进一步促进厄尔尼诺的发展(Lengaigne et al.,2004)。MJO 对全球天气、气候的广泛影响,表明 MJO 是全球 S2S 时间尺度可预测性的重要来源。

5.5　MJO 产生、维持及传播的理论和机制

自 MJO 被发现以来,人们对其维持和传播的理论、机制进行了大量的研究(Wang,2012)。MJO 理论的基本内容就是对异常加热响应的大尺度动力学模型,主要是对流潜热释放以及部分辐射通量和表面通量异常;此外,还有大尺度环流对这种异常加热响应的模型。

不同于 Matsuno(1966)提出的赤道陷波模型,MJO 并非热带大气的定常模态。有关 MJO 大尺度动力结构的理论,通常是基于线性化的热带动力学运动方程,并且对方程在垂直结构上进行了简化。这个动力学模型中的一些要素对于描述大气环流对对流异常的响应非常

重要,例如 Wang 和 Rui(1990a)提出的摩擦辐合机制,就是基于包含边界层的动力学模型,以及更精确的大气垂直加热廓线构建的多层模式(Mapes,2000)。然而,这些理论之间的主要区别在于,如何解释加热对 MJO 异常环流的响应。

一类理论将波动中对流加热与(水汽)辐合联系起来,例如,自由对流层波动辐合理论(Lau et al.,1987)、边界层摩擦辐合理论等(Wang,1988;Wang et al.,1990a)。对流系统以东的摩擦引起的辐合可以激发开尔文波和罗斯贝波,导致一个向东传播的扰动和环流异常,类似于 Gill(1980)提出的 MJO 环流异常模型。在这些理论中,加热异常通常与对流层低层的气流及水汽辐合(通常还与海表温度的异常分布有关)密切相关;此外,降水的变化也会影响水汽辐合及潜热的释放,从而影响 MJO 活动。

最近,研究人员基于观测资料(Sperber,2003)及数值模拟试验(Kim et al.,2014b)发现,湿度场的变化会调节 MJO 相关的对流性降水的强度(Raymond et al.,2009;Adames et al.,2016);尤其是研究发现数值模式中对流降水与相对湿度的相关存在差异,对于 MJO 模拟的准确率有很大影响。在这些理论中,降水变化是由空气湿度的大小而不是水汽汇聚决定的。当降水发生后,空气中水汽含量降低,但随后会持续通过大气环流及表面通量输送等方式补充水汽。Jiang(2017)通过再分析数据研究了 MJO 活动中湿静力能(moist static energy,MSE)收支情况,发现 MJO 相关的风场异常引起的湿度场水平梯度是造成活跃对流以东 MSE(或水汽)正异常的重要原因,说明背景湿度场对 MJO 的传播具有重要作用。进一步的研究(Sobel et al.,2014)还发现云辐射效应也会影响与 MJO 相关的 MSE 异常分布。正如 Raymond(2001)所指出的,这可以归因于云辐射增暖效应能促进大尺度环流中的上升运动和水汽辐合。

在另一类多尺度相互作用的理论中(Biello et al.,2005;Majda et al.,2009,2012;Liu et al.,2013),MJO 在不同尺度上都有明显的特征(Nakazawa,1998);而其中尺度对流活动与大尺环流的相互作用则是由 MJO 引起的天气尺度扰动伴随的加热异常造成的。这类模型通常包含一个"大气波动"的预测方程,它取决于湿度场的演变,同时波动变化也会影响加热异常。

许多观测、模拟和理论研究都考虑了海-气相互作用在 MJO 中的作用(DeMott ct al.,2015),尤其是在印度洋和西太平洋。在这些理论中,与 MJO 相关的云和风场的异常会驱动海-气表面通量及海温的季节内变化。在 MJO 对流东部,抑制对流会增加海表面短波通量,东风异常会减弱海表面风应力及潜热通量,导致海洋上层混合层变薄。在活跃对流以西,由于云量的增加和表面风的增强,使得海温降低。MJO 的外强迫作用导致了海温异常的季节内变率,在活跃对流的东边有 SST 的正异常,而在西边则有 SST 的负异常。虽然 MJO 驱动海温异常的机制已经得到广泛的认同,但海洋对大气的反馈作用以及机制目前却仍不清楚。DeMott等(2016)的研究表明,海温异常对大气的影响表现在:对流发生前会增强海表热通量(和湿静力能),而在对流发生后则减少热通量(和湿静力能)。海温引起的边界层辐合(Hsu et al.,2012)也可能导致对流区的水汽(和 MSE)辐合增强。

虽然这些理论可以成功地解释部分观察到的 MJO 特征,但是我们对于 MJO 的理解仍然是不够全面的。并且根据目前的研究成果,任何可能相对完整解释 MJO 的理论模型都是包含多种复杂的物理机制。在这些理论中,与 MJO 相关的大尺度环流异常与非绝热加热之间的关系尤其重要,包括对流潜热释放、辐射加热和表面通量。此外,上述过程的参数化方案对于天气及气候模式 MJO 的模拟也是至关重要的。

5.6　天气及气候模式对 MJO 的模拟

在天气和气候模式中,准确地模拟 MJO 仍然是一个挑战。在最近的两个对比试验中,Jiang 等(2015)和 Ahn 等(2017)发现:气候模式很难模拟出与真实 MJO 相同的振幅和向东传播速度,这与许多早期的研究结论一致(Slingo et al. ,1996;Lin et al. ,2006)——尽管 Ahn 等(2017)也指出当前的气候模式在模拟 MJO 方面也有一些进步。对 MJO 振幅和传播模拟较好的模式往往能够模拟出与观测一致的 MJO 纬向风和温度场随高度明显"西倾"的垂直结构,以及对流发生前的边界层和对流层低层水汽辐合的现象。

多年来,许多研究已经发现,MJO 模拟的准确度依赖于数值模式对对流活动的模拟,包括对流触发机制(Wang et al. ,1999)、对流对背景湿度场敏感性(Tokioka et al. ,1988;Bechtold et al. ,2008;Klingaman et al. ,2014b)、浅对流引起的加热与湿度场变化(Zhang et al. ,2005)、对流加热的垂直廓线(Seo et al. ,2010)等。研究表明,对流显式表达的模式、通过用云解析模型代替参数化方案的模式(或称为"超级参数化")(Benedict et al. ,2009)、全球(Miyakawa et al. ,2015)或区域(Holloway et al. ,2013,2015)对流解析模式都能够提高 MJO 模拟的准确度。数值模式中 MJO 对于对流参数化的敏感性,证实了对流活动在 MJO 维持和传播中的重要作用。对于对流参数的许多改进都能提高模式在 MJO 抑制阶段对深对流的抑制效果:一方面使其更难触发对流,另一方面则是构造湿度相对较小的背景场。

除了大气模式本身的改进,许多研究已经评估了耦合对 MJO 模拟的影响(DeMott et al. ,2015)。虽然耦合的影响比较复杂,但大多数研究表明耦合模式中对 MJO 的模拟效果要优于单一大气模式。海-气耦合模式对 MJO 模拟很大程度上取决于大气模式本身模拟 MJO 的效果(Klingaman et al. ,2014a)、海洋模式上层的垂直分辨率(Bernie et al. ,2008)以及模式对行星尺度大气环流状态的模拟——尤其是与 MJO 相关的潜热通量变率会明显受到印度洋及西太平洋平均西风气流的影响(Inness et al. ,2003)。

当前开展的许多敏感性试验和模式对比研究,并不是针对具体 MJO 指数模拟或预报准确度,而是关注 MJO 的对流生成、传播机制、物理结构等方面,并以此作为改进数值模型的指导。这些都与 MJO 的基础理论和概念息息相关,包括模式对大气基本状态的模拟(例如背景湿度场,Jiang,2017)、中尺度对流与大尺度环流之间的耦合(例如湿静力稳定度,Benedict et al. ,2014)以及对流降水与背景场的关系(例如,降水与环境湿度的关系,Kim et al. ,2014b)等。

5.7　MJO 的预报

尽管在气候模式中模拟 MJO 存在困难,但在过去 10~15 a MJO 预报方面已取得了相当大的进展。其中,部分原因可能是与气候模式相比,预报模式的初始场误差更小;或者是我们对两者的衡量标准存在差异。Waliser(2005)分析了经验模型和动力模式对 MJO 的预报能力,发现许多经验模型对 MJO 的预报技巧在 15 d 左右都有不错的表现;而在 2005 年前很少有动力模式预报时限能达到这个时间范围,其对 MJO(或其他季节内振荡现象)的预报技巧约为 6～9 d。通过对连续 5 年 50 d 逐日预报资料的分析,发现季节内尺度滤波后的 200 hPa 赤道纬向风场,距平相关系数在 5 d 后就降到 0.5;MJO 活动期间及 MJO 特定阶段距平相关系数略有提高。而 Hendon 等(2000)利用同一数据集分析了模式对热带和北半球的预报能力,发现当初始场位于 MJO 活跃阶段时,预报效果相对偏差。他认为,预报结果的误差主要来源于模式对 MJO 及其相关的大气环流异常的模拟效果较差。

2006 年,美国 CLIVAR 项目支持的 MJO 研究小组成立。该研究小组致力于提高 MJO 预测能力,并检验和评估了一系列的业务预报模式的 MJO 预测效果(Gottschalck et al.,2010)。该小组提出,使用 RMM 指数计算的二元相关系数(COR,如式(5.1)所示)和均方根误差(root-mean-squared error,RMSE,如式(5.2)所示)作为衡量 MJO 预测能力的指标(Lin et al.,2008;Rashid et al.,2011):

$$\text{COR}(\tau) = \frac{\sum_{i=1}^{N} \left[R_1^F(t,\tau) R_1^O(t) + R_2^F(t,\tau) R_2^O(t) \right]}{\sqrt{\sum_{i=1}^{N} \left[R_1^O(t)^2 + R_2^O(t)^2 \right]} \sqrt{\sum_{i=1}^{N} \left[R_1^F(t,\tau)^2 + R_2^F(t,\tau)^2 \right]}} \quad (5.1)$$

$$\text{RMSE}(\tau) = \sum_{i=1}^{N} \left[R_1^F(t,\tau) + R_2^O(t)^2 \right] + \left[R_1^F(t,\tau) - R_2^O(t) \right]^2 \quad (5.2)$$

最近有两项研究评估了多模式数据集对 MJO 的预测效果。不同于数值天气预报(NWP)和中期预报模式(约 15 d),次季节预报系统(大于 15 d)预报误差的计算类似于气候模式中常用的方法,并以此解释次季节模式中系统偏差的发展。

Neena 等(2014)和 Lee 等(2016)分析了作为季节内变率后验实验计划(Intraseasonal Variability Hindcast Experiment,ISVHE)中的 7 个成员模式对 MJO 的预测效果。该数据集中不同模式的起始日期、数据量都不相同;模式数据时间范围在 11～26 a 不等,每年包含 1～3 个月的数据。以二元相关系数值降到 0.5 作为评判标准,Lee 等(2016)分析后发现其可预报天数为 8～26 d。Zhang 等(2013)基于多模式集合预报的方法,对 ISVHE 预测 MJO 的效果进行了评估,发现对于 RMM$_1$ 和 RMM$_2$ 指数的预报时效分别为 21 d 和 23 d,并没有优于其中最好的单模式结果;但如果仅使用最好的 2～3 个模型进行集合预报,其时效就可以延长到 26 d 和 27 d,这超过了单模型结果。而 Neena 等(2014)的研究发现,如果使用不同的评判标准,比如 RMSE,那么多模式集合预报的效果要明显优于单模式:单模式预报时效在 6～18 d,而多模式(一般为 5～11 个模式成员)集合预报时效为 8～28 d,平均延长了 1～10 d。

Vitart 等(2017)分析了 S2S 计划中 10 个模式对 1999—2010 年的预报数据集。分析结果表明,不同的集合预报模型的时限(二元相关系数≥0.6)从 5 d 到 28 d 不等(图 5.10),并且大多数预报时限都在 12～18 d;而单模式预报时限则降到 6～21 d。冬季(12 月—次年 3 月),由于 MJO 较为活跃,模式的预报时限可达 10～25 d。其中,ECMWF 模式的预测技巧明显优于其他模式,但是与其他模式的差距在冬季会缩小:一方面是因为其他模式预测效果在冬季会提升,另一方面也是因为 ECMWF 模式在冬季预测效果并不十分突出。二元相关系数作为评判 MJO 预测的指标,可以很好地表示模式的整体预测效果,但却无法分辨预测的误差是来自于 MJO 的位相或是强度。对于 S2S 中的模式,大多数模拟的 MJO 强度偏弱 10%～40%;然而,CNRM 模式结果却显示,其模拟的 MJO 强度会随时间推移而不断增强。在模式运行的早期(大约 10 d),模式模拟的 MJO 传播速度往往偏快;当运行到 10～15 d 时,这种误差会逐渐缩小;而在 15 d 以后,模拟的 MJO 传播速度则会偏慢。

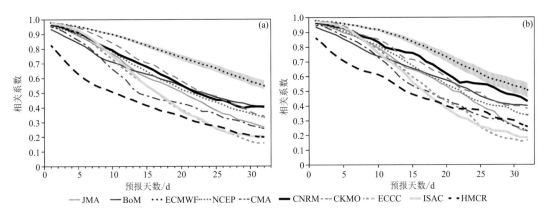

图 5.10　S2S 计划中 10 个模式对 MJO 的预测效果(二元相关系数)随时间的变化

MJO 二元相关系数计算的时间范围分别为 1999—2010 年(a)所有季节和(b)冬季(12 月—次年 3 月)。

阴影区域表示从 10000 个采样中计算的 95% 置信区间(引自 Vitart F,2017)

Vitart(2014)的研究显示,2002—2012 年 ECMWF 月延伸预报系统的 MJO 预测技巧有所提高。在此期间,以二元相关系数达到(0.5、0.6、0.8)的时间作为 MJO 预测时限的评判标准,ECMWF 对 MJO 的预测时限从(22、15、9)d 提升至(31、27、14)d。尽管在整个 10 a 期间,预测技巧都有持续、稳步地提升,但如果从 MJO 位相和强度误差的角度分析,很明显最大的提升出现在 2006—2008 年。这段时期内 ECMWF 对 MJO 位相和强度预测误差都有显著的降低。Hirons 等(2013)将此归功于对流参数化方案中对夹卷过程描述的改进,使得夹卷速率对背景场湿度更为敏感,从而可以在干燥的环境中抑制深对流发展。此外,研究还发现模式对于 MJO 强度预测的改进,同样也会提升模式对 MJO 驱动的 NAO 季节内变率的预测效果。这个版本之前的模式,在初始场中 MJO 强度较强的条件下,往往对 NAO 的预测会有较大偏差,这是因为旧模式中 MJO 强度偏弱,不能很好地描述热带与北大西洋的联系。而在 2007 年以后,由于 MJO 强度模拟的改进,使得 NAO 模式可以将 MJO 作为有效的可预测信号并建立"热带—北大西洋"遥相关关系;这样一来,初始场中 MJO 信号强时对于 NAO 的预测效果会更好。

Vitart(2017)同样也指出,S2S 计划中的多个模式对 MJO 的预测效果存在明显的差异。虽然在 MJO 预测技巧改进上有许多方法,但是集合预报的方法是目前为止效果最明显的,可以显著降低长时间预测的标准差和均方根误差。当然,集合预报的技术本身也存在很大的提升空间。Neena 等(2014)的研究结果显示,相比于 ISVHE 数据集的单一模式预测,在多成员集合预报中,集合平均方法的改进和集合预报离散度之间存在显著的相关。

上面给出的评价指标为 MJO 预测提供了一种确定性的评估参照;而集合预报系统允许进行概率预测,但这需要进一步的评估。相对而言,当前很少有人研究类似 MJO 的概率预测及评估。Hamill 和 Kildadis(2014)和 Marshall 等(2016)利用连续分级概率评分(Continuous Ranked Probability Score,CRPS)方法对美国环境预报中心全球集合预报系统(NCEP GEFS)和澳大利亚气象局海洋-大气预报系统(POAMA)中 MJO 的 RMM 指数预测进行了概率评估,并发现该方法对于 MJO 预测时限提升分别为 14 d 和 37 d。Marshall 等(2016)同样发现,利用等级概率技巧得分(Ranked Probability Skill Score,RPSS)方法对 MJO 强度和位相预测技巧的提升分别为 18 d 和 25 d。POAMA 中 MJO 概率预测技巧与 Rashid 等(2011)和 Vitart(2017)研究中计算得到确定性预测结果基本一致。

与之前提到的理论研究和大气环流模式(GCM)模拟得出的结论一致,即海-气耦合可以提升 MJO 的模拟效果。许多研究也指出,与单一的大气模式相比,耦合模式对 MJO 的预测技巧明显更高(Woolnough et al.,2007;Vitart et al.,2007;Seo et al.,2009;Fu et al.,2013;Shelly et al.,2014)。虽然这些研究针对的是相对较短时间内的 MJO 预测,但基本都得出相似的结论:耦合模式对 MJO 的预测效果更好,尤其是 MJO 的活跃位相处于印度洋或西太平洋海域时。Woolnough 等(2007)研究了 MJO 对上层海洋模式分辨率的敏感性。他对比了分辨率为 10 km 的海洋耦合模式和分辨率为 1 km 的一维混合层海洋模式对 MJO 的模拟效果,并重点分析了其在 MJO 抑制位相时对边界层昼夜差异的模拟效果。

在理论研究和气候模式验证的基础上,Lim 等(2018)进一步探讨了水汽和背景湿度场在 MJO 传播和维持中的作用。该研究通过分析 S2S 模式数据中水汽场误差与 MJO 预测能力的关系,发现对于印度洋和海洋性大陆经向、纬向水汽梯度模拟较好的模式,其对 MJO 的预测能力也会更强。此外,Kim(2017)也指出,ECMWF 模式对中、东印度洋和海洋性大陆地区湿度场的模拟误差,会导致模式中 MJO 的 MSE 与实际相差较大,同时造成 MJO 在海洋性大陆的传播障碍。

在过去的 10 a 中,MJO 预测技术有了相当大的提高,但不同模式之间的差距仍然很大。与 Waliser(2005)提出的统计模型相比,数值预报模式的表现相对较差,这也使得学者们一直在探索影响 MJO 可预测性的潜在因素。统计模型对 MJO 预测时限可达 15 d,这也成为评价其他模式对 MJO 预测能力的一个基本标准。Neena 等(2014)使用了所谓"完美模式"方法评估了不同模式在后验试验中的 MJO 可预测性。基于这种方法,他们发现单个模式成员的可预测性为 20~30 d,而集合预报模式的时限则为 35~45 d,其预报时限提升了 5~20 d。然而,这些可预测性的结论还需进一步验证:一方面,它们大都是基于模式本身的结果做的自相关分析;另一方面,如 Vitart(2017)所指出的,这些可预测性的统计结果通常也是相对离散的。

5.7.1 次季节与年际尺度预测能力的关系

本节提出并分析了衡量模式 MJO 预报总体能力的评价标准,但这种能力本身可能依赖于大气的初始状态:比如对于 MJO 变率本身而言,在初始条件下 MJO 是否处于活跃位相,或者 MJO 对流活动所在的区域,都会影响其预测准确率;此外,初始场中的部分年际尺度气候现象,如 ENSO 或 QBO 也会影响对 MJO 的预测能力。虽然当前对于 MJO 不同位相的预测能力尚缺乏系统的研究,但是也有学者开展了一些研究并得出不同的结论。Lin 等(2008)发现,在加拿大气候模式与分析中心的 GCM3 模式以及全球环境多尺度模型中,初始场为 MJO 第 1~3 位相且强度较强(RMM 指数>1)时,预测效果要优于初始场在第 4~8 位相时,而且 GEM 的这种差异小于 GCM3。但是 Rashid 等(2011)却发现在 POAMA 模式中,MJO 的预测效果与初始位相的相关并不强。Kim 等(2014c)通过研究发现:对于 ECWMF varEPS 模式,在第 10 天以后,初始场在第 4、7 位相时 MJO 的预测能力最强,在第 2、5 位相时预测能力最弱;而 NCEP CFS2 模式的预测能力与 MJO 初始位相的关系却不明显。Kim 等(2016)的研究报告指出,在最新版本的 ECWMF 模式中,对于 MJO 第 2 位相的预测技巧有了很大的提高。

Vitart 等(2017)对比分析了 S2S 中各模式对 MJO 的预测能力,并设定了一个评价指标:模式中 MJO 初始阶段位于第 2、3 位相且强度较强,在之后的 30 d 中向东传播通过海洋性大陆到达西太平洋区域(第 6、7 位相)的比率。在 ERA-Interim 再分析数据中,只有 10% 的 MJO 事件未能传播到 6、7 位相;相比之下,模式的预测结果中的比率却达到 19%~46%。这表明,目前所有的模式在模拟 MJO 在海洋大陆的传播时都存在一定障碍。Lin 等(2008)、Rashid 等(2011)和 Kim 等(2014c)也分析了模式对 MJO 初始强度的依赖,发现当初始场中 MJO 振幅较强(RMM 指数>1)时,预测效果往往会更好。

正如在 5.3 节中所述,QBO 也会影响 MJO 的强度。Marshall 等(2017)评估了 POAMA 模式中 QBO 对 MJO 的影响。他们指出,当处于 QBO 东风位相时,模式对较强 MJO 预测能力会显著提升,两者超前相关系数>0.5 的时间可达 31 d;而 QBO 西风位相对 MJO 影响则相对较弱,其超前相关时间仅为 23 d。如前所述,许多研究表明,较强的 MJO 事件的可预测性往往会更高。为了排除仅仅是因为在 QBO 东风位相时 MJO 强度更强才导致可预测性提高的因素,Marshall 等(2017)进一步根据 MJO 初始强度不同而对其进行分类分析。研究发现,虽然在 QBO 东风位相时较强的 MJO 事件可预测性提高较大,但对于较弱的 MJO 也有一定程度的提高。

5.8 未来 S2S 预测中 MJO 的研究重点

MJO 是热带地区季内变率的主要现象,因此,也是次季节时间尺度上潜在可预测性的一个重要来源。虽然自从 20 世纪 70 年代 MJO 被发现以来,我们对它的研究和理解已经取得了相当大的进展,但根据 Waliser(2005)的综述和结论,未来我们在很多方面仍需进一步努力。

5.8.1 相关理论与模型

自早期的 wave-CISK 理论模型(Lau et al.,1987)提出以来,关于 MJO 产生和传播的理论有了长足的发展,包括基本物理参量、水汽的作用、辐射反馈的作用,并考虑了多种尺度对流活动的相互作用。然而,学术界并没有对此达成一致的认识。此外,虽然利用这些简化的方程组来描述行星尺度的 MJO 动力学特征并不影响它在数值模式的动力框架下去表达,但是与 MJO 相关的加热与水汽异常变化却并不容易在现有的模式参数化方案中进行表达。因此,理论中有关 MJO 加热(水汽)异常的表述在模式中不能很好地实现,这影响了我们在数值模式中进一步融入和检验相关理论的能力。

5.8.2 MJO 的触发机制

MJO 触发机制的诊断仍然是一个挑战:一方面,像 Straub(2013)强调的那样,MJO 在初始阶段较难识别;另一方面,还因为对 MJO 中、小尺度结构的观测资料相对匮乏,导致在判别类似的扰动是否会演变成为 MJO 还存在困难。在数值模式中同样如此,初始场已存在 MJO 活动时其预测能力往往强于无 MJO 活动的情况。未来要提高我们预测 MJO 触发的能力,还依赖于对 MJO 的周期过程及影响要素的更加深入的理解。

5.8.3 MJO 产生的影响

在过去的 10 a 里,有关 MJO 预测的能力已经取得了相当大的进步,但有关 MJO 对天气、气候影响方面的研究相对较少(Marshall et al.,2011)。要充分发挥 MJO 作为次季节时间尺度上的可预测性来源的潜力,我们的数值模型必须能够很好地预测 MJO 自身的演变以及其对相关天气、气候过程的影响。未来,在这方面还需要进行更多的研究工作,将 MJO 自身的可预测性与其对天气、气候变化的影响联系起来(如 Vitart,2014,有关 NAO 与 MJO 之间相互作用的相关论述)。

致谢

SJW 得到了美国国家大气科学中心的支持。根据 Wheeler 和 Hendon(2004)计算的实时 RMM 指数来自于澳大利亚气象局网站:http://www.bom.gov.au/climate/mjo/。1.2 版本分辨率为 1°的 GPCP 降水格点资料来自于网站:ftp://ftp.gcd.ucar.edu/archive/PRECIP。

第6章

热带外的大气季节内振荡特征

6.1 简介

根据 Von Neumann 的观点(1960):短期数值天气预报(NWP)是最简单的问题,即纯粹的初值问题;其次是长期气候预测,它偏向于研究大气系统的渐近特性;中期预测是最难的,初始值和边界值都很重要。

季节内的时间尺度,最近常被称为 S2S 尺度,其时间范围从天气预报的极限(约 10 d)到大约一个季节的尺度(约 100 d)。季节内时间尺度包涵了大气的低频振荡(low-frequency variability,LFV)与短期气候之间的过渡部分,此外也涵盖了海洋上层、陆地表面、平流层的时间变率。具有上述时间尺度的天气和气候现象对次季节—季节预测尤为重要。近半个世纪以来,对热带以外 LFV 的理论研究和观测分析形成了两种描述大气 LFV 的方法:①由一系列复杂的天气现象或环流变化构成(Charney et al.,1979;Legras et al.,1985);②大气的一种低频、缓慢变化的振荡特征(Ghil et al.,2002 及文中的部分参考文献)。

在本章中,我们将继续探讨 Von Neumann(1955)首次提出的观点。根据该理论,当前天气或气候的预测面临 3 个层次的挑战:①短期数值天气预报(NWP)是最简单的,因为它代表了一个纯粹的初值问题(Bjerknes,1904;Richardson,1922);②长期气候预测是其次容易的,因为它注重于研究大气系统的渐近行为——即可能的吸引子,如不动点、极限环、奇异吸引子及其统计特征(Ghil et al.,1987;Dijkstra et al.,2005;Dijkstra,2013);③中期预测是最难的,因为初始值和参数值都很重要。下面,我们通过由简入繁的方式,逐步研究和构建关于次季节—季节尺度预测的完整模型(Schneider et al.,1974;Held,2005),就像沿着"阿里阿德涅"之线(译者注:阿里阿德涅之线,来源于古希腊神话。常用来比喻走出迷宫的方法和路径,即解决复杂问题的线索)层层递进式地去探究这个复杂的体系(Ghil et al.,2000;Ghil,2001)。

在本章中,6.2 节基于 Ghil 和 Robertson(2002)及之后的研究,从动力学的角度对大气低频振荡的主要特征进行了简要的介绍。6.3 节利用一种新的多元谱分析方法,对 LFV 的观测特征进行了深入研究。基于此背景和研究结果,6.4 节讨论了低阶建模(low-order modeling,LOM)方法及其在 LFV 中的应用,同时概述了这些方法是如何从线性逆推模型(linear inverse models,LIMs)或主振荡模式(POPs)发展到经验简化模式(empirical model reduction,EMR)和多层随机模式(multilayer stochastic models,MSMs)。6.5 节探讨了基于 LFV 理论框架和数据驱动的 LOMs 模式,来改善热带外地区 S2S 预测的前景。

6.2　中纬度地区大气低频振荡

6.2.1　振荡发生的条件及分类

早在 20 世纪 80 年代,在北太平洋和北大西洋,客观上已发现持续性的 LFV 异常现象,其环流异常与正常的气候态环流背景场有显著差异,并且能维持一周多的时间(Wallace et al.,1981;Dole et al.,1983;Mo et al.,1988)。另外,它们的产生和中断都是看似偶然的。其中最常见的一类模态或者说天气形势,就是阻塞和纬向大气环流(Namias,1968)。在过去的几十年里,人们已经证明这些模态或现象可以利用概率分布函数(probability distribution function,PDF)来识别。得出的结论与之前通过相关分析的结果相似。

表 6.1 总结了许多天气图分类的方法。在这种分类方法中,一幅单独的天气图被认为是时、空位相中的一个点。为了捕捉到统计意义上的显著特征,有必要通过数学方法计算得到该时、空位相的主要模态,即包含数据中的大部分方差贡献的模态。通常我们使用的是经验正交函数(EOF)分解,即计算协方差(或相关)矩阵的特征向量,并选择由几个主要特征向量作为数据集的主要模态(Mo et al.,1988;Cheng et al.,1993;Kimoto et al.,1993a,1993b;Smyth et al.,1999)。

许多分类方法根据某种大气状态或现象的发生概率进行划分,并在不同的区域进行标注。其中,一些方法是通过核密度估计(Kimoto et al.,1993b;Corti et al.,1999)或其他的概率统计手段(Molteni et al.,1990)去计算 PDF 的峰值。然后,将各个模态下超过 PDF 峰值附近给定概率阈值的点(或天气图)标出,即可得到低频天气图。PDF 峰值的数量取决于所使用的核平滑参数,该参数可以通过最小二乘交叉验证程序客观确定(Silverman,1986)。

Smyth 等(1999)使用了一个混合模型,通过部分多元高斯函数去近似估算 PDF 的值。在这种情况下,这些重叠模态在统计意义上是"模糊的",而每个特定日期的天气图都可以划归为某一模态。Mo 和 Ghil(1988)的研究也是如此——他们使用了不同的分类算法,因此也得到了不同数量的模态。这些分类方法以及与之相关的时、空模态将在第 6.4 节中讨论。

聚类分析是一种相对简单的对大气状态进行分类的方法:它对概率密度集中的点进行定位,称之为聚类,而并不是去估算 PDF 的值。聚类算法主要有两种:层次聚类和划分聚类分析。在层次聚类算法中,从单个数据点开始,根据相似准则将它们合并成簇,迭代构建分类树。Cheng 和 Wallace(1993)即使用此类方法进行研究。在划分聚类算法中,首先任取 k 个样本点作为 k 个簇的初始中心;对每一个样本点计算它们与 k 个中心的距离,把它归入距离最小的中心所在的簇;等到所有样本点归类完毕,重新计算 k 个簇的中心;重复以上过程直至样本点归入的簇不再变化。Michelangeli 等(1995)使用的 k-means 聚类是划分方法中比较经典的聚类算法之一。

基于低通滤波、5~10 d 滑动平均的气象数据利用上述方法进行计算,得到部分出现概率较大的模态。第二大类方法则明确使用准静态的数据。在这里,大气模态被定义为在统计意义上缓慢变化的大尺度运动。更准确地说,我们要寻找的是大尺度的、平均态的大气模态

（Legras et al.，1985）。对于包含天气尺度扰动的天气图，可以利用非线性平衡方程计算空间相速度（Vautard et al.，1988；Vautard，1990；Michelangeli et al.，1995）。

表 6.1　天气图的分类

方式	方法	数据	参考	备注
根据区域位置分类				
聚类分析	分类	NH	Mo and Ghil（1988）	模糊聚类
		NH＋sectorial	Michelangeli et al.（1995）	硬聚类（k-means）
		Model	Dawson and Palmer（2014）	硬聚类（k-means）
		Model＋NH＋sectorial	Munñoz et al.（2017）	硬聚类（k-means）
		Model＋sectorial	Straus and Molteni（2004），Straus et al.（2007，2017）	硬聚类（k-means）
概率分布函数估计	分级	NH＋sectorial	Cheng and Wallace（1993）	3 组 NH 聚类
	单变量	NH	Benzi et al.（1986），Hansen and Sutera（1995）	双峰型
	多变量	NH	Kimoto and Ghil（1993a）	3 个模式
		NH＋sectorial	Kimoto and Ghil（1993b）	多模式
			Smyth et al.（1999）	3 组 NH 聚类
根据持续时间分类				
图像相关		NH	Horel（1985）	3 组模态
		SH	Mo and Ghil（1987）	
趋势的极小值		Models	Legras and Ghil（1985），Mukougawa（1988），Vautard and Legras（1988）	4 组模态
		Atlantic-European sector	Vautard（1990）	
转移概率				
计数		Model＋NH	Mo and Ghil（1988）	基础
蒙特卡洛		NH＋SH	Vautard et al.（1990）	高级
		NH＋sectorial	Kimoto and Ghil（1993b）	高级

注：NH 表示北半球；SH 表示南半球；sectorical 表示扇形区域；Model 表示模式数据（引自 Ghil et al.，2002）。

Huth 等（2008）在文章中回顾了大气环流模态的最新分类方案，并将 Ghil 和 Robertson（2002）的分类方案做了更新——其更新的版本也在上面的表 6.1 中。Straus 等（2007）对比了 NCEP 的再分析数据与海洋陆地大气研究中心（Center for Ocean-Land-Atmosphere Studies，COLA）的大气环流模式（GCM）数据，发现再分析数据中聚类分析识别的 4 个簇中，有 3 个在模式数据中也都能识别。以上学者以及 Strau 和 Molteni（2004）还研究了 COLA GCM 模式的大气模态在热带海温（SST）强迫下可能发生的变化。Christensen 等（2014）、Dawson 和 Palmer（2014）、Munoz 等（2017）利用天气模态评估了气候模式的模拟效果，尤其是 Dawson 和 Palmer（2014）的研究显示，水平分辨率较高的 NWP 模式对天气模态的模拟效果更好。

最近，Hannachi 等（2017）综述了热带外对流层低频振荡的研究现状。他们发现，热带外对流层存在持续时间超过 10 d、统计特征明显的多模态特征；而 Stephenson 等（2004）利用月平均数据分析后，却指出这种低频振荡模态并不显著。造成后一种结论的原因似乎是数据的时间维度太短（使用的是月平均数据）或者是选取的子空间尺度对于 PDF 来说太大。而另一种观点是,相空间中不同区域的相关异常很少有持续超过 10 d 的(Dole et al.,1983;Kimoto et al.,1993a,1993b)。因此,Hannachi 等(2017)将其与模态以外的相空间中离散气流进行了分离,而 Stephenson 等(2004)却没有这样处理。

人们不仅对多种大气模态是否存在还有争议,而且对其产生的原因仍然缺乏深入的研究。因此,Majda 等(2006)利用隐马尔可夫模型分析后发现,相对稳定的天气模态间的转换特征接近高斯 PDF 分布,而 Sura 等(2005)也指出,带有乘积噪声特征的线性随机扰动天气过程也可以产生高斯误差。Deremble 等(2012)研究指出,与时间无关的海洋温度锋的热强迫会影响大气环流模态以及导致类似的气流的扰动(类似地形强迫产生的大气波动)异常(Legras et al.,1985;Jin et al.,1990)。

至少,我们可以得到这样一个结论:基于上述大气 LFV 模态的一般性研究,人们在 LFV 是否存在及其基本特征方面达成了初步共识。接下来,我们进一步回顾并阐述关于大气多模态的一些理论知识。

6.2.2 多元大气模态的理论

20 世纪 30 年代,人们在求解位涡(q)守恒偏微分方程时,首次将大气中大尺度、缓慢变化的波动与具体天气现象联系起来(Gill,1982;Pedlosky,1987)。在方程中,q 可以认为是空气柱的涡度(ζ)与空气柱厚度(h)的比值(即 $q = \zeta / h$)。因此,位势涡度守恒就意味着,例如当一个逆时针旋转的空气柱(即 $\zeta > 0$)在翻越山脉的时候,它的旋转速度会变慢(即 ζ 的值会减小)。这种位势涡度守恒导致在平均的西风气流中出现缓慢西传的罗斯贝波(Rossby et al.,1939;Haurwitz,1940)。在第 6.4 节中,我们将对这类波动在 S2S 预测中的作用进行更加详细的阐述。

对中纬度大气环流持续异常的一种看法是,它们仅仅是由于这种罗斯贝波偶然的减速或线性扰动所造成的(Lindzen et al.,1982;Lindzen,1986)。另一种观点认为,由地形引起的驻波可以与两类波数不同的罗斯贝波产生共振,从而产生寿命较长、共振特征的新波列(Egger,1978;Ghil et al.,1987)。但是,这两种观点都没能揭示在不同的大气环流模态中观察到的持续异常。而第二个观点确实更接近下面要讲述的大气非线性理论。

Charney 和 DeVore(1979)构建了一个多平衡、自洽的大气模型,并在用其解释观测到的阻塞、纬向环流方面迈出了重要的一步。他们使用了一个高度理想化的正压模型来研究波数为 2 的纬向气流与简单地形的相互作用。他们的模型在相同强度的纬向强迫 ϕ_A(即由极地向赤道的温度梯度)作用下,展现出了两类稳定的平衡。Charney 等(1981)通过观测资料验证了 Charney 和 DeVore(1979)提出的正压理论,并且 Charney 和 Straus(1980)进一步将其扩展到了斜压不稳定方面。出于对前人理论(McWilliams,1980)的补充,Mitchell 和 Derome(1983)继续研究无黏性位涡方程的定态解,并将其写为 $q = G(\psi, p)$;这样一来,方程就可以模拟环流阻塞模态,并且可能会表现周期性强迫共振激发大气异常。方程中,$\psi = \psi(x, y, p)$ 表示流函数,p 为气压,(x, y) 为水平坐标系。

图 6.1 展示了 Charney 和 DeVore(1979)提出的模型的示意,表现了在纬向环流中 ϕ_A 以及相同量级的 ϕ_A^* 的强迫下模型的定常解。如图 6.1b 所示,两个稳定平衡(图中标注为 Z 和 R_)分别与纬向和阻塞环流有关。纬向环流的近似解在振幅和空间分布上与急流强迫接近,受地形影响很小,而阻塞环流的解则受地形影响较大。在阻塞环流的解中,可以看到在高度理想化的

山脉背风处有一个高压脊,这种情况与在北美西海岸观测到的典型阻塞高压的情况非常相似。这种情形下,在山脉的迎风坡上有负的纬向气压梯度力,对应于大气中的负的地转偏向力。

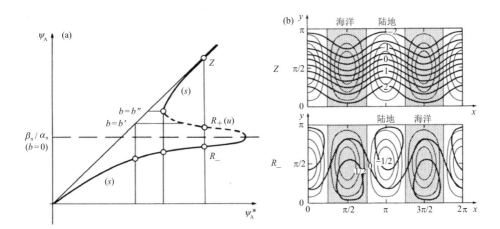

图 6.1　具有简化的大气和地形强迫的 3 层准地转模式

(a)显示模型对强迫响应的分支图("S"型分支曲线是典型的两个连续的、节点分支而产生的两个定态解(实线),并且由一个不稳定的分支解(虚线)间隔开);(b)纬向(上)和阻塞(下)环流的模式(对应两个稳定平衡态 Z 和 R_-)

(Charney et al.,1979;Ghil et al.,1987)

Benzi 等(1986)和 Hansen 和 Sutera(1995)发现北半球中纬度大气波动综合指数存在双峰现象。虽然他们研究结果的统计意义和鲁棒性一直受到质疑(Nitsche et al.,1994),但在 20 世纪 80 年代,这些工作也促进了人们对大气 LFV 的理解和研究。第 6.5 节我们将进一步对比 LFV 和 S2S 预测的各种方法。

通过低通滤波将大气环流划分为几个相对离散的模态,只能展现出 LFV 的静态特征。下一步是研究这些模态随时间变化的规律。通过简单的数学方法计算气象资料中发生的模态转换,我们构造了从模态 i 到模态 j 转换的概率矩阵。这样一来,就得到 1 组估计的条件概率集,即符合长期天气预测的经验统计(Namias,1968;Kalnay et al.,1985),又能在天气学原理方面给出一定的解释。

一种从动力学方面对 LVF 的解释是基于马尔可夫链。在这种方法中,系统当前的状态也被用来进行预测,而不仅仅是使用无条件概率去预测。利用马尔可夫链研究大气 LVF,我们关注的是大气中存在几种模态、每个模态预计维持的时间以及从一个模态过渡到另一个模态的概率(图 6.2)(译者注:马尔可夫链是概率论和数理统计中具有马尔可夫性质且存在于离散的指数集和状态空间内的随机过程)。

最后,部分学者利用简单的模型研究了大气模态在转换前的异常信号。例如,Kondrashov 等(2004)利用一个包含地形影响的、全球斜压准地转三层(quasigeostrophic,three-level,QG3)模型中(该模式最早由 Marshall 和 Molteni,1993 提出)不同大气模态的 PDF 进行研究;而 Deloncle 等(2007)在同一个模型中使用了一种最近的机器学习算法,叫做随机森林(Breiman,2001)。Kondrashov 等(2007)也利用了随机森林算法去研究北半球大气模态转换的问题;而 Tantet 等(2015)利用迁移算子理论研究了半球正压模式中纬向环流到阻塞环流的转换过程。在 6.3.2 节中将对 LFV 动力学原理进一步深入讨论,在第 6.4.2 节将会详细阐述研究和预测大气模态转换的方法。

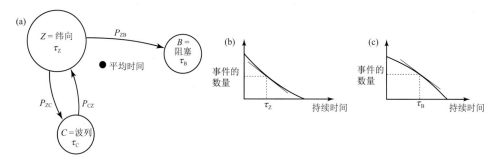

图 6.2　大气环流 3 个典型模态——B、C 和 Z,即"阻塞""波列"和"纬向"的马尔可夫链示意图 (a)给出了两种模态间转换的可能途径以及相应的概率,如 P_{ZB};(b)、(c)在对数型函数中的停留时间,直线代表红噪声检验;每个模态的平均停留时间用 τ 表示(引自 Ghil,1987)

6.3　热带外地区大气的 S2S 振荡

本节描述了热带外地区大气的 S2S 振荡现象。主要内容包括:大气角动量(atmospheric angular momentum,AAM)的变化;地形不稳定性和 Hopf 分岔;如何转换到不规则、非线性的运动以及在一个没有热带 MJO 现象的 GCM 模式中,热带外地区大气表现出的振荡特征。

6.3.1　现象的描述

位势高度的变化

在本节中,我们基于 37 a(1979 年 1 月—2016 年 12 月)的 ERA-Interim 再分析资料(Dee et al.,2011)分析了 500 hPa(Z_{500})位势高度场的变化。我们选择的区域为 20°S—90°N,既包含了部分热带地区,又涵盖了北半球热带外区域。

为了对数据量较大的再分析资料进行时、空频谱分析,采用多通道奇异谱分析(multi-channel singular spectrum analysis,M-SSA)方法。关于 SSA 和 M-SSA 的详细论述和解释,可以参考 Ghil 等(2002)和 Alessio(2016,第 12 章)。M-SSA 本质上是对多元数据集的滞后协方差矩阵进行对角化处理,得到 1 组 EOF 分量和相应的特征值,这些特征值代表每个 EOF 分量的方差。与经典的主成分分析(principal component analysis,PCA)相比,M-SSA 能够抓住特征值和主频率近似相等的 EOF 分量的周期性振荡特征(Vautard et al.,1989;Plaut et al.,1994)。为了提高不同频率振荡的分离度,我们对 EOF 分量进行方差最大化旋转后处理 (Groth et al.,2011)。

在进行 M-SSA 分析之前,首先要剔除逐日资料时间序列中的季节循环特征。去除季节循环的方法是通过对数据每个格点上的时间序列求平均,然后再进行 15 d 的滑动平均处理。接下来,根据 Feliks 等(2010)的方法,我们将用切比雪夫 I 型(Chebyshev I)低通滤波器处理上一步得到的异常时间序列(即原始数据与季节循环之差),以剔除周期小于 20 d 的高频振荡。对低通滤波后的 Z_{500} 异常间隔 10 d 进行采样,得到大约 1300 个样本的时间序列。最后将这些样本数据投影到 40 个 EOF 的主要分量上,这些主要分量贡献了超过 90% 的方差。然后,相应的主分量为 M-SSA 提供了 $D=40$ 个输入通道;可以参考 Groth 等(2017),查看更多利用 M-SSA 处理再分析数据集的细节。

时空振荡特征

图 6.3a 显示了二次采样后的 Z_{500} 异常的特征值谱。该谱在季节内时间尺度上有几个极大值;它们的频谱值与先前提到的振荡频率非常一致(Ghil et al.,1991;Plaut et al.,1994)。特别是,两个特征值(分别对应 50 d 和 43 d)要明显高于红噪声谱,并且还有两个较短的振荡周期(28 d 和 26 d)也比较明显。

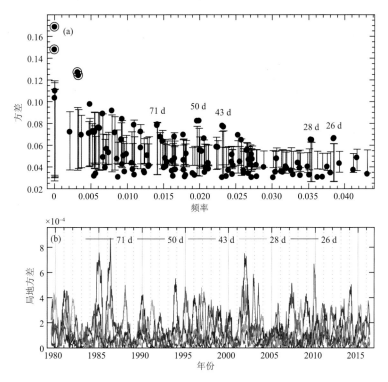

图 6.3　基于 1979—2016 年的 ERA-Interim 再分析资料计算的 20°S—90°N 区域 500 hPa(Z_{500})
位势高度场的季节内振荡

(a)窗口长度 $M=35$(350 d)的 M-SSA 相关主频函数的特征值谱(黑点);方差最大化旋转的后处理使用了 EOF 第 1~40 分量。图中标出了 S2S 时间尺度内的关键振荡周期(单位:d)。误差条的下限和上限对应复合 0 假设下蒙特卡罗检验的 2.5% 和 97.5% AR(1)噪声;测试集合有 1000 个成员;(b)上图中展示的振荡周期对应的方差随时间的变化趋势

同时,Weickmann 等(1985)研究了在 30~60 d 周期内的整体振荡特征。Dickey 等(1991)发现,全球 AAM 的变化存在明显的 40~50 d 周期。其研究证明,50 d 的振荡周期在很大程度上与热带地区的 AAM 波动有关,而 40 d 的周期主要与中纬度西风带的强度变化有关,特别是在北半球。事实上,纬向环流 40 d 周期振荡的振幅在北半球冬季达到最大,即北半球冬季风最强盛的季节(Weickmann et al.,1985;Ghil et al.,1991;Strong et al.,1993,1995)。

相比于 Dickey 等(1991)对纬向平均环流的分析,我们对 Z_{500} 异常的分析结果包含更多、更深入的空间特征信息。其中,50 d 和 43 d 周期的振荡对热带外季节内变率都有重要的贡献,呈现出横跨北大西洋并延伸至欧亚大陆的罗斯贝波列模态,如图 6.4a 和 6.4b 所示。然而,图 6.4a 也表明,50 d 的振荡对热带地区 LFV 的贡献更大,类似于从热带中太平洋向东北延伸的太平洋—北美(Pacific-North American,PNA)遥相关模态;图 6.4b 所示的 43 d 振荡则主要局限于北半球,除了大西洋地区外,对热带 LFV 的贡献很小。

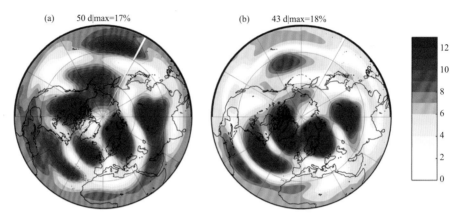

图 6.4　基于图 6.3 中 M-SSA 计算的 Z_{500} 季节内振荡的空间分布
图中色阶为每个格点的相对标准差(单位%),即相对于 Z_{500} 整体变率的总标准差

此外,在图 6.3a 中显示的 28 d 和 26 d 振荡,则具有类似该周期的西向波(图略)的动力特征(Branstator,1987;Kushnir,1987;Dickey et al.,1991;Ghil et al.,1991)。图 6.3a 中也展示了一个周期 71 d 的振荡,其周期与 Plaut 和 Vautard(1994)在文章中强调的 70 d 振荡有关。然而,在 Z_{500} 中发现的 71 d 的振荡低于严格的 95% 置信区间水平。

为了更直观地展示图 6.4a 和 6.4b 中的大气振荡模态,我们也计算了 50 d 和 43 d 振荡的时、空分布特征。图 6.5 就展示了 43 d 振荡模态随时间的变化。该模态的时、空结构具有逆行波列的特征,与 Plaut 和 Vautard(1994)提到的 30~35 d 振荡有明显相似之处。在第 1 位相中,我们观察到类似放大的北大西洋偶极子结构;而在第 3 位相中我们看到有位于斯堪的纳维亚半岛上的阻塞结构。整体的特征也显示大西洋区域变化较大,而太平洋区域变化不明显。

图 6.6 中,周期为 50 d 的合成位相图与大西洋区域 43 d 的振荡模态有某些相同的特征,但前者在太平洋区域的变化强度要更明显。尽管热带地区 50 d 振荡的强度较弱,但太平洋区域对于热带-热带外相互作用贡献很大;相比之下,图 6.5 中 43 d 振荡则更多地集中在热带外大西洋区域,这与 Plaut 和 Vautard(1994)的研究结果较为一致。

因此,目前研究的结果与 Plaut 和 Vautard(1994)的结论一致,即季节内尺度的热带-热带外相互作用在太平洋地区更加活跃,具有 50 d 的振荡周期;而 43 d 振荡在热带外的大西洋地区更加活跃。Krishnamurthy 和 Achuthavarier(2012)对印度季风 50 d 的振荡模态和 MJO 做了类似的区分,并且在后续研究中 Krishnamurthy 和 Sharma(2017)发现这有助于提升其 S2S 的可预测性。即便如此,Cassou(2008)研究表明:MJO 确实影响了 Vautard(1990)定义的 4 种天气模态(位于北大西洋区和西欧地区)中的 2 种。Cassou 的结论仍然与图 6.4 一致,并且我们也注意到北半球的 50 d 振荡对其有显著贡献。

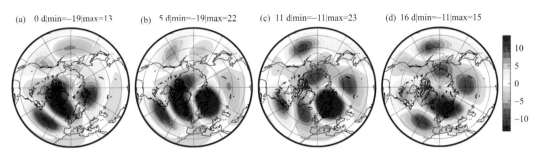

图 6.5　基于图 6.3 中 M-SSA 计算的 Z_{500} 异常 43 d 振荡的位相图
图中为 21 d 内(43 d 周期的一半)的四个位相的 Z_{500} 空间结构(单位为 gpm),图上标注了位相对应的
天数以及极值(最小值和最大值,单位为 gpm)

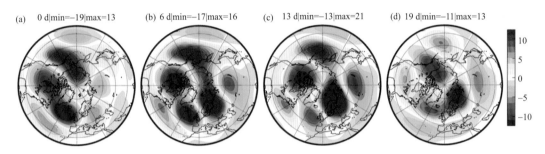

图 6.6　同图 6.5,但为 50 d 周期振荡的位相图

在图 6.3b 中,我们进一步计算了一些季节内振荡的局部方差(Plaut et al.,1994;Groth et al.,2015),发现其具有很强的局地性特征。大气 LFV 的局地性、多模态及其季节内振荡特性之间有一种有趣的联系(Kimoto et al.,1993b;Plaut et al.,1994;Koo et al.,2002;Crommelin,2003,2004;Kondrashov et al.,2004)。有关大气 LFV 局地性与周期振荡的研究是互补的,我们将在第 6.5 节中详细讨论(Ghil et al.,2002)。

地形不稳定与霍普夫分支

我们在这一节中概述了如何利用包含急流和中纬度山脉地形相互作用的多层模型(Ghil,2001;Ghil et al.,2000,2002)模拟并验证 40 d 振荡是北半球热带外大气的固有振荡模态。这一假设的基本原理来源于第 6.2 节中提到的 Charney 和 DeVore(1979)高度理想化的正压模型。

与 Charney 和 DeVore(1979)的模型相比,具有更高空间自由度、更加复杂的模式——包括正压(即单层)和斜压模式(即多层),在接近真实的强迫下表现出多种环流模态,其中一些与图 6.1 的阻塞型和纬向型环流十分类似。两者关键的区别在于,在更复杂的模型中大气状态是不稳定的,模型系统在以一种不规则的、混乱的方式在纬向型和阻塞型结果之间波动(Legras et al.,1985;Ghil et al.,1987 中的第 6 章)。

例如 Legras 和 Ghil(1985)的模型,有 25 个球面谐波,其分支图也与图 6.1 中所示的类似(Ghil et al.,2002)。在这张图中,随着急流强迫的强度增大,阻塞分支的平衡被振荡不稳定打破。从稳定的平衡解(在动力系统理论中称为固定点)到稳定的周期解(称为极限环)的过渡,被称为霍普夫分支。这种分支产生的极限环振幅随着急流强迫的增强而增大,周期约为 40 d。

随着强迫的进一步增强,极限环变得不稳定并且气流变得不规则,但 40 d 的振荡周期在功率谱中仍然存在。

Jin 和 Ghil(1990)研究表明,当模型中纬向急流的经向结构与真实大气足够接近,图 6.1a 的鞍节点分支确实会被霍普夫分支所取代,这样一来就可以过渡到有限振幅的周期解。对具有较高水平分辨率的正压模式的不稳定平衡及其时变解的特征分析表明,在季节内(35~50 d)和准双周(10~15 d)时间尺度上存在振荡不稳定(Strong et al.,1993)。对此模式极限环的 Floquet 分析(Strong et al.,1995)表明,由地形振荡不稳定引起的 40 d 振荡与之前观测到的北半球振荡(Ghil et al.,1991;Knutson et al.,1987)类似,都是冬季的强度要大于夏季。

为了在更简单的模型中验证北半球热带外振荡理论,Marcus 等(1994,1996)利用 UCLA GCM 一个版本的模式进行了为期 3 a 的 1 月模拟,在模拟结果中热带地区并没有明显的 MJO 现象。当模式中包含标准地形时,北半球热带外地区的 AAM 出现了明显的 40 d 振荡特征。在 3 次时间较短且没有添加地形影响的模拟试验中,并没有产生季节内振荡现象;这一结论与标准模式中北半球热带外振荡起源于地形强迫的结果是一致的。这里有一段 8 min 的视频,展示了模式中北半球热带外地区振荡相关的环流异常的空间结构,包括 500 hPa 位势高度、250 hPa 流函数和地面气压,观看网址为 https://doi.org/10.7916/D8X36F5B。

振荡以波数为 2 的驻波为主,主要表现为正压、倾斜槽型的波动。AAM 异常与东北太平洋和北大西洋的 500 hPa 位势高度异常呈负相关。这些环流模态类似于 Charney 和 DeVore (1979)在简单的模型中的描述(图 6.1b)一样。视频中 500 hPa 位势高度东北-西南向和西北-东南向倾斜的位相使人们联想到,在 Legras 和 Ghil(1985)模型中由阻塞平衡的霍普夫分支产生的 40 d 振荡的极限和中间位相,参见 Ghil 等(2003)中的图 6.3 部分。

6.4 低阶、数据驱动模式的动力分析及预测

本章节主要介绍三方面内容:LOMs 模式的背景与应用;经验模型简化方法在天气预测方面的应用;随机强迫过程对 S2S 预测的影响。

6.4.1 LOM 发展的背景和方法

最先进的、高分辨率的 GCM 模式能够在大尺度上模拟气候系统内部的复杂相互作用,产生与当前观测数据集一样复杂、详细的四维气候变率,因此,解释应用的难度并不小。气候现象的动力学分析通常涉及一系列复杂的 GCM 模拟,每个模拟都包含不同的物理过程以及根据观测推断的气候变率。这些模拟的计算代价较高,并且由于物理过程参数化方案的缺陷,使得模拟结果存在一定的偏差。

此外,GCM 模式涵盖了广泛的时间和空间尺度,并使用了一个有数百万标量变量的状态向量。虽然精确到几天的数值天气预报确实需要如此高的分辨率和计算量,但是理论性研究(Ghil et al.,1987)和基于数据分析(Toth,1995)的结果表明,大气 LFV 的重要特征可以通过更简单的 LOMs 模式模拟和预测。

以上研究不仅是关于 LFV 模拟和机制的问题,显然也包括对它的预测及其气候、天气尺度上的时、空聚类特征。事实上,虽然最近的国际模式合作活动对于 S2S 预测的兴趣大增,但

大多数都是基于 GCM 的集合预测系统。经验性、数据驱动的模式在预测 ENSO 方面有着悠久的历史,但目前最好的 LOMs 模式(Kondrashov et al.,2005)对 ENSO 的预测效果仍然优于大多数的 GCM 模式(Barnston et al.,2012)。但不幸的是,自 Barnston 等(2012)之后,国际气候与社会研究所(International Research Institute for climate and society,IRI)在基于模式(包括那些随机动力学模式以及 GCM 模式)监测和预报实时的 Nino-3.4 指数时,不再区分和关注 LOMs 或 GCM 预报效果的差异。但是,我们通过分析网站(https://iri.columbia.edu/our-expertise/climate/forecasts/enso/2017-October-quick-look/? enso_tab = enso-sst_table)的现存数据,发现在过去 7 a 的北半球冬季(尤其是 2012—2013 年到 2017—2018 年),ENSO 的预测对于 GCM 或其他简化模式来说都是一个难题。因此,LOMs 对于 S2S 实时预测依然是有价值的,同时也可以促进 GCM 预报的改进。

LOMs 发展的理论方法依赖于对完整控制方程进行时间尺度分离,以推导出一组 LFV 的简化微分方程,并通过随机强迫将短时、不稳定的过程(如天气尺度和中尺度的大气对流活动)进行参数化(Epstein,1969b;Fleming,1971;Majda et al.,1999)。气候诊断和预测的另一种方法是基于 LFV 的经验建模,譬如假设其可以在特定区域被描述为一个时空变化的、非线性和随机的过程。这种基于统计的方法不需要用到控制方程——尽管这种气候模型缺乏基于天气学基本原理的动力学解释,但另一方面它也通过逆向建模技术再现了观测数据的细节。可用的数据集——无论是直接观测、再分析或是 GCM 模拟——都可以被用来估算模型的低阶、确定性部分及其驱动噪声。

因此,数据驱动的 LOMs 可以看作是一个闭合问题:这类模式可以模拟和预测 LFV,前提是它们能够正确地解释:①解析变量之间的线性和非线性相互作用(LFV 的高方差模式),②已解析和大量未解析的变量(包括未观测到且没有显式包含在 LOM 中的小尺度过程)之间的相互作用。因此,关键步骤是估计宏观变量间相互作用和识别隐式变量,并对宏观和隐式变量的交互作用进行建模。

LIMs 和 POP 是假设宏观变量为线性动力学模型,而它们与小尺度、隐式过程的相互作用则用空间相关的白噪声近似代替(Penland,1989,1996;Penland et al.,1993,1995)。EMR 通过①利用二次方程表达宏观变量之间的相互作用,②通过记忆项表达延时动力学效应,③更复杂的噪声时间结构来扩展 LIMs。在随机强迫和动态算子中都可能出现的记忆效应是通过一个层叠系统中的隐式变量来传递的。每增加的一层都包含一个新的隐式变量,它的自相关比前一层的要更小,直到最后一层变量可以被空间相关的白噪声近似代替。

Chen 等(2016)基于 NOAA 地球物理流体动力学实验室(Geophysical Fluid Dynamics Laboratory,GFDL)的 CM2.1 耦合模式模拟的 4000 a 工业前对照试验数据集,开展了一次综合的 EMR 试验。其目的是为了更好地了解 ENSO 的多样性、非线性、季节性特征以及热带太平洋海温异常模拟与预测的记忆效应。结果表明,考虑历史海温的多层非线性 EMR 模式显著提高了对 ENSO 的预测技巧。

各层中的 EMR 模式系数是利用多层回归技术来估算的,可参照 Kravtsov 等(2009)文章中对 EMR 模式的详细介绍。Strounine 等(2010)系统地比较了用于冬季位势高度异常模拟的各种简化模式,并证明:在缺乏清晰的尺度分离的情况下,EMR 方法的优势在于其多层结构——这能更好地解释实现最佳闭合所需的记忆效应(Kravtsov et al.,2005)。

Newman 等(2003)研究结果表明,在 20 世纪末时 LIM 模式对北半球热带外周平均大气环流的预报能力,在第2周(第8～14天)和第3周(第15～21天)时间内与NCEP的中期预测(medium-range forecast,MRF)模式效果相当。Zhang等(2013)和Vitart(2017)及其后一直关注GCMs在MJO模拟和预测方面的进展。研究发现,通过对比实时多变量MJO指数RMM1和RMM2的预测技巧,当前最好的GCM模式在第4周时二元相关系数能接近0.6(译者注:可参照5.7节关于MJO指数和二元相关系数的内容)。

与此同时,正如前文所述,LOMs的发展也超越了LIMs。Kondrashov等(2013)在ENSO实时预报(Kondrashov et al.,2005)中,利用Chekroun等(2011a)提出的前噪声(past-noise forecasting,PNF)预测方法,并加入MJO特定位相盛行的"天气噪声"等综合预报信息,从而改进了基于EMR的预测。研究人员在后验预测中证明了这一点,即PNF-EMR方法对MJO指数预测技巧与最好的GCMs相当(Kondrashov et al.,2013中的图6.2)。

因此,综合来讲,在与MJO相关的S2S时间尺度预测(Kondrashov et al.,2013)和ENSO相关的气候预测(Kondrashov et al.,2005)方面,基于EMR的模式对传统大气物理模式形成了一定的挑战。

多层随机模式(multilayer stochastic model,MSM)框架是在数据驱动背景下,基于EMR方法与统计物理学Mori-Zwanzig(MZ)理论建立的明确关系(Kondrashov et al.,2015)。正是基于这种相对健全的物理学基础,有助于为原始系统变量的子集推导出一个闭合的随机动力学方程组(Kondrashov et al.,2015)。这个闭合的方程组包含了马尔可夫和非马尔可夫确定性项(并非一定是二次项)以及随机噪声项(Chorin et al.,2002;Chorin et al.,2006)。

但主要的问题是,在高度非线性的气候系统中,通常有一个连续的尺度,从最快、最短的小尺度过渡到最慢、最长的大尺度。在这种情况下,MZ理论允许模式将LFV和较小尺度的相互作用视为记忆效应。这些记忆效应代表了常见的大气、海洋、气候动力学模式中马尔可夫性的显著偏差。马尔可夫性意味着只依赖于初始状态,而非之前的状态。因此,常微分方程和偏微分方程以及第6.2节中提到的马尔可夫链,都是马尔可夫性的;时滞微分方程和其他泛函微分方程则不属于马尔可夫性。Bhattacharya等(1982)将后者引入气候学中,自那以后,它们被广泛用于ENSO的建模,其中的记忆效应解释了开尔文波和罗斯贝波在热带太平洋地区的传播(Ghil et al.,2015)。

在没有尺度分离的情况下,非马尔可夫项变得尤为重要;而Stinis(2006)研究表明,对于大尺度的分离,MZ方法的结果与Majda等(1999)的简化模型在形式上很类似。因此,MSM框架在EMR的基础上改进了确定项的普适性以及对于记忆效应的正确解释。在气候模拟和预测方面,与线性(LIM和MOP)数据驱动模式相比,非线性(EMR和MSM)模式似乎能更好地体现ENSO的"魔梯"(译者注:魔梯英文为Devil's Staircase,是物理学名词,指的是两种相互竞争频率的阶梯形函数)特性(Jin et al.,1994;Tziperman et al.,1994;Neelin et al.,1998)。

Kondrashov和Berloff(2015)研究表明,基于M-SSA的改进有助于利用MSM方法识别多尺度海洋湍流中的LFV特征,因为M-SSA可以利用时滞信息并隐式的传递记忆效应。数据自适应谐波分解(Data-adaptive harmonic decomposition,DAHD;Chekroun et al.,2017)进一步推进了非线性数据驱动模式的动力学解释。DAHD可以提供一系列时变数据集和简化坐标,基于此可以进一步利用成对的随机微分方程组(stochastic differential equations,SDEs)来有效地建模。该方法已经在北极海冰建模、模拟和预测中得到了验证(Kondrashov et al.,2017,2018),但是对于其他气候尺度的适用性还有待检验。

综上所述,低阶、数据驱动的随机动力学模式近年来取得了显著的发展。这些模式为我们进一步理解和进行 S2S 预测提供了新的思路。以下两节分别介绍了它们成功应用于中纬度 LFV 变率和 ENSO 模拟的实例。

6.4.2　S2S 尺度的动力学诊断与经验预测

LOMs 对于大气振荡和多模态的动力学解释非常有效。这些模型不仅有助于提炼数据集的内容信息,而且还可以通过分析简化模型的数学结构,为气候态 LFV 的动力学和可预测性提供解释。因此,Kondrashov 等(2006,2011)将 EMR 应用于 QG3 模式(第 6.2.2 节)的长时间输出数据,构建了一个热带外大气 LFV 的 LOM 模式。该模式模拟的气候变率十分贴近实际大气状况,已被广泛用于研究北半球中纬度大气运动(D'Andrea et al. ,2001;D'Andrea,2002;Deloncle et al. ,2007)。

完整的 QG3 模型位相空间的维数接近 10^4 量级,而其派生的 EMR 模型只有 45 个变量。QG3 及 EMR 模式的物理条件都是根据 Smyth 等(1999)及其参考文献中提到的高斯混合模型计算的。图 6.7 中 QG3 模式的 4 个模态的几何中心分别对应了北极涛动正、负位相(AO$^+$ 和 AO$^-$)和大西洋涛动正、负位相(NAO$^+$ 和 NAO$^-$),这与 Molteni 和 Corti(1998)的研究结果一致。EMR 模式能够很好地捕捉 QG3 模式中 PDF 的非高斯特征,并且也能够体现 QG3 模式的 4 个异常环流模态及其之间的马尔可夫链关系(图略)。

图 6.7 异常模态与 EMR 模型的空间相关系数都超过了 0.9。这两类模式中异常环流模态以及相应的马尔可夫链之间具有高度相似,不仅凸显了 NAO 和 AO 的内在动力学特征,并且也间接证实了 NAO 不仅仅是 AO 在特定区域的表现——至少在与实况相近的 QG3 模型中能够很好地体现这一点。

根据过去半个世纪以来气象观测和高空数据的统计,西风带区域 4 种最常见的纬向及阻塞环流模态,分别是大西洋—欧亚和太平洋—北美模态(Cheng et al. ,1993;Smyth et al. ,1999;Ghil et al. ,2002)。AO,也被称为北半球环状模(Wallace,2000),似乎只是在统计意义上是环状的:它代表了两极和亚热带之间的质量再分配,但总体而言实际的"振荡"事件却呈近似扇状分布。因此,在次月尺度上,观测和再分析数据中北大西洋副热带高压与北太平洋副热带高压之间的相关相当低(Kimoto et al. ,1993b)。

AO 和 NAO 指数都受到北极地区海平面压力的影响和调控,因此,在观测资料中 NAO 和 AO 相关很强。此外,QG3 模式(Kondrashov et al. ,2006)和无 MJO 版本的 UCLA GCM 模式(Marcus et al. ,1994,1996)似乎都具有某种源自中纬度地区的 40 d 振荡现象。因此,我们可以看到图 6.7c 和 6.7d 中北半球 AO$^+$ 和 AO$^-$ 模态取代了 Ghil 和 Robertson(2002)的 PNA 遥相关模态:在大西洋—欧亚地区 AO 与 NAO 发生重叠,而两者不同之处在于其位于 PNA 影响区域的异常值会更大。

此外,利用 M-SSA 分析 QG3 和其 EMR 版本模式的输出数据,可以识别出 35~37 d 和 20 d 左右的季节内振荡周期。这些振荡模态与图 6.3 及之前研究中提到的相似(Ghil et al. ,2000,2002)。前者显然是类似 Legras 和 Ghil(1985)发现的热带外 40 d 周期的振荡模态,而 QG3 模式中却缺少图 6.3 中与 MJO 相关的 50 d 周期的振荡模态。山脉力矩异常也被发现可以用来预测 AAM 振荡的相位以及某些环流状态的发生和中断。

QG3 模式的 LFV 特征,可以通过对其简化模型的动力学分析来解释。尤其是 AO$^-$ 位相产

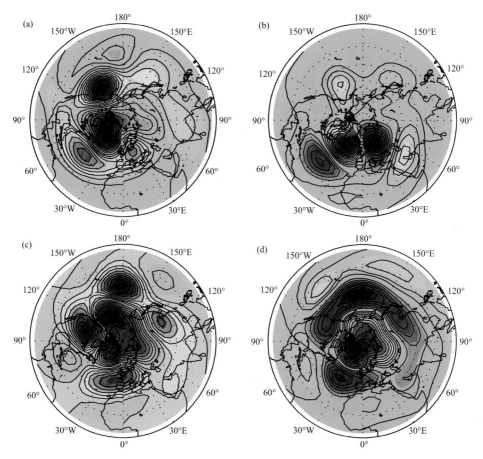

图 6.7　高斯混合模型的几何中心,为 QG3 模式中 500 hPa 流函数的异常分区

(a)NAO$^+$;(b)NAO$^-$;(c)AO$^+$;(d)AO$^-$

在最大值和最小值之间划分为 20 个等高线,相邻等高线间隔(单位:$10^6\,m^2/s$)分别为:

(a)1.1;(b)0.8;(c)0.8;(d)1.1(引自 Kondrashov,2006)

生于 EMR 模式中 3 层确定算子在 PC-1 为正时的唯一稳态,并且此时 QG3 模式中 PDF 脊(Kondrashov et al.,2006)与简化模型的近似稳态高值区位置发生重合,如图 6.8b~d。在完整和简化模式中,PDF 高值区范围的扩展路径都是首先沿着 EOF-1 的方向,然后再沿着 EOF-2(即 PC-1 为负异常)方向的发展——似乎是由于 QG3 模式主模态的子空间不稳定导致的。这些不稳定需要通过整个模式的瞬态反馈来平衡,而该反馈在 EMR 中可被噪声和记忆效应识别。

　　Molteni 和 Corti(1998)在改变 QG3 模式的位涡强迫去模拟较冷 ENSO 事件中亚热带罗斯贝波源时,也观察到了 PDF 数量和振幅的变化。图 6.8 中的异常可以归因于 GCM 模式中噪声强度影响了随机参数化过程(Palmer et al.,2009)或者是外部强迫产生的波动。EMRs 模式在 S2S 模拟及预测方面取得的巨大进步,在很大程度上可能归因于模式所包含的噪声过程以及噪声强度适中。

　　QG3 和最优的 EMR 模式的主要季内振荡周期均为 35~37 d;并且当我们将 EMR 模式的气候态线性化处理后,发现振荡与其最小阻尼特征模相关。虽然在 QG3 模式中没有明显的尺度分离,但模式中最大尺度模态(前 4 个 EOF 主模态)与中间尺度模态(第 5~15 个 EOF 模

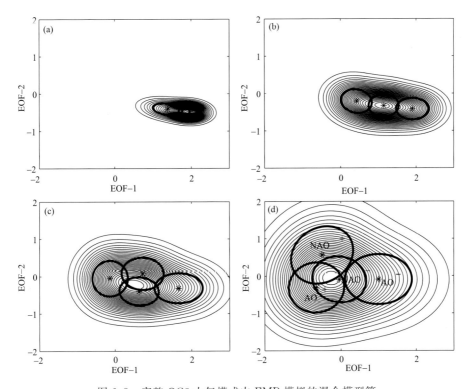

图 6.8　完整 QG3 大气模式中 EMR 模拟的混合模型簇

(a)～(d)的差别在于 EMR 的随机强迫的振幅因子 ϵ:(a)ϵ=0.2;(b)ϵ=0.4;(c)ϵ=0.6;(d)ϵ=1
簇的数量和它们在位相空间中的分离度随着 ϵ 的增大而增大(引自 Kondrashov et al.,2006)

态)的相互作用似乎是造成 QG3 及 EMR 模式中季节内振荡轨迹减弱的原因。这种减弱现象也与 AO⁺和 NAO⁻模态的出现有关。

　　EMR 模式中的随机强迫过程,代表了 QG3 模式中未能解决的小尺度过程。通过对噪声振幅 ϵ 的分岔分析,揭示了这种强迫对动力机制的影响。尤其是在图 6.8 中,随着 ϵ 从 0 增大到 1(最优值),模式轨迹由最初局限于 EMR 模型唯一稳态附近的一个小区域(图 6.8a),逐渐沿着 EOF-1 轴线扩展到近似稳态的区域(图 6.8b～d)。而当 ϵ 足够大时,季节内振荡模态就会被激发,进而导致模式的 PDF 向 EOF-2 和 EOF-3 方向扩展,同时会产生额外的近似稳态。从图 6.8 中可以看出,只有随机强迫的强度足够大时,才能得到真实的大气 LFV 状态。随机过程在非线性动力学中的作用将在本章的第 5 节中进行更深入的讨论。

　　Kondrashov 等(2011)也分析了 EMR 模型的非线性动力学算子,并且表明当投影到低维子空间时,会导致该模式的平均状态轨迹在时间平均趋势上产生"漩涡"。这些"漩涡"是由大尺度模式之间的确定性相互作用控制。近期,Tantet 等(2015)在一个中等分辨率的球面正压大气模式的输出结果中,将类似的"漩涡"与持续的天气模态联系起来。这些作者应用传递算子方法(Chekroun et al.,2014)建立了大气模态转换的早期预警指标,尤其是第 6.2.2 节中提到的从纬向环流到阻塞环流转换的预警指标。

　　分析某一模态质心不稳定的方法可以最早追溯到 Legras 和 Ghil(1985)提出的"镜像平衡"。特别是 Deloncle 等(2007)与 Kondrashov 等(2007)利用了随机森林算法(Breiman,

2001)去分析、处理低维空间中相关的预测因子。结果表明,在 QG3 模式(Deloncle et al.,2007)和北半球大气观测数据中(Kondrashov et al.,2007),这种统计方法对于大气模态中长期变化的预测相当有效。Tantet 等(2015)的研究结果进一步解释了其原因和内在机制。在 S2S 预测的背景下,动力驱动的预测因子可能更倾向于多模态的主要不稳定方向,如厄尔尼诺和拉尼娜(Dijkstra,2005)或与振荡模态相关的、类似极限环的不稳定方向——例如 MJO 以及本章讨论的热带外 40 d 振荡模态。例如,Strong 等(1995)研究了大气 LFV 中极限环的不稳定性,我们也在第 6.3.2 节中提到过相关内容。

6.4.3 LFV 和多层随机闭合模式:一个简单的例子

在本节中,我们将通过一个简单的例子帮助读者了解 MSM 建模的有效性,从而理解 EMR 模式在模拟和预测热带外大气 S2S 变率方面的优越性。这个例子预测了 ENSO 在季节内尺度上的变化特征。

以下公式是 Chekroun 等(2011a)提出的非线性、周期性和随机强迫的双变量(x_1, x_2)模型:

$$
\begin{cases}
dx_1 = \{(r+\sigma dW_t)x_1(\alpha+x_1)(1-x_1)-cx_1x_2+a\sin(2\pi f_0 t)\}dt \\
dx_2 = \{m\alpha x_2+(c-m)x_1x_2\}dt
\end{cases}
\tag{6.1}
$$

式中,变量 x_1 是确定的,并且增加了强迫项 $\sin(2\pi f_0 t)$;而随机项 σdW_t 代表了由白噪声对参数 r 产生的随机扰动;此外,我们假设只有变量 x_2 是可以观察到的。模型参数的默认值为 $\sigma = 0.3$,$m=r=1$,$c=1.5$,$\alpha=0.3$。该模型从 $t=0$ 积分到 $t=T_f=2000$(无量纲单位),初始状态为 $(x_1(0),x_2(0))=(0.5,0.5)$,并且采用了步长 $\Delta t=0.1$ 的经典随机 Euler-Maruyama 方案。

当加入一个振幅 $a=0.05$、频率 $f_0=0.25$ 的周期性强迫时,模型整体表现稳定,并且只显示出一个周期为 4 的变化轨迹。在有噪声的情况下($\sigma=0.3$),周期约为 25 个单位的 LFV 模态占据主导,如图 6.9 所示。该模态(图中蓝色曲线所示)能够被重构的 SSA 捕获,并且其可以归因于一个噪声维持、非正态分布的阻尼模态(Chekroun et al.,2011a)。在目前的与 ENSO 相关的例子中,周期性强迫 $T_0 = 1/f_0 = 4$ 对应了季节变化周期,而内在的周期 $T \approx 25$ 则与 ENSO 周期约为 6 a 的低频振荡模态相关。

通过将 EMR 用于观测变量 x_2 的时间序列(Kravtsov et al.,2005),我们构建了一个解释 x_2 的单变量、两层 EMR 模式。这个标量模型包括一个三次多项式,以及在其主层上的周期强迫与相互作用。我们注意到,该模型中参数形式与方程(6.1)中 x_2 方程式右边项完全不同——因为它没有明确包括与周期性和随机强迫变量 x_1 的相互作用。而在两层 EMR 模式中,这些相互作用通过记忆效应进行了参数化处理。

图 6.10 中,我们通过均方根误差(RMSE)和异常相关系数(Corr)去评价相关的预测技巧。从图中可以看出,对于样本外预测能力,EMR 模式的集合平均值要明显优于线性、单层的 LIM 模式。EMR 预测的有效时间(Corr≥0.5)要比 LIM 长 6 个时间单位,接近 LFV 模态整个周期的四分之一。

这个例子说明了在经验随机模式中包含非线性和记忆项的优势。在实时 ENSO 预测中,UCLA EMR 模式的预报技巧要优于其他统计模式则证明了这一点。更多相关内容读者可以查阅 Barnston 等(2012)。

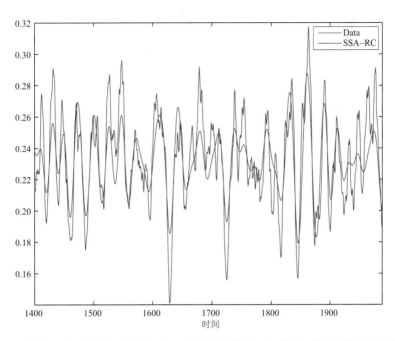

图 6.9　变量 x_2（红色曲线）及其通过 SSA 重构得到其 LFV 模态（蓝色曲线）的时间序列
后者的主要周期为 25 个单位（无量纲），并且解释了总方差的 36%

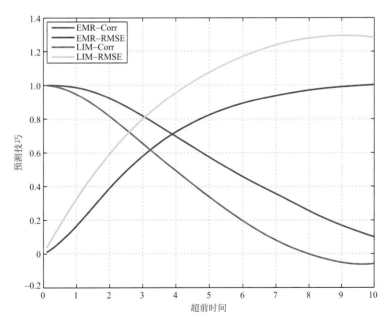

图 6.10　根据 $x_2(t)$ 时间序列计算的最优 EMR 模式预测技巧
通过对比异常相关系数（红色与品红色曲线）和均方根误差（蓝色与青色曲线），
最优的两层 EMR 模式预测技巧明显高于 LIM 模式

6.5　结论

自 Ghil 和 Robersorn(2002)以来的 15 a 时间中,相关研究人员在 S2S 的低阶预测建模领域取得了相当大的进展。图 6.11 总结了 4 种主要的建模方法。

一种方法是将中纬度大气在 10～100 d 时间尺度上的持续异常简单地看作是由于罗斯贝波的减缓或其线性扰动引起的(Lindzen et al.,1982;Lindzen,1986)。这种方法在图 6.11c 中可以看出:纬向流 Z 和阻塞流 B 只是谐波振荡的缓慢位相,就像正弦函数 $\sin(t)$ 在 $t=\pi/2$ 或 $t=3\pi/2$ 时的位相特征;或者说类似于函数 $A\sin t+B\sin(3t)$ 在 $t=(2k+1)\pi/2$ 附近产生的扰动。该方法曾用于研究一个地形罗斯贝波与两个自由罗斯贝波的共振相互作用(Egger,1978;Trevisan et al.,1980;Ghil et al.,1987)。然而,这两种方法都不能很好地解释异常造成的不同环流模态。

Rossby 等(1939)提出了一种不同的、真正的非线性的方法:该方法利用多重均衡性去解释主要的大气环流模态。研究人员对比了这种均衡性与随机性,并建立了简单的模型。在这些模型中,更快和更慢的大气环流之间也会发生类似的转变。这种多重均衡的方法在 20 世纪 80 年代得到推广(Charney et al.,1979,1981;Legras et al.,1985;Ghil et al.,1987)。图 6.11a 中展示了 B～Z 分歧的模型(Charney et al.,1979,1981;Benzi et al.,1986);另外一个模型包含了其他的簇(Kimoto et al.,1993a;Smyth et al.,1999),即 NAO 和 PNA 异常的反位相(图 6.11a 中的 PNA、RNA 和 BNAO 位相)。该方法中的 LFV 动力机制由两个或多个模态之间的转换表示,具体可参阅第 6.2.1 节的表 6.1 及其参考文献。

第 3 种方法与一个或多个不动点的振荡不稳定有关,这些不动点可以作为模态的质心。基于此,Legras 和 Ghil(1985)发现在阻塞模态 B 的 Hopf 分岔产生了一个 40 d 的振荡现象,如图 6.11b 所示。然而,这种方法也会引发一些歧义,即这些模态可能只是由中纬度急流与地形的相互作用引起的缓慢振荡。因此,Kimoto 和 Ghil(1993b)通过观测数据发现,闭环的马尔可夫链的模态就类似于我们熟知的季节内振荡位相。Kondrashov 等(2004)在 QG3 模式中验证了这种猜想。此外,在"混沌巡游"理论框架下,两层的全球模式中可以同时存在多种大气模态和季节内振荡(Itoh et al.,1996,1997)。

最后,图 6.11d 提到了随机过程在 S2S 变率及预测中的作用,例如 Hasselmann(1976)或 LIMs 模式中的白噪声,或者是 EMRs 和 MSMs 模式中的红噪声(Kravtsov et al.,2005,2009;Kondrashov et al.,2006,2013,2015),甚至是非高斯噪声(Sardeshmukh et al.,2015)。无论是最简单的概念模型或是高分辨率的 GCM 模式,随机过程都可以在建模过程中被引进来。在 GCM 模式中,随机过程可以通过次网格尺度的随机参数化过程引入(Palmer et al.,2009);而对于简单的概念模型,随机过程则可以通过随机强迫来引入(Kondrashov et al.,2015)。

图 6.11 简单地总结了本章所讨论的中纬度 S2S 变率的一些关键动力学机制;但却没有明确指出在当前或未来在中纬度 S2S 低阶建模和预测中哪种方法是最有效的。这个问题在未来还需要更多、更深入的研究。然而,在 S2S 预测方面,很明显本节所讨论的问题——关于 LOMs 和更高分辨率的模式以及热带外变率及可预测性来源——肯定是有用的。当前,效果

最佳的 LOM 模式似乎是包含非线性动力学、记忆效应和噪声过程的。Barnston 等（2012）认为，EMRs 和 MSMs 模式在 ENSO 预测中具有相当的竞争力，很可能为 S2S 预测提供重要的预测基准，也是人们更全面了解热带外 S2S 变率和遥相关动力学的重要工具。

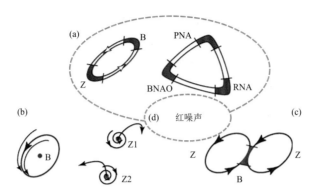

图 6.11　大气 LFV 的相关机制示意

最后，我们对气候变化在 S2S 变率和可预测性问题中的作用进行一些讨论。如第 6.1 节所述，S2S 预测的困难很大程度上是因为它介于短期天气和长期气候尺度之间（Von Neumann，1955）。最近引入到气候科学中的非自治和随机动力系统理论提供了一种数学上解决这一难题的思路（Ghil et al.，2008；Chekroun et al.，2011b；Dro′tos et al.，2015；Ghil，2017）。这个理论与经典的自治动力系统理论相反：在经典的理论中，系数和强迫不依赖于时间；但非自治理论却可以通过随机过程产生快速或者缓慢的强迫。后者的例子不仅包括由于人类排放的气溶胶和温室气体引起的辐射强迫的变化，还包括海洋-大气的强迫（Ghil，2001，2017）或平流层-对流层的相互作用（Holton et al.，1995）。本节没有对此进行更详细的讨论，也没有涉及将其实际应用到北半球 LFV 的研究。感兴趣的读者可以自行阅读相关文献（Ghil，2014；Moron et al.，2015；Chang et al.，2015）。

致谢

非常感谢 Frederic Vitart 和一位匿名专家给出的建设性意见。本章部分内容得到了美国海军研究办公室的 N00014-12-1-0911 和 N00014-16-1-2073 项目资助，美国国家科学基金会（NSF）的 OCE-1243175 和 OCE-1658357 项目也给予了资助。6.4.3 节的内容得到了俄罗斯科学基金会项目（18-12-00231）的支持。

第7章

热带-热带外相互作用和遥相关

7.1　简介

　　热带-热带外相互作用存在多种时间尺度和形式。例如,在年代际的时间尺度上,海洋的热盐环流是南、北半球间的气候相互作用的一个重要桥梁。热带和亚热带的相互作用可以通过大气中的哈得来环流和副热带海洋环流进行(Liu et al.,2007)。热带气旋在向极地移动时通常会转变为温带气旋,这一过程通常被称为台风的"热带外变性"(Harr et al.,2000;Hart et al.,2001)。在少数情况下,温带气旋可以移动到热带地区并失去锋面特征,并在气旋中心附近形成强对流,从而转变为热带气旋(Davis et al.,2004)。

　　本章特别关注的是涉及大气遥相关模式的热带-热带外相互作用。热带外天气经常受到大尺度环流模态的影响,这种影响作用通常被称为遥相关——它能将半球甚至全球尺度上分散的天气系统联系起来(Wallace et al.,1981)。通常,这种遥相关作用会持续数周到数月。遥相关将源区与相距较远区域的大气变化联系起来,能够极大地提升 S2S 时间尺度上的大气可预测性。

　　热带外大气变率的信号在很大程度上起源于热带。例如,研究发现与 ENSO 相关的赤道东太平洋海表温度变化与北太平洋及北美地区年际尺度的遥相关有关(Horel et al.,1981)。热带对流异常会触发穿越中纬度地区、向东和向极方向传播的罗斯贝波列(Hoskins et al.,1981;Jin et al.,1995;Blade et al.,1995)。这种热带外大气对热带热强迫的响应通常是通过遥相关的形式进行的。

　　在季节或更长时间尺度上,大气遥相关作用通常可以认为是静止的或者是对下垫面持续异常的响应。但另一方面,次季节尺度的遥相关有随时间和空间变化的趋势(Blackmon et al.,1984)。例如,热带地区向东传播的 MJO 对流对大气环流的影响,会导致热带外地区遥相关的滞后响应(Cassou,2008;Lin et al.,2009)。S2S 时间尺度的扰动不仅影响平均气候态的大气环流,还可以影响天气尺度的瞬态过程。

　　另外,热带外地区对热带地区也有相当大的影响。热带地区对流活动会受到热带外大气波动的显著影响(Liebmann et al.,1984;Webster et al.,1982;Hoskins et al.,2000)。热带MJO 变率也会受到热带外扰动的影响(Lin et al.,2007;Ray et al.,2010;Vitart et al.,2010)。

　　热带外大气与热带对流系统的联系不只是单向的,而是一种双向的相互作用。一些早期的研究发现,在热带和热带外地区会出现一致的环流异常(Lau et al.,1986),并由此提出了全球尺度季节内变率的观点(Hsu,1996)。这一观点得到了 Frederiksen(2002)不稳定理论的支持:他发现一些大气不稳定模态能够将热带外与热带地区 40~60 d 的扰动(类似 MJO)耦合起来。

在本章中,我们总结了 S2S 时间尺度上热带-热带外遥相关的一些观测特征,并讨论与其相关的基本动力学过程。讨论的重点是与 MJO 相关的遥相关,这是 S2S 可预测性的一个主要来源(Waliser et al.,2003)。第 7.2 节,我们讨论热带对热带外环流的影响,重点讨论了 MJO 的影响以及与热带外大气环流对热带强迫响应的相关动力学过程。第 7.3 节则讨论热带外大气对热带对流活动的影响。在第 7.4 节中,分析热带-热带外大气的双向相互作用以及不稳定性理论。最后,在第 7.5 节中进行总结和讨论。

7.2　热带对热带外大气的影响

7.2.1　观测的 MJO 对热带外大气的影响

MJO 是热带地区次季节变率的主要模态,其伴随的对流系统和降水会对热带天气产生直接影响。越来越多的研究证明,与 MJO 相关的热带对流活动对热带以外的天气和气候有相当大的影响。MJO 的这种全球性影响可为 S2S 预测提供重要信号(Waliser et al.,2003)。

MJO 对热带外大气遥相关模态有显著影响。Higgins 和 Mo(1997)通过对多年(1985—1993 年)的全球再分析数据(数据来自于 NCEP/NCAR 和 NASA/DAO)分析,发现在北半球冬季,持续的北太平洋环流异常的发展与热带季节内振荡(ISOs)有关。Mori 和 Watanabe(2008)研究发现,热带印度洋和西太平洋 MJO 对流活动可以促进 PNA 模态的发展。MJO 活跃对流位相的发展与北极涛动(AO)指数的变化有关(L'Heureux et al.,2008)。观测数据表明,MJO 和 NAO 存在着显著的滞后相关(Cassou,2008;Lin et al.,2009)。在 MJO 第 3(第 7)位相发生后 10~15 d,NAO 正(负)位相发生的概率显著增大;这对应了热带对流异常的偶极子结构,即在赤道印度洋对流增强(减弱),而在西太平洋对流减弱(增强)。MJO 位相是根据 Wheeler 和 Hendon(2004)提出的实时多元 MJO 指数定义的。图 7.1 所示的是北半球 500 hPa 位势高度相对于 MJO 第 3 位相的滞后相关异常。在 PNA 以北区域,热带地区 MJO 第 3 位相的强迫影响了大气波列,进而促进了 NAO 正位相的发展(Lin et al.,2009)。

通过大气遥相关,MJO 对热带外天气和气候过程产生了显著的影响。Vecchi 和 Bond(2004)研究发现,MJO 与北极地区冬季地表温度的次季节变率有显著的相关。通过滞后相关分析和对不同 MJO 位相的热力学能量方程诊断,Yoo 等(2012)发现北极地表温度的变化与向极地传播的罗斯贝波有关。此外,绝热加热、涡流热通量和辐射效应也很重要。MJO 的不同位相与北美冬季地表温度的次季节变率也具有明显的空间相关(Lin et al.,2009;Zhou et al.,2012;Baxter et al.,2014)。如图 7.2 所示,冬季加拿大和美国东部的地表温度在 MJO 第 3 位相后的 10~20 d 趋于异常升高(Lin et al.,2009)。这种滞后相关意味着如果我们明确了 MJO 的初始状态,那么北美冬季的温度异常的预测时限可以达到 3 周左右。部分以 MJO 作为预测信号的统计模型的研究表明,对于北美地区温度异常的预测技巧有时确实可以超过 20 d,尤其是在强 MJO 事件中(Yao et al.,2011;Rodney et al.,2013;Johnson et al.,2014)。MJO 在预测北美地表温度方面的优势也在业务化的月延伸预报系统中得到了应用(Lin et al.,2016)。

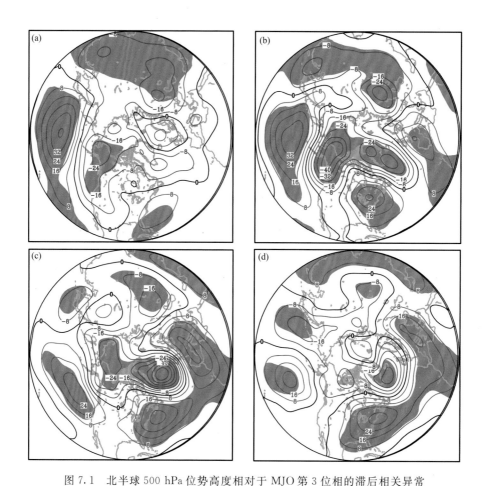

图 7.1　北半球 500 hPa 位势高度相对于 MJO 第 3 位相的滞后相关异常

(a)滞后 0 个周期;(b)滞后 1 个周期;(c)滞后 2 个周期;(d)滞后 3 个周期

(n 代表滞后于 MJO 第 3 位相的周期数,1 个周期为 5 d;正值和负值的等值线分别为红色和蓝色,0 值线为
黑色;橙色区域是通过 0.05 置信水平的 t 检验区域;使用的是 NCEP/NCAR 再分析数据,时间范围为
1979/1980 年至 2015/2016 年的 37 个冬季(11 月—次年 4 月))

关于 MJO 和北半球夏季季节内振荡(BSISO)对南亚和东亚地区的影响已有很多研究。
在北半球夏季,BSISO 扰动有向东北方向传播的趋势,并对季风环流和降水的"活跃"及"中
断"产生显著影响(Yasunari,1979;Murakami et al.,1984;Wang et al.,2006)。MJO、BSISO
可以直接或通过相关扰动影响季风暴发及中断,从而调节亚洲地区的降水。正如 Goswami 等
(2003)所指出的,大多数季风低压及对流降水都是在 MJO 的活跃位相形成的。Zhang 等
(2009)研究了 MJO 对夏季中国东南部降水的显著影响。MJO 对东亚中纬度地区冬季天气同
样有显著影响。Jeong 等(2005,2008)研究了 MJO 对东亚冬季地表气温和降水的影响。在北
半球冬季,向东传播的 MJO 对流活动主要局限于热带地区。研究发现,它对东亚中纬度地区
的影响与局地哈得来环流转换和罗斯贝波响应有关(He et al.,2011)。

除东亚地区以外,MJO 还可以通过热带外波动及遥相关作用对降水产生影响。研究发
现,与 MJO 相关的热带对流与美国西海岸的降水有关(Higgins et al.,2000;Mo et al.,1998;

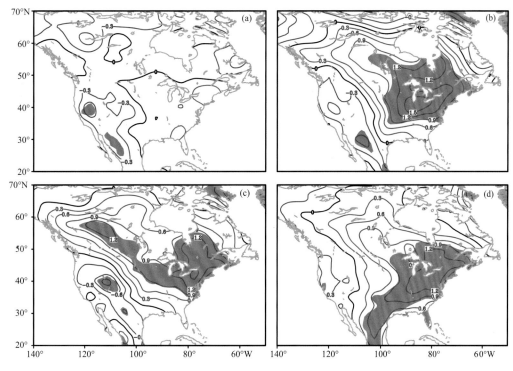

图 7.2　北美地区 2 m 地表气温相对于 MJO 第 3 位相的滞后相关异常

(a)滞后 0 个周期;(b)滞后 1 个周期;(c)滞后 2 个周期;(d)滞后 3 个周期

(n 代表滞后于 MJO 第 3 位相的周期数,1 个周期为 5 d;正值和负值的等值线分别为红色和蓝色,

0 值线为黑色;橙色区域是通过 0.05 显著水平的 t 检验区域;使用的是 NCEP/NCAR

再分析数据,时间范围为 1979/1980 年至 2015/2016 年的 37 个冬季(11 月—次年 4 月))

Bond et al.,2003;Becker et al.,2011)。基于 30 a 的降水观测资料,发现加拿大西海岸及东北部地区降水的次季节变率与北半球冬季 MJO 第 3 或第 7 位相的热带对流偶极子异常之间存在滞后相关(Lin et al.,2010a)。研究发现,美国地区的极端降雨在 MJO 的活跃位相时发生概率更大,尤其是当 MJO 对流中心位于印度洋时(Jones et al.,2012;Barrett et al.,2013)。

　　MJO 对南半球热带外地区的气象要素也有影响。例如,冬季 MJO 不同位相对南美洲东南部气温及降水变化有显著影响(Naumann et al.,2010)。有学者观察到太平洋-南美洲环流模态(Pacific-South American,PSA)与 MJO 不同位相的对流活动增强有密切关系(Mo et al.,1985,1998)。6—8 月南半球几个典型遥相关模态存在 20~30 d 时间尺度的振荡,并且其振荡频率受到 MJO 位相调制(Chang et al.,2015)。Flatau 和 Kim(2013)研究表明,在次季节时间尺度上,印度洋上 MJO 对流的增强要超前于南极涛动(Antarctic Oscillation,AAO)的变化。另有研究指出,MJO 可能通过热带外罗斯贝波对热带绝热加热做出响应,从而直接影响新西兰附近的区域环流和气候特征(Fauchereau et al.,2016)。Whelan 和 Frederiksen(2017)发现与 MJO 相关的热带-热带外相互作用导致了 1974 年 1 月—2011 年 1 月澳大利亚北部的极端降雨和洪水。

总之,观测数据分析表明,MJO 对广泛的热带外天气和气候事件具有深远的影响(Stan et al. 2017;Zhang,2013)。研究发现,这种影响还与 NAO 的次季节预报能力密切相关(Lin et al.,2010b)。与 MJO 相关的热带外遥相关有很强的季节差异。除了 BSISO 对南亚和东亚地区的直接影响外,MJO 的热带外遥相关明显在北半球冬季时较强。有利于罗斯贝波传播的中纬度西风带(将在第 7.3 节中讨论)也在冬季偏强。当前业务化的次季节预测模式一般能够捕捉到与 MJO 相关的遥相关特征。此外,对于北美及欧洲地区 14 d 的预报准确度很大程度上取决于初始条件中 MJO 的特征(Vitart et al.,2010;Lin et al.,2016)。加深对 MJO 遥相关的理解并且在数值模式中更好地表达相关过程,对于提高和改进 S2S 预测能力非常重要。

7.2.2 热带外大气对热带地区热强迫的响应

热带对流释放的潜热是驱动全球大气环流的主要能量来源。热带深对流产生的垂直运动,会导致对流层上层的辐散。这种上层辐散气流汇集到副热带西风急流区,就会触发热带外罗斯贝波(Sardeshmukh et al.,1988),并在中纬度西风带传播(Webster et al.,1982;Hoskins et al.,1993)。除了罗斯贝波的传播外,至少还有另外两个热带外地区的动力过程影响着大气对热带加热的响应。其一就是扰动通过正压转换(Simmons et al.,1983;Branstator,1985)或斜压—正压转换(Frederiksen,1982,1983,1988)从纬向不对称气流中摄取动能,然后在特定区域(如北太平洋东部和北大西洋)持续增强。其二就是中纬度天气尺度瞬变,在受到热带大尺度加热异常的强迫时,可以通过瞬态涡通量辐合的"正反馈"过程强化这种作用(Lau,1988;Klasa et al.,1992)。

热带外对热带强迫的响应受到气候平均流的正压不稳定影响。Simmons 等(1983)指出,气候平均流的正压动能转换可表示为:

$$C = -(\overline{u'^2} - \overline{v'^2})\frac{\partial \overline{u}}{\partial x} - \overline{u'v'}\frac{\partial \overline{u}}{\partial y} \tag{7.1}$$

式中,上划线表示时间平均,上标符号 $'$ 表示偏差,这里指的是对热带强迫的低频(10~100 d)异常响应。右边第一项表示发生在气候平均纬向风沿东—西向切变区、基本态与扰动之间的能量转换。在北太平洋和大西洋的中纬度西风急流出口区域,$\frac{\partial \overline{u}}{\partial x} < 0$,局地涡度项($\overline{u'^2} > \overline{v'^2}$),像大多数低频扰动一样是从基本气流中摄取动能而产生的。气候平均流的纬向分布通过正压不稳定机制影响低频扰动的产生。研究发现,太平洋急流出口区的罗斯贝波对 MJO 非绝热加热的响应,会通过从气候平均流中摄取动能而增强(Bao et al.,2014;Adames et al.,2014)。

影响热带外大气对热带强迫响应的另一个过程是与天气尺度、高频、瞬态涡旋的相互作用。正压涡度方程的形式如下:

$$\frac{\partial \zeta}{\partial t} = -\nabla \cdot [\vec{V}(\zeta + f)] + F \tag{7.2}$$

式中,ζ 为涡度;f 为科里奥利力参数;$\vec{V}$ 为水平速度;F 为力的作用。

每个变量 X 又可以分解为 3 个部分,对应不同的频段:

$$X = \overline{X} + X_l + X_h \tag{7.3}$$

式中,上划线表示时间平均(例如对冬季平均),下标 l 是表示低频(如次季节尺度),下标 h 表示高频(如天气尺度)。因此,低频扰动的涡度方程可表示为:

$$\frac{\partial \zeta_l}{\partial t} = -\nabla \cdot (\vec{V}_h \zeta_h)_l - \nabla \cdot (\vec{V}_l \zeta_l)_l + R_l \tag{7.4}$$

式中,右边的第一项和第二项分别表示与天气瞬变尺度及低频涡旋相关的低频涡度倾向。R_l 包括了低频涡度方程中所有剩余项,如时间平均的低频涡度平流、低频和高频涡旋的相互作用以及低频强迫项。在热带外,涡度倾向可以用位势高度倾向的拉普拉斯逆变换表示,并起到一定的空间平滑效果(Lau,1988)。观测数据表明,天气尺度瞬变涡度辐合引起的位势高度倾向与低频位势高度异常呈正相关,有利于其维持和加强(Lau,1988;Lin et al.,1997;Feldstein,2003)。正如 Held 等(1989)所讨论的那样,受非绝热加热异常直接影响的线性罗斯贝波传播在热带外相对较弱;而瞬变异常,特别是对流层上层瞬变异常的响应在热带外则非常重要。

尽管热带外对热带地区热强迫的响应倾向于发生在特定位置,但如前所述,其正、负值和振幅却对热强迫的经度位置很敏感(Simmons et al.,1983)。为了评估热带外响应对 MJO 经度位置的敏感性,Lin 等(2010a)对赤道地区不同经度的热强迫进行了一些数值模拟。其研究发现,当加热位于印度洋或西太平洋时,产生了最强的热带外响应;而当热强迫位于海洋性大陆附近时,响应则非常弱。但热带印度洋与西太平洋热强迫引起的响应并不相同(图 7.3)。赤道印度洋的热强迫及西太平洋的冷强迫(或反之)是最易激发热带外环流异常的因素(图 7.4)。这种东—西向分布的热带偶极子结构类似于观测到的 MJO 第 2~3 和 6~7 位相特征(Cassou,2008;Lin et al.,2009)。

与热带地区 MJO 强迫有关的全球大气环流异常可以通过数值模式进行模拟(Matthews et al.,2004;Lin et al.,2010a,2010b;Vitart et al.,2010;Seo et al.,2012)。Vitart(2017)研究发现,S2S 计划中的模式数据几乎都能再现 MJO 在 500 hPa 上的遥相关,即 MJO 第 3 位相后 NAO 的正位相发生概率增大,第 7 位相后 NAO 的负位相发生概率增大。然而,模式模拟的 MJO 遥相关模态在欧洲—大西洋一带明显偏弱,而在北太平洋西部却偏强。Henderson 等(2017)基于 CMIP5 的数据评估了 MJO 遥相关,其结果表明只有对大气基本状态和 MJO 都有较好的模拟,才能在模式中表现出接近真实的遥相关模态。Lin 和 Brunet(2017)研究了 MJO 热带外响应的非线性特征,发现 MJO 在 6~7 位相时的响应特征并不是其 2~3 位相时的"镜像"。相反,在这两者之间,PNA 区域有一个热带外波动的相位差。MJO 第 6~7 位相后的 NAO 负位相强度要强于第 2~3 位相后的 NAO 正位相。研究还发现,该响应的强度和分布分别与东亚副热带西风急流的南北位置和振幅有关。Yoo 等(2015)研究了积云参数化对北半球北方冬季 MJO 远距响应模拟的影响,发现统一对流参数化方案(unified convection scheme,UNICON)大幅度提高了 MJO 遥相关的模拟效果。而较好的 MJO 遥相关模拟很可能归功于更真实的气候态流场和 MJO 结构。

总之,热带外大气对热带强迫的响应受气候平均流场和天气尺度瞬变过程的影响。尽管响应的强度对于热强迫和热带外西风急流的相对位置很敏感,但是其作用中心往往是处于特定位置。气候模式要对热带强迫和遥相关有较好的模拟效果,需要能够真实地再现:①热带地区非绝热加热的分布;②气候平均流场,以及罗斯贝波传播和波-流相互作用产生的系统误差;③热带外风暴轴及相关的瞬变涡度。

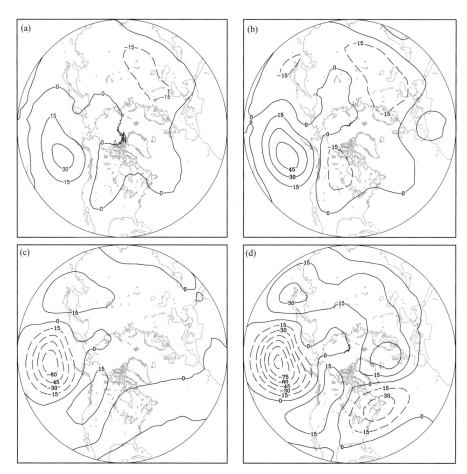

图 7.3 500 hPa 位势高度对赤道地区热强迫响应:滞后于热强迫 6~10 d(a、c)和 11~15 d(b、d);热强迫
位于 80°E(a,b)和 160°E(c,d)区域。(a)80°E:6~10 d;(b)80°E:11~15 d;(c)160°E:6~10 d;
(d)180°:11~15 d。等值线间距为 15 gpm,负值为虚线(引自 Lin et al.,2010a)

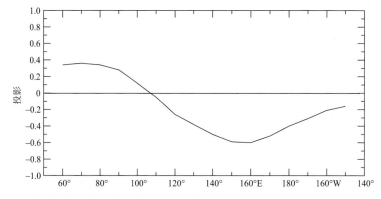

图 7.4 对北半球进行标称投影后,热带外 500 hPa 位势高度对于赤道地区不同经度的热强迫滞后 11~
15 d 的响应情况(对类似 MJO 第 3 位相的热带偶极子热强迫响应进行了投影)(引自 Lin et al.,2010a)

7.3　热带外对热带地区的影响

7.3.1　热带外对热带地区 MJO 及对流活动的影响

在以前的许多研究中已经发现热带外对热带地区的显著影响。例如,在东亚冬季风盛行期间,研究发现中纬度地区寒潮与热带对流的变化有关(Chang et al.,1980)。通过 5 d 和 10 d 的中纬度 500 hPa 平均位势高度与热带向外长波辐射(OLR)的滞后相关分析,发现能量主要从中纬度向热带地区传播,尤其是在东太平洋地区(Liebmann et al.,1984)。热带外波动通过纬向西风带传播到热带(Webster et al.,1982),并影响热带地区对流(Kiladis et al.,1992;Matthews et al.,1999)。

来自热带外的波动影响热带大气的例子,典型的就是发生在 ITCZ 的对流耦合赤道波(Zangvil et al.,1980;Yanai et al.,1983;Zhang et al.,1989,1992;Hoskins et al.,2000;Dickinson et al.,2002;Straub et al.,2003;Yang et al.,2007;Roundy,2012,2014;Kiladis et al.,2009;Liebmann et al.,2009;Fukutomi et al.,2009,2014;Maloney et al.,2016)。Straub 和 Kiladis(2003)、Yang 等(2007)通过观测资料证实了热带外罗斯贝波活动是激发西太平洋上空对流耦合开尔文波的信号。Zangvil 和 Yanai(1980)、Yanai 和 Lu(1983)发现混合罗斯贝重力波会受到中纬度地区侧向力的影响。

Zhang 和 Webster(1992)利用线性模型研究了中纬度强迫产生的赤道地区波动。他们发现,强迫产生的热带波动的振幅取决于热带平均纬向风。在西风带的罗斯贝波强度偏强时,而与之相反,开尔文波则在东风带偏强。Hoskins 和 Yang(2000)分析了在受热带外影响的区域,平均纬向流对赤道波动的多普勒频移效应。研究表明,即便热带外波动没有通过西风带直接传播到热带地区,其仍然可以影响赤道地区的波动和热带地区的对流活动。

热带外波动可以通过多种尺度来影响热带对流活动,包括次季节时间尺度(Matthews et al.,1999)。Lin 等(2007)研究表明,在干大气模式中加入一个与时间无关的强迫,经过长期运行后会在热带地区产生类似 MJO 的波动。在模式中,热带大气的变率起源于中纬度地区,并且热带和热带外地区之间存在一致的变化。基于热带大气谱模式,Ray 和 Zhang(2010)研究了两个 MJO 事件发生的初始条件,发现影响其关键的因素是再分析数据的时间依赖性边界条件。当这种侧边界条件被非时间依赖条件替代后,模式将不再能模拟出 MJO 的发生。上述研究结果表明,热带外的强迫可能是触发 MJO 的一个有效机制。研究还发现,纬向动量输送对 MJO 的触发也很重要(Ray et al.,2010)。

Lin 等(2009)观察到 MJO 第 6~7(2~3)位相往往滞后于 NAO 正(负)位相约 20 d。这与 NAO 增强后从北大西洋进入热带的波通量有关。Hong 等(2017)分析了热带外扰动对 2015 年 MJO 和厄尔尼诺事件的影响,发现与热带外西北太平洋扰动有关的北风异常会触发热带对流不稳定和日期变更线以西的 MJO 活动。通过大气环流与海洋混合层耦合模式的数值模拟试验,证实了热带外扰动对 MJO 发生的关键作用。

Hall 等(2017)利用热带谱模式对不同的侧边界条件进行了多次敏感性试验。试验的结果表明,热带地区一半左右的季节内变率是由中纬度的边界强迫引起的,具体来讲,就是由热带外季节内扰动触发的。

7.3.2 热带外季节内变率对热带影响的诊断

据 Knippertz(2007)的研究,在北半球冬季向东和向赤道方向传播的热带外高空短波槽与"热带羽流"有关——这是一种大范围、狭长的云系,尺度在 4000~16000 km,寿命为 3~9 d。这种相互作用常发生在 ITCZ 的活跃区域,因为在那里存在一支能促使高空热带外扰动向热带传播的西风急流。这些扰动可以认为是倾斜槽或者是平流层内向赤道输送的位势涡度通量,导致动量通量增加和副热带急流增强。如图 7.6 所示,这与罗斯贝波的破碎有关。波破碎的诊断是一个复杂的过程(Swenson et al.,2017),因此,有必要通过一种更简单的方法来诊断热带外强迫对热带对流活动的影响。

从图 7.5 所示的流场可以看出,副热带地区(30°N 附近)的经向流与纬向流是呈正相关的。因此,这种反气旋式的波动破碎侵入与天气尺度的纬向动量通量有关(Cassou,2008)。从更普遍的角度来看,正的动量通量与北半球向赤道传播的 Eliassen-Palm(EP)通量有关,这表明高纬度大气运动会对低纬度产生影响(Hoskins et al.,1983)。

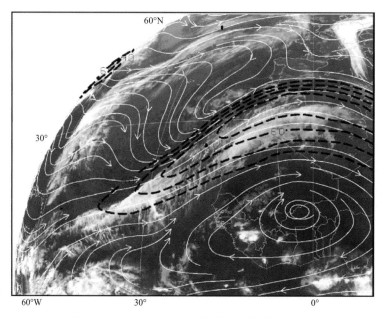

图 7.5 2002 年 3 月 31 日 00 时(世界时)非洲西北部"热带羽流"的气象卫星红外图像
流线和等值线是来自欧洲中期天气预报中心 TOGA 再分析的 345 K 等熵面的速度场(虚线代表 40 m/s、50 m/s、60 m/s 和 70 m/s)。345 K 等熵面在热带接近 200 hPa。流线表示热带外波动侵入热带地区
(引自 Knippertz P,2007)

基于这种联系,我们可以利用一种新的方法来诊断热带外强迫与热带加热异常的作用机制。在此之前,我们应该认识到,北半球冬季天气尺度的动量通量($\overline{u'v'}$)的值是很大的,尤其是在北半球副热带到约 10°N 的区域。图 7.6 是基于多年平均的 ERA-Interim 的再分析资料,对冬季 200 hPa 的 $\overline{u'v'}$ 进行高通滤波(即过滤掉周期大于 10 d 的信息)的方差分布(Dee et al.,2011)。从图中可以明显看出,EP 通量在北半球热带地区有向赤道传播的趋势。

为了判断 EP 通量是否与大尺度、季节内的热带非绝热加热有关,我们采用与 Hagos 等 (2009)类似的方法,基于 ERA-Interim 再分析资料估算了非绝热加热的值。基于再分析数据中日平均温度、纬向风和垂直运动等参数,我们用热力学方程中的残差项来计算总的非绝热加热。对再分析数据中 37 个垂直层的日平均非绝热加热的计算最初基于原始分辨率的模式(相当于 T255 谱模式),然后再降尺度为 T42 的网格分辨率,从而提取大尺度变量(详细信息见本章附录)。在此,我们关注的是 700~300 hPa 的垂直加热率分布。对得到的非绝热加热结果进行了滤波,只保留大于 20 d 周期的信息,并去除了季节循环周期(详见附录)。由此产生的变量 Q,就是 20~90 d 周期的大尺度深对流加热。

计算得到关键诊断量是北半球冬季(12 月 1 日—3 月 16 日)动量通量 $\overline{u'v'}$ 和 Q(同样也去除了季节循环周期)的季节内方差。正的方差表明向赤道传播的扰动与热带大尺度加热存在正相关。为了确定在冬季对热带对流有较强影响的热带外强迫,我们给出了经向平均方差(在 15°S—15°N 之间平均)随时间的变化(图略)。结果表明,中太平洋和东太平洋地区只在 MJO 活跃的冬季才会出现较大的方差。其中,MJO 的强度是基于日本气象学会的统计结果(http://ds.data.jma.go.jp/tcc/tcc/products/clisys/mjo/rmm.html)。

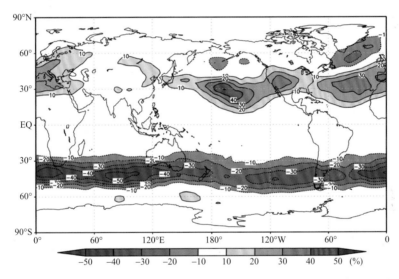

图 7.6 基于多年平均(1980—2014 年共 35 个冬季)的 ERA-Interim 的再分析资料,对冬季 200 hPa 的 $\overline{u'v'}$ 进行高通滤波(即过滤掉周期大于 10 d 的信息)的方差分布
u 是纬向风,v 是经向风,色阶等值线是 12 月 1 日至次年 3 月 16 日的平均值

图 7.7a 为 1980/1981—2014/2015 多年平均的冬季太平洋气候态方差分布,而图 7.7b 则仅是 1989/1990 年冬季的方差分布。在气候态上,动量通量和非绝热加热之间的方差在南北纬 30°之间是非常弱的。然而,在某些特别年份的冬季,热带地区的方差要强很多,例如在图 7.8b 中 20°N 附近的方差几乎与中纬度地区相同。

图 7.8 是对 2012—2013 年冬季的分析。图 7.8a 是 2 月 19 日高通滤波的经向风 v'(在 MJO 活跃期间)以及低通滤波的中层(700~300 hPa)加热。从图中可以看到明显的波动从中纬度向热带东太平洋地区传播,并影响该区域的非绝热加热(色阶)。与波动相关,高通滤波后的动量通量 $\overline{u'v'}$ 如图 7.8b 所示,同样也表明其传播到热带地区并影响加热。这种热带-热带

外相互作用与 Matthews 和 Kiladis(1999)的研究结论一致。而后者的研究是将 OLR 作为热带非绝热加热的指标。

在此,我们补充几点:一是未来可基于新的再分析资料进一步验证和诊断大尺度、季节内的非绝热加热,得到更详细的大气垂直加热结构;季节内尺度加热和高通滤波的动量通量之间的方差,是一个诊断热带外强迫的有效指标,并且在再分析和模式数据中较容易得到。

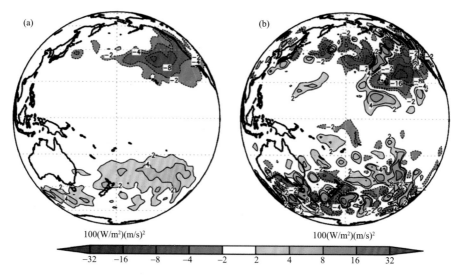

图 7.7　北半球冬季(12 月 1 日—次年 3 月 16 日)日平均的 200 hPa 高通滤波动量通量$\overline{u'v'}$和低通滤波的
非绝热加热(700~300 hPa)Q 之间的季节内方差

(a)多年冬季(1980/1981—2014/2015 年)的平均值;(b)1989/1990 年冬季

u 为纬向风,v 为经向风,高通滤波保留周期小于 10 d 的信息,低通滤波保留周期大于 20 d 的信息

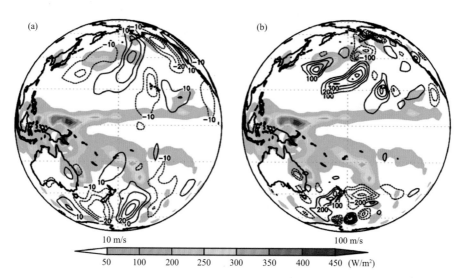

图 7.8　(a)2013 年 2 月 19 日高通滤波的经向风 v'(等值线)和低通滤波的非绝热加热(700~300 hPa)Q
(色阶);(b)高通滤波的纬向与经向风 $u'v'$(等值线)和低通滤波的非绝热加热(700~300 hPa)Q(色阶)

高通滤波保留周期小于 10 d 的信息,低通滤波保留周期大于 20 d 的信息

7.4　热带外-热带地区的相互作用

7.4.1　热带外波动引起的相互作用

除了波动能量可以经西风带从热带外传播到热带之外(Webster et al.,1982),热带外强迫也可以直接影响赤道波动延伸至热带以外的区域(Zhang et al.,1989;Hoskins et al.,2000)。在该理论中,热带与热带外的联系可以解释为受纬向平均气流控制的双向相互作用。Zhang 和 Webster(1989)通过在 Matsuno's(1966)的浅水方程模型中加入具有经向切变的纬向基本模态来研究该问题。这种基本模态与地面气压梯度力处于地转平衡状态。基本模态对赤道波动的影响具体表现为纬向平均气流引起的多普勒频移。赤道波频散方程的解也依赖于纬向基本模态的经向结构。

Zhang 和 Webster(1989)结果还表明,基本纬向气流也会影响振荡区域的经向延伸。罗斯贝波在西风气流中会表现出从赤道向极地延伸的趋势,而在东风气流中则局限在赤道附近传播。随着经向波数的增大,其波动振幅也逐渐增大,并且最大振幅也向极地移动。图 7.9 展示了经向波数为 $n(n=1,2)$ 的罗斯贝波在不同风速(-10 m/s,0 m/s,10 m/s)的基本纬向气流中的结构,其结果与 Zhang 和 Webster(1989)的结论基本一致。该模型中方程的解都是近似解,并且其阶数也对波的振幅和极大值经向位置有影响。图 7.9 是利用比 Zhang 和 Webster(1989)更高阶的近似计算得到的。在高阶近似中,最大振幅的位置进一步向极地方向偏移,尤其是在位势高度场更明显。罗斯贝波向中纬度地区的经向延伸,使其产生的热带外强迫可以与赤道陷波发生相互作用。

7.4.2　三维不稳定理论

研究发现,热带-热带外动力学耦合不稳定模型与 $30 \sim 60$ d 周期的 ISO 具有非常相似的特性(Frederiksen et al.,1993,1997,2002)。他们使用了一个线性、双层、三维基本模态的原始方程组来研究北半球冬季的大气。研究中利用了 Kuo(1974)提出的积云对流参数化方案以及蒸发-风反馈参数化方案(Emanuel,1987;Neelin et al.,1987)。该理论模型不仅可以单独分析热带或热带外天气过程,也可以将两者联合进行研究。该模型包含了三维大气基本模态的斜压-正压不稳定对热带外遥相关的影响、对流活动对热带大气的湿静力不稳定的影响以及蒸发-风反馈机制对热带 ISO 传播的影响。虽然之前已经对这些机制分别进行了详细的研究,但只有将其结合,才能模拟出接近真实的热带和热带外 ISO。

根据 Frederiksen 和 Webster(1988)、Frederiksen(2007)的阐述,三维不稳定性被广泛用于解释大尺度大气扰动。首次对观测的基本气候态的研究(不包含对流或蒸发-风反馈机制),阐释了局地风暴轴、阻塞和遥相关模式的生成机制(Frederiksen,1982,1983)。PNA 和 NAO 模态是双层准地转模式中北半球冬季的基本气候态,其中 NAO 的季节内振荡周期约为 40 d。在多层准地转(Frederiksen et al.,1987)和原始方程模式(Frederiksen et al.,1992)中也发现了类似的遥相关模式,其中正压过程起非常重要的作用(Frederiksen,1983;Simmons et al.,1983;Schubert,1985);而斜压过程也能促进其发展速率(最高可达65%),比如能够促进 NAO

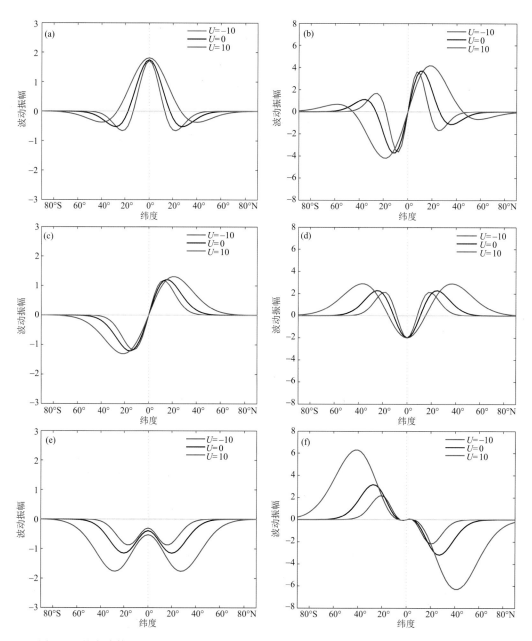

图 7.9　纬向波数 $k=5$ 和经向波数 $n=1$(a、c、e)和 2(b、d、f)的罗斯贝波在纬向风、经向风和
位势高度场中的经向分布

(a)纬向风,$n=1$;(b)纬向风,$n=2$;(c)经向风,$n=1$;(d)经向风,$n=2$;(e)位势高度,$n=1$;
(f)位势高度,$n=2$

的发展(Frederiksen,1983)。

　　Frederiksen 和 Frederiksen(1993,1997)及 Frederiksen(2002)研究了多尺度的扰动,包括热带及热带外的、具有类似 MJO 特性的大气 ISO 模态。第一个模态或者说是热带地区 ISO 的斜压结构,被证明是由于对流降低了湿静力稳定度导致的。研究还发现,为了获得真实的热带 ISO 结构,其湿静力稳定度要相对小于干静力稳定度。他们比较了湿 ISO 模式和干 ISO 模式的差异以及蒸发-风反馈的作用。在湿 ISO 模式中湿静力稳定度可以是负的,这也是第二类对流不稳定(wave—Convective Instability of the Second Kind,CISK)机制的特征——但这并不是必要条件,因为产生 ISO 的主要机制还是湿斜压-正压不稳定。而正湿静力稳定度的一个优点是,它避免了 wave-CISK 理论中最小分辨率尺度增长最快引发的"紫外灾变"。相反,ISO 的尺度主要受湿斜压-正压不稳定的调制,其速度势和垂直切变流函数的主要纬向波数为 $m^* = 1$。

Frederiksen(2002)还研究了对流耦合波和赤道陷波的特性,并将其理论模型与 Takaya-bu(1994)和 Wheeler 等(2000)的观测结果进行了详细对比。与观测结果一样,ISO 理论模型和 $m^* = 1$ 的开尔文波明显不同,这表明 MJO 并不是开尔文波,正如早期研究中指出的那样。

Frederiksen 和 Lin(2013)分析了基于观测资料的北半球冬季 MJO 以及 Frederiksen(2002)提出的 ISO 理论模型,并详细比较了两者的相关特征及伴随的热带-热带外相互作用。MJO 的对流层高层速度势的变化趋势与 ISO 理论模型大致相似(Frederiksen et al.,2013 中的图 2 和图 3)。此外,观测资料和理论模型的对流层上层流函数在相应位置都具有类似 PNA 和 NAO 遥相关模态,这也是对理论模型的一个重要检验(Frederiksen et al.,2013 中的图 4 和图 5)。利用 Takaya 和 Nakamura(2001)提出的基于波动的伪动量守恒向量 $\boldsymbol{W}$ 来诊断遥相关的波通量。向量 $\boldsymbol{W}$ 与位相无关,因此,可以反映环流变化每个阶段的波频散特征。我们基于 300 hPa 的向量 $\boldsymbol{W}$ 的水平分量、基本模态风矢量 $\boldsymbol{U} = (u, v)$ 和 300 hPa 扰动流函数(ψ)构建理论模型。这些变量可以表达如下,下标表示偏导数。

$$\boldsymbol{W} = \frac{1}{2|\boldsymbol{U}|} \begin{bmatrix} u(\psi_x^2 - \psi\psi_{xx}) + v(\psi_x\psi_y - \psi\psi_{xy}) \\ u(\psi_x - \psi_y - \psi\psi_{xy}) + v(\psi_y^2 - \psi\psi_{yy}) \end{bmatrix} \tag{7.5}$$

图 7.10 是基于 ISO 理论模型的北半球波动通量向量和 300 hPa 流函数,处于 EVAP 基本模态的 3～5 位相。其结构与 Lin 等(2009)观测到的与 MJO 对流相关的热带外异常非常相似。Frederiksen 和 Lin(2013)也研究了其他基本模态的 ISO 理论模型,发现热带 ISO 信号与 PNA 和 NAO 遥相关模态都存在类似的关系。Frederiksen 和 Lin(2013)将这些理论模型与观测的 MJO 相关的热带、热带外环流异常进行了详细比较,最终得出结论:这些理论模型与观测结果十分吻合。

Frederiksen 和 Frederiksen(2011)利用原始方程-不稳定模型,对 20 世纪南半球冬季大气模态变化进行了理论研究,其中也包括南半球 ISO。其研究发现,20 世纪后半叶南半球 ISO 的活跃度明显增大。有趣的是,如 Frederiksen 和 Frederiksen(2011)文章中图 7.7 所示,在特定位相两个半球都会产生与热带信号相关的波动,包括发生于非洲和印度洋,穿过澳大利亚到达南大洋和南美洲的波列。

Whelan 和 Frederiksen(2017)利用包含 Kuo 对流参数化方案和蒸发-风反馈机制的原始方程-不稳定性模型,研究了 1974 年和 2011 年拉尼娜事件的动力学特征及其热带-热带外相互作用。研究发现,季节内时间尺度的相互作用与夏季澳大利亚南部极端降水过程有关。通过对观测数据的功率谱分析,他们发现这些极端天气与 MJO 和开尔文波的强迫有关。此外,在 ISO 和开尔文波理论模型中,澳大利亚上空的热带外响应迅速增强,这与观测结果基本一致。详见 Whelan 和 Frederiksen(2017)中的图 4。

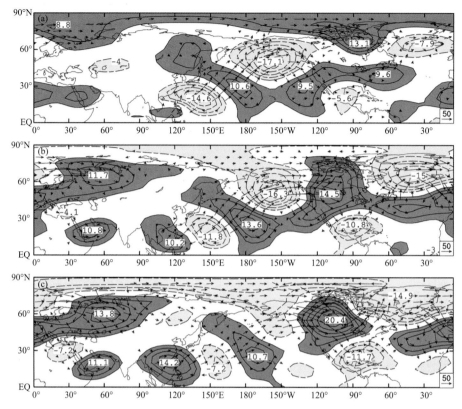

图 7.10 基于 ISO 理论模型的北半球波动通量向量和 300 hPa 流函数，处于 EVAP 基本模态
的 3~5 位相(a~c)

流函数等值线间距为 3；图的右下角显示了对应于 50 的矢量长度

7.5 总结与讨论

本章系统回顾了次季节时间尺度上的热带-热带外相互作用和遥相关。MJO 作为热带地区次季节变率的主要模态，对热带外天气和气候具有显著的影响。由于冬季西风带较强，这种影响在冬季更加明显。根据 Wheeler 和 Hendon(2004)的定义，当 MJO 处于 2~3 和 6~7 位相时，即对流异常位于热带印度洋和西太平洋时，其对热带外大气环流的强迫最为明显。热带外大气对热带加热强迫响应的动力学过程包括罗斯贝波的传播以及基本气流和天气尺度瞬变扰动的相互作用。热带外波动可以通过纬向西风传播到热带地区，影响热带对流和 MJO。基于三维大气不稳定理论，可以推导出全球大气热带-热带外相互作用的特征。

如果数值模式能够再现热带-热带外的相互作用和大气遥相关，那么将会极大地提升其次季节预测的技巧和潜力。然而，还有许多科学问题有待解决。例如，与其他动力过程(如与天气尺度涡旋)相比，热带对流在产生遥相关方面处于何种地位？从热带外向热带传播的罗斯贝波列触发热带对流的具体过程是什么？目前还没有系统的评估模式在模拟次季节时间尺度全球遥相关的表现，特别是热带-热带外相互作用。模式中哪些物理过程对遥相关起到关键作用仍不明确。此外，海洋在次季节尺度的热带-热带外相互作用中的影响也有待进一步研究。

附(7.4.2 节中的相关技术问题)

(1)时间滤波

使用数字滤波器对纬向风(u)和经向风(v)场进行了滤波,只保留 10 d 或更短周期的信息,如 Blackmon(1976)和 Duchon(1979)所述。图 7.8 中使用的是高通滤波后的风(u',v')。非绝热加热同样经过滤波,保留了周期大于 20 d 的信息(即低通滤波)。值得注意的是,低通滤波仍然保持季节循环。特别是图 7.8 所示的低通滤波后的加热仍包含了气候态特征。为了提取动量通量($u'v'$)和非绝热加热的季节内分量,我们利用了 Straus(1983)提出的方法:在每个冬季(包括从 12 月 1 日—次年 3 月 15 日的 105 d)内,将每个格点的时间序列进行拟合并剔除季节循环信息。这是一种计算季节内变率的有效方法,而图 7.7 中动量通量和加热的季节内变率就是基于此方法计算得到。

(2)对非绝热加热的近似计算

我们首先从下面的热力学方程开始推导:

$$T \frac{\mathrm{d}s}{\mathrm{d}t} = Q$$

式中,s 是单位质量的熵;T 是温度;Q 是非绝热加热。接下来,利用理想气体的熵:

$$s = c_p \ln\theta$$

式中,c_p 是恒压下单位质量的比热;θ 是位势温度,通过 $\theta = \left(\frac{p_0}{p}\right)^k T$ 计算得到;p 为压强,$p_0 = 1000\ \mathrm{hPa}$;$k = R/c_p$;R 是理想气体常数。那么热力学方程就可以写成:

$$\left(\frac{p}{p_0}\right)^k c_p \frac{\mathrm{d}\theta}{\mathrm{d}t} = Q$$

$$\left(\frac{p}{p_0}\right)^k c_p \left(\frac{\partial \theta}{\partial t} + \vec{v} \cdot \vec{\nabla}\theta + \omega \frac{\partial \theta}{\partial p}\right) = Q$$

$$\left(\frac{p}{p_0}\right)^k c_p \left(\frac{\partial \theta}{\partial t} + \vec{\nabla} \cdot (\vec{v}\theta) - \theta \vec{\nabla} \cdot \vec{v} + \omega \frac{\partial \theta}{\partial p}\right) = Q$$

在这里给出的第二步中,虽然导数是在 p 坐标系中,$\vec{v} = (u, v)$ 表示水平速度,$\omega = \mathrm{d}p/\mathrm{d}t$ 表示垂直速度。最后为了方程便于计算,改写成球坐标系下的表达形式。

ERA-Interim 再分析数据,时间范围是 1980/1981—2014/2015 年的 35 a 冬季,原始水平分辨率为(512×256)(经度×纬度)的高斯网格,垂直分辨率为 37 层等压面。每天计算一次温度、垂直速度、涡度和 T255 谱模式散度。这些谱系数是基于 T42 计算的,并用于近似计算最后一个方程右边的项。θ 的时间导数是根据($\theta_{d+1} - \theta_d$)/τ 计算得到的,τ 等于 24 h,其他(平流)项的近似等于它们在第 d 天和第($d + 1$)天的平均值。每一层计算得到的非绝热加热通过质量加权和垂直积分得到 700~300 hPa 的累计值。

第8章

陆面过程对次季节预测的影响

8.1 简介

早在 15 a 前,人们已经认识到 S2S 预测中包括陆面过程潜在影响(Schubert et al.,2002)的发展前景和重要性。最近,关于下一代地球系统预测的建议(NAS,2016)中指出,土壤湿度是 S2S 预测信号的一个来源,"可能在短期内提升模式预测技巧"。土壤湿度、积雪等变化相对缓慢的陆面过程被认为是 S2S 可预测性的部分来源;陆地对预报的影响主要集中在初始时刻后约 1 周至 2 个月,但也会在一定程度上影响更短(天气尺度)和更长(季节尺度)时间尺度的预报(Dirmeyer et al.,2015)。模式中陆面和水文过程的表达、土壤状态的同化及预测、植被的季节性生长与变化是影响 S2S 预测的重要因素。National Academy of Sciences(2016)的报告也指出,对陆面过程的研究可以使我们更好地理解天气与气候系统的相互作用;将陆面过程与业务预报系统有机结合,对于提升模式性能是十分必要的。

在本章中,我们阐述了陆面过程影响天气和气候系统的相关理论,回顾了一些陆面模式的发展历史。此外,我们还列出了陆面和大气相互作用的基本物理过程,以及与 S2S 预测相关的关键陆面过程。同时,还分析了大气边界层对陆面变化的响应,并概述了陆面过程中的 S2S 可预测性来源。具体来说,为了使陆面过程有助于次季节预测,有 3 个条件是必要的,这将在第 8.4 节中详细叙述。最后,我们讨论了未来如何改进陆地模式以提高 S2S 的预测能力。

8.2 陆-气相互作用过程

陆面和大气(简称陆-气)的相互作用是天气、气候以及 S2S 时间尺度可预测性的重要来源,相互作用主要是通过它们之间的通量交换完成。这些通量包括辐射能(主要是可见光和红外波长)、热能、水和动量的通量。因此,这些相互作用会通过一系列动力学和热力学过程影响大气中的垂直和水平通量,从而直接影响大气温度、湿度、密度和近地表风(图 8.1)。在本节中,我们将简要概述陆-气相互作用过程所涉及的物理过程。

8.2.1 表面通量

短波辐射主要是来自太阳的光。通过大气层到达陆地表面的光大部分被吸收,但也有一些被反射。开阔的水域几乎能够全部吸收入射的太阳光。绿色植被对可见光谱范围吸收很强,但却对占太阳能 40% 以上的近红外光谱具有很强的反射。枯萎的植被可以反射多达 1/4

的可见光,而沙漠可以反射多达 40% 的入射短波辐射(Bonan,2008)。降雪是陆面反射最强的自然物质,可以反射 80% 以上的太阳辐射;但随着时间的推移,积雪对太阳辐射的吸收率逐渐增大。

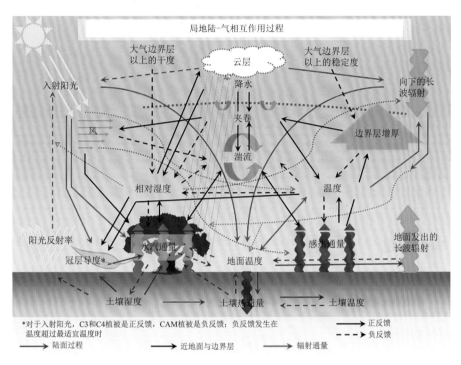

图 8.1　地表、大气边界层和辐射通量之间复杂相互作用的示意
(目前人们对这些相互作用过程理解并不全面,并且在数值模式中往往表现得不够理想)

陆面吸收太阳辐射使其被加热,这些热量可以被传递到土壤深处;另外,陆面会以热辐射、显热(空气与地表直接接触)、潜热(水汽蒸发或冰雪升华)等过程将热量反馈给大气。潜热还将地表的能量平衡与水汽收支平衡联系起来,使陆面能够在一定程度上调制大气的湿度和温度(Shuttleworth,2012)。

陆地和大气的水交换主要是通过降水(如降水、降雪)和蒸散(evapotranspiration,ET,即土壤水分蒸发、蒸腾损失总量)过程进行的(Shuttleworth,2012)。更复杂的陆-气相互作用过程包括植被在调节蒸腾中的作用,即植物通过维管系统将土壤中的水输送到空气中。蒸腾作用与光合作用密切相关。植物从大气中吸收二氧化碳的过程中会释放水汽。植被可以通过不断优化、调整生物量和生产力来平衡环境中温度、阳光和水资源等因素的影响(Bonan,2008)。这对地表能量收支有直接的影响,因为植物对蒸腾作用的调节影响了净地表辐射通量中潜热通量和其他通量的比例(Teuling et al.,2010;Seneviratne et al.,2010;Gentine et al.,2007,2011a)。湖泊、河流、池塘以及被植被或人工建筑存在截留的地表水,可以直接蒸发到大气中。因此,大型陆面水体会影响区域鲍恩比(即显热通量与潜热通量的比率)、为大气提供额外的水汽、影响蒸发冷却,并诱发中尺度对流。

8.2.2 陆面基本状态

土壤湿度具有很强的时、空变率,不仅对 ET 具有重要的调节作用,而且还是陆地区域 S2S 最重要的陆面可预报性来源。具体来讲,土壤湿度的异常可能会导致 S2S 时间尺度上气象要素异常。例如,干燥的土壤会加剧热浪(Mueller et al.,2012;Miralles et al.,2014),而半干旱地区异常湿润的土壤会导致气温异常偏低。土壤上层的水分可以通过蒸发过程进入到大气中。在地表以下,土壤中的水分仍然可以通过植被的蒸腾作用与大气进行物质交换。S2S 预测模式中,通常认为这种联系只延伸到地表以下 1～3 m,但事实是植物根系可能深入土壤数十米(Jackson et al.,1996)。

在高纬度地区和许多山区,雪是一个重要的地表变量。积雪的独特之处在于它与大气有两个不同的相互作用过程,一个是辐射的,一个是水文的,并且每个过程都对不同时间尺度的大气现象有重要影响(Xu et al.,2013)。积雪的反射率要远大于普通陆面,并且也会以潜在速率持续发生升华。当太阳辐射能较强时,例如在冬、春交替期间,积雪会极大地影响短波辐射的吸收,进而影响地表能量收支。此外,积雪也可以认为是陆面上另一种“水体”。冬季积雪融化后会影响春季或夏季土壤的湿度,因此,也是 S2S 可预测性的一个重要信号(Xu et al.,2013)。

正如前面提到的,植被可以调节 ET 的蒸腾过程,但它的颜色和密度也会影响与大气的动量、热量交换。人类对土地的利用是另一种陆面形式。例如,农作物取代了原生植被,而相比之下农作物有不同的物理特征和季节差异。农作物可以在 S2S 时间尺度上带来剧烈的变化,因为其生长速度非常快;而在其成熟被收割的几天到几周时间范围内,会极大地改变陆面特性(Mahmood et al.,2014)。

湖泊是影响局地天气和气候的重要陆面因素。在中纬度地区,湖泊有助于营造温暖湿润的“微气候”。湖泊还可以通过蒸发过程,以及与邻近陆地的中尺度热力循环增强局地的降水。在高纬度地区,湖泊通常在冬天结冰;结冰的湖面会改变地表反照率和比热容,从而影响陆面与大气的通量交换。湖水的结冰/解冻状态可以影响下游地区的降雪量(即所谓的湖泊降雪增强效应)。湖泊效应在温带和热带地区也很重要,其往往与高影响天气(high-impact weather,HIW)过程有关:湖泊的水汽辐合和对流风效应有利于在夜间形成中、小尺度的对流系统。

8.2.3 边界层的响应

大陆与海洋的一个主要区别是,陆地存在强烈的昼夜循环(Gentine et al.,2007,2011a,2011b,2013a;D'Andrea et al.,2014)。这种循环主要是因为陆地的比热容要小于开阔水体(既使陆面的植被和土壤含有少量的水分),限制了热量的储存和传导。因此,陆地会通过感热加热与边界层大气交换能量。这就导致了边界层的日变化(Deardorff,1979;Deardorff et al.,1980;Stull,1988;van Heerwaarden et al.,2009;Gentine et al.,2013a,2016),并且改变了地表附近大气的稳定度(Businger et al.,1971;Wyngaard et al.,1992)。此外,边界层的日循环与强迫对流(即负浮力暖流)和主动对流(即浅对流和深对流)的产生密切相关(Brown et al.,2002;Khairoutdinov et al.,2003,2006;Ek et al.,2004;Gentine et al.,2013b,2013c;D'Andrea et al.,2014)。浅对流或深对流的发展取决于大气的稳定度及其与陆面鲍恩比的相互作用(Gentine et al.,2013c)。在边界层比较弱时,对流倾向于发生在较干燥的陆面上;而在边界层比较强时,对流则经常发生在湿润的陆面上(Findell et al.,2003,2011;Guillod et al.,2015)。

这种反馈机制往往是正向的。边界层的发展必然从陆面获得热量、从 ET 获得水分,同时也会从上方自由大气中获得热量和失去水分;而边界层的湍流混合作用又会提高陆面 ET 的速率(Betts et al.,1996;Lhomme,1997)。正反馈过程包括大气-陆地水循环,其中降水会增加土壤水分、促进 ET 过程,使大气湿度升高、降低抬升凝结高度,从而进一步增强降水(Dirmeyer,2006;Santanello et al.,2011a)。这种正反馈机制可能在 1993 年美国中、西部洪水的季节尺度变率中发挥了重要作用(Beljaars et al.,1996),以及影响了一些天气尺度的洪水事件(Milrad et al.,2015;Teufel et al.,2016)。而在干旱事件中,则会通过类似的反馈机制减弱降水、加重旱情(Mo et al.,1997)。然而,白天边界的增长是由于陆面加热的缘故,这比干燥陆面带来的影响更强(Betts,1994)。因此,相比于增加大气湿度(会使潜在云底高度降低),快速增长的边界层能通过上述反馈机制更有效地产生云和降水(Guillod et al.,2015)。目前,可以在同一动力框架内将陆面感热与潜热通量生成云的物理过程进行量化(Ek et al.,2004;Santanello et al.,2009,2011a;Gentine et al.,2013c;Tawfik et al.,2014)。

8.2.4　时间尺度

陆地与大气相互作用发生在不同的时间和空间尺度范围内。由于太阳辐射的昼夜变化较大,而且陆面的比热容相对较低,因此,许多地方的日循环特别强。由于土壤湿度是地表水收支中的一个集合项,它具有红噪声谱,而不是与降水相似的白噪声谱(Rodríguez-Iturbe et al.,1991a,1991b)。因此,土壤湿度将陆面水文特征的时间尺度延长到数天或数周,通过记忆延迟效应为 S2S 的可预测性提供了潜在来源。在空间上,地表覆盖率、反照率、土壤湿度和海拔高度的水平梯度可以影响陆面通量梯度。大气的响应也会放大这些陆面通量梯度的作用;边界层厚度 4~9 倍的水平尺度是产生中尺度环流的最佳尺度(van Heerwaarden et al.,2014),但中尺度或中尺度触发的深对流的影响范围则取决于边界层和对流条件(Rotunno,1983;Gentine et al.,2013a,2013b,2013c;Rieck et al.,2015)。

8.3　陆面模式概述

关于陆面对天气和气候的潜在影响的启蒙思想至少可以追溯到列奥纳多·达·芬奇,他的部分猜想准确描述了地表水、能量循环的许多方面(Pfister et al.,2009)。在欧洲人在北美的定居地向西扩张期间,农学家赛勒斯·托马斯在 19 世纪 70 年代发表了"雨跟着犁走"的观点。土地投机商接受了农业可能影响天气的观点,认为"在深耕之后……气温一定会立刻下降,并伴随着常见的阵雨现象"(Wilber,1881)。类似的理论也在澳大利亚内陆农业研究中得到普及(Diamond,2005),尽管最初这些理论的提出是基于商业需要而不是科学研究。

Namias(1962,1963)的统计分析显示,美国中部春季和夏季气温与降雨存在滞后相关,他将其归因于陆地作为热量和水分"存储器"的影响。然而,早期用于天气预报和气候研究的数值模式并没有包含陆面过程。因为当时人们认为,与大气动力学的作用相比,陆面模式并不重要。

8.3.1　陆面模式的起源与发展

最初，人们认为陆地对大气的潜在影响是季节性的，因为其可以通过植被（如植物根系获取深层土壤水分、蒸腾作用等）的季节性变化、季节性冻土和积雪、雨季与旱季交替等对大气进行调控。在全球数值模式中，陆面水文参数化最初是由 Manabe（1969）的 BUCKET 模型实现的，即在每个陆面网格的下方设置 15 cm 深的土壤水分"储存器"。该模型中的"储存器"用土壤湿度的简单线性函数表示：被降水填满并溢出为径流，然后通过蒸发过程清空。之后，Huang 等（1996）又提出了一个新的 LEAKY BUCKET 模型，加入了土壤水分在重力作用下进入渗流带和地下水的过程。

在数值天气预报发展的早期，陆地的影响（包括陆面模式）最初都被人为地忽略了。在天气时间尺度上，重点是求解大气的原始方程组以及对辐射传输、对流、湍流能量耗散等物理过程的参数化。在整个 20 世纪 60 和 70 年代，陆面过程的唯一作用是不同高度地形对气流和地面摩擦的影响。然而，随着太阳短波辐射的日循环被纳入到大气模式中，人们认识到陆地热量日循环和水文循环的作用，并发展了陆面模式（land-surface models，LSM）。

第一代 LSM 包含了完整的陆面水和能量收支。一种流行的参数化方法是强迫-恢复法，其认识到在陆地表面有两个主要的循环变化：日循环和季节循环（Bhumralkar，1975）。该方法主要是围绕两个波动函数，它们将热量和水分渗透进土壤的过程，近似计算为随着频率的平方根而减小。这种方法在数学上是简捷的，但却很难进行校准或验证。之后，通过传导方程模拟热量和水分传递的多层土壤模型成为标准，并且其可以通过地表以下的测量数据进行验证。

第二代 LSM 包含了植被的影响，既包括了全球植被的空间差异，也包括植物的蒸腾作用、辐射传输等过程对陆面收支的影响。

第三代 LSM 则包含了光合作用和碳循环以及水和能量的循环，并且这 3 个循环是紧密结合的（Sellers et al.，1997）。

然而，在某些方面，陆地-大气相互作用的研究已经从观察自然现象、提出假设、实验验证和建立模型，回归到传统的科学问题研究。如前所述，LSM 最初开发的目的是为现有的大气模式提供下垫面边界条件，并且在水文、生态学、土壤科学和生物地球化学等领域得到了广泛应用。但目前，对陆面或陆-气相互作用进行广泛观测的工作仍然不足。早期的 LSM 只在少数地区进行了校准（Sellers et al.，1987），然后就在全球范围内推广应用。

8.3.2　业务预报模式的 LSM

在这里，我们将详细介绍几个数值天气预报业务中心 LSM 的例子。20 世纪 60 到 80 年代中的大部分时间，数值天气预报模式几乎完全忽略了陆面影响，只关注由大气初始状态进行积分计算的确定性大气预报。陆面水和能量收支的重要性逐渐被人们所认识，特别是当辐射（太阳）强迫的日循环被纳入到大气模式中。美国国家气象局（National Weather Service，NWS）的嵌套网格模式（Hoke et al.，1989）中是一个单层的陆面模式，包括具有季节变化的 BUCKET 水文模型、地表反照率的日变化、陆面能量平衡和温度计算以及积雪覆盖（不包括积雪深度）等要素。在 20 世纪 90 年代初，俄勒冈州立大学的 LSM（Mahrt et al.，1984）被引入到 NWS 的全球预报模式中。该模式是一个双层的陆面模式，包含土壤热量扩散方程和土壤水分特征（Clapp et al.，1978）、植物蒸腾作用的年际循环特征（Mahrt et al.，1984）以及一个简单的积雪处理方法。OSU 的 LSM 在 Eta 区域预测模式中进行了升级(Chen et al.,1996a, 1997),利用新兴的"大叶模式"(big leaf)对植被进行建模(Jarvis,1976;Noilhan et al.,1989)。

21 世纪初,NCEP 进一步改善了陆面模式,改进了土壤热传导率、积雪及冻土的物理参数、积雪引起的表面通量变化等(Ek et al.,2003)——同时,这也直接导致 LSM 更名为 Noah, 以表示 NCEP、OSU、美国空军和 NOAA 的水文中心(the Office of Hydrology)所做的工作和贡献。Noah 在 2005 年时应用到 NCEP 的全球模式中,并且也被应用到 WRF 中尺度模式中 (Chen et al.,2001)。

目前 Noah 已经发展到了第三代,允许使用者在多个参数化方案之间进行选择(Noah-MP;Niu et al.,2011)。Noah-MP 使用了更高效、更准确的陆面能量收支迭代求解方案,并包含了植被的 CO_2 光合作用方程、动态预测植被季节变化、多层可变积雪覆盖、雪水融化-结冰过程和精确的地下水模块。Noah-MP 现在已经应用到 WRF 模式中,并正在 NCEP 季节性预测系统中进行测试,以评估其用于中期和 NWP 预测的效果。

ECMWF 的陆面模式包含了深层土壤状态的季节变化以及两个表示陆面快速和缓慢变化过程的交互层(Blondin,1991)。Viterbo 和 Beljaars(1995)引入了一个交互式的 4 层土壤方案,但植被类型在全球范围都是一样的。ECMWF 的陆面交互方案(Tiled ECMWF Scheme for Surface Exchanges over Land,TESSEL)具有多达 7 种类型的子网格(van den Hurk et al.,2000),但土壤结构在全球范围都是一样的。HTESSEL 是在 TESSEL 的基础上增加了可变的土壤结构和水文模块,修正了水文传导性和扩散率的公式,以及使用新的方法处理地表径流(van den Hurk et al.,2003)。Balsamo 等(2009)在大气耦合和资料同化试验中证实土壤水文条件的改变会对全球尺度的大气产生影响等。HTESSEL 中积雪水文也进行了修正,并取代了以前 Douville 等(1995)方案。它增加了积雪的降水截留、液态水滞存、融化/冻结以及密度变化的物理过程。此外,也对积雪反照率和积雪覆盖参数进行了修正,并根据中等分辨率光谱成像仪(Moderate Resolution Imaging Spectroradiometer,MODIS)卫星遥感数据对积雪覆盖森林的反照率进行了调整(Dutra et al.,2010a)。

CHTESSEL 又加入了 CO_2 和植被的季节变化。表示植被密度的叶片面积指数(leaf area index,LAI)在 ERA-Interim 中初始时刻即被设定好,并保持基本不变。直到 2010 年 11 月,基于 MODIS 的 LAI 月变化才应用到模式中(Boussetta et al.,2013a)。CHTESSEL 还可以模拟大气中 CO_2 与生物圈的交换过程(Boussetta et al.,2013b)。2012 年进一步改进了模式中的蒸发模块,即修订了裸露和落叶覆盖陆面土壤水分蒸发的差异(Balsamo et al.,2011),使得土壤湿度变化更接近实际。Albergel 等(2012)对 Balsamo 等(2011)改进的陆面模式在美国地区的适用性进行了全面评估。之后,在 Dutra 等(2010b)和 Balsamo 等(2010,2012)研究的基础上,又加入了次网格热力学的湖泊模型。

早期,英国气象局使用一种强迫-恢复方法来计算地表能量和水的收支(Davies et al., 1986),但后来改用了多层土壤模型(Warrilow et al.,1986)。在英国,LSM 主要是由哈得来中心负责研发;该中心研制了第一批第三代方案,即英国国家气象局陆面交互方案(Met Office Surface Exchange Scheme,MOSES;Cox et al.,1999;Gedney et al.,2003)。目前的 LSM 是由 MOSES 演变而来的联合英国陆地环境模拟器(Joint UK Land Environment Simulator, JULES;Blyth et al.,2006)。同样,法国国家气象局也从一个强迫-恢复的参数化方案(Noilhan et al.,1989),发展为更加真实、物理过程更全面的陆面模式(Noilhan et al.,1996;Boone et al. ,1999;Calvet et al. ,2004;Decharme et al. ,2006)。

通常,地域性差异也会推动 LSM 的发展。例如,加拿大陆面模式(Canadian Land-Surface scheme,CLASS;Verseghy,2000)中对积雪过程的关注度较高。日本气象厅的 LSM 是由简化的生物圈(Simple Biosphere,SiB)模型衍生而来(Sellers et al. ,1986),因为它在全球大气模式中的首次应用是由日本气象厅的客座学者完成的(Sato et al. ,1989)。但随着"城市冠层"的模拟在亚洲地区逐渐受到重视,该模式也得到了进一步的发展。在其他业务中心,LSM 可能在大气模式研发之初就建立了。

8.3.3 LSM 的初始场和资料同化

在缺乏陆地观测资料的情况下,包括 LSM 在内的预测模式通常将陆地温度、积雪或土壤湿度的气候状态作为初始场(Mintz et al. ,1981)。20 世纪 90 年代初开发了一种新的方法,通过网格化的近地面气象观测数据直接驱动 LSM(Liston et al. ,1993)。该方法是基于全球土壤湿度观测计划研发的,然后进一步发展为用于构建预报初始场的陆面资料同化系统(Land Data Assimilation System,LDAS;Mitchell et al. ,2004;Rodell et al. ,2004)。这种方法最初只应用于季节预报模式,之后逐渐应用到业务化的天气预报系统中,如全球 LDAS(Meng et al. ,2012)和欧洲 LDAS(Jacobs et al. ,2008)。

最初的 LDAS 系统实际上并没有同化陆面观测数据;相反,它依赖于同化的气象数据、观测约束的大气分析场。NCEP 模式中心是最早使用近实时陆面观测数据的机构,该中心使用了美国空军提供的北半球积雪覆盖观测数据(Kopp et al. ,1996)。

另一种较早的方法是由 Bouttier 等(1993a,1993b)提出的,其最早意识到土壤湿度能极大地影响近地面空气温度和湿度。他们并不是基于实际的观测资料去更新土壤湿度,而是通过模式中大气温度和相对湿度的误差来计算。该方法假设土壤湿度是误差的主要来源,并且目前仍在业务系统中使用。该方法的后果是:大气模式的误差(如降水或向下短波辐射的误差)基本都被转移到土壤中;对短期预报效果有所改善,但却以牺牲土壤水分的动态和正确表达为代价。这限制了使用额外的陆面观测来约束资料同化,因为这样一来往往会降低模式预测效果。

卫星遥感土壤湿度数据的应用可能有助于提升 S2S 预报模式的性能(Kumar et al. ,2017)。近年来,大量的遥感观测数据已经投入使用,可以将陆面的状态模拟得更加真实。以下是一些主要的应用方面:

①利用微波遥感,特别是 L 波段被动探测,可以得到陆面以下几厘米深的土壤含水量(Kerr et al. ,2010;Entekhabi et al. ,2010;Kolassa et al. ,2016;Wigneron et al. ,2017)。土壤表层湿度可能会间接提供表层鲍恩比、植被物候学和水文的重要信息(McColl et al. ,2017)。它是陆面资料同化的理想数据(Entekhabi et al. ,1994;Wigneron et al. ,2002;Reichle et al. ,2007,2008;Reichle,2008;De Lannoy et al. ,2016),很大可能也会影响 S2S 预测的其他方面(Draper et al. ,2015)。

②地表反照率是制约地表有效辐射和能量收支的关键(Oleson et al. ,2003)。长期和近实时的地表反照率数据目前已经可以获得(Salomon et al. ,2006;Liu et al. ,2009a),可以被用于历史模拟和预测。但现在仍有许多模式在使用气候态的物候和反照率参数,没有加入异常的扰动,这对模式性能的影响很大。例如,在中纬度和寒区的春季,由于受冷暖气候的影响,植被的季节性生长周期可能会推迟或提前,从而产生反照率、蒸腾作用、地表阻力和湍流的变化

异常(Fitzjarrald et al.,2001)。另一个例子是在季风区域,那里的物候与季风的起止时间密切相关(Dahlin et al.,2015)。

③植被指数。例如,归一化差值植被指数(Normalized Difference Vegetation Index,NDVI)或增强植被指数(Enhanced Vegetation Index,EVI),为相关研究提供了植物物候学的关键信息,已经使用了几十年的时间。同时,这些指标也提供了植物对外界强迫或全球气候变化响应的重要信息(Konings et al.,2017)。为了分析其对水文、生态系统(Quaife et al.,2008)和区域气候的影响,植被指数已被加入到 LSM(Jarlan et al.,2008)和耦合气候模式中(Lu et al.,2002)。虽然植被指数的同化尚未应用于 S2S 预测,但理论上这种同化可以对 S2S 预测带来显著的改进。

④日光诱导叶绿素荧光(Solar-induced fluorescence,SIF)是指在自然太阳光照射下,植被叶绿体吸收光合有效辐射发射出的一种波长位于 650～800 nm 的荧光。近年来,SIF 的遥感数据得到广泛应用(如 GOSAT、GOME-2 和 OCO-2 卫星;Frankenberg et al.,2011,2012,2014)。在次季节时间尺度上,SIF 与光合作用速率(以及蒸腾作用)几乎呈线性相关,也反映了碳循环和水循环的部分信息。

土壤湿度、植被状态和积雪的卫星观测资料的出现,使大气或耦合模式实现了对陆地数据的真正同化(Dee et al.,2011;de Rosnay et al.,2014)。尽管如此,当前业务化模式中很少有对陆面数据进行同化的(Barbu et al.,2014;Balsamo et al.,2015)。原因有以下几点:LSM 的性能不足(Nearing et al.,2015;Haughton et al.,2016);同化系统的观测误差处理较困难;许多地区表层土壤含水量的存储有限(Dirmeyer et al.,2016;McColl et al.,2017)。根据观测,植被变化会显著影响陆地-大气在 S2S 尺度上的相互作用;因此,植被产品如 LAI、NDVI 或 SIF 的同化可能会极大地提升 S2S 预测效果(Balsamo et al.,2015;Norton et al.,2017)。此外,未来 P 波段的遥感数据可以帮助我们获得更深层的土壤湿度信息,从而改善陆面模式(Konings et al.,2013;Tabatabaeenejad et al.,2014)。

8.4 陆面与可预测性

如前所述,陆面的变化通常要比大气更加缓慢,因此,陆面可以保留异常的信号,并在超出典型天气的时间尺度上影响大气变化(Koster et al.,2001;Dirmeyer et al.,2009)。然而,在 S2S 时间尺度上还存在着大气的自然变率,如本书第二部分的章节所述。热带外对流层中的异常行星波,如阻塞高压,可持续数周至数月的时间。而陆面异常会放大和维持这种波动异常,并加剧极端天气的强度(Koster et al.,2014)。这种正反馈机制与重大干旱(Vautard et al.,2007;Roundy et al.,2015)和热浪事件(Miralles et al.,2012;Ford et al.,2014)的发生有关。

然而,并不是仅在极端天气中陆面过程才能在 S2S 尺度上发挥作用。广义上说,如果具备以下 3 种条件,陆面可以在 S2S 时间尺度上显著影响大气状态(Dirmeyer et al.,2015)。第一个条件是大气对陆面变化的敏感性。当表面通量主要由陆面状态控制,且对流层下垫面对这些通量响应显著时,则认为是具备敏感性条件。一个例子是土壤湿度和 ET 的关系。当土壤湿度与 ET 的日变化存在正相关时,地表热通量就会对土壤含水量的变化十分敏感。当影响蒸发速率主要因素是土壤中可用水而不是热量(辐射)时,就会出现这种情况。当相关为负时,ET会调控土壤湿度的变化。当热量是蒸发的主要影响因素时,就会发生负反馈的情况。

第二个必要条件是陆面状态的可变性。例如,我们发现沙漠地区的地表通量对土壤湿度的敏感度非常高。在极度干旱的地区,如撒哈拉中部或阿塔卡马沙漠,降雨极其稀少,土壤湿度几乎总是可以忽略不计。因此,虽然地表通量对土壤湿度具有较高的敏感度,但由于湿度变化幅度极小,所以实际情况下表面通量基本不受土壤含水量的影响。而在北美大平原、非洲萨赫勒和印度河流域等地区,我们发现其敏感度与可变性兼具——这些都是典型陆-气耦合的热点研究区域(Koster et al.,2004)。

若要产生S2S时间尺度上的可预测性,第三个条件也是必要的:陆面异常的记忆或持续性。如果土壤湿度异常持续的时间短于大气确定性预测的时间尺度,那么陆面初始状态对S2S预测的影响很弱。例如,在中、高纬度地区,即使有较强的辐射和充足的水分,斜压系统仍然是产生降水的决定性因素,北欧的夏季就是如此。在这些地区,动力预报模式中的陆面初始场可能会对天气预报产生一定的影响(可能会持续几天),但对S2S预测的影响却很小。大气对陆面强迫反馈最强的区域位于中纬度、亚热带的半干旱与半湿润区——这些地区往往也是主要的农业产区。表8.1大致总结了世界各气候区的陆-气耦合特征以及它们如何通过陆面过程影响大气的可预测性。

表8.1 不同气候条件下陆地对大气的影响程度,以及陆-气耦合的必要条件

区域	陆-气耦合强度	土壤湿度的记忆性	陆地对大气的影响
半湿润的中纬度地区(夏季)	高	中度	高(在主要的农业区)
亚热带季风区	高	干季时间长,湿季时间短	干季影响度高,湿季影响微弱
干旱的中纬度地区(夏季)	中度	长(干旱)	中度(雨季)
湿润的中纬度地区(夏季)	中度(尤其在环流分支处)	较短	中度(旱季)
干旱的亚热带	低	长(干旱)	低(通常变化很小)
湿润的亚热带	低	短	低(不受湿度限制),除极端干旱区之外
高纬度地区(冬季)	低	长(冰期)	低,直至春季冰融化(缺少阳光)
高纬度(夏季)及中纬度(冬季)地区	低	短	低(不受湿度限制;受大气动力过程调控)

最后,我们要注意区分理论上和实现可预测性的差别。从图8.2可以看出,在NCEP第2版的气候预测系统(version 2 of the NCEP Climate Forecast System,CFSv2)中,预报技巧、陆-气耦合强度和土壤水分记忆之间存在明显的关系。然而,如果将土壤湿度记忆时间作为陆面初始场持续影响大气的时间尺度,我们发现许多地区都达不到标准。通过能量与水循环构建的陆-气耦合系统,其耦合强度与S2S预测能力存在显著的相关(Dirmeyer et al.,2017)。

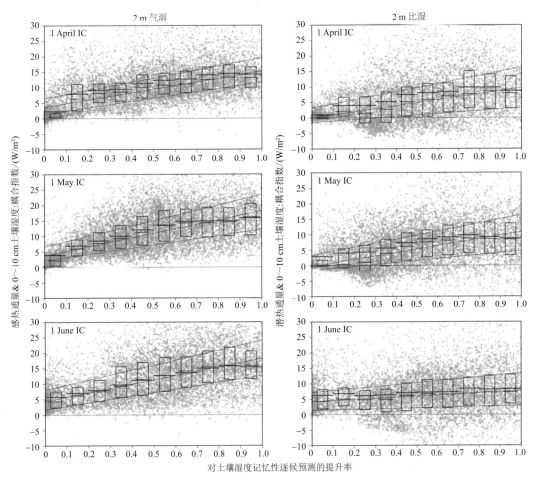

图 8.2　地球耦合参数的散点分布

x 轴分别为 CFSv2 中 2 m 气温(左)和比湿(右)的集合预报结果,可以评价模式的预报技巧。
红色条表示平均值;蓝色方框表示中位数、第一四分位数和第三四分位数;直线是通过中位
数和四分位数的线性回归。IC 是指预测的初始条件的日期(引自 Dirmeyer et al.,2017)

8.5　陆面对天气预测的影响

8.5.1　陆面模式的订正

早在几十年前,研究人员就通过全球数值模式证明了陆面过程会影响大气异常。Shukla
和 Mintz(1982)研究了一个气候模式对全球湿润和干燥地表条件的敏感性。后续的研究
(Rowntree et al.,1983;Oglesby et al.,1989;Koster et al.,1995;Dirmeyer,1999;Douville et
al.,2001)将此类敏感性与更真实的陆面异常联合起来研究。直到进入 21 世纪,系统的多模
式试验才直接证明了陆-气耦合在 S2S 时间尺度上会影响气温和降水(Koster et al.,2002,
2006;Guo et al.,2006),并且更好的陆面初始场会改进 S2S 多模式集合预测的结果(Koster et

al.,2010a)。然而,用于 S2S 预测的模式在陆-气耦合方面的数值模拟能力明显不足(Dirmeyer et al.,2006b;Dirmeyer,2013),并且在很多方面也未经实际检验。

其主要问题在于缺乏必要的陆面观测数据,从而难以对模式进行相关的校准和验证。早在 20 世纪 80 年代末,就已开展过观测并分析重要的陆-气相互作用过程的科学研究(Sellers et al.,1992,1995;Famiglietti et al.,1999;Jackson et al.,2001;Andreae et al.,2002;Weckwerth et al.,2004;Redelsperger et al.,2006;Miller et al.,2007;Wulfmeyer et al.,2016)。这类研究对于改进模式和参数化方案非常重要。然而,实际的观测在时间和空间范围上非常有限,但模式参数化方案却要应用于长时间、全球范围的数值模拟。对陆-气耦合模式空间分布特征的校正相对较少。虽然温度计、气压计和雨量计等观测仪器得到了广泛应用,但世界上大多数地区从未进行过热通量、地表辐射或边界层的观测。虽然卫星遥感可以覆盖全球,但许多地表变量尤其是通量,并不容易通过空间遥感进行测量(Mueller et al.,2013);并且轨道大气探测仪的垂直分辨率不足以分辨边界层内的温、湿结构(Santanello et al.,2015)。

全球陆地/大气系统研究(Global Land/Atmosphere System Study,GLASS)发起了一项非常有价值的、旨在订正陆面模式偏差的非耦合基准测试项目,该项目是全球能量与水资源交换(Global Energy and Water Exchanges,GEWEX)计划的一部分(Best et al.,2015;Haughton et al.,2016)。GEWEX/GLASS 后续的研究项目进一步拓展到耦合领域,如局地陆-气耦合(Local Land-Atmosphere Coupling,LoCo;Santanello et al.,2011b)计划和日间陆-气耦合试验(DIurnal land/atmosphere Coupling Experiment,DICE;Best et al.,2013)。LoCo 和 DICE 的研究目的是了解、模拟和预测局地陆-气耦合对地面通量和气象要素(包括边界层的云系)的影响和作用机制。

8.5.2 陆面的初始场

对于 S2S 预测,更好的陆面初始场会极大地提升其预测效果。从广义上来讲,初始场对于数值模式的影响非常大。图 8.3 的结果表明,CFSv2 中更真实的陆面初始场能将全球大部分地区的预测时限延长了 1～2 候,而在某些区域甚至会更长(Dirmeyer et al.,2017)。NCEP 有一个非耦合的北美陆面资料同化系统(North American Land Data Assimilation System,NLDAS;Xia et al.,2014),以及业务化的 CFSv2(Meng et al.,2012)模式中的 GLDAS,都可以提供实时变化的陆面状态信息。ECMWF 陆面资料同化系统可以对积雪深度进行二维的最优插值处理,但是对土壤湿度的推算仍然是基于近地表温度和湿度的最小绝对误差(Balsamo et al.,2014)。而近实时的植被覆盖度信息则被 LSM 同化,用于预测植被的季节性变化。基于 LDAS 的其他卫星和地基观测数据,能够对当前陆面状态和地表通量做出最优估算,例如,同化 NASA 的陆地信息系统(Land Information System,LIS;Peters-Lidard et al.,2007;Kumar et al.,2008)中土壤湿度、积雪和其他陆地数据。

LSM 的必要参数化方案包括植被类型和覆盖度、土壤性质和相关的陆面参数(如地表粗糙度或无雪地表反照率)。这些可能是基于固定的全球数据集,如国际地圈生物圈计划(IGBP,International GeosphereBiosphere Programme)制作的全球土地利用/植被类型数据集(Loveland et al.,2000),以及 STATSGO/FAO 的土壤类型数据(Wolock,1997;FAO,1988)。世界各地土壤数据的质量和分辨率差别很大,并在很大程度上依赖于各个国家对相关数据的采集。而时变的数据或参数可能包括 MODIS 卫星遥感得到的植被分布、LAI、净地表反照率

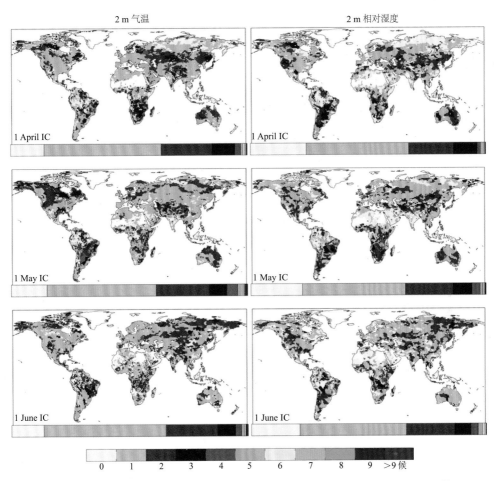

2 m 气温　　　　　　　　　　　　2 m 相对湿度

1 April IC　　　　　　　　　　　　1 April IC

1 May IC　　　　　　　　　　　　1 May IC

1 June IC　　　　　　　　　　　　1 June IC

0　1　2　3　4　5　6　7　8　9　>9候

图 8.3　基于 28 a 的月平均数据分析

CFSv2 中真实的陆面初始场的预测时限要显著优于随机陆面初始状态,色标代表的是
延长的预报时限,预测时限的计算是基于异常相关系数
IC 是指初始场的日期(引自 Dirmeyer et al.,2017)

的年际循环和近实时数值(Hansen et al.,2003)。时变的数据或参数对 S2S 预测作用很大——因为在具体年份,植被的季节变化都会在一定程度上偏离平均值。

8.5.3　被忽视的要素

用于气候预测的地球系统模式中的 LSM 通常比业务化的 S2S 预测模式中的 LSM 要复杂。这主要有两个原因:首先,预测的时间尺度越长,需要考虑的影响陆地、大气的物理过程就越多;二是业务化的数值模式通常是相对保守的;如果对模式的改进有可能会在某一方面降低预测技巧,那么这样的改进可能不会被接纳。因此,业务化的预报模式的发展一般是"谨慎而缓慢"的。

地下水及河流(包括径流向海洋输送的淡水)、湖泊、城市、生态系统物候变化、生物化学循环(碳及营养物质)以及人类对土地和水源的利用等,都已成为气候模式中 LSM 的常见组成部分;但这些却很少应用于天气和 S2S 预测模式中。WRF 的水文参数、WRF-Hydro 及 WRF 的 Noah-MP 陆面参数是 NWS 水资源预测办公室的美国国家水模型(National Water Model,NWM;Gochis et al.,2015)的基础。该模式覆盖美国大陆,其中 LSM 分辨率为 1 km,地表和地下水的分辨率为 250 m。ECMWF 的建模系统现在采用了一个计算效率较高的淡水湖(Mironov et al.,2010)和二氧化碳交换模型(Boussetta et al.,2013a;Agustı́-Panareda et al.,2014)。

随着模式分辨率的提高,许多局地化过程的重要性逐渐显现。这使得相应的高分辨率参数集的需求变得迫切。遥感技术可以提供 $0.1 \sim 1\ km^2$ 分辨率的数据信息。然而,土壤性质作为衡量土壤含水量、记忆效应和植被变化至关重要的参数,其在全球各地的测量精度差别很大;通常发达国家和农耕区的数据更为完整和准确。这是当前 LSM 无法满足高分辨率模式需求的关键参数集。此外,LSM 中还未考虑土壤质地对水分释放的影响。例如,相比其他土壤质地,喀斯特或其他干裂、松软质地土壤的干燥速度要快得多(Dreybrodt,1988)。这些因素主要影响陆面水的收支,并且其变化周期要长于天气时间尺度。美国大约四分之一的边境地区都是喀斯特地貌(Weary et al.,2014)。

8.5.4　陆-气耦合模式的发展

传统上,LSM 和大气模式是由不同学科背景和专业知识的人员分别开发的。非耦合的 LSM 测试和计算的成本相对较低,但其并不包含陆-气相互作用的过程。一些 LSM 的测试和验证是在耦合模式中进行的,这对于评估模式的业务化应用是很有价值的,但其计算资源的消耗要大得多。然而,当前在模式开发过程中,陆地和大气模式仍然是分别进行的,只有在最后整合阶段才将两者耦合。

我们认为,随着陆面对 S2S 预测的潜在价值逐渐凸显,陆-气耦合过程也得到研究人员的重视;之后的模式开发需要将陆-气耦合贯穿到整个过程中。土壤、植被和低层大气需要结合成一个整体,尤其是在水循环方面以及热量和碳循环方面(Dirmeyer et al.,2014)。在之前很长一段时间里,气象、水文和生态数据的观测都是独立进行的,但现在正逐渐融合成为一个"从陆地延伸到边界层"的整体观测网(Duffy et al.,2006)。这将为构建性能更佳的陆-气耦合模式提供帮助;但要注意的是,在模式开发的整个周期里都必须考虑多圈层的相互作用。

第9章

中纬度中尺度海-气相互作用对 S2S 预测的影响

9.1 引言

使用数值模式进行天气预报是一场循序渐进的"革命性"进步(Bauer et al.,2015)。通过计算机求解大气运动方程组,我们可以对极端天气事件的发生进行确定性的预报。此外,我们还可以依靠一定的技术手段将预测时限延长至 2 周。但要实现长达 2 周的预测,必须要准确了解大气初始状态的信息。因为当模式积分时间超过 2 周之后,大气运动的混沌特征开始占据主导地位,导致无法进行确定性的预测。任何超过 2 周的预测都只能定性地描述大气的气候态特性,并不能对具体天气事件发生的时间和地点进行确定性预报。此外,当时间超过 2 周后,大气初始场对模式的约束作用减弱,而大气边界条件的重要性逐渐增大,如陆地、海洋和海冰的状态(Lorenz,1975)。通常,我们将 2~12 周时间尺度的预测称为次季节—季节(S2S)预测。近年来,S2S 受到人们越来越多的关注(Brunet et al.,2010;White et al.,2017)。在季节或更长的时间尺度上,大气的初始状态不再重要;数值预报也从初值问题转换成边界值问题,即为气候预测。

在本章中,我们将重点讨论中纬度海-气相互作用对 S2S 预测的影响。为了能将这种影响机制用于大气的 S2S 预测,我们必须要将海洋的预报时限延长至 2 周以上。实际上,这是可以做到的——海洋有着巨大的热惯性,因此,相比于大气来说,海洋状态的变化要缓慢得多。例如,海洋中的中尺度涡(动力学过程类似于天气过程)可以持续数月的时间(Chelton et al.,2011)。这意味着,对海洋状态进行持续、准确的预测,也可以显著地提升大气 S2S 预测的效果。缓慢变化的海表温度(SST)异常可以作为热量的源或汇,影响大气环流模态。

在中纬度地区,大气和海洋的运动是近似准地转的,具有小罗斯贝数特征(Gill,1982)。运动还具有斜压不稳定特征,并且存在与罗斯贝变形半径尺度对应的内在变率,其在大气中的尺度约为 1000 km,海洋中约为 100 km 或更小。这类尺度大致相当于大气的天气系统和海洋的中尺度涡旋,这就可以解释观测到的中纬度变率的空间尺度。通常,海盆尺度的 SST 异常(约 1000 km)是由大气强迫造成的,而中尺度的 SST 异常往往是由海洋过程自身造成的。

分析海洋对大气响应的一个简单模型就是随机气候模式(Frankignoul et al.,1977)。其LFV 时间尺度(10~100 d)与 S2S 预测类似。在随机气候模式中,LFV 会随机地影响海温的变化,这本质是海-气界面通量异常的体现。通过将这种随机变率的空间结构与大气低频模态(如 NAO 或 PNA)合成分析,可以在很大程度上解释海盆尺度的 SST 异常分布。随机的大气变率可以近似视为具有白噪声特征的时间功率谱(Saravanan,1998;Saravanan et al.,1998)。但由于海洋的比热容更大,因此,SST 的响应则表现出红噪声谱的特征。而这个随机红噪声模型中并不包含 SST 异常对大气反馈的过程,因此,我们认为海洋对大气的可预测性没有贡献。Barsugli 和 Battisti(1998)对这个模式进行了改进,其中 SST 对大气强迫的响应会减弱海、气温差,并由于海洋反馈使大气的加热异常持续加强。虽然这种热力学反馈机制可能有助于提升 S2S 的可预测性,但这种影响可能局限于较短的时间内(2~4 周),因为大气变率的 LFV 模态的 e 折时间尺度(e-folding time,是指一个变量衰减为原来的 1/e 的时间尺度,译者注)通常不超过 2 周(Feldstein,2003)。

中纬度地区 SST 异常也可以通过动力学过程(即影响环流模态)影响大气。基于观测数据和低分辨率的全球气候模式(GCMs),研究人员在 1000 km 的海盆尺度上对这种机制进行了广泛的研究。结果发现,中纬度地区 SST 异常对中纬度地区的大气环流有一定的影响(Kushnir et al.,2002)。但由于该系统的耦合特性,仅从结果上很难区分是大气强迫的海洋或是海洋影响的大气。然而,滞后相关分析表明,海盆尺度上 SST 异常的主要影响因素之一是大气的强迫作用(Davis,1976;Deser et al.,1997)。这种相互作用机制的一个重要特征是,海洋向外的净热通量与 SST 异常呈现负相关(即海洋向外的净热通量为正,SST 异常为负,反之亦然)。通常,这种向外的热通量主要受潜热的影响,即海表风速变化会影响海表蒸发。因此,当海-气间的相互作用以大气强迫海洋为主时,SST 与海表风速趋于负相关,这与随机气候模式中的原理是一致的(Barsugli et al.,1998;Saravanan et al.,1998)。

另一方面,SST 与海表风速的正相关则体现了海洋对大气的强迫,其原因是 SST 正异常意味着"向上"的热通量。随着卫星散射计的应用,我们可以获取到高分辨率的海表风场数据以及卫星遥感的 SST 数据。当我们对散射计观测的数据进行空间滤波、只保留中尺度的信息,发现在中尺度涡旋活跃区域海表风速和 SST 呈显著的正相关(Chelton et al.,2004,2010)。涡旋活跃区域包括北大西洋的墨西哥湾流区和北太平洋的黑潮延伸区(Kuroshio Extension Region,KER)。在这些区域里,海洋锋面和中尺度涡旋会显著影响大气的状态。此外,墨西哥湾流区和 KER 分别位于大西洋和太平洋风暴轴的斜压源区附近(Chang et al.,2002),这意味着海洋锋面和涡旋对大气的局部强迫会间接影响风暴轴的变化。上文提到,上层海洋的状态和特征可以持续 1 个月或更长的时间,因此,其可以作为 S2S 时间尺度上可预测性的重要信号。

影响大气的中、小尺度海洋系统可分为两类:海洋锋面和中尺度涡旋。需要注意的是,这两者是有关联的:一般在术语中,海洋锋面是指较大范围的 SST 梯度场,而涡旋的生成又与锋面的弯曲变形有关。西边界流(如墨西哥湾流或黑潮)会将偏暖的海水从热带输运到极地。当上述洋流离开海岸时,沿着其路径的 SST 中会产生一个强大的锋面区。这些海洋锋面具有各向异性,其空间尺度特征表现为横向延伸较小而纵向延伸(即沿着锋面的方向)较长。另一方面,中尺度涡旋具有封闭循环的特征,因此,在空间上更趋于各向同性。锋面和涡旋的时间尺度也不尽相同。虽然锋面的位置会随着热量输运的年际循环而缓慢变化,但其持续时间可以贯穿整个季节。大多数海洋涡旋持续时间不会超过季节尺度,并且移动速度要快得多——其传播速度受到斜压罗斯贝波波速和背景流场的共同调控。由于 SST 锋面在季节性周期中移动相对缓慢,其对大气的影响在季节—年代际的时间尺度上更明显,但在几周的时间尺度则较弱。海洋中尺度涡旋在数周的时间尺度上变化较快,它们的发展可能会显著影响 S2S 时间尺度上的可预测性。

对于海-气耦合模式来说,即使在相对较高的分辨率下,模拟 SST 锋面和涡旋的变化仍然是一个挑战。SST 锋面位置的模拟偏差会影响大尺度环流和 S2S 预测结果。许多基于观测数据或数值模拟的研究中,都考虑了西部边界流相关的中纬度 SST 锋面对大气变率的影响(Minobe et al.,2008;Feliks et al.,2016;Kelly et al.,2010;Kwon et al.,2010)。本章回顾了中纬度海洋中尺度涡旋-大气(ocean mesoscale eddy-atmosphere,OME-A)相互作用的最新研究成果(Maetal.,2015,2016,2017),并重点分析了其对北太平洋地区 S2S 可预测性的潜在影响。

本章的内容安排如下:第 9.2 节介绍所使用的数据和模式。第 9.3 节和第 9.4 节分别讨论 OME-A 相互作用对大气边界层和边界层以上的影响。第 9.5 节讨论 OME-A 相互作用对遥相关的影响,第 9.6 节讨论其对海洋的反馈作用。第 9.7 节分析对 S2S 可预测性的影响,最后在第 9.8 节中做了总结和讨论。

9.2　数据和模式

9.2.1　非耦合模拟

研究 OME-A 相互作用需要高分辨率的大气模型(Bryan et al.,2010)。由于本节讨论的重点是对中尺度涡附近或下游地区大气的影响,因此,可以使用区域大气模式来降低计算成本。我们使用的是美国国家大气研究中心研发的 WRF 模式(Skamarock et al.,2008)。

WRF 是一个免费的区域模式,已广泛用于各种与天气和气候相关的研究。WRF 模拟的区域涵盖了整个北太平洋(3.6°—66°N,99°—270°E)。水平网格根据墨卡托投影设置为 27 km。模式中大气垂直分层为 30 层。使用的参数化方案包括:Lin 等(1983)的微物理方案、RRTMG 和 Goddard 的长短波辐射方案、Noah 陆面方案、延世大学(Yonsei University,YSU)边界层方案、Kain-Fritsch(KF;Kain,2004)积云参数化方案以及计算涡流的一阶闭合 Smagorinsky 方案。

模拟时间为 2007 年 10 月 1 日—2008 年 3 月 31 日,为期 6 个月。这段时间是 KER 的涡旋活跃期,但对于 ENSO 和 PDO 来说却是中性年份。这样可以将以上两种大尺度气候模态变率对分析的影响降至最低。此外,将卫星中波红外(Medium Wavelength Infrared,MW-IR)反演的 0.09°分辨率、逐 6 h 的 SST 作为下边界条件。初始和侧边界条件来自逐 6 h 的 NCEP/DOE AMIP-II(NCEP2)再分析数据(Kanamitsu et al.,2002;Saha et al.,2010)。

为了研究大气对中尺度 SST 变率的响应,我们进行了两组 27 km 分辨率的 WRF 集合试验。每组都有 10 个集合成员,只是 SST 强迫场不同:一组使用 10 km 分辨率的 MW-IR SST 强迫场进行对照(CTRL)试验(图 9.1a);另一组使用低通滤波后的 SST 强迫场,即剔除中尺度涡信息(mesoscale eddy-filtered simulation,MEFS)后再进行模拟(图 9.1b)。根据之前的研究,我们使用了一种具有 15°(经度)×5°(纬度)截止波长的局部加权滤波器来滤除约 800 km 以下的中尺度 SST 变率。结果正如预期,CTRL 和 MEFS 模拟的 SST 差别主要集中于沿 KER 的涡旋活跃区域(图 9.1c)。

为了解决大气响应对模式分辨率的敏感性,还在 162 km 较低分辨率条件下进行了两组额外的 WRF 集合模拟。这两组试验除了大气模式分辨率外,其余都与 CTRL 和 MEFS 相同,分别记为 LR-CTRL 和 LR-MEFS。高分辨率的 SST 重新插值到更粗的网格中。局部加权滤波器的半功率波长约为 900 km(图 9.1d),这可以抑制 MEFS 和 LR-MEFS 的中尺度 SST 方差。

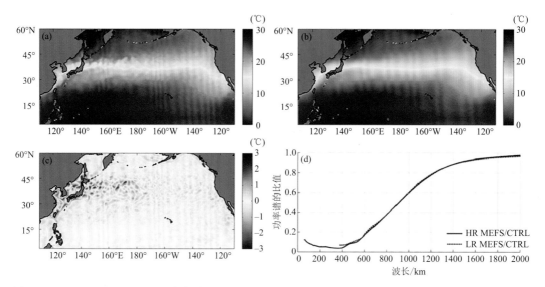

图 9.1 (a)CTRL 和(b)MEFS 中冬季(NDJFM)平均的 SST;(c)两者的差;(d)在 KER(27.8°—42.8°N,155.8°—180.8°E)区域中高分辨率(实线)和低分辨率(虚线)SST 功率谱的比值(MEFS/CTRL)
(引自 Ma et al.,2017)

10 个集合成员的初始场是基于 NCEP2 再分析资料中 10 个不同年份(2002—2011 年)10 月 1 日的大气状态。需要注意的是,所有集合成员的侧边界和表面边界条件都是 2007 年 10 月 1 日—2008 年 3 月 31 日。考虑到模式的起转过程不稳定,积分第 1 个月(10 月)的数据不计入分析,而是对之后 5 个月的数据进行了平均,即 11 月—次年 3 月(NDJFM)。不同的初始条件使我们能够评估大气的内在变率和不确定性带来的影响。在区域模式中,CTRL 和 MEFS 试验使用了相同的侧边界,但与全球模式的模拟结果相比,其信噪比更高。

9.2.2 耦合模拟

为了研究与 OME-A 相互作用有关的反馈机制,使用德州农工大学开发的高分辨率耦合区域气候模式(coupled regional climate model,CRCM)进行集合模拟(包含 5 个成员)。CRCM 中的大气模式来自 WRF 模式,海洋模式是由罗格斯大学和加州大学共同开发的区域海洋模式(Regional Ocean Modeling System,ROMS)(Haidvogel et al.,2008;Shchepetkin et al.,2005;http://myroms.org)。这两部分模式通过一个专门耦合器进行交互;该耦合器允许在海-气界面逐小时进行一次质量、动量和能量交换。WRF 和 ROMS 都配置在一个通用的 Arakawa-c 网格上,具有 9 km 的水平分辨率,与未耦合的 WRF 在北太平洋区域分辨率相同。除了更高的水平分辨率外,WRF 的其余参数都与非耦合的相同。ROMS 使用 50 层垂直地形跟随坐标系配置,包括垂向 k 参数湍流混合方案和双谐波水平 Smagorinsky 动量混合方案。

CRCM-CTRL 耦合模拟共进行了 5 组积分时长为 6 个月的试验,初始场分别为 2003 年、

2004 年、2005 年、2006 年和 2007 年的 10 月 1 日。ROMS 的初始场为连续 6 a 的起转模拟结果，并使用了第 2 版的协同海冰参考试验(version 2 of the Coordinated Ocean-ice Reference Experiments,CORE-II;Large et al.,2009)作为海表强迫场和 5 d 平均的海洋资料同化系统(Simple Ocean Data Assimilation,SODA;Carton et al.,2008)输出的侧边界条件。在非耦合试验中 WRF 的初始和侧边界条件都是基于 NCEP2 再分析数据。CRCM-MEFS 试验中 ROMS 模拟的 SST 在每步耦合之前都要先经过 15°(经度)×5°(纬度)截止波长的低通滤波器处理，再提交给 WRF 模式作为下边界强迫场；其余配置均与 CRCM-CTRL 相同。这样一来，可以有效屏蔽大气模式受海洋中尺度涡的影响，即便中尺度涡仍存在于海洋模式中。

9.3　大气边界层中的中尺度海-气相互作用

Small 等(2008)基于观测资料分析了大气边界层中 OME-A 相互作用的诸多特征。人们提出了两种不同机制来解释小尺度 SST 的强迫作用。边界层中气压梯度会随 SST 梯度的变化而变化，导致 SST 偏高区的海表风辐合(Lindzen et al.,1987)。这种所谓的气压调节机制(pressure adjustment mechanism,PAM)可以解释墨西哥湾流锋面偏暖一侧出现的降水带，如 Minobe 等(2008)所述。Wallace 等(1989)提出了另一种机制，即 SST 升高会导致边界层的层结不稳定及垂直混合加深。这会导致自由对流层较强的风动量传递到海(陆)面。在这种垂直混合机制(vertical mixing mechanism,VMM)中，高的 SST 异常与正的海面风速异常呈正相关。而相比之下，PAM 中最大风速一般出现在 SST 梯度最强的区域中。

最新的观测及模拟结果进一步阐明了 OME-A 相互作用的机制。Frenger 等(2013)使用拉格朗日方法分析了大气对南大洋中尺度涡旋的响应。其方法是基于卫星观测资料，跟踪并分析单个海洋涡旋上空大气的变化特征。综合分析表明，其变化特征与 VMM 机制相似，暖涡区域不仅海表面风速会增大，并且云量和降水量也有显著增加。Masunaga 等(2016)利用卫星和再分析数据进一步证实了大气边界层对 SST 异常的响应与 KER 的年际变化有关。Putrasahan 等(2013)利用耦合模式模拟并分析了边界层中 OME-A 相互作用，结果表明，PAM 和 VMM 机制可能都在其中发挥了重要作用。

中纬度地区 OME-A 相互作用最显著的特点是，在涡旋活跃海域海表风速与 SST 异常呈正相关。这种相关在 2007/2008 年冬季的 KER 中很明显：当对卫星观测的 SST 和海表风速异常进行高通滤波、只保留中尺度信息后，这种特征表现得更显著(图 9.2a)。利用 WRF 进行的 CTRL 模拟试验也能较好地再现这种相关特征，并且与观测数据基本一致(图 9.2b)。这也验证了 WRF 模式的适用性，可以基于数值模拟开展深入分析和敏感性试验。

基于 WRF 的 CTRL 试验结果，我们全面分析了大气对海洋强迫的响应，同时也注意到 SST 异常与行星边界层(planetary boundary layer,PBL)高度存在很强的正相关(图 9.2c)。这表明，模拟的 PBL 高度在高 SST 异常区域会增大，反之亦然。这种相关可以用 VMM 机制来解释：高 SST 异常使 PBL 厚度和不稳定度增大，促使自由对流层的动量下传并增强海表风速。对流有效位能(planetary boundary layer,CAPE)异常也与 SST 异常呈现很强的正相关，证明不稳定度的变化趋势(图 9.2d)。

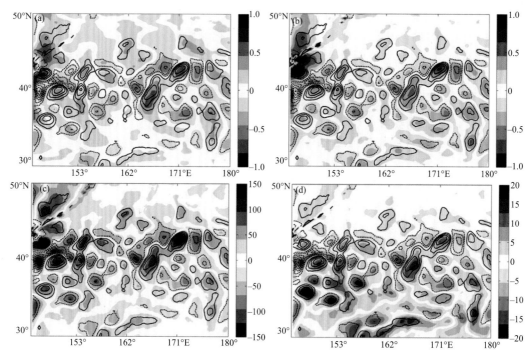

图 9.2　KER 区域卫星观测和模拟的中尺度海-气相互作用

(a)对 MW-IR 和 CCMP 卫星观测数据高通滤波后的 2007/2008 冬季(NDJFM)平均 SST(等值线间隔 0.5℃)
和 10 m 风速(单位:m/s);(b)非耦合的 WRF CTRL 模拟(分辨率为 27 km)结果;(c)高通滤波的 SST
(等值线间隔 0.5℃)和 PBL(单位:m);(d)对非耦合 WRF CTRL 模拟结果高通滤波后的 SST
(等值线间隔 0.5℃)和 CAPE(单位:J/kg)(引自 Ma et al.,2015)

9.4　对流层的局地响应

　　前面,我们基于观测和 CTRL 模拟结果,讨论并分析了近地面大气对中尺度 SST 强迫、边界层高度和其他要素的响应。然而在这些研究中,对于大气边界层以上的 OME-A 相互作用的分析相对较难。边界层以上的大气变率主要受传播的天气尺度系统的影响。与海洋涡旋相关的小尺度影响会随着高度的上升而减弱,这导致在天气“噪声”的大背景下识别 OME-A 会非常困难。

　　通过对比 CTRL 与 MEFS(人为滤除了海洋涡旋的影响)的模拟结果,我们可以更好地分析 OME-A 对边界层以上和涡旋外区域的影响。此外,通过 LR-CTRL 和 LR-MEFS 的对比试验,我们还能评估模型分辨率的影响。KER 位于太平洋风暴轴的入口区附近,是中纬度气旋生成、加强的区域。因此,我们接下来分析 OME-A 相互作用对风暴轴的局地影响。为了分离出天气尺度风暴轴活动,首先对数据进行了 2~8 d 的带通滤波。

　　图 9.3a 展示了北太平洋西部(150°E—180°)经向风 v' 的涡动方差 $<v'v'>$ 垂直剖面的平均值,其中数据经过带通滤波处理。与观测数据类似,CTRL 模拟结果也能够反映出涡动方差

随高度向北倾斜的特征(Booth et al.,2010)。MEFS 和 CTRL 的差值表明,当中尺度涡的影响被滤除后,风暴轴区域高、低层的局地涡动方差都会减小。而风暴轴以北高空的方差也有轻微增大,表明 OME-A 不仅使风暴轴的整体强度增强,还会使其向南移动。但在低分辨率模拟中,局地涡动的差值要弱许多,而且在统计学上也不显著(图 9.3b)。这说明,只有在较高分辨率的大气模式中才能模拟出 OME-A 相互作用(低分辨率模拟的风暴轴结构也存在较大误差,例如垂直方向上的北倾特征不明显)。

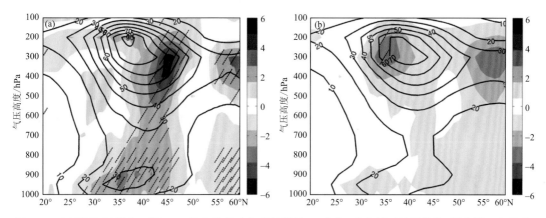

图 9.3　(a)KER 区域(150°E—180°)中北半球冬季风暴轴< $v'v'$ >垂直剖面的平均值(等值线);色阶为 MEFS 和 CTRL 的差(单位:m^2/s^2);(b)与(a)相同,但为 LR-CTRL 和 LR-MEFS 模拟结果 斜线区域是基于双侧 Wilcoxon 秩和检验的 95% 置信区间(引自 Ma et al.,2017)

为了解释 OME-A 相互作用引起的局地大气涡动方差增强(图 9.3a),我们需要引入一个非线性机制。大气对海洋中尺度涡的线性、大尺度响应都会倾向于抵消涡旋引起的 SST 异常。事实上,MEFS 和 CTRL 模拟的时间平均的 SST 梯度(KER 区域)基本相同,说明海洋的斜压性并没有受到涡旋的显著影响。一个可能的非线性机制是海表水汽通量的响应。由于饱和湿度与温度之间的克劳修斯—克拉珀龙(Clausius-Clapeyron)函数关系具有很强的非线性,因此,与负 SST 异常相关的负水汽通量并不会抵消正 SST 异常引起的正水汽通量(Ma et al.,2015)。由此,与 OME-A 相关的净水汽通量会使大气非绝热加热增强、静力稳定度降低,从而导致斜压性和涡动方差的增强。

为突出 OME-A 相互作用对风暴轴的潜在影响,我们利用表面湍流热通量(THF)构建了一个风暴指数。我们使用 THF 阈值作为标准,首先选取 KER 区域(32°—42°N,140°—170°E)日平均 THF 超过 80% 阈值的时段,然后将每个时段中 THF 最大值的日期作为"风暴日"。在物理上,这种方法确定的"风暴日"为强气旋活动发生在 KER 偏下游的日期,此时该区域的 THF 出现极大值(Ma et al.,2015)。11 月—次年 3 月,风暴天数约占冬季总天数的 20%。图 9.4a 为 MEFS 和 CTRL 模拟的北太平洋西部平均水汽混合比的垂直剖面之差。与 CTRL 模拟相比,MEFS 模拟的边界层以上含水量明显偏低,表明 OME-A 对边界层以上水汽的影响。虽然这种影响在边界层最强,但却一直延伸到对流层中部(约 500 hPa 高度)。而在低分辨率模式中,该现象几乎不可分辨(图 9.4b),再次证明了模式分辨率对模拟 OME-A 相互作用的重要性。

MEFS 模拟中偏低的水汽可能会导致风暴轴源区湿绝热加热的减少。太平洋风暴轴的特

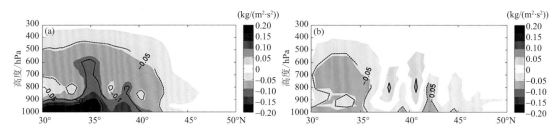

图 9.4　风暴日区域平均（140°E—180°）水汽混合比 Q 的垂直剖面之差
(a)MEFS 和 CTRLL；(b)LR-MEFS 和 LR-CTRL（引自 Ma et al.，2017）

征是在日期变更线附近有一个非绝热加热的极大值区（图 9.5a）。由于 MEFS 的模拟缺乏 OME-A 相互作用，风暴轴源区（日期变更线以西）的非绝热加热会偏弱（图 9.5b）。对比风暴轴西部非绝热加热的垂直剖面图（图 9.5c 和 9.5d）可知，CTRL 模拟的斜压波振幅比 MEFS 高 25%，非绝热加热强度是 MEFS 积的两倍。

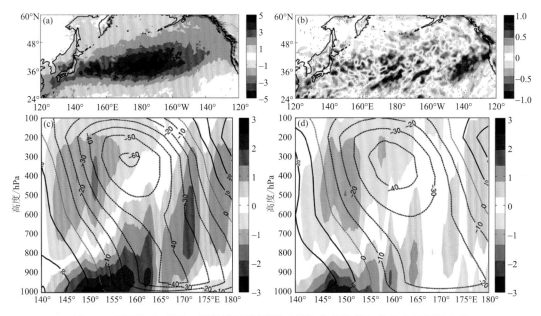

图 9.5　MEFS 和 CTRL 模拟风暴日（KER 区域）的非绝热加热和主斜压波之差
(a)在 CTRL 中非绝热加热（单位：Pa·K/s）的垂直积分（1000~300 hPa）；(b)非绝热加热的垂直积分之差
（MEFS 减去 CTRL）。点状图为基于基于双侧 Wilcoxon 秩和检验的 95% 置信区间；(c)CTRL 模拟的
沿风暴轴（图 9.7 中黄色虚线）位势高度（等值线，gpm）和非绝热加热（填色图，Pa·K/s）的垂直剖面；
(d)与(c)相同，但为 MEFS 模拟结果（引自 Ma et al.，2015）

　　总之，CTRL 和 MEFS 的结果对比证明 OME-A 相互作用对 KER 区域大气边界层以上的影响。海洋中尺度涡旋具有非线性调整效应会增加水汽通量和非绝热加热，从而促进风暴的发展（图 9.6）。而这种效应在低分辨率的模拟中很难体现出来，这也反映出在数值模式中正确解析大气运动尺度的重要性。

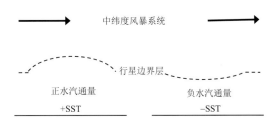

图 9.6　OME-A 影响风暴轴机制的示意

（大气 PBL 受暖 SST 异常的影响，其厚度及水汽通量会增加。而在冷 SST 异常区域则相反，但由于非线性响应，其变化幅度较弱。因此，当风暴轴系统经过冷、暖交替的 SST 异常时，其总体的水汽通量异常为正，伴随的非绝热加热和湿斜压增强，进而促进气旋的发展）

9.5　对流层遥相关

虽然海洋涡旋的局地响应关注度较高，但局地效应只是有助于海洋上空大气的 S2S 预测。我们更关心的是它对陆地大气 S2S 预测的影响。在本节中，我们将讨论 OME-A 相互作用引发的对流层响应是否会导致 KER 下游遥相关的问题。由于海洋涡旋的变化非常缓慢，大气中天气噪声占主导地位，因此，很难利用观测资料来提取 S2S 时间尺度的变化信息。当前，一些基于数值模拟和机制建模的研究已经解决了这个问题。通过在高分辨率全球模式中滤掉中尺度海洋涡旋，Small 等（2014）和 Piazza 等（2016）分析了墨西哥湾流地区 OME-A 相互作用对风暴轴的影响。Zhou 等（2015）的研究表明，同化高频（即逐日的）SST 资料也会影响全球模式中大气的变化。

从图 9.5c 中也可以看出 OME-A 产生的遥相关影响，即 MEFS 和 CTRL 模拟的风暴日期间非绝热加热之差。在日期变更线以东风暴轴的出口区域，风暴轴南部的非绝热加热偏强、北部偏弱。这说明 OME-A 相互作用会导致风暴轴位置偏北。为了证实这一点，我们对 CTRL 和 MEFS 模拟结果中 850 hPa 经向风 v（2～8 d 带通滤波处理）进行滞后相关分析，时间段为 -2 d 至 2 d，其中第 0 天对应 KER 区域 THF 指数的极大值（图 9.7）。为了使对比更明显，CTRL 和 MEFS 中合成分析的风场 v 都基于风暴轴附近 v 的极大值（滞后 -3 d）进行了归一化处理。合成分析的结果中有明显的向东传播的斜压波模态；并且在 KER 区域，CTRL 中斜压波增强速度明显比 MEFS 更快。此外，我们注意到：在滞后 2 d 时，CTRL 中风暴轴的位置似乎比 MEFS 更加偏北（图 9.7e 和 9.7f），这也与图 9.5b 中非绝热加热的分布特征一致。

风暴轴的变化不仅会影响下游天气，还会通过非线性波-流相互作用（与涡动量和热通量相关）影响大尺度环流。与太平洋风暴轴类似，对流层上层的纬向风（称为太平洋急流，如图 9.8a 所示）中存在一个极大值区，是由涡动量通量的辐合造成的。在 MEFS 模拟中，当风暴轴向南移动时，急流位置也向着日期变更线的东南方向移动（图 9.8b）。对流层上层这种类似"偶极子"的响应与地（海）面低压异常有关，表明存在一种等效的正压响应机制（图 9.8c）。因此，我们看到当加州上空风暴活动增强时，其北部的风暴活动则相应减少（图 9.8d）。

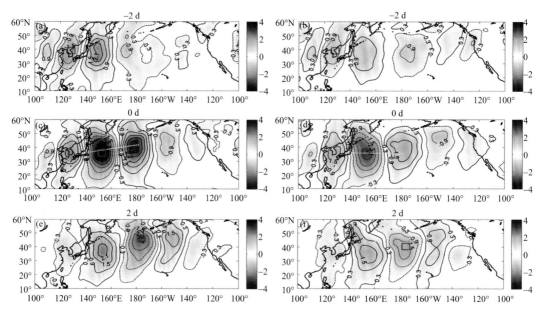

图 9.7 模式模拟的风暴发展

对 CTRL(a、c、e)和 MEFS(b、d、f)模拟结果中 850 hPa 经向风 v 进行 2~8 d 带通滤波后,再做 -2 d、0 d、2 d 的滞后相关分析。每个分析之前,合成分析的风场 v 都基于风暴轴附近 v 的极大值(滞后 -3 d)进行了归一化处理。滞后 0 d 中的虚线表示风暴轴路径,如图 9.5c 和 9.5d 所示(单位:m/s)(引自 Ma et al.,2015)

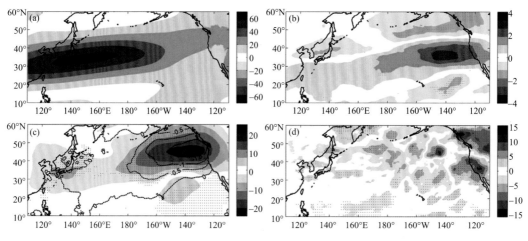

图 9.8 对流层上层大气对中尺度 SST 强迫的响应

(a)CTRL 模拟的冬季(NDJFM)300 hPa 平均纬风 U 300(单位:m/s);(b)(c)(d)为 MEFS 和 CTRL 模拟结果之差(MEFS-CTRL),其中(b)为 U_{300}(单位:m/s);(c)为海平面气压(单位:hPa,等值线)和 500 hPa 位势高度 Z_{500}(单位:m,色阶);(d)为 300 hPa 的瞬态涡动能(单位:m^2/s^2)。瞬态涡动能是经 2~8 d 带通滤波后计算得到。点状图为基于基于双侧 Wilcoxon 秩和检验的 95% 置信区间

(引自 Ma et al.,2015)

9.6 对海洋环流的影响

到目前为止,我们的分析主要集中在海洋中尺度涡对大气的影响上。然而,大气边界层对涡旋的响应也会影响海面热通量和动量通量,这反过来又会影响海洋涡旋本身。例如,人们倾向于认为,在 OME-A 相互作用影响下,暖涡上空海表风速的增强会使 SST 降低的速度更快。为了研究这种反馈机制,我们对比分析了包含(CRCM-CTRL)和不包含(CRCM-MEFS)OME-A 反馈机制的海-气耦合模拟结果。除了水平分辨率更精细(9 km)和集合数更小(5 个成员)以外,其余都与非耦合模拟类似。

为了评估 OME-A 相互作用对涡旋强度的影响,我们计算了 CRCM-MEFS 和 CRCM-CTRL 模拟的 KER 区域涡旋动能(eddy kinetic energy,EKE)和涡度拟能(eddy enstrophy,ENS)的波谱比值(图 9.9)。在 MEFS 模拟结果中,波长小于 500 km 的 EKE 和 ENS 功率谱值有所增大,其中小于 100 km 的增加幅度最大,约增加了 30%。对此,可以使用能量收支理论解释 MEFS 模拟中涡旋强度增大的原因(Ma et al.,2016)。当涡旋产生时,黑潮锋中温度梯度相关的平均可用势能(mean available potential energy,MAPE)会转换为涡位能(eddy potential energy,EPE)。而涡旋消亡的机制主要是以下两种:①EPE 转化为 EKE,为涡旋环流提供能量;②EPE 通过海洋混合或热量散失过程而耗散。正是后一种机制过程被 OME-A 放大,才导致 CRCM-CTRL 模拟中涡旋耗散的增大。MEFS 模拟中涡旋耗散的减少,使得更多的 EPE 能够转换为 EKE,并导致黑潮的强度减弱、流轴弯曲程度增大。图 9.10 显示了在 CRCM-CTRL 和 CRCM-MEFS 模拟中,黑潮强度的经向截面。黑潮在 MEFS 模拟中较弱,这与其海洋涡旋活动的增强有关。

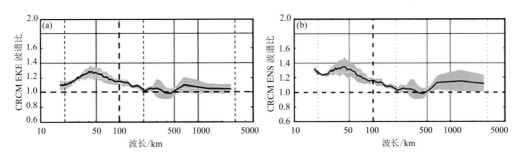

图 9.9 (a)数值模拟的 KER 区域(145°—160°E,30°—42°N)冬季(ONDJFM)平均 EKE 波谱比值(CRCM-MEFS/CRCM-CTRL);(b)与(a)相同,但为涡度拟能(ENS,相对涡度平方的一半)的波谱比值
涡旋速度定义为 145°—160°E 区域平均值的偏差。阴影表示 CRCM 模拟的不同年份的几何标准差。
垂直虚线表示涡旋的波长为 100 km;水平虚线表示 MEFS/CTRL 比值为 1(引自 Ma et al.,2016)

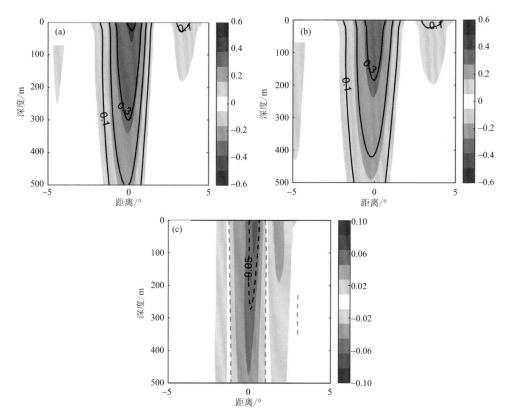

图 9.10　涡解析的耦合区域气候模式模拟的黑潮延伸体中,纬向平均(145°—160°E)的流速 U 的垂直截面 (a)CRCM-CTRL,(b)CRCM-MEFS 和(c)CRCM-MEFS 与 CRCM-CTRL 的差值,基于 CRCM 集合模拟的 冬季(ONDJFM)平均值(单位:m/s)。x 轴为距黑潮流轴(流轴定义为冬季平均 U 的极大值位置)的纬度 (引自 Ma et al.,2016)

9.7　对 S2S 预测的影响

　　S2S 预测可以填补确定性天气预报和概率季节预测之间的空白。大气初始条件对于前者 意义重大,但对于后者却常被人们忽视。大气边界条件(如 SST 或海冰)在前者中通常被认为 是固定不变的,但在后者中却并非如此。对于 S2S 预测,大气初始条件和边界条件都非常重 要。因此,从某些方面来讲,S2S 预测难度更大、也更具挑战性。这就是 S2S 预测与天气预报 和气候预测的区别,也可以解释为什么直到近期才开始受到人们的关注。

　　SST 是大气一个重要的边界条件。北半球太平洋和大西洋风暴轴源区分别与 KER 和墨 西哥湾流区(SST 锋和涡旋活跃海域)重合。如前所述,与中尺度涡相关的 SST 异常可以影响 局地和下游的大气状态。因此,明确 OME-A 对大气环流的影响,有助于提升风暴轴区域 S2S 预测能力。

　　与气候预测相比,S2S 预测的一个优点是,可以使用相对简单的模式来预测前几周的 SST 变化。海洋中尺度涡旋可以持续几个月,移动速度非常缓慢,大约是每天几千米(Chelton et al.,2011)。因此,对于前两周,使用一个持久模型分析 SST 可能就足够了;而对接下来的几周,则可以替换为简单的统计模型去预测 SST 变化。

统计模式的优点在于它们不会受到海洋动力模式中系统偏差问题的影响。当然,对于超过 1 个月的时间尺度,可能仍需要依靠海洋动力模式来预测 SST 的变化趋势。正如第 9.6 节中所述,对于海-气耦合模式来讲,OME-A 对海表面通量的影响是非常重要的。但在 S2S 时间尺度上,动力模式对西边界流区域的海洋中尺度涡旋的可预测性仍有待研究。但对于其他涡旋活跃区域(如墨西哥湾流区)的研究表明,动力模式可以在 4～6 周的时间尺度上预测海洋涡旋。西边界流区海洋涡旋的可预测性在超过 S2S 时间尺度后显著下降,可能是由于海洋的内在变率导致的(Nonaka et al.,2016)。

9.8　总结与讨论

基于高分辨率卫星观测资料的研究证明,海洋中尺度涡导致的 SST 异常可以影响大气的 PBL。只要数值模式的分辨率足够高,PBL 对海洋中尺度涡旋的响应就可以在大气模型中真实地再现。Bryan 等(2010)的研究表明,在要想海-气耦合模式中模拟出 OME-A 相互作用,可能至少需要 25 km 的水平分辨率。越来越多的证据表明,大气对海洋涡旋强迫的响应可以从 PBL 一直延伸到对流层中部,并且会在涡旋上空产生降水和云量的异常。

基于高分辨率气候模式的研究进一步表明,OME-A 相互作用可以使对流层中部以下大气局地涡动方差增强。这种增强效果不能简单地用大气斜压的变化来解释,其更可能是由于海洋涡旋对海、气界面水汽通量的影响,进而导致的大气湿绝热过程的变化。值得注意的是,近期基于模式的研究表明,西边界流区海洋涡旋可以通过遥相关作用对下游的大气产生影响。虽然局地或下游大气对流层的响应机制目前仍未完全弄清楚,但基于当前的研究结果,OME-A 相互作用在冬季最强,特别是在涡旋活跃的西边界流区域(即风暴轴源区)。因此,OME-A 相互作用可能对冬季风暴轴在 S2S 时间尺度上的可预测性有很大的潜力和研究价值。

OME-A 相互作用与 SST 锋影响大气的物理机制有本质的不同。后者的尺度约等于大气的罗斯贝变形半径,并且是一个线性的作用机制。中、小尺度海洋涡旋对大气边界层以上的影响只能通过非线性机制来解释,例如对正、负 SST 异常的非对称响应(图 9.6)。这种不对称性可以造成垂直方向水汽通量异常,进而促进风暴的发生和加强。MEFS 模拟是基于一个低分辨率的大气模式,因此,它无法体现海洋中尺度涡对大气的影响。研究结果表明,若模式中 OME-A 相互作用的模拟效果较差,可能会导致涡旋海区以外的大尺度大气环流产生系统误差。

OME-A 的互反馈机制也会影响海洋涡旋的能量收支,进而对西边界流(如黑潮和墨西哥湾流)的维持和运动产生影响。OME-A 相互作用模拟不准确,可能会导致气候模式在模拟西边界流时产生严重的偏差。因此,优化气候模式中 OME-A 的模拟效果,对于 S2S 预测具有重要意义——OME-A 既是潜在的可预测性来源,又是减小气候模式中西边界流区模拟误差的有效手段。目前,这一代的气候预测模式中并没有充分考虑 OME-A 相互作用。但我们认为,OME-A 相互作用对于 S2S 预测可能是非常重要的因素,并且应在今后进一步加强相关领域的研究。

致谢

本节的内容综合了多名学者的研究成果,其中最重要的部分是 Xiaohui Ma 的研究成果,以及 Raffaele Montuoro,Jen-Shan Hsieh,Dexing Wu,Xiaopei Lin,Lixin Wu,Zhao Jing,R J Small,F O Bryan,R J Greatbatch,P Brandt,H Nakamura 和 Jesse SteinwegWoods 的研究内容。相关工作也得到 NSF(AGS-1462127)和 NOAA(NA160AR4310082)的资金支持。

第 10 章

海冰对 S2S 预测的影响

10.1 引言

北极和南极地区有许多独特的天气和气候现象,如极地低压、稳定的边界层、极地急流、下降风、海冰、积雪和混合相云。尽管目前极轨卫星可以很好地覆盖极地区域,但由于其地处偏远且气候条件恶劣,使得传统的观、探测手段和资料严重匮乏。北极地区有超过 400 万人定居;并且随着气候变暖和人类的开发,近年来有越来越多的外来人口迁居北极。南极虽然没有永久居住人口,但却建有一些永久性的科研站点。

海冰是极地海洋环境中最具标志性的现象之一。由于其可以"隔绝"海洋与大气之间的物质与能量交换,因此,海冰会影响极地的海-气相互作用。它的高反照率对地球的能量平衡有直接影响。海冰的生成与融化会影响海洋上层海水的分层,并且可能会作用于热盐环流。它也是"极地放大效应"的重要因素,会影响大气的经向结构。因此,最近许多研究指出,海冰的变化趋势往往是气候变化的早期预警信号,并可能对全球气候系统产生深远的影响。

海冰除了在全球气候系统中起到关键作用外,还是一些社会经济、地缘政治和军事行动问题的关注焦点。海冰的快速变化为航运、旅游和其他涉海行业提供了有利的契机(Smith et al.,2013;Lloyd's,2012;COMNAP,2015)。与此同时,海冰不可避免地对所有类型的海洋作业都构成严重威胁。在当前这种情况下,对海冰(或者说是极地环境)变化进行逐小时(战术性)、逐月(战役性)和年际(战略性)时间尺度的预测需求已变得紧迫(Jung et al.,2016)。

虽然科学界已经迫切地提出了对海冰预测的需求,但目前主要还是集中在季节到 10 a 左右的时间尺度上(Guemas et al.,2016)。自从军事行动对海冰预测提出更高的要求后,尤其是人们开始关注阿拉斯加湾沿岸的博福特海的军事价值后(Barnett,1980),海冰预测的相关研究工作得到了大力支持。自 2008 年以来,对海冰季节性预测的研究工作在"Sea Ice Outlook"(SIO,一个北极海冰预测研究的网络论坛,地址为 https://www.arcus.org/sipn/seaice-outlook;Stroeve et al.,2014)论坛上也受到了广泛关注。然而,关于南大洋海冰季节性预测的研究却落后得多。

海冰位于大气和海洋之间,大气的"记忆效应"为 1~4 周,而海洋的持续时间能超过 1 个季节(Frankignoul et al.,1977),尤其是在热带海洋(Latif et al.,1998)。海冰生成于海洋,因此,人们期望它能像地球冰冻圈的许多成员(如积雪和陆冰)一样,拥有较长时间的"记忆效应"。然而,海冰的厚度相对较薄(只有几米厚,而陆冰有几百米甚至几千米厚),特别是在天气尺度上会受到大气的显著影响,因此,大大限制了它的可预测性时长。作为一种有效的隔热体,海冰(和冰上的积雪)的存在改变了海-气界面的物理特性;海冰对大气的影响不像是开阔的海洋,反而更像是陆地,会使近地面大气的温度发生更加强烈和迅速的变化。因此,海冰的分布不仅是潜在的可预测信号来源,而且对其上面的大气也有显著影响。因此,海冰及邻近海域是大气第二类可预报性(即统计意义上海表特征缓慢变化对天气的影响,在本书第 1 章中已做了讨论)的重要影响因素。越来越多的证据表明,冰边缘区域的大量非季节性变化在 S2S 时间尺度上是可以预测的,因此,它也是大气在 S2S 尺度上可预测性的潜在来源。

我们将在本章中进一步讨论海冰强迫对大气变率的重要影响,这也是当前短期天气预报系统越来越多地考虑海冰因素的原因之一:不仅可以为数值模式提供更准确的外强迫场,同时也能进行更加专业的海冰预报(Pellerin et al.,2002)。研究的重点主要集中在海冰密集度上——即海冰覆盖面积的百分比,因为这一指标①决定了海冰如何调节海-气通量;②是描述一个地区海冰情况的基本信息。除此,相关从业者往往还需要海冰的其他信息,如海冰厚度。

本章主要介绍海冰与 S2S 预测的关系。S2S 预测的意义在于,它可以填补数值天气预报和气候预测之间的空白。但迄今为止,人们对海冰在 S2S 预测中发挥的作用还没有一个清楚的认知。基于现有的研究成果和文献(主要是季节—年际时间尺度),我们将分析海冰作为 2 周至 1 a 时间尺度上可预测性来源的作用。基于上述分析,我们将进一步阐述与海冰相关的第二类可预报性,以及海冰作为极地和其他地区大气 S2S 可预测性来源的可能机制。

10.2　海-气耦合系统中的海冰

10.2.1　海冰物理学

海冰的形成及之后的变化过程是一个复杂的问题,不在本节研究范围之内(Petrich et al.,2017)。海冰最初是由海洋表层水结冰而形成的。当海冰形成时,它只在卤水泡(海冰中的高盐水泡)中含有少量的盐分(2~10 g/kg)。剩余的盐分则释放到海水中,从而改变了海水密度的垂直分布。随着海冰的增长,其盐度会不断下降。在初始海冰形成之后,由于海-气温差造成的冷热负荷不平衡维持了海冰的热力增长。随着海冰变厚,其热力增长速率迅速减小;而通常厚的冰要比薄的冰增长得慢(Bitz et al.,2004)。海冰仅通过热力增长就能达到 2~3 m 的厚度(Maykut et al.,1971)。在海冰增长过程中,积雪起到了重要作用。它是一种强大的隔热体,限制了冬季海洋的热量流失到大气中(Semtner Jr,1976)。此外,雪的导热系数比海冰低一个量级。厚积雪层的存在是南极海冰平均要比北极海冰薄的原因之一。需要注意的是,当积雪过多导致将冰-雪界面降低至海平面以下时,就有可能会形成雪冰。同样,这一过程主要发生在南半球。

动力学过程对海冰厚度的时、空变化影响很大。浮冰,即相对离散的海冰,会随着风和洋流而漂移。海冰的运动并不是自由漂移,外部施加的动能会在海冰内部耗散掉一些。海冰在运动中会发生变形,如在汇集区会发展成脊(海冰的碰撞和堆积)和叠挤(浮冰产生碰撞时冰面破碎并在上下相互滑动)。在机械变形作用下,海冰可形成高达 10~20 m 的堆积。而在辐散区域,则会形成开阔的海冰群。

随着春季气温的上升,海冰顶部、底部和侧面都会发生融化。与结冰时的作用相似,积雪也在海冰融化过程中起到关键作用。由于其相对较高的反照率,积雪会延缓海冰的融化。而当积雪融化时,会在冰的表面形成一种液态水池——通常称为融池;融池会显著降低冰面反照率,并且融池中的液态水会逐渐渗透下去,促进海冰的消融过程。

10.2.2　海冰的观测

自 20 世纪 70 年代初以来,人们一直基于卫星的被动微波传感器对海冰密集度进行定期监测。利用多通道微波辐射计(Scanning Multichannel Microwave Radiometer,SMMR)、特殊微波传感成像仪(Special Sensor Microwave Imagers,SSMI)及特殊微波传感成像/探测仪(Special Sensor Microwave Imager/Sounder,SSMI/S)获取的亮温进行反演,是遥感探测海冰密集度的常用手段。例如,研究人员利用 Bootstrap 算法(Comiso,1995)反演得到了 25 km 分辨率的海冰密集度数据(1979—1987 年数据是逐两日,1987 年以后是逐日)以及计算各种海冰指数,如美国国家冰雪数据中心(National Snow and Ice Data Centre,NSIDC;Fetterer et al.,2002)发布的海冰总面积指数。

对海冰厚度直接或间接的测量手段则更加匮乏。在北极,观测数据的来源包括原位钻孔、潜艇、船舶、声纳探测和航空电磁海冰干舷测量等(Lindsay,2010)。南大洋海冰厚度唯一相对完整的数据集由南极海冰与气候过程团队(Antarctic Sea-ice Processes and Climate,ASPeCt)基于船舶观测资料汇编而成(Worby et al.,2008)。

海冰的其他参数通过空间遥感或浮标进行监测,如海冰漂移、形变、积雪、表面温度、反照率或融池覆盖率。本章接下来的内容主要集中于海冰的密集度和厚度,对海冰其他要素感兴趣的读者可以参考其他文献,以了解更多的信息(Lepparanta,2011;Kwok,2011;Heygster et al.,2012;Meier et al.,2015)。

10.2.3　海冰模式与再分析数据

海冰的观测数据有很大局限,如海冰密集度的观测记录较短、海冰厚度的观测资料缺乏等,因此,我们对海冰变率和预测的研究主要依赖于数值模式。当前,大多数海冰模式都包含了完整的动力学和热力学过程以及与大气和海洋耦合的模块(Notz et al.,2017)。最先进的海冰模式甚至还包含了亚中尺度的物理过程(Hunke et al.,2010)。历史上,海冰模式往往是在气候模式的框架下发展起来的,而这类模式的建立都是基于一定的假设。因此,这些模式很难在精细的空间和时间尺度上(例如,在数千米和小时级别上)进行有效的模拟;但这恰恰是短期业务化预报关注的尺度。例如,在大多数模式中,海冰被认为是连续的黏塑物质(即在低应力作用下表现出黏性特征,在强应力作用下表现出塑性特征),但是这一假设却与漂流浮标的观测结果相悖(Rampal et al.,2008)。大多数模式也缺乏对波-冰相互作用的适当表达。

一般来说,利用大气再分析数据做强迫场的海洋-海冰模式对冰缘位置的模拟结果较为准确合理,特别是在冬季。这主要是因为大气强迫场对海冰变化有强烈的约束作用;而大气模式在生成再分析数据时,也会使用观测的海冰密集度作为下边界条件(Lindsay et al.,2014)。然而,即使在相同的大气强迫条件下,海洋-海冰模式模拟的北极(Danabasoglu et al.,2014;Wang et al.,2016)和南极(Downes et al.,2015)海冰厚度分布也存在显著差异。

在海-气-冰全耦合气候模式中,模拟的海冰平均状态和变率在不同模型间存在很大的差异,并且与实况相比也存在巨大的偏差(Flato et al.,2013;Day et al.,2016)。大气和海洋动力模式的固有缺陷,以及海-气-冰耦合过程中的一些不准确表达,都会导致海冰模拟的误差

(Notz et al.,2017)。

对于海冰的正确描述是提高海洋再分析数据准确度的关键,特别是对于 S2S 预测而言。首先,对于像海冰厚度这样较难观测的物理参数,再分析数据可以提供其长期趋势和变率的可用资料。其次,再分析数据被广泛应用于业务预报,如作为大气或区域模式的边界条件,或作为 S2S 和季节性预测的初始场(Guemas et al.,2016)。但到目前为止,再分析数据都没有直接同化海冰厚度资料,而且大多数的海洋-海冰再分析数据中海冰厚度信息都存在明显的偏差,至少在北冰洋是这样(Chevallier et al.,2017)。

在各种再分析数据中,泛北极冰-海模式同化系统(Panarctic Ice-Ocean Model Assimilation System,PIOMAS)是一个专门用于北冰洋的海洋-海冰再分析系统;它由大气再分析数据驱动,并同化了海表温度和海冰密集度的资料。PIOMAS 中海冰厚度和体积的估值,是综合对比了美国海军潜艇、海洋船舶设备和卫星的观测结果得到的(Schweiger et al.,2011)。一些全球海洋-海冰再分析数据中对北极海冰的模拟效果与 PIOMAS 类似,如来自欧洲中期天气预报中心(ECMWF)的 ORAP5(Zuo et al.,2015)。近期通过对比研究,证明 ORAP5 对北极(Chevallier et al.,2017)和南极海冰模拟的效果还是较为理想的。在接下来的讨论中,我们将基于 PIOMAS 和 ORAP5 的再分析数据来分析海冰体积的变率。

10.3 海冰的分布与季节性变率

在南、北半球,海冰覆盖范围都是在冬季末时最大,在夏季末时最小。然而,季节循环的变化幅度在南、北半球是不同的。

北极海冰范围(即海冰密集度高于 15% 的区域)的平均季节变化幅度约为 920 万 km²;根据 1979—2015 年气候态数据,北极海冰范围最大值为 1550 万 km²,最小值为 630 万 km²。海冰密集度的空间分布主要受陆地的限制。冬季,北大西洋和北太平洋的海冰大致会扩展到海洋温度锋的平均位置,如图 10.1 所示。海洋温度平流对冬季海冰冰缘的形成起到重要作用(Bitz et al.,2005),海冰在大西洋和太平洋的东西不对称分布就证实了这一点(例如,在 45°N 附近的北美沿海与 80°N 附近的巴伦支海)。海冰运动也是影响格陵兰岛以东海域海冰变化的重要因素。在北极海盆内部,海冰运动受到海岸线的限制。因此,海冰堆积的厚度远超过 10 m(Thorndike,1992)。其中很大一部分可以在北冰洋海冰融化的季节保存下来,并且成为来年海冰增长的"基础"。北冰洋里最厚的冰盖位于格陵兰岛北部沿岸和加拿大北极群岛附近,也在一定程度上反映了北极大尺度大气环流和洋流的特征(Bourke et al.,1987)。

南大洋海冰范围的季节变化幅度要大于北冰洋,这是因为一年中其最大海冰范围要比北极大,最小海冰范围比北极小。冬季海冰边缘位置主要受热力学过程影响(Bitz et al.,2005)。冬季,海冰范围受到西风带和南极绕极流位置的制约;南极绕极流的海表温度高于冰点,因此,对于海冰来说是一个永久性的热源。夏季,海冰只分布在于威德尔海和罗斯海域。因此,冬季时大部分的南极海冰都是在同一时期结冰形成的,平均厚度在 2 m 以下。相对于北冰洋海冰,南极海冰似乎并不那么容易发生机械形变,但在实际观测中仍然发现有海冰厚度超过 10 m 的个例(Willimams et al.,2015)。

南、北半球海冰范围和海冰体积的年际变化也有显著的差异。北冰洋夏季海冰范围的变率要比冬季大得多；南大洋海冰范围的变率在过渡季节（春季和秋季）更大，而在 2 月（范围最小）和 9 月（范围最大）变率较小。夏季，北极海冰范围的变率是南极的 2~3 倍。而根据再分析数据，北极地区海冰体积的年际变率始终都大于南极地区（所有月份）。

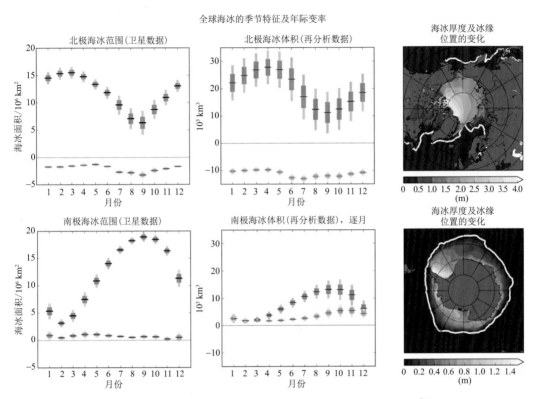

图 10.1　北极（上）和南极（下）海冰的平均状态及变率

左侧是 1979—2015 年月平均海冰范围变化的年际周期（灰色；数据来源于 NSIDC 海冰指数）和二次拟合的海冰范围变化（阴影表示拟合值与实际值的标准差）。中间是海冰体积的统计结果（北极：1979—2015 年 PIOMAS 再分析数据；南极：1979—2012 年 ORAP5 再分析数据）。右侧是 PIOMAS（1979—2015）和 ORAP5（1979—2012）计算的年均海冰厚度及冰缘位置变化（北极为 9 月和 3 月，南极为 2 月和 9 月；数据来源于 NASA Bootstrap）

近几十年来，海冰的分布发生了巨大的变化。图 10.1 显示了过去 40 a（1979—2012 年或 1979—2015 年）中北极和南极海冰范围、体积的长期变化趋势。南、北半球变化趋势有明显的不同。北极海冰范围、体积在一年中的每个月份都有显著下降（负趋势）。海冰范围负趋势的最大值在 9 月（Stroeve et al.，2012），海冰体积则是在 6—7 月。同样，海冰的厚度也是在逐渐变薄。Kwok 和 Rosthock（2009）根据潜艇测量和最新的高度计数据，发现北极洋盆内部的海冰厚度至少减少了 40%。

南极海冰范围的变化趋势则在所有月份都有所增大，尽管增大趋势缓慢且并不明显；此外，不同区域的变化趋势也大不相同（Holland，2014）。南极海冰范围增大趋势的原因是一个特别值得研究的问题。最近的研究重点关注了区域性差异以及自然变率和反馈机制可能发挥的作用（Polvani et al.，2013；Goosse et al.，2014）。然而，根据早期的指标、卫星观测或捕鲸记录,研究人员发现在 20 世纪 30—70 年代末,南极海冰范围有突然下降的趋势(Curran et al.,2003;Edinburgh et al.,2016;Gagne et al.,2015)。

10.4 海冰 S2S 时间尺度可预测性的来源

10.4.1 持续性

"持续性"一词最初用于气象学中,是用来描述连续几天具有相似天气特征的现象。之后,这一概念逐渐扩展应用到气候尺度以及大气以外的其他要素。在这方面,海冰的"持续性"问题尤其值得关注。在变化较快的大气(即持续性弱)和相对较慢的海洋(即持续性强)的动力学、热力学共同作用下,可想而知海冰的变化特征十分复杂;特别是,海冰还存在一定特征时间尺度的内部变率。本节回顾了海冰表现出的典型"记忆效应"(与持续性相关)的时间尺度以及产生这种记忆性的一些重要的物理过程。

通俗来讲,"持续性"可以定义为继续一种状态或保持其相关所需的时间。虽然这一定义的表述看似简单,但在实际应用中却更为复杂。首先,必须正确的定义相关,而对此有很多的算法或界定方式(Flato,1995)。其次,如前所述,当前海冰变化的信号不仅有显著的季节性特征,同时还有气候变化的背景特征。如果研究目标是系统本身固有的持续性,而不是外部强迫所导致的持续性,那么在研究过程中就必须考虑甚至去除外部强迫的影响。这意味着要充分考虑和设法去除外强迫的影响,但这往往并不容易(Mudelsee,2014)。此外,有证据表明海冰具有非平稳性的属性(Holland et al.,2011;Goosse et al.,2009),这意味着基准期的选择对于计算其自相关很重要。同样,记忆性也可能与季节周期有关(Chevallier et al.,2012;Day et al.,2014)。最后,当前技术手段尚不能对大多数的海冰参数进行精确监测,这说明仅基于观测资料去估算海冰持续性还面临较大困难。

由于上述原因,不同的研究人员对海冰持续性异常的分析结果存在一定争议。在接下来的讨论中,我们将"持续性"定义为偏离长期线性趋势的"持续性异常"。研究发现,北极区域海冰特征表现出 1～5 个月的持续性异常,这取决于研究选用的资料、方法和季节(Walsh et al.,1979;Lemke et al.,1980;Blanchard-Wrigglesworth et al.,2011a;Guemas et al.,2016)。而在气候模式中,模拟的 1～5 个月海冰持续性异常值往往会偏高(Day et al.,2014;Blanchard-Wrigglesworth et al.,2011a),这可能是由于模式中缺乏某些重要的物理过程。由于缺乏可靠的海冰厚度观测资料,因此,对于海冰体积持续性的估算更加不准确。早期,Flato(1995)和 Bitz 等(1996)通过模式研究得出,北极海冰总体积的持续性为 6～7 a;而最近研究却倾向于认为,其持续性更接近 2～4 a(Bushuk et al.,2017;Blanchard-Wrigglesworth et al.,2011b;Day et al.,2014),这是因为在近期的研究中使用了更先进的耦合模式,因此,结果可能更接近实际。相对于北极,南极海冰持续性的研究一直被学术界所忽视。

图 10.2 展示了对北极、南极海冰的各种动力学和热力学参数持续性的最新估算结果(对持续性的计算基于一致的定义和方法)。有三点值得注意:第一,持续性的范围涵盖了天气尺度(约 1 d)到年度,甚至年际的时间尺度。这充分证明海冰是极地及极地以外地区 S2S 可预测性的关键来源(第 10.6 节)。第二,北极海冰的持续性通常比南极更加显著。这可能是由于

地理环境的差异造成的(第 10.3 节和图 10.1)。南极海冰变率具有很强的区域性(Parkinson et al.,2012)和去耦合特征(Lemke et al.,1980),从而缩短了海冰持续的时间。此外,南极海冰的平均厚度要比北极薄得多,而且几乎都是在同一季节生成的(图 10.1)。在一项基于耦合气候模式对北极的研究中,Blanchard-Wrigglesworth 和 Bitz(2014)提出,海冰越薄,其持续性异常的时间就越短。最后,正如预计的那样,局地的持续性要比全球范围的持续性更短。不过,海冰密集度和厚度的持续性变化分别以周和季节为单位(图 10.2)(Lukovich et al.,2007;Blanchard-Wrigglesworth et al.,2014),表明在初始场准确的情况下,基于海冰的"记忆效应"可以为天气预报和气候预测提供十分有效的可预测性信息。

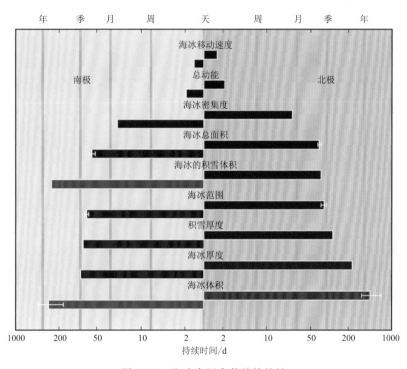

图 10.2　海冰常用参数的持续性

从上到下分别为:站点测量的海冰移动速度,位置在波弗特海(P1:81°N,145°W)和罗斯海(P2:74°S,165°W);半球平均的单位质量动能值;P1 和 P2 点的海冰密集度;半球海冰面积;半球海冰的积雪体积;半球海冰范围;P1 和 P2 点海冰的积雪厚度;P1 和 P2 点的海冰厚度;半球海冰体积。持续性主要是基于 1979—2015 年 ocean-sea integration 数据计算的。在其他数据可用情况下(例如,海冰的再分析数据和基于卫星反演的数据)也进行了对比,并利用误差条来反映其变化范围。持续性定义为去趋势的日平均值的时间序列,其自相关系数达到 1/e 所需的时间

海冰面积的持续性取决于季节。Blanchard-Wrigglesworth 等(2011a)基于北极海冰区月平均观测和模拟数据的分析,指出当初始海冰的变化较为剧烈时,之后连续几个月的相关较低。图 10.3 基于逐日数据展示了南、北极海冰的不同结果。持续性最长(5~60 d)的时段对应于相关变化最小的季节,即南、北半球各自的夏季,也是海冰面积最小的时候。这也对应于融化季节海冰的季节性减少速率变小。在南、北半球的春季(即每年海冰在达到最大值之后)和北极的秋季,海冰的持续性都是相对较短的。在这些季节中,海冰范围的异常与 1~2 个月

后的异常值呈负相关。

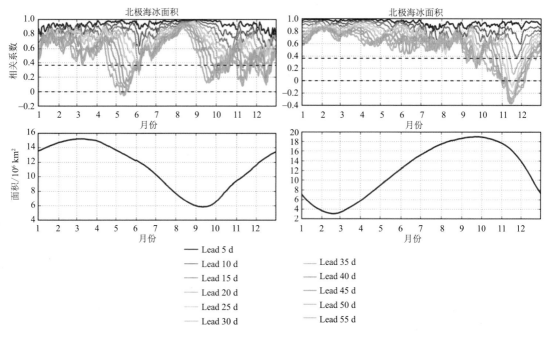

图 10.3　上：北极（左）和南极（右）海冰面积 5～60 d 的滞后相关；下：海冰面积的年周期变化
（上图中虚线表示 95% 的显著性和 0 相关性，资料来源：NSIDC Bootstrap 海冰密集度（逐日数据））

10.4.2　其他机制

除了持续性之外，还有一些物理机制也可以提供可预测性来源。这些机制可以分为两类：
一类与海冰本身有关，另一类与其他因素（如大气或海洋）有关。我们将在下文中列举几个典型的例子。

海冰分布是相当不均匀的。即使在大约 10 m 的水平尺度上，海冰厚度都会有很大的变化，甚至能达到几米的差距（Thorndike et al.，1975）。海冰厚度在特定区域的分布方式（例如，气候模型中通常使用的网格）对大气和海洋间能量、物质和动量交换有重大影响。这是因为许多通量与海冰厚度呈非线性关系。因此，我们假设冬季海冰厚度分布（ice thickness distribution，ITD）的可预测性可以持续到第二年夏季，因为较厚的冰层更不易融化。Blanchard-Wrigglesworth 等（2011a）首次发现了北极海冰异常信号隔年"再现"的物理机制：夏季海冰面积异常会导致当年冬季海冰厚度异常，而厚度异常最终又导致来年夏季海冰面积异常；也就是说，海冰每年都能在一定程度上"记忆"夏季的面积，尽管夏、冬季的联系并不显著（因此作者使用了"再现"这个词去描述）。Chevallier 和 Salas-Melia（2012）进一步探讨了这一机制，确定了夏季海冰面积异常是由 6 个月前 0.9～1.5 m 厚的冰层面积决定的。冬季海冰厚度与夏季海冰面积之间密切的相关也已在其他研究中得到证实（Guemas et al.，2016；Day et al.，2014；Massonnet et al.，2015）。但由于缺乏长期、可靠的海冰厚度观测数据，这一机制尚未基于观测数据进行评估和验证。

研究认为，春季融池的低反照率是夏季海冰面积可预测性的一个来源，虽然在模式模拟和观测资料中其对海冰面积影响的效果存在差异。Schroeder 等(2014)基于单一海冰模式重构了融池变化,并通过分析表明 1979—2013 年的 5 月北极海冰融池的数量可以解释 9 月海冰范围 64% 的方差。然而,Liuet 等(2015)基于 2000—2010 年的 5 月融池的卫星观测数据进行分析,并没有发现这种可预测性存在的证据。然而,若对 5—7 月下旬融池数量进行积分,上述可预测性显著增强——表明这种相关对于次季节预测可能是稳定的。融池比例对夏季海冰融化的影响可能是通过一个正反馈机制,即融池比例越高,吸收的太阳辐射就越多,从而促进海冰的融化。

海冰与大气和海洋间的相互作用,使其对海冰的可预测性产生一定的影响。许多研究表明,海洋是海冰在年际及更长时间尺度上可预测性的主要来源(Guemas et al.,2016)。它对海冰在 S2S 时间尺度上的可预测性也有影响。Woodgate 等(2010)的研究表明,2007 年夏季穿过白令海峡的异常暖流造成的海冰融化量占当年总量的三分之一,导致当年 9 月海冰面积达到破纪录的最小值。

海冰漂移是大气和海洋共同强迫作用的结果。如图 10.2 所示,海冰移动速度的记忆非常短,这是因为其主要受风力强迫的作用,而风场本身的记忆十分有限。然而长期以来,海冰平流一直被认为是不同时间尺度上可预测性的潜在来源(Koenigk et al.,2009)。最近,Holland 等(2013)发现了一种向东传播的潜在可预测性信号:该信号在秋季出现,并一直持续到冬季之后(次年的 1 月),其时限超过了最初的持续性时间尺度。在北冰洋,5—6 月的洋流会对冬季海冰厚度异常进行"重构",因此,也成为 9 月海冰分布的关键驱动因素(Kauker et al.,2009)。因此,海冰平流可能对区域性特别是冰缘区海冰的 S2S 预测发挥一定作用。

过去的研究和观测记录已经证明了 ENSO 对北极海冰面积的影响(Liu et al.,2004),以及可能对其他地区海冰的作用(Gloersen,1995)。Guemas 等(2016)的研究表明大气在北冰洋地区发挥了关键作用。北极海表洋流主要是由风力驱动(Gudkovich,1961)。NAO 被认为是驱动拉布拉多海与格陵兰海(及巴伦支海)海冰之间所谓"跷跷板"关系的主要因素,而前者的海冰面积又与 NAO 指数呈正相关(Deser et al.,2000),并且最大相关滞后 NAO 约 2 周。在南大洋,南极偶极子(以南大西洋和南太平洋之间海冰密集度异常为特征)被 ENSO 触发后,可以持续 3~4 个月时间(Yuan,2004)。部分学者认为,南半球环状模(Southern Annular Mode,SAM)的波动也会影响海冰。正位相 SAM 通过增强北向的表面埃克曼漂流,使海冰面积(但存在区域性差异)在短时间内快速扩张(Hall et al.,2002;Lefebvre et al.,2004);但由于混合层以下的暖水上升,持续正位相的 SAM 最终可能会导致海冰面积的减少(Ferreira et al.,2015;Holland et al.,2016)。

Henderson 等(2014)研究了冬、夏季北极海冰密集度对大气季节内变率主要模态——MJO 特定位相的响应。基于之前有关 MJO 对高纬度气候影响的研究结果(Cassou,2008;Lin et al.,2009),作者在文中展示了海冰与气候变化特征一致的区域,包括 1 月的大西洋(第 4 和第 7 位相)和太平洋地区(第 2 和第 6 位相),以及 7 月的北大西洋(第 2 和第 6 位相)和西伯利亚地区(第 1 和第 5 位相)。这些区域海冰变化趋势与地表风异常是一致的。作者认为,在未来 MJO 的影响仍然可以达到北极冰缘区,但海冰与 MJO 位相的关系可能会发生改变。

10.5 模式中海冰 S2S 可预测性及预测能力

10.5.1 海冰潜在的可预测性

"可预测性"有时被粗略的认为是"预测技巧"的同义词。在接下来的内容中,我们特指海冰固有的或潜在的可预测性;也就是说,理论上某个海冰预测系统的预测能力的极限,可以基于一个接近真实的数值模式及大气-海冰-海洋系统的初始场的研究来得到结论。对于经典的天气预报,这个定义有些模糊,因为这样得出的可预测性的极限很大程度上取决于初始场的准确度。当涉及在 S2S 或更长的时间尺度上评估海洋、海冰的可预测性(以及相关的第二类可预测性)时,该定义可以得到更好的约束。相关较弱的大气强迫是导致海冰/海洋状态分离的主要因素。然而,在相对较长的 S2S 时间尺度上,大气状态在 5~10 d 内的离散程度对后续海冰/海洋状态的影响并不大(Juricke et al.,2014)。因此,对 S2S 潜在可预测性的估计会更加稳定。

显然,数值模式永远不可能与实际地球系统达到 1∶1 的真实程度,所以基于模式对潜在可预测性的评估不可避免地存在一定误差。Boer(2000)将此称为"预兆的潜在可预测性"(区别于第 10.4 节中所述的基于时间序列的时间特征来估计可预测性的方法)。在这个框架中,我们可以进行伪预测试验:即改变其初始扰动状态,然后研究不同的系统轨迹的离散速率。在进行了大量的这类研究之后(Koenigk et al.,2009;Blanchard Wrigglesworth et al.,2011b;Holland et al.,2011;Tietsche et al.,2013;Day et al.,2014),最近一些全球气候模拟小组基于一个共同的完美模式试验协议,在北极可预测性和季节至年际尺度预测(Arctic Predictability and Prediction on Seasonal to Inter-annual Timescales,APPOSITE)项目中开展了大量研究。更具体地说,集合预测的初始场是基于当前强迫(温室气体浓度等)下的长时间控制模拟,并在 SST 中增加了微小的扰动得到的(Tietsche et al.,2014;Day et al.,2016)。

相较于观测或再分析数据中的不确定性,在恒定条件下利用"完美模式"进行研究的优势在于,其模型替代的现实是完全已知的。更重要的是,在现实世界中,基于长时间的数据提取变化趋势并不难。虽然这种相对理想化的方法有局限性(比如忽视了模式偏差,强迫场不够真实等),但对于量化评估给定系统的潜在可预测性还是有很大帮助的。

为了量化海冰的可预测性,还需详细说明要评估的海冰参数(图 10.2)。对于北极海冰,最常用的是简单的标量参数,如泛北极海冰的面积和体积(也可以与图 10.1 进行比较)。对于这样的标量参数,一种有意义的量化潜在可预测性的方法是基于所有的集合成员对计算均方根误差(RMSE)。将该误差除以气候态误差就可以得到归一化均方根误差(normalized root-mean-squared error,NRMSE);其中气候态误差是对不同年份的海冰状态(但来自一年中的同一时间)重复计算 RMSE 得到的。相比从长时间序列中随机选择的状态,NRMSE 可以更好地量化集合成员之间的相似程度。举个例子,在初始场为 7 月 1 日的 APPOSITE 模拟中,泛北极海冰面积的 NRMSE 为 0.3~0.6,体积的 NRMSE 为 0.1~0.3。在这里,NRMSE 为 0 意味着完美的可预测性,而值为 1 则意味着完全不具备可预测性(Day et al.,2016)。

局地海冰的潜在可预测性也可以进行估计(例如,海冰的密集度或厚度)。然而,对于海冰密集度来说,这并没有太大意义:因为显著的变化只发生在冰缘区周围,而大多数区域的气候态 RMSE 接近于 0。一个合理的替代方法是,将所有预测与观测海冰是否存在(例如,使用典型的 15％的海冰密集度阈值)的结果不一致的区域进行汇总;这种方法被称为平均冰缘误差(Integrated Ice Edge Error,IIEE),是由 Goessling 等(2016)提出的。

图 10.4 说明了北极海冰面积在 S2S 时间尺度上的可预测性。在 2.5 个月之后,4 个集合预报结果中大气状态由于内部变率导致完全离散,但冰缘区范围(图 10.4a～d)却表现出明显的一致性。例如,在 150°E,图 10.4b 所示的集合中所有冰缘都在距离 80°N 以北很远处,但图 10.4d 中所有冰缘都在 80°N 以南——这说明,海冰变化的信号已经存在于 7 月 1 日的初始场中了。这一定性评估在图 10.4e 的定量计算中得到了证实(其中灰色虚线对应图 10.4a～d 所示的情况);根据 IIEE 的测算结果,9 月大约 50％的冰缘变化可以从 7 月 1 日开始预测。

虽然,基于这种完美模式的估计结果使人们乐观地认为,采用一定的技术可以在 S2S 时间尺度上对海冰进行较好的预测,但我们不能忽视一点——与真实地球系统相比,耦合气候模式可能系统性地高估了潜在的可预测性。事实上,有一些迹象表明,海冰在真实地球系统中的可预测性较低(Day et al.,2014)。然而,正因为前文所述的局限性,使得我们很难对真实地球系统中海冰潜在的可预测性进行诊断。综上所述,已有的关于海冰潜在可预测性的研究,为海冰在 S2S 时间尺度上的预测提供了重要的参考。

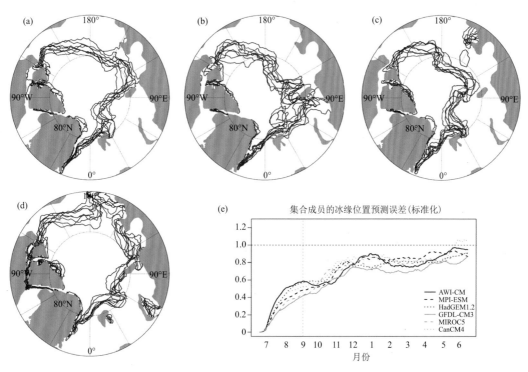

图 10.4　耦合气候模式中北极海冰边缘的潜在可预测性

(a)～(d)是一个 9 成员的理想模式(完美模式)AWI-CM 预测集合,在 4 个不同年份预测的 9 月 14 日冰缘位置(15％海冰密集度轮廓)。集合成员以不同的颜色显示。这些集合的初始场选在 7 月 1 日,即提前了 2.5 个月开始预测;初始场来自一个长时间的对照模拟,并在 SST 中添加了微小的扰动;(e)IIEE 的值,即不匹配的总面积,对 6 个气候模式中所有的集合成员取平均值。误差以气候态误差为标准,如 IIEE＝0 表示完全可预测,IIEE＝1 表示完全不可预测(引自 Goessling et al.,2016)

10.5.2　海冰次季节尺度预测的技术

10.5.2.1　短期预测

海冰模式最初是作为气候模式的一部分而开发的。虽然现在气候模式都包含了动力学-热力学海冰模式，但在大多数中短期预报、预测的系统中仍然将海冰参数视为固定不变的(Jung et al.，2016)。最近，ECMWF升级了业务化的预报系统，其中就包含了一个全动力学-热力学海冰模式。因为研究人员认为在预测中考虑海冰是很重要的，无论是对预测技术、预测产品或用户都是如此。

研究已证明，在预测中考虑海冰与其他圈层的相互作用而不是简单地认为海冰是持续不变的，可以提升短期气候预测的效果(Jung et al.，2016)。对海冰数天到2周的预测，通常是在海洋-海冰模式或业务化天气预报系统中一并进行的。这两种方法有所不同，因为业务化天气预报系统中经常使用恒定的海冰面积等参数。自Van Woert等(2004)以来，研究人员对海冰密集度变化较敏感区域(即模式预测的密集度与初始值之差大于5%)的预测效果进行了许多评估分析。Van Woert等(2004)基于极地冰雪预测系统对比了海冰密集度的24 h预报技巧，结果表明：在封冻期外的其他月份，使用耦合模式效果更好；而在封冻期，使用固定参数和气候态数据的效果更好。

最近，基于加拿大全球海冰预报系统(Canadian Global Ice-Ocean Prediction System，GIOPS；Smith et al.，2014)的研究证明，使用耦合模式可以延长北极和南极海冰密集度的预报时限，最长可达7 d。在海冰密集度变化较快的地区，GIOPS预报结果与大气之间的"脱节"是导致误差产生的重要原因。Smith等(2014)使用海洋-海冰模式对南、北极进行逐日的伪预测(而不是单一的7 d预测)，其预测误差相对于使用恒定值的反而更小。这表明，更准确的大气通量可以提供更好的预报结果，这也是完全耦合的大气-海冰-海洋预报系统的优势所在(Faucher et al.，2010)。

10.5.2.2　从次季节到季节的预测

对海冰的预测时限大于数日时，人们通常会使用经验模型，这些经验模型往往是利用海冰状态随时间变化的规律以及和其他物理量之间的统计关系来进行预测的。例如，Barnett(1980)利用西伯利亚高压的强度预测了8月阿拉斯加海岸附近的冰情。Walsh(1980)也是使用了类似的方法，利用海平面气压、气温和海冰密集度的统计关系，对阿拉斯加北部全年的海冰面积进行了预测。与之类似，Johonson等(1985)也利用周期性回归系数预测了南、北极不同区域的海冰异常。这些早期的经验模型表明，使用海冰密集度或侧平流等海冰"内部"预测因子可以改善预测效果，而使用海平面压力、气温或SST等"外部"预测因子甚至会起到负作用。总的来说，研究指出经验模型的预测技巧可长达2个月。

Drobot和Maslanik(2002)发现，1979—2001年，波弗特海夏季海冰面积85%的方差可以由春季总密集度、冬季多年密集度、10月东大西洋指数和3月北大西洋涛动指数共同解释。在后续的研究中，Drobot等(2006)指出，2月海冰密集度、冰面温度、表面反照率和向下的长波辐射共同解释了1984—2004年的9月北极海冰面积46%的方差。然而，以上研究也再次证明，大部分预测技巧还是来自于海冰的密集度——即海冰内部变率随时间变化的趋势；对于区域性海冰预测也是如此(Drobot，2007)。而后者的研究多是基于观测数据。Lindsay等

(2008)采用了类似的统计方法,基于各种大气、海洋和海冰的观测及再分析资料来预测泛北极海冰面积,发现预测时限可达 3 个月或更长。

类似的统计方法也被用于预测南极海冰,比如 Chen 和 Yuan(2004)对 7 个大气、海冰变量进行了主成分分析(PCA)。值得注意的是,南极冬季海冰状况的预测技巧已经达到了 1 a。这种预测技巧似乎是基于别林斯高森/威德尔海偶极子与热带模态变率的关系进行的(Yuan et al.,2001;Yuan,2004;Holland et al.,2005)。

对于北极海冰的研究相对较多,但其变率和长期的趋势也更加复杂。Lindsay 等(2008)、Holland 和 Stroeve(2011)强调了统计方法对于海冰不稳性预测的局限。这也是海冰季节尺度预测的方法逐渐从统计学转向动力学预测的原因之一。另一个支持动力学预测的论点是,任何统计方法都会将包含在初始状态(和早期状态)中的信息压缩为一组简化的变量集。举个简单的例子,仅基于当前的海冰异常信号进行预测,但却忽略了其他变量(如海洋温度异常或大气环流模态)中有可能包含的、有关未来海冰演变的信息。而动力学模式却是尽可能全面收集气候系统的物理信息,因此,在很大程度上克服了这一局限。但是,统计模型仍然是海冰预测技术中非常有价值的、重要的方法(Chevallier et al.,2013)。

海冰面积的动力学预测方法,包括使用①以大气再分析数据做强迫场的海洋-海冰模式(Zhang et al.,2008);②完全耦合的大气-海洋-海冰模式。对上述预测方法的评估是基于后验模式,这意味着要对以前的海冰(通常选 1990—2010 年左右)进行重新预测,初始场一般是基于再分析(Peterson et al.,2015)或重构的数据(Chevalier et al.,2013)。最近的研究表明,不同系统间的预测技巧差异明显。Guémas 等(2016)研究表明,利用 5 月初始场预测的 9 月海冰面积,其与实况的距平相关可为 0.2～0.7 不等。预测技巧似乎取决于初始场中海冰厚度(Dirkson et al.,2017)或海冰密集度(Bunzel et al.,2016;Msadek et al.,2014)的准确度。多模式的预测似乎可以提高预测技巧(Merryfield et al.,2013)。

自 2008 年以来,一个名为"海冰预测网络"(SIPN,SIO of the Sea Ice Prediction Network)的组织,致力于使用多种方法(统计学、动力学甚至是启发式概率估计的方法)研究 9 月北极海冰面积的 S2S 预测。Stroeve 等(2014)对 SIO 使用 6 月、7 月、8 月初始场的预测结果进行了总结,发现:①SIO 对 9 月海冰面积的预测误差仅略好于基于线性趋势的预测;②与其他方法相比,目前还没有迹象表明完全耦合模式对海冰预测的效果更好。尽管不排除真实海冰可能更难预测,但通过对比真实海冰的预测技巧和基于完美模式的潜在可预测性,两者间显著的差距表明:我们在改进海冰预测方面还有巨大的潜力。Blanchard-Wrigglesworth 等(2015)也指出,SIO 的预测技巧要低于后验预报;这表明与前几十年相比,近年来夏季海冰面积可能更难预测。

SIO 将继续提供有效的数据集,助力海冰预测能力的提升。在此背景下,SIO 基于业务化的 NWP 系统发布了一组具有高度相关性的新数据集,即海冰的 S2S 数据集(Vitart et al.,2017)。虽然一些预测系统仍然使用相对固定的海冰参数(例如,在初始时刻将冰缘设为恒定值,运行一段时间后逐渐转为气候态),但其中有 7 个预测系统包含了动力学的海冰模式;最近,也将上文提到的 ECMWF 预测系统纳入进来。对这些模式的海冰预测技巧进行系统评估,可以更加全面地理解和解决海冰预测问题。

10.6 海冰对次季节预测的影响

前面我们讨论的海冰预测的相关内容,对于极地和中纬度地区大气、海洋的预测也具有潜在的重要意义。在其存在期内,海冰都是大气的一个特殊的边界条件。从大气的角度来看,海冰是一个时、空特征高度可变的下垫面(Persson et al.,2017)。海冰的表面特性(反照率、温度和粗糙度)在动力学和热力学过程的作用下,可以随时间迅速地变化。海冰(有些被积雪覆盖)与海水的混合体对地表空气湍流热通量有较强影响。因此,由于海冰的影响,可以使相对较短距离内的地面温度变化超过 30 K(甚至更多)。例如,Lüpkes 等(2008)基于大涡模式的模拟证明,在开边界条件下冬季海冰密集度变化 1%,地面气温就会变化 3.5 K。海冰也会影响低层大气的分层:海冰以上的大气边界层在一年中的大部分时间都处于稳定或接近中性的状态,而在开放水域(包括水道、冰间湖)则常发生局部对流。此外,海冰也可以通过盐度和热量的变化影响上层海洋的分层,从而影响海洋的深层对流。因此,我们有充分的理由相信,海冰是大气和海洋 S2S 时间尺度上的可预测性的重要来源。

近些年,北极海冰的迅速减少及其对北半球天气、气候的可能影响引起人们的关注,同时也开展了大量关于海冰如何影响大气的研究。虽然这些研究大多针对气候变化问题,但鉴于大气对外强迫的响应相对较快,因此,相关成果同样适用于较短的 S2S 时间尺度预测(Semmler et al.,2016a,2016b)。

10.6.1 对极地地区的影响

对于北极来说,人们一致认为海冰的减少会导致海洋向上的热通量增大,进而使低层大气变暖。这种低层变暖会引起大尺度的大气斜压响应,表现为海平面气压降低和 500 hPa 位势高度升高(Semmler et al.,2016a)。可以预期,如果南极也发生类似的海冰减少,南半球大气也会表现出相应的斜压响应。

海冰的变化也会影响海洋,最明显的就是上层海洋的热含量。例如,北极海冰减少会导致冰缘附近海洋湍流热通量降低,从而导致正的 SST 异常。有人认为,北极冰缘以南的这些异常会激发中纬度的响应(Blackport et al.,2017)。此外,海冰越薄,大气向海洋的动量输送就越强,从而影响海冰覆盖区风驱动洋流的强度(Roy et al.,2015)。

10.6.2 对极地外区域的影响

海冰异常对极地以外的大气层的影响更具争议。事实上,最近许多学术研讨得出的结论是,当前我们仍处于"预先共识"(pre-consensus)的状态,与 20 世纪 80 年代的气候状况(如ENSO 对全球的影响)没有太大区别(Overland et al.,2015;Jung et al.,2015)。而引起争议的原因是,在不同模式中施加类似的海冰扰动,大气的响应却有较大差异。对于这些差异,人们提出了几种可能的解释,例如:大气对海冰的响应较弱,因此,容易发生抽样差异;大气的非线性作用,使得模拟结果对于所使用的强迫场及数值模拟方案非常敏感(例如,耦合模式与单纯的大气模式的差别)。

然而,人们普遍认为,原则上海冰可以通过物理机制影响中纬度的天气。Barnes 和

Screen(2015)对这些物理机制进行了很好的总结。结果表明,中纬度对海冰变化最显著的响应本质上是热力学的,即在弱(强)海冰年份引起暖(冷)平流造成的;这种响应甚至可能抵消与大气环流模态相关的动力学温度变化(Screen,2017)。尽管基于模式的研究也达成了一些共识,如在弱海冰年份的冬季,西伯利亚高压系统会增强(Deser et al.,2010)——这可能是因为巴伦支海大气强迫的影响(Petoukhov et al.,2010)——但北半球大气环流对海冰的响应仍不明确。对于冬季 NAO,观测研究表明,它与北极海冰异常有很强的关联(Cohen et al.,2014)。其涉及巴伦支海—卡拉海的 SST 异常、西伯利亚的积雪异常以及平流层-对流层相互作用的影响。但基于模式的研究却对此存在严重的分歧,甚至一度怀疑 NAO 是否会受海冰异常的影响。对北太平洋阿留申低压系统的研究也出现了类似的争议。

Jung 等(2014)采用了一种完全不同的方法来研究北极对中纬度天气、气候的影响。他们基于 ECMWF 模式(仅大气)进行了次季节预测的敏感性试验,即通过改变 ERA-Interim 再分析数据中北极地区对流层的状态进行对比分析(Semmler et al.,2017)。经过研究,Jung 等(2014)确定了北极影响中纬度的两条主要路径——一条经过欧亚大陆,另一条经过北美。他们在北太平洋和北大西洋发现了较弱的响应信号;但有人却认为,中纬度动力过程和热带强迫对上述区域更重要。他们还强调了这样一个事实:因为这些响应过程有很强的流依赖性,故北极海冰对中纬度大气预测的增益可能是间歇的、不确定的。针对这种强流依赖性,我们可以使用集合预报系统来强化北极和中纬度地区的联系,进而充分开发海冰在 S2S 预测中的潜力。

研究人员利用相似的方法对南半球开展了敏感性试验,却发现南极对流层对中纬度天气的影响较弱;有人认为,其原因是南半球行星波的强度要比北半球弱(Semmler et al.,2016c)。

10.7　总结

本章系统回顾了海冰研究的各个方面,着重讨论了两个问题:海冰 S2S 可预测性的来源和机制、海冰对大气 S2S 预测的作用。

关于海冰的可预测性,关键性的结论如下:

①海冰是耦合系统的一部分。海冰的物理特性会受大气和海洋强迫的影响。因此,海冰的可预测性(增强或减弱)也会受其影响。此外,从预报的角度来看,耦合模式对短期和长期的海冰预测都有帮助,证明了耦合过程对其的重要性。

②南、北极都有海冰分布。然而,由于地理环境、气候和物理过程(在大尺度和小尺度上)的差异,会导致两者的平均状态、季节性特征和变率存在不同(图 10.1)。因此,南、北极可预测性的机制是不同的。值得注意的是,对北极海冰季节性预测的技巧要比南半球高得多。

③海冰在 S2S 时间尺度上有“记忆性”。在观测和模式中,“持续性”是 S2S 时间尺度上海冰可预测性的主要来源(图 10.2)。这是一个很有价值的结论:它不仅为基于海冰密集度进行预测提供了理论支撑,也为海冰影响极地大气可预测性提供了物理依据。海冰的其他特性也在更长(海冰厚度)或更短(海冰移动速度)的时间尺度上具有“记忆”,而“重现”机制也提供了更长时间尺度上的可预测性。

④海冰具有很强的季节性特征。因此,海冰的持续性也因季节而异(图 10.3)。观测资料显示,夏季海冰面积异常的“记忆”要比春、秋季更长。正因如此,还须考虑到海冰内在的耦合

特性,因此,我们认为:使用全耦合模式进行海冰 S2S 的预测,其效果是最佳的。

⑤与极地气候系统的其他部分一样,海冰也会在短时间内发生大幅度的变化。在相对较短的观测记录中,由于正、负趋势变化较快,因此,很难从中提取出真实的可预测性信号。基于模式的研究可以弥补观测的不足,例如,提供未观测变量的信息、测试稳定强迫(例如,工业化以前)下的可预测性或推断未来的气候变化。

本章的内容为进一步探索海冰可预测性奠定了基础。我们想强调的是,多措并举才能更好地研究南、北极海冰的可预测性,并提高海冰预测的技术方法。这种研究思路在北极取得了成功,SIO 自 2008 年以来取得的一系列成果就是证明。研究人员强烈呼吁,要在南大洋海冰研究中采用类似的方法。如前所述,系统评估 S2S 数据库提供的预测和后验结果,将极大地推动海冰多领域研究的进步;并且,S2S 能够使海冰短时预报和长期预测"无缝衔接"。此外,我们还鼓励使用"极地预测年计划"(Year Of Polar Prediction,YOPP)的数据(Jung et al.,2016;https://yopp.met.no/)开展进一步研究。该计划将在 YOPP 的主体阶段(2017—2019年)和巩固阶段(2019—2022年)进行联合模拟试验,旨在探索海冰的可预测性以及极地与低纬度天气、气候的联系。

致谢

感谢 Edward Blanchard-Wrigglesworth,Mitch Bushuk 和 David Salas y Mélia 的意见和建议。

第 11 章

平流层与次季节可预测性

11.1 引言

平流层是高度层结化的大气层,在对流层顶上方延伸约 40 km,约占大气总质量的 20%。平流层环流的特性(气候态、季节变化和变率)会强烈地受到太阳及红外辐射、臭氧化学以及对流层向上传播的罗斯贝波和重力波引起的动量输运的综合影响。虽然平流层所含的大气质量比对流层少,但它并不只是被动地受对流层的影响。它具有多时间尺度的变率,并且在很多情况下对其下的对流层环流具有确定性的影响。因此,加强对平流层的研究,可能有助于提高对流层在 S2S 时间尺度上的可预测性。

本章回顾了对热带地区(第 11.2 节)、热带外地区(第 11.3 节)平流层和对流层耦合的相关研究成果,可以使我们更清楚地了解两者之间的耦合特征。在第 11.4 节中我们回顾了目前基于平流层-对流层耦合来增强 S2S 可预测性方面取得的进展,这是世界气候研究计划/平流层-对流层过程及其在气候中的作用(World Climate Research Programme/Stratosphere-Troposphere Processes And Their Role in Climate,WCRP/SPARC)和平流层可预测性评估计划(Stratospheric Network for the Assessment of Predictability,SNAP)的一个研究重点。最后,在第 11.5 节中我们讨论了一些存在争议的问题,并就未来如何改进平流层-对流层耦合模拟提出了几点建议。在本章中,我们有必要强调:当前,准确理解和评估平流层-对流层耦合(与其他低频现象一样,Deser et al.,2017)所面临的重大困难之一,就是平流层观测资料的时间相对较短。

图 11.1 突出了与平流层和对流层耦合有关的主要现象,包括准两年振荡(Quasi-Biennial Oscillation,QBO)、太阳辐射变率、臭氧和对流层行星尺度波的作用。

11.2 热带地区的平流层-对流层耦合

在热带地区,平流层变化的主要特征就是一个非常有规律的、向下转播的东、西向纬向急流,即 QBO。在大约 28 个月的时间里,赤道平流层会在西风 QBO(WQBO)和东风 QBO(EQBO)之间转换,这是平流层对向上传播的热带波动选择性吸收的结果(Lindzen et al.,1968;Holton et al.,1972;Baldwin et al.,2001)。

近期的研究工作强调了 QBO 在热带、对流层变率和可预测性方面可能发挥的重要作用。除此之外,我们也将在第 11.4.3 节中讨论 QBO 对极涡变率的影响。本节回顾了热带地区

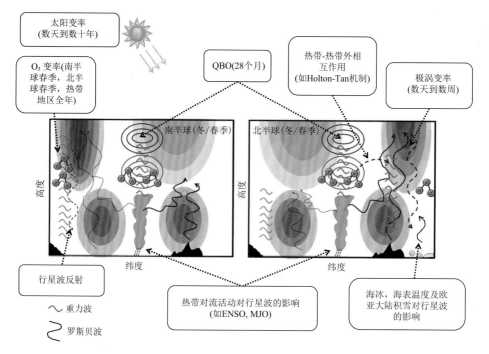

图 11.1　目前已知的，与平流层-对流层耦合有关现象的示意

等值线表示平均纬向风(红色填充等值线表示平均西风，蓝色填充等值线表示东风)。左图显示
南半球的冬季和春季，右图显示北半球的冬季和春季。红色和蓝色未填充的等值线表示与 QBO
相关的纬向平均风异常

QBO-对流层耦合的相关知识，以及利用这种联系提高可预测性的潜力。

11.2.1　QBO 对热带对流层的影响机制

QBO 可以影响热带地区深对流的发展(Collimore et al.，2003；Liess et al.，2012)。卫星观测和数值模拟的结果表明，横跨西太平洋的热带深对流在 EQBO 冬季时偏强，在 WQBO 冬季时则偏弱(Collimore et al.，2003)。此外，与 MJO 类似的次季节对流活动也会受到 QBO 的影响，表现为：MJO 对流在 EQBO 冬季时强度更强、特征更明显(Liu et al.，2014b；Yoo et al.，2016；Son et al.，2017；Nishimoto et al.，2017)。

QBO 引起热带对流变化的机制尚不清楚。QBO 对热带深对流的可能影响机制是：通常认为其导致了局地不稳定和对流层顶性质的变化(Giorgetta et al.，1999；Collimore et al.，2003；Yoo et al.，2016)。最近，辐射反馈和相关大尺度垂直运动的变化也被认为是可能的机制(Nie et al.，2015；Son et al.，2017)。接下来，我们简要地介绍这些假设。

QBO 的风场异常会向下传播，导致对流层上层的风垂直切变发生变化，从而影响热带地区的深对流(Gray et al.，1992)。例如，在 WQBO 的影响下，印度—西太平洋暖池区对流层顶的绝对风垂直切变会变得异常强(Gray et al.，1992)。这种情况可能会破坏对流系统，特别是切断深对流对平流层的影响。这样一来，就可能导致在 WQBO 时深对流较弱，而在 EQBO 时深对流则较强。

QBO 不仅改变了风垂直切变，而且还会影响热力层结。有充分证据表明，QBO 引起的次环流,能显著地改变热带地区温度的垂直廓线(Baldwin et al.,2001)。例如,50 hPa 的东风异常及 70 hPa 的冷异常会延伸到对流层上部。这些温度异常会破坏对流层上层的稳定性。如果深对流受到对流层上层热力层结的影响,那么这种不稳定可能会导致 EQBO 期间深对流发展得更强盛(Gray et al.,1992;Giorgetta et al.,1999;Collimore et al.,2003;Yoo et al.,2016)。

这里讨论的两种机制基本上是基于局地不稳定的,而局地不稳定可以极大地影响深对流发展。然而,在热带地区,云顶通常位于对流层顶以下几千米处(Gettleman et al.,2002)。对流系统的高度能超过对流层顶的情况是相对罕见的。因此,在真实大气中这些机制是否能起作用还值得商榷。

另一种可能的机制是:QBO 引起的对流层顶变化可以影响深对流(Reid et al.,1985;Gray et al.,1992)。在 EQBO 期间,当平流层下层为冷异常时,对流层顶的高度会略有上升(Collimore et al.,2003;Son et al.,2017)。较高的对流层顶有利于深对流系统的发展。而对流层顶的冷异常也可能会直接影响热带深对流(Emanuel et al.,2013)。

除此之外,辐射过程也可能会发挥作用。Son 等(2017)指出,热带卷云会明显受到 QBO 的影响。例如在 EQBO 冬季,由于对流层顶的异常偏冷,会使近对流层顶的卷云增多。根据云解析模式的模拟结果(Nie et al.,2015),卷云的变化会影响对流层中长波辐射加热(Hartmann et al.,2001;Yang et al.,2010;Hong et al.,2016)。这种辐射过程,可能在 QBO 影响 MJO 对流变化中特别重要——因为云辐射反馈是 MJO 的重要形成机制(Andersen et al.,2012)。

最后,QBO 可以直接影响副热带对流层的变率。为了维持热成风平衡,与 QBO 相关的赤道风场异常必然会导致一个延伸到副热带对流层顶的经向环流;而这种经向环流可能会影响对流层涡度(Garfinkel et al.,2011a,2011b)。这种影响在东亚地区尤其显著(Inoue et al.,2011;Seo et al.,2013)。

11.2.2 热带平流层-对流层耦合对可预测性的影响

热带平流层的可预测性与 QBO 的可预测性密切相关,因此也超过了次季节的时间尺度。许多数值预报系统都能够模拟出 QBO;然而,模式中 QBO 的振幅和周期往往会有偏差(Schenzinger et al.,2016)。模式对 QBO 的预测技巧能超过 12 个月(Scaife et al.,2014a),但是基于简单的统计模型(类似周期为 28 个月的余弦函数)也能达到类似的预测效果。最近,QBO 的异常中断是对预报系统能力的一个考验:2016 年初,一股东风急流意外地出现在平流层下部的西风位相中(Newman et al.,2016;Osprey et al.,2016)。以 2015 年 11 月为初始场的季节预报并没有预测出这一事件,而是预测西风位相将有规律地减弱。虽然这种现象在观测记录中并不常见,但在长时间气候模式的模拟中偶尔会看到这种中断(Osprey et al.,2016)。而对于常规 QBO 的预测极限,目前并没有明确的结论。

QBO 可以直接影响 MJO 位相,因此,QBO 的预测技巧可以"转化"为对流层的预测技巧。如前一节所述,QBO 可以调节 MJO 对流及其遥相关的年际变化(Son et al.,2017)。一系列研究表明,类似 MJO 的次季节对流活动在 EQBO 冬季会变得异常强(Liu et al.,2014b;Yoo et al.,2016;Marshall et al.,2016b;Son et al.,2017;Nishimoto et al.,2017)。从印度洋到太平洋中部的 MJO 位相,都能观察到这种增强趋势(Yoo et al.,2016)。与这些变化特征一致,在 EQBO 冬季,MJO 功率谱在 $40 \sim 50$ d 的区间内会有一个异常强的峰值(Marshall et al.,2016b)。

在 EQBO 冬季时 MJO 的强度通常更强;据此我们也可以推断,MJO 在 EQBO 冬季时可预测性更高。Marshall 等(2016b)根据澳大利亚气象局季节预测模式 30 a 的回报结果,发现当赤道平流层下层处于 EQBO 位相时,MJO 的可预测性确实更高。该模式中,MJO 的预测技巧在 WQBO 和 EQBO 冬季之间相差达 8 d(图 11.2)。有趣的是,虽然这个模式并没有高分辨率的平流层,但却能很好地反映 QBO-MJO 相关对预测技巧的提升(Marshall et al.,2016b)。

其实,MJO 预测技巧的提高并不是简单的由于初始场中 MJO 的强度在 EQBO 冬季时更强。事实上,即使初始场中 MJO 的强度基本相同,但其在 EQBO 冬季时的预测技巧仍然比 WQBO 时要高(图 11.2)。这表明,QBO 对 MJO 对流结构或对流层上层环流结构的调节,可能会影响 MJO 的可预测性。另外,通常 MJO 在 EQBO 冬季时的持续性更长,这也可能有助于 MJO 的预测。虽然还需要进一步的分析,特别是使用平流层解析模式进行研究,但这一结果至少表明:QBO 是北半球冬季 MJO 可预测性的一个潜在来源。

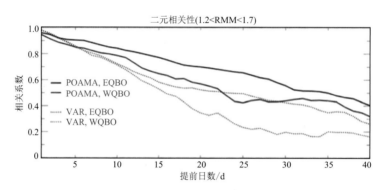

图 11.2　基于 BoM 耦合季节预测模式的集合平均数据计算的实时多变量 MJO(RMM)指数的二元相关系数横轴为 EQBO(蓝色)和 WQBO(红色)冬季提前预测的天数。作为参考,基于变量自回归统计模型的预测结果用虚线表示。时间选取的是 1981—2010 年,初始振幅为 $1.2 \sim 1.7$ 的 MJO 事件

(引自 Marshall et al.,2016)

11.3　热带外平流层-对流层的耦合机制

在许多关于平流层影响近地面天气和气候的研究中,都强调了极地涡旋的作用,特别是平流层对北半球极涡变率的作用。基于各种观测和数值模拟的研究结果,也有力地证明了这一点。因此,许多关于平流层-对流层耦合动力机制的研究都将此作为切入点。本节我们将回顾对热带外平流层-对流层相互作用的相关研究成果。

11.3.1　极地涡旋变率的概述

由于南、北极地区太阳辐射的年度变化较大,因此,该区域的平流层也有很强的季节循环特征。如图 11.3 所示(左侧为北半球,右侧为南半球),热带外地区的冬季,平流层在寒冷的极

区(如,极夜期)与温暖的低纬度地区之间的温度差导致了平流层极涡的发展(Waugh et al.,2017)。在北半球,平流层极涡的变率在 1 月和 2 月最强。随着春季极区太阳辐射逐渐增强,平流层气候态风场的季节性转换(即从西风变为东风,也称"最终变暖")平均发生在 4 月中旬;但由于其动力过程的变率较大,因此,这个时间点并不是固定的。而南半球的波动影响较弱,因此,其在仲冬和最终变暖开始时的年际变化都较弱(见图 11.3 中的阴影);具体参见 Andrews 等(1987)对平流层气候和动力学的综述。

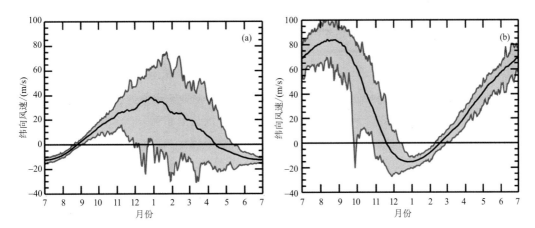

图 11.3　60°N(a,北半球)和 60°S(b,南半球)的纬向平均风

黑色实线是每日平均值,灰色阴影显示每日最大值和最小值之间的范围,使用的是 1958—2016 年的 JRA-55 再分析数据

在平流层显著变化的时期(北半球的冬、春季以及南半球的春季),平流层和对流层存在较强的耦合(Thompson et al.,2000)。平流层极涡位置和强度的变化很大程度上是由行星尺度的罗斯贝波驱动的(波源位于对流层,会垂直传播进入平流层并破碎),详见第 11.3.2 节。而当极地平流层的风向在春、夏季转为东风时,与对流层罗斯贝波相关的耦合机制将不再起作用(Charney et al.,1961)。

在极端情况下,冬季极地涡旋受到罗斯贝波破碎的影响,平流层的西风会暂时转为东风,这就是所谓的平流层爆发性增温事件(Sudden Stratospheric Warmings,SSW)。尽管目前有许多的标准和术语用来定义这类事件(Butler et al.,2015),但通常还是根据平流层在几天之内绝对升温幅度达到 70 K 的标准去判定(Labitzke,1977;Limpasuvan et al.,2004)。SSW 可以根据极涡是否偏离极点或分裂成两个来进行分类(Charlton et al.,2007;Mitchell et al.,2011),其变化特征与影响极涡的波动的纬向波数密切相关。虽然在一些 SSW 事件之后,极涡会在一到两周内迅速恢复,但有大约一半的 SSW 事件极涡要经过长达 2 个月时间才能恢复(Hitchcock et al.,2013)——由此产生了一种特殊的平流层环流模态,通常被称为极夜急流振荡(Polar night Jet Oscillation,PJO),同时会对下方的对流层产生显著影响(Kuroda et al.,2001)。

北半球,仲冬的 SSW 大约每 10 a 会发生 6 次(Charlton et al.,2007);虽然在 11 月—次年 3 月的任何时间都可能发生,但最常见的还是 1 月和 2 月。但是在南半球,SSW 就不那么常见了——虽说南半球平流层的观测记录较短,但也仅在 2002 年 9 月时发现过一次(Newman et al.,2005)。

11.3.2 影响极地涡旋变率的因素

人们早就认识到,SSW 与对流层的行星波的快速增强有关(Finger et al.,1964;Julian et al.,1965;Matsuno,1971)。但这种增强是如何发生的? 为什么会发生? 仍然是一个长期存在争论的问题。一些研究人员认为,这主要是由于波传播引起平流层基本状态的变化导致的;还有人说,这种增强是由于对流层波源的变化造成的。

一方面,即使在对流层变率缺乏准确表达(Holton et al.,1976;Scott et al.,2000;Scott,2016)或被强烈抑制(Scott et al.,2004)的模式中,仍然可能模拟出 SSW 现象。在这些模式中,平流层内部的状态决定了其下界的波通量。通常认为这种过程是基于共振效应产生的:当平流层自由行波的相速度接近 0 时,它会与地形强迫发生共振(Tung et al.,1979)。非线性效应可以调节这种共振,导致波动在整个平流层中快速地增长(Plumb,1981;Matthewman et al.,2011)。这种机制的存在已经在许多个例研究中被证明,尤其是在一些极涡分裂的个例中(Smith,1989;Esler et al.,2005;Albers et al.,2014)。虽然理想化的平流层自身也可以产生变率,但并不代表观测的 SSW 不受对流层变率的影响。许多研究指出,对流层中有 SSW 发生的各种前兆信号(Nishii et al.,2009;Coy et al.,2009;Colucci et al.,2015;O'Neill et al.,2017)。气候态的驻波与这些异常波动(即前兆信号)之间的相互干涉作用,也被认为是触发 SSW 的机制(Garfinkel et al.,2010;Cohen et al.,2011;Smith et al.,2012;Watt-Meyer et al.,2015;Martineau et al.,2015)。

以上因素对平流层的可预测性有何影响? 在涡旋变率的理想模式中,平流层表现出了对波动的显著影响以及对初始条件和外部参数的极高敏感性(Yoden,1987;Matthewman et al.,2011)。这意味着,在天气系统的可预测性范围之外,是很难对 SSW 进行确定性预测的。在预测模式中已经发现了这种联系的证据(Noguchi et al.,2016)。然而,其对平流层基本状态的敏感性表明,某些过程可提高预测 SSW 发生的技巧——比如在许多研究中提到的,包括太阳变化和 QBO(Holton et al.,1980;Kodera,1995;Haigh,1996)。另外,如果波动主要受波源的控制,那么 ENSO、欧亚积雪及北极海冰对对流层的影响过程应当为 SSW 的预测技巧提供更大的帮助(Cohen et al.,2007;Ineson et al.,2009;Kim et al.,2014)。对流层的前兆信号本身也可能受到可预测性和混沌性的影响。真相可能介于这两者之间;最近的一项研究明确表明,在理想模式中,平流层和对流层的状态对于模拟波动增强过程都是必不可少的(Hitchcock et al.,2016)。关于极地平流层变率可预测的研究与理解,未来还有许多工作要做。

11.3.3 平流层极涡变率对陆地气候的影响

人们对平流层-对流层耦合的关注大部分来自于环状模的研究,环状模是半球范围、热带外大气大尺度变率的主要结构(Thompson et al.,2000)。平流层的环状模代表了平流层极涡强度的变化;一般来说,正的指数对应一个更强、更冷的涡旋。在对流层,环状模代表了涡驱动的中纬度西风带的纬向偏移;在这里,正的指数对应着向极地的偏移。

虽然关于平流层对下层大气影响的研究已经有许多(Boville,1984;Perlwitz et al.,1995;Hartley et al.,1998),但由 Baldwin 和 Dunkerton(2001)提出的北半球环状模(Northern Annular Mode,NAM)仍然是平流层对对流层影响的一个标志性的现象。他们的研究指出:平均而言,在弱极地涡旋事件(本质上是 SSW)之后的数天到数周时间内,对流层涡驱动的急流会系统地向赤道方向移动;这与 NAM 的负相位有关,导致北半球中纬度大部分地区的地表温度偏低,而北极地区的地表温度偏高。同样,强涡旋事件通常伴随着涡驱动急流的向极移动(或 NAM 的正位相)。

鉴于北半球极涡的变率主要是由行星尺度的罗斯贝波驱动的,其波源位于对流层内;因此有人提出,环状模指数异常的明显降低是否表示信号从平流层向下传播到对流层(Plumb et al.,2003)。然而,研究人员基于不同复杂程度的模型,通过将平流层扰动施加于对流层模型进行对照试验;其中对流层模型并不受引发平流层扰动的外界条件的影响(Polvani et al.,2002;Jung et al.,2006;Douville,2009;Gerber et al.,2009;Hitchcock et al.,2014)。试验结果清楚地表明,平流层的状态确实能影响对流层。

早期,对平流层影响对流层机制的解释,主要归因于风和温度之间的大尺度动力平衡。这种平衡意味着导致平流层异常的强迫也会对对流层产生直接(尽管较微弱)的影响(Robinson,1988;Hartley et al.,1998;Ambaum et al.,2002)。此外,非绝热过程倾向于加强这种平流层"向下"影响(Haynes et al.,1991)。然而,对其进行量化计算后却发现这种影响的强度太弱,无法解释全部的响应(Charlton et al.,2005;Thompson et al.,2006a;Hitchcock et al.,2016)。

对流层涡旋与急流的强反馈被认为是对流层环状模内部变率的重要组成部分(Robinson,1991,1996;Hartmann et al.,1998;Limpasuvan et al.,2000)。之前,Hartmann 等(2001)就提出,这种对流层涡旋反馈机制可以在对平流层异常的响应中发挥作用,并得到一系列研究的证实。这些研究表明,在特定的模式中,平流层对对流层的影响强度与对流层涡旋反馈的强度密切相关(Chan et al.,2009;Gerber et al.,2009;Garfinkel et al.,2013)。这种反馈通常可由环状模的去相关时间尺度来衡量:反馈越强,环状模维持时间越长(Ring et al.,2008)。对于特定的动力模式,去相关时间尺度和对外强迫响应的关系是基于波动耗散定理(Fluctuation-Dissipation Theorem)的(Leith,1975)。然而,最近的研究表明,涡旋反馈强度与环状模去相关时间尺度的对应关系并不总是可靠的(Simpson et al.,2016),并且目前对这种反馈量化的方法还在探索中(Lorenz et al.,2001,2003;Simpson et al.,2013;Nie et al.,2014)。

虽然我们认识到对流层涡反馈在对平流层扰动响应方面的重要性,但这并不能解释平流层最初是如何触发这种反馈机制的。Song 和 Robinson(2004)首次明确提出了这个问题:他们指出,虽然平流层向下的扰动及响应本身很弱,但可能是对流层涡旋与平均气流之间反馈机制的一个触发点。然而,他们的数值模拟试验表明,行星波的反馈可能也会发挥作用。也有人提出,平流层能直接影响天气尺度的涡旋(Tanaka et al.,2002;Wittman et al.,2007)。然而,最近一些基于模式的研究已经清楚地证明,行星波是平流层-对流层耦合的关键途径(Martineau et al.,2015;Smith et al.,2016;Hitchcock et al.,2016),至少在北半球冬季是这样的。

虽然在过去的 20 a 里,我们对平流层-对流层耦合过程的理解有了很大的进步,但一些重要的问题仍然没得到很好的解释。迄今为止,多数基于理论和模式的研究都集中在对流层响应的纬向对称分布上;尽管观测和模拟的结果都表明北半球风暴轴区域对平流层变化的响应最强,特别是在大西洋海盆区域(Charlton et al.,2007;Garfinkel et al.,2013;Hitchcock et al.,2014)。此外,当前研究人员"默认"南、北半球的平流层-对流层耦合作用机制是相同的;然而,两个半球的对流层环流有很大差别,尤其是南半球的行星波活动要弱得多。

11.3.4　热带外平流层-对流层耦合的其他特征

SSW虽然是平流层涡旋变率最显著的特征,但它们并不是唯一的表现形式。其他涡旋变率的现象有:异常的强涡旋和弱涡旋(即强度没有达到SSW的主要阈值标准)事件,以及独立的行星波反射事件(Limpasuvan et al.,2005;Dunn-Sigouin et al.,2015;Maury et al.,2016)。

行星波反射是通过波动耦合产生的,而不是纬向平均环流的耦合。平流层的状态可以影响行星波的传播,使其反射回对流层,从而对对流层产生影响(Perlwitz et al.,2003)。波动耦合的时间尺度为数天到数周,往往会伴随着NAM的正位相和北大西洋风暴轴向极地移动的趋势(Shaw et al.,2013)。在北半球,波反射与纬向平均耦合对平流层-对流层变率的影响同等重要;而在南半球,波反射的作用则更强(Shaw et al.,2010)。虽然波反射对QBO和SST的变化很敏感(Lubis et al.,2016a),但目前我们对平流层波反射事件的可预测性了解较少(Harnik et al.,2001;Harnik,2009;Shaw et al.,2010)。

化学-气候反馈是平流层-对流层耦合的另一个重要因素。在20世纪下半叶,人类向大气中排放的氯氟烃(chlorofluorocarbons,CFCs)会破坏春季南半球极涡内的臭氧层(O_3)。与北半球相比,南半球的动力变率较小,因此,其极地平流层的温度在冬季通常低于195 K;这有利于极地平流层云(polar stratospheric clouds,PSC)的大量形成,在此基础上可能发生破坏臭氧的催化化学反应。与高纬度臭氧化学反应有关的辐射冷却会导致极地涡旋的加强,而且往往还会推迟极涡的季节性分裂;因此,大气化学反应是南半球平流层-对流层耦合年际、年代际变化的一个关键影响因素(Thompson et al.,2002;McLandress et al.,2011;Polvani et al.,2011)。北半球的温度通常不足以形成大量的PSC,因此,其极涡内的臭氧层破坏程度比南半球要低得多。但在春季,北极臭氧层也可能发生大面积破坏(Manney et al.,2011),这可能与春季北半球对流层的年际变化有关(Karpechko et al.,2014;Smith et al.,2014;Calvo et al.,2015;Xie et al.,2016;Ivy et al.,2017)。由于《蒙特利尔议定书》及其修正案的发布,未来臭氧层的恢复很可能会逆转这些影响,尤其是在温室气体浓度持续上升的情况下(Eyring et al.,2013)。

11.4　热带外平流层-对流层耦合的可预测性

平流层极涡的变率对两个半球的对流层环流有重大影响,这一事实现已得到了充分的证明。由于与SSW相关的平流层异常可以持续数周,因此,这一事件本身就对热带外S2S预测有相当大的价值(Sigmond et al.,2013)。如果我们可以预测平流层极涡异常的发生,那么就有可能延长热带外地区陆面气候的预测时限,提高其预测的技巧。为了有效利用平流层-对流层耦合,次季节预测模式需要具备两点:能较好地预测平流层变率,准确模拟平流层与对流层的动力耦合。这些问题将在以下节中讨论。

11.4.1　极地平流层预测的准确率

平流层中斜压不稳定的作用较小,并且罗斯贝波的强度也显著较弱,这表明:一般来说,平流层可预测的时间尺度应该比对流层要长。我们可以根据环状模的去相关时间尺度来判断平流层内在的可预测性(Baldwin et al.,2003;Gerber et al.,2010)。在北半球热带外的平流层
(图 11.4c),冬季 NAM 异常的时间尺度约为 1 个月。而在冬末和早春期间,南半球热带外平
流层中 NAM 异常时间尺度甚至可以超过 2 个月(图 11.4d)。这与对流层的去相关时间尺度
形成鲜明对比:对流层的去相关时间尺度通常小于 10 d,并在北半球的 12 月—次年 1 月和南
半球的 11—12 月达到峰值(约 2 周)。值得注意的是,对流层中持续时间的延长往往与平流层
中方差的增强一致(图 11.4a 和 11.4b)。

　　长期以来,数值天气预报模式一直能够再现平流层的可预测性——而对流层的情况却复
杂得多。例如,研究人员指出,在相同条件下平流层的预测技巧(可预测时限)大约是对流层的
两倍(Waugh et al.,1998;Jung et al.,2007;Zhang et al.,2013b)。这种预测技巧主要与模拟
和维持纬向平均环流异常的能力有关,而不是模式准确预测行星波的能力。

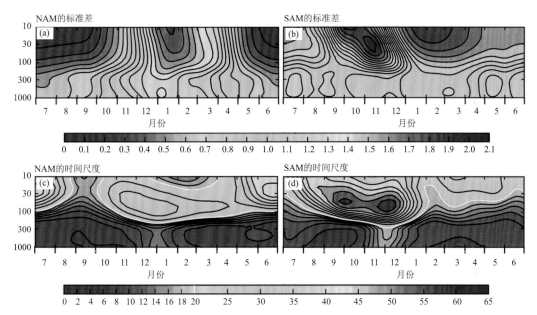

图 11.4　(a)北半球和(b)南半球环状模的标准差,(c)北半球和(d)南半球环状模的去相关时间尺度
计算使用的是 JRA-55 再分析数据(Gerber et al.,2010)。NAM 是基于 1960—2009 年的数据,
南半球环状模(Southern Annular Mode,SAM)是基于 1980—2009 年的数据

　　最近的研究表明:在北半球,业务预报模式具备平流层次季节时间尺度预测的能力
(Zhang et al.,2013b;Taguchi,2014;Vitart,2014)。对于提前超过 20 d 的预报,平流层相关
参数的预测技巧得分可能高于 0.6。而在 SSW 或异常强的极地涡旋期间,提前 4 周预测的相
关得分可高达 0.8(Tripathi et al.,2015)。也有一些研究表明,集合预报模式(以 11 月 1 日为
初始场)在预测 SSW 或强极地涡旋发生概率方面有一定的技巧(Scaife et al.,2016)。迄今为
止,虽然对南半球平流层可预测性的研究还较少,但也有学者明确指出,南半球平流层在次季
节(Roff et al.,2011)和季节(Seviour et al.,2014)时间尺度上的预测技巧要比北半球高。

　　正如我们预期的那样,在 SSW 事件发生之前,即行星波扰动传递到平流层并导致波动与
平均流场之间的非线性相互作用和极地涡旋减弱时,平流层的可预测性最低(Taguchi,2014;
Noguchi et al.,2016)。SSW 事件的可预测性通常为 5～15 d(Tripathi et al.,2015),与对流

层天气系统相当。Tripathi 等(2016)发现,在数值预报系统中 2013 年 1 月发生的 SSW 具有更高的可预测性(比其他 SSW 事件提前了 10 d),但随着时间推移可预测性却迅速降低。其部分原因是对流层中触发 SSW 的放大波数-2(amplified wave number-2)的可预测性降低。一般来说,人们认为涡减弱的情况比涡加强的情况更难预测——虽然导致其变化的波动异常(无论是波的增强或是衰减)强度基本相当(Taguchi,2015)。平流层预报的最大误差来源于模式未能正确预测西伯利亚西部和北欧上空的波动通量,这可能是因为模式低估了对流层阻塞的强度(Lehtonen et al.,2016)。在某些情况下,解决模式预测和观测的动力过程的时间不匹配问题(这相当于考虑时间平均的预测),可能会提高平流层的可预测性(Cai et al.,2016)。

11.4.2 强、弱极地涡旋对热带外 S2S 预测的影响

一般来说,将平流层状态信息融入初始场中确实提高了模式在对流层 S2S 时间尺度上的预报技巧。例如,Baldwin 等(2003)、Charlton 等(2003)和 Christiansen(2005)基于简单的统计模型进行研究,发现与对流层预测因子相比,使用平流层预测因子时北半球热带外陆面气象要素的预测技巧(10~45 d 内)会略有提升。最近,有研究将平流层极涡状态信息与其他对流层预测因子进行结合,结果显示该方法对冬季 NAO 和大西洋 NAM 的预测方面有显著提高。例如,Dunstone 等(2016)利用包含 4 种 11 月预测因子(热带太平洋海温、大西洋三极海温模态、巴伦支—喀拉海海冰和平流层极涡强度)的线性回归模型进行分析,发现其能较好地预测冬季 NAO 特征(相关系数=0.60)。而最近的研究发现(Wang et al.,2017),基于平流层预测因子进行统计预测的技巧甚至会更高(相关系数≈0.60)。

在早期的研究中,人们通过改变模式中平流层的特征开展敏感性试验,分析对流层响应的变化(Norton,2003;Kuroda,2008)。主要通过以下两种方法来分析和量化平流层扰动对对流层可预测性的影响:

①通过人为增加强迫对平流层状态施加扰动,使平流层状态更接近实际观测结果,能够显著提升模式对热带外对流层的预测技巧(Charlton et al.,2004;Scaife et al.,2008;Douville,2009;Hansen et al.,2017;Jia et al.,2017)。但这并不是对所有的情况和模式都有效(Jung et al.,2011)。

②根据初始场中平流层涡旋的强度(区分强、弱和中性涡旋)进行分类,研究不同情况下对流层的可预测性。结果显示,无论是在弱涡旋(Mukougawa et al.,2009;Sigmond et al.,2013)或是强涡旋(Tripathi et al.,2015)情况下,模式对大气环流(包括 NAO)、地表温度(尤其是加拿大东部和俄罗斯北部)和北大西洋降水的 S2S 预报能力都有所提高。

这些研究表明:在动力预测系统中,发生弱和强平流层涡旋的情况下,其模式 S2S 时间尺度的预测性能有所提升——即初始场中平流层状态受到气候态扰动时一般会提高模式对地表气候要素的预测技巧。

11.4.3 热带外 S2S 预测与平流层-对流层的关系

正如图 11.1 所示,平流层环流系统会受到地球多圈层过程的影响。对流层和平流层的某些联系可以持续数周、甚至一个季度或更长时间,并且可用于改进对地表气象要素的概率预测。在 S2S 可预测性的背景下,这些联系有助于对极地涡旋整体变化的概率预测。在这里,我们简要回顾这些联系以及对相关预测影响的研究,下面按时间尺度从短到长进行排序:

- 阻塞：对流层阻塞会影响传播到平流层的波动，并且其空间结构（Martius et al.，2009；Castanheira et al.，2010）和热通量（Ayarzagüena et al.，2015；Colucci et al.，2015）的异常特征都可作为 SSW 事件发生的前兆（Quiroz，1986）。

- MJO：Garfinkel 等（2012b）、Kang 和 Tziperman（2017）的研究都证明，在 MJO 活跃期间 SSW 事件发生的概率会增大。此外，Garfinkel 和 Schwartz（2017）研究表明，热带西太平洋对流活动与极地平流层变率存在密切关系。

- 积雪和海冰：热带外的陆面环境，如积雪和海冰范围可以影响对流层的波动；因此，其导致的大尺度波动异常可以对气候态罗斯贝波产生线性扰动，进而可以影响波的放大及传播到平流层的过程（Cohen et al.，1999；Smith et al.，2010）。人们发现，北极海冰的变化也会影响北半球极地涡旋的变率（Peings et al.，2013；Kim et al.，2014；Kretschmer et al.，2016）。当然，这种相关在很大程度上取决于海冰变化的区域（Sun et al.，2015；Screen，2017a），如巴伦支海和喀拉海海冰的减少与冬末及春季极地涡旋的减弱有关（Kim et al.，2014；King et al.，2016；Yang et al.，2016）。一些研究指出，这些相关有助于提高季节尺度预测的技巧（Cohen et al.，2011；Riddle et al.，2013；Orsolini et al.，2013,2016；Kretschmer et al.，2016）。

- ENSO：在季节时间尺度上，ENSO 倾向于通过罗斯贝波列（时间尺度为数天到数周，传播方向为向极地传播）影响中纬度地区（Hoskins et al.，1981）。厄尔尼诺事件倾向于加强北太平洋的阿留申低压（Barnston et al.，1987），进而通过对气候静止波列的线性干扰增强进入北半球平流层的波通量（Garfinkel et al.，2008；Fletcher et al.，2011；Smith et al.，2012）。当来自对流层的波通量增大时，北半球极涡的强度往往会被削弱，使得 NAO 负位相出现的概率增大。上述过程也是 ENSO 影响欧亚地区气候的重要途径（Ineson et al.，2009；Bell et al.，2009；Cagnazzo et al.，2009；Manzini，2009；Li et al.，2013；Butler et al.，2015；Polvani et al.，2017）。一些研究表明：在厄尔尼诺年的冬季，当平流层过程较为活跃时，模式对欧亚气候季节性预测的技巧有所提高（Domeisen et al.，2015；Butler et al.，2016）。

- QBO：QBO 可以通过 Holton-Tan 效应对极涡产生影响（Baldwin et al.，2001），其中 EQBO 能通过其对行星波传播的影响，使北半球冬季极涡的强度变弱、变率增大（Holton et al.，1980；Naito et al.，2003）。热带平流层与极地涡旋的联系是由 WQBO 和 EQBO 事件中亚热带平流层罗斯贝波传播特征的改变而导致的（Garfinkel et al.，2012c；Anstey et al.，2014）。对 QBO 位相的预测技巧同样有助于极地平流层变率与热带外对流层急流的概率预测。研究已证明，QBO 可以提升北大西洋上空气象要素的预测技巧（Boer et al.，2008；Marshall et al.，2009；Scaife et al.，2014a）；但与观测或再分析数据相比，多数模式似乎都低估了这种作用的重要性和数量级（Scaife et al.，2014b；Butler et al.，2016）。

- 年代际变率：在年代际的时间尺度上，11 a 的太阳活动周期可以影响热带地区的平流层温度结构（Crooks et al.，2005），并且有人提出其后续会对平流层极涡产生影响（Bates，1981；Kodera，1995；Camp et al.，2007）。此外，与太阳活动周期相关的热带平流层下部温度异常可能会直接影响对流层涡旋和急流（Haigh et al.，2005）。

- PDO：PDO 也有可能影响极地平流层变率（Woo et al.，2015；Kren et al.，2016）。任何大型火山的爆发都至少会持续影响平流层极涡 1～2 a（Timmreck et al.，2016）。极地涡旋强度（Garfinkel et al.，2017）或位置（Zhang et al.，2016）的年代际变化会影响热带外对流层环流；而这些变化究竟是内部产生或是由对流层或地表强迫导致的，目前尚不清楚（Kim et al.，

2014；McCusker et al.，2016）。

上述的影响极涡强度各要素之间的非线性相互作用也很重要。例如，QBO 可以影响 EN-SO-平流层遥相关的强度（Richter et al.，2011，2015），在 QBO 西风位相时该遥相关会增强（Calvo et al.，2009；Garfinkel et al.，2011a）。印度洋偶极子（Indian Ocean Dipole，IOD）同样会影响 ENSO-平流层的遥相关（Fletcher et al.，2015）。QBO 与热带外极地平流层的关系可能会受 11 a 太阳周期的调控（Labitzke et al.，1992）；但在一些长时间的气候模拟中，这种关系似乎不太明显（Kren et al.，2014）。QBO 还可能影响积雪对 NAO 的强迫作用（Peings et al.，2013）。ENSO 对平流层的影响可能受到 11 a 太阳周期的调节（Calvo et al.，2011）。深入了解这些复杂的相互作用有助于提高模式模拟这些过程的能力，并最终提升热带外大气的预测技巧。综合来看，多要素的耦合可能会极大地提高平流层预测（尤其是次季节尺度预测）的技巧，但未来还需要对这些过程的动力学基础进行更多的研究。

11.5　总结与展望

本章的前几节概述了平流层-对流层动力耦合及其对 S2S 预测影响的相关研究成果。然而，关于平流层-对流层耦合机制及其在数值模型中的模拟，目前仍有许多待解决的问题，接下来我们将进行讨论。在次季节背景下，任何针对平流层-对流层耦合的研究的最终目的都应该是改进其在模式中的表现，并以此来提高对流层的可预测性。最近，已公开发布的次季节预报后验数据集为研究平流层-对流层系统的可预测性提供了前所未有的机会。

11.5.1　影响模式中平流层-对流层耦合的关键要素

一般来说，数值预报系统能利用平流层-对流层耦合相关的潜在可预测性的最基本要求就是其能够模拟第 11.2～11.4 节所述的大气耦合和气候现象。而在现实中，可能有一系列复杂的因素会影响模式中平流层-对流层耦合及其对对流层可预测性的影响。

11.5.1.1　模式层顶高度和垂直分辨率的作用

在次季节时间尺度上，北半球极涡及其冬、春季变率（包括驱动这种变率的行星罗斯贝波）模拟的准确度，对于模式能否正确表达极涡与地面气候的联系至关重要。与"高层顶"的平流层解析模式相比，层顶高度低于平流层顶的数值模式通常会低估 SSW 的变率（Marshall et al.，2010；Maycock et al.，2011；Charlton-Perez et al.，2013），说明在某些模式中层顶高度可能是一个重要的限制因素。北半球极涡变率的偏差也与模式模拟波动-1 和波动-2 类型扰动的能力有关（Seviour et al.，2016）。低层顶高度也与模式中极端涡旋事件的热通量偏差有关，这可能会对中纬度对流层环流的模拟产生影响（Shaw et al.，2014）。

平流层的垂直分辨率也可能影响模式模拟平流层-对流层耦合的能力，包括 SSW 期间平流层的风异常变化和春季南半球极涡的消亡（Kuroda，2008；Wilcox et al.，2013）。QBO 的真实模拟也高度依赖模式的层顶高度（Osprey et al.，2013）和垂直分辨率（Geller et al.，2016；Anstey et al.，2016）。然而到目前为止，对于垂直分辨率的最优值尚无定论——这可能取决于其他的因素（如参数化过程，Sigmond et al.，2008），因此也会因不同的模式而异。

11.5.1.2　对流层状态和偏差的影响

对能够影响平流层变率的低频气候现象的模拟（包括 ENSO、QBO、海冰和积雪），可能对于极涡变率的概率预测非常重要。然而，仅能模拟出单个相关现象是不够的，因为在许多情况下，平流层-对流层耦合对可预测性的影响是通过复杂的机制产生的；而对于这些路径，单个模式可能无法解决不同阶段的关键过程。因此，对流层状态及其在模式中的偏差可能通过以下方式影响平流层-对流层耦合：

①影响平流层变率的对流层过程的驱动和前兆因素；

②对流层对平流层变率的响应。

例如，就①而言，模式在模拟 ENSO 对北半球极涡的影响时，需要真实的表达罗斯贝波列对热带异常对流的响应以及对流层罗斯贝波对平流层的动力强迫（Garfinkel et al.，2013）。在这方面，一些模式模拟的 ENSO 遥相关现象比观测的线性更强——特别是在北太平洋上空，这是平流层变率前兆信号的重要区域（Garfinkel et al.，2012a）。

关于②，模式中对平流层—对流层耦合的响应能力也会受到对流层环流及其对外部强迫响应的系统偏差的影响（Kidston et al.，2010；Son et al.，2010）。这可能包括对流层急流和风暴轴的模拟；对流层静止波和瞬态波；涡旋与平均流之间的反馈；参数化过程（例如，地表阻力）对对流层环流的影响以及热带环流和对流。然而，这些因素的表达也同平流层本身密切相关（Shaw et al.，2014），这其中可能存在复杂的、相互依存的关系。

11.5.1.3　不同因素对平流层-对流层耦合的影响

如第 11.2～11.4 节所述，平流层-对流层耦合与广泛的气候现象有关。目前，我们尚未能对这些影响平流层-对流层耦合的因素有全面、综合的理解。本章中讨论的许多影响因素都是相互作用的，它们对平流层-对流层耦合的影响可能不是简单的线性叠加。因此，有必要研究各种现象对平流层-对流层耦合系统的综合影响。

此外，我们还缺乏对不同现象引起的平流层-对流层耦合重要性的定量认识。例如，与仲冬 SSW 相关的耦合效应是否与春季北极臭氧层破坏有关？在这两种情况下，平流层-对流层耦合的动力机制是否相似？平流层-对流层耦合效应对对流层和平流层初始状态、平流层气候现象（如涡旋是否发生位移或分裂）及平流层波动异常的敏感性如何（Son et al.，2010；Maycock et al.，2015；Karpechko et al.，2017）？

解决这些问题需要一套定量的动力学度量标准，可以统一的研究与评估模式中不同现象相关的平流层-对流层耦合特征（Son et al.，2010；Shaw et al.，2014；Maycock et al.，2015；Lubis et al.，2016b）。

11.5.2　基于次季节预测数据研究平流层动力学与平流层-对流层耦合

21 世纪初，人们重新关注平流层-对流层的动力耦合，对这方面的研究也得以迅速发展，如第 11.2～11.4 节所述。这种耦合对冬季和春季热带外气候的重要性现已得到广泛的证明，并且许多学者也在理论上对这种耦合机制进行了深入的研究和完善。最近，模式在 S2S 时间尺度预测性能上的大部分提升，也被认为与其在平流层及平流层-对流层耦合方面的改进有关。

然而，在形成一套对平流层-对流层耦合作用定量描述的动力学度量标准方面仍然存在挑战(Gerber et al.,2009；Butler et al.,2017)。因此，有必要进一步阐明决定平流层—对流层耦合效应及其对天气、气候预测影响的因素。大量的 S2S 后验数据集(Vitart et al.,2017)为此类研究提供了坚实的基础。目前，基于高质量的次季节后验数据集我们在平流层-对流层耦合研究方面可能取得以下四点进步：

①研究模式中对流层和平流层误差增长及其对耦合的影响；

②分辨平流层变率和耦合的强迫因子，并研究它们之间线性或非线性相互作用；

③确定平流层-对流层耦合对不同气候或天气现象的作用；

④发展一种对平流层显著变化可能性的概率解释。

提高我们对这些领域的认识和理解，可能有助于我们进一步利用平流层所提供的可预测性。

第三部分

次季节—季节模式与预测

第 12 章

预测系统的设计、配置和复杂性

12.1 简介

业务预报旨在定期向广大用户提供未来天气和气候预报信息。为此,业务预报系统在各种竞争性资源需求下,要求高水平的预报质量、时效性和成本效益,其中预报质量包括准确性(预报技巧)和效益(可用性)。因此,业务天气服务必须设计和配置预报系统,包括次季节预报系统,以尽量提高预报资料的准确度和效益。预报系统设计是次季节预报领域的重要研究和实际问题之一(National Academies of Sciences et a.,2016;World Meteorological Organization,2013)。

业务集合预报系统用于超过确定性预报极限(约10 d)的预报,包括几个部分:实时分析和再分析、初始扰动场生成、数值模式的集成、后验校准、生成和发布各种产品。本章主要论述前3个要素。实时气候状态分析对于用数值模式进行预报显然是必不可少的。这种分析通常使用资料同化系统进行,该系统综合各种观测和预报模式模拟,以便对气候状态做出最佳估计。次季节预报是在集合预报的基础上产生的,通过对多样本预报对估计预报的不确定性。为了表示不确定性,集合预报可以从微扰的集合初始条件开始。

次季节预报与数值天气预报(NWP)模式(最长约10 d)在许多方面存在不同。除了使用这里提到的集合预测方法外,S2S预测系统通常使用大气-海洋耦合模式。在这样的预测系统中,会使用海洋资料同化系统分析海洋状态。当海冰组分被纳入预报系统时,海冰状况也可以在同化系统中进行分析。此外,如本章后面讨论的那样,次季节预测需要所谓的再预报,而进行后报需要再分析(过去长期的分析)。正如这里简要描述的,次季节预报系统在许多方面不同于NWP系统。本章将详细阐述次季节预报系统的规范。

为了设计和配置次季节预报系统,需要做出几个选择,包括模式的分辨率、集合大小(集合成员的数量)、预测频率和再预报周期。这些配置的选择需要仔细考虑,因为每个选择都会影响预测成本和质量。在有限计算资源的约束下,上述选择可能相互冲突,系统配置的选择需要折中。尽管它们对预测质量有重要影响,但这些方面在研究文献中很少讨论,且很少分享相关经验。为了弥补这一不足,本章旨在涵盖与次季节预报系统的设计和配置相关的广泛主题。

然而,正如本章后面将要讨论的,与预报系统设计和配置相关的实际决策取决于每个业务机构预报服务的总体设计(以及最终的模式开发策略),并且目前对它们对预测性能的影响知之甚少。因此,很难确定最佳配置。因此,本章将回顾业务气象服务的当前做法,并讨论其方法的优、缺点。美国国家科学院、工程院和医学院(2016)也对次季节预报的现状进行了全面回顾,并讨论了策略和建议,感兴趣的读者可以参考本章未涉及的任何主题的信息(例如,多模式集合系统的设计、观测和同化）。

尽管记录不充分,但当前的次季节预报系统是建立在业务天气预报和季节性气候预测历史悠久的知识和经验之上的。欧洲中期天气预报中心和美国国家气象中心(NMC)在 1992 年将业务集合预报用于中期预报系统(Toth et al.,1993;Palmer et al.,1993),此后,在 1996 年 3 月,日本气象厅(JMA)是第一个生成业务性次季节(1 个月)预报的业务中心(Tokioka,2000)。在 JMA 的次季节预报系统运行 20 多年期间,系统发生了许多变化(表 12.1)。所有这些变化都有其合理性,并且在一定程度上影响了预测质量和成本。本章还要讨论 JMA 月尺度预报系统的配置选择,作为业务实践的一个例子,希望作者在 JMA 的经验能够为进一步讨论提供基础。

表 12.1　JMA 月尺度集合预报系统升级

版本	日期	分辨率	集合数量
GSM9603	1996.3	T63L30(180 km)	10
GSM0103	2001.3	T106L40(110 km)	26(13×2,LAF)
GSM0603C	2006.3	TL159L40(110 km)	50(25×2,LAF)
GSM0803C	2008.3	TL159L60(110 km)	50(25×2,LAF)
GSM1304	2014.3	TL319L60(55 km)	50(25×2,LAF)
GSM1603E	2017.3	TL479L100(40 km,day 0-18)TL319L100(55 km,day 18-34)	52(13×3+12,LAF)

注:只列举了主要升级。

12.2　业务次季节预报的要求和约束

在深入研究次季节预报系统的设计之前,应该回顾业务系统的一些的背景信息。提供次季节预报(超前时间约为 2 周至 1~2 个月,这大致符合世界气象组织定义的 10~30 d 延伸期天气预报)的业务中心,通常还提供中短期预报(提前 10~14 d)以及超前几个月的长期或季节预报。在这些中心,业务预报系统是顶层设计的一部分,用于提供从分钟到季节的无缝隙预报信息(WMO,2015)。作为业务部门的一部分,次季节预报系统旨在满足需求并填补中期预报(每天发布)与季节预报(通常每月发布)之间的间隙。一些中心使用统一的系统进行中期和次季节预报,而其他中心使用统一的系统进行 S2S 预报。与后者相比,前者的设计允许使用分辨率更高的系统,并且可以在中期和次季节预报之间提供无缝和一致的预报信息。后者适用于以滞后平均预报(LAF;Hoffman et al.,1983;另见本书第 12.3 节)方式连续运行的季节预报系统,可在初始时刻前以较短的滞后时间制作次季节集合预报。

业务次季节气候预报系统的设计和配置取决于各种重要和明显的因素:业务气象服务的具体要求、优先次序和资源以及决定效益的具体现象和区域次季节气候变化的固有可预测性。例如,在面临诸如热带气旋和山洪等高影响天气事件风险的国家,其国家气象部门可能将提供有关这类事件的预报信息作为最高优先事项,并投入更多资源提前几天更准确地预测这些事件。相反,在因某些事件可预测性和预测技巧提前几周而受益于次季节预报的国家,国家气象服务部门可以在次季节预报系统上投入更多资源。正如这个例子所示,次季节预报的资源是根据每个业务中心的优先级分配的,不能随意设定。

在此背景下,本章将讨论有限资源约束下次季节预报系统配置的优化与折中问题。下一节简要回顾集合预报的设计,特别着重于集合方法,因为这种设计是预报系统配置的基本和关键要素。然后实时预报和后报的配置将在第 12.4 和第 12.5 节中讨论。

12.3 集合大小和滞后集合的影响

12.3.1 集合样本大小的影响

由于气候系统的混沌状态,超前时间超过一周的预报基本上应被视为概率预报。这意味着这些预报需要通过应用集合预报方法表征给定目标时间的许多可能的未来情景。

在后续的讨论中,我们将研究满足业务预报实际需要的后报和实时预报所需的集合样本大小。首先,我们研究了集合样本数与预报技巧评分的关系。为此,进行了一个简单的模拟试验,以说明几个基本特征。根据 Kumar(2009)的方法,通过一个理想化的简单模拟,评估了预报技巧对集合大小的依赖性。在模拟中,我们利用 50 个独立样本(即案例)的 10000 组蒙特卡罗模拟估计预期得分,该模拟中的样本数是季节和次季节预测问题的典型验证样本量,选择合理。样本由随机数生成器和博克斯-穆勒算法(Box-Muller)算法生成,假设样本符合高斯分布,并具有特殊相关性的信噪比(signal-to-noise ratio,SNR)。模拟中的方差配置参照 Tippett 等(2010)。

图 12.1 显示了 M 成员集合平均预测(c_M)与给定平均单个成员相关(c_1)或等效信噪比(Kumar,2009;Tippett et al.,2010)的期望相关关系。集合平均的相关系数随着集合的增大而增大,但是集合足够大时,技巧的提高会逐渐达到平衡。另一个重要的结果是,中等相关技巧($0.1 < c_1 < 0.3$ 或 $0.3 < c_{10} < 0.7$)提升最多。这些结果与 Kumar 和 Hoerling(2000)的结果一致,并且与 Murphy(1988b)和 Kharin 等(2001)推导的集合大小和相关之间的理论关系一致。由于中纬度次季节预报中的典型相关常常是中等的,这一结果表明,次季节预报的技巧受益于较大的集合成员数。图 12.2 显示了由 ECMWF 预报系统后报 2 m 气温的 10 个样本集合预报的实际技巧。由 10 个成员组成的集合后报在热带地区展现出了相对较高的技巧,在中纬度的许多地方呈现了中等技巧,后报的第三周为期 3 周,超前时间为 14 d。

目前已有若干研究对季节性预报所需集合的数量进行评估。尽管很少有研究在次季节预报的背景下处理该主题,但对季节预报的研究可以为具有相似技巧水平的次季节预报的预报技巧对集合数量的依赖关系提供有益的指导。然而,因为预报技巧取决于许多因素,包括变量、区域、超前时间、平均区间、季节和低频变率,例如 ENSO 和 ISO(Li et al.,2015;Weigel et al.,2008),季节预报所需的集合大小可能不一定与次季节预报相同。Brankovic 和 Palmer(1997)分析了 5 a 的大气集合模拟并得出结论,热带以外地区地表气温的季节预报需要相对较多的集合(即约 20 个成员)。Déqué(1997)通过多模式季节预报试验评估了所需的集合大小,并建议集合大小为 20 用于预报中纬度位势高度,集合大小为 40 个成员用于预报欧洲的气温。Kumar 等(2001)研究了集合大小和 RPS 评分(ranked probability skill,简称 RPS)的关系,并指出 10~20 成员的集合大小足以确保平均技巧水平接近信噪比为 0.4~0.5 的大集合样本。这里引用的所有研究表明,20~40 个成员的集合大小对于进行业务季节预报和有效提高预报技巧是可以接受的。对于固有可预报性低、实际技巧低的预测,需要更多的集合成员来提取有技巧的预测信息(图 12.1;Kumar,2009;Kumar et al.,2015)。从早期研究的结果和

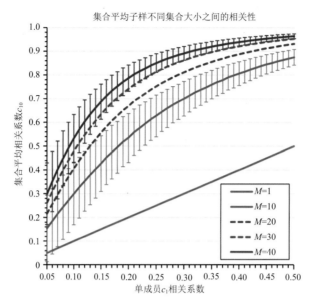

图 12.1　相关系数对集合大小（M）的依赖关系

晶须表示 15.9%～84.1% 的区间，对应于高斯分布的 1 个标准差范围。为简单起见，
仅显示 $M=10$ 和 40 的晶须

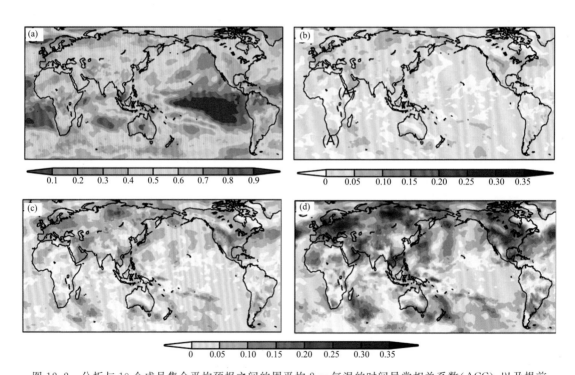

图 12.2　分析与 10 个成员集合平均预报之间的周平均 2 m 气温的时间异常相关系数（ACC），以及提前
14 d(a) 与 15 d(b)、16 d(c)、18 d(d) 之间的相关系数（ACC）差异

使用 1997—2016 年 ERA-Interim 再分析数据检验 ECMWF 模式（CY43R1）从 1 月 2 日、9 日、16 日、
23 日和 30 日开始的 10 个成员（不包括控制成员）再预报均值

图 12.1 和 12.2 所示,20～40 个成员的集合大小似乎是合理的,建议用于业务预测。这些结果支持当前业务次季节预报系统中集合大小选择(表 12.2)。

表 12.2　参与 S2S 项目的次季节预报系统配置(截至 2017 年 5 月)

中心	Real-Time Forecast					再预报		
	分辨率	滞后平均/猝发	集合数量	起报时间	频率	周期	集合数量	维护/正常
澳大利亚气象研究中心	T47L17	Burst	3×11	周日、周四	每月 1,6,11,16,21,26 日	1981—2013	3×11	正常
中国气象局	T106L40	LAF	4/day	每日	每日	1994—2014	4	维护
意大利气候科学研究所	0.75×0.56L54	Burst	41	周四	每 5 d	1981—2010	1	维护
法国国家气象研究中心	T255L91	Burst	51	周四	每月 1,15 日	1993—2014	15	维护
加拿大环境与气候变化中心	0.45×0.45L40	Burst	21	周四	每周四	1995—2014	4	正常
欧洲中期天气预报中心	Tco639/319L91	Burst	51	周三、周四	每周三、周四	Last 20 years	11	正常
俄罗斯水文气象中心	1.1×1.4L28	Burst	20	周三	每周三	1985—2010	10	正常
日本气象厅	T479/319L100	LAF	13/6 hours	周二、周三	每月 10,20 日和最后一天	1981—2010	5	维护
韩国气象局	N216L85	LAF	4/day	每日	每月 1,9,17,25 日	1991—2010	3	正常
美国国家环境预报中心	T126L64	LAF	16/day	每日	每月 1,9,17,25 日	1999—2010	4	维护
英国气象局	N216L85	LAF	4/day	每日		1993—2015	7	正常

12.3.2　技巧评估的不确定性

我们现在将通过蒙特卡罗模拟来研究估计的集合相关的不确定性。在图 12.1 中,晶须表示与蒙特卡罗模拟中的一个标准偏差相对应的不确定性范围。技巧估计的不确定性随着相关和集合大小的增大而降低,这与 Kumar(2009)的结果一致。该图显示,与 40 个成员集合相比,10 个成员集合的不确定性相对较大,这是业务后报配置(5～15 成果)中的典型集合大小。该结果显示了验证次季节再预报的局限性,也表明在验证再预报中估计的技巧通常预计显著低于实时预测的技巧,实时预测的集合规模比再预报大得多。对集合大小的技巧依赖表明,在不同集合大小系统的后报之间进行技巧比较时要谨慎。如此处所示,较小的集合限制了对后报的预测性能的评估。然而,有关研究建议采用一些对集合大小依赖程度较低的方法来减轻评估对集合大小的依赖(Muller et al.,2005;Weigel et al.,2007a)。此外,当使用来自多个初始日期的预报时,技巧估计的统计显著性会发生变化,因为自相关会影响统计检验(Geer,2016),次季节预报也是如此。由于上述原因,业务中心当前的次季节再预报配置可能不适合准确的技巧评估。

相同的方法可以很容易地用于评估相关以外的其他指标(Kumar,2009)。例如,概率检验方法,如 Brier 技巧评分(BSS)和 RPS 评分也由信噪比确定(Kumar,2009)。然而,技巧评分的增益可能因不同的分数而异(Murphy,1988b;Kumar,2009;Richardson,2001;Ferro,2007)。此处应用的蒙特卡洛方法的优点之一是不确定性估计与评分估计一起获得。另外,理想模拟的一个弱点是假设所有样本的静态具有潜在可预测性。实际上,情况并非如此,因为固有的潜在可预测性取决于状态。由于可预测性取决于诸如 ENSO 和 Madden-Julian 振荡(MJO;Li et al.,2015;Weigel et al.,2008;Johnson et al.,2014)等气候条件,因此,再预报长度不够短(如几个再预报率)抑制了对依赖于状态的技巧(也称为初始状态技巧)的准确估计。在 NWP 验证中,通常样本量(即预报案例的数量)足以准确评估预测性能,即使它也受自相关的影响(Geer,2016)。请记住,因为 ENSO 事件会在几年内发生一次,预报技巧的状态依赖性在 S2S 时间范围的业务预报系统的验证中是不可避免的。正如这里所讨论的,次季节预测的几个固有困难对次季节预测的验证提出了挑战。

12.3.3 滞后平均集合效果

在本节中,我们将讨论次季节预报系统设计中的下一个问题:生成集合的方法。在这里,我们比较主要业务中心目前采用的两个集合生成方法(图 12.3)。第一种方法是猝发集合(Burst),其中大型集合(例如,50 个成员)的成员从相同的初始时间初始化(Vitart et al.,2017)。第二种方法是 LAF(Hoffman et al.,1983),其中通常从具有一定时间间隔的连续初始时间初始化一组规模较小的集合(例如,在开始前 2 d 的时间内每 6 h 4 个成员的预测)。理想情况下,Burst 集合方法将提供最佳预测技巧,因为在初始时间之前没有滞后,但它一次需要比 LAF 更多的计算资源。另外,LAF 集合系统将所需集合预测的计算分成若干块,并分配和平衡计算机负载;因此,它更适合于给定时间的计算机资源有限的情况。LAF 方法的另一个可能优势是它可以更好地对快速变化的初始条件及其对预报的影响进行采样。因此,应该以某种方式对这些优、缺点进行定量评估以优化预报系统,本节将对此进行讨论。

LAF 是业务 S2S 预报中使用最广泛的集合生成方法之一(表 12.2;Chen et al.,2013;Takaya et al.,2017;Arribas et al.,2011)。它使用从多个滞后初始时间初始化的集合预测来组成一个完整的集合。在 LAF 集合中,与从最新的初始条件初始化的预测相比,从旧的初始条件初始化的预报技巧应该略有下降(图 12.2 和图 12.3)。因此,LAF 方法对预测技巧有两个相反的影响:增加更多的集合成员有助于提高预测质量,而较长的超前时间会降低预测的质量(Chen et al.,2013)。因此,在使用 LAF 方法时,找到最佳配置至关重要。

现在,考虑 LAF 集合的最佳配置。为简单起见,假设集合预测由从两个连续初始时间开始的预测组成。为了量化 LAF 集合的影响,这里需要对 LAF 集合相同预报技巧的 Burst 集合大小进行评估。图 12.4 显示了各种集合混合的等效集合大小。LAF 方法的评估分数是通过将两组集合(每组 20 个成员)与一组稍微退化的预测技巧相结合来模拟 LAF 集合而获得的。在这个试验中,如果两组具有相同的技巧,则等效集合大小为 40 个成员。但是,将 $c_1 =$

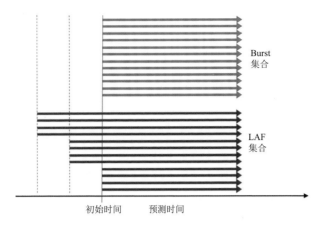

图 12.3　Burst 与 LAF 集合预报配置示意

0.2 的 20 成员集合与 $c_1 = 0.3$ 的 20 成员集合相结合(大约 $c_{10} \sim 0.5$ 和 0.7)相结合会导致一个 40 个成员的 LAF 集合与 30 成员的 Burst 集合具有相同的预报技巧(图 12.4)。

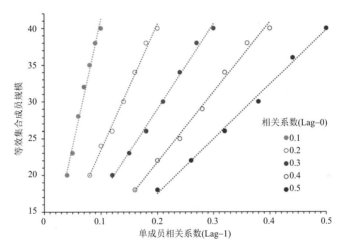

图 12.4　不同预报技巧的两组 20 个成员集合组成 40 个成员集合
时 LAF 集合相应于 Burst 集合的等效集合大小

在次季节预报中,我们对特定时段(例如,1 周)内的平均预报属性感兴趣,因为这种时间平均由于减少了不确定性而产生了更有技巧的预报(Leith,1973)。与基于瞬时值或短期(通常为 1 d)平均值的短期预报相比,平均次季节预报的技巧分数下降得更慢。由于作为超前时间函数的技巧缓慢下降,滞后平均方法在 S2S 预测中效果相当好。正如预期的那样,较长的 LAF 周期结合技巧较低的滞后预报,产生的预报技巧较低(图 12.2)。然而,结果(图 12.1、12.2 和 12.4)表明,滞后 1~2 d 的 LAF 集合提高了延伸期预报技巧。这一结果还意味着在设计多模式集合时应小心谨慎(National Academies of Sciences et al.,2016),因为如果多模式系统由于初始时间相差几天没有很好地协调,它们很容易退化。

应该注意的是,这里提出的模拟忽略了 LAF 集合中的误差协方差,因此,这里只是凸显了的 LAF 集合有最大潜在好处。Chen 等(2013)使用业务预报数据评估了 LAF 集合的效果。

他指出 LAF 方法的最有效时间范围因预报的属性、区域和季节而异。最近，Trenary 等 (2017)提出了一种通过考虑滞后集合的误差协方差来确定最佳滞后集合的新方法。这些结果检验了 LAF 集合方法并证明了它的好处。

12.4 实时预报配置

在本节中，将讨论实时预报的配置(特别是集合大小、预测频率、集合生成和初始化)。

实时预报产品通常由大样本的集合预报提供。一般来说，所需的集合大小取决于变量的预报技巧，这与固有(潜在)可预报性和预测类型(集合平均值，三分位数、五分位数或十分位数概率或全概率分布)有关。需要更大的集合规模来产生更详细的概率信息并检测极端(罕见)事件的风险。它还取决于潜在的可预报性或预报技巧。如前一节所述，如果可预报信号信噪比相对较小，则需要更大的集合规模来提高预测技巧，尽管由于信噪比较低，该技巧仍然较低 (Kumar et al.,2015)。基于这些考虑，当前的业务次季节预报包含 15～50 个集合成员(表 12.2)。

预测系统设计的另一个重要方面是分辨率与集合大小的关系。根据以往的研究和业务中心的经验，次季节预报技巧随着分辨率的提高而提高，直到达到相对精细的分辨率为止。提高分辨率需要大量的计算资源；将大气模式的水平分辨率加倍(网格距减半)可能会使运行模式的计算成本增加 8 倍。因此，增加相对较少的集合成员(10～15 个成员)，而不是提高分辨率，可能更有利。如果资源有限，就必须做出上述选择。在 JMA 月尺度预测的早期阶段，优先分配计算资源来增加集合大小而不是提高模式分辨率(表 12.1)，因为具有更大集合的系统可以产生更有技巧的和可靠的概率预测信息以供一般使用。

在计算资源有限时最大化分辨率优势的另一种方法是采用可变分辨率方法，其中对前一部分积分采用更高分辨率的模式，而对其余的积分采用较低分辨率的模式(Tracton et al., 1993；Szunyogh et al.,2002；Buizza et al.,2007a)。它提供了一种更有效的方法来优化有限资源的预报技巧(Buizza,2010)，并被 NCEP 全球集合预报系统(GEFS)和 ECMWF 集合预报系统采用。2017 年 JMA 也引入了这种方法(表 12.1)。

集合配置是业务次季节预报系统的重要组成部分。如 12.3 节所述，Chen 等(2013)和 Trenary 等(2017)专门讨论了 LAF 集合的效果和最佳配置。最近，JMA 将月尺度预报系统中滞后集合的频率从具有 2 个 25 个成员集合、间隔 1 d 的 LAF 集合更改为具有 3 个 13 个成员集合和一个 12 个成员间隔为 6 h 的 LAF 集合。这种更频繁的 LAF 集合配置略微提高了业务化可行方案中的预报技巧。

在当前的业务次季节预报中，预报频率和时间表仍可能存在争议。与通常在所有业务中心从相同初始时间(00 UTC、06 UTC、12 UTC、18 UTC)运行的确定性短期预报相比，S2S 预报以不同的时间表运行。许多中心每周发布一次或两次次季节预报，以填补延伸期(每天几次)和季节预报(通常每月一次)之间的间隙。大多数参与 S2S 项目的中心在周四开始预测，并在周四或周五向公众发布预测。同时，2014 年，JMA 将预报发布时间从周五下午改为周四下午，并相应地将 LAF 初始日期从周三和周四改为周二和周三。这一变化旨在提高这些次季节预报的实际可用性。如果业务中心在周四下午发布其官方的次季节预报，用户就有足够的时间更好地利用次季节预报来制定下一个日历周的决策。时间表的这种变化似乎是一件微不足道的事情,但它实际上对业务预报的可用性和效益有很大的影响。

近期,一些中心增加了次季节预报的发布频率。例如,JMA 在 2008 年引入了 2 周预报(参见第 13 章对该系统的说明),以补充每周一次月预报,以支持极端天气事件的早期预警;ECMWF开始发布次季节预报。2011 年起每周预报两次,而不是每周一次。一些采用 LAF 方法的中心(例如 NCEP)也提供更频繁的次季节预报产品。预报频率的增加也有助于提高预报信息的可用性。因此,运行时间表是预报系统设计的重要组成部分。各业务中心之间预报时间表的协调对于多模式集合预报也很重要。目前,用于季节预报的业务多模式集合在各个组织中进行协调和制作,例如 WMO 长期预报多模式集合领导中心(LC-LRFMME;Graham et al.,2011)和欧洲季节至年际预测(EUROSIP)。类似的多模式集合系统也可能有利于次季节预测。正如第 12.3 节所讨论的那样,由于各中心之间初始预报日期的巨大差异会使次季节多模式集合系统难以建立;在调度次季节预报时跨业务中心的协调对于发布多模式产品的气候服务至关重要。

集合生成和初始化是实时预报系统设计中的另一个重要主题。集合的初始条件通常会添加微小扰动来表示其中的不确定性。已经提出了几种技术来生成扰动初始条件,即奇异向量(Buizza et al.,1993)、增长模繁殖法(Toth et al.,1997)、LAF、集合卡尔曼变换(Evensen,1994;Anderson,2001;Wang et al.,2003)和集合变换(Wei et al.,2006)(更多细节请参见第13 章)。此外,澳大利亚气象局专门为次季节耦合模式预测设计了初始扰动方案(Hudson et al.,2013)。

一些研究比较了使用各种集合扰动的预报性能(Houtekamer et al.,1995;Hamill et al.,2000;Magnusson et al.,2008;Wang et al.,2007)。然而,只有少数研究关注次季节预报。目前尚不清楚哪种方法更适合次季节预报以及它们在这个时间尺度上的影响是什么。此外,业务中心倾向于结合多种方法来产生所需数量的集合成员。例如,JMA 同时使用 LAF 和奇异向量,这使得此类比较研究更加困难。深入比较超出了本章讨论的范围,但同样值得注意的是,在实践中,集合生成技术的选择不仅会影响预报质量,还会影响实时预报和再预报的设计。例如,奇异向量只需要瞬时初始条件,而增长模繁殖法需要连续循环来产生扰动,适合采用LAF 方法的预测系统。此外,集合技术发展的最新趋势是将流依赖的同化系统和集合预测系统结合起来。例如,集合变换卡尔曼滤波器(Evensen,2003)或混合集合 4DVar(Bonavita et al.,2016)。这意味着初始集合扰动是通过资料同化过程提供的。因此,初始扰动生成策略与预测系统的总体设计密切相关。需要做更多的工作来制定和实施改进的次季节预测初始扰动方案。

12.5　再预报配置

再预报,也称为后报,是采用特定预报系统对过去很长一段时间的回顾性预测(Hamill et al.,2006)。后报有两个主要目的。首先是为一些后验预报偏差校正和校准估计模式气候态。一般来说,由于模式物理过程不完善和分辨率不够,数值模式会在很长一段时间内偏离(漂移)观测到的气候态。因此,次季节预报需要使用再预报的输出进行偏差校正,以提高预报技巧。

这种预报后处理是预报系统设计的另一个重要组成部分(在第 16 章中讨论)。第二个目的是评估实时预报中预期的预报性能,以支持实时预报产品的使用(在第 17 章中讨论)。再预报配置包括再预报长度(年数)、再预报集合规模(一般小于实时预报的集合规模)、频率、初始化方法等要素。本节的其余部分将评估再预报配置如何影响实时预报和再预报验证的质量。

我们首先讨论再预报的频率和长度。次季节变率受到相对较大的年际和季节内变率的调制。此外,观测到的次季节变化气候态有时表现出快速的季节变化,如在季风暴发期间所见。这表明通过长期分析和再预报估计的观测和模拟气候态需要准确计算。WMO 气候委员会(CCl)建议从至少 30 a 的数据中定义气候平均值(气候态)(Arguez et al.,2011)。WMO 全球资料处理和预报系统(GDPFS)手册建议对季节(长期)预报进行 15 a 以上的预报(WMO,2010)。

定义气候态所需的最短时间也可能因地区和季节而异。在实践中,业务中心选择的再预报周期是最近连续超过 15 a,或按照 CCl 建议的固定的 30 a。再预报的频率是定义气候态的另一个重要因素。一些中心每周进行一次再预报,而另一些中心则从每月的特定日期开始进行再预报。例如,JMA 目前进行了 30 多年的再预报,以涵盖最近的标准的气候区间(1981—2010 年),初始日期相隔大约 10 d。其他中心的间隔可能更长或更短(表 12.2)。

集合大小是再预报配置的另一个重要元素。较大的集合规模允许更好地估计模式气候态(不仅是气候态平均,而且还有概率分布)以及更好地评估预报系统的性能。如果考虑诸如平均值和三分位数阈值之类的属性,则可以使用相对较小的集合获得相当准确的模式气候态。然而,我们需要记住,从分析中计算出的气候态只有一个,包含更大的不确定性。如第 12.3 节所述,准确的验证需要较大的集合规模,尤其是在低技巧区域/变量中。如表 12.2 所示,业务中心再预报集合规模的选择各不相同,可能反映了每个中心的优先级。还应注意的是,再预报配置的多样性使得难以比较业务中心的预测技巧,也使得业务中心之间的业务季节预报系统难以标准化。

如前所述,在集合大小、再预报频率和再预报长度的配置之间存在权衡。较大的集合规模允许更准确地验证实时系统的技巧和评估概率预报技巧(Weigel et al.,2008)。更高的频率和更长的再预报长度有利于获得更准确的气候态以及用于预报后处理的更长的训练和验证样本。在资源有限的情况下,业务中心必须决定最适合其优先事项的配置。在 JMA 进行的一些测试表明,更长的再预报周期以及更长和更高频的训练样本有利于预测后处理,因此,该中心决定对业务系统进行 30 多年的再预报。最佳配置可能取决于后处理训练情况。

除了此处描述的规范外,执行再预报的方式是业务化再预报配置中的另一个重要方面。业务中心采用两种执行方式:即固定的再预报和动态进行的再预报(表 12.2)。在固定再预报配置中,在运行新系统之前会生成一组再预报。这使模式研发人员能够对预报性能进行整体评估,用户可以了解新预报系统的特点,并通过使用全套再预报来更好地校准自己的应用模式。在动态再预报配置中,再预报在实时预报计算之前不久或同时进行。这种方法有利于频繁的模式升级并加快模式的开发和实施(Arribas et al.,2011)。NWP 系统可以在相对较短的时间内更换,因为它们不需要再预报,但通常会进行几个月到几年的配套测试。

在再预报和实时预报中保持初始条件的一致性也是业务性次季节预报的挑战,因为次季节预报系统需要对各种模式分量进行长期分析以进行初始化。这种情况不适用于只需要实时分析的 NWP 系统。在业务次季节预报系统中,大气初始条件通常来自现有的大气再分析,除了 NCEP 系统(Saha et al.,2014),该再分析资料可能使用旧的预报模式或来自其他业务中心的模式产生,其再分析部分使用与实时季节和次季节预季一致的模式。由于陆地、海洋和海冰等地球系统分量可能会提升次季节预报的预报技巧(Koster et al.,2010a),因此,这些组件的初始条件一致性对于业务性次季节预报至关重要。不一致的初始条件可能会对实时预报产品产生潜在的不利影响(例如,系统偏差)(Kumar et al.,2012)。因此,应注意确保再预报和实时预测配置之间的初始条件具有良好的一致性。

12.6　总结

本章回顾了次季节预报系统的设计和配置。与天气预报系统相比,次季节预报系统在系统配置方面具有较大的自由度和复杂性。如前所述,业务中心的实时预报和再预报配置是多种多样的(表 12.2),这可能反映了每个业务中心的策略和优先级。这也意味着尚未就最佳预报配置和设计达成共识。目前,业务中心的配置差异很大,这使得在各业务中心之间交换预报以发展气候服务的协调变得复杂。

可以说,业务次季节预报系统的设计还处于初级阶段,还有很大的改进空间。关于次季节预报的最佳预测系统设计仍有许多悬而未决的问题。特别是诸如①Burst 和 LAF 集合方法在业务预测中的优势和不足;②实时预报的优化配置,如频率和集合大小;③再预报在集合大小、长度和频率方面的优化配置;④集合生成和资料同化技术都是改进业务次季节预报的新兴和实际问题。此外,随着系统复杂性的增加(使用地球系统模式),系统设计可能需要额外考虑。例如,用于实时预报和再预报的分量模式(例如,海洋、海浪、海冰和陆地)的一致初始化可能有利于使用地球系统模式进行次季节预报。使用地球系统模式进行无缝预报的未来发展将包括使用耦合模式进行更高级的分析和初始化(Brassington et al.,2015)。

无论预报系统如何发展,预报设计和配置仍将是业务预报中心的基本问题。希望本章能引发对与预报系统设计和配置相关的实际问题的讨论,并有助于改进未来的业务次季节预报系统。

第13章

集合生成:TIGGE 与 S2S 集合

13.1 全球次季节—季节预报:初值问题

在讨论次季节—季节预报以及如何利用集合提供可靠与准确的预报产品之前,首先给出本章将要用到的若干关键术语的定义。

我们讨论的是与人类生活及各类活动密切相关变量的 S2S 预报。这些变量包括人类生活以及绝大多数人类活动所在对流层下部的大气变量(气温、风、降水、云、海平面气压);地表变量(温度、水循环、土壤湿度);海洋变量(海浪和洋流,温度和盐度,碳循环)。从时间范围来看,次季节预报是指 2 周~2 个月的有效预报,季节预报是指 3~24 个月的有效预报。

这里所提到的地球系统模式是指能够模拟大气、陆地、海洋和海冰各组成部分中与 S2S 预测密切相关的物理过程的模式。相关是指在模式中删除或添加这些过程会对预测的质量产生明显的影响,或者这些过程对于某些变量的预测是必要的(例如,如果你想预测未来海况的变化,你必须在你的模式中包括对海况的模拟)。迄今为止(Vitart et al. ,2014;Molteni et al. ,2011;Arribas et al. ,2011;Saha et al. ,2014),S2S 预报(例如,对未来 1 年的预报)是通过地球系统模式产生的,该模式包括大气(高度约 80 km)、陆面、海浪、海流以及海冰。

S2S 预报的生成涉及对全球尺度(相对于空间意义上的区域)上有关问题的解决。一般来讲,信号和误差会随着大气运动而传遍全球,其传播速度会随当天的流型而变化。平均来说,误差和信号每天在 15°—30°E 内移动,这种纬向传播速度被 Buizza 等(2007)和 Kelly 等(2007)的目标观测工作所证实,其通过研究初始条件误差在北半球海洋盆地的传播,结果表明,剔除北太平洋(大西洋)海洋的观测值会增大 2 d 以后下游北美(欧洲)陆地的预报误差。除此之外,他们的研究还表明,剔除北太平洋上空的观测资料会对 5~7 d 后大西洋上空的大气活动的预报产生影响。换句话讲,来自观测的信息可以在 2~3 周内传遍全球。这意味着,如果想要提取来自地球系统模式相关的合理且正确初始化分量的可预报信号,必须基于全球尺度开展月到季的预报。

我们讨论的是通过解动力学方程做出的预报,这些方程描述了与预报本身相关的地球系统模式分量的时间演化。这组动力学方程针对旋转球体上的流体,从牛顿物理定律推导演化而来,在此基础上,增加了模拟地球系统模式各分量中有关物理过程(如对流)对地球系统状态矢量趋势影响的项。

S2S 预报是一个初值问题,因为它的解(即描述系统演化的动力学方程对时间的积分)依赖于系统的初始状态。为了生成 S2S 预报,必须计算出系统初始状态的可靠和准确的估计。

需要记住另外 4 个术语的含义:

• 数值预报是通过数值求解描述地球系统或其某些组成部分演化的物理方程而产生的
预测。

• 单一预报是描述系统未来可能状态的一个预报。

• 集合预报是有 N 个预报构成的一个预报组，其描述了系统未来状态的可能分布。

• 概率预报是一种以概率方式来表达的预报（例如，通过计算预测特定现象的集合成员的
数量）。

除此之外，同样需要记住的是，基于预报时间范围，这里给出本章将要用到的若干术语的
定义：

• 短期预报：有效期为几天（如 2～3 d）的预报。

• 中期预报：有效时间长达两周的预报。

• 延伸期预报：有效期为 10～30 d 的预报。

• 长期预报：有效期超过 30 d 的预报。

• 月预报和次季节预报：有效期为 1～2 个月的预报。

• 季节预报：有效时间超过 2 个月的预报。

在我们的讨论中，天气是指地球系统在特定点或者一定时间内的状态，或者是有限三维空
间、短时间（比如，几天以内）以状态变量表示的平均状态。相比之下，对于气候，我们指的是地
球系统在一个大的三维空间（比如，几百千米的大小）和很长一段时间（远超过几天）内的平均
状态。

13. 2　集合比单一预报能提供更完整、有价值的信息

自 20 世纪 90 年代初以来，集合预报开始在实际业务预报中被广泛使用，预报员和其他用
户已经能够估计预报状态的概率分布函数（PDF），而非 20 世纪 70—80 年代那样只依赖于一
种可能的结果，只有单一的预报可用。这意味着预报者和用户可以计算出任何相关的关注事
件发生的概率，比如与可接受最大损失相关的事件。

从单一预报向集合预报方向转变始于 1992 年，欧洲中期天气预报中心（Buizza et al. ，
1995；Molteni et al. ，1996）和美国国家环境预报中心（NCEP，Tracton et al. ，1993；Toth et
al. ，1993）分别在数值预报业务系统中引入全球集合预报系统。在这之后，加拿大气象局
（MSC，Houtekamer et al. ，1996）于 1996 年也将全球集合预报引入其数值预报业务系统，而
后全球其他各地区也陆续跟进（参见第 13. 5 节）。如果集合能提供可靠和准确的概率预报，那
么它们就比单一预报更有价值（Buizza，2008）。

13. 2. 1　集合的可靠与准确性

N 个预报的集合可以用来计算任何关注事件发生的概率。计算这种概率最简单的方
法是计算有多少个成员预测特定事件将要发生，即 $P=n/N$。计算这种概率的更复杂的方
法包括给集合成员不同的权重（例如，如果集合成员的起始日期不同，距离当前日期较近的
预报平均比距离起始日期较远的更准确，可以赋予距离当前日期较近的预报一个相对更高
的权重）。

如果预报事件发生的平均频率为 o，则某一事件（例如，某一点的 2 m 气温异常）将发生的概率预报 p 是可靠的。衡量集合可靠性的一种方式是构建可靠性图，其通常基于一个区域内的所有网格点，将平均预测概率 p 与平均观察频率（即，它显示了点 (p,o) 的位置）进行对比。如果一个集合是可靠的，则点 (p,o) 位于对角线上，测量这些点到对角线的距离所得到的 Brier Score(BS)(Brier，1950；Wilks，2005)为 0。相应的技巧评分，即 Brier 技能得分(BSS)，其被定义为预报的 BS 与参考态（例如，基于气候态的统计预报）之间的相对差值，完美的预报，BSS 为 1，没有提供比参考资料更有价值的信息的预报，BSS 为 0。

图 13.1 为欧洲中期天气预报中心季节预报业务（自 2017 年 5 月起）系统 S4(Molteni et al.，2011)的预报，起报时间从 11 月 1 日开始，预报时效为当年 12 月—次年 2 月(DJF，+2～4 个月)，计算了热带和欧洲这两个地区(1981—2010 年)的所有 S4 格点的有效预报。图 13.1 表明，从 11 月起报的 S4 能够提供热带地区未来 2～4 个月的可靠与准确的季节预报（图 13.1a 和 13.1b；正 BSS）。相比之下，平均而言，从 11 月起报的 S4 对欧洲的季节预报并不准确（图 13.1c 和 13.1d；负 BSS）。

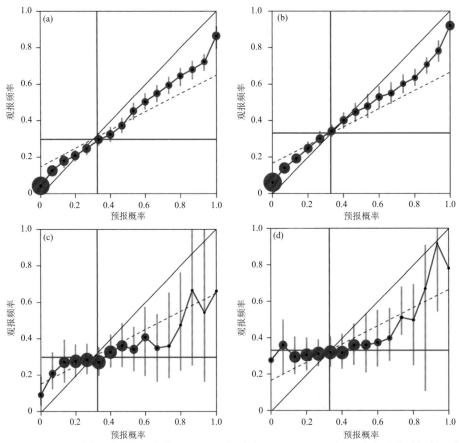

图 13.1　ECMWF 季节预报 S4 对热带地区(a、b)与欧洲地区(c、d)2 m 气温异常季节预报的可靠性；
(a,c)为 2 m 气温异常数据分组的最低分位,(b,d)为 2 m 气温异常数据分组的最高分位
图中信息源于 ECMWF 季节预报 S4 系统 30 a 自 11 月 1 日起报的未来 2～4 个月预测(1981 年 11 月 1 日—2010 年 11 月 1 日的预报)，预报时效覆盖 12 月—次年 2 月。每个圆圈的大小取决于特定类别中事件的数量(最大的,最高的)。BSS 分别为(a)0.248、(b)0.279、(c)−0.053 和(d)−0.081

集合应当被设计为能够模拟所有可能的预报误差来源，这可以通过模拟已知初始条件（预报起始）中的不确定性和模式近似的影响来实现。可靠性可以被看作是预报误差来源是否被正确模拟的一个衡量标准。如果集合的可靠性较差，改进对预报误差源的模拟将会获得更高的可靠性。

可靠性很重要，因为在一个完全可靠的集合中，预报概率和观测频率之间是一一对应的。另一种理解其重要性的方法是考虑由集合成员支撑的超球（在系统的相空间中）。在一个可靠的集合中，集合成员与集合均值（集合离散度，通过集合标准差测量）之间的平均距离应该等于集合均值的平均误差。当这种情况发生时，一般来讲，由集合成员所支撑的超球包含系统的真实状态，并作为一个可能的解而存在。这意味着当集合的离散度小于平均值时，我们应该期望预报误差也小于平均值，二者的关系在图 13.2 中以概念图的方式表示。这就是为什么可靠性是设计集合系统时应该考虑的一个关键属性。

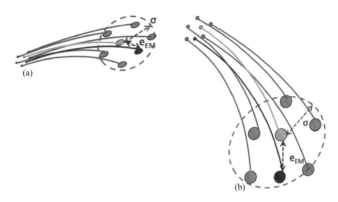

图 13.2　集合标准差测量的集合离散度与集合预报均值误差之间的关系示意
蓝色圆圈代表集合成员，绿色圆圈代表集合预报均值，红色圆圈代表系统的真实状态。（a）表明当集合扩散小于平均时，应该期望集合—平均误差小于平均；（b）给出的是与（a）相反的情况

仅采用可靠性指标并不能保证基于集合的概率预测能够提供准确的信息（如，比基于气候态的信息更准确）。例如，一个由过去各状态定义的气候集合在平均上是可靠的，但它不能提供精准的逐日预报。

准确度可用各种指标来衡量。4 个最常用的指标（Wilks，2005）如下：

• 总体均值预报的均方根误差（RMSE）：提供集合均值 PDF 平均距离观测状态有多近的信息。

• BS：测量特定事件的预报概率和观测频率之间的对应关系，例如 2 m 气温异常将超过 4 ℃ 的概率。

• 相对作用特征（ROC）曲线下的面积：衡量一个概率系统区分事件发生和不发生的能力。

• 连续分级概率评分（CRPS）：测量预报 PDF 和观测之间的平均距离（即，以观测值为中心的窄分布，宽度代表观测的不确定性）；这个分数相当于 RMSE，通常在概率监测中用于评估单个预测。

对于任意预报 f，给定参考预报 ref，对于每次预报的评分，可定义技巧评分为

$$\mathrm{sk}(f) = \frac{\mathrm{sc}(\mathrm{ref}) - \mathrm{sc}(f)}{\mathrm{sc}(\mathrm{ref})} = 1 - \frac{\mathrm{sc}(f)}{\mathrm{sc}(\mathrm{ref})} \tag{13.1}$$

图 13.1 展示了 4 个概率预报的可靠性示例,在每个图的图题中说明了相应的 BS 和 BSS。BS 为 0 和 BSS 为 1 代表一个完美的预报;BSS 为 0 表示该预报与用来定义技巧得分的参考预报(通常是气候预报)一样好。图 13.3 为 4 种概率预报对应的 ROC 曲线,其可靠性特性如图 13.1 所示。这两个指标之间有明显的对应关系,尽管预测相对于参考态的相对价值可能会随着指标的不同而改变。例如,两幅图都表明热带地区的季节概率预报比欧洲地区更准确,热带地区的 ROC 面积值约为 0.8(图 13.3a 和 13.3b),欧洲地区略高于 0.5(图 13.3c 和 13.3d)。

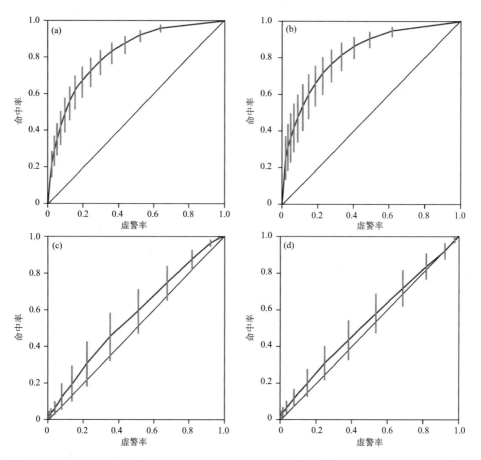

图 13.3　ECMWF 季节预报 S4 对热带地区(a、b)与欧洲地区(c、d)2 m 气温异常季节预报的相对作用特征曲线图((a、c)为 2 m 气温异常数据分组的最低分位,(b、d)为 2 m 气温异常数据分组的最高分位)图中信息源于 ECMWF 季节预报 S4 系统 30 a 自 11 月 1 日起报的未来 2～4 个月预报(即 1981 年 11 月 1 日—2010 年 11 月 1 日的预报),预报时效覆盖 12 月—次年 2 月。ROC 面积得分分别为 (a)0.820、(b)0.820、(c)0.570 和(d)0.540

第 2 章的图 2.6 提供了 ECMWF 中期集合预报使用连续分级概率技能得分(Continuous Rank Probability Skill Score,CRPSS)的个例,其展示了 1994—2016 年 CRPSS 对 2～15 d 预报技巧评估的时间演变。由图可见,对于以 500 hPa 位势高度为代表的天气尺度特征的预报,ECMWF 概率预报的预报质量以 2 d/(10 a)的速度持续提升。由于 CRPSS 对集合的可靠性和准确度都很敏感,它的改进表明整个系统(模式、初始条件的定义以及初始不确定性和模式不确定性的模拟)的不断改进。

13.2.2　单一和基于集合的概率预报价值

第 13.2.1 节讨论了基于集合的概率预报的两个关键性质——可靠性和准确性。本节我们将简要地介绍基于集合的概率预报比单个预报更有价值的两个原因。

第一个原因是，它们不仅使预测最可能发生的情景成为可能，而且使估计任何事件可能发生的概率成为可能。换句话讲，集合预报系统为用户提供了更完整的信息以及关于未来天气场景的额外信息。衡量这种差异的一种方法是采用简单的成本-损失（C/L）模型，并采用一种称为潜在经济价值（PEV；Richardson，2000；Buizza，2001）的预报系统。

PEV 基于一个简单的 C/L 模式，用户可以决定支付金额（金额）C 来防止与特定天气事件相关的损失 L。然后，通过考虑具有不同 C/L 比率的用户，并通过构建一条曲线来评估预报，该曲线显示用户使用预报可以节省的费用。显然，PEV 是预报可靠性和准确率的函数：可靠和准确的预报有一条 ROC 曲线，它更接近图的顶部（$y=1$）。例如，图 13.4 展示了 4 个事件的 ECMWF 单一高分辨率预报的平均 PEV 和中期/月集合（ENS）概率预报：

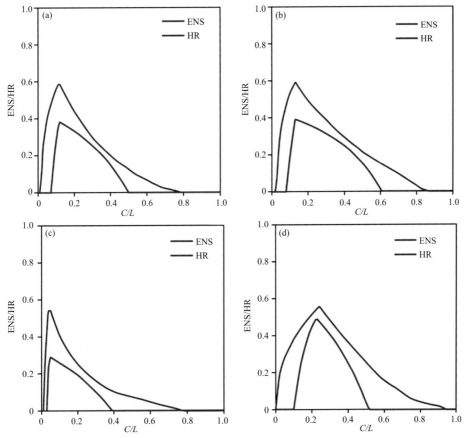

图 13.4　4 种不同天气预报中 C/L 比为 0～1 时，欧洲中期天气预报单一高分辨率预报的 PEV（蓝线）和基于欧洲气象局的概率预报（红线）：2 m 气温负异常小于 4°（a），2 m 气温正异常大于 4°（b），10 m 风速大于 10 m/s（c），总降水量大于 1 mm（d）
利用欧洲中期天气预报中心 2016 年 10—12 月的预报，对 PEV 平均值进行了计算，并与地面天气观测（SYNOP）进行了验证

- 2 m 气温负异常(相对于气候态)低于 4 ℃
- 2 m 气温正异常(相对于气候态)大于 4 ℃
- 10 m 风速大于 10 m/s
- 总降水量大于 1 mm

基于欧洲和北非地区的 SYNOP 观测,对预报时效为 6 d 的数值预报进行了验证,并计算了 2016 年 10—12 月共 3 个月的 PEV。由图 13.4 可以看出,对于所有范围的用户,基于集合的概率预报都具有更高的 PEV。

基于集合的概率预报更有价值的第二个原因是,集合系统为预报者提供了更一致(即更少变化)的连续预报。对此进行了研究(Zsoter et al.,2009),他们比较了 ENS 控制和总体均值预测的一致性。间隔 24 h 发布的集合平均预报比对应的单一预报变化更小(即更一致)。换句话说,基于集合的动态平均使得连续的预测更加一致。

13.3 资料同化简介

资料同化是估计地球系统初始状态的过程。在本节中,我们简要地回顾了资料同化过程的关键阶段,以便读者能够更好地理解用于生成集合的方法(见第 13.5 节)。关于这个主题的更多信息,读者可以参考更多相关的书籍,如 Daley(1991)、Ghil 等(1997)和 Kalnay(2012)。图 13.5 为数值天气预报过程示意图,ECMWF 每天都依循此过程运行数值天气预报系统,生成全球预报:

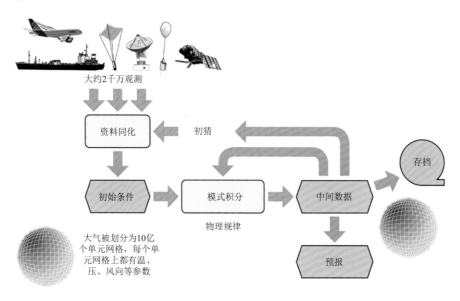

图 13.5 欧洲中期天气预报中心生成全球预报所需的 NWP 过程示意

①利用全球电信网络收集和交换尽可能多的观测数据,使天气预报中心能够及时获取这些数据。

②每天几次(对于全球预报而言,每 6 h,即 00 UTC、06 UTC、12 UTC 和 18UTC)执行资

料同化讨程来估计系统在特定时间 T 的状态。这个过程合并若干小时之前或者时段中心处于时间 T 的观测，并进行若干小时的短期预报，为大气提供状态估计。

③在资料同化过程结束时，启动下一次预报的初始条件已具备；例如，在欧洲中期天气预报中心，每天在 4 个天气时段发布不同长度的预报。

④然后，这些预测被用作下一个资料同化过程的输入，并生成预报产品。

⑤所有的分析和预报数据都分发给用户，并复制到档案系统中，以便用户可以回顾和重温每一个案例，进行诊断和核实。

在本节撰写之际，全世界每天收集和交换的观测数据为 2 亿～2.5 亿次。其中，2000 万～2500 万个（也就是接收到的大约 10%）被用来估计启动大气运动方程数值积分所需的初始条件。选择这 10% 的观测结果以便提供对整个地球的良好和统一的覆盖。一些收集到的观测资料被丢弃，因为它们不满足质量控制检查，还有一些被丢弃，因为它们是多余的。为了保证观测的空间分辨率与模式网格分布相似，还采用了稀疏化处理过程。在这 2500 万次观测中，大约 95% 来自卫星上的仪器。图 13.6 显示了欧洲中期天气预报中心在 5 月 27 日 12 UTC 使用的 4 种不同类型数据的覆盖平均值。

观测质量是非常重要的，因为它影响使用资料同化程序生成的大气真实状态的最佳估计的准确度。一般来说，观测质量取决于仪器，对于卫星来说，还取决于仪器相对于观测区域的位置。此外，卫星观测质量受大气状态的影响，在晴空（多云）情况下，观测误差较低（较高）。例如，由于接近地表的水汽浓度较高，卫星观测在接近地球表面的地方精度较低。观测结果会

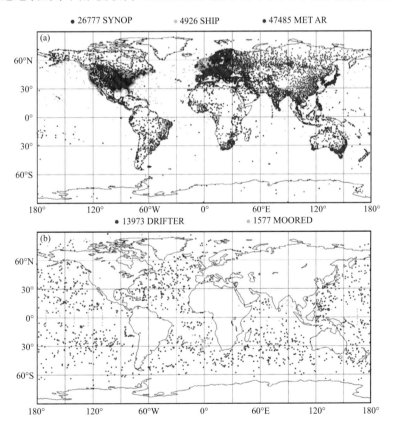

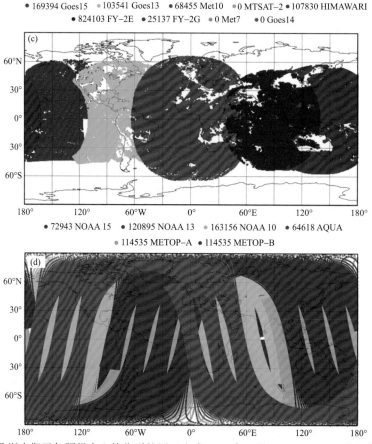

图 13.6　欧洲中期天气预报中心接收到的用于生成 2017 年 5 月 27 日 12 UTC 分析数据的覆盖范围：(a)台站(天气概况及气象资料)及船舶资料；(b)浮标；(c)静止气象卫星的大气运动矢量；(d)极轨卫星上的先进微波探测单元 a(AMSU-A)数据

受到误差的影响，而误差的大小取决于观测的类型及被观测地区的大气，关于这种误差的处理也在资料同化流程中有所体现。例如，表 13.1 列出了两个水平风分量(U 和 V)和不同垂直高度温度的规定均方根误差(来自 A. Geer，ECMWF，个人通信)。对每种观测，通过使用不同的 RMSE 估计，复杂的技术也可以考虑这样一个事实，即观测结果之间的密切联系可能会产生相关的观测误差。

当观测数据与对大气状态的初猜场数据合并，生成下一次预报的初始条件时，需根据观测数据和初猜数据的相对质量，赋予它们不同的权重。对于观测数据，质量与仪器密切相关；例如，SYNOP 的观测数据比卫星数据的质量更高(观测误差更小)(表 13.1)。对于初猜，质量取决于模式准确度(初猜只是一个短期预报)，其可能与模式分辨率密切相关。

资料同化面临的难题由若干因素引起。例如，模式网格和观测的位置并不总是一致的，或者观测的时间与可用的模式状态不一致，模式用来定义大气状态的变量(例如，温度、风、湿度、表面气压和云量)与观测变量不一致。因此，需要开发观测算子来将模式状态映射到观测状态。观测算子必须针对每种观测类型而开发，由于其只能以近似的方式模拟真实的物理现象(就像大气模式一样)，所以会在估算初始条件的方式中引入不确定性。

表 13.1　欧洲中期天气预报中心同化过程中某些变量的观测误差示例

垂云层/ hPa	U、V 风矢量观测/(m/s)			高度观测/m			温度观测/K		
	Temp /Pilot	SATOB	SYNOP	Temp /Pilot	SYNOP (Manual Land)	SYNOP (Auto Land)	Temp	AIREP	SYNOP (Land)
1000	1.80	2.00	3.00	4.30	5.60	4.20	1.40	1.40	2.00
850	1.80	2.00	3.00	4.40	7.20	5.40	1.25	1.18	1.50
700	1.90	2.00	3.00	5.20	8.60	6.45	1.10	1.00	1.30
500	2.10	3.50	3.40	8.40	12.10	9.07	0.95	0.98	1.20
250	2.50	5.00	3.20	11.80	25.40	19.05	1.15	0.95	1.80
100	2.20	5.00	2.20	18.10	39.40	29.55	1.30	1.30	2.00
50	2.00	5.00	2.00	22.50	59.30	44.47	1.40	1.50	2.40

注：第 2~4 栏：7 种不同高度（从地面 1000~50 hPa）的三种观测资料中规定的 U 和 V 风分量的均方根误差，在欧洲中期天气预报中心资料同化程序中使用（见欧洲中期天气预报中心 IFS 文件）。第 5~7 列：与第 2~4 列相同，但用于观察高度。列 8~10：与列 2~4 相同，但用于温度。Synop，Temp 和 Pilot 是站内观测报告，SATOB 是卫星观测报告，AIREP 是飞机观测报告（数据来自 A. Geer，ECMWF，个人通信）。

更深层次的困难在于，地球系统的混沌本质以及相对观测和初猜的误差取决于地球系统本身的状态。这种流依赖性可以在资料同化中被考虑进去，例如通过使用首次猜测的集合（即短期预测的集合）来提供每个网格点预期的首次猜测误差的估计。

资料同化是一个不断研究和创新的领域。大多数主要的气象业务预报中心都发展了自己的同化系统，用于生成对地球系统初始状态的最佳估计。用于初始化集合的方法将在第 13.5 节中讨论，可以分为三个主要类别：变分方法，三维或四维；集合方法（EnKF，ETKF）或混合方法，通过组合形成集合，用于提供流依赖统计与变分计算。

13.4　模式不确定性表征简介

数值模式在描述地球系统的动力学和物理演化方面存在局限，这是由数值近似和涉及次网格物理过程参数化的假设引起的。因此，不同模式对给定气柱中同一状态的倾向会有所不同，任何数值预报必然会由于模式倾向与真实倾向之间的差异而产生误差，即使初始条件是完美的。

一个合理设计、可靠的集合预报系统应该能表征倾向中的随机误差，以便预测可靠的不确定性估计。这可以通过在每次积分中使用可选的数值和物理公式来实现，通过引入随机分量来表示对给定物理过程的不同表征所引起的差异或通过两者同时进行来实现。目前，集合预报主要有 4 种方法来表示模式的不确定性：

• 多模式方法，在每个集合成员中使用不同的模式；模式可以完全不同，或者只在某些部分不同（例如，在对流方案中）。

• 扰动参数法，所有的集合都是用同一个模式进行积分，但用不同的参数来定义模式组件的设置；加拿大集合预报系统就是这种方法的典型代表（参见第 13.5.1.7 节）。

• 扰动倾向方法，随机方案被设计用来近似模拟随机模式误差分量的倾向：例如 ECMWF 随机扰动参数化倾向方案（SPPT；第 13.5.1.4 节）。

• 随机后向散射方法，使用随机动能后向散射（SKEB）方案来模拟模式无法分辨的过程（例如，从模式分辨率低的尺度向分辨率高的尺度的能量转移）：如 ECMWF-ENS 中使用的 SKEB 方案（参见第 13.5.1.4 节）。

考虑到预报模式永远不会是完美的，由于必要的数值近似以及描述物理过程中不可避免的近似，因此，必须考虑模式的不确定性。

事实上，对模式的不确定性进行充分的表征已被证明在预报和资料同化方面是有益的。加拿大气象局率先在其业务系统中引入模式不确定性表征，并取得了正效果（MSC；Houtekamer et al.，1996），其文档记录表明，MSC 集合预报系统的第一版包括一个模拟模式不确定性的方案。MSC 方案基于多模式方法：两个不同地形描述的动力框架，通过调用水平扩散、对流、辐射和重力波拖曳等不同参数化方案对每个集合成员进行模式积分。

ECMWF 首先在预报中发现了系统中包含模式误差的优势，这导致其于 1999 年在系统中引入第一版随机方案，随后在同化中引入该随机方案，如下：

• 在预报阶段中，Buizza 等（1999）在集合系统中引入其设计的第一代随机方案，其结果表明，"随机物理增加了集合的离散度，提高了它的性能，特别是对于降水的概率预报"。此后，ECMWF 集合预报系统在业务运行中一直采用随机模式误差模拟方案。参见 Palmer 等（2009）和 Leutbecher 等（2016）对目前运行的 ENS 中使用方案的综述，以及近期的一些结果。这些结果证实，如果没有模式误差方案，ECMWF 中期/月延伸集合（ENS）预报将会出现离散度不足、概率预报技巧评分较低，季节预报系统的可靠性也会较低。

• 在同化阶段中，自 2008 年首次引入以来，集合四维变分（EDA；Isaksen et al.，2007；Buizza et al.，2008）一直在使用 SPPT 的单时间尺度版本。随机方案是 EDA 必不可少的，其能够保证 EDA 离散度与分析误差估计保持一致。

如今，表征模式不确定性的方案已经在大多数的业务集合系统中被引入，这些方案将在第 13.5 节中讨论。其中包括：

• NCEP 在集合预报系统中采用随机强迫扰动的包含总模式倾向的随机参数化方案，随机强迫从受扰动的集合成员与基准之间的常规倾向差异中采样（Hou et al.，2008）。

• 英国气象局使用了两种方案来模拟模式误差对其集合系统的影响（Bowler et al.，2008）：随机参数方案，用来模拟控制物理过程方案的参数是不确定的；随机对流涡度方案，以模拟次网格尺度过程的不确定性，特别是与对流有关的过程，这些过程没有被模式表征。

• MSC 仍然使用不同的模式参数化（只有一套动力框架），自 2007 年以来，其还使用了扰动倾向方案和随机后向散射方案（Gagnon et al.，2007；Houtekamer et al.，2009；Charron et al.，2010）。他们还使用了第 4 种方案，称为参数化系统误差方案（Houtekamer et al.，2005），该方案通过在初始条件中添加随机扰动场来模拟降低初始条件质量的模式误差源的影响。

• 在美国海军业务化全球大气预测系统（NOGAPS）集合系统中，采用"随机对流"方法（Teixeira et al.，2008）模拟主要由对流参数化引起的模式误差不确定性。使用这种方法，参数化方案中使用的控制参数是从可能值的分布中采样，而不是使用唯一的、最有可能的值。

表 13.2　TIGGE 组织中 9 家全球业务化中期集合系统的主要特征

机构	初值不确定方法/区域	模式不确定性	截断/(°,km)	垂直层/层数	预报长度/d	成员数(扰动+非扰动)	每日运行次数/次(UTC)
澳大利亚气象研究中心	SV(NH,SH)	否	TL119(1.5°;210 km)	19(10.0)	10	32+1	2(00/12)(Until 2011)
中国气象局	BV(globe)	否	T213(0.56°;70 km)	31(10.0)	10	14+1	2(00/12)
巴西天气预报与气候研究中心	EOF(40°S;30°N)	否	T126(0.94°;120 km)	28(0.1)	15	14+1	2(00/12)
欧洲中期天气预报中心	SV(NH,SH,TC(tropics))+EDA(globe)	是	Tco639(0.14°;16 km)	91(0.01)	0～15	50+1	4(00/06/12/18)
			Tco319(0.28°;32 km)		15/46		
日本气象厅	LETKF and SV(NH,TR,SH)	是	TL479(0.35°;40 km)	100(0.01)	11	25+1	2(00/12)
德国气象厅	ETKF(globe)	是	N400(0.28°;32 km)	70(0.1)	12	24+1	2(00/12)
加拿大气象局	EnKF(globe)	是	800×400(0.45°;50 km)	40(2.0)	16/32	20+1	2(00/12)
美国国家环境预报中心	ETR(globe)	是	TL574(0.30°;34 km)	64(2.7)	0～8	20+1	4(00/06/12/18)
			T372(0.60°;55 km)		8～16		
英国气象局	ETKF(globe)	是	N216(0.45°;60 km)	70(0.1)	15	23+1	2(00/12)(Until 2014)

注：按字母顺序列出(第 1 列)：初始不确定度方法(第 2 列)，模式不确定度模拟(第 3 列)，截断和近似水平分辨率(第 4 列)，hPa 垂直层数和大气顶部(第 5 列)，以天为单位的预测长度(第 6 列)，每次运行的成员数(第 7 列)，每天运行的数量(第 8 列)。对于第 3～8 列，蓝色(棕色)表示具有最细(最粗)特征的集合；对于第 8 列，红色表示已停止产生中等范围(比如 10 d 以内)预报的集合。NH，北半球；SH，南半球。详见 Buizza(2014)。

开发和评估模式误差方案的挑战是，预报模式的倾向误差的随机部分不能被直接观测到，这使得评估它们的真实性和有效性极其困难。从这里的简要概述可以看出，缺乏验证所需标靶是目前更务实有效方法被采用的原因之一。

13.5　业务化全球次季节—季节集合的初始化与生成方法回顾

自 2007 年以来，制作全球中期集合预报的各气象中心一直在交换数据，此工作作为 THORPEX 互动大全球集合(TIGGE)的一部分，也是世界气象组织的项目。自 2007 年起，作为 TIGGE 的一部分，约 600 份全球预报每天在 ECMWF 交换和存档：这些预报数据可从 TIGGE 数据门户网站（http://apps.ecmwf.int/datasets/data/tigge/levtype/sfc/type/cf/）准实时访问（有 48 h 延迟）。TIGGE 存档包含自 2004 年以来全球 9 个业务中心的预报，尽管现在只有 7 个在每天生成全球中期预报（比如至少 10 d 的预报）。原始的 9 个 TIGGE 集合的关键特性将在第 13.5.1 节中讨论。

2010 年，TIGGE 扩展到 TIGGE-LAM，包括了来自欧洲有限区域模式（LAM）集合的天气预报。这些预报的分辨率高于 TIGGE 中期全球集合（例如，网格间距为 12～2 km），并提供了短期（通常为 3 d，在少数情况下为 7 d）的详细信息。TIGGE-LAM 集合的数据可以从 ECMWF 数据门户网站（http://apps.ecmwf.int/datasets/data/tigge-lam/expver/prod/type/pf/）获取。本章不讨论这些集合的特征。

TIGGE 可以被认为是 WMO 次季节性到季节（S2S）项目的前身。在 S2S 内，每周会产生并交换约 650 份次季节预报。S2S 数据库包含来自全球 11 个业务中心的集合预报和再预报；它们的主要特征将在第 13.5.2 节中讨论。

13.5.1 TIGGE 全球中期业务集合

目前，由于 TIGGE 项目，每天产生和交换 588 个中期预报。这些预报由 8 个中心制作（请注意，在本节列出的 9 个制作中心中，澳大利亚气象局研究中心（BMRC）于 2010 年停止制作全球中期集合预报），水平分辨率约为 16 km（ECMWF）至 210 km（BMRC）。8 个集合中有 5 个同时模拟了初始和模式的不确定性，1 个集合（ECMWF）使用了自初始时刻就与海冰模式交互的大气-陆地-海洋耦合模式。

表 13.2 列出了截至 2017 年 5 月，由以下机构生成的 9 个 TIGGE 全球中期（即预报长度超过 7 d）业务集合的关键特征：

- 澳大利亚气象研究中心
- 中国气象局
- 巴西天气预报和气候研究中心
- 欧洲中期天气预报中心
- 日本气象厅
- 韩国气象局
- 加拿大气象局
- 美国国家环境预报中心
- 英国气象局

TIGGE 集合数据可从位于 ECMWF 的 TIGGE 网站（http://www.ecmwf.int/en/research/projects/tigge）获取。

每个 TIGGE 集合成员是由模拟地球系统的业务制作中心采用模式方程的数值积分来定义的。换句话说，从第 d 天开始的每一个 T 小时预报都是由一组模式方程从初始时间 0 到时间 T 的时间积分给出的：

$$e_j(d;T) = e_j(d;0) + \int_0^T [A_j(t) + P_j(t) + \mathrm{d}P_j(t)]\mathrm{d}t \tag{13.2}$$

式中，A_j 为绝热过程（如平流、科里奥利力、压力梯度力）产生的倾向；P_j 为由参数化物理过程

（如对流、辐射、湍流等）引起的倾向；dP_j 代表由于随机模式误差和不可分辨过程所引起的倾向。

在 MSC 集合中，每个数值积分都从一个独立的资料同化流程定义的初始条件开始：

$$e_j(d,0) = F[e_j(d-T_A;T_A),o_j(d-T_A,d)] \qquad (13.3)$$

式中，$F[\cdots,\cdots]$ 表示将模式初猜 $e_j(d-T_A;T_A)$ 与涵盖时段 T_A（资料同化过程覆盖的窗口）的观测数据从 $d-T_A$ 合并到 d 的资料同化过程。初猜 $e_j(d-T_A;T_A)$ 通过模式方程由 $d-T_A$ 到 d 的 T_A 小时时间积分而得到。资料同化过程启动时，提取位于 $d-T_A \sim d$ 时段内的观测资料 $o_j(d-T_A,d)$ 用于同化。更进一步，每个成员的初始条件从其集合卡尔曼滤波（EKF）成员中选择。

在其他 8 个 TIGGE 集合中，每个数值积分都通过在未受扰动的初始状态中添加扰动来定义的初始条件开始：

$$e_j(d,0) = e_0(d,0) + de_j(d,0) \qquad (13.4)$$

$$e_0(d,0) = F[e_0(d-T_A;T_A),o_0(d-T_A,d)] \qquad (13.5)$$

式中，未扰动的初始条件由涵盖时段 T_A 的资料同化过程确定。初始扰动 $de_j(d,0)$ 在每个集合中以不同的方式确定。式（13.2）～（13.5）提供了一个简单、统一的框架来描述 TIGGE 预测的第 j 个成员每天是如何产生的。Buizza（2014）总结了在每个集合中模拟初始和模式不确定性的方式，并列出了描述每个集合的主要参考文献。

13.5.1.1　BMRC-ENS

BMRC-ENS 于 2001 年 7 月开始运行，由于其决定采用英国的资料同化和预测系统，原业务于 2010 年 7 月停止。TIGGE 提供了自 2007 年 7 月—2010 年 7 月的 BMRC 数据。BMRC 计划于 2018 年重启其全球中期集合预报业务（M. Naughton，BMRC，个人通信）。

2010 年，当 BMRC 停止业务运行时，BMRC-ENS 的配置与 2001 年开始运行时相同。其由 33 个成员组成，1 个控制和 32 个扰动（Bourke et al.，1995，2004），每天运行两次，预报时长为 10 d。该系统具有谱三角截断 TL119L19（约 1.5°，物理空间水平网格间距 160 km，垂直 19 层），大气顶为 10 hPa。预报模式只包括对陆地和大气过程的描述（没有使用海浪或海洋模式分量）。

根据式（13.2）～（13.5），每个 BMRC-ENS 成员由以下时间积分给出：

$$e_j(d;T) = e_j(d;0) + \int_0^T [A_0(t) + P_0(t)]dt \qquad (13.6)$$

式中，A_0 和 P_0 表示未扰动的模式动力与物理倾向（例如：只有一个动力学框架和一组参数化，参数相同，无模式误差方案），预报长度 T 为 10 d。该集合系统没有模拟模式的不确定性。

初始条件是通过在未扰动的初始条件上叠加扰动来定义的：

$$e_j(d,0) = e_0(d,0) + de_j(d,0) \qquad (13.7)$$

将 BMRC 三维多元统计插值格式定义的初始条件插值到集合分辨率上，得到未扰动的初始条件。初始扰动由 T42L19 分辨率的奇异向量（SVs）定义，与第一版 ECMWF-ENS 计算一样（参见第 13.5.1.4 节了解更多细节）。

单个扰动是参照最初 ECMWF-ENS 中的处理方式（Molteni et al.，1996），通过正交相空间旋转的 SV 的线性组合来定义的，再给予其幅度缩放系数来得到的：

$$de_j(d,0) = \sum_{k=1}^{32} \alpha_{j,k} SV_k \tag{13.8}$$

SVs 仅在南半球计算(对于所有纬度 $\lambda < 20°S$),并进行缩放,使其局部振幅与分析误差估计相当。

13.5.1.2 CMA-ENS

CMA-ENS 于 2001 年开始运行,分辨率为 T213L31(约 0.56°,物理空间水平网格间距 70 km,垂直层数 31 层)。自 2007 年 5 月以来,CMA-ENS 的数据已在 TIGGE 存档中提供。

2017 年夏天,CMA-ENS 由 15 个成员组成,1 个未扰动和 14 个扰动(Su et al.,2014)。每天进行两次预报,分别在 00 UTC 和 12 UTC 进行,预报时长为 10 d。预报模式只包括对陆地和大气过程的描述(没有使用波浪或海洋模式分量)。该集合没有模拟模式的不确定性。

根据式(13.2)～(13.5),每个 CMA-ENS 成员由以下时间积分给出:

$$e_j(d;T) = e_j(d;0) + \int_0^T [A_0(t) + P_0(t)] dt \tag{13.9}$$

式中,A_0 和 P_0 表示未扰动的模式动力与物理倾向(例如:只有一个动力学框架和一组参数化,参数相同,没有模式误差方案),预报长度 T 为 10 d。

初始条件是通过在未扰动的初始条件上叠加扰动来定义的:

$$e_j(d,0) = e_0(d,0) + de_j(d,0) \tag{13.10}$$

$$de_j(d,0) = BV_j(d,0) \tag{13.11}$$

未扰动初始条件通过将 T213L31 分辨率的分析场插值到集合分辨率上而得到。初始扰动参照最初 NCEP-ENS 所使用的繁殖向量法来生成(Toth et al.,1997)。

13.5.1.3 CPTEC-ENS

CPTEC-ENS 从 2001 年开始制作集合预报,自 2008 年 3 月以来,其数据已可从 TIGGE 存档中获取。

2017 年夏季,CPTEC-ENS 分辨率为 T126L28,对应的水平网格分辨率为 0.94°(约 120 km),垂直层数为 28 层,大气层顶 0.1 hPa。预报模式为谱模式,共有 15 个成员(1 个控制,14 个扰动),每天运行两次(00 UTC 和 12 UTC),制作长达 15 d 的预报。预报模式只包括对陆地和大气过程的描述(没有使用波浪或海洋模式分量)。该集合没有模拟模式的不确定性。

根据式(13.2)～(13.5),每个 CPTEC-ENS 成员由以下时间积分给出:

$$e_j(d;T) = e_j(d;0) + \int_0^T [A_0(t) + P_0(t)] dt \tag{13.12}$$

式中,A_0 和 P_0 表示未扰动的模式动力与物理倾向(例如:只有一个动力学框架和一组参数化,参数相同,没有模式误差方案),预报长度 T 为 15 d。

初始条件是通过在未扰动的初始条件上叠加扰动来定义的:

$$e_j(d,0) = e_0(d,0) + de_j(d,0) \tag{13.13}$$

$$de_j(d,0) = EOF_j(d,0) \tag{13.14}$$

未扰动初始条件通过 NCEP 业务分析提供(参见第 13.5.1.8 节),并将其插值到 CPTEC 分辨率。

初始扰动通过经验正交函数来定义(EOFs;Coutinho,1999;Zhang et al.,1999)。该方法

包括：①计算 36 h BVs(通过在未受扰动的初始条件和运行的 36 h 预测中加入随机扰动)，②构造这些 BV 的时间序列，③对该时间序列进 EOF 分析，以获得增长最快的扰动。这些基于 EOF 的扰动是在 45°S—30°N 区域计算的。

13.5.1.4　ECMWF-ENS

ECMWF-ENS 从 1992 年 11 月开始制作集合预报，自 2006 年 10 月以来，其数据一直可从 TIGGE 存档中获取。

2017 年夏季，ECMWF-ENS 由 51 个成员组成(1 个控制成员、50 个扰动成员)。预报采用可变分辨率(Buizza et al.，2007)运行：前 15 d 以 Tco639L91(谱三角截断 T639，采用三次八面体网格，在物理空间的水平网格间距约为 18 km，垂直方向上 91 层)，15 d 之后以 Tco319L91(即在水平网格间距约为 35 km)运行。预报每天进行两次，初始时间分别为 00 UTC 和 12 UTC，预报时长为 15 d；在星期一和星期四 00 UTC，预报时长延至 46 d(Vitart et al.，2008)。自 2016 年夏季以来，ENS 在 06UTC 和 18UTC 也运行，预报时长为 6.5 d。

ECMWF-ENS 采用大气模式与海浪和海洋动力环流模式相结合的方式进行。海浪模式为 WAM(Janssen et al.，2005，2013；The WAMDI Group，1988)，水平网格分辨率为 20 km，浪向 24 个方向和浪周期 30 个频率(预报前 10 d)，在预报时长超过 10 d 之后，浪向变为 12 个，浪频 25 个，其在每一时间步均与大气耦合。海洋模式是欧洲海洋模式核子所研制，简称 NEMO(Madec，2008)其网格为 ORCA025z75 网格，水平分辨率为 0.25°，垂直层数为 75 层。NEMO 是由 NEMO 联盟(http://www.nemo-ocean.eu/)开发，其已成为海洋学研究、业务海洋学、季节预报和气候研究的最先进模拟框架。Mogensen 等(2012a，2012b)对 NEMO 和 NEMOVAR 如何在 ECMWF 耦合和实施进行了介绍。

根据式(13.2)~(13.5)，每个 ECMWF-ENS 成员由以下时间积分给出：

$$e_j(d;T) = e_j(d;0) + \int_0^T [A_0(t) + P_0(t) + dP_j(t)] dt \tag{13.15}$$

式中，A_0 和 P_0 表示未扰动的模式动力与物理倾向(例如：只有一个动力学框架和一组参数化，参数相同)；dP_j 表示使用两种模式误差方案 SPPT(Buizza et al.，1999；Palmer et al.，2009)和 SKEB(Berner et al.，2008；Palmer et al.，2009；Leutbecher et al.，2016)模拟的模式不确定性；预报长度 T 为 15 或 46 d。

对于大气，初始条件是通过在未受扰动的初始条件上添加扰动来定义的：

$$e_j(d,0) = e_0(d,0) + de_j(d,0) \tag{13.16}$$

未扰动初始场通过 ECMWF 高分辨率四维变分资料同化变化(4DVar)在 12 h 同化窗口以 Tco1279L137 分辨率运行获得，然后从 Tco1279L137 分辨率插值到 Tco639L91 集合分辨率。

扰动由 SV 的线性组合(Buizza et al.，1995)和 ECMWF 集合四维变分系统提供的 EDA 生成(Buizza et al.，2008；Isaksen et al.，2010)：

$$de_j(d,0) = \sum_{\alpha=1}^{8} \sum_{k_\alpha=1}^{50} \alpha_{j,k_\alpha} SV_{k_\alpha} + [f_{m(j)}(d-6,6) - (f_{m=1.25}(d-6,6))] \tag{13.17}$$

SVs 的计算覆盖八个区域(北半球：所有网格点和纬度 $\lambda > 30°$N 的点；南半球：纬度 $\lambda < 30°$S；热带：热带低气压生成地区，最多 6 个)。SV 是在 48 h 间隔内增长最快的扰动，以 T42L91 分辨率计算。经最优时间间隔发展的 SV 在不同区域都拥有最大的总能量增长，其被

线性组合并进行尺度缩放，保证其局部振幅与 ECMWF 高分辨率 4DVar 提供的分析误差估计相当。

每个 EDA 成员由独立的 4DVar 生成，其分辨率与 ENS 相同，但具有 137 个垂直层（Tco639L137）。每个 EDA 成员使用扰动观测，其扰动采样自均值为 0、观测误差标准偏差为 0 的高斯分布。每个 EDA 成员的非线性轨迹是通过使用 SPPT 方案来模拟模式的不确定性来生成（本章后面将介绍 SPPT 方案的描述）。自 2013 年 11 月以来，EDA 已经包括 25 个独立运行 12 h 同化窗口的 4DVar（在 2013 年 11 月之前 EDA 只有 11 个成员）。

基于 SV 和 EDA 的扰动组合如式（13.17）所示。基于 EDA 的扰动是通过 EDA 分析 6 h 预报之间的差异定义的（这些分析比 ENS 起报时间早 6 h）。计算 25 个扰动预报与其集合均值的差异，并在未扰动分析场上加与减 25 个扰动分析。基于 SV 和 EDA 的扰动在 ENS 初始扰动中保持完全对称（对于 $n=1,2,\cdots,25$，偶数成员（$2n$）减去奇数成员（$2n-1$）的总扰动）。

海洋的初始条件是不同的：这些是由 NEMOVAR，即 NEMO 三维变分同化系统（Mogensen et al.，2012a）所产生的 5 个海洋分析集合成员确定的。每个海洋分析成员都是利用所有可用的现场温度和盐度数据、ECMWF 短期天气预报的表面强迫估计、海表温度（SST）分析和卫星海表高度测量生成的。其中一个成员（对照）是使用高分辨率 4DVar 提供的未扰动风强迫生成的，而其他 4 个成员则通过扰动未扰动风强迫版本生成。

模式不确定性仅在自由大气中模拟（既不在陆地表面，也不在海洋），采用两种随机方案：SPPT（Buizza et al.，1999；Palmer et al.，2009）和后向散射（SKEB；Shutts，2005；Berner et al.，2008）方案。SPPT 设计用于模拟物理过程参数化引起的随机模式误差；目前的版本使用 3 个空间和时间尺度的扰动。SKEB 旨在模拟不可分辨尺度在可分辨尺度上引起的升尺度能量串级。

自 2008 年 3 月以来，欧洲中期天气预报和月集合预报被整合成无缝隙系统后，ECMWF-ENS 系统中增加了用于产生偏差校正和/或校准产品的关键组成：再预报（Vitart et al.，2008；Leutbecher et al.，2008）。在过去的 20 a 里，这个版本包括 5 个成员的集合，其运行采用业务配置（分辨率、模式循环等），每周运行一次。自 2016 年 3 月以来，再预报套件的配置已经从每周 5 个成员升级到 22 个成员，11 个成员的套件每周运行两次。这些再预报被用来生成一些集合产品（如极端预测指数（EFI）或周平均异常图）所需的模式气候估计，并校准 ENS 预测。

这就是如何利用再预报生成一些业务 ENS 产品。对于每个日期（例如，2012 年 12 月 15 日），在过去的 20 a 里，集合再预报由 11 个成员组成的集合在 5 周内每周运行两次生成。也就是说，这些再预报的初始条件是由以当前日期为中心的 5 周中每周的同一天定义的（在这种情况下，12 月 1 日、4 日、8 日、11 日、15 日、18 日、22 日、25 日和 29 日）。这些再预报并没有选择从业务分析开始，而是从 ECMWF 的 ERA-Interim 再分析场开始，因为对于过去时段而言，ERA-Interim 提供了更准确的初始条件。在再预报组件中，对初始不确定性的模拟与业务组件略有不同：再预报组件使用当天的 SV（与业务组件一样，重新计算），但使用基于 EDA 的当年扰动，而非正确年份的扰动。这是因为 EDA 在过去的 20 a 里都没有（EDA 从 2010 年开始运行）；参见 Buizza 等（2008）可了解更多细节。Buizza 等（2008）描述了这一选择背后的基本原理，并表明尽管如此，再预报和预报集合的表现非常相似。一旦 51 个成员的预测和几百个再预报完成，就会产生诸如异常概率（根据模式气候计算）或 EFI（需要计算模式气候分布函数）等产品（Lalaurette，2003）。

ECMWF-ENS 配置的最新变化在 2016 年 11 月引入,当时 NEMO 升级,分辨率从 1°提高到 0.25°,垂直层数从 42 层加密到 75 层(Zuo et al.,2014)。此外,还建立了动力学 Louvain-la-Neuve 海冰模式 2(LIM2;Fichefet et al.,1997;Bouillon et al.,2009)。LIM2 是一个两级系统,海冰的热力学-动力学模式,由 3 层模式(一层为雪、两层为冰)确定雪和冰内部的感热储存和垂直热量传输。

自 2015 年 3 月以来,ECMWF-ENS 已延长至每周两次(周一和周四 00 UTC),每次 46 d(之前为 32 d);详见第 13.5.2.4 节和 Vitart 等(2014)。

13.5.1.5　JMA-ENS

日本气象局自 2001 年 3 月以来一直在制作集合预报。自 2011 年 8 月开始,其数据一直可从 TIGGE 的存档获取。

2017 年夏季,JMA-ENS(Yamaguchi et al.,2010)包含 25 个分辨率为 TL479L100(线性网格的谱三角截断,水平网格间距 0.35°,对应物理空间网格水平间距约 40 km)的预报,大气顶为 0.01 hPa。最新的变化是在 2017 年 3 月,垂直层数的数量从 60 层增加到 100 层,模式顶从 0.1 hPa 提高到 0.01 hPa。这一变化发生于 2014 年 3 月系统升级之后,系统配置方面,分辨率从 TL319 提高到 TL479,从每天制作 51 个预报(12 UTC)改为每天制作 26 个预报(00 UTC 和 12 UTC)两次。

通过 SV 组合和局部集合变换卡尔曼滤波(LETKF)生成扰动相结合的方法对初始不确定性进行了模拟。在 T63L40 分辨率下,北半球和南半球热带以外地区(30°N 以北和 30°S 以南)SV 的优化时间间隔为 48 h,热带地区(30°S—30°N)SV 的优化时间间隔为 24 h。JMA-ENS 扰动是利用 JMA LETKF(Miyoshi et al.,2007)的每个扰动产生的,而 JMA LETKF 是在 NCEP 的基础上发展起来的(Szunyogh et al.,2008;Whitaker et al.,2008)。

模式的不确定性是用一种类似于原始 ECMWF SPPT(Buizza et al.,1999)的随机方案来模拟的。预报模式只包括对陆地和大气过程的描述(没有使用海浪或海洋模式分量)。

根据式(13.2)~(13.5),每个 JMA-ENS 成员由以下时间积分给出:

$$e_j(d;T) = e_j(d;0) + \int_0^T [A_0(t) + P_0(t) + dP_j(t)]dt \tag{13.18}$$

式中,A_0 和 P_0 表示未扰动的模式动力与物理倾向(例如:只有一个动力学框架和一组参数化,参数相同);dP_j 表示使用 JMA 随机方案模拟的模式不确定性;预报时长 T 为 11 d。初始条件通过在未受扰动的初始条件上添加扰动来定义:

$$e_j(d,0) = e_0(d,0) + de_j(d,0) \tag{13.19}$$

未扰动初始条件由 JMA 高分辨率 4DVar 给出,分辨率为 TL959L100(物理空间约 20 km),插值到集合分辨率上。

扰动由 3 个区域(北半球、南半球、热带和 LETKF 分析)上的 SV 的线性组合定义:

$$de_j(d,0) = \sum_{a=1}^{3} \sum_{k_a=1}^{25} \alpha_{j,k_a} SV_{k_a} + LETKF_j(d,0) \tag{13.20}$$

值得一提的是,JMA 还利用一个 50 成员的滞后集合来制作月度预报,该集合的分辨率为 TL319L60(格点空间约为 70 km)。月集合使用 BV(Toth et al.,1993,1997)替换 SV 来定义初始扰动。月度产品每周五发布一次,其基于过往星期三和星期四 12 UTC 开始的 25 个预报制作。预报模式只包括对陆地和大气过程的描述(没有使用波浪或海洋模式分量),没有模拟模式的不确定性。日本气象厅的月度预报预计将在 S2S 存档中提供。

13.5.1.6 KMA-ENS

KMA-ENS 自 2000 年 3 月以来一直在制作集合预报。自 2007 年 10 月以来,这些数据可从 TIGGE 存档中获取。

最初的 KMA-ENS 使用了育种方法定义的初始扰动(Goo et al.,2003)。它包含 16 个受扰动的成员,以 T106L21 分辨率运行,其中 16 个初始扰动由旋转的 BV 定义。预报每天运行一次(12 UTC),预报时长为 10 d。该集合没有模拟模式的不确定性,只描述了陆地和大气过程(没有使用波浪或海洋模式分量)。

自 2011 年以来,KMA 一直使用从 UKMO 引进的统一模式(UM)和相关预处理/后处理系统生成其业务预测(Kai et al.,2014)。因此,从那时起,KMA-ENS 与 UKMO-ENS 实际上是相同的(见第 5.1.9 节)。

2017 年夏季,KMA-ENS 基于 24 个成员(1 个对照和 23 个受扰动的成员,初始扰动使用局地化集合变换卡尔曼滤波(ETKF)产生(Bowler et al.,2008;Kai et al.,2014)。它的水平分辨率约为 40 km,垂直为 70 层(N400L70)。

模式的不确定性使用随机物理方案来模拟,该方案由随机参数和随机对流涡度方案组成(Bowler et al.,2008)。

如果现在重新考虑式(13.2)～(13.5),对于 KMA-ENS 而言,其改写为如下方式:

$$e_j(d;T) = e_j(d;0) + \int_0^T \left[A_0(t) + P_0(t) + \mathrm{d}P_j(t) \right] \mathrm{d}t \tag{13.21}$$

式中,A_0 和 P_0 表示未扰动的模式动力与物理倾向(例如:只有一个动力学框架和一组参数化,参数相同);$\mathrm{d}P_j$ 表示使用 KMA 随机方案模拟的模式不确定性;预报时长 T 为 10 d。

初始条件通过在未受扰动的初始条件添加扰动来定义:

$$e_j(d,0) = e_0(d,0) + \mathrm{ETKF}_j(d,0) \tag{13.22}$$

未扰动初始条件由 UKMO 4DVar 系统的 KMA 版本给出。扰动由 ETKF 扰动定义(参见第 5.1.9 节)。

13.5.1.7 MSC-ENS

MSC-ENS 自 1998 年 2 月以来一直在制作集合预报。自 2007 年 10 月以来,其数据可从 TIGGE 存档中获取。2015 年 12 月以来,MSC-ENS 分辨率为 800×400(经度 800 格点,纬度 400 格点),对应约 $0.45°$(50 km)(Gagnon et al.,2014a,b,2015)。

MSC 的扰动观测方法试图通过向尽可能多的系统组件添加随机扰动来表示所有的不确定性来源。MSC 的集合卡尔曼滤波(EnKF)已被用来提供初始条件(Houtekamer et al.,2009,2014),不确定性的来源由不同的随机扰动方案模拟(Houtekamer et al.,1996,1997;Anderson,1997)。

与 1995 年的最初配置相比,MSC 系统的成员数已从最初的 8 个增加到 16 个,目前为 20 个。用于定义初始条件的 MSC-EnKF 成员数量也从 48 个增加到 96 和 192 个,现在为 256 个。

MSC-ENS 的最新调整是在 2015 年 12 月实施的,其水平分辨率提高到 50 km。2013 年改进了对海温的处理方式,使得海温在持续异常(偏离气候态)的同时不断演变。自 2013 年 12 月以来,月预报都是在周四发布,预报时长延至 32 d。此外,在过去 20 a 里,基于 4 个成员集合的再预报每周进行一次,由此可以估计模式气候并生成校准产品(Gagnon et al.,2014b)。

2017 年夏季，MSC-ENS 包括 21 个成员（1 个对照和 20 个扰动），并每天运行两次（00 UTC 和 12 UTC），预报时长为 16 d。在每周四 00 UTC、每周 1 次，集合预报预报时长延长至 32 d。初始条件直接从加拿大 EnKF 获取。模式不确定性采样采用 4 种方案：初始时刻各向同性扰动、不同的物理参数化、随机物理倾向扰动（Charron et al.，2010）和随机动能后向散射（Houtekamer et al.，2009）。预报模式只包括对陆地和大气过程的描述（没有使用海浪或海洋模式组件）。

根据式（13.2）～（13.5），每个 MSC-ENS 成员由以下时间积分给出：

$$e_j(d;T) = e_j(d;0) + \int_0^T [A_0(t) + P_0(t) + \mathrm{d}P_j(t)]\mathrm{d}t \tag{13.23}$$

式中，A_0 表示未扰动的模式动力框架；P_j 代表物理倾向，由于每个成员采用了不同的参数化方案或者不同的参数，其随成员而变；$\mathrm{d}P_j$ 表示使用各种随机方案模拟的模式不确定性。

每个预报成员的初始条件通过 ENKF 的其中一个成员来定义：

$$e_j(d,0) = \mathrm{ETKF}_{k(j)}(d,0) \tag{13.24}$$

值得一提的是，MSC-ENS 和 NCEP-ENS 预报是实时交换的，生成了北美集合预报系统（NAEFS；Candille，2009）；参见加拿大政府网站（http://weather.gc.ca/ensemble/naefs/index_e.html）。NAEFS 是一个联合项目，涉及 MSC、美国国家气象局（NWS）和墨西哥国家气象局（NMSM）。NAEFS 于 2004 年 11 月推出，为用户提供 MSC-ENS 和 NCEP-ENS 混合生成的业务产品。NAEFS 系统的研究、开发和运营成本由 3 个合作伙伴共同承担。

13.5.1.8　NCEP-ENS

自 1992 年 12 月以来，NCEP-ENS 一直在制作集合预报。自 2007 年 3 月起，其预报数据可从 TIGGE 存档中获取。

原始版本的 NCEP-ENS 仅使用 BV 模拟初始不确定性（Toth et al.，1993，1997）。繁殖方法涉及两个数值模式积分之间扰动场的维持和循环。这些场一旦重新缩放，就定义了初始扰动。BV 的原始形式只有一个全局缩放因子，它代表了 Lyapunov 向量的非线性扩展（Boffetta et al.，1998）。在业务版本的 NCEP-ENS 中，使用了多个繁殖周期，每个周期在实施时初始化，具有独立的扰动场（"种子"）。最初的系统是基于 10 个扰动的集合成员，每天在 00 UTC 和 12 UTC 运行，预报时长为 16 d。初始扰动的生成在 5 个独立的繁殖周期中完成，最初以不同的扰动开始，并使用区域缩放算法。从那时起，用来定义初始扰动的方法已经做了若干次升级。

2017 年夏季，NCEP-ENS 每天运行 4 次（00 UTC、06 UTC、12 UTC 和 18 UTC），预报前 8 d 的分辨率为 T574L64，预报第 8～16 d 的分辨率为 T372L64（Zhou et al.，2016）。每次运行包括 1 个对照预报成员和 20 个扰动预报成员。预报模式只包括对陆地和大气过程的描述（没有使用海浪或海洋模式分量）。

目前的初始扰动使用多尺度集合变换（ETR；Wei et al.，2006，2008）技术。ETR 是原始繁殖方法的扩展（在只有两个成员的集合中，两种方法应该产生相同的扰动）。为了改进对热带风暴情况下初始不确定性的模拟，使用热带风暴重定位方法生成扰动初始条件（Liu et al.，2006；Snyder et al.，2010）。

在当前的 NCEP-ENS 中，模式不确定性使用 STTP（Hou et al.，2008）来表示，通过在总趋势中添加一个随机强迫项来表示模式的不确定性。对于每 6 h 的预报周期，强迫项被定义为过去集合倾向的线性组合。在线性组合中，总趋势被重新调整，因此，平均而言，总体标准差与总体均值的误差匹配。

根据式(13.2)～(13.5)，每个 NCEP-ENS 成员由以下时间积分给出：

$$e_j(d;T) = e_j(d;0) + \sum_{k=1}^{N} \Delta T_{j,k} + \Delta S_{j,k} \tag{13.25}$$

$$\Delta T_{j,k} = \int_{T_k}^{T_{k+6}} [A_{0,j}(t) + P_{0,j}(t)]dt \tag{13.26}$$

$$\Delta S_{j,k} = \sum_{m=1}^{N} \omega_{m,k} \Delta T_{m,k} \tag{13.27}$$

式中，$A_{0,j}$ 和 $P_{0,j}$ 表示未扰动的模式动力与物理倾向(例如：只有一个动力学框架和一组参数化，参数相同)，j 代表由于每个成员从不同的初始态开始，每个成员的有限时间倾向不同。

对于每个成员，6 h 倾向 $\Delta T_{j,k}$ 是通过提前积分模式方程 6 h 来计算的。一旦 6 h 倾向 $\Delta T_{j,k}$ 被计算出来，随机扰动 $\Delta S_{j,k}$ 被定义为所有 6 h 倾向的线性组合。该方案被称为 STTP 正是源于上述过程，其中 T 代表总趋势，因为原始倾向也包括动力倾向(相比之下，ECMWF SPPT 方法并不扰动动力倾向)。一旦 STTP 项被计算出来，初始状态通过添加($\Delta T_{j,k}$ + $\Delta S_{j,k}$)提前 6 h，然后重复这个过程。

初始条件是通过在未受扰动的初始条件上加上扰动定义的：

$$e_j(d,0) = e_0(d,0) + \text{ETR}_j(d,0) \tag{13.28}$$

未扰动初始条件由 NCEP T382L64 四维变分同化系统提供。

正如第 13.5.1.7 节中提到的，NCEP-ENS 和 MSC-ENS 的预报是实时交换的，以生成 NAEFS 的多模式产品(http://weather.gc.ca/ensemble/ NAEFS /index_e.html)。

13.5.1.9　UKMO-ENS

UKMO-ENS 于 2005 年 8 月开始运行，2014 年 7 月停止。自 2006 年 10 月以来，其预报数据可从 TIGGE 获取。UKMO 正在考虑使用滞后方法重新生成全球中期集合的可能性。

UKMO-ENS 使用 ETKF(Wei et al.，2006；Bishop et al.，2001；Bowler et al.，2007，2008)以产生初始扰动。ETKF 是 EKF 的简化版本，是一种通过更新大气平均状态和误差协方差的资料同化方案，误差协方差估计从集合中获得的背景信息中获取。ETKF 可以看作是 NCEP 误差繁殖方案的改造。

初始扰动由集合前一个周期的预报扰动的线性组合定义。权重的计算考虑了集合在观测空间中的离散度(Wang et al.，2004)，确保扰动以控制分析为中心，并且它们是正交的。对扰动进行膨胀，以确保集合在下一个分析时间(对应 $t+12$ h)具有正确的离散度，同时动态计算膨胀因子，以便系统自动调整自己以适应模式的变化。

两种随机物理方案被用来表示结构和次网格尺度模式不确定性的影响：随机参数(RP)方案和随机对流涡度(SCV)方案。RP 方案将一组选定的参数作为随机变量(Lin et al.，2000；Bright et al.，2002)，涉及从 4 个物理参数(大尺度降水、对流、边界层和重力波拖曳)中扰动总共 8 个参数。SCV 方案(Gray et al.，2002)的主要目的是表征类似于与中尺度对流系统典型相关的位涡异常偶极子。

2014 年 7 月，当业务运行停止时，UKMO-ENS 包括 1 个对照成员和 24 个扰动成员，每天运行两次，分辨率为 60 km，垂直高度为 70 层，预测范围可达 15 d。预报模式只包括对陆地和大气过程的描述(没有使用波浪或海洋模式分量)。

根据式(13.2)～(13.5)，每个 UKMO-ENS 成员由以下时间积分给出：

$$e_j(d;T) = e_j(d;0) + \int_0^T [A_0(t) + P_j(t) + dP_j(t)]dt \tag{13.29}$$

其中：A_0 表示未扰动的模式动力倾向（例如：只有一个动力学框架）；P_j 表示通过扰动 RP 方案定义的一些关键参数所集成的物理参数化；dP_j 表示使用 SCV 随机方案模拟的模式不确定性；预报时长 T 为 15 d。

初始条件是通过在未受扰动的初始条件上加上扰动来定义的：

$$e_j(d,0) = e_0(d,0) + ETKF_j(d,0) \tag{13.30}$$

未扰动初始条件由 UKMO 高分辨率四维变分同化提供，扰动通过 ETKF 扰动定义。

13.5.2　S2S 全球月集合

目前，由于 S2S 项目，每周大约有 650 个月预报用于制作和交换，其由 11 个中心制作，水平分辨率从 32 km(ECMWF)到 250 km(BMRC)。在 11 个集合中，7 个使用大气-陆地-海洋耦合模式，其中一些还使用了交互式海冰模式。

表 13.3 列出了截至 2017 年 5 月 11 个 S2S 月（即预报长度超过 30 d）业务集合的关键特性，这 11 个月业务集合如下所示：

- 澳大利亚气象研究中心
- 中国气象局国家气候中心气候预测系统
- 加拿大环境与气候变化中心
- 欧洲中期天气预报中心
- 俄罗斯水文气象中心
- 意大利气候科学研究所
- 日本气象厅
- 韩国气象局
- 法国气象局
- 美国国家环境预报中心
- 英国气象局

再预报是延伸期集合的一个非常重要的组成部分，表 13.4 列出了 11 个 S2S 集合的再预报组件的关键特征。再预报组件是对过去的情况预测的集合，用来估计模式气候。关于模式气候和集合预报误差的认知可以用来对实时预报进行后验修正。

这些集合系统的数据可以从位于 ECMWF 的 S2S 网站(http://apps.ecmwf.int/data-sets/data/s2s/expver/prod/type/pf/)下载。

在接下来的小节中，我们将简要回顾用于生成 S2S 集合的方法。用于定义初始条件和模拟模式不确定性的方法类似于在全球中期集合中所使用的方法，请参阅第 13.5.1 节了解更多关于它们的细节。此后，注意力将更多地集中在这些集合是否与一个动态的海洋相耦合，以及它们是否也包括再预报组件。关于这些集合的更多信息可以在 ECMWF S2S 网站上找到(https://software.ecmwf.int /wiki/display/S2S/Models)。

表 13.3　11 个 S2S 月业务集合的主要特征

中心	初值扰动方法	模式不确定性	水平分辨率（千米）—垂直层（层顶 hPa）	动力海洋模式	预报时长	成员数（扰动＋未振动）	每周运行次数（UTC）
澳大利亚气象研究中心，月	BV(globe)	是	T42(25 km)—L17(10.0)	是（ACOM2）	62 d	33＋1	每周 2 次（00，周三、周日）
中国气象局-国家气候中心，月	LAF method	否	T106(110 km)—L40(0.5)	是（MOM4）	60 d	4＋1	逐日
加拿大环境与气候变化中心，月	EnKF(globe)	是	0.45°×0.45°—L40(2.0)	否	32 d	20＋1	每周一次（00，周四）
欧洲中期天气预报中心，集合月延伸	SV(NH，SH，TC)＋EDA(globe)	是	Tco639(0.14°；16 km)—L91(0.01)　　Tco319(0.28°；32 km)—L91(0.01)	是（NEMO）	0～15 d　　46 d	50＋1	每周 2 次（00，周一、周四）
俄罗斯水文气象中心，月	BV(globe)	否	1.1°×1.4°（120 km）—L28(5.0)	否	61 d	20＋1	每周 1 次（00，周三）
意大利气候科学研究所	LAF method＋BV(globe)	否	0.8°×0.56°（80 km）—L54(6.8)	否	31 d	40＋1	每周 1 次（00，周一）
日本气象厅，月	LAF method＋BV(globe)	是	TL319(0.70°；60 km)—L60(0.1)	否	34 d	24＋1	每周 2 次（12，周三、周四）
韩国气象局	LAF＋ETKF(globe)	是	N216(0.8°×0.56°；60 km)—L85(0.1)	是(NEMO)	60 d	4＋1	逐日
法国气象局，月	否	是	TL255(80 km)—L1.91(0.01)	是（NEMO）	32 d	50＋1	每周 1 次（00，周四）
美国国家环境预报中心	LAF＋BV(globe)	否	T126(100 km)—L64(0.02)	是（MOM4P0）	45 d	16	逐日
英国气象局	LAF＋ETKF(globe)	是	N216(0.8°×0.56°；60 km)—L85(0.1)	是（NEMO）	60 d	4	逐日

注：第 1 列按字母顺序排列：初始不确定度方法（第 2 列），模式不确定度模拟（第 3 列），水平分辨率和垂直高度数（包括大气顶部，hPa；第 4 列），耦合到动态海洋（具有模式名称；第 5 列），以天为单位的预测长度（第 6 列），每次运行的成员数量（第 7 列），和频率（每周运行的数量；对于列 3～5，蓝色（棕色）颜色标识具有最优（最粗）特征的集合。

表 13.4　11 个 S2S 业务化全球月集合再预报套件的主要特征

Center	年数（起—止）	每周运行的成员数	大气/陆地初始条件	海洋/海冰初始条件
澳大利亚气象研究中心,月	34(1981—2013)	33	ECMWF ERA-Interim	BMRC PEODAS
中国气象局-国家气候中心,月	21(1994—2014)	28(4×7)	NCEP reanalysis	BCC GODAS
加拿大环境与气候变化中心,月	20(1995—2014)	4	ECMWF ERA-Interim for atmosphere and ECCC land scheme	—
欧洲中期天气预报中心,集合月延伸	20(most recent)	22(11×2)	ECMWF ERA-Interim	ECMWF ORAS5
俄罗斯水文气象中心,月	26(1985—2010)	10	ECMWF ERA-Interim	—
意大利气候科学研究所,月	30(1981—2010)	1	ECMWF ERA-Interim	—
日本气象厅,月	30(1981—2010)	5	JMA reanalysis JRA-55	—
韩国气象局,月	20(1991—2010)	3	ECMWF ERA-Interim	UKMO reanalysis
法国气象局,月	22(1993—2014)	15(每2周)	ECMWF ERA-Interim	MERCATOR reanalysis
美国国家环境预报中心	22(1999—2010)	28(4×7)	NCEP CFSR reanalysis	NCEP CFSR reanalysis
英国气象局	23(1993—2015)	7	ECMWF ERA-Interim	UKMO ocean

注：按字母顺序排列(第 1 列)；年份(第 2 列),集合成员数量(第 3 列),大气/陆地组分的初始条件(第 4 列)和海洋/海冰组分的初始条件(第 5 列)。第 2～3 列,蓝色(棕色)表示数字最高的集合。

13.5.2.1　BMRC 全球月集合

2017 年夏季,BMRC 全球月集合利用耦合 BV 和集合资料同化产生的扰动模拟初始不确定性。用 3 种略有不同的模式版本模拟了由于模式误差引起的模式不确定性。该集合包括 33 个成员(3 个模式版本各 11 个),每周运行两次(周日和周四,00 UTC),预报时长为 9 个月。预报使用海洋-大气耦合模式生成(Hudson et al.,2013)。海洋模式是 ACOM2(Schiller et al.,2003),其基于地球物理流体动力学实验室(GFDL)的 MOM2 海洋模式,具有 2.0°纬向分辨率、0.5°经向分辨率和 25 层垂直层数。利用 POAMA 海洋资料同化系统(PEODAS;Yin et al.,2011)与近似卡尔曼滤波同化次表层温度和盐度。再预报(后报)再分析有关的海洋同化循环中所使用的表面强迫场(应力和蒸发减去降水)来自 BoM 全球数值预报系统实时系统提供的 ECMWF ERA-interim 再分析。耦合频率为每 24 h 一次。再预报套件包括每周运行一次的 33 个成员,涵盖 34 a 的时间(1981—2013 年)。再预报相关的大气和陆地初始条件由 ECMWF ERA-Interim 再分析构建的驰豫场给出,海洋初始条件由 PEODAS 再分析给出。自 2015 年 1 月以来,该预报已拷贝到 S2S 数据库。

13.5.2.2　CMA-BCC 全球月集合

2017 年夏季,CMA-BCC 集合使用滞后平均预测(LAF)方法模拟初始不确定性,将每 6 h

初始化的预报合并,提供月度预测(Liu et al.,2017)。每个预报都由四个 LAF 集合成员组成,它们分别在第一个预报日的 00 UTC 和 18 UTC、12 UTC 和前一天的 06 UTC 进行初始化。大气-陆地分量的分辨率为 T106L40,大气模式顶部设置为 0.5 hPa。目前还没有模拟模式的不确定性。

该模式是完全耦合的 BCC 气候系统模式 1.2 版(BCC-csm1.2),其使用了水平分辨率为 1°/3～1°、垂直层数为 40 层、通过 BCC 全球海洋资料初始化的 GFDL MOM4 模式。再预报套件包括 4 个成员,和业务套件一样以滞后模式运行,覆盖 21 a(1994—2014 年)。再预报相关的大气和陆地初始条件由 NCEP 再分析给出,海洋初始条件由 BCC-GODAS 给出。自 2015 年 1 月以来,该预报数据已拷贝到 S2S 数据库。

13.5.2.3 ECCC 全球月集合

2017 年夏季,ECCC 集合(Lin et al. ,2016)的初始条件是通过 EKF 生成的,和全球中期集合初始条件生成方法类似(MSC-ENS;关于这种模拟初始不确定性的方法的更多细节,请参阅第 13.5.1.7 节)。大气-陆地分量分辨率为 0.45°×0.45°,垂直方向 40 层,大气模式顶为 2.0 hPa。通过使用不同的模式配置(多参数化物理)和随机方案(如 MSC-ENS)来模拟模式的不确定性。

ECCC 月集合实际上是基于 21 个 MSC-ENS 成员(20 个扰动和 1 个对照)而形成的,目前 MSC-ENS 预报时长已延伸至 32 d,每周一次(周四,00 UTC)。大气-陆地模式与动态的海洋模式没有耦合。再预报套件包含 4 个成员,与业务套件一样以滞后方式运行,覆盖 20 a(1995—2014 年)。再预报相关的大气初始条件由 ECMWF ERA-Interim 再分析提供,陆地表面的初始条件由近地面大气 ERA-Interim 再分析及其相关降水驱动的 ECCC 地面预报系统(SPS)离线运行提供。自 2015 年 1 月以来,该预报数据拷贝至 S2S 数据库。

13.5.2.4 ECMWF 全球月集合

2017 年夏季,ECMWF 的月预报通过中期/月度 ENS 产生,每周两次(周四和周日 00 UTC),预报时长从 15 d 延长至 46 d,分辨率较低(Tco319 约为 36 km,而不是约 18 km)。大气-陆地分量被耦合到一个动态的海洋和海冰模式中。有关用于模拟初始不确定性和模式不确定性的方法的描述,参见第 13.5.1.4 节(Vitart et al. ,2014)。在过去的 20 a 里,再预报通过每周运行两次 11 个集合成员来完成。

再预报相关的大气和陆地初始条件由 ECMWF ERA-Interim 再分析系统给出,海洋初始条件由海洋再分析 ORAS5 系统给出。自 2015 年 1 月以来,该预报数据已拷贝至 S2S 数据库。

13.5.2.5 HMRC 全球月集合

HMRC 全球集合预报系统(Tolstykh et al. ,2014)包括 20 个成员,分辨率为 1.125°× 1.40°,28 个垂直层(大气顶在 5 hPa),其使用繁殖方法模拟初始不确定性,参见第 13.5.1.8 节),不模拟模式的不确定性,也不与动态海洋模式耦合。该集合基于 20 个成员,每周运行一次(周三,00 UTC),预报时长为 61 d。集合再预报由 10 个成员组成,从周三实时预报的同一天和同一个月开始,覆盖 26 a(1985—2010 年)。自 2015 年 4 月起,可从 S2S 存档获取该预报数据。

13.5.2.6　ISAC-CNR 全球月集合

ISAC-CNR 集合是基于格点、流体静力和大气环流模式(GCM)GLOBO(Malguzzi et al.，2011;Mastrangelo et al.，2012)，其与箱式海洋模式耦合。这套系统包括 40 个扰动成员和 1 个对照成员，每周运行 1 次(周一，00 UTC)，预报时长达 31 d。初始扰动来自 GEFS-NCEP 业务集合的混合滞后集合技术:每 6 h(周日 00 UTC、06 UTC、12 UTC、18 UTC)采集 10 个扰动的初始条件，未扰动(对照)分析来自周一 00 UTC。该集合不能模拟模式的不确定性，也不能与动态海洋模式耦合。1981—2010 年，每 5 d 就会有一个成员进行一次集合再预报。利用 ECMWF ERA-Interim 再分析给出了再预报的初始条件。自 2015 年 4 月起，可从 S2S 存档中获取该预报数据。

13.5.2.7　JMA 全球月集合

JMA 全球月集合系统利用 BV 和滞后平均方案模拟初始不确定性，采用随机模式模拟了物理参数化引起的模式不确定性。该模式不包括海洋模式，其包括 50 个成员(周二 24 个扰动＋对照，周三 24 个＋对照)，分辨率约为 60 km 和 60 个垂直层。50 个成员的产品每周生成一次(周三，12 UTC)，通过合并上一个周三和周二生成的滞后预测，预报时长为 34 d。日本气象局的再预报使用一组固定的日期，这意味着再预报只从模式的一个定型版本产生一次，并在数年内用于校准实时预报。日本气象厅的再预报由 5 组成员组成，1981—2010 年，每个月进行 3 次。开始日期对应于每个月的 1 日、11 日和 21 日 00 UTC 减 12 h(2 月 28 日而不是 2 月 29 日)。再预报的大气和陆地初始条件由 JMA 再分析 JRA-55 给出(Kobayashi et al.，2015)。自 2015 年 1 月起，可从 S2S 档案中获取该预报数据。

13.5.2.8　KMA 全球月集合

KMA 全球月预报是使用 UKMO 开发的 KMA 季节集合生成的(参见第 13.5.2.11 和第 13.5.1.9 节)。自 2016 年 4 月起，可从 S2S 存档中获取该预报数据。该集合采用 ETKF 方法模拟初始不确定性，并使用 SKEB 方案模拟模式不确定性。月预报是对若干天的滞后预报进行组合而生成的。每天 4 个集合成员被初始化并运行——两个 75 d、两个 240 d。再预报包括 3 个成员初始化的冻结日期(每个月的 1 日、9 日、17 日和 25 日)，为期 20 a(1991—2010 年)。再预报相关的大气和陆地初始条件由 ECMWF ERA-Interim 提供，海洋初始条件由 UKMO 海洋再分析提供。自 2016 年 4 月起，可从 S2S 存档中获取该预报数据。

13.5.2.9　MF 全球月集合

MF 系统分辨率 80 km，垂直 91 层，包括 51 个成员，每周运行一次(周四 00 UTC)，预报时长为 32 d，其使用随机方案(Batte et al.，2012)来模拟初始不确定性。该集合预报通过耦合模式生成，海洋模式为 NEMO3.2，水平分辨率为 1°，垂直层数 42，初始化来自未扰动的 MER-CATOR-OCEAN 海洋和海冰分析系统。再预报包括 1993—2014 年(22 a)每个月的第 1 日和第 15 日开始的 15 个成员的集合。再预报相关的大气和陆地初始条件由 ERA-Interim 提供，海洋初始条件由 MERCATOR-OCEAN 海洋再分析系统提供。

13.5.2.10　NCEP 全球月集合

NCEP 的月集合包括 16 个滞后预报，每天运行 45 d，分辨率为 T126(约 100 km)，64 个垂直层，最高可达 0.02 hPa。该模式为 CFSv2，这是 NCEP 针对月度和季节应用开发的全球集合(Saha et al.,2014)。这个由 16 个成员组成的系统包括滞后预报,其中 3 个成员有扰动,1 个成员没有扰动,每天 00 UTC、06 UTC、12 UTC 和 18 UTC 运行。扰动使用 BV 定义(见第 13.5.1.8 节),其不模拟模式的不确定性。该集合使用耦合模式,海洋模式为 MOM4P0。再预报包括 4 个滞后的预测,在 00 UTC、06 UTC、12 UTC 和 18 UTC 运行,持续 22 a(1999—2010 年)。利用 NCEP 耦合再分析 CFSR 生成再预报的初始条件。自 2015 年 1 月起,可从 S2S 存档中获取该预报数据。

13.5.2.11 UKMO 全球月集合

UKMO 月度预报是利用其季节集合 GloSEA5(MacLachlan et al.,2014)中的个别成员生成的。GloSEA5 使用耦合的 HadGEM3 模式,包含以下组件:

- 大气:MetUM(Walters et al.,2011),全球大气 3.0 版
- 陆面:联合英国陆地环境模拟器(JULES;Best et al.,2011),全球陆地 3.0 版
- 海洋:NEMO(Madec,2008),全球海洋 3.0 版
- 海冰:洛斯阿拉莫斯海冰模式(Community Ice CodE(CICE);Hunke et al.,2010),全球海冰 3.0 版

GloSEA5 大气和陆地分量水平网格分辨率为 $0.833°(E) \times 0.556°(N)$,海洋和海冰模式分辨率为 0.25°。它使用滞后预报和 ETKF 扰动的组合来模拟初始不确定性(见第 13.5.1.9 节)。模式不确定性采用随机参数扰动方案(Bowler et al.,2008)来模拟,使用单一模式框架表征系列物理过程,从而采样了模式不确定性的很大一部分。每天都有 4 个预报,预报时长为 60 d。再预报包括 7 个成员初始化冻结日期(每个月的 1 日、9 日、17 日和 25 日),为期 23 a(1993—2015 年)。再预报有关的大气和陆地初始条件由 ECMWF ERA-Interim 提供,海洋初始条件由 UKMO 海洋再分析系统提供。自 2015 年 2 月起,可从 S2S 存档中获取该预报的数据。

13.5.2.12 集合性能是否与配置有关

从第 13.5.1 节和第 13.5.2 节可以明显看出,没有一种独特的方法可以生成可靠和准确的集合,事实上,9 个 TIGGE-ENS 和 11 个 S2S 集合使用不同的方法来模拟影响的初始条件和模式误差。通过查看一些评分,并评估我们是否可以将它们的表现与它们的配置联系起来是一件很有意义的事情。为了研究这方面的问题,让我们比较一下 TIGGE 在 2016—2017 冬季的整体预报表现。

为了了解集合性能对模式质量和初始条件、分辨率和成员数以及随后用于模拟初始和模式不确定性的扰动方法的敏感程度,曾经对不同中心产生的集合预报系统性能进行了比较。Buizza 等(2005)比较了一个季节(2002 年夏季)ECMWF、MSC 和 NCEP 系统的性能。他们得出结论,集合预报系统的性能在很大程度上取决于用于创建未扰动(中心)初始条件的资料同化系统的质量以及用于生成预报的数值模式。他们还指出,一个成功的集合预报系统应该能模拟初始和模式相关的不确定性对预报误差的影响。

Park 等(2008)比较了第一组 TIGGE 预测,得出单个集合的表现之间存在较大差异的结论。对于北半球 500 hPa 位势高度在中期范围内(例如,在第 5 d 左右),最坏和最好的对照或集合平均预报之间的可预报性差异约为 2 d,而最坏和最好概率预测之间的差异更大,约为 3~4 d。

Hagedorn 等(2012)不仅讨论了 TIGGE 集合的性能,还研究了将 TIGGE 集合组合成多

模式集合的可能性。将该多模式集合的技能与校准后的 ECMWF-ENS 定义的集合技能进行比较，并与基于 ECMWF 集合再预报套件的定标结果进行比较。考虑到 850 hPa 和 2 m 气温的全球概率预报的统计性能，该研究得出的结论是：包含 9 个 TIGGE 的多模式集合并没有改善最好的单一模式 ECMWF-ENS 的性能。然而，一个简化的多模式系统，仅包含 4 个最好的集合（ECMWF、MSC、NCEP 和 UKMO）则表现出更好的性能。该研究还得出结论，ECMWF-ENS 是多模式集合性能改善的主要贡献者；也就是说，如果多模式系统不包括 ECMWF 的贡献，它无法单独改善 ECMWF-ENS 的性能。这些结果显示，这些结果只对所使用的验证数据集存在轻微的敏感性，并不影响上述结论的普适性。

Yamaguchi 等（2012）针对热带地区，并比较了来自每个 TIGGE 集合的热带气旋轨迹预测以及称之为多中心大集合（MCGE）产生的轨迹，该集合包括所有热带气旋。其研究了 2008—2010 年北太平洋西部的 58 个热带气旋。在对热带气旋袭击概率的验证中，MCGE 的 BSS 大于最佳单个集合的 BSS，即处于中期范围的 ECMWF-ENS。相比之下，MCGE 提高了可靠性，特别是在大概率范围内。

Buizza（2014）比较了初始时刻集合均值（即集合分布跨度的中心点）和集合离散度的空间分布。他指出，在热带外地区，这种集合在初始时刻非常相似，而在 $t+48$ h，一些小的差异开始出现。相比之下，它们在热带地区的差异更大，甚至在最初也是如此。这反映了一个事实：TIGGE 中心的分析在温带地区非常相似，而在热带地区则有很大的不同——例如，20°S—20°N 之间（Park et al.，2008）。相比之下，初始时刻，差异在集合离散度方面表现得更加显著。KMA、MSC 和 UKMO 的 ENS 具有最大的初始离散度，以补偿其初始扰动较慢的增长速度。例如，在 Buizza 等（2005）中，使用 EnKF 和 EKTF 方法产生的初始扰动比预报误差增长慢，因此，要在中期范围内获得正确的离散度水平，初始扰动必须设置相当大的幅度。在预测时刻 $t+48$ h，各集合的覆盖范围和局部极值分布都比初始时刻更接近。广义地说，它们在结构上也相当相似，最大值集中在急流更强或气旋发生发展的相同区域。这并不奇怪，因为所有这些集合都是为中期范围（例如：3～10 d 的预报）设计的，为了实现这一点，它们都被配置为平均有 2～3 个预报天的适当离散水平。

图 13.7 给出了截至 2017 年 5 月，5 个 TIGGE 集合在 850 hPa 温度概率预测表现的简要更新视图。集合性能已经用 CRPS 进行了测量，CRPS 相当于概率预测的 RMSE。CRPS 测量预测概率密度函数和观测密度函数之间的平均距离，如果不考虑观测误差（在这种特殊情况下），它是一个 δ 函数，如果考虑它们，则是一个非常窄的分布。CRPS 对于一个完美的预测来说是 0。以气候预报为参考，定义了相应的技能评分 CRPSS。

图 13.8 和图 13.9 显示了 4 个 TIGGE 集合预报的可靠性：它们在 4 个预报时间将北半球和热带 850 hPa 温度的集合均值的均方根误差（RMSE）与集合离散度进行对比。在一个可靠的集合中，两个值应该是相似的，散点图上的可靠度曲线应该尽可能靠近对角线。

这些结果证实了早先的结论（参见前一节和相关参考资料），即对所有的集合来说，温带的表现优于热带，而且天气尺度特征比小尺度的表现象更容易预测。考虑到各个集合系统，这些结果证实，总体而言，欧洲中期天气预报集合系统继续提供最准确和可靠的预报。正如早期研究指出的那样（Buizza et al.，2005），欧洲中期天气预报集合系统的优异表现来源于下述原因：

• ECMWF 建立了一个非常精确的模式，其资料同化系统产生了非常精确的良好初始条件。

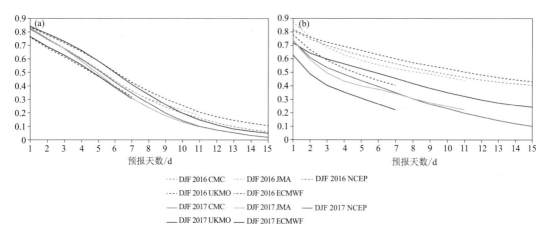

图 13.7　2016 年冬季(2016 年 12 月 15 日—2017 年 2 月 16 日,虚线)和 2017 年冬季(2017 年 12 月 16 日—2017 年 2 月 17 日,实线)对北半球(20°—90°N,a)和热带(20°S—20°N,b)5 个 TIGGE 集合:ECMWF(红色)、CMC 加拿大(青色)、JMA 日本(橙色)、NCEP(绿色)和 UKMO(蓝色,仅在预报第 7 d)。每个集合都已根据自己的分析进行过验证

- ECMWF 集合使用了最好的分辨率和最大的集合成员数量。
- ECMWF 集合使用非常好的方法来模拟初始不确定性和模式不确定性对预报精度的影响。

一个非常好的模式有助于减缓预测误差的增长速度,并使其更容易同化观测结果。良好的资料同化系统建立在良好的模式基础上,可以使初始条件更加精确。使用高分辨率使模式能够更精确地模拟小尺度及其与大尺度(天气波、行星波)的相互作用。采用较大的集合规模增加了集合的可靠性,使集合在概率空间上的分辨率更高,对概率预报,特别是对罕见事件的概率预报有积极的影响。采用好的方法对初始不确定性和模式不确定性进行模拟,既提高了集合预报的可靠性,又提高了集合预报的精度。

13.5.3　关于集合预报未来发展的若干思考

在过去的 25 a 里,随着 Thompson(1957)、Epstein(1969a)、Lorenz(1969a,1969b)和 Leith(1965)等开创性研究的开展,我们见证了业务 NWP 的范式转变,从基于单一预报的确定性方法转向了概率方法其一,利用多个集合来估计初始状态和预报状态的概率密度函数。1992 年在欧洲中期天气预报中心和美国国家天气预报中心构建了最初的两个综合业务系统。随后是加拿大 1995 年成立的 MSC,几年后其中心也相继成立。

目前普遍认为,预报必须包括不确定性估计以及使预报者能够估计未来情况可预测程度的信心指标。这些估计可以用不同的方式来表达,比如一系列可能的情景或者感兴趣的事件可能发生的可能性。如今,短期和中期预报、月度和季节预报、甚至 10 a 预测和气候预测都是基于集合预报,因此不仅可以估计最可能的情景,还可以估计其不确定性。此外,为了更精确地估计分析误差,集合预报被广泛地用于提供初始状态不确定性的估计。

本章的讨论已经说明,尽管所有集合的设计目标都是相同的(估计预报状态的概率密度函数),但不同的技术被用于模拟初始不确定性和模式不确定性。因此,我们可以得出的第一个结论是,没有独特的配方来生成可靠和熟练的集合。考虑到 TIGGE 集合的性能,我们可以得

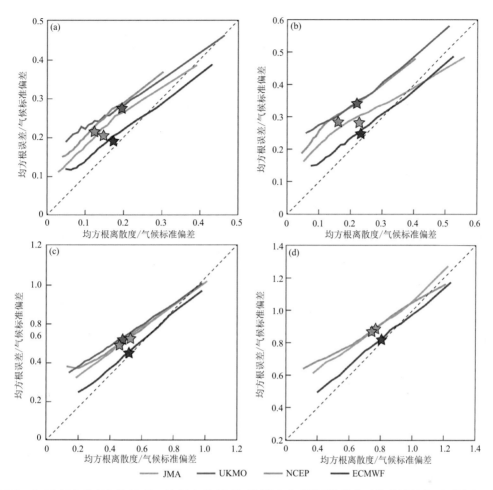

图 13.8　2017 年冬季(12 月 16 日—次年 2 月 17 日,实线)4 个 TIGGE 集合对北半球(20°—90°N)850 hPa
温度的预测的集合均值(y 轴)和集合标准差(x 轴)的平均散点图:ECMWF(红色)、JMA(橙色)、
NCEP US(绿色)和 UKMO(蓝色,仅为预报第 7 天),在(a)第 1 天、(b)第 2 天、(c)第 6 天和(d)
第 10 天。每一个集合都经过了自身分析的验证

出的第二个结论是系统设计影响性能。第三个可能的结论是,TIGGE、S2S 和类似的旨在为
科学界和集合预报用户提供数据访问的项目是必不可少的基本资源,可以帮助我们理解如何
最好地设计这些集合,以便我们可以从预报中提取可预报的信号。

展望未来,我们可以从业务系统的升级中发现两种趋势:
- 朝着地球系统模拟和同化方向发展。
- 在分析和预报集合的设计上,朝着无缝的方式迈进。

第一个趋势与过去 20 a 取得的结果有关,该结果表明,通过添加相关的过程,我们可以进
一步提高现有预报的质量,我们可以在动力学预报失去其价值的地带进一步扩展预报技巧水
平。例如,Buizza 和 Leutbecher(2015)研究了欧洲中期天气预报系统从 1994 年至今的技术演
变,并得出结论:"多亏了数值天气预报的重大进展,现在可以实现 2 周以上的预报技能范围。
更具体地说,它们是由于更好、更完整的模式协同作用而成为可能的,这些模式包括对相关物
理过程(例如与动态海洋和海浪的耦合)进行更准确的模拟,改进的资料同化方法允许对初始

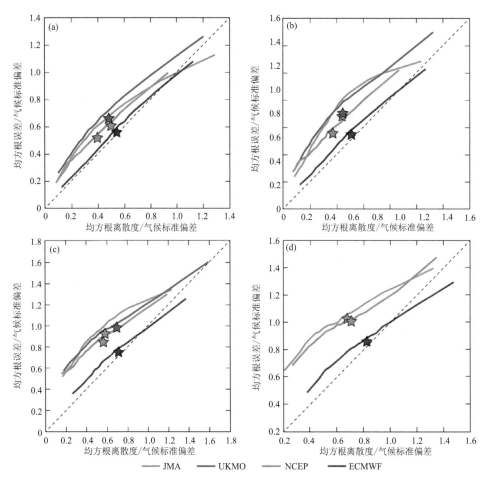

图 13.9 2017 年冬季(12 月 16 日—次年 2 月 17 日,实线)4 个 TIGGE 集合对热带地区(20°S—20°N)
850 hPa 温度的预报的集合均值(y 轴)和集合标准差(x 轴)的平均散点图:ECMWF(红色)、JMA
(橙色)、NCEP US(绿色)和 UKMO(蓝色,仅为预报第 7 天),在(a)第 1 天、(b)第 2 天、(c)第 6 天
和(d)第 10 天。每一个集合都经过了自身分析的验证

条件进行更准确的估计以及集合技术的进步。"

第二个趋势出现的部分原因来自科学认识的深入。例如,从科学的角度来看,有证据表
明,与延伸期有关的过程也与短期有关。在 ECMWF 集合中引入一个动力海洋模式就是一个
例子。我们开始在季节和月的时间尺度上更多地使用海洋-陆地-大气耦合(Vitart et al.,
2014;Molteni et al.,2011;Anderson et al.,2007),研究中发现其有助于改善集合预报的可靠
性和准确性,随后将其引入到中期集合中(Janssen et al.,2013)。从技术角度来看,采用一种
统一的方法,即从第 0 天到 1 年,分析与预报中使用相同的模式,大幅度简化了维护和升级的
实施。此外,它有助于对模式版本进行诊断和评估,因为在不同的时间尺度上进行的测试可以
帮助识别可能导致预报错误的不良行为。ECMWF 未来 10 a 的战略(ECMWF 战略 2016—
2025 年)包括这两个方面,这两个关键支柱将帮助我们继续推进我们的科学和提高我们的预
报质量。

作者认为,未来的集合将在其初始条件产生的方式上有更高程度的耦合,分析和预报的集

合将比今天更无缝。例如,欧洲中期天气预报:目前,我们使用 4 个不同的集合来提供 PDF 分析(即初始时刻)和预报状态的估计:

- 25 个成员组成的 EDA 和高分辨率的单一分析,生成其集合的大气和陆地成分的初始条件;
- 5 个成员 ORAS5,生成动力海洋和海冰的初始条件;
- 51 个成员组成的中期/每月的 ENS,生成次季节预报;
- 51 个成员组成的 SEAS4(于 2017 年 11 月升级为 SEAS5),用于生成季节预报。

ENS 和 SEAS4 都使用了基于海洋动力(洋流、海浪和海冰)的地球系统模式和陆地-大气动力模式,但它们使用的模式版本不同,初始化方法也略有不同,分辨率也不同。2017 年 11 月季节集合升级为与 ENS 具有相同分辨率和初始化的 SEAS5,又向前迈进了一步,在大气模式分量的设置上,SEAS5 与 ENS 仍略有不同。

考虑到初始条件,我们仍然以非耦合模式生成它们。(大气/陆地)EDA 只有 25 个成员,(海洋/海冰)ORAS5 只有 5 个成员,而不是 51 个。每个 ORAS5 海洋成员不是由一个 EDA 成员驱动的,而是由未扰动的分析领域驱动的,这种扰动的方式与任何 EDA 成员都不同。此外,考虑到大气,由于 EDA 的成本非常高,我们没有足够的计算资源及时完成 25 个同化周期来初始化预报。因此,我们使用 EDA 短期预报(从之前的 EDA 周期开始)来产生大气/陆地初始扰动。这意味着我们还没有生成与预测模式中耦合程度相同的初始条件。虽然还不清楚资料同化需要多大程度的耦合,但我们认为可以使分析和预报的集合更加无缝隙,可以提高同化的耦合程度。作为 ERA-CLIM2 项目的一部分,欧洲中期天气预报中心(ECMWF)首次对 20 世纪海洋/陆地/大气耦合再分析的 CERA-20C 给出了后一方面的一个例子。

因此,我们使用了次优初始条件(它们是在非耦合模式下产生的),次优初始扰动(它们也是在非耦合模式下产生的,在大气、陆地和海洋中使用不同的技术),以及次优模式误差方案(我们只干扰大气过程)。换句话说,我们还没有使用无缝隙的方法。

如果有足够的计算资源,在未来的 5～10 a 里,我们可以将现有的 4 个集合发展成一个无缝耦合集合,由 N 个(51 个,可能是 101 个)耦合预报直接从 N 个耦合初始条件开始。为了实现这一目标,我们必须解决的未决问题包括同化所需的耦合程度(在耦合的大气/陆地/海洋资料同化方案中,我们是否需要一个强耦合的架构?),以及我们需要在耦合模式中引入的复杂程度(我们需要包括多少其他过程?),例如,我们是否需要包括一个相互作用的气溶胶方案,以进一步扩大预报技能的范围?

13.5.4　总结和关键收获

在本章中,我们首先从一般意义上讨论了如何使用动力模式来产生 S2S 预报。然后我们介绍了集合预报的概念,讨论了如何度量每个集合的可靠性和准确性,并说明了为什么集合预报比单个预报能提供更有价值的信息。接下来,我们简要回顾了资料同化是如何工作的,并通过使用资料同化程序合并系统状态的观测和估计来生成初始条件。我们简要回顾了如何在集合中表征模式不确定性。我们回顾了全球业务化 S2S 集合的初始化方法,并举例说明了 9 个 TIGGE 集合和 11 个 S2S 集合是如何生成的。我们比较了它们的关键特性,强调了它们设计背后的基本原理,并讨论了它们的设计如何影响它们的性能。最后,我们讨论了一些关于我们期望集合在不久的将来如何演化的思考。

我们可以从这一章中得到什么重要的收获？

• 初始化是很重要的,并且会影响早期预测范围内的性能。

• 集合比单一预报提供了更完整、更有价值的信息。

• 集合预报的生成方式并不唯一,无论是通过模拟初始和模式不确定性的方式,或是通过集合配置(例如成员数量、预测长度、分辨率和频率)。

• 集合的可靠性和准确度取决于模式和初始条件的质量、分辨率和成员数量,以及用于表征初始不确定性和模式不确定性的方法。

• 在未来,我们期望集合包括越来越多的相关过程,并朝着地球系统模式和同化的方向发展。我们还期望在分析、中期以及 S2S 集合的设计中,更多地体现无缝的方式。

为了帮助我们在预报中考虑初始和模式的不确定性,在未来,它们将被更多地使用在初始时间和所有预报范围中。

第 14 章

完全表征云微物理的 GCM 及 MJO 模拟

14.1 简介

尽管近年来湿物理参数化已经大大改善,但是最近的大气环流模式(GCM)仍然存在模拟降水统计数据(Kang et al.,2015)和 MJO 的问题,比如 Hung 等(2013)和 Ahn 等(2017)使用 CMIP5 模式的研究。为了克服对流参数化的局限,最近的几项研究试图在区域和全球模式中包括云微物理过程的完整表示,即所谓的模式显式表示对流(Miura et al.,2007b;Benedict et al.,2009;Kang et al.,2016)。Moncrieff 和 Klinker(1997)研究表明,显式对流比参数化对流能更真实地模拟超级云团。最近,Holloway 等(2013,2015)用不同水平网格尺度的参数化和显式对流进行了 MJO 模拟,发现在显式湿物理条件下有更好的性能。

全球云解析模式(CRM),包括由大气环流模式状态变量显式表达的云微物理过程,自2000 年初以来已由一个日本小组测试过(Tomita et al.,2005;Satoh et al.,2014;及其他很多测试)。该模式采用全球非静力框架版本,具有从几千米到 14 km 的多种水平分辨率。通过对早期版本的全球 CRM 的一些修改和改进,他们最近报告说,该模式能够很好地再现观测到的 MJO 东向传播和台风生成(Miura et al.,2007b;Oouchi et al.,2009;Miyakawa et al.,2014;Kodama et al.,2015)。

使用 CRM 的一个好处是能分辨与云相关的湍流运动,尽管较小尺度的湍流对于天气或行星尺度现象的大尺度过程是否必不可少是值得怀疑的。使用 CRM 的另一个好处是允许流体动力学和云微物理之间的直接耦合。这提供了一条通过直接计算水凝物的传输和相变来避免"积云参数化僵局"(Randall,2003)的途径。然而,这种方法需要非常大的计算资源,因为它具有千米级的超高水平分辨率,并且目前还不能将这种模式用于 S2S 的预测。此外,它们的气候行为尚未得到很好的描述,云物理过程的许多方面尚不清楚。

所谓的超级参数化是一种很有前途的替代策略,它通过嵌入在水平分辨率为 100 km 或更高 GCM 的每个网格中的 CRM 来显式表示湿对流的影响(Iorio et al.,2004;DeMott,2007)。超级参数化 GCM 已被证明能够高效且相当好地模拟 MJO(Benedict et al.,2009;Zhu et al.,2009)(尽管 MJO 强度有些夸大)。还指出超级参数化存在一些不足,它没有考虑相邻GCM 网格中云的相互作用,并且每个网格点的云属性必须快速调整到 GCM 状态变量规定的边界条件。

最近,Kang 等(2015,2016)发展了一个 GCM,在 50 km 水平分辨率下具有云微物理的完整表示。对于这个 GCM,由 GCM 状态变量表示的云微物理被修改为适合 50 km 的水平分辨率。Kang 等(2015)研究显示,该 GCM 能够模拟方案 GCM 无法模拟的强降水和极端降水统计,采用对流参数化与传统 GCM 相比可以更好地模拟 MJO(Kang et al.,2016)。特别是 Kang 等(2016)的研究显示,在 50 km 分辨率的 GCM 中,云微物理本身不足以模拟水汽场的垂直剖面,特别是在对流层低层,需要浅对流来模拟低层水汽平均及与 MJO 时间尺度有关的异常。最近,他们发现,Kang 等(2016)使用的 GCM 模式仍然会在中、上层产生湿度干偏差。为了进一步改进他们的 GCM,他们增加了一个尺度自适应的深对流,以增强水汽和温度的垂直传输,这有助于改善对流层中高层和 MJO 模拟中的干偏差。

在本章中,我们将回顾此处提到的 3 种具有云微物理过程的 GCM:超高分辨率全球 CRM、低分辨率超级参数化 GCM 以及具有云微物理和尺度自适应积云参数化的中分辨率 GCM。表 14.1 总结了 3 种 GCM 的特征差异。这 3 种模式仍在开发中,需要更多时间来创建业务系统。因此,参数化对流仍然在当前的业务系统中使用,特别是用于 S2S 预测。

表 14.1　三类包含云微物理的全球模式

	全球云解析模式	GCM 超级参数化	GCM 灰色区域
水平分辨率	约 1 km	约 100 km	约 10 km
模型框架	CRM 扩展到全球范围	在 GCM 每个格点嵌入 CRM	通过 GCM 状态量表达云微物理
云和对流	显示解析,通过 CRM 物理计算	显式解析,但仅限于 GCM 格点内	云微物理修正加对流参数化
云运动	全表达	仅限于 GCM 格点间(无格点间相互作用)	只有大尺度相互作用(通过 GCM 物理过程表示)
计算消耗	非常高	相对低	中等
S2S 预测的可能性	不能,近期	是	是,近期

本章将介绍这些 GCM 的发展策略及其降水气候态和 MJO 的模拟质量。在第 14.2 节介绍水平分辨率为 1 km 量级的全球云解析模式,并讨论了其沿赤道的模拟质量。在第 14.3 节中描述水平分辨率为 100 km 量级的超级参数化 GCM,第 14.4 节描述水平分辨率 50 km 的包含云微物理和尺度自适应对流完整表征的 GCM,在第 14.5 节中给出总结和结论。

14.2　全球云可分辨模式

此处描述的全球云可分辨模式是非静力二十面体大气模式(NICAM;Satoh et al.,2008, 2014),它在优化的测地网格上使用完全可压缩的非静力欧拉方程的有限体积离散化。垂向采用标准地形追随坐标(Tomita et al.,2004)和水平离散化的 Arakawa A 网格(Tomita et al., 2001)。当前标准的物理方案包括 Tomita(2008)的微物理方案、修正的 Mellor-Yamada 湍流方案(Noda et al.,2010)、Sekiguchi 和 Nakajima(2008)的辐射传输模式、改进的 Louis 表面通量方案(Uno et al.,1995)、MATSIRO 的边界层和陆面模式(Takata et al.,2003)。在这里,我们将简述 NICAM 的一些发展历史,特别关注 MJO 和相关的热带现象。

在使用 NICAM 进行的全球 CRM 模拟的第一次试验中(Miura et al.,2007a),热带气旋强度被夸大了,但对流云被减弱了。这种不切实际结果的原因是严重高估了湍流方案向上输送的水汽。Holloway 等(2013)发现他们的 4 km 模拟对湍流方案的选择很敏感。Miura 等(2007a)的敏感性试验也发现了这一点。云组织的范围在很大程度上取决于亚网格尺度的湍流;弱和强垂直混合分别引起分散和有组织的对流。

在随后的研究中,Miura 等(2007b)将边界层方案从"干"的更新为"湿"的 Mellor-Yamada方案(Noda et al.,2010),具有全球、准均匀的 7 km 网格。更新后的模式再现了 2006 年 12 月中旬在印度洋上空发生的 MJO 事件的对流活跃区的真实东移。Liu 等(2009b)进一步检验了这个 7 km 模拟的真实性。使用全球 3.5 km 网格开展为期 1 周的模拟,真实地再现了云的分布及其在海洋大陆上的演变。最近,该模式被用于模拟 CINDY2011/DYNAMO 期间的第一个 MJO 事件(图 14.1a)。如图 14.1a 和 b 所示,该模式似乎在一定程度上重现了该事件,显示了 10°S 和 10°N 之间平均的 OLR 的经度-时间截面。

名为 Athena 的项目(Kinter et al.,2013)解决了 NICAM 与欧洲中期天气预报中心(EC-MWF)的综合预报系统(IFS)之间的比较,更新的 NICAM 的一些物理包来自 Miura 等(2007b)的 MJO 模拟研究。云微物理方案是一项重大变化。Grabowski 等(1998)的一个简单方案被 Tomita(2008)的瞬时微物理方案(NSW6)所取代。

选择 NSW6 方案的参数以增加冰云,从而使大气层顶部的能量收支(TOA)大致平衡。使用这些参数的动机是解决全球变暖下未来云变化的问题(Satoh et al.,2012;Tsushima et al.,2014)。虽然 TOA 的能量平衡得到了改善,但这种调整给热带地区的温度、云和降水区域造成了严重的偏差。大气稳定度变得相当强,特别是在对流层上层,因为对流层上层水汽和云的正偏差。结果,海洋上空的对流活动受到抑制,而在陆地区域则被夸大了,因为陆地上的地表感热通量更强烈地迫使湍流发生。

当使用与 Athena 项目相同的配置模拟 CINDY2011/DYNAMO 期间的第一个 MJO 事件时,NICAM 模式几乎无法重现该事件(图 14.1c),如前所述,与 Miura 等(2007b)相同的配置在一定程度上重现了它(图 14.1b)。从这些测试中可以看出,选择增加云冰的 NSW6 参数集(Satoh et al.,2012;Tsushima et al.,2014)不适合 MJO 模拟。接下来,重新调整参数(Miura et al.,2012)以更好地模拟 MJO 事件(图 14.1d)。请注意,调整的重要参数是云冰的自动转换率和雨雪的下降速度(终端速度)。

很明显,这些参数可以强烈影响水凝物和水汽的垂直分布。新的 NSW6 参数不仅可以更好模拟 CINDY2011/DYNAMO 期间的第一个 MJO 事件,而且对于不同的 MJO 模拟性能都有提升。Tsushima 等(2014)使用 K 计算机上的 NICAM 和重新调整的 NSW6 方案,结果表明 MJO 预测的技巧保持了 26~28 d,具体取决于模式初始化时 MJO 所处的位相。

这种使用 NSW6 方案在 NICAM 中缺失和恢复 MJO 的经验告诉我们,全球或近乎全球的 CRM 仍然对水汽的垂向重新分布敏感,这不可避免地由次网格尺度未解决的过程所代表。值得注意的是,NICAM 的 MJO 模拟对表面潜热通量的设置也很敏感。这些结果可能会让我们失望,即会出现"云微物理僵局",既使我们"超越了积云参数化的僵局"(Randall,2013)。还应注意,本节中列出的所有问题或多或少都与物理参数化的意外使用或人为调整有关。

如果全球或近全球 CRM 受到各种观测的适当约束,我们可能不必担心不必要的调整次网格尺度的过程。尽管自 Tomita 等(2005)在水球条件下使用准均匀的 3.5 km 网格进行了

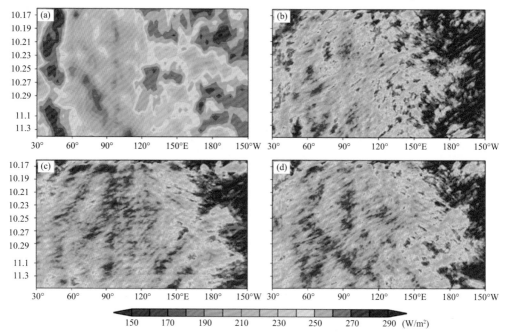

图 14.1　OLR 的经度-时间横截面(2011 年),在 10°S 和 10°N 之间取平均(a)NOAA 插值 OLR;
(b)全球云可分辨模式,采用 Grabowski 等(1998)方案;(c)采用 Athena 参数的 Tomita(2008)方案;
(d)采用重新调整参数的 Tomita(2008)方案

第一次全球 CRM 模拟的研究以来已经过去了十多年,但对全球 CRM 的特性了解仍然有限。我们需要继续开发云微物理方案(Seiki et al.,2015),并通过与卫星数据和实况观测的比较来改进它们(Masunaga et al.,2008;Inoue et al.,2010;Dodson et al.,2013;Hashino et al.,2013;Roh et al.,2017)。

14.3　超级参数化 GCM

目前 GCM 中使用的超级参数化 GCM 来自 ECMWF IFS(Wedi et al.,2013)。该模式在球谐总波数 159 处被三角截断,这相当于热带地区约 112.5 km 的水平分辨率。在垂直方向,大气在地表和 5 hPa 气压层(约 35 km 高度)之间被离散为 91 层。积分时间步长为 3600 s。用于超级参数化 IFS 的 CRM 是最初在美国科罗拉多州立大学开发的三维模式,Khairoutdinov 和 Randall(2003)对此进行了详细描述。CRM 主要基于 Khairoutdinov 和 Kogan(1999)的大涡模式(LES)。

预测的热力学变量包括液态水/冰水湿静力能、总非降水量和总降水量。该模式以 4 km 的高水平分辨率运行。模式动力学和热力学方程的详细描述可以在 Khairoutdinov 和 Randall(2003)中找到。该 CRM 已与多尺度模拟框架中的全球模式耦合(Khairoutdinov et al.,2005;Randall,2013),其中 CRM 嵌入在每个 GCM 网格中,并受到来自 GCM 网格平均场的大尺度强迫和表面强迫场的约束。在当前的超级参数化中,CRM 嵌入到 IFS 全球模式的每个

GCM 网格中。在本次讨论中,该模式将被称为 SPIFS。

两个大气模式,一个具有超级参数化(SPIFS),另一个具有常规对流参数化(IFS),运行了 4 a,并将平均气候态和季节内变率与相应的观测值进行了比较。IFS 试验中热带辐合带(ITCZ)沿线的平均降水量与全球降水气候数据集(GPCP)观测结果相当,而 SPIFS 试验沿 ITCZ 带的降水量过多。由 Wheeler 和 Kiladis(1999)诊断的降水波数频率图显示了对流耦合赤道波中的热带变化(未显示)。IFS 试验显示开尔文波段的功率过大,而 MJO 波段的功率降低(波数 1~5,周期为 30~90 d)。这种偏差在 SPIFS 试验中降低,开尔文波得到改善,MJO功率增大。其他模式也显示了超级参数化对 MJO 表示的类似改进,例如 NCAR 大气模式 CAM(Kim et al.,2009)和美国国家环境预报中心(NCEP)的 CFSv2 模式(Goswami et al.,2011)。

我们进一步研究了超级参数化在 IFS 预测模式中的可用性,特别是在生成集合预测的初始条件的集合扰动方面。ECMWF 延伸期集合预测系统(最多 46 d)在业务上使用来自集合资料同化和奇异向量的初始扰动。我们进行了两组后报试验。第一个是集合超级参数化(ESP),我们在大规模 GCM 网格上不使用初始条件扰动,但嵌入在 SPIFS 中的 CRM 在初始条件下受到扰动。在当前的一组试验中,我们对 CRM 进行了扰动,并对边界层中的温度场进行了扰动。CRM 网格单元的底部五层受到 ±0.5℃ 乘以高斯随机数的扰动。因此,IFS 网格变量在初始时步的集合设置中不受扰。因此,每个集合成员具有完全相同的初始条件,而子网格 CRM 扰动了每个集合成员的不同初始条件。在这方面,我们建议使用超级参数化方法作为过程级不确定性模拟框架模拟深对流中的不确定性(Palmer,2012)。在第二组试验中,我们在 GCM 网格上使用了具有初始扰动(IniPert)的对流参数化 IFS 集合。1989—2009 年,每年 2 月 1 日开始运行模式。计算这 20 a 的 MJO 技巧评分以进行比较。因此,我们通过将其与 IFS 预测进行比较,在我们当前的试验中测试了表示对流误差增长的范例,仅在 GCM 初始条件上产生了扰动。

图 14.2a 显示了 20 a 冬季预报的均方根误差(RMSE,实线)和集合离散度(虚线)。多元经验正交函数(EOF)分析的前两个主成分的 RMSE 是按照 Gottschalck 等(2010)的定义计算的。第一周的 ESP 试验具有更高的 RMSE,但也有更大的集合离散度。IniPert 试验的离散度比 ESP 试验低,因此,它是一个不太可靠的集合。然而,这两个试验在所有超前时间内,整体离散度都低于 RMSE,因此,MJO 的 EPS 分散且不可靠。IniPert 集合在所有超前时间的集

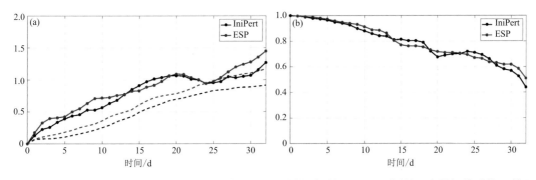

图 14.2 (a)RMSE(实线)和集合离散度(虚线)和(b)不同超前时间 SPIFS 预测的双变量相关系数(x 轴以 d 为单位)。使用 MJO 的多变量 EOF 分析的前两个主成分(RMM1 和 RMM2)计算 RMSE 和双变量 相关系数,与 Gottschalck 等(2010)中一样。黑线和红线分别代表 IniPert 和 ESP 试验

合离散度都比 ESP 集合低。这意味着 IniPert 集合在预测第二周和第三周的 MJO 时不太可靠。图 14.2b 显示了 20 a 冬季预报中 MJO 的多变量 EOF 分析的前两个主成分的双变量相关系数。双变量相关系数按照 Gottschalck 等(2010)的定义计算。每个试验的 RMSE 技巧评分显示出相似的相对技巧,二元相关指标也是如此。在两个试验的第一周,MJO 预测的技巧非常相似。在第二周,在 GCM 尺度上具有初始扰动的集合具有最少的技巧,在 ESP 案例中所做的预测与其他试验相比具有更高的相关系数和技巧。随着我们进入第三周和第四周,两个试验的技巧都会下降并变得可比。S2S 时间尺度上的可预测性是预测界面临的一个关键挑战(Vitart,2014),而拥有可靠的 MJO 预测系统是这一挑战的关键之一。此处显示的结果证明超级参数化 GCM 对 S2S 预测的有用性,特别是对于生成初始扰动,但可能需要进一步研究以改进预测以实现更长的超前时间。

14.4 完全表示云微物理和尺度自适应对流的 GCM

本节介绍具有 50 km 中等水平分辨率的大气 GCM(AGCM)和耦合 GCM(CGCM),具有全面的云微物理和尺度自适应对流参数化。本节中使用的 AGCM 是韩国首尔国立大学(SNU)模式。SNU AGCM 采用有限体积的动力核心,垂向采用 Lin(2004)开发的混合 σ-p 坐标,水平分辨率 50 km,垂向 20 层。

对流参数化包括基于松弛 Arakawa-Schubert 积云对流方案(Moorthi et al.,1992)的简化版本的深对流方案、基于 Le Trent 和 Li(1991)的大尺度冷凝方案以及 Tiedtke(1984)描述的扩散型浅对流方案。辐射过程采用 Nakajima 等(1995)开发的二流 k 分布方案。AGCM 的物理参数化的详细描述可以在 Lee 等(2001)及 Kim 和 Kang(2012)中找到。SNU CGCM 是地球物理流体动力学实验室(GFDL)开发的 SNU AGCM 和 MOM2.2 Ocean GCM 的耦合版本。CGCM 包括 Noh 和 Kim(1999)开发的混合层模式。CGCM 的海洋纬向分辨率为 1.0°,经向网格间距在 8°S 和 8°N 间为 1/3°,在 30°S 和 30°N 逐渐增大到 3.0°,30°以外向极地方向为 3°,CGCM 的详细描述可以在 Ham 等(2010)中找到。

本研究中采用的云微物理参数是从 NASA(Tao et al.,2003)开发的戈达德积云集合(GCE)模式获得的。云微物理过程包括由 Lin 等(1983)、Rutledge 和 Hobbs(1983,1984)开发的 Kessler 型二类液态水方案和三类冰相方案。基于微物理过程对水平分辨率的敏感性试验,Kang 等(2015)开发了一种适用于 50 km 分辨率的改进云微物理方案,以克服云微物理的分辨率依赖性(Weisman et al.,1997;Grabowski et al.,1998;Bryan et al.,2003;Jung et al.,2004;Pauluis et al.,2006;Arakawa et al.,2011;Bryan et al.,2012)。

修改的主要部分涉及冷凝过程和末端速度。原来的 CRM 冷凝公式被 Le Trent 和 Li(1991)的大尺度冷凝公式代替,只是冷凝的相对湿度标准是 90%,采用的末端速度公式中的系数是原始值的一半,Kang 等(2015)描述了详细信息。图 14.3 显示了用 CRM 模拟的 1 km 和 50 km 分辨率的原始云微物理和 50 km 分辨率的修正微物理的云水和各种微物理过程的垂直剖面。修改后的 50 km 分辨率的云微物理(红线)产生的垂直剖面与 1 km 分辨率的垂直剖面(黑线)接近。图 14.3a~d 显示了 1 km 分辨率模式和 50 km 分辨率模式的云水、霰/冰雹、雨水和云冰的垂直剖面,包括修改和未修改的模式(蓝色虚线)。图 14.3e~h 显示了各种微物理过程的垂直剖面:雨水吸积云水(图 14.3e)、霰吸积云水(图 14.3f)、1 km 和 50 km 分辨率模式的霰粒熔化(图 14.3g)和凝结(图 14.3h)。值得注意的是,与冰种(霰和云冰)相比,水种(云水和雨水)对水平分辨率的敏感性较低。随着水平分辨率变粗,大多数云微物理过程减弱并被低估,特别是在吸积和凝结过程中(图 14.3e～h)。但是,如前所述,修改改进了 50 km 分辨率的云微物理模拟。

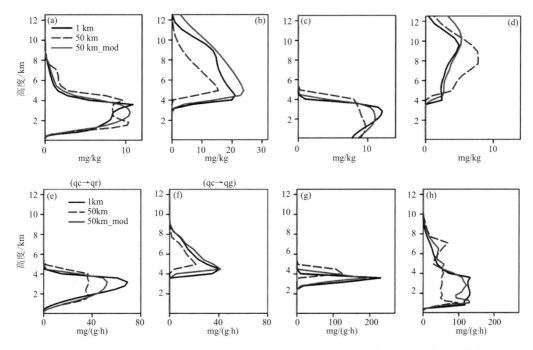

图 14.3　区域平均垂直剖面(a)云液态水;(b)霰/冰雹;(c)雨水;(d)云冰水;(e)雨水对云水的吸积;
(f)霰对云水的吸积;(g)霰的融化;(h)来自 1 km 水平分辨率的 CRM(黑线)的凝结,具有 50 km
水平分辨率的 CRM(蓝色虚线),以及具有 50 km 水平分辨率的修正 CRM(红线)

修改后的云微物理在 SNU AGCM 中以 50 km 的分辨率实施,其中传统的参数化(对流和大规模冷凝方案)被前面描述的 CRM 的修改云微物理所取代。在此 GCM 中,云水被视为预测变量,云微物理通过使用 GCM 状态变量显式计算。正如 Kim(2015)等所预期和展示的。具有修正云微物理的 GCM 由于水分从地表到自由大气的垂直传输不足,在低层水分中产生了很大的偏差,因此,他们在模式中增加了扩散型浅对流。

具有云微物理和浅对流的模式被证明可以很好地模拟气候平均降水分布和 3 h 降水统计。与参数化对流方案的传统 GCM 产生过多的小雨和相对较少的强降水相比,具有修正云微物理的模式产生的弱降水和强降水的降水频率接近热带测雨卫星(TRMM)观测的降水频率(Kang et al.,2015)。

在随后的研究中,Kang 等(2016)用 Kang 等(2015)中使用的云微物理和浅对流检验了 GCM 的 MJO 结构。与具有对流参数化的传统 SNU GCM 相比,模式 MJO 有了很大改进。然而,他们发现与 MJO 相关的水分异常在对流层上层有很大的偏差。这个问题促使在原始 AGCM 中包含由对流方案产生的一定部分的深对流。次网格尺度的对流混合应取决于水平网格大小。

对流方案,例如简化的 Arakawa-Schubert(SAS)方案,可以用于水平分辨率为数百千米的低分辨率 GCM,因此,可以修改适合 50 km 分辨率模式的对流方案被考虑。在辐射对流平衡条件下,使用 1 km 水平分辨率的三维 CRM 检验了次网格尺度垂直混合的分辨率依赖性。在 850 hPa 等压层,次网格尺度垂直传输与湿静力能的总垂直传输的比率作为网格大小的函数被检验。正如预期的那样,该比率随着网格的增大而增大。该比值在 50 km 分辨率下约为 0.62,在 280 km 分辨率下接近 1,表明 SAS 方案产生的约 60% 的对流加热和冷凝可用于 50 km 分辨率模式。在本研究中,通过将云底质量通量降低到约 10%,将 SAS 方案的深对流降低到 60%。与分辨率相关的对流方案称为尺度自适应对流方案。Ahn 和 Kang(2018)描述了尺度自适应对流方案的详细信息。

具有修正云微物理和尺度自适应对流方案的 AGCM 和 CGCM 在本章中将分别称为 MP-AGCM 和 MP-CGCM。需要注意的是,这些 GCM 不使用子时间间隔进行云微物理计算,但是对于所有 GCM 和微物理变量,模式积分的时间间隔减少到 600 s,除了末端速度项是每隔 20 s。预先设定具有气候变化海表温度(SST)的 MP-AGCM 和 MP-CGCM 以 50 km 水平分辨率积分 5 a,气候平均降水量与使用原始 SNU AGCM 和 CGCM 与参数化对流方案的相应结果如图 14.4 所示。

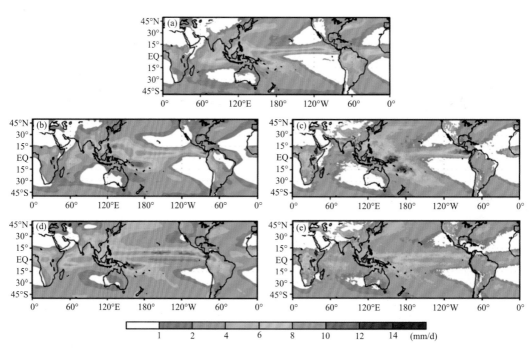

图 14.4　(a)TRMM 年平均降水量空间分布;(b)常规 AGCM;(c)具有改进的云微物理、浅对流和尺度自适应深对流(MP-AGCM)的 AGCM;(d)常规 CGCM;(e)具有改进的云微物理、浅对流和尺度自适应深对流(MP-CGCM)的 CGCM(模式案例使用 5 a 模拟,TRMM 使用 2000—2009 年的 10 a 平均值;TRMM 数据被插值到 50 km 分辨率的模式水平网格中)

图 14.4b 和 14.4c 的比较表明,与常规 AGCM 相比,MP-AGCM 似乎改善了太平洋和大西洋温带风暴轨迹区域的降水以及副热带太平洋东部干燥区域的分布。然而,印度洋和热带大西洋上空相对较大的降水仍然没有得到很好的模拟。有趣的是,MP-CGCM(图 14.4e)在热带海洋,特别是西太平洋上产生的降水分布与 MP-AGCM(图 14.4c)非常不同,这表明海-气

相互作用显著影响热带海洋的降水。总体而言,耦合模式似乎比 AGCM 更好地模拟了热带海洋上空的降水强度,特别是在西太平洋。双 ITCZ 是大多数 CGCM 普遍存在的问题,在 MP-CGCM 和常规 CGCM 中仍然出现。

从降水波数-频率功率谱的角度考察了两种模式模拟的 MJO。如图 14.5a 所示,观测显示在 1～3 波和 30～100 d 周期内具有较强的向东传播能力,而常规 AGCM 和 CGCM 在 MJO 波数内缺乏向东传播能力和周期(图 14.5b 和 14.5d)。另外,MP-AGCM(图 14.5c)和 MP-CGCM(图 14.5e)在接近观测到的对应的波数和频率中产生强烈的向东传播,尽管两种模式

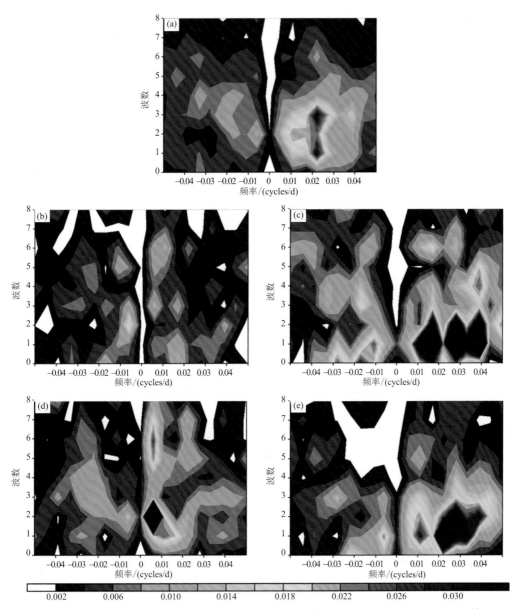

图 14.5 (a)TRMM;(b)常规 AGCM;(c)MP-AGCM;(d)常规 CGCM;(e)MP-CGCM 11 月 5 日至次年 4 月 10°S—10°N 平均降水的波数频率功率谱(MP 代表具有修正的云微物理和浅层和尺度自适应深对流的模式)

的类似 MJO 的信号都是比观测到的要强一些。

如 Kang 等(2016)所示,单独采用云微物理有助于波沿赤道向东传播,但传播速度相对较快,热带地区降水或多或少分散。增加浅对流使对流更有组织,向东传播变得接近观测到的 MJO 速度。在本研究中,增加了尺度自适应对流以增强深层对流混合,从而导致降水更强的、类似 MJO 的向东传播。值得注意的是,与没有尺度自适应深对流(图略)的模式相比,对流层上层的 MP-GCM 模拟的水汽场垂直剖面更好。正如 Ahn 等(2017)使用 CMIP5 模式所证明的,更好的水汽场会导致对流-水汽耦合的增强,从而产生更强的 MJO。这里讨论的结果表明,云微物理和海-气耦合都有助于改善降水气候态和 MJO。海-气耦合强烈影响降水气候态,但在 MJO 中的作用较小,与云微物理和参数化对流相关的湿物理过程似乎是更好模拟 MJO 的主要贡献者。

14.5　总结及结论

本章回顾了 3 种类型的 GCM,充分表征了云微物理过程,并检验了它们对 MJO 的模拟效果。检验的第一个模式是具有几千米数量级的超高水平分辨率的全球 CRM,特别是 NICAM 模式。使用 CRM 的优点是允许与云相关的湍流运动,并允许流体动力学和云微物理之间的直接耦合。这提供了一条通过直接计算水成物的传输和相变来避免"积云参数化僵局"(Randall et al.,2003)的途径。然而,这种方法需要非常大的计算资源,因为它具有千米级的超高水平分辨率,因此,它们的气候特征没有得到很好的描述,云物理过程的许多方面尚不清楚。本章描述的 NICAM 中 MJO 的损失和恢复经验以及一些物理修改告诉我们,NICAM 仍然对由亚网格尺度未解析的过程引起的水汽的垂直重新分布很敏感。即使我们超越了积云参数化的僵局,这些结果可能会让我们失望,"云微物理僵局"将会出现。

第二个模式是所谓的超级参数化全球模式,CRM 嵌入在每个 GCM 网格中。这种模式的水平分辨率为 100 km 数量级。目前,有几个模式超级参数化,先后出现在美国科罗拉多州立大学、NASA 和 NCEP。在这里,我们描述了 SPIFS,这是一个带有 ECMWF IFS 模式的超级参数化模式。SPIFS 在模拟开尔文波和 MJO 时似乎改进了 IFS(但不显著)。请注意,IFS 已经能够很好地模拟 MJO。本章还描述了使用 SPIFS 在 S2S 预测中通过扰动 CRM 变量而不在初始时间扰动 GCM 变量来产生初始集合扰动。

第三个模式是 AGCM 和 CGCM,在 50 km 的中等水平分辨率下具有微物理的完整表示。开发 10 km 分辨率 GCM 的一个问题是修改适合水平分辨率的云微物理过程。对于本模式,修改是基于对模式分辨率敏感的重要过程参数的敏感性试验,特别是冷凝过程和末端速度。论证了当前 50 km 分辨率的云微物理模式仍需要浅对流和尺度自适应的深对流。目前的 AGCM 被证明可以很好地模拟降水统计量,例如弱降水和强降水频率(Kang et al.,2015),并且模拟 MJO 的强度比观测的要强。目前 CGCM 的 MJO 特性与 AGCM 相似。然而,AGCM 和 CGCM 的降水气候态在分布和强度上都存在很大差异,表明海-气相互作用在决定气候态方面起重要作用,该结果表明我们应该调整使用 CGCM 而不是 AGCM 模式物理过程及其参数。全球 CRM 可能是全球天气和气候模式的终极框架。然而,具有千米量级超高水平分辨率的全球 CRM 不仅由于需要巨大的计算资源而存在使用上的困难,而且还存在克服所谓的云微物理的科学困难,正如本章回顾的日本过去的经验所说明的那样。开发这样一个用于天气预报和气候预测的模式可能需要长期的巨大努力和资源。超级参数化 GCM 可以作为完全代表云微物理模式的替代选择。但是,它也可能是在一个有用的全球 CRM 完全开发之前的一段时间的中间选择。超级参数化 GCM 的物理特性在表示相邻 GCM 网格之间的大规模云相互作用方面存在局限。然而,正如本章所回顾的,超级参数化也可以为 S2S 预测提供有用的工具,特别是对于为集合预报生成许多初始扰动。目前,ECMWF 的 S2S 业务系统的最高水平分辨率约为 30 km。在不久的将来,许多业务中心都可以负担得起 10 km 的水平分辨率。对于这样的模式分辨率,应修改云微物理参数化以适合该分辨率。然而,正如本章所指出的,这样的模式仍然需要次网格尺度垂向混合,这可以通过与尺度相关的积云参数化来添加。水平分辨率为 10 km 的所谓灰色区域 GCM 的主要问题之一是确定已解析和未解析(参数化)的云和湿物理的比率。正如本章所回顾的,与云微物理的 3 种 GCM 有关的问题很多。模式学术界可能需要无限的努力来克服这些问题。

致谢

I S Kang 和 M S Ahn 得到了韩国国家研究基金会、韩国政府(NRF-2009-C1AAA001-0093065)和 BrainKorea 21 Plus 的资助。H Miura 得到了日本科学促进会科学研究资助(B-16H04048)的支持。A Subramanian 得到了 ERC 资助(气候预测的原型概率地球系统模式,项目编号:291406)。

第15章

预报校准及多模式集合

15.1 引言

地球气候系统的计算模式基于数学抽象和数值近似。并非现实世界的所有物理过程都包含在气候模式中。大气动力学的混沌特性导致预报系统对不准确的初始状态非常敏感,数值模式预测是对现实世界的不完美表示。模式预报与现实世界的差异可以大致分为随机误差和系统误差。随机预报误差是不可预报的,而系统误差是(至少在某种程度上)可预报的。最能说明系统性预报误差的例子是预报的平均偏差(即预报的时间平均值与现实世界的时间平均值之间的恒定偏移)。如果从过去的经验中知道,例如,温度预报始终与实际温度相差$+2$ K,则将未来预报向下调整 2 K,以纠正偏差,从而改进预报是合理的。偏差校正是预报再校准的一个简单示例。

文献中"校准"一词有两种不同的用法,两者都与技术术语"再校准"相关,但又有所不同。预报校准可以指校准预报的行为通过调整数值模式的参数来预报校准,也可用于对预报结果校准。本章不涉及参数调优,仅在第二种意义上使用术语"校准"来指代预测模式的"可靠性"程度。我们将专注于预测再校准,这是通过对其输出结果进行统计后处理使模式预测更好地校准过程。

通常情况下,对于同一事件,不是仅有单一的预报模式,而且还有多个预报模式。查看这组预报模式的一种方式是,它们是竞争关系,应该挑选其中最好的来发布预报,从而丢弃其他"次优"模式输出中包含的信息。但是,选择最佳模式的决定通常是模棱两可的:必须通过计算性能指标来比较预报模式,例如过去的预报与其验证观测的相关系数或适当的评分规则。但由于抽样的可变性,这些度量是不确定的,因此,在过去的几个案例中实现最佳性能度量的预报模式不一定是未来预报的最佳模式。此外,预报性能有许多不同的衡量标准,预报的排序可能取决于用于评估它们的衡量标准。这种模糊性引发了将各种预测视为互补的信息来源的想法,这些预测共同包含比任何一个单独的更多的关于现实世界的信息。当采用这种观点时,挑战从选择最佳模式转变为将各种模式预报组合成对现实世界的单一预报。

图 15.1 提供了季节性多模式集合预报数据的说明性示例。该数据集包括对 Nino-3.4 区平均地表温度的季节性预报,这是 ENSO 状态以及厄尔尼诺和拉尼娜事件发生的重要指标。ENSO 是季节时间尺度上气候可预测性的主要模态,因此,集合平均预报与验证观测的相关系数在 0.81(CFSv2)和 0.91(SYST4)之间。如此高的预报技巧对于季节气候预测来说是相当不典型的。此外,由于 ENSO 的高可预测性,该集合具有相当高的信噪比(SNR);也就是说,与集合均值的方差相比,集合的离散度很小。然而,其他标准,如样本大小、每个模式的集合大小、模式间变异性、系统偏差和模式数量,这个后报数据集代表了季节时间尺度的预测。因此,

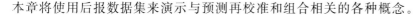

本章将使用后报数据集来演示与预测再校准和组合相关的各种概念。

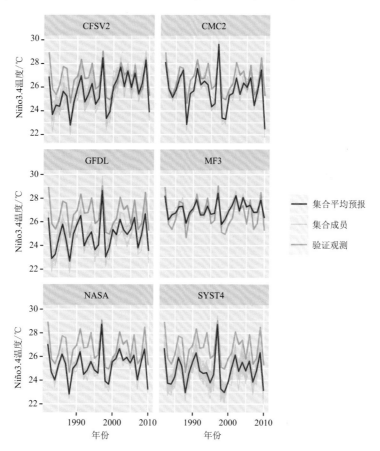

图 15.1　季节性多模式集合预报系统的后报数据:1982—2010 年 Nino-3.4 区 12 月平均气温,
预报于 8 月初始化(超前 5 个月)

预报可以通过多种方式进行校准。常见的预报校准类型包括:

• 均值的恒定偏差:预测均值和观测均值的差异。
• 离散误差:集合离散度不能正确地表示观测值的不确定性。
• 缺乏变异性:预测的逐年变异不能代表观测值的变异。
• 缺乏关联:预测和观测的相关系数很小或为 0。
• 趋势错误:预测无法再现观测值的缓慢平均上升或下降。

这些未校准的行为发生在所有时间尺度的大气/海洋预报产品中(从短期天气预报到长期气候预测)。缺乏预报校准的原因包括初始化误差、结构性模式误差、模式简化、数值截断误差、缺少物理过程以及代码中的简单错误。对于所有时间尺度的预报产品,通常需要再校准统计预报。与 S2S 气候预报相关的预报校准和多模式组合存在许多挑战。适合统计再校准模式的训练数据通常是有限的,并且非常不稳定。业务预报模式的公式会定期修改,这会改变数据的统计结果,需要重新调整再校准和组合参数。由于大气的混沌特性,预报的内部变异很高,这降低了预报的信噪比。预测和观测的相关通常很弱。最后,多模式后报试验在设计时并未考虑模式组合,因此,通常是非同质的。生成后报数据集的策略可以粗略地描述为"动态"或

"固定",这取决于如何解释预报模式的变化。例如,在 S2S 后报数据集(Vitart et al.,2017)中,大多数在不同日期初始化的预报都有不同的后报时间及超前时间。

通过使用统计模式来纠正动态模式的预报误差,预报校准弥合了经验(统计)预测和数值预报的差距。为了发布可靠的预报,我们需要稳健的统计方法来发布概率预报,其中考虑到多模式集合预报的相关关系和误差结构。

15.2 预报校准的统计方法

预报校准是区分好预报和坏预报的重要诊断方法。为了表征预报校准,Gneiting 等(2007)介绍了各种校准模式(即概率校准、超出校准和边际校准)。所有校准模式都以不同的方式表征发布的预测分布与假设分布的一致性,通过假设分布得出真实世界的观测结果。因此,预测再校准与预测验证密切相关,本书第 16 章将对此进行详细讨论。

使用类似的精神,Jolliffe 和 Stephenson(2012)根据预报与观测均值的相等性来定义预测校准,给出以下预报:

$$E_y(Y \mid X=x)=x \tag{15.1}$$

也就是说,如果我们收集了预测特定值 $X=x$ 的预测,则所有验证观测的平均值应该等于 x。因此,校准是预报和观测的联合属性,可以通过比较几对预报和观测来评估。如果发现预报未校准,则可以使用统计再校准方法来纠正。式(15.1)表明,为了再校准一个校准不佳的预报,我们可以用观测的条件平均值替换当前预报值 x,给定该预报值。条件期望的确切值一般是未知的,它必须根据过去的预报和观测数据进行估计。更一般地说,可以根据预报来估计观测值的条件分布。条件均值或分布可以通过收集所有具有给定值(或足够接近给定值)的过去预测并对与这些预报对应的所有过去观测值进行平均来估计。这种非参数方式很有吸引力,因为它可以潜在地解释预报和观测复杂的非线性关系。然而,它需要足够多的接近当前预报值的过去预报,以便稳健地估计条件均值。在数据贫乏的环境中,只有几对过去的预测和观测结果可用,非参数估计方法将遭受较大的估计方差。在这些情况下,假设预测和观测之间的参数关系通常是有用的(甚至是必要的)(即,通过由少量系数参数化的预测函数来描述给定预测的观测的条件均值)。接下来,我们将讨论两种最常用的预报再校准参数方法,即模式输出统计(MOS)和非齐次高斯回归(NGR)。

15.3 回归方法

15.3.1 模式输出统计

预报再校准最常用的参数方法是基于回归技术。在气象文献中,使用线性回归再校准预报也称为模式输出统计(MOS;Glahn et al.,1972;Glahn et al.,2009)。在线性回归中,t 时刻的观测值 y_t 被建模为预报值(或多个预测值,如果有多个预报可用)$x_{1,t},\cdots,x_{p,t}$,加上一个独立的、正态分布的误差项的线性函数:

$$y_t = \beta_0 + \beta_1 x_{1,t} + \cdots + \beta_p x_{p,t} + \sigma \epsilon_t \tag{15.2}$$

式中，$\beta_0, \cdots \beta_p$ 和 σ 是未知参数；$\epsilon_t \sim N(0,1)$。式(15.2)也可以写成向量形式

$$y_t = \boldsymbol{x}_t' \boldsymbol{\beta} + \sigma \boldsymbol{\epsilon}_t \tag{15.3}$$

式中，列向量 $\boldsymbol{x}_t' = (1, x_{1,t}, \cdots, x_{p,t})$、$\boldsymbol{\beta}' = (\beta_0, \cdots, \beta_p)$。一个常见的情况是 $p=1$，只有一个预报，例如从单个模式中获取的集合平均值，使用与预报和 y 相同的变量和位置。可能会使用多个预测变量(即 $p>1$)。这些预测变量可以从几个预报模式、与预报变量不同的变量、从扰动的初始条件开始的不同集合成员或不同位置的变量输出，这些变量被认为是关于观测变量的信息。回归参数 β 和 σ 可以从先前观测到的预报和验证观测中估计。

将观测 $y_1, \cdots, y_N$ 放入列向量 $\boldsymbol{y}$，行向量 $\boldsymbol{x}_1', \cdots, \boldsymbol{x}_N'$ 放入矩阵 $\boldsymbol{X}$ 中是非常有用的。这样我们得到

$$\boldsymbol{y} = \boldsymbol{X}\boldsymbol{\beta} + \sigma \boldsymbol{\epsilon} \tag{15.4}$$

式中，假定 ϵ 为多元正态分布，满足对角协方差矩阵 $\mathrm{var}(\epsilon) = 1$。

假设误差项 ϵ_t 具有标准高斯分布，且 $t \neq t'$ 时 ϵ_t 和 $\epsilon_{t'}$ 不相关，则线性回归模式的对数似然函数正比于

$$\ell(\beta, \sigma^2; y) \propto -\frac{N}{2}\log\sigma^2 - \frac{(\boldsymbol{y}-\boldsymbol{X}\boldsymbol{\beta})'(\boldsymbol{y}-\boldsymbol{X}\boldsymbol{\beta})}{2\sigma^2} \tag{15.5}$$

β 和 σ^2 的最大似然估计量是通过将偏导数设置为 0 来获得的：

$$\hat{\boldsymbol{\beta}} = (\boldsymbol{X}'\boldsymbol{X})^{-1}\boldsymbol{X}'\boldsymbol{y} \tag{15.6}$$

$$\hat{\sigma}^2 = \frac{(\boldsymbol{y}-\boldsymbol{X}\hat{\boldsymbol{\beta}})'(\boldsymbol{y}-\boldsymbol{X}\hat{\boldsymbol{\beta}})}{N} \tag{15.7}$$

常用的 σ^2 无偏估计量表示为 $\hat{\sigma}_u^2$，是通过从式(15.7)的分母 N 中减去估计参数的总数给出的，即

$$\hat{\sigma}_u^2 = \frac{(\boldsymbol{y}-\boldsymbol{X}\hat{\boldsymbol{\beta}})'(\boldsymbol{y}-\boldsymbol{X}\hat{\boldsymbol{\beta}})}{N-p-1} \tag{15.8}$$

在通过最大似然拟合回归参数后，给定新预报 x^* 的未来观测值 y^*，通过将 x^* 代入式(15.3)使用回归参数的最大似然估计来预报。通过回归关系式(15.3)对预测 x^* 进行变换，可以纠正原始预测 x^* 中的一些未校准问题，即恒定偏差、线性标度和集合离散误差。

可以证明，基于新预测向量 x^* 的新观测值 y^* 的预测分布是学生 t 分布：

$$y^* \mid \boldsymbol{x}^*, \hat{\boldsymbol{\beta}}, \hat{\sigma}^2 \sim t_{N-p-1}\left[(\boldsymbol{x}^*)'\hat{\boldsymbol{\beta}}, \hat{\sigma}_u^2(1+(\boldsymbol{x}^*)'(\boldsymbol{X}'\boldsymbol{X})^{-1}(\boldsymbol{x}^*))\right] \tag{15.9}$$

所以预测均值在 $(\boldsymbol{x}^*)'\hat{\boldsymbol{\beta}}$，$y^*$ 的 95% 预测区间由下式给出

$$(\boldsymbol{x}^*)'\hat{\boldsymbol{\beta}} \pm t_{0.975, N-p-1} \hat{\sigma}_u \sqrt{1+(\boldsymbol{x}^*)'(\boldsymbol{X}'\boldsymbol{X})^{-1}\boldsymbol{x}'} \tag{15.10}$$

式中，$t_{a,n}$ 表示具有 n 个自由度的学生 t 分布的 α 分位数。简单地预报具有均值 $(\boldsymbol{x}^*)'\hat{\boldsymbol{\beta}}$ 和方差 σ_u^2 的正态分布是很诱人的。但研究表明，使用预测性 t 分布发布的 MOS 预测比作为正态分布发布的预测更好，因为 t 分布包含回归参数的估计不确定性(Siegert et al.，2016a)。

例如，考虑 MF3 Nino-3.4 区 5 个月超前时间的集合平均季节预报，如图 15.2 中的散点图所示。这些点不在对角线上，这表明预测与观测的平均值和尺度不匹配。预报没有很好地校准，因此，有必要进行统计重新校准。散点图进一步表明，预报的线性标度可能是一个很好的重新校准策略，这使得 MOS 成为合适的候选者。系数向量 β 的最大似然估计是 $\hat{\beta} = (-15.70, 1.57)'$，$\sigma^2$ 的(无偏)最大似然估计是 $\sigma_u^2 = 0.39$。对于接近所有先前得到的预报平均

值27.0℃的新预报值,重新校准的预报等于26.69℃,95%的预报区间由(25.32℃,27.91℃)给出;即宽度为2.59℃。同样,对于30.0℃的新预报值,这与之前观测到的所有预报相比都大,预测值为31.32℃,95%预报区间由(29.67℃,32.96℃)给出(即,宽度为3.30℃),比中间预报值宽得多。非正式地,预报区间的扩大是由超出先前预报值的外推引起的,这增大了不确定性。在数学上,式(15.9)中的$(x^*)'(X'X)^{-1}x^*$项引起预报区间扩大。

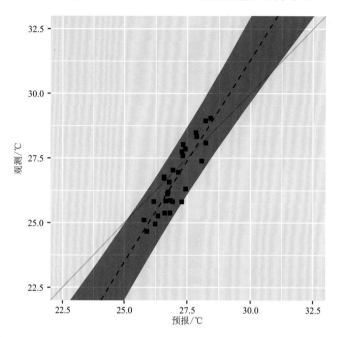

图15.2　通过应用于MF3预报的线性回归再校准(虚线表示回归线,蓝色区域表示95%预测区间)

　　图15.3显示了MF3模式的原始预报和MOS再校准的预报以及它们的验证观测。MOS的作用是使预报均值(在均方误差意义上)更接近验证观测值,并与集合离散度相比增大预报方差。结果是预报区间更好地覆盖了观测结果,因此概率预报更可靠。

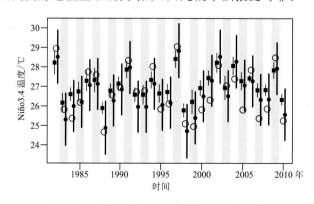

图15.3　通过线性回归说明再校准的效果
正方块和细线表示集合平均预测(由MF3模式生成——两个集合标准差。圆点和粗线表示
再校准的集合平均值和95%预测区间。空心圆圈代表观测。再校准的预报平均值更接近
观测值,并且预测区间与观测值重叠的频率高于未校准的整体分布)

15.3.2　非齐次高斯回归

MOS 可以扩展以允许使用集合离散度信息。一个好的集合预报系统应该能够准确地表示由不精确的初始条件和模式误差导致的预报不确定性。因此,与预报的高置信度相对应的窄离散度集合应比低置信度相对应的宽离散度集合产生更小的预报误差。由于模式误差和自然变率,集合离散度与预报误差(离散度-技巧关系)的对应关系不能指望完美,但假设存在线性关系是合理的。再校准集合均值和集合离散度的回归框架是非齐次高斯回归(NGR;Gneiting et al.,2005)。NGR 假设观测值具有正态分布,其均值和方差线性依赖于整体均值和整体方差。特别地,令 m_t 表示时间 t 的整体平均预报,而 s_t^2 表示时间 t 的整体样本方差。对集合预报,观测的条件分布是:

$$\mathcal{N}(a+bm_t, c+d^2 s_t^2) \tag{15.11}$$

再校准参数(a、b、c、d)是未知的,必须根据历史预报和观测数据进行估计。与线性回归(MOS)不同,最大似然参数不能通过分析确定,因此,必须通过数值优化来估计。给定一系列集合均值预测 $m_1, \cdots, m_N$,集合方差 $s_1^2, \cdots, s_N^2$ 和验证观测值 $y_1, \cdots, y_N$,NGR 模式的对数似然函数与

$$\ell(a,b,c,d;\{m_t,s_t^2,y_5\}_{t=1}^N) \propto -\frac{1}{2}\sum_{t=1}^N \left[\log(c+d^2 s_t^2) + \frac{(y_t-a-bm_t)}{c+d^2 s_t^2} \right] \tag{15.12}$$

成正比。

举一个具体的例子,考虑 NASA 模式以 5 个月超前时间发布的 Niño-3.4 区温度季节预报。图 15.4 显示了验证集合平均值的观测值和集合方差的平方预报误差散点图。集合平均值和观测值存在很强的线性关系(相关系数为 0.88)。集合方差和平方预报误差也存在弱正线性关系(相关系数为 0.19)。方差和误差的相关在统计上并不显著,但它可能仍然有利于预报再校准。

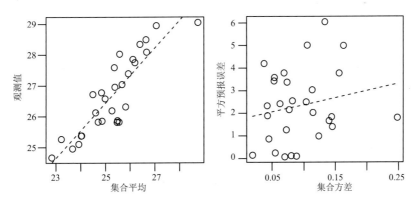

图 15.4　NASA 模式发布的 Niño-3.4 区域集合预报的集合均值和平方预测误差与集合方差的散点图
(添加了最小二乘线性拟合作为参考)

为了拟合 NGR,我们使用 Broyden-Fletcher-Goldfarb-Shanno(BFGS)算法优化 NGR 对数似然(式(15.12)),如在 R 语言统计编程环境的函数 stats::optim 中实现(R Core Team,2017)。估计值在表 15.1 中给出。参数估计表明预测没有得到很好的校准,通过对均值、标度和方差的统计再校准存在改进的余地。然而,参数 d 非常小,表明集合离散度与预测方差的

关系非常小。

表 15.1　NGR 估计

参数	a	b	c	$\|d\|$
估计	4.06	0.89	0.34	2.5×10^{-5}

值得注意的是,NGR 是在数值天气预报 NWP 的背景下首次提出并主要应用的。在 NWP 中,大气预报被视为初始值问题,因此,对初始条件的不同程度的敏感度可以影响集合预测的离散度-技巧关系。相反,季节气候预测是一个边界值问题,长期可预报性是气候系统驱动因素缓慢变化的结果。因此,强的离散度技巧关系不太可能,因此,NGR 作为此处显示的季节预测的再校准方法没有益处也就不足为奇了。然而,用于次季节时间尺度预报,因时间尺度介于天气预报和季节气候预测之间,系统的离散度-技巧关系可能是可信的。

15.3.3　比较再校准模式

预报再校准是一项统计建模练习。在任何时间点,都可能有多个再校准模式可用,预报者的任务是选择其中一个进行预报。在多个候选统计模式中选择"最佳"的任务称为模式选择。在这里,我们举一个例子来说明如何在 MOS 和 NGR 之间进行选择来再校准 NASA 模式。Hastie 等(2009)对模式选择和统计建模进行了很好地介绍。

一个常用的模式选择标准是贝叶斯信息标准(BIC;Schwarz,1978),定义为

$$\text{BIC} = -2\hat{\ell} + k\log n \tag{15.13}$$

式中,$\hat{\ell}$ 是在模式下评估的对数似然函数(即,使用优化的参数值);k 是模式的参数个数;n 是样本量大小。具有最低 BIC 的模式是首选。较低的 BIC 是通过较高的 $\hat{\ell}$ 值和较低的 k 值来实现的。因此,BIC 奖励模式可以很好地拟合数据,同时具有少量的自由参数。BIC 与 Akaike 信息准则(AIC)密切相关,AIC 是通过将式(15.13)中的 $\log n$ 替换为 2 来计算的。

我们从表 15.1 中看到,参数 d 的最佳值在 NASA 集合预报中非常小,这表明在预报分布的方差中考虑集合离散度可能是不必要的。当 d 为 0 时,NGR 相当于 MOS。该集合的 NGR 和 MOS 的优化对数似然之间的差异在 10^{-10} 数量级(即,NGR 和 MOS 的再校准产生几乎相同的再校准预报)。但是由于 NGR 有 4 个自由参数,而 MOS 只有 3 个,我们得到 NGR 的 BIC=64.5 和 MOS 的 BIC=61.1,这表明在这种情况下 MOS 是更可取的再校准模式。换句话说,NASA 集合预报中假设的离散度-技巧关系不能被认为对预报再校准有用。另一种广泛使用的模式比较方法是交叉验证。在交叉验证中,通过评估其对不属于训练数据集的未知数据的预报来评估统计再校准模式的能力。

15.3.4　关于再校准的进一步说明

因为预报再校准是一个统计建模问题,所有适用于统计建模的问题也与预报再校准有关。我们已经详细讨论了参数估计和模式选择的重要性。在这里,我们讨论了一些应该进一步考虑的问题,并让读者参考相关文献。

如果参数是根据有限数量的训练数据估计的,则必须考虑它们的不确定性。Siegert 等(2016a)研究表明,如果不考虑参数不确定性,可能会导致再校准的预报质量下降。考虑再校

准参数中的不确定性会导致预报分布的区间扩大,从而导致更好的校准和更有技巧的预报。通常情况下,可以使用关于再校准参数的先验信息,在这种情况下,贝叶斯估计框架是合适的。Siegert 等(2016b)研究表明,与标准方法相比,集合平均值相关系数的先验信息可以提高再校准预测的性能。此外,Siegert 等(2016b)的贝叶斯方法允许人们在一致的统计框架中解决预测验证和预报再校准问题。

Delle Monache 等(2011)和 Obled 等(2002)使用了统计建模技术以改进预报再校准。其基本思想是通过仅考虑与当前相似的过去预报来构建用于参数估计的训练数据集。一项相关技术是使用滑动训练窗口(Sweeney et al.,2011),仅使用最新的预报和观测数据来构建训练数据集以进行参数估计。滑动窗口方法允许再校准策略适应预测系统或气候系统的变化。

气候模式产生的预报数据通常是高维的,由空间网格上的多个气候变量和不同时间和初始条件下初始化的各种集合成员组成。多变量再校准技术有很多种,尤其是空间再校准技术近年来发展迅速。

空间再校准的两种重要的非参数方法是 Schaake shuffle 方法(Clark et al.,2004)和集合耦合(Schefzik et al.,2013)。这些方法基于在本地重新排列集合预报的想法,以便更好地再现预报变量的空间相关结构(Schefzik,2017;Vrac et al.,2015;Scheuerer et al.,2017)。基于高斯随机场(Feldmann et al.,2015)和参数集合(Moller et al.,2012;Hemri et al.,2015)提出了用于多元预报再校准的参数化方法。可以注意到,诸如主成分回归(PCR)和典型相关分析(CCA)等多变量方法已被用于再校准季节气候预测(Barnston et al.,2017)。然而,基于显式时、空统计模式的再校准在 S2S 预报领域很大程度上是未经探索的。

15.4　预报组合

气候预测系统的开发和维护需要付出相当大的努力。因此,建立气候模拟中心是明智的,科学家、开发人员和管理人员可以在其中提供必要的专业知识和基础设施。因此,世界各地存在多个气候模拟中心,每个中心都运行自己的预测系统。模拟中心的多样性提供了分享专业知识和比较各种模拟策略的机会。但由于每个中心都提供自己的气候预测产品,使用的气候模式略有不同,因此,用户面临选择难题,必须就使用哪种气候模式结果做出明智的决定。更好的是,用户可能希望从"群体的智慧"中受益,并让多种气候模式预测充当某种委员会,共同提供最终的综合预测产品。

已经提出了各种方法来优化组合来自不同数值模式的预报。DelSole(2007)是季节气候预报中预报组合的重要参考,他提出了一个统一的贝叶斯框架,可容纳许多模式组合策略。Sansom 等(2013)讨论了气候变化背景下多模式集合的加权策略。Stephenson 等(2005)、Doblas-Reyes 等(2005)和 Rajagopalan 等(2002)讨论了进一步的组合策略。本节的其余部分遵循 DelSole(2007)中概述的方法,特别关注 Lindley 和 Smith(1972)的分层回归方法。

15.4.1　分层线性回归

和之前一样,假设在时间 $t = 1, \cdots, N$,我们有由 p 个数值模式 $f_{1,t}, \cdots, f_{p,t}$ 生成的气候预测。每个 $f_{i,t}$ 被假定为标量,因此,它可以是由单个气候模式的输出产生的空间、时间和集合平均值。在本节中，我们假设预报向量 $f_1, \cdots, f_p$ 已被单独标准化为随着时间的推移具有 0 均值和单位方差；DelSole（2007）报告说，单个预测的标准化提高了综合预测产品的质量。受上一节讨论的回归框架的启发，一种可能的方法是通过线性组合将各个预报组合成单个预报，并假设残差独立且呈正态分布：

$$y_t = \sum_{m=1}^{p} \beta_m f_{m,t} + \sigma \boldsymbol{\epsilon}_t \tag{15.14}$$

可以改写为矩阵方程

$$\boldsymbol{y} = \boldsymbol{X\beta} + \sigma\boldsymbol{\epsilon} \tag{15.15}$$

式中，$\boldsymbol{X}$ 是预测的 $N \times p$ 矩阵，$\boldsymbol{\beta}$ 是组合权重的向量，$\boldsymbol{\epsilon}$ 是具有 0 均值和单位协方差矩阵的多元正态分布。然后可以估计预测组合权重的向量 $\boldsymbol{\beta}$ 以及残差方差 σ^2。

在估计组合权重时，我们可以采用两种可能的极端情况。一种情况是，我们可以假设组合权重可以完全不同并且完全独立，这样当我们得知一个模式的权重数量级比另一个模式的组合权重更大时，我们就不会感到惊讶。另一种情况是，我们可能会判断，不同模式的组合权重之间根本不应该存在差异，因为单个模式被判断为可交换的，我们不期望它们之间的任何性能差异会保证提高一个模式的预测权重，以支持另一个模式。

DelSole（2007）的框架使用 Lindley 和 Smith（1972）关于层次回归的结果指出了这两个极端情况之间的中间道路。该框架本质上允许将组合权重 β_m 趋向一个共同但未知的值 β_0，从而减少组合权重的可变性。基本思想是，我们通常准备为不同的模式预测分配不同的权重，但预计权重之间不会有很大差异，因为我们通常不会期望不同预测的质量存在很大差异。我们将在本章后面回到相似质量的判断及其对预测组合的影响。

"不同但相似"的组合权重的概念可以在贝叶斯统计框架内建模，如下所示。在目前情况下，贝叶斯计算的结果是未知模式参数的后验概率分布，给定观测数据（即 $p(\beta, \sigma^2 | y)$）。后验分布由贝叶斯规则计算：

$$p(\beta, \sigma^2 | y) \propto p(y | \beta, \sigma^2) p(\beta, \sigma^2) \tag{15.16}$$

式中，似然 $p(y | \beta, \sigma^2)$ 源自线性模型（式（15.15）），而先验分布 $p(\beta, \sigma^2)$ 代表有关模式参数的先验知识。在目前情况下，我们只对模式参数的最大后验（MAP）估计量感兴趣（即最大化 $p(\beta, \sigma^2 | y)$ 的值），式（15.16）中的比例常数无关紧要。

Lindley 和 Smith（1972）开发的分层回归框架允许我们编码组合权重 β_m 在先验分布 $p(\beta, \sigma^2)$ 中不同但相似的概念。假设 β 的元素围绕一个共同（未知）均值 β_0 和方差 σ_β^2 独立正态分布：

$$\beta_i \sim N(\beta_0, \sigma_\beta^2) \tag{15.17}$$

正态分布允许 β_m 不同，但小的方差 σ_β^2 将限制它们彼此接近。我们必须进一步假设 β_0 和 σ_β^2 才能结束计算。必须指定 β_0 和 σ_β^2 的值或者如果这不可能，则必须将模糊假设编码为 β_0 和 σ_β^2 上的概率分布。以下选择在气候预报组合的特定背景下似乎是合理的，并且也将导致一种方便且易于处理的方法来估计组合权重的 MAP 值。用户可能不会对 β_0 有强烈的先验信念，因此，中心值 β_0 的非常广泛（无信息）的先验分布是合适的。因此，β_0 的一个方便的先验选择是具有 0 均值和发散方差的正态分布。另外，想要对"不太不同"组合权重的概念进行编码的用户通常知道"太不同"在数量上意味着什么。例如，如果我们认为预测的组合权重与它们的共同值的差异不太可能超过 0.2，则可以通过指定方差 $\sigma_\beta^2 = 0.1^2$ 来编码。最后，为了完成先验规范,我们为残差方差 σ^2 选择了一个无信息的先验分布,即自由度为 $\nu=0$ 的逆 χ^2 分布,使得 $p(\sigma^2)\propto 1/\sigma^2$。

Lindley 和 Smith(1972)研究表明,在这些先验假设下,组合参数 β 和 σ^2 的 MAP 估计量可以通过求解以下方程组来获得:

$$\hat{\beta}=\left[X'X+\frac{s^2}{\sigma_\beta^2}(I_p-p^{-1}J_p)\right]^{-1}X'y \tag{15.18}$$

$$s^2=\frac{(y-X\hat{\beta})'(y-X\hat{\beta})}{n+2} \tag{15.19}$$

式中,I_p 是 $p\times p$ 单位矩阵;J_p 是一个 $p\times p$ 矩阵,每个元素都等于 1。这些方程不能解析求解,但是通过依次求解两个方程,每次将一个方程的解代入另一个方程,可以很容易地迭代找到近似解。我们发现该算法可在几次($<$10)迭代内实现收敛,几乎不依赖于初始值的选择。

请注意,这里提到的两种极端情况(等权重和无约束的不等权重)对应于先验方差参数 σ_β^2 的特定选择:通过设置 $\sigma_\beta^2\to\infty$,等式(15.18)中括号中的附加项消失,β 的估计减少到最小二乘估计量 $(X'X)^{-1}X'y$。通过设置 $\sigma_\beta^2\to\infty$ 对 β 的元素不施加任何约束,因此,相当于普通的多元线性回归(MLR)。另一方面,通过设置 $\sigma_\beta^2=0$(即假设所有组合权重都等于 β_0),如果我们将简单线性回归(SLR)拟合到多模式集合均值,MAP 估计收敛到相同的 β 估计,有关证明,请参见 DelSole(2007)的附录。

图 15.5 显示了图 15.1 所示的 6 个季节 Nino-3.4 区温度预测的组合权重估计结果。在估计组合权重之前,对所有模式的集合平均预报进行了标准化。选择了 3 个不同的 σ_β^2 值:

$$\sigma_\beta^2\to\infty,对应于无约束 MLR$$

$$\sigma_\beta^2=0.1^2,对应于 HLR$$

$$\sigma_\beta^2=0,对应于多模式集合平均的 SLR$$

与等权重组合产生 $\beta_i=\beta=0.16$。使用对参数可变性没有限制的 MLR,组合权重变化很大,介于 -0.16 和 0.66 之间。

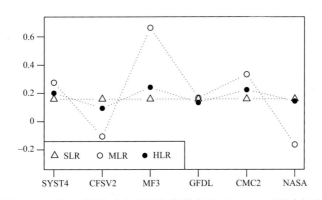

图 15.5　通过不同方法分配给数值模式的 Nino-3.4 区组合权重
SLR=简单线性回归($\sigma_\beta^2=0$);MLR=多元线性回归($\sigma_\beta^2\to\infty$);HLR=分层线性回归($\sigma_\beta^2=0.1^2$)

使用具有 $\sigma_\beta^2=0.1^2$ 的分层回归估计量,这种可变性在一定程度上受到抑制,这将组合权重限制在更合理的 0.09~0.24 范围内。要问的一个相关问题是这 3 种组合方法中哪一种表现最好。如果我们在拟合回归模式后简单地通过查看残差平方和来解决这个问题,我们会发

现 $\sigma_\beta^2 \to \infty$ 表现最好。但这至少部分是由于无约束 MLR 模式的极大灵活性,它允许参数通过将一个回归系数设置为非常大的正值并将另一个系数设置为非常小的负值来适应数据中的随机变化。但是残差平方和是样本内拟合优度的度量,这在实践中并不真正相关。在实践中,我们想估计这些方法在样本外的表现如何,即在尚未出现的不属于训练数据集的数据上的表现。

为了估计样本外的性能,我们进行了留一法交叉验证。我们在后报资料中上一年 N a 中的 1 a,并使用剩余的(N−1) a 对预报和观测来拟合组合权重。然后利用遗漏预报的拟合组合权重对遗漏观测值进行预报。此过程重复 N 次,每次都遗漏不同的年份,从而产生 N 个样本外预测,其平方预报误差可用于评估样本外性能。等权重预报组合($\sigma_\beta^2 = 0$)获得 0.281 的留一均方预测误差。通过无约束多元回归($\sigma_\beta^2 \to \infty$)得到的预测组合的均方预报误差要大得多,为 0.330。具有 $\sigma_\beta^2 = 0.1^2$ 的约束不等加权方法实现了 0.277 的留一均方误差,这是对多元回归的很大改进,对多模式均值的简单回归的改进很小。

先验参数 σ_β^2 的选择可以遵循不同的原则。DelSole(2007)建议使用嵌套交叉验证方法来估计最优值 σ_β^2。Lindley 和 Smith(1972)展示了当为 σ_β^2 指定一个信息丰富的先验分布(以缩放的逆 χ^2 分布的形式)时,如何估计 β 和 σ^2,而不是像我们在本章前面所做的那样设置一个固定值。还应该注意的是,β_m 的先验方差的选择应该取决于模式的数量。我们可能更愿意接受两个模式的权重之间的差异,而不是 10 个模式的权重之间的差异。也可以指定与 β 的正态分布不同的先验分布。特别是,导致所谓的 Lasso 回归(Tibshirani,1996)的拉普拉斯先验分布可能是有益的。与正态分布相比,拉普拉斯分布具有更多接近众数的概率质量和更多的尾部概率质量。因此,它会将一些权重设置为完全相同的值,同时仅对少数模式赋予显著更高或更低的权重。然而,对于 β 的 Lasso 估计,没有可用的封闭形式的解,因此,需要计算上更昂贵的数值优化方法。

15.4.2 为什么击败再校准的多模式均值如此困难?

有趣的是,约束不等权重(0.277)和等权重(0.281)的留一法预报误差之间存在微小差异。与等权重相比,不等权重的改进是如此之小,以至于很可能只是由于偶然性,即使它是真正的改进,它的实用性充其量也是有限的。基于这些数据,我们没有理由相信不等权重比等权重有任何显著改善。事实上,我们不应该期望不等权重比等权重有很大改进的原因有很多。多模式集合中的所有气候模式都具有大致相同的复杂性——它们都在超级计算机上运行,并由政府机构维护和开发。显然,所有模式都包含相同的基本物理特性,即纳威-斯托克斯方程的离散和简化版本、热力学闭合关系和未解析过程的参数化。这些模式不是独立开发的,而是依赖于关于数值气候模拟实用性的相同知识体系。此外,从统计的角度来看,N = 31 的小样本量自然限制了组合权重可以估计的精度。随后的组合权重估计方差将降低样本外预报的质量。一些科研工作者(Weigel et al.,2010)明确警告不要使用不等权重,并建议将不同的模式视为可交换的,即使原则上可以想象有小的差异。然而,应该注意的是,在某些情况下,单个模式优于所有其他模式,因此,与不太有技巧的模式预报组合总是有害的(Vitart,2017)。我们已经证明,与等权重相比,具有小训练数据集的无约束 MLR 确实会降低组合预报的性能。但是,限制组合权重可变性的适当收缩策略可以减少这个问题,并且有可能比等权重获得轻微的改进。然而,由于本章所述的原因,即使我们知道"真正的"最优组合权重,我们也不应该期望改进很大。

15.5　结束语

物理动力模式的预报可能会受到各种预报偏差的影响，这些偏差可以通过统计方法来纠正。此外，针对同一预报的多个预报模式的可用性要求统计方法将多个预报最佳地组合成一个预测。在本章中，我们概述了各种回归方法并讨论了相关的统计概念，例如模式选择、样本内与样本外的性能以及先验知识的结合。所讨论的方法是基于从短期天气预报到长期季节气候预测的发展，因此，它们完全适用于次季节尺度的。

致谢

感谢 Caio Coelho 提供季节 Niño-3.4 区后报数据集，感谢 Thordis Thorarinsdotti 为多变量再校准提供有用的输入。Andrew Robertso 和 Frédéric Vitart 对早期草稿提供了有益的反馈和评论。

第16章

次季节—季节时间尺度的预报检验

16.1 简介

预测检验(或评估)是预测改进过程的一个关键环节,也是告知预测用户有关其可靠性、技巧、准确度和其他特征以帮助优化使用的基础。使用定量方法评估预报和预测的想法可以追溯到一个多世纪以前,许多当今常用的评估次季节和季节预报的方法是在 20 世纪初为天气预报开发的(Murphy,1996)。然而,在过去的几十年里,为了响应新出现的对不同类型信息的需求、预报类型的变化以及充分解决某些预报性能问题的需要,已经开发了一些新的措施和方法。例如,仅在过去 20 a,空间方法才成为检验工具的一部分。随着新的预报(例如次季节)的发展和新挑战的发现,检验科学继续作为一个活跃的研究领域。因此,次季节预测检验利用和发展了其他时间尺度(例如天气和季节)的方法。

正如 Murphy(1993)所定义的,预报"好"结合了预报质量、一致性和价值。根据定义,预报检验通过将预报与观测值进行比较来衡量预报质量。尽管预报价值(即在决策中利用预报为用户带来的价值)通常与预报质量相关,但其制定很复杂,并且取决于影响决策过程的其他因素(例如,行动的成本评估与由于错过行动而造成的损失)。因此,质量不等于价值。尽管如此,通过评估有意义的变量和特定阈值的影响,并通过应用诊断检验方法来检查与特定用户或群体相关的预报性能特征,可以在检验过程中考虑用户的观点。

预报检验有多种用途。主要检验目标分类如下:
• 科学:为预测系统的开发和改进提供信息。
• 管理:监控一段时间内的预报性能或证明购买新超级计算机的合理性。
• 以用户为导向:帮助用户做出更好的决策。

这些目的中的每一个都可能需要不同的检验方法。管理用户可能只对易于计算和随时间跟踪的简单度量感兴趣,而出于科学目的,需要更广泛的诊断以在不同情况下提供更好的预测性能理解。通常,业务预报中心侧重于管理方面,而科学家和开发人员侧重于科学方面。然而,在管理和科学检验工作中结合第三个方面的信息——预测用户的应用——通常可以产生关于预报性能的更有意义的信息。

相关的预报质量属性取决于预测类型(例如,概率性、确定性)和感兴趣的事件(例如,分类、连续)。预报性能属性的示例包括:
• 关联:预报和观测之间的关系强度。
• 准确度:确定性预报的预报和观测值之间以及概率预报的预报概率和二元观测值之间

的平均差异(例如,欧几里得距离)。

- 偏差:预测平均值与观测平均值的差异。
- 区分:以观测到的结果为条件,预测区分不同观测或事件的程度。
- 可靠性(条件偏差):以预测为条件,预测概率与观测到的相对频率之间的对应关系(例如,一个事件必须在30%的情况下发生,30%的预测概率为达到完美的可靠性)。
- 分辨率:以预测为条件,观测到的事件发生频率随预测概率变化的程度。
- 锐度:预测偏离确定性预报的平均气候值/类别或概率预报的气候平均概率的程度;预测的无条件变化。

由于检验是一个多维问题,因此,测量多个属性以获得有意义的预测性能评估非常重要。也就是说,单一的衡量标准无法对预测提供有意义的评估。此外,单一的措施可能隐藏有关预测质量的重要信息。例如,均方根误差包含有关误差的偏差和方差的信息;为避免混淆评分差的来源,单独考虑这两个特征很重要。

特定的预测类型可能需要与其他预测类型不同的处理,也可能为新的评估创造机会。特别是,S2S预测特征可能导致将S2S检验问题视为与其他时间尺度的检验有些不同。例如,由于S2S模式经过调整以代表次季节时间尺度上的气象现象(在某些模式中,范围涵盖从第15天到第60天),它们自然适合研究跨天气和季节时间尺度的无缝检验(Wheeler et al.,2017;Zhu et al.,2014)。S2S检验的另一个特殊方面是在一起评估时处理后报和预测之间集合大小的不均匀性的特殊挑战(Weigel et al.,2008),这也是季节预测中面临的挑战。各种研究评估了集合大小对概率预测质量的影响,包括尝试消除某些检验评分中对集合大小的依赖以进行比较(Richardson,2001;Müller et al.,2005;Weigel et al.,2007a;Ferro,2007;Ferro et al.,2008)。S2S检验的另一个挑战是需要同时评估一些预测类型的多个变量,例如MJO的双变量属性;有关该主题的更多讨论,请参阅第16.5.3节。

本章简要概述了S2S预测检验的相关方法。还有一些其他资源可提供有关预报检验方法的更多详细信息,包括Wilks(2011a)、Jolliffe和Stephenson(2012a),以及由WMO预报检验研究联合工作组协调的网站(https://www.wmo.int/pages/prog/arep/wwrp/new/jwgfvr.html)。第16.2节侧重于检验过程的初始步骤:影响检验研究设计的因素。第16.3节考虑了与确定用于检验的适当观测相关的问题以及由其不确定性引起的一些问题。第16.4节介绍了常用的检验措施,第16.5节介绍了当前的S2S检验实践。最后,第16.6节给出总结和建议。

16.2　影响检验研究设计的因素

在计算检验评分之前需要考虑各种因素。被检验的预测类型尤为重要。S2S预测通常是概率性的而不是确定性的,而且它们也是多类别的(例如,低于正常值、正常值和高于正常值)。二分类(是/否)和连续确定性预测不太常见,尤其是对于用户应用来说。本节列出了设计检验框架或研究时要考虑的关键因素和问题,首先要了解需求和目标用户/受众。

16.2.1　目标受众

目标受众是如何设计检验研究的关键决定因素,因此,应首先确定它。例如,检验是针对模式开发人员或是最终用户? 目标受众关心的预测性能方面是什么? 将评估哪种预测类型? 是否需要考虑特定用户的阈值? 对用户的检验范围是什么? 检验结果将如何使用? 目标受众是否应该影响检验结果的呈现方式? 什么样的指标复杂度是合适的? 比如,不太关注科学的受众需要更简单、更直观的指标和图形。

16.2.2　预测类型和参数

检验方法针对要评估的参数的预测类型和特征量身定制。例如,预测是确定性的或是概率性的? 它是格点预测或是空间定义? 变量是平滑的或是偶发的? S2S 预测通常表示为特定天气状况、正或负异常或多类别(通常为三分位数)概率预测的可能性。异常的使用很普遍,需要考虑模式气候漂移和偏差。在这种情况下,重要的是确定相关阈值,以定义要检验的感兴趣事件。S2S 预测通常是基于区域的,但它们也可以是特定站点。需要分析空间和/或时间分辨率的代表性(第 16.3 节),这是将网格化预测与观测或分析配对时出现的潜在问题。

16.2.3　可用观测资料的性质

适当和可靠的观测资料对于获得信息丰富的检验结果至关重要。让观测能够捕捉到预测系统试图预测的事件是至关重要的。需要什么观测分辨率(时间和空间)来充分检验预测? 这可能取决于物理量;例如,降水量和温度的时、空变异性是非常不同的。不充分(不均匀)的空间和时间采样以及观测不确定性对检验的影响可能很大;因此,了解并考虑这些已知和未知的不确定性非常重要。回答以下问题很重要:观测结果是否受过质量控制? 错误的观测是否得到纠正或忽略? 模式信息是否用于质量控制? 观测不确定性有多大,其来源是否完全已知? 这种不确定性信息(或缺乏)如何包含在检验结果及其解释中?

16.2.4　确定合适的方法和指标

一旦根据用户需求确定了检验目标和目的,并确定了可用数据的特征,就可以选择适当的方法和指标。目标是识别多个检验属性以解决感兴趣的问题,并在考虑到第 16.2.3 节中讨论的数据问题的情况下,找到符合第 16.2.1 节和第 16.2.2 节中确定的要求的图形表示。第 16.4 节总结了用于评估最常见属性的检验指标。

16.3　观测参考

观测是检验的基石。然而,可靠的、长期的和独立于模式的观测结果很难找到。这对于 S2S 来说尤其具有挑战性,在这种情况下,面向用户的预测(例如计算周平均值)需要日分辨率降水和近地表温度数据,而不是月平均值,同时仍需要长时间序列。此外,在检验实践中考虑观测不确定性是检验研究和实践中尚未解决的挑战。检验从业人员需要识别观测数据集的不确定性来源(例如,测量误差、遥感反演算法、不均匀和不完整的空间和时间采样,以及时间序列标准化和均匀化),以及它们对检验统计的影响。为了正确解释检验结果,承认检验观测的模式依赖性(例如,校准和质量控制通常使用模式分析场作为参考)也很重要。本节将回顾为检验目的而寻求适当观测参考的一些挑战。

气候预报评估通常需要较长的时间序列(即大约 30 a 的观测),并在 S2S 预测和检验中用作气候态参考。这些时间序列经常受到断点的影响(例如,由于仪器更换),因此,需要复杂的程序来对数据进行均质化和标准化(Vincent et al.,2006)。这些程序能够产生时间上一致的时间序列,但它们会影响测量值(例如,极端值)并将不确定性引入检验数据集。

针对点观测的检验可能会受到代表性问题的影响:逐点测量可能与附近网格单元的模式值有很大不同,这仅仅是因为模式值被认为是代表网格平均值(例如降水),而站点测量包含了模式未表示的子网格现象(例如,对流单元)的值。通常,由于代表性问题,低分辨率模式会低估降水极值;更精细的模式空间分辨率可以更好地表示强降水。类似地,较低分辨率模式比高分辨率模式有更频繁的预测痕量,从而导致对小降水量存在正偏差(图 16.1)。

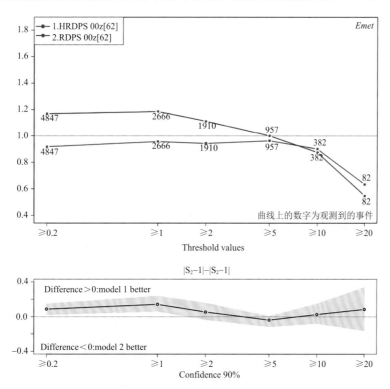

图 16.1　2015 年夏季加拿大 RDPS(10 km 分辨率)和 HRDPS(2.5 km 分辨率)的 6 h 累计降水量(30—36 UTC)与加拿大 CaPA 站测量值的频率偏差(相对于高分辨率对应模式,具有较低分辨率的模式对较小的降水累计表现出更大的正偏差,以及对高降水值的更严重低估)

网格化观测通常是从卫星或地面雷达网络上的遥感仪器获得的。基于卫星的产品可以提供温度、湿度、云量、土壤湿度以及海冰密集度和厚度的网格测量。基于雷达的产品提供定量降水估计。这些物理变量是根据遥感统计和物理假设(例如,将反射率转换为降水率的 Marshall 和 Palmer(1948)Z-R 关系从卫星检测到的辐射率和雷达后向散射反射率获得的。为了减轻这些假设(和相关的不确定性)的影响,可以使用从模式到观测的方法进行检验(例如,通过将模式模拟的亮温直接与卫星检索的辐射进行比较）。资料同化算法通常用于对卫星和基于雷达的网格化观测进行协调、合并和质量控制，引入模式特征和对这些观测的依赖性。最后，网格化程序（如克里金法）可以引入人造的特征，从而影响检验统计。

检验实践要求预测值和观测值在空间（和时间）上匹配。选择适当的插值程序时需要小心，因为插值会改变预测或观测值，影响统计检验。例如，双线性降水插值通常会引入小准线和较低的极值；三次插值通常会引入小的负降水值。插值最适合降水升尺度（从高分辨率网格到低分辨率网格），因为模式降水值通常表示网格平均值，而邻近点插值最适合调整具有相似分辨率的两个网格上的降水。空间平滑变量（例如，温度、位势高度）通常使用双线性或双三次方案进行插值。邻域检验方法放宽了预测和观测的时、空匹配。这些方法（以及一些空间检验距离度量）不需要插值，因此避免了相关问题。

通常针对模式生成的分析场进行检验，这有许多便利性，包括①用于分析生成的资料同化算法解决代表性问题、质量控制和网格化；②观测是在空间上定义的，没有时空间隙。但是，针对其自身基于模式的分析场的预测模式检验评估会受到相互依赖的影响，因此，必须谨慎解释结果。Park 等（2008）证明，对基于模式的分析的检验强烈支持用于产生分析的模式；因此，为了模式相互比较的公平性，通常采用对自己的分析进行检验（以丢失所有模式的唯一参考为代价）。最佳实践减少模式分析依赖性效应可能包括在最近同化观测的网格点处检验分析（Lemieux et al.，2015）。在资料同化算法中使用模式背景状态将观测结果向模式气候态逼近，这会影响基于气候态的评分。即使不直接用于检验，也可以在检验实践中利用资料同化来提供对观测不确定性和代表性差异的估计。

最后，请注意，所有使用受模式影响的观测的检验程序通过分析（即，观测被推向模式气候态并升尺度到模式网格）和/或质量控制（即过滤与短期模式预测显著不同的观测）降低了模式界以外所有用户的检验结果效用，这通常会导致高估模式预测质量。但值得注意的是，S2S 预测检验大多使用再分析/分析作为参考数据集。S2S 检验的另一个重要问题是用于检验预测（通常相对于过去 20～30 a 计算）的参考异常计算与再分析和业务（实时）分析的不一致，这些分析和业务（实时）分析通常基于不同的模式版本。地表参数的差异特别大，并且可能影响用于检验预测的参考异常，这些异常是通过从过去 20 a 或 30 a 的再分析气候平均值中减去业务（实时）分析来计算的，因为再分析通常无法实时获得，且过去无法获得业务分析。

16.4　常用的检验方法回顾

如第 16.2 节所述，为特定应用选择的检验指标取决于几个因素，其中最重要的有以下几点：
①用户对检验结果的需求；
②被检验变量的特征；
③预测的性质和可用的观测。
考虑因素②和③导致预测变量和相关指标分为以下几组：
确定性变量（预测和观测）——由以物理单位表示的特定变量值表征（例如，以摄氏度为单位的温度）。确定性变量进一步分为准连续变量，例如温度，它取任何物理上合理的值；分类的,其特征在于由一个或多个预定阈值分隔的两个或多个值(类别)范围。阈值可能具有物理意义。例如,每天 0.5 mm 的降雨阈值通常用于将降雨分为"无雨"和"下雨"类别。阈值也可以设置为对预报用户特别有意义的值(例如,设定 50 mm 阈值表示 24 h 洪水风险)。因此,定义的类别集是互斥的(值没有重叠)和详尽的(涵盖可能值的整个范围)。

概率预测——表示预定义分类变量的发生概率或所有可能变量值的预测概率分布的预测。概率预测通常根据确定性观测进行检验,即使观测可能存在不确定性。如果观测不确定性估计可用,它们可用于非概率预测检验(Candille et al. ,2007)。本节中描述的大多数指标都可以概括为包含观测不确定性。

空间检验指标——这些方法旨在说明预测变量和相应观测值的空间性质(例,预测特征的形状,如云带,与观测到的形状相比如何)。它们可以应用于确定性或概率性预测,但前者更常见,并且可能具有更多的物理意义。

本节简要描述和总结了适用于特定检验问题和数据类型的常用指标。每个指标评估的预测属性(第 16.1 节)都已确定。

16.4.1　连续确定性预测的指标

表 16.1 总结了用于检验确定性连续预测的最常用指标。线性偏差(B)标识检验样本的平均误差,它也隐含在平均绝对误差(MAE)和 RMS 中。有时在计算 RMSE 之前会消除偏差。这种偏差消除不仅降低了 RMSE,而且意味着还只是评估误差的可变部分。然而,B 的表

表 16.1　用于根据观测值(O_i)检验连续确定性预测(F_i)的通用指标(或评分)

度量	方程	属性衡量	特征
偏差(线性偏差,B)	$B = \frac{1}{N}\left[\sum_{i=1}^{N}(F_i - O_i)\right]$	准确度(平均误差)	基于特定数据组,估计持续或平均误差(最优,当 $B=0$)
平均绝对误差	$\mathrm{MAE} = \frac{1}{N}\left[\sum_{i=1}^{N}(F_i - O_i)\right]$	准确度	平均误差幅度,负向(最优,当 MAE=0)
均方根误差	$\mathrm{RMSE} = \left[\frac{1}{N}\sum_{i=1}^{N}(F_i - O_i)^2\right]^{1/2}$	准确度	较大误差加权得到的平均误差幅度(最优,当 RMSE=0)
技巧得分	$\mathrm{SS} = \dfrac{S_f - S_r}{S_p - S_r} = \dfrac{S_r - S_f}{S_r} = 1 - \dfrac{S_f}{S_r}$	技巧(一般形式)	在无技巧基础上的预报分数改进
		负向得分,完美得分 $S_p=0$	范围:$(-\infty,1)$
皮尔逊相关系数(r)	$r = \dfrac{\sum_{i=1}^{N}(F_i - \bar{F})(O_i - \bar{O})}{\sqrt{\sum_{i=1}^{N}(F_i - \bar{F})^2}\sqrt{\sum_{i=1}^{N}(O_i - \bar{O})^2}}$	相关	预报与观测之间线性关系的强度,范围:$(-1,1)$

注:下标 i 指第 i 个检验样本;预测和观测的样本大小为 N;上横线表示样本平均。S_f(通常)是指根据表中的公式对 N 对 F_i 和 O_i 计算的 MAE 或 RMSE 评分;S_r 是指使用没有技巧的参考预测计算的相同评分,例如变量平均值(气候态)或变量的最新观测值(持久性);S_p 是指完美预测的评分。对于所有 N 对 $F_i=O_i$ 的完美预测,MAE 和 RMSE 都等于 0(即,$S_p=0$)。

示和偏差校正的 RMSE 一起揭示了性能的这两个方面,这两个方面构成了 RMSE(Murphy,1988a),并且可以更清楚地理解预测误差。比较特定样本的 MAE 和 RMSE 振幅可以了解误差的可变性。可变性越低,两者之间的差异就越小,因为 RMSE 对大误差的惩罚更大。因此,当较大的误差被认为比较小的误差相对更重要时,RMSE 更受青睐。

技巧评分(SS)衡量相对于参考预测准确度的预测准确度。大多数 SS 评分采用表 16.1 所示的一般格式,将技巧定义为预测评分与比较评分相比的评分改进。如果预测的评分低于参考评分,则该技巧为负。当参考预测精度非常高、样本量很小或两者兼而有之时,分母很小,SS 可能会变得不稳定。出于这个原因,SS 总是使用特定数据集的最终总和评分来计算,而不是针对个别情况。SS 通常使用 MAE、均方误差(MSE)或 RMSE 作为评分。

虽然气候态(样本平均值或已知的长期气候态)、随机机会和持续性(最后可用的观测值)是最常用的参考预测,但有时 SS 用于比较两个相互竞争的预测,得分较差的或旧模式版本替换参考预测。当参考预报是检验样本的气候态时,SS 与解释的方差减少或方差评分相同,与预测和观测之间的相关系数的平方相同。当参考是第二个预测时,这种解释会更加复杂。

Pearson 积矩相关系数(r)通常用于衡量预测和观测的线性关系(关联性)的强度。当预测和观测在完全相同的方向上振荡时,产生完美的关联(即 $r=1$)。然而,这种测量仅提供了潜在技巧的指示,因为相关对预测偏差以及预测与观测方差的差异不敏感。使用泰勒图可以同时显示几个连续测量值(Taylor,2001)。特别是,该图显示了预测模式和观测模式的相关系数、RMS 差和标准差的比率。

16.4.2 分类确定性预测的检验方法

分类确定性预测通常使用列联表生成。表 16.2 显示了 2×2(二分类)变量的列联表和评分,所有这些都是 4 个表条目的函数:命中(a)、漏报(c)、空报(b)和正确否定(d)。基本得分特征如表中所示。对于两个以上的类别存在类似的表格形式和评分,但是单个变量的多个类别通常被视为二分类问题的序列,依次在每个阈值处具有边界。Murphy 和 Winkler(1987)将列联表及其条目与预测和观测联合概率相关联,提供了将分类评分解释为联合、条件和边际概率函数的统计框架。

表 16.2 中列出的分类评分之间存在多种关系,因此,通常会计算其中的一个子集,例如频率偏差(FB)和公平 TS 评分(ETS)或 Heidke 技巧评分(HSS),用于评估偏差和准确性/技巧。FB 不是严格意义上的检验评分,因为它不依赖于匹配的预测和观测对。作为预测频率与每个事件类别的观测频率之比,它将预测策略描述为如果>1 则预测过度,如果<1 则预测不足。性能图表中可以同时显示多个分类评分(Roebber,2009)。

通常,这两个类别之一的发生率大于另一个,特别是在极端事件的情况下,这通常比相应的非事件少得多。极值依赖指数(EDI)和对称极值依赖指数(SEDI)专门设计用于对观测到的事件频率$(a+c)/N$(称为基准率或气候频率)较低的类别进行评分。在这些条件下,预兆得分(TS)、命中率(H)、虚警率(FAR)、漏报率(F)、ETS 和 Hanssen-Kuipers 判别评分(KSS)等评分人为地趋向于它们的极限值(0 或 1),使检验结果的解释具有挑战性。HSS 对于低基准比率也可能变得不稳定,因为没有技巧的预测精度很高。

表 16.2　列联表格式和相关评分

度量	方程/公式	取向范围	特征
列联表	**观测预报**：Forecast 行、观测预报列的 2×2 表格——Yes/No/总预报。Forecast Yes 行：a（命中）、b（误报）、$a+b$（总事件预报）；Forecast No 行：c（漏报）、d（正确预报负向事件）、$c+d$（总非事件预报）；总观测行：$a+c$（总非事件观测）、$b+d$（总非事件观测）、$N=a+b+c+d$（样本量）	一般来讲，列表示条件观测总量，行表示条件预报总量	等价于分类变量的散点图 2×2 表格 最常见——2 类，1 个阈值
频率偏差	$FB=\dfrac{a+b}{a+c};\dfrac{c+d}{b+d}$ 总预报事件数量（非预报）与总观测事件数量（非观测）的比值	$0\sim\infty$	最优分数=1，预报频率与观测频率的简单比较
概率检测	$H=\dfrac{a}{a+c}$	$0\sim1$	最优=1，不完全得分——不能解误报
误检测的概率	$F=\dfrac{b}{b+d}$	$1\sim0$	最优=0，可通过对某类事件预报的减少来减少误报
虚假警报的预测比例	$FAR=\dfrac{b}{a+b}$	$1\sim0$	最好=0，对误报敏感，但会忽略漏报（Use with H）
关键成功指数	$TS=\dfrac{a}{a+b+c}$	$0\sim1$	最优=1，对误报和漏报都敏感，忽略了真正不发生事件的准正确预报
吉尔伯特技巧得分	$ETS=\dfrac{a-a_r}{a+b+c-a_r}$ wherear $=\dfrac{(a+b)(a+c)}{N}$	$-1/3\sim1$；0 意味着无技巧	总优=1，SS 形式的一种，是 TS 评分关于偶然命中数（猜测）情况的修正（总是<TS）
Hanssen-kuipers 判别评分（也可以是真实静态 TSS 或者皮尔逊技巧得分）	$KSS=\dfrac{a}{a+c}-\dfrac{b}{b+d}=H-F$	$-1\sim1$；0 表示无判别区分能力	最优=1，与 ROC 面积和 EDI/SEDI 得分有关，作为决策基础，能够区分事件和非事件的预报能力
Heidke 技巧评分	$HSS=\dfrac{(a+d)-E_r}{N-E_r}$ where $E_r=\dfrac{1}{N}[(a+c)(a+b)+(c+d)(b+d)]$	$-\infty$ to 1	最优=1，SS 的常见形式，有机会作为参考预报

续表

度量	方程/公式	取向范围	特征
EDI	$EDI = \dfrac{\ln F - \ln H}{\ln F + \ln H}$	$-1 \sim 1$；0 indicates no accuracy.	最优=1,对于低频(罕见)事件,可避免收敛到0或1,常用于极端事件预报的检验
SEDI	$SEDI = \dfrac{\ln F - \ln H + \ln(1-H) - \ln(1-F)}{\ln F + \ln H + \ln(1-H) + \ln(1-F)}$	$-1 \sim 1$；0 indicates no accuracy.	最优=1,与 EDI 类似,只有在无偏预报条件下,SEDI 才趋近于1

注:a、b、c 和 d 表示具有相应预测和观测配对的样本总数。样本大小表示为 N。

当两个类别的关注点相似时,可以分别为这两个类别(事件和非事件)计算 H、FAR 和 TS。例如,对于非事件类别,$H = d/(b+d)$,$TS = d/(b+c+d)$。在这种情况下,正确率 $PC = (a+d)/N$ 也是一个信息评分,否则不建议使用 PC,因为当一个类别比另一个更频繁地出现时,它会产生误导。参见有关"Finley 事件"的文献(Murphy,1996)。

H 和 F 是指根据(条件)观测对检验数据集进行分层。这些评分通常成对使用,并与相对作用特征曲线(ROC)和相对作用特征面积(ROCA)(在第 16.4.3 节中将详细地讨论)一起用于评估后验预测质量作为用户决策提供依据。

FAR 与 F 不同(有时两者会混淆);它是虚假警报的预测比例(即,它以预测为条件)。FAR 被广泛使用,并且可以由预测者通过减少预测事件的频率等动作来控制,以减少误报的数量。这一策略还将增加未命中事件的数量(c);因此,FAR 应与 H 联合使用.

有时很难确定列联表的正确否定(d),因为非事件可能是空间无界、时间无界或两者兼而有之;在极端事件的情况下,d 也可能非常大,并且不适用列联表计算。H、FAR 和 TS 评分仅使用列联表的其他 3 个条目,因此,可以在不估计或考虑正确否定的情况下计算它们。然而,所有对辨别和决策有用的 SS 和评分都需要正确否定估计。Wilson(2014)、Wilson 和 Giles(2013)也提出了一些估算恶劣天气非事件的方法。

16.4.3　概率预测的检验方法

概率预测是对事件发生可能性的估计,通常定义为变量的一个类别(例如,特定位置或区域日平均温度处于特定位置的温度气候分布的上三分位数的概率)。与分类变量一样,类别由阈值定义。概率预测很难作为单一预测进行有意义的检验,因为观测通常被视为分类(事件要么作为预测发生,要么不作为预测发生)。因此,概率预测检验在收集到足够大的匹配预测和观测样本后进行,从而允许对实际事件发生频率与预测概率进行比较评估。

虽然概率预测通常是从集合中获得的,但值得注意的是,集合预测需要后处理来生成概率,通过简单地从满足事件阈值的集合成员的比例计算事件发生的概率或者通过使用集合来估计一个完整的预测分布。集合是从扰动的初始条件、模式公式的扰动或两者兼有(第 13 章)获得的确定性预测的集合。假设原始集合是从可能预测值的未知条件概率密度函数(PDF)、相关累积分布函数(CDF)或两者中随机选择的。鉴于相对较小的集合,得到的预测值分布本质上是离散的,但处理方法可用于估计连续 PDF。接下来总结的检验方法适用于特定事件的概率预测或预测 PDF。

表16.3总结了概率预测的常用检验评分。Brier评分(BS)通常用于二分(二元)变量的概率预测,而当有两个以上类别时,首选离散排序概率评分(RPS)。连续分级概率评分(CRPS)用于评估完全连续或准连续预测CDF。BS、RPS和CRPS都衡量属性准确度,而表最后一行中显示了相应评分衡量技巧。这3个评分可以分为3个分量,代表属性可靠性、分辨率和不确定性,后者只是观测的函数。可靠性(或属性)图和ROC曲线为第16.1节中列出的大多数概率预测属性提供了简洁方便的图形表示。

表 16.3 概率预测检验的常用评分

度量	方程	取向范围	特征
二分变量的概率评分	$BS = \dfrac{1}{N}\sum_{i=1}^{N}(p_i - o_i)^2$	1~0	最优=0,负向,概率预报的均方根误差
离散排序概率评分(针对离散分类)	$RPS = \dfrac{1}{M-1}\sum_{m=1}^{M}\left[(\sum_{k=1}^{m}p_k)-(\sum_{k=1}^{m})\right]^2$	1~0	最优=0,在分为2类时,与BS等同,当分类>2时,对预报和观测分类的距离敏感
连续分级概率评分	$CRPS = \displaystyle\int_{-\infty}^{\infty}\left[P_f(x)-P_o(x)\right]^2 \mathrm{d}x$	0~∞	最优=0,把预报的CDF与观测的CDF进行比较,如果预报是确定性的、观测CDF是时间步的函数;对于确定性预报而言,结果以变量单位呈现,退化为MAE
Brier技巧评分,分级概率技巧评分,连续分级概率持续评分	$SS = \dfrac{S_f - S_r}{S_p - S_r} = \dfrac{S_r - S_f}{S_r} = 1 - \dfrac{S_f}{S_r}$	−∞~1	最优=1.SSs负向评分的标准形式;注意:预报的参考态是基于计算SS的样本来定义的

注:变量p_i和o_i指的是大小为N的样本中的第i个预测概率和第i个观测值。如果用概率p_i预测的类别不(确实)发生,则观测值o_i为0(1)。下标k表示总共M类别中的第k类别,$p_f(x)$和$p_o(x)$分别是预测和观测到的CDF,后者采用阶跃(重载)函数的形式,其中在变量x的观测值处,S_f、S_p和S_r的定义与表16.1中完全相同。

图16.2a显示了属性图(基于可靠性图)的示例,该示例通过首先根据预测概率对检验样本进行分类,然后通过计算每个预报分类中所有观测到的事件频率来生成。该图给出的是观测到的频率与每个分类的预测概率的关系。使用了5个分类(0~20%、20%~40%、40%~60%、60%~80%、80%~100%)。这些点绘制在5个分类的中点,但可以(并且可能更准确)以每个分类的实际平均预测概率绘制这些点。如果这些点位于45°对角线上,则预测被认为是完全可靠的,这表明平均而言,预测概率等于观测到的事件频率。虚线以气候事件频率(基准比率)水平绘制,垂直以平均预测概率绘制。比较这两条线表明事件平均是过度预测或是预测不足。在这个例子中,没有无条件的偏差。平均预测概率约为33%,等于观测到的频率。

将对角线和气候线之间的夹角平分的线称为无技巧线。在这条线上,预报的分辨率等于可靠性分量(并且符号相反),因此,由BSS计算的沿这条线的样本气候态技巧为0。当绘制的曲线位于阴影区域内时,预报具有气候态方面的技巧。在这个例子中,显然没有什么技巧,但由于绘制的线相对于基准比率线倾斜,所以预测中有一个分辨率的迹象。绘制的曲线呈现出

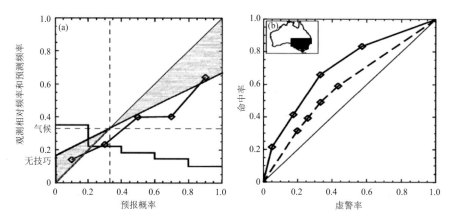

图 16.2　澳大利亚东南部初春的事件平均第 3~4 周最高温度预报的属性/可靠性图(a)和 ROC 图(b)

(引自 Hudson et al.,2011)

小于 45°的角度,表明预测过度自信。最高的概率被高估了,而最低的概率被稍微低估了。位于比 45°角更陡的曲线(在对角线和垂直虚线之间的区域)可能是有技巧的,但它们也被认为是过度解析、不自信或两者兼而有之。这种情况在实践中并不经常发生。

最后,可靠性图上的直方图表示预测概率样本落入每个分类的百分比,称为锐度图。尖锐的预测具有"u"形直方图,呈现接近 0 和 100% 预测概率的高频。在这个例子中,预测并不是特别敏锐,它们倾向于最低概率,在近 40% 的时间里预测概率小于 20%。

ROC(图 16.2b)和 ROCA 衡量预测区分导致影响事件和没有影响事件情况的能力。这种辨别能力对于那些必须决定是否采取行动以尽量减少不利天气/气候影响的人很有用。曲线由如下流场产生:

① 按预测变量(通常是预测概率,但也可以是降水量等物理变量)的升序组织检验样本。如果预测来自集合,则可以对每组集合预测进行排序并汇集所有检验样本案例。相关的观测结果是二元的(1 或 0),具体取决于每个案例是否发生了事件。对于集合预报,观测值 0 或 1 分配给该特定集合的所有成员。

② 对于每个唯一的预测值,将其视为目标事件的预测阈值,计算所得列联表的 FAR 和 H。

③ 根据 FAR 绘制 H。结果是一个阶梯图形,近似于一条曲线。可能的点越多(数据集中存在的唯一预测值越多),曲线就会越"平滑"。

④ 曲线下的面积可以通过使用所有绘制点的三角测量来计算。

用这种方法计算 ROC 的例子在 Mason 和 Graham(2002)中有介绍。通常的做法是将数据分类为预测类别,通常预测概率十分位数或五分位数(图 16.2b)。这导致估计曲线的点数减少,可能导致 ROCA 的低估。例如,如果 5% 预测的事件发生频率低于 15% 预测的事件发生频率,则如果将数据分类到 20% 的分类中,则此区分信息将丢失。但是,权衡是每个分类中必须有足够的案例来支持绘制的点,否则绘制的曲线会很嘈杂,并且对点位置的置信度会很低。通过将双正态模式拟合到分类数据,可以避免低估 ROCA(Wilson,2000)。双正态模式在 Mason(1982)中有描述。

如果 ROC 曲线位于图表的左上半部分,则表明有辨别能力。曲线越靠近左上角,预测判别能力越好。对角线是无技巧线(也称为无辨别力线)。这意味着事件发生时的预测概率分布与事件不发生时的预测概率分布没有区别,因此,用户没有决定是否采取行动的依据。ROCA是右下角和ROC曲线之间的总面积。ROCA值大于0.5表示有辨别能力。当事件发生时的条件预测分布与事件未发生时的条件预测分布之间完全没有重叠时,就会发生完全区分(RO-CA=1)。有时ROC评分表示为(2ROCA-1)以给出在0和1之间变化的正向评分。

图16.2b显示了两条ROC曲线。实线是S2S模式对"澳大利亚东南部上三分位数的第二个两周平均最高温度"事件的概率预测。虚线上的值是通过假设前两周的平均温度持续到第二周而获得的。该图显示了适度的区分,S2S模式(ROCA=0.70)比持续性预测(ROCA=0.59)有改进。

关于ROC图和SS在气候态方面的应用,需要注意一点。相关的比较标准始终是用于计算评分的样本的平均观测值。对于ROC,考虑了所有变率来源与总体样本均值的区别。Hamill和Juras(2006)讨论了这种影响。

16.4.4 空间检验方法

在空间场上定义的气象变量以空间结构和特性为特征。传统的逐点检验方法不考虑附近网格点之间存在的内在空间相关。这种做法会导致双重处罚(与小空间偏移相关)和有限的诊断能力(传统评分不告知偏移或误差的尺度依赖性)。为了解决这些问题,在过去的20 a中,已经开发了几种空间方法并将其应用于天气预报。空间检验技术旨在执行以下操作:

①考虑空间结构和特征。

②以物理形式提供有关预测误差的信息(例如,将位置误差诊断为以距离来表示,以千米为单位)。

③考虑小的时、空不确定性。

空间检验方法分为五类:

①尺度分离方法涉及使用单波段空间滤波器(傅里叶变换、小波、球谐函数)将预报和观测场分解为多尺度分量,然后对每个空间尺度分量进行传统检验。其基本原理是提供与不同尺度的天气现象相关的物理过程的信息(锋面系统与对流降水;行星、天气和次天气尺度)。这些方法可以在每个单独的尺度上评估偏差、误差和技巧;用于分析可预测性量表依赖性(通过确定无技巧到技巧转换量表);并评估预测与观测尺度结构。尺度分离方法已成功应用于天气和气候研究(Casati,2010;Denis et al.,2002,2003;Jung et al.,2008;Livina et al.,2008),在S2S框架中也很有用。

②邻域方法(Ebert,2008)放宽了对精确观测、预测位置匹配的要求,并定义了预测和观测匹配的邻域(在空间和时间上)。邻域内的数据处理区分了检验策略,包括简单平均(相当于升尺度,Yates et al.,2006);比较预测与观测到的事件频率(Roberts et al.,2008);评估预测与观测到的PDF的各种属性(Marsigli et al.,2005);并应用概率和集合检验方法来评估观测到的邻域内的预测PDF(Theis et al.,2005)。邻域方法适用于比较较高和较低分辨率的模式。此外,它还能够对确定性预测进行概率评估。

③场变形技术使用矢量场将预测场向观测场变形,直到找到最佳拟合(通过最大似然函数)。然后应用标量(振幅)场将变形预测场的强度校正为观测场的强度。这些变形技术最初是为资料同化和临近预报而开发的(Germann et al.,2004;Nehrkorn et al.,2003),最近才用

于检验(Gilleland et al.,2010;Keil et al.,2007,2009;Marzban et al.,2010)。

④基于特征的检验技术(Davis et al.,2006a,2006b;Ebert et al.,2000)首先识别和提取预测和观测区域的特征(通过阈值、图像处理、使用复合或聚类分析),然后评估每对观测和预测要素的不同属性(位移、时间、范围和强度)。

⑤二元图像的距离测量技术通过评估所有超过选定阈值的网格点之间的地理距离来评估预测场和观测场的距离。这些指标是在用于边缘检测、模式识别或两者的图像处理中开发的(Baddeley,1992a,1992b;Dubuisson et al.,1994),最近才用于检验目的(Dukhovskoy et al.,2015;Gilleland,2011;Schwedler et al.,2011)。除了预测特征和观测特征的距离/位移外,距离测量技术对对象形状和范围的差异也很敏感。因此,它们被认为是场变形和基于特征的技术的混合体。

16.5　S2S 预测类型及当前检验实践

16.5.1　确定性 S2S 预测检验实践

次季节预测通常以未来 4 周的每周平均值呈现,定义为第 1～7 天(第 1 周)、第 8～14 天(第 2 周)、第 15～21 天(第 3 周)和第 22～28 天(第 4 周),如 Li 和 Robertson(2015);或作为第 5～11 天(第 1 周)、第 12～18 天(第 2 周)、第 19～25 天(第 3 周)和第 26～32 天(第 4 周)的平均值,如 Weigel 等(2008)。一些研究关注第 1～14 天(第一个两周)平均值和第 15～28 天(第二个两周)平均值(Hudson et al.,2011,2013)。

在天气预报和季节预测实践中,集合成员的平均值通常用作预报分析中心值的估计值。确定性预测表示为集合平均异常,通过减去模式长期平均值(气候态)来计算,使用前几年产生的后报预测进行估计,以进行一阶模式偏差校正。用于计算集合平均异常的过程通常依赖于超前时间。

最简单的 S2S 检验实践是预测集合平均异常与观测到的相应异常的视觉比较。如 Vitart 等(2017)中的图 16.1。例如,可以直观地将不同模式的 2 m 气温集合平均预报异常图与观测到的异常图进行比较。视觉比较对于特定预测的初步定性评估很有用,但它也容易产生主观解释偏差,因此,必须谨慎使用。通过基于过去预测和观测的集合计算检验指标获得的定量评估提供了更完整的预测质量视图。

确定性(整体均值)S2S 预测的常见检验实践是计算每个网格点的预测与观测到的异常之间的线性相关系数(在可用的回顾性预测上),并生成具有相应值的地图(Hudson et al.,2011;Li et al.,2015 文中的图 1;Weigel et al.,2008 文中的图 10)。Pearson 积矩相关系数通常用于此目的,提供关联度量(参见本书第 16.4.1 节)。然而,由于它对预测偏差不敏感,因此,需要补充准确度指标来量化预测误差。用于此目的的标准 S2S 度量是线性偏差(参见本书第 16.4.1 节)。Weigel 等(2008)提供了 2 m 气温集合平均偏差 1～4 周回顾性预测的例子。

确定性 S2S 预测技巧可以使用均方误差技巧得分(MSSS)来估计,正如 Li 和 Robertson(2015)所做的那样。MSSS 基于 MSE,这是一种类似于 RMSE 的准确度度量(参见第 16.4.1 节),主要区别在于没有为 MSE 计算 RMSE 所需的平方根。用于计算 MSSS 的参考预测集包括给定周平均值的气候平均降雨量给出的气候预测。最大 MSSS 等于 1，是在 MSE 为 0 的完美预测中获得的。负值表示预测不如参考气候预测准确。

16.5.2　S2S 概率预测的实践检验

S2S 概率预测检验中的一个常见程序是构建 ROC 图和可靠性图，如第 16.4.3 节所述，或计算 RPSS 并构建可靠性图，如 Vigaud 等（2017a，2017b）。Vitart 和 Molteni（2010）的图 12 和 Hudson 等（2011）的图 3 显示了 S2S 示例的附加 ROC 图和可靠性图，用于在预定义区域/区域内的多个网格点上聚合的预测集合。ROC 图下方的区域提供了预测系统成功区分感兴趣事件的发生与未发生的能力的指示（即，在对观测进行分层时，预测概率如何变化）。可靠性图根据可靠性（预测概率与观测到的关注事件频率的匹配程度）和分辨率（当数据按预测概率分层时观测到的频率如何变化）提供概率预测质量的图形解释。

通过计算每个网格点的 ROC 面积并绘制所获得值的集合，人们可以对预测区分能力有一个空间概念，特别是对于 ROC 面积高于 0.5 的区域（具有相等（50%）概率的无技巧预测的参考值区分/区分事件和非事件）。Hudson 等（2011）文中的图 2 显示了 ROC 区域地图示例，用于对定义为下三分位数和上三分位数降水的事件在第一和第二个两周内平均降水的概率预测。

16.5.3　MJO 预报检验

一种特定类型的次季节预测是 MJO 预报（Madden et al.，1971，1972，1994；Zhang，2005），它通常作为热带印度洋上空的增强对流出现，并沿赤道向东传播。MJO 预报和相关检验对于模式开发人员和预报员都很重要，以便提供有关模式行为和表征热带降水的信息。

MJO 预报不同于传统的天气和气候预报，因为它们显示在二维相空间中，由 Wheeler 和 Hendon（2004）定义的两个所谓的实时多元 MJO 指数（RMM1 和 RMM2）表示。图 16.3a 显示了一个预测未来 41 d 的 MJO 预测示例，在 1986 年 1 月 1 日初始化。观测值（蓝线）和集合平均预报（红色虚线）的初始点用棕色大点表示。小黑点相隔 5 d。逆时针前进表示向东的 MJO 信号传播。MJO 强度是通过相空间图中每个点到原点的距离来衡量的。中心圆圈代表一个标准偏差，通常被认为是定义有效 MJO 信号的阈值。观测到的 RMM1 和 RMM2 是 OLR 和 850 hPa 与 200 hPa 纬向风异常（在 15°S 到 15°N 之间取纬度平均）的组合经验正交函数（EOF）分析的第一和第二主模态的主分量时间序列。RMM1 和 RMM2 都通过观测标准差进行归一化，从而得到均值和单位方差为 0 的指数。见 Rashid 等（2011）和 Gottschalck 等（2010）有关如何计算预测 RMM1 和 RMM2 的更多信息。

图 16.3b 显示了二维 MJO 相空间中一对点 $[O(t)$ 和 $F(t,\tau)]$ 的示意图，由 RMM1 和 RMM2 索引（分别为水平轴和垂直轴）表示。用蓝点突出显示的点 $O(t)$ 表示在时间 t 观测到的 MJO 信号的位置。用红点突出显示的点 $F(t,\tau)$ 表示 τ 天前在时间 t 产生的预测 MJO 信号。图 16.3b 中的点 $O(t)$ 和 $F(t,\tau)$ 表示在图 16.3a 中显示的初始大棕色点之后的第四个黑点，表示时间 t 等于 1986 年 1 月 20 日的预测，起报时间为 1986 年 1 月 1 日（$\tau=20$ d 的超前预测）。

将相空间图的原点连接到点 $O(t)$ 的蓝色实线以图形方式说明了观测到的 MJO 信号。该信号沿水平轴和垂直轴的投影在图 16.3b 中显示为 $a_1(t)$ 和 $a_2(t)$，分别表示观测到的 RMM1 和 RMM2。将相空间图的原点连接到点 $F(t,\tau)$ 的红色实线以图形方式说明了 τ 天前产生的

时间 t 的预测 MJO 信号。该信号沿水平和垂直轴的投影在图 16.3b 中显示为 $b_1(t,\tau)$ 和 $b_2(t,\tau)$，分别代表时间 t 的超前 τ 天的 RMM1 和 RMM2 预测。

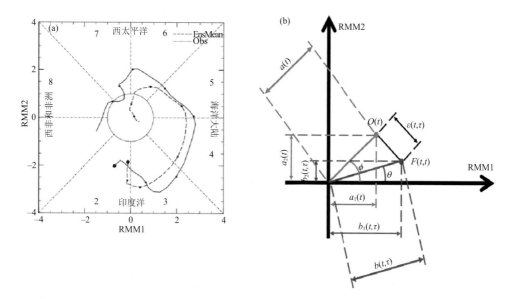

图 16.3 （a）RMM1 和 RMM2 的相空间图，由 NCEP/NCAR 再分析和卫星 OLR（蓝色）及集合平均 POAMA 后报计算得出（红色），从 1986 年 1 月 1 日预报至 2 月 10 日。根据 Wheeler 和 Hendon（2004）的相位定义对相位图的每个八分圆进行编号（从 1 到 8）。此外，还标记了 MJO 的增强对流信号在该相位空间位置的近似位置（例如，第 2 相位和第 3 相位的印度洋）。RMM1 和 RMM2 值在绘图之前使用 1-2-1 滤波器及时平滑。（b）RMM1 与 RMM2 相空间中 MJO 预测 $F(t,\tau)$ 在特定时间 t 的示意图（超前 τd），以及相应的 MJO 观测信号 $O(t)$

由于图 16.3b 中的 RMM1 和 RMM2 轴是正交的，因此，观测到的 $a(t)$ 和预测的 MJO 振幅 $b(t,\tau)$ 表示为

$$a(t)=\left[a_1(t)^2+a_2(t)^2\right]^{1/2} \qquad (16.1)$$

$$b(t,\tau)=\left[b_1(t,\tau)^2+b_2(t,\tau)^2\right]^{1/2} \qquad (16.2)$$

MJO 相位的观测值（ϕ）和预测值（θ），分别由蓝线和红线与水平 RMM1 轴之间的夹角表示，表示为

$$\phi(t)=\tan^{-1}\left(\frac{a_2(t)}{a_1(t)}\right) \qquad (16.3)$$

$$\theta(t,\tau)=\tan^{-1}\left(\frac{b_2(t,\tau)}{b_1(t,\tau)}\right) \qquad (16.4)$$

根据 Rashid 等（2011），对于 N 组预报与观测的 MJO，振幅 $A(\tau)$ 及相位 $P(\tau)$ 的误差作为预报时间的函数可以表示为：

$$A(\tau)=\frac{1}{N}\sum_{t=1}^{N}\left[b(t,\tau)-a(t)\right] \qquad (16.5)$$

$$P(\tau)=\frac{1}{N}\sum_{t=1}^{N}\tan^{-1}\left(\frac{a_1 b_2-a_2 b_1}{a_1 b_1+a_2 b_2}\right) \qquad (16.6)$$

振幅误差检验度量 $A(\tau)$ 类似于线性偏差（参见第 16.4.1 节）。$A(\tau)$ 和 $P(\tau)$ 都根据平均

误差测量精度。$A(\tau)$是负向的(最佳预测有$A(\tau)=0$)。$P(\tau)$表示第N组的预测MJO相位的平均角度差$(\theta-\phi)$。如果预测相位平均领先于观测相位,则$P(\tau)$为正。请注意,要得到等式(16.6),在寻找观测(蓝线)和预测(红线)MJO信号之间的角度差$(\theta-\phi)$的过程中,需要使用叉积和点积特性。

继Murphy(1988a)之后,Lin等(2008)引入了以下指标来评估RMM1与RMM2相空间中显示的双变量MJO预测的质量:双变量相关系数$r(\tau)$、RMSE(τ)和均方技巧评分MSSS(τ):

$$r(\tau) = \frac{\sum_{t=1}^{N}\left[a_1(t)b_1(t,\tau)+a_2(t)b_2(t,\tau)\right]}{\left(\sum_{t=1}^{N}\left[a_1(t)^2+a_2(t)^2\right]\right)^{1/2}\left(\sum_{t=1}^{N}\left[b_1(t,\tau)^2+b_2(t,\tau)^2\right]\right)^{1/2}} \tag{16.7}$$

$$\text{RMSE}(\tau) = \left(\frac{1}{N}\sum_{t=1}^{N}\varepsilon(t,\tau)^2\right)^{1/2} \tag{16.8}$$

其中,

$$\varepsilon(t,\tau)^2 = \left[a_1(t)-b_1(t,\tau)\right]^2+\left[a_2(t)-b_2(t,\tau)\right]^2 \tag{16.9}$$

有关$\varepsilon(t,\tau)$的图形表示,请参见图16.3b。最终,

$$\text{MSSS}(\tau) = 1-\frac{\text{MSE}(\tau)}{\text{MSE}_C} \tag{16.10}$$

其中

$$\text{MSE}(\tau) = \frac{1}{N}\sum_{t=1}^{N}\left[a_1(t)-b_1(t,\tau)\right]^2+\left[a_2(t)-b_2(t,\tau)\right]^2 \tag{16.11}$$

$$\text{MSE}_C = \frac{1}{N}\sum_{t=1}^{N}\left[a_1(t)^2+a_2(t)^2\right] \tag{16.12}$$

是气候(无技巧)预测的均方差,对于所有t和τ满足RMM1=RMM2=0以及$\tau[b_1(t,\tau)=b_2(t,\tau)=0]$,并且等效于MJO的观测(气候)方差。

双变量相关系数$r(\tau)$是一种关联度量,用于检查MJO相位观测值(ϕ)和预测值(θ)的一致性(或不一致性)强度,但它对MJO振幅误差不敏感。

RMSE(τ)同时测量MJO的相位和振幅的精度,类似于前面在第16.4.1节中介绍的RMSE。

双变量相关系数$r(\tau)$的上限是针对完美预测获得的,表明MJO的预测和观测相位的精确匹配(当$\theta=\phi$时),它等于1。$r(\tau)$的下限是预测相位和观测相位的相反的预测获得的,它等于-1(当$\Theta=\phi+180°$时)。对于$a_1(t)=b_1(t,\tau)$和$a_2(t)=b_2(t,\tau)$的完美预测,双变量RMSE$(\tau)=0$。对于气候预测[在没有MJO信号的情况下,因此$b_1(t,\tau)=b_2(t,\tau)=0$,二元RMSE$(\tau)=2^{1/2}$,因为观测到的RMM指数$[a_1(t)$和$a_2(t)]$的方差等于1。如果预测的RMSE$(\tau)<2^{1/2}$(气候MJO预测的RMSE$(\tau)$),则通常认为预测是有技巧的。对于具有观测振幅但完全随机相位的预测[在非常长的超前时间的持续预测,例如$a_1(t)=b_1(t,\tau)$且$a_2(t)=-b_2(t,\tau)$],RMSE(τ)渐近到2。

MSSS(τ)提供了MJO预报与气候预报相比的相对技巧度量,气候预报缺少MJO信号$[b_1(t,\tau)=b_2(t,\tau)=0]$。MSE$(\tau)=0$的完美预测具有MSSS$(\tau)=1$。误差与气候方差[MSE$(\tau)$=MSEC]一样大的预测具有空SS[MSSS$(\tau)=0$],并且预测表现比气候预测差(即MSE$(\tau)>$MSEC)具有负SS(MSSS$(\tau)<0$)。

通常的做法是(Lin et al.,2008,2011;Rashid et al.,2011)将此处讨论的所有 MJO 预测检验指标作为每个指标的图表作为预测超前时间 τ 的函数。对于正向指标(例如,$r(\tau)$),值越大表示预测性能越好,此类图表通常显示递减曲线,预测超前时间越短指标值越大,预测超前时间越长指标值越小。

对于负向指标,通常会有相反的特征,较小的值表示更好的预测性能(例如,$RMSE(\tau)$)。对于这些指标,图表通常显示一条递增曲线,较短的预测超前时间指标值较小,较长的预测超前时间指标值较大。

最后,值得注意的是,本节从确定性(集合平均值)的角度讨论了 MJO 预测检验。鼓励读者阅读 Marshall 等(2016a)的文章,文章最近提出了一种概率 MJO 预测检验方法。

16.6 S2S 检验的总结、挑战和建议

本章概述了与 S2S 相关的预测检验方法,包括当前实践。通常用于天气预报和季节预测检验的确定性和概率检验指标也适用于次季节预测检验。然而,仍有许多挑战需要解决,包括:

• 推进无缝检验实践,以实现跨时间尺度的顺利的和可比较的质量评估(Wheeler et al.,2017;Zhu et al.,2014)。

• 在计算预测概率和检验评分时处理 S2S 后报和实时预测中的不同集合大小(Weigel et al.,2008)。

• 推进 S2S 检验中观测不确定性的处理(Bellprat et al.,2017)。

• 空间检验方法在一般低分辨率 S2S 模式中的应用。

以下是推进 S2S 预测检验研究和实践的一些建议:

• 确定与目标受众最相关的预测质量属性和感兴趣的检验问题,并选择适当的评分进行全面评估。

• 开发一个 S2S 预测检验框架,用于比较实时和后报技巧水平。鉴于 S2S 项目数据库(Vitart et al.,2017)在多个模拟中心的可用后报和近实时预测方面的丰富性,以及需要生成检验信息以支持未来业务的次季节预测发布,显然需要生成检验信息,以帮助各部门的预报员和用户了解这些预报的优缺点,从而建立对 S2S 预报产品的信心(Coelho et al.,2018)。

• 使用对用户有意义的检验指标(例如,在检验概率预测时使用与用户相关的阈值)。

• 超越传统的每周/每两周检验,转向开发更多面向用户的程序(例如,活动和间歇降雨阶段、干/湿期、热浪预报检验)。各种应用部门通常需要气候信息中的详细天气信息,这在传统上是未经检验的。S2S 项目数据库(Vitart et al.,2017)提供了一个绝佳的机会来评估各个部门这些长期需求的预测质量。

• 在处理极端事件(Ferro et al.,2011;Stephenson et al.,2008)时,使用适当的检验措施,例如热浪、寒流、干旱和大雨。

• 使用适用于 S2S 预测的新检验措施(例如,概率测量,如广义辨别评分,Weigel et al.,2008,2011),为具有连贯结构的预测提供性能信息的空间方法(Gilleland et al.,2009),如果预测的空间分辨率允许如此详细的空间检验。

- 在 S2S 预测检验中探索公平评分的新概念(Ferro,2014;Fricker et al.,2013)。

- 在计算评分时解决采样不确定性,例如,使用引导程序(Doblas-Reyes et al.,2009)为检验措施生成置信区间并在预测系统之间进行具有统计意义的比较。由于可用的 S2S 后报和近实时预测的数量普遍有限,因此,制定策略来估计围绕计算的检验评分的不确定性变得很重要。引导程序允许通过对有限数量的可用预测重新采样来计算大量检验评分,这是一个有趣的替代方案。

- 进一步探索概率二维相空间 MJO 预测检验的框架(Marshall et al.,2016a)。直到最近,MJO 预测检验一直使用基于集合平均预测的确定性评分。同样,S2S 项目数据库(Vitart et al.,2017)包含非常丰富的集合后报和来自各个模拟中心的近实时预测,为推进概率 MJO 预测检验实践提供了绝佳机会。

- 推进有条件的检验实践,例如以 MJO 和 ENSO 相位以及特定天气状况等要素为条件的检验。由于 MJO 和 ENSO 被认为是 S2S 时间尺度上的重要可预测源,因此,更多的研究旨在诊断这两种现象对当前具有多种变量(如降水和近地表温度)的 S2S 模式的预测能力的影响,这是必需的。

第四部分

次季节—季节预测的应用

第17章

极端天气过程的次季节—季节预测

17.1 引言

人们对极端天气和气候事件的关注日渐增强,这既是为了更好地了解气候变化的影响,也是为了开发预警系统以便更好地准备。极端天气和气候事件对人类的健康和财产安全构成了严重威胁。例如,2011—2013年,美国经历了32次灾害天气事件,每次都造成至少10亿美元的损失,其中2012年的总损失高达1100亿美元(NOAA,2013)。根据慕尼黑再保险公司(世界上最大的再保险公司(Munich Re,2011a,2011b))的数据,2010年90%以上的灾害和65%以上的相关经济损失都是与天气和气候有关的(即大风、洪水、大雪、热浪、干旱、野火)。2010年,共有874起与天气和气候有关的灾害导致6.8万人死亡和990亿美元的损失。这些极端天气事件还可能破坏重要的基础设施,如公路、铁路、电力和电信网络。例如,在2015年底英国的洪水期间,约有20000个家庭失去了电力供应。因此,预测极端天气是国家服务部门的主要职责之一,以便采取适当适时的防灾、减灾措施。

在本章中,极端天气这一术语并不局限于时间上的罕见事件(即重现期超过几十年的事件),它还包括对人类活动有巨大影响的天气和气候事件(例如,热带气旋、飓风、热浪或寒潮以及洪水)。

伴随着计算机和数值天气预报的发展(极端天气的数值预报始于20世纪60年代,早期的数值预报仅仅对短期内的天气过程进行了尝试,主要目标是提前几分钟到几天对一次特定的极端天气过程做出预报)。在20世纪90年代,极端天气成为气候变化预测的一个越来越受关注的研究课题,主要目标是确定气候变化会对极端天气的统计数据(频率、强度、持续时间等)产生多大的影响(例如,全球变暖对热带气旋活动的影响(Knutson,2015))。因此,极端天气过程的中、短期预报和长期预测要解决的是完全不同的问题——前者是一个初值问题,而后者是一个边界条件问题,而S2S预测则介于这两者之间,根据特定极端天气事件的性质和可预测性,S2S预测系统可用于预测特定的极端天气事件或预测未来几周或几个月内极端天气事件统计特征的变化。

单独的小尺度短期极端天气过程无法在几周前做出预报,但是由于其与大尺度环流形势的相关关系,小尺度短期极端天气过程在较大区域和较长时间内发生的概率是可以通过S2S预测系统来进行预测的。而对于大尺度、持久的极端气候过程(这里定义为持续几周以上的极端过程)的产生、持续时间和衰减,次季节—季节预测系统是可以做出预报的。

因此,本章分为两个主要部分:第一部分主要探讨大尺度、长期极端过程(如热浪、寒流、干旱)的可预测性,第二部分将探讨小尺度极端天气过程(如热带气旋、龙卷风、暴风和洪水)的

S2S 可预测性。本章的最后一节将讨论目前在 S2S 预测中对极端天气事件统计特征做预报的方法。本章将重点讨论 S2S 时间尺度上极端天气事件的可预测性和预测技巧。

17.2 大尺度长期极端天气过程预报

在 S2S 时间尺度上具有一定可预测性的第一类极端天气事件是持续时间长、规模大的极端天气灾害,其发生范围大于 1000 km,寿命为一周至几个月,这些事件的危害是致命的,例如,2003 年的欧洲热浪,造成了整个欧洲约有 7 万人死亡(Robine,2008),2010 年俄罗斯的热浪导致了约 5.5 万人死亡(Hoag,2014),造成俄罗斯全国各地的火灾和近 40 年来最严重的干旱,以及数百万公顷的农作物损失。根据 Buizza 和 Leutbecher(2015)的研究,对于具有类似时间尺度和空间尺度的极端天气事件,延伸期预报技术可能是有用的。S2S 预测模式可能不具备预测这些极端天气事件日变化的能力,但可以期望至少在周的时间尺度上提供关于其起源、时间演变、强度和衰减的指导,即使其中一些事件的生命期超过几个月,S2S 预测也可用于预测其在周时间尺度上的演变。

17.2.1 热浪/寒潮

夏季的热浪和冬季的寒潮对社会经济有重大影响,比如温度异常导致的死亡、因作物歉收而造成的经济损失以及对基础设施、工业和交通的破坏,在全球变暖的背景下,这些极端事件在严重程度、频率和持续时间方面可能会发生变化(Perkins,2015)。因此,探讨目前的模型是否有能力提前 2~4 周预测热浪和寒潮是非常有意义的,这样就有足够的时间来进行防灾、减灾准备。

那么,极端高温或者低温发生和维持的物理驱动因素是什么呢?答案是一些高影响的天气系统,如持续的高压系统(阻塞高压)、陆地表面的陆-气相互作用过程以及诸如 MJO 和 EN-SO 的气候异常,这些天气系统都能够对热浪和寒潮的演变产生重要影响。例如,Teng 等(2013)发现,在美国的热浪发生之前,往往会有异常的大气行星波。这些物理驱动因素和极端事件的关系因事件的极端温度和地理位置的不同而不同。本节将讨论热浪和寒潮预测的两个例了。

17.2.1.1 欧洲热浪及寒潮的预测

自 2000 年以来,一些极端的温度异常事件影响了欧洲的各个地区,造成了破坏性的后果,特别是 2003 年 8 月袭击西欧和 2010 年袭击俄罗斯的极端热浪过程,以及 2009 和 2010 年的极端寒潮过程,严重的影响使得在 S2S 时间尺度上对这些高影响事件进行预测是需要优先考虑的问题。由于欧洲气候的变化主要由急流的纬度控制,季内到季外的波动通常表现为不同环流形势之间的交替。例如,欧洲夏季的极端气温通常与阻塞性反气旋的异常持续有关(Cassouet et al.,2005),而冬季的寒潮通常由北大西洋振荡(NAO)的负位相主导,这也是 2009/2010 年寒潮的成因(Cattiaux et al.,2010)。NAO 负位相的结构包括格陵兰岛上空的反气旋异常、亚速尔群岛上空的气旋异常、整个大西洋的西风流的显著减弱以及来自北极的偏北风的加强(Walker et al.,1932),由此可见,准确预测诸如 NAO 等系统的生命周期,对欧洲极端气温的早期预警很有帮助。严重的气温异常还受到斯堪的纳维亚半岛上空持续高压(反气旋异常)的影响,即所谓的欧洲阻塞。

在欧洲冬季,负 NAO 和欧洲阻塞都是有可能导致持续寒冷的天气形势。图 17.1 显示了 1999—2010 年期间几个次季节预报系统预测冬季负 NAO 和欧洲阻塞的评分。根据不同的模式,在负 NAO 的第 12~24 天和欧洲阻塞的第 10~17 天,评分下降到 0(评分等于或低于 0 表示该系统的预测效果不优于气候学方法)。因此,图 17.1 表明,次季节预报系统有一定的能力提前 10 d 预测这些天气形势,这可能为欧洲极端寒潮的预测带来一些助力。

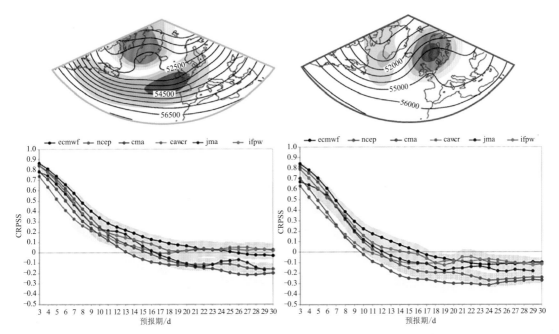

图 17.1 上方两图展示了与负 NAO(左)和欧洲阻塞(右)相关的环流形势,下方两图展示了连续分级概率评分(CRPSS)随预报时间的变化,左下和右下分别为负 NAO 和欧洲阻塞的结果。由于次季节预报并不针对单独某天的天气,而是针对 4~7 d 的平均天气状况,因此,对于预报的验证采用了 5 d 的连续平均。每条曲线周围的区域代表使用 10000 次引导再抽样程序得出的 95% 的置信区间

在夏季,虽然阻塞高压系统是热浪发生的必要环流形势,大气与陆地表面的耦合也起着重要作用。土壤水分和温度的影响加剧了夏季温度的变化,当土壤水分含量降低时,极端温度就更有可能出现(Seneviratne et al.,2006;Lorenz et al.,2010)。夏季极端温度发生的条件之一是,之前的冬季和春季必须是干燥的(Quesada et al.,2012),这导致了之前的土壤比较干燥,当与阻塞高压结合时,正反馈会被放大。因此,在次季节预测系统中更好地描述陆地表面状况可以提高预测欧洲夏季热浪的效果(Prodhomme et al.,2016)。

17.2.1.2 澳大利亚热浪预测

热浪在澳大利亚经常发生,对社会中的许多领域,如农业和健康都有着重要的影响。在澳大利亚,热浪造成的死亡比任何其他自然灾害都要多,包括丛林火灾、洪水和暴风(Price Waterhouse Coopers,2011)。澳大利亚气象局一直在研究其季节预测系统在次季节时间尺度上预测热浪的能力,包括能够对农业活动产生重大影响的夏季过季热浪(Hudson et al.,2016,2015a,2015b;Marshall et al.,2014;White et al.,2014)。这些研究包括在观测和模型中了解

澳大利亚热浪的关键气候驱动因素。

澳大利亚的极端高温事件有一个明显的特征,即与厄尔尼诺现象、印度洋偶极子(IOD)、MJO、南方环流模式(SAM)、大气阻塞和塔斯曼海上空的持续高压等形势聚集在一起(Marshall et al.,2014;White et al.,2014)。例如,厄尔尼诺使澳大利亚南部大部分地区在春季(9月、10月和11月)出现极热周的概率增加1倍(即根据30 a的气候平均态,周平均最高温度异常值在该时段中处于前10%)。在春季,当MJO位于印度洋上空时,MJO对澳大利温带地区高温极端天气的发生有着极大的影响,与气候平均态相比,在这种情况下,澳大利亚东南部出现高温周的机会增大3倍以上(Marshall et al.,2014),这种遥相关是由罗斯贝波列联系在一起的,它导致中层环流的强烈反气旋异常(Wheeler et al.,2009)。

总的来说,季节预报系统捕捉到了热浪的驱动因素和区域影响之间的关系,但通常低估了它们之间关系的强度,这类知识有助于对预报系统的评估以及对预报结果的解释,并且能够加深帮助对极端热浪事件机理的理解。使用澳大利亚气象局季节预报系统的30 a再预报数据集对夏季热浪预报进行全面验证表明,该系统在检测热浪发生方面具有普遍良好的技能(Hudson et al.,2016;图17.2),这些结果和其他结果表明,季节预报系统在增强澳大利亚传统的热浪天气预报、预警能力方面有很大的潜力。

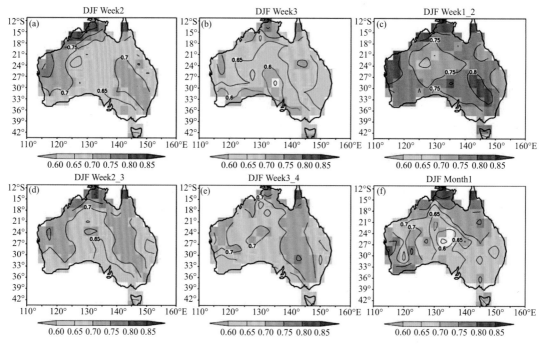

图17.2　在12月、1月和2月起报的所有预测中,热浪发生概率的ROC区域(EHF指数>0,关于该指数的定义见第17.4节)。各个子图展示了不同预报时间的验证结果:(a)第2周(预报的第8~14天);(b)第3周(预报的第15~21天);(c)第1双周(第1和2周);(d)第1.5双周(第2和3周);(e)第2双周(第3和4周);(f)第1个月(即第一个日历月;例如,如果预报在11月11日开始,那么12月就得到验证)。在5%的显著性水平上,明显优于气候学预测的ROC区域用色阶表示

17.2.2　干旱预报

决策者和终端用户希望得到关于干旱开始、范围、强度以及结束的准确预测指标,针对不同的时、空尺度和水文环境,干旱的定义有很多种,一般来说,干旱是指由于降水不足引起的"长时间的干燥",降水不足可以导致土壤湿度、河流径流、地下水和植被状态等形式的水分不足,高温也会增加蒸发需求,与干燥的土壤一起形成正反馈,有可能导致热浪的发生。因此,降水预报是干旱预报系统的基础,由于干旱的缓慢发展,可靠和准确的近实时降水观测是十分重要的,然而世界上许多地区都缺乏高密度的观测网,可靠和准确的近实时降水观测对于这些地区是个不小的挑战(Dutra et al.,2014a)。

在过去的几年里,突发性干旱的概念越来越受到关注,它主要与干旱状况的快速加剧有关,通常是在夏季由于蒸发需求的增大而引起的(Otkin et al.,2017)。一些研究表明,在提前 1~2 个月的干旱预报中使用随机或神经网络等统计方法具有一定的应用前景(Kim et al.,2003;Mishra et al.,2007),也可以使用天气类型的统计降尺度方法(Lavaysse et al.,2017),例如,Eshel 等(2000)使用北大西洋海平面气压来预测地中海东部的干旱。干旱的预测也可以利用 NWP 模型的降水预测来实现,确定性预报由于大气的混沌性而具有高度的不准确性,这种混沌性在次季节时间尺度上尤为强烈(Vitart,2014),此外,确定性预报在预报时间超过几天之后的效果有所下降(Richardson et al.,2013;Weisheimer et al.,2014)。

大气-海洋耦合集合预报系统已经成为公认的解决初始条件和模型的不确定性的方法,耦合集合预报系统在做出预报的同时也给出了预测的不确定性的大小,这些概率预测对于评估热带气旋或干旱等高影响和罕见天气事件发生的可能性尤为重要(Hamill et al.,2012;Dutra et al.,2013,2014b)。对于干旱的短期预报,近实时的降水资料作为干旱预报的初始条件,在预报中发挥了重要作用,干旱发生之后,它的消亡将由恢复正常或过量的降水来推动,然而,长时间的降水预报很难给出准确的结果。Dutra 等(2014b)使用 ECMWF 的季节预报发现,对于提前 3 个月以上的预报,使用气候学预报很难给出准确的结果,然而,对于较短的提前期,世界上一些地区的干旱预测是可行的(Mo et al.,2015)。

不同地区对于干旱预报的时效性要求不同,比如在水资源管理和灌溉技术比较先进的地区,可能水利部门会更加关注长持续时间的干旱的发生频率,以便做好相应的应对措施,而对于那些依赖雨水灌溉的地区,短期的降水不足也是他们需要关注的,因此,季内干旱(约 10 d 的短期干旱)的预测同样也很重要(Winsemius et al.,2014)。图 17.3 展示了这种季内干旱的可预测性,图中的结果是利用从 ECMWF 的扩展集合预报(也是 S2S 数据库的一部分(Vitart et al.,2017))中得到的 20 a 降水后报计算出来的,并利用 E-OBS 数据集进行验证(http://www.ecad.eu/download/ensembles/download.php)。这些结果强调了该模型有能力为 $t+15$ 至 $t+25$ d 的累计降水提供基本可靠的预报,超过这个提前量,使用预报的好处只出现在更长的累计降水期(如 SPI-1 月,以减少时间上的不确定性)或更低的水平分辨率(以减少空间上的不确定性)情况下。

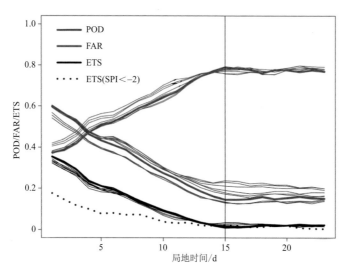

图 17.3　1995—2015 年，ECMWF 预测的干旱期（定义为标准化降水指数（SPI）10 d 低于 1）的发现概率
（POD，蓝色）、虚警率（FAR，红色）和公平技巧评分（ETS；黑色）结果。每个指数的不同线条代表了
通过使用各种方法在集合预测中的分数（Lavaysee et al.，2015）

17.3　中尺度天气过程预报

中尺度灾害天气过程的空间尺度在千米级到数百千米级，时间尺度在几分钟到几天。它们的强度通常因非绝热加热（主要是水汽凝结和水凝固释放的相变潜热）而增强。这些天气事件通常是更大尺度扰动的一部分，如温带气旋或热带海浪。中尺度天气过程造成的危害主要有：

洪水，是最常见的由天气过程造成的灾害，发生在各种时间和空间尺度上（Doocy，2013），本节我们关注的是由对流风暴、热带气旋、锋面、暖输送带和温带气旋中的大气河导致的山洪和地表水泛滥。短时间的洪水导致相当多的人员伤亡，对财产和基础设施的破坏，以及重大经济损失，它们还对受灾人群造成长期的健康影响。

冬季极端天气，包括气温骤降、冰雪和浓雾，冬季极端天气的发生可能与温带气旋中的冷锋以及极地低气压等有关。主要对人类健康和基础设施特别是交通具有较大的影响。

极端的湿热天气过程，包括与温带气旋中的暖锋有关的温度突然升高。这类天气过程通常会导致死亡和疾病的高发，尤其是对于那些对气候变化适应较慢和健康状况较差的群体。

火险天气，与强风和低空气湿度相关。火险天气的影响包括范围更大、发展更迅速、更不稳定和移动更快的火灾，更有可能造成人员伤亡以及财产和基础设施的破坏及经济损失。

暴风，与热带气旋、温带气旋、下坡风暴和对流风暴（包括龙卷风）有关。这些暴风的影响包括直接的财产损失和基础设施破坏，风暴潮伴随的沿海洪水造成的生命和财产损失，以及因基础服务设施破坏和人员伤亡而产生的健康和经济影响。

预测次季节—季节时间尺度的中尺度灾害天气，需要满足以下两个条件：①较大尺度扰动频率分布是可预测的；②中尺度极端天气过程与它们所嵌入的大尺度环流存在可预测的统计关系。

关于第一个条件的研究进展迅速,研究结果表明大规模的大气波动的频率变化在许多情况下是可以预测的,至少在世界的一些地区是如此,而且预测能力正在提高(Vitart,2014)。而关于第二个条件的研究较少,需要针对具体的天气过程进行具体分析。下面几节介绍了一些中尺度天气过程的例子,这些天气过程与它们所处的大尺度大气波动存在着可预测的统计关系。

17.3.1　热带气旋

对于热带气旋路径和强度的中、短期预报已经有几十年的历史了,早期的预报主要针对已经出现在初始条件中的热带气旋的路径进行的(Kurihara et al.,1998),近期的研究也开始针对热带气旋是否发生来进行预测(Yamaguchi et al.,2015)。热带气旋的季节性预测也开始得到重视,预测特定海域的特定季节热带气旋活动将比正常情况更多或更少(Vitart et al.,2001)。热带气旋的生成对其大尺度环境敏感这一事实证明了季节性预测是可行的,热带气旋的生成对其大尺度环境很敏感,特别是对流层的风垂直切变、中层湿度和底层涡度(Gray,1979)。因此,影响这些环境参数的 ENSO 和 SST 在调节热带气旋的生成和活动中起着重要作用。

次季节—季节尺度介于中期和季节时间尺度之间,在有些情况下,考虑到热带气旋的持续时间可以超过两周,如果能够提前几天预测到某一特定热带气旋的形成,那么针对该热带气旋的延伸期预报可能是可行的(如 2010 年北印度洋上空的热带气旋 Nargis;Belanger et al.,2012)。尽管在过去的几十年里,中短期热带气旋路径预报有了很大的改善,然而要预报超过两周的热带气旋路径仍然十分困难。在 S2S 时间尺度上,大部分热带气旋的可预报性都是基于大尺度环流变化的可预测性,大尺度环流变化在几周前就可以预测。ENSO 和 IOD 可以成为一些大洋盆地的热带气旋的可预测性来源,正如它们在季节预报中的作用一样,事实上,它们已经被用作统计性次季节预报模式的预测因子(Leroy et al.,2008)。然而,在次季节时间尺度上,热带气旋活动可预报性的主要预测来源是 MJO(Nakazawa,1986),主要是通过 MJO 对低层绝对涡度(Camargo et al.,2009)和风垂直切变(Jiang et al.,2012)的影响来联系在一起的,特别是在南半球,热带气旋季节与 MJO 活动最强的季节(冬季和春季)吻合。在季内时间尺度上的其他可预测性来源包括赤道罗斯贝波(ER)、混合罗斯贝重力波(MRG)、东风波、温带波和赤道开尔文波(Frank et al.,2006)。

最先进的 S2S 业务预测模式在 MJO、ENSO 以及 SST 异常的预测中展现出了一定的能力,因此,它们可以与统计模式结合使用,预测未来几周或几个月的热带气旋活动。数值模式将预测大尺度环流形势,而统计模式将把这些大尺度环流形势预测转化为热带气旋活动预测,如果数值模式满足以下两个条件的话,也可以直接用于热带气旋活动的预测:

它们能够产生与观测一致的、具有气候性和季节性变化的类热带气旋涡旋;

它们能够模拟出热带气旋活动被各种更大尺度系统(MJO、ENSO 等)调制的情况。

由于数值模式可以处理非线性过程和以前从未记录过的事件,因此,它们具有超过统计模式的潜力。目前,最先进的次季节数值预报系统能够产生合理的热带气旋活动的气候学特征,并模拟 MJO 和热带气旋的相互作用(Vitart,2009),因此,一些业务中心已经在发布热带气旋的次季节概率预报(Vitart et al.,2012a)。这些概率预报可以以如下几种形式发布:

针对某个区域的某一段时间,预测能量达到某一级别的热带气旋总数目;

热带气旋袭击概率图:在一段时间内(一周或一个月),某个热带气旋在一定距离内(如300 km)经过的概率;

热带气旋轨道群,它显示了未来几周或几个月内最有可能出现的热带气旋轨道(Elsberry et al.,2010)。

17.3.2 强降雨/洪水

虽然中、短期降水的业务预报在气象学中有着悠久的历史,但致力于了解次季节尺度强降水的可预测性的研究则要晚得多。由于 MJO 是次季节可预报性的主要来源,一些研究专门调查了 MJO 如何对降水的变化产生影响,从而影响其预测技巧(Jones,2017)。例如,Jones 等(2004)利用非耦合全球大气模型的完美模型试验,研究了与 MJO 相关的强降水(即大于 90 百分位数的降水)的潜在可预报性,他们的研究表明,在 MJO 活跃期,强降水的可预测性增强,可预测性试验表明,在 MJO 活跃期正确预测强降水的平均数量几乎是非活跃期正确数量的两倍。尽管研究者们开展了一些 MJO 对于降雨可预报性影响的研究,但是目前尚未形成统一完备的结论。

Janowiak 等(2010)的研究表明,在 MJO 活跃期,全球模式对日降水的预报技巧延伸到 9 d。Jones 等(2011)发现,强降水(即大于 75 百分位数)的概率预报在 1 d 内比气候态数据有 0～40%的改善,在 7 d 时有 0～5%的改善。Tian 等(2017)使用 CFSv2 模式的再预报数据,分析了美国周边地区夏季和冬季每日温度和日降水的 10 个指数的预报技巧,发现温度预报的预报技巧可以维持到 3～4 周。他们还得出结论,预测技巧随着所使用的降水指标的不同而有很大差异。

对平均降水、降水频率、降水极值以及降水持续时间的次季节预报在 1 周内具有较好的预报技巧,但在第 2 周的预报技巧仅仅为中等。Jones 和 Dudhia(2017)针对 2004—2005 年冬季开展了完美模型预测试验,该季节美国周边地区的气候学特征为 MJO、弱 ENSO、强 NAO 以及极端潮湿同时发生,他们的结果表明,热带地区初始条件的误差对美国地区降水的可预报性有很大影响,相对于 MJO 的大尺度特征,小尺度的误差增长很快,传播到热带以外的地区,降低了预报技巧。美国大部分地区日降水的可预报性为 1～5 d,但在该国有地形强迫降水的地区,如加利福尼亚的内华达山脉,则有更长的时间(7～12 d)。

一些研究证实了次季节气候过程(尤其是 MJO)与强降水以及洪水的关联(Zhang,2013),世界范围内重大洪水事件的统计学分布可能与 MJO 的东向传播有关。Cunningham(2017)讨论了 S2S 预测数据库潜在用途的一个有趣例子,ECMWF 的集合降水预报被用来驱动水文模式集合以预报巴西东南部圣弗朗西斯科河上游流域的极端径流,径流集合试验的中位数在预报时间为 15 d 或更短的试验中显示出一致的水平,然而径流的离群值(表示目标时期的极端径流的离群程度)在预报时间超过 2 周的径流集合试验中展现出较大的差异,这可能表明集合试验成功地包含了关于极端事件的预报信息。以上例子说明,尽管强降水和洪水的预报的重要性不言而喻,但是次季节范围内的强降水和洪水的概率预报还有待充分探索。

大气河也是洪水的潜在影响因素之一,大气河是中纬度地区水平水汽输送的主要形式,对区域经济和公共安全既能产生有利影响(如补充水库蓄水),也能产生有害影响(如洪水和滑坡)。大气河可以强化下游降水,影响洪水、积雪(Zhu et al.,1998;Ralph et al.,2004,2006;Paltan et al.,2017),大气河的强弱能够造成淡水供应的富足或者短缺(Guan et al.,2010;Dettinger et al.,2011;Dettinger,2013),世界各地的强降水、洪水以及风生灾害等均与大气河有密切的关系(Ralph et al.,2006,2011,2012,2016;Lavers et al.,2015;Nayak et al.,2016;Waliser et al.,2017)。

DeFlorio 等(2018a)在最先进的 ECMWF 集合后报中,首次在全球范围内评估了大气河的可预报程度以及预报技巧对季节、提前时间和环流形势变化的依赖程度,结果表明大气河预报技巧的平均值延伸到了 7～10 d,其中北半球海盆的预报技巧季节性变化最大,冬季的 7 d预报水平比夏季高 15%～20%。

在一些地区,当 ENSO、北极涛动(AO)和太平洋-北美(PNA)遥相关处于特定的相位时,大气河的长期预报技巧显著提升。DeFlorio 等(2018a)首次对大气河预测技巧进行了全球量化,并提出了不同地区的简单参考图(图 17.4),图中展示了大气河预测技巧对地区、季节以及预报距离的依赖性,可能会逐渐成为水资源管理者和区域预报员感兴趣的产品。

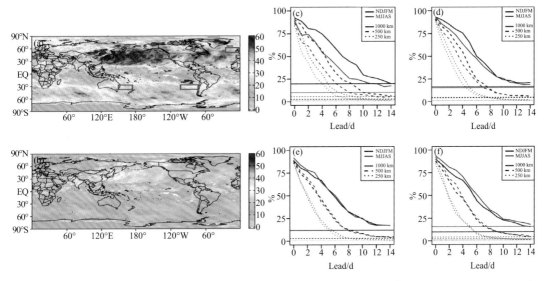

图 17.4 左图:1996—2013 年 ECMWF 11 月、12 月、1 月、2 月、3 月(NDJFM)使用(a)1000 km 和(b)500 km距离阈值预报大气河的集合预报成员平均百分比命中率。右图:1996—2013 年 ECMWF 的大气河集合预报成员命中率随提前时间的变化。(c)北太平洋/美国西部;(d)北大西洋/英国;(e)南太平洋—澳大利亚;(f)南太平洋—智利
水平实线表示 ERA-I 气候态数据在对应地区、季节以及距离阈值下的参考值

DeFlorio 等(2018b)基于 DeFlorio 等(2018a)的方法和结果,利用 ECMWF S2S 预报系统的后报数据,将大气河预报技巧的全球评估扩展到次季节时间尺度,用一个指数 AR2wk 来评估大气河次季节预报技巧,它定义为 2 周内发生的大气河天数,结果显示季节平均 AR2wk 的变化与大气河频率的一般变化形式非常相似。ECMWF 的 AR2wk 预报技巧在一些亚热带和中纬度地区的 1 周预报中优于基于月平均气候态数据的 AR2wk 参考预报(图 17.5 右)。AR2wk 受到 ENSO、AO、PNA 流型和 MJO 的调节,在这些模式的正、负阶段,AR2wk 预报技

巧显示出明显的差异,比如在北太平洋/美国西部的正 PNA 期和负 PNA 期,AR2wk 预报技巧差异很大。

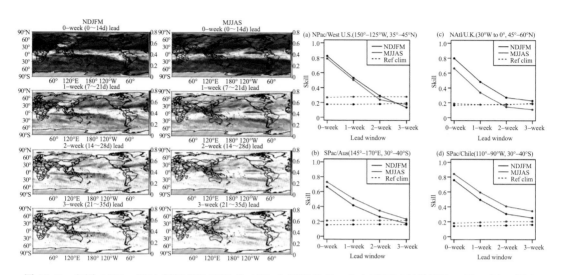

图 17.5　左图:1996—2014 年间 ECMWF 的 AR2wk 预报技巧。从上到下四行分别为 0 周、1 周、2 周和 3 周的预报提前时间,左列为 11 月—次年 3 月(NDJFM)的结果,右列为 5—9 月(MJJAS)的结果,图中展示的预报技巧为在 NDJFM 和 MJJAS 期间 ERA-I 和 ECWMF AR2wk 月异常值之间的相关系数。右图:1996—2014 年间区域平均 AR2wk 预报技巧随提前时间的变化,(a)北太平洋/美国西部;(b)北大西洋/英国;(c)南太平洋—澳大利亚;(d)南太平洋—智利
图中水平虚线为观测的大气河频率距平时间序列与大气河频率的月平均气候态相关系数

17.3.3　龙卷/雷暴

2003—2015 年,美国雷暴(龙卷、冰雹和破坏性直线风)造成的年平均保险损失为 112.3 亿美元,与同一时期飓风灾害造成的损失相当(Gunturi et al.,2017)。从 20 世纪 50 年代开始,美国就制定了关于龙卷的预报和记录存档标准(Galway,1989)。美国的龙卷预报是一个多阶段的过程,其中提前期最长的龙卷产品由国家海洋和大气管理局的风暴预测中心发布,产品评估了在随后的 1 d、2 d、3 d 和 4~8 d 内发生龙卷的可能性,当观察到龙卷或预计在 1 h 内出现龙卷时,当地的气象职能部门会发布龙卷预警,平均预警时间为 15 min。龙卷在世界其他地区不太频繁,因而在世界范围内开展的龙卷预报较少。对欧洲国家气象部门的调查发现,只有 31% 的欧洲国家发布过任何形式的龙卷预警(Rauhala et al.,2009),大多数强雷暴预警的提前期为 24 h(Rauhala et al.,2009;Brooks et al.,2011),目前,仅仅只有美国开展针对龙卷的中长期预报。

相比热带气旋或者暴风等天气过程,在对龙卷进行预报时,预报员面临的一个特别挑战是 NWP 模式难以对龙卷做出预报,因而缺乏直接的 NWP 指导,预报员对龙卷做出预报时,很大程度上是基于他们的天气学经验以及龙卷与中尺度天气过程的联系。

20 世纪 90 年代雷暴预报的一个重要进展是强雷暴指数的开发,强雷暴指数展示了大气环境对龙卷以及强雷暴(特别是超级雷暴单体)发生的有利程度(Davies et al.,1993)。对流有

效位能(CAPE)和深层风垂直切变是雷暴指数的典型要素。基于构成要素的预报方法(即"配料法",Doswell Ⅲ et al.,1996)是龙卷预报的一个重要方法,但即使在有利于龙卷生成的环境下,龙卷仍然相对罕见。随着计算能力和数值模式分辨率的提高,显式计算对流的区域模式(分辨率通常达到 4 km 或更小)提供了接近雷暴尺度的信息,但仍然不能解决龙卷问题。来自区域模式集合预报的风暴尺度参数,如最大上升气流和上升螺旋度,提供了约 36 h 的预报指导(Gallo et al.,2016)。

尽管龙卷预报的提前期往往不超过一周,但是越来越多的研究表明,龙卷活动的中长期可预报性是有科学依据的。在季节时间尺度上,ENSO 除了调节季节性降水和近地面温度外,还影响龙卷活动,这也在一定程度上解释了美国龙卷活动在冬季(1—3 月;Cook et al.,2008)和春季(3—5 月;Allen et al.,2015)的差异。

总的来说,拉尼娜现象与美国龙卷活动的增强有关,ENSO 对于龙卷的影响可能还有其他一些方面(Lee et al.,2012)。墨西哥湾 SST 与热带太平洋 SST 呈负相关,墨西哥湾春季高 SST 增强了低层水汽输送和偏南气流,与美国龙卷和冰雹活动增强有关(Molina et al.,2016),墨西哥湾 SST 的季节(5—7 月)平均值可以在一定程度上用于龙卷活动的预测(Jung et al.,2016)。在次季节时间尺度上,最近的研究指出,龙卷活动受到 MJO 位相的调节(Barrett et al.,2013;Thompson et al.,2013),大气角动量也显示了热带强迫对龙卷活动的影响(Gensini et al.,2016)。然而,尽管已经提出了一些预测季节性龙卷活动的统计方法,但是在大多数情况下,龙卷活动和可预测的气候信号的统计关系是同步的,而不是具有前兆性(Elsner et al.,2013;Allen et al.,2015)。

最近,基于构成要素的龙卷活动的长期预报方法——恶劣天气指数是从中长期(长达 1 个月)的 GCM 预报的输出中计算出来的,这种方法比纯粹的统计预测的优点是,全球环流模式整合了所有影响龙卷活动的可预测信号,这种方法取决于 GCM 预测恶劣天气指数的能力以及该指数与龙卷活动的对应程度。Carbin 等(2016)计算了 2014 年 CFSv2 四个集合成员(Saha et al.,2014)预报的典型的恶劣天气指数,即超级雷暴单体综合参数(SCP),它是 CAPE、风暴相对螺旋度(SRH)和风垂直切变(近地面到 500 hPa)的函数)的日平均数,尽管空间分辨率相对较低,第 1 天预报中 SCP≥1 的网格点数目与龙卷和冰雹的记录数有很好的相关($r^2 = 0.58$),SCP 预报能提前 1 周或更长时间捕捉到一些龙卷事件,在更长的提前时间上也展现出了一定的预报技巧,试验产品可以从 http://www.spc.noaa.gov/exper/cfs_dashboard/获取。

Tippett 等(2012)提出了月度龙卷环境指数(TEI),它是月平均对流降水和风暴相对螺旋度(SRH)的函数,从再分析资料中计算的 TEI 捕获了美国龙卷报告的气候和年际变化的诸多特征(Tippett,2012,2014),证明使用 1982—2010 年从 CFSv2 再预报数据计算的 TEI 能够很好地预报龙卷活动的月平均特征。从图 17.6 可以看出,1982—2016 年美国 6 月龙卷报告数与 CFSv2 预测的 TEI 值有很好的相关($r^2 = 0.58$),预测技巧在其他月份较低,并在区域上存在差异。

17.3.4　风暴

地表的强风与许多形式的大气扰动有关,其中最剧烈的扰动形式就是热带气旋和龙卷。风暴灾害主要与中纬度地区的低压系统有关,这些天气系统的动能来自于极地和热带气团之间温度梯度的势能转换,在陆地上,下垫面摩擦力导致表面风的衰减,但风与地形的相互作用

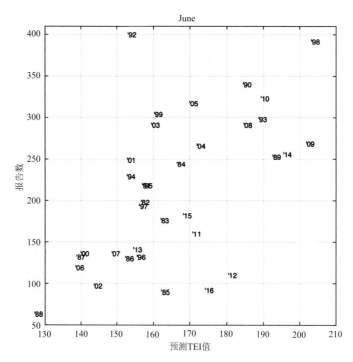

图 17.6　6 月报告的美国龙卷数量(纵轴)与 CFSv2 再预测(1982—2010 年)和 TEI 的业务
预测(2011—2016 年)值(横轴)的散点图(两位数的标记表示年份,决定系数为 0.58)

可能造成局部风的增强,例如背风波和下坡风暴。

　　从 20 世纪 40 年代以来,随着电子计算机的发展,中纬度风暴的预测一直是 NWP 的核心重点,随着 NWP 的进步,确定性预报的预报技巧已经从 1 d 逐渐扩展到 4~5 d。Jung 等(2004)使用 ECMWF 模式,评估了 20 世纪 3 种极端风暴灾害在当时的可预测性,认为可预测性可达 4 d。集合预报的发展使得风暴的预测能力有了更进一步的可能,Buizza 和 Leutbecher(2015)检验了北半球热带以外的地区 NWP 集合预报的预报能力,他们使用 ECMWF T639 集合(网格间距约 32 km)对 2012—2013 年的 107 个个例进行了研究,发现位势高度、温度和风的瞬时全分辨率场的可预测性最长可达 15~20 d,与早期基于简化模型的估计结果一致(Lorenz,1969a),然而,使用时间平均法,他们实现了长达 1 个月或更长时间的可预测性,表明天气尺度的系统被嵌入到变化更缓慢的大气扰动中,具有更大的可预测性。

　　在一项基于 NCAR/NCEP 1948—2012 年再分析资料的研究中,Feliks 等(2016)表明,北大西洋风暴度的变化与急流的方向和强度有关,而这两者都与 NAO 密切相关。近年来,研究人员已经展示了一些对冬季风暴度的季节预测的技巧。Renggli 等(2011)基于多模式集合 DEMETER(Palmer et al.,2004)和 ENSEMBLES(Weisheimer et al.,2009)产生的包含 1960—2001 年再预报数据集,将再预报数据集中的风暴与 ERA-40 数据集(2.5°的分辨率,网格间隔约 250 km)中的风暴进行了对比,并跟踪单个风暴以评估风暴度。在这种分辨率下,他们发现了重要可预报性,特别是在 1980—2001 年。

　　Scaife 等(2014a)最近的一项研究使用来自 Glosea5 季节预报系统的 1993—2012 年数据(0.83°×0.55°分辨率,约 60 km 网格间隔),展示了在 1~4 个月的提前期预测 NAO 和风暴度的预报技巧，他们将风暴度定义为每日表面气压最小值低于气候态气压的 10 百分位的频率。图 17.7 展示了 20 a 预报和分析（分析数据来自 ERA-Interim）的风暴度之间的相关，图中有标记的区域表示相关在 90% 的水平上是显著的。Scaife 等（2014a）还研究了结果中的可预报性的来源，确定了 ENSO、北大西洋 SST、北极海冰和准两年振荡（QBO）对于风暴度可预报性的贡献。

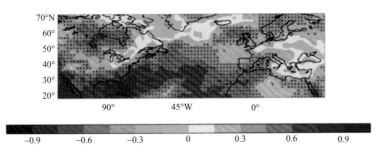

图 17.7　冬季风暴度预报结果（来自 Glosea5 季节预报系统）和分析数据（来自 ERA-Interim）的相关性评分。有标记的区域表示相关在 90% 的水平上是显著的

　　这些结果表明，在 NAO 中存在显著的次季节—季节风暴度可预测性，数值模式分辨率的提高也进一步推动了次季节—季节风暴度可预测性的进展，然而，除了保险和风电等少数行业之外，目前对如何使用这些研究进展还没有明确的认识，还需要进一步拓展关于这些研究结果的认识，将研究成果实际用于指导防灾、减灾以及经济和社会活动。

　　风暴对于陆地上的影响主要取决于当地风的气候态特征，因为风的气候学特征对于生态系统有巨大的影响，而建筑物的安全标准也取决于当地风的气候态特征，因此，在长期低风速地区的中度风暴可能比长期高风速地区的强风暴造成更多的损害和破坏。在西欧，平均风速倾向于向北逐渐增大，因此，自南向北移动的风暴可能会产生巨大的影响。这种不寻常的轨迹可能会在 S2S 预测中带来特别的困难。

　　风暴潮是与风暴有关的一种危害巨大的灾害，其形成和发展取决于风向与海盆和海岸线方向的关系，当风暴潮与春季大潮同时发生时，危害十分严重（Horsburgh et al., 2007）。尽管对风暴潮做出准确预报面临巨大的挑战，次季节—季节预报系统对于风暴增强的预测，可以为风暴潮的早期预警提供帮助。

17.4　极端天气事件次季节预报的展示与验证

　　中尺度极端天气事件的次季节预报，一般给出的结果形式是事件总数或者足够大的区域和时段内出现比气候态更多或更少的极端事件的概率（第 17.3.1 节）。对于区域大小和时间窗口的选择，需要根据用户的需求来决策。从用户的角度来看，较小的区域和时间窗口是比较好的，但如果一个区域/窗口太小，将没有足够的事件数量进行有效验证。就热带气旋而言，区域和时间窗口需要足够大，以证明次季节预报是具有一定的预报技巧的，同时区域和时间窗口也不能太大，以提供足够有用的信息。

对于大尺度的事件,比如热浪、寒潮和干旱,次季节预报能够以以下几种形式给出预报结果:

①一个相关参数(如关于热浪的 2 m 最高气温参数)在未来几周、两星期或几个月内处于最高 5 百分位数或 10 百分位数的概率,这通常是发布极端天气的长期预报的最直接和最常见的方式。对于中、短期预报,3 百分位数和 10 百分位数概率的边界通常是根据观测或再分析资料来确定的,并经常被固定的阈值所取代。然而,随着模式积分,数值模式很快就会向自己的气候态漂移,这可能与观测结果非常不同,因此,对于延伸期预报,最好的选择是通过再预报来确定 5 百分位数或 10 百分位数的边界。再预报也称后预报,是对过去很长一段时间的预报,使用与业务框架相同的同化和模式系统进行(Hamill et al. ,2013;Hagedorn et al. ,2012),提供了预报系统的气候态数据,并被证明有助于校准业务集合预报系统(Hagedorn et al. ,2008;Hamill et al. ,2008)。

②EFI:在集合预报框架内,ECMWF 开发了两个指数(EFI 和 SOT),来更好地量化气候模式的特殊气象情况。这些指数用于衡量模式气候态的累积分布函数和实际集合预报的差异,对分布的尾部有更大的权重。SOT 提供了关于一个事件可能有多极端的信息,SOT 的正值表示至少有 10% 的集合成员高于模式气候态的 99 百分位,SOT 值越高,集合预报中前 10% 的成员就越超出模式气候态。EFI 和 SOT 的优势在于可以用于没有气候态观测数据的地区(Prates et al. ,2011)。

③回归周期,也被称为重现间隔,用于估计极端事件(如旋风、飓风或洪水)的可能性和严重性(van den Brink et al. ,2005),是基于数据的统计分析(如历史气候记录、洪水观测记录),用于提供任何特定规模的事件在任何特定年份发生的概率,不同类型的事件在不同地区的回归周期是不一样的。由于次季节业务预报的集合规模通常较小(少于 50 个成员),无法产生明确的模式集合分布的尾部,因此,采用基于极端值的统计理论方法来推断极端事件的概率(Coles,2001)。

④关于预报时段内预报变量日值分布的直方图,直方图尾部相比气候态的变化提供了关于极端天气的指示(Hudson et al. ,2015b)。

⑤出现极端天气的天数(Hudson et al. ,2015b)。

⑥专门为极端天气设计的指数。例如,澳大利亚气象局开发了一个预警服务,用于发布澳大利亚热浪、严重热浪和极端热浪的短期预报,在试验中,这种预警服务已经扩展到了次季节时间尺度,该试验产品提供了未来几周或几个月的热浪概率(Hudson et al. ,2016)。该产品使用 Nairn 和 Fawcett(2013,2015)提出的过热系数(EHF),EHF 结合了过热(3 d 内的最高和随后的最低温度平均值,并与气候参考值进行比较)和热应力(计算 3 d 内的最高和随后的最低温度平均值,并与 30 d 平均温度进行比较)的影响。英国气象局对 EHF 工具进行了修改和扩展,以预测全球的极端热浪。在全球的情况下,EHF 和过冷系数(ECF)的预测是通过全球灾害地图提供的,其目的是预测未来 7 d 的高影响天气。该工具允许将一系列气象变量(如热浪、寒潮、降水、阵风、热带气旋袭击概率和路径以及降雪)的概率预测与不同地区的防灾能力和易受灾性(如人口密度、国家脆弱指数)数据集叠加在一起,以告知用户(如业务预报员)可能的影响。目前的研究集中在确定和测试一种新的、半自动化的方法来验证高影响天气,通过使用传统的验证评分和社会影响数据库,对暴雨(Robbins et al. ,2018)和热浪及寒流预测结果进行验证。

由于极端天气事件的罕见性,对极端天气预测进行验证是一项具有挑战性的任务。即使是基于集合预报的验证,通常较小的集合规模和相对较短的覆盖期(通常<30 a)也是不小的限制。因此,需要更大的再预报数据集,覆盖更长的时间和更大的集合规模,以产生可信的极端事件验证结果。因为极端事件的预报是概率性的,所以验证也必须是概率性的。使用的方法包括可靠性图、ROC 曲线(Hudson et al. ,2016)。关于验证方法的更多细节参见第 16 章。

17.5　总结

对于极端天气事件的次季节预测仍处于起步阶段。本章提供了几个极端天气事件的例子。在某些情况下,极端天气预测使用模式预测的大尺度环流形势以及极端天气事件与大尺度环流形势的统计关系,只有当模式能够真实地模拟大尺度事件与极端事件统计量的关系时,才会使用这种方法(例如,MJO 和 ENSO 对热带气旋的影响)。在其他情况下,极端事件预报是直接由数值模式的输出产生的。总的来说,本章的次季节预测例子表明,目前最先进的次季节预报系统展示出了预测几种类型的极端事件的预报技巧。然而,还需要更多的工作来探索其他类型的极端事件的可预测性。未来的进展将取决于数值天气预报中大尺度环流预报效果的改进,以及通过更高的模式分辨率和更好的模式物理过程更好地模拟小尺度的极端事件。

一些气象业务中心开始发布极端事件的次季节预报。例如,澳大利亚气象局在有限的、试验性的研究基础上,在次季节时间尺度上制作热浪发生的概率预报产品(第 17.2.1.2 节)。然而,极端事件的次季节预报仍然很少在实际应用中使用。一个重要的问题是,与中、短期天气预报不同,在延伸期预报中,极端事件的概率通常非常小,而且集合预报的离散度非常大,使其很难用于实际决策的制定。

第 18 章

在早期行动中使用无缝预测的试点经验：
红十字会的"Ready-Set-Go!"方法

18.1 引言

最初，人道主义部门的成立是为了提供灾难援助，包括冲突和自然灾害情况。然而，拯救生命的最佳方式往往是在灾难发生之前采取行动。世界各地的人道主义组织越来越多地关注气候信息，以帮助他们在灾害风险管理方面的工作，包括针对极端事件的预报、预警以及响应，以及加深对极端事件的认识，增强对灾害的准备等方面。各种时间尺度的预报（如季节、次季节和短期）可以助力灾害风险减少行动（Disaster Risk Reduction，简称 DRR）、应急管理和响应、预置救济物品和增强社区复原力。

天气和气候在时间尺度上是连续的，不同的提前预报事件取决于不同的用户需求。在备灾方面，红十字会红新月会气候中心和 IRI 提出了一个名为"Ready-Set-Go!"的概念，在"天气—气候"无缝预测的基础上，使用从季节到天气时间尺度的预测（Goddard et al.，2014，图22.4）。这一概念可以用于防洪准备，例如，大尺度气候参量、流域的湿度以及在季节尺度提前期观察到的降雨事件，可以帮助人道主义组织在防灾准备阶段（"Ready-Set-Go!"，中的"Ready"阶段）更新其应急计划和预警系统；然后，次月、次季节到季节尺度的预报可以用于"Set"阶段，用于为预置救济物品提供参考，提醒志愿者，并警告社区和决策者洪水风险的增大；而来自数值天气预报的预报结果和预警信息将为"Go"阶段提供助力，因为它们被用来指导志愿者活动，为社区发布指示提供参考，并且在必要时实施疏散行动。

在"Ready-Set-Go!"这种方法中，S2S 尺度的洪水预警能够为早期防灾行动提供参考，是决策者的无缝极端事件预测系统的一部分。天气预报信息对社会的影响和价值已经在不同的预报提前量得到证明（Morss et al.，2008a；Demuth et al.，2013）。对次季节—季节时间尺度上的洪水风险、风险感知和预报不确定性的进一步研究可以帮助决策者更有效地使用气象信息（White et al.，2013）。

18.2 为什么次季节预报如此重要

次季节预报为人道主义者创造了机会，他们可以利用这些信息，甚至在极端天气事件发生之前就采取行动。人道主义组织和中低收入国家的政府需要次季节尺度的预报，主要有三个原因：

①人道主义组织和社会的准备时间越长，准备工作就越充分。有了次季节—季节时间尺度预测，就可以提前加固房屋，培训救灾队伍，购买救援物品。而 7 d 的中期预报只允许人道主义行动在早期预警、疏散和物资分发方面开展工作。

②正如谚语所说，"时间就是金钱"，在灾害发生之前，就可以为防灾、减灾行动提供资金并加以实施，充足时间也能够更好地保护易受灾地区人群的生命财产。

③与欧洲、美国和日本不同，许多中、低收入国家没有灾害预警系统和能够迅速联系城市和社区采取预防行动的部署手段，在人员和基础设施有限的地方，一些紧急救援行动需要几天甚至几周的时间来开展。

预报提前期越长，防灾准备时间就越长，因此，次季节—季节预测具有重大的意义，然而目前次季节—季节预测的应用仅仅局限于干旱、厄尔尼诺和拉尼娜等。而对于寒潮、热浪、降雪、大雨、飓风和洪水，短期预报是仅有的能够提供这些极端事件风险信息产品的手段，因此，国家气象局只提供这些事件的中期或短期预报，使得人道主义组织和国家灾害风险管理部门仅仅只能对灾害进行预警和疏散，很难在灾害发生之前很早就分发信息或进行其他准备行为。

因此，在预报提前期和防灾准备时间之间，一直存在着密切的关系。次季节尺度预报能够填补这一空缺，提供关于灾害可能发生的地点和强度的信息，根据这些信息，政府或人道主义者可以调整预算，购买和预置救援物品、加固房屋和水坝，清理河床并且提前向很远的地区发出预警。

尽管目前认为次季节预报的可信度还需要提高，但对于人道主义者来说，这似乎不是一个问题，在人道主义活动中，次季节预报往往与观测和短期预报一起被评估和使用，观测可以提升预报的可信度，短期预报可以为高成本的行动决策提供支持，而次季节预报可以将所有这些结合在一起。

18.3　秘鲁厄尔尼诺现象的个例研究

厄尔尼诺现象是一种热带太平洋和大气的复杂相互作用，导致世界许多地区的海洋和天气形势发生周期性变化（每 4～7 a 一次）。通常，厄尔尼诺现象会在几个月内对天气和气候产生重大影响，如海洋生境的改变、降雨、洪水、干旱和风暴活动的变化。

在 1982—1983 年和 1997—1998 年的厄尔尼诺周期中，秘鲁北部（通贝斯、皮乌拉和兰巴耶克）因大雨而遭受洪水，而该国南部则遭受严重干旱。在这种情况下，秘鲁红十字会、德国红十字会和红十字会红新月会气候中心设计了一个项目，利用科学观察和预测，在可能发生灾害之前在最易受灾的地区实施早期行动。基于预测的援助（Forecast based Finance，简称 FbF）机制仍处于试点阶段，2015—2016 年的厄尔尼诺期是该机制的首批应用之一。

FbF 旨在基于国家和国际的水文气象预报采取行动，以提高人道主义准备的有效性和效率。该系统提前准备好防灾的早期行动，对区域危险水平进行计算，当预报显示区域危险水平超过一定阈值时，这些防灾行动就开始实施。这个系统还会自动为防灾的早期行动提供资金支持，因此，可以在灾害影响之前采取行动，增强社会的抗灾能力。

18.3.1　早期行动协议(EAPs)及其使用产品的概要

通过 FbF 在厄尔尼诺防灾中的试点应用,红十字会制定了早期行动的干预协议,在达到预测阈值时实施。概率预测阈值和早期行动的结合被称为早期行动协议(Early Action Protocol,简称 EAP)。

红十字会首先确定了防灾能力弱、易受灾害影响的干预地区及其首要需求。在与民防机构、地区政府和所有部门(住房、农业、教育、卫生等)代表举行的参与性区域研讨会上,这些需求被转化为行动。红十字会及其合作伙伴选择设计一个全面的干预方案,包括早期预警,急救,以社区为基础的健康、饮用水和卫生宣传以及在 12 个洪水易发社区建设住房。每一套事先确定的行动,都是根据选定的干预区发生暴雨或洪水的概率来启动(和资助)的。对于成本较高的行动,使用较高的预测概率阈值,以限制徒劳无功的风险。因此,每个地区都有一套基于其需求的具体行动。

18.3.2　FbF 行动的准备工作

为了建立一个成功的预警系统,需要训练有素的工作人员和地区志愿者,对干预地区有良好的了解以及社区的实质性参与。这些准备工作是任何 FbF 行动的前提,在灾难即将发生之前就需要部署到位。

准备阶段包括招聘工作人员,培训志愿者和工作人员,确定社区救援队,在社区一级进行防灾能力评估,制定社区的避险地图(包括确定疏散道路和安全设施位置),并为社区准备健康和水/卫生/保健方面的宣传材料。此外,它还包括确定要租用的汽车和仓库,准备采购程序,以及组织准备工作研讨会,详细说明物流和分配计划。

18.3.3　预测阈值

很多国际组织都提供次季节—季节尺度预测产品,比如欧洲中期天气预报中心和美国国家海洋及大气管理局,用户可以根据实际需求来选择使用不同的预测产品。

对秘鲁来说,很多预测模型显示,当沿海地区的海水变暖时,降水量会显著增加。沿海地区海水变暖是厄尔尼诺事件的特征之一,与秘鲁的严重洪水和暴雨有关,在 1982—1983 年和 1997—1998 年的厄尔尼诺事件中对秘鲁产生了严重的影响。

当预测模型显示沿海海表温度较高时,将会在接下来的 2~3 个月内对云层和大气层产生影响,这就是为什么我们可以提前 2~3 个月采取行动。因此,秘鲁团队根据观察和预测,确定了 3 个阈值,对应于这种降雨指数和洪水发生的概率:低、中、高。

CFSv2 模式也提供了秘鲁地区降雨的次季节—季节尺度预测,秘鲁团队决定提前 1 个月使用这些预测。因为次季节—季节尺度预测使用的是大尺度系统的相关关系,我们在提前 1 个月时并不知道暴雨和洪水发生的确切位置,但我们可以预测整个地区出现极端降雨可能性的高低。关于 2015—2016 EAPs 的触发阈值及解释,见图 18.1。

到了可能发生洪水的前 1 周,我们有了全球预测系统(Global Forecast System,简称 GFS)和全球洪水预警系统(Global Flood Awareness System,简称 GLoFAS)等气象模型,可以给出地区、县和主要河流的具体风险信息。利用这些模型,我们可以预测特定日期的降雨量,对于未来 5 d 内极端降雨发生在特定日期的可能性,我们设定了低、中、高的分级。分级的阈值是根据对现有预测产品的详细分析和专家意见来确定的。

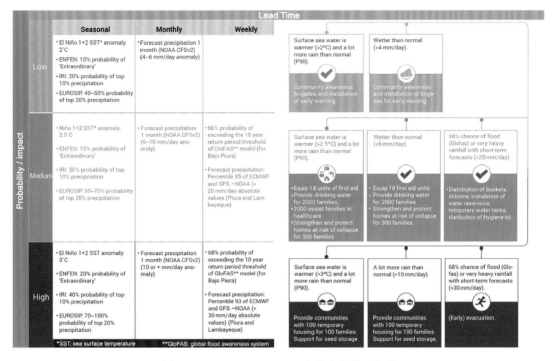

图 18.1　2015—2016 EAPs 的触发阈值及解释

2015 年，根据以下触发因素制定了 EAPs。根据学到的经验，在 2016 年厄尔尼诺事件后开始了修订过程，新的 EAPs 正在制定中。在此，我们重现了最初的 EAPs，以展示无缝预报系统是如何与实地行动联系在一起的，并且讨论了从该过程中获得的反思和教训。根据 CFSv2（NOAA）对降水的预测，设定了次季节阈值，见表 18.1。

（1）低受灾概率的触发阈值

两个 EAP 协议（关于培训和提高认识的 EAP 1 协议和关于预警的 EAP 2 协议）将根据季节或次季节预测，以低受灾概率（表 18.1）被触发。

如果在 11 月 1 日—12 月 30 日的时间窗口中，表 18.1 中的 4 个条件中的 3 个得到满足，就会达到季节性阈值。阈值是通过预测设立的，重点是秘鲁周边的海表温度异常、秘鲁 ENFEN发布的基于共识的厄尔尼诺预测以及美国 IRI 和欧洲 EUROSIP 发布的降雨预测。

关于培训/提高认识的 EAP1 协议和关于预警的 EAP2 协议可以由季节或次季节预报触发并全面实施，低概率阈值只会触发最基本和最具性价比的行动。

关于培训/提高认识的 EAP1 协议包括：社区志愿者培训，提高社区关于健康、水以及卫生的认识以及组织社区清洁行动。

（2）中等受灾概率的触发阈值

EAP 协议 3 至 6 将根据中等受灾概率的季节或次季节预测而被触发。中期预报将被用来确定采取救灾行动的地点。

表 18.1　不同提前期上和各概率分级的触发阈值

概率分级		季节尺度	月尺度	周尺度			
				提前期			
概率分级	低	SST 异常达到或超过 2℃；ENFEN 预测的极端厄尔尼诺事件发生概率高于 10%；IRI 预测的前 10% 的强降雨发生概率达到 15%；EUROSIP 预测的前 20% 的强降雨发生概率为 40%～50%	NOAA CFSv2 预测的月降雨量，日平均异常为 4～6 mm		比正常情况更暖的表层海水（偏高 2℃ 以上）和更多的降雨；公众防灾意识提升以及早期预警系统的建立	比正常情况更加潮湿（日均降水量偏多 4 mm 以上）；公众防灾意识提升以及早期预警系统的建立	
	中	SST 异常达到或超过 2.5℃；ENFEN 预测的极端厄尔尼诺事件发生概率高于 15%；IRI 预测的前 10% 的强降雨发生概率达到 30%；EUROSIP 预测的前 20% 的强降雨发生概率为 50%～70%	NOAA CFSv2 预测的月降雨量，日平均异常为 6～10 mm	超过 GloFAS 模型 10 a 回归期阈值的概率为 66%（秘鲁地区）；GFS 模式集合预报的皮鲁拉和兰巴耶克的降雨量 85 百分位超过 20 mm/d	比正常情况更暖的表层海水（偏高 2.5℃ 以上）和更多的降雨；装备 18 套急救设备；为 2000 个家庭提供直饮水；在健康保障方面为 2000 个家庭提供帮助；加固 300 间有倒塌风险的房屋	比正常情况更加潮湿（日均降水量偏多 6 mm 以上）；装备 18 套急救设备；为 2000 个家庭提供直饮水；加固 300 间有倒塌风险的房屋	GloFAS 预测的洪水概率超过 66% 或短期预测有强降水发生（20 mm/d 以上）；分发水桶、含氯消毒液、安装蓄水池、临时水箱、分发卫生包
	高	SST 异常达到或超过 3℃；ENFEN 预测的极端厄尔尼诺事件发生概率高于 20%；IRI 预测的前 10% 的强降雨发生概率达到 40%；EUROSIP 预测的前 20% 的强降雨发生概率为 50%～100%	NOAA CFSv2 预测的月降雨量，日平均异常为 10 mm 以上	超过 GloFAS 模型 10 a 回归期阈值的概率为 68%（秘鲁地区）；GFS 模式集合预报的皮鲁拉和兰巴耶克的降雨量 93 百分位超过 30 mm/d	比正常情况更暖的表层海水（偏高 3℃ 以上）和更多的降雨；为社区提供 100 个家庭的临时住房；为种子存储提供帮助	比正常情况更加潮湿（日均降水量偏多 10 mm 以上）；为社区提供 100 个家庭的临时住房；为种子存储提供帮助	GloFAS 预测的洪水概率超过 68% 或短期预测有强降水发生（30 mm/d 以上）；疏散行动

与低受灾概率相同,如果在 11 月 1 日—12 月 30 日的时间窗口中,表 18.1 中的 4 个条件中的 3 个得到满足,就会达到季节性阈值,中等受灾概率 4 个触发条件与低受灾概率一致,但是触发的阈值被设定得更高。

对于中期预报,触发条件之一是超过 GloFAS 模型 10 a 回归期阈值的概率为 66%(秘鲁地区),另一个条件是 GFS 模式集合预报的皮鲁拉和兰巴耶克的降雨量 85 百分位超过 20 mm/d。

关于急救方面的 EAP3 协议、关于安全饮用水方面的 EAP4 协议、关于健康/卫生/保健的 EAP5 协议和关于加强和保护现有房屋的 EAP6 协议可以由季节和次季节预测触发,并全面实施。中期预报将确定行动开始的地点。如果没有达到中期预报的阈值,EAP6 将被实施,但 EAP3～5 的行动将不会深入到社区以下的层次,只会把救济物品预先放置在皮鲁拉和兰巴耶克(各 50%),物品的进一步分配只参考中期预报的结果,协议中对救济物品的分配情况进行了详细说明。

当达到了中等受灾概率阈值时,FbF 机制将提供干净的饮用水和急救设备,它将协助地区政府和卫生部对灾害易发地区开展活动:熏蒸防治登革热、分发卫生包、社区环境卫生清理和避免运河阻塞。此外,还将对社区内 300 间易受损房屋进行加固,以抵御洪水和大雨,并在安全区建造一些临时房屋。

(3)高受灾概率的触发阈值

EAP7 协议将根据高受灾概率的季节预测(提前期长达 3 个月)或次季节预测(提前期长达 1 个月)被触发。与低受灾概率相同,如果在 11 月 1 日—12 月 30 日的时间窗口中,表 18.1 中的 4 个条件中的 3 个得到满足,就会达到季节性阈值,高受灾概率 4 个触发条件与低受灾概率一致,但是触发的阈值被设定得更高。

对于中期预报,触发条件之一是 GFS 模式集合预报的皮乌拉和兰巴耶克的降雨量 93 百分位超过 30 mm/d,根据我们与秘鲁气象和水文局的讨论,当达到触发条件时,我们将开始预警和疏散行动,同时 EAP3～5 协议中的物资分配行动也将开始实施。

EAP7 协议是关于建造临时房屋方面的,可以由季节和次季节预报触发并全面实施。中期预报将给出预警/疏散和组织急救行动的地点,关于临时房屋的建造地点将事先确定,并在协议中具体说明。

18.4　关于 S2S 预测应用的思考

S2S 预测提供了宝贵的信息,填补了信息的关键空白,与季节性和短期预测相结合,可以在潜在的极端事件发生前助力人道主义行动。然而,由于这些次季节—季节预测目前还处于试验阶段,将其应用于实际业务是困难的,并可能导致意想不到的后果。在此,我们对次季节—季节预测的未来使用提出一些思考。

在秘鲁个例研究中,基于 CFSv2 模型的试验性预报,有可能提前 1 个月在秘鲁北部给出有用的降雨信息。然而,没有可用的验证来表明预报技巧和结果的可靠性,这使得将预报信息用于指导实际行动非常困难。

在 2016 年 1 月初,CFSv2 模式的预报结果每天都有变化,前一天发布的预报结果高于触发阈值,而第二天却低于触发阈值。这种不一致可能与预报的可靠性和预报技巧较低有关,这会给决策者带来误导,特别是对于一些事先没有预期的突发事件。在个例研究中,我们使用的是对于某个日期的 1 个月提前预报,并从 NCEP(http://nomads. ncep. noaa. gov/pub/data/nccf/com/cfs/prod/cfs/)获得实时预报,所有自动脚本都在秘鲁气象和水文局的服务器上运行,并以 mm/d 为单位显示降雨预测集合的平均值。2016 年 2 月,CFSv2 模式预测莫罗蓬、皮西和莫罗普地区的降雨量超过协议设定的阈值(超过 6 mm/d),引发了行动。然而,实际上仅仅在莫罗蓬观察到超过危险水平的极端降雨事件。

这种经验强调了在防灾行动中使用经过验证的预测的重要性。对有关变量的次季节—季节预测进行验证,对于确保人道主义者了解预测的可靠性,从而了解徒劳无功的风险至关重要。徒劳无功的风险是有效利用预测的一个巨大障碍,捐助者和政策制定者清楚地看到了徒劳无功的负面影响,因此,不希望这种情况发生,而等待和观望却没有明显的负面影响(Bailey,2012)。这导致不作为和大规模的人道主义紧急情况,如2011年的索马里饥荒,尽管事先有预测信息,然而并没有采取充分的行动。预测验证使技术专家能够量化徒劳的行动和采取适当行动的风险,并根据政府和捐助伙伴的风险容忍度进行调整,确保他们能够提供支持。随着人道主义界在试点项目的基础上继续发展,大规模地实施FbF机制,使用经过验证和校准的预测的可靠性将变得非常重要。

随着次季节—季节时间尺度的预测科学的发展,预测的规模和预测的变量需要与用户的需求相匹配。在秘鲁的案例研究中,CFSv2模型的1°网格难以在地区或社区一级使用。一般来说,人道主义者更需要极端降水的信息而不是平均降水信息,而且时间尺度介于现有的季节预报和天气预报之间,以便获取更多关键的当地信息。人道主义组织的领导认为,需要更加关注与影响风险相对应的预测,需要把预测与实际可能造成的风险相结合,而不是绝对温度或降水量本身。例如,在东非,延迟的、不稳定的和缺失的降雨通常在连续第二个缺失的雨季后开始对人们产生重大影响。因此,以前几季的观测为基础,加上对未来两个月或几周的预测的方式提出的预测,对这个地区的人道主义行动者来说是最有用的。这种根据风险决定因素调整预报信息的做法,是使得次季节—季节预测更好地满足用户需求的一个关键方法,也有助于风险评估和预防。

对于次季节—季节预测,试点触发因素为:

一个月提前期的次季节预测中等受灾概率的触发阈值:一个月降雨预测的80百分位平均距平达到6~10 mm/d。

以下是一个触发了EAP协议的预测实例:

图18.2显示了3个不同的CFS试验(2016年1月16日、17日和18日)对2月月平均的预测,以降雨距平(mm/d)展示。绿色—蓝色区域表示正距平,橙色—红色区域表示负距平。在网格中展示了网格的平均值,红色方框框中的表示被选中的区域。

预测名称:CFSV2;

预测发布频率:每天;

预测变量:每日降雨量(mm)的日历月平均;

提前期:下一个日历月之前30天到下一个日历月之前1 d;

危险等级:6 mm/d(中等绿色);

触发概率:因为是确定性预测,因此,无法计算概率,使用危险等级来表示;

预测区域:红色方框选中的区域;

触发要求:对于一个特定的网格区域,连续3 d的预测超过触发阈值。

2016年2月,模式预测莫罗蓬、皮西和莫罗普地区的降雨量超过这里列出的触发点(>6 mm/d)。然而观测表明,除了莫罗蓬,其他地区没有达到预测的数据(图18.3)。

18.5　总结

总之,次季节—季节预测是无缝预测的一个关键部分,它可以使各种备灾行动成为可能。从人道主义部门对这种预报的试验性使用来看,我们建议对极端事件进行预测技巧评估并公

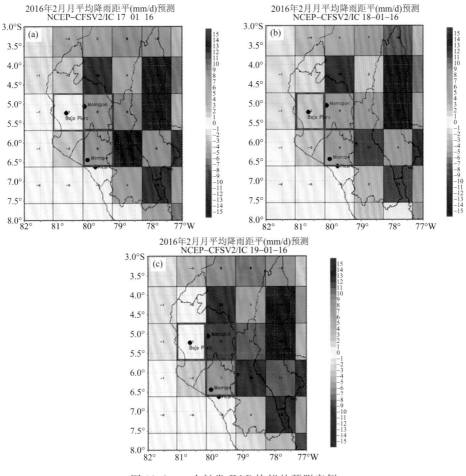

图 18.2 一个触发 EAP 协议的预测实例

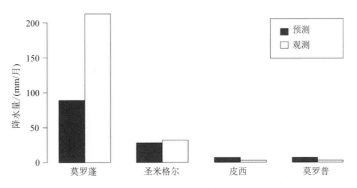

图 18.3 秘鲁 4 个地区 2 月降水预测和观测

布，以便决策者能够更好地了解对于某些特定事件的预测能力。在阈值方面，极端降雨事件和累计降水（例如 5 d）是相关的变量，但这种相关并不一定能够在预测中得到体现。此外，打算使用这种预测的行动者应该明确规定当预测结果达到阈值时要采取的行动，以确保实时迅速采取行动。

目前,短期预报和季节尺度预测被广泛地发送给人道主义部门,并且正在努力地提升预报信息的利用率。许多气象部门在业务上开发了基于统计的季节预测和集合预报(Mason et al.,2017),为了增加灾害管理者对这些预测的使用,预测机构应该公布对极端事件的预测水平,以便人道主义者能够评估采取何种行动。预测水平的评估还应该包括概率的评估,这样灾害管理人员就可以预计特定概率达到的频率。在秘鲁的个例研究中,这一信息是未知的,导致了项目组对触发的频率不确定。预测验证的一个障碍是缺乏模式历史输出,我们建议将模式的历史输出存档或进行再预测。

从个例研究中可以看出,IRI 或 ECMWF 的全球模式有能力预测秘鲁北部的季节总降水量。而不同的人道主义行动需要不同的时、空尺度预测来指导,基于全球模式分辨率的预测,人道主义者可以开展预算、采购或物资的预先部署。然后,他们可以基于分辨率更高的短期预测,来分发救济物品,然而,这些物品可能需要 1～2 周才能分发到易受灾的社区。因此,次季节—季节预测提供的 2～3 周提前期的预测就至关重要,可以使得人道主义组织有充足的时间采取行动,前提是次季节—季节预测能够给出具有一定准确度的预测。

第 19 章

预测的交流和传播以及用户社区的参与

19.1 引言

前几章的内容和最近的综合报告显示,近几十年来,我们预测 S2S 尺度(即未来 2 周至数月之间)天气和气候状态的能力有了极大的提高(National Research Council,2010;National Academies of Sciences et al.,2016;Robertson et al.,2015)。随着计算机、观测以及通信技术的进步,次季节—季节尺度可预测性有了很多来源,从大规模的气候驱动因素,如 ENSO、IOD 和 MJO,到土壤水分、二氧化碳和其他外部因素,次季节—季节预测仍然具有较好的进步前景。

自 20 世纪 90 年代初以来,一些国家气象和水文气象服务机构(National Meteorological and Hydrometeorological Services,简称 NMHSs)、学术研究组织和私营企业一直在积极地将这些知识转化为试验、示范和业务信息产品和服务,以支持对天气和气候敏感的决策。如果这些决策产生了实际的效果,比如拯救了生命或者创造了经济效益,那么便是为个人和社会创造了价值。

尽管关于次季节—季节尺度预测的科学理论有了很大进步,其应用也在不断增多,但最近的评论指出,次季节—季节预测在决策中的利用率仍然很低,使许多社会价值尚未实现(National Academies of Sciences, et al.,2016;另见第 21 章和 22 章)。事实上,这种未开发的潜在价值被用来倡导增加对次季节—季节预测的开发和投资。然而,来自健康、技术和环境风险相关领域的教训表明,这种知识和价值差距并非次季节—季节预测所独有,也不是现有科学认识不足的结果(White et al.,2001;Cash et al.,2006;Coffey et al.,2015)。因此,在开发或改进天气和气候预测方面的任何投资,都应该致力于通过整个信息价值链(Fischhoff,1995;图 19.1)以及跨研究从业者,改进服务、沟通和决策过程。

幸运的是,对于次季节—季节预测,社区的许多人认识到了这一要求,并在解决预报信息的交流、传递和可用性方面取得了重大进展,本章将会对这些工作进行重点介绍。本章简要回顾了关于次季节—季节预测应用的文献和现成的公共产品和服务,以及对个别应用、部门和决策问题的更详细描述,并且进行了综合分析,以确定如何处理在信息交流传递方面面临的挑战。

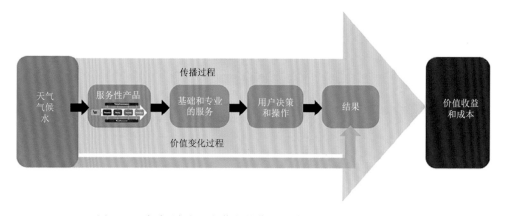

图 19.1 气象/水文服务信息价值链的简化示意（WMO，2015）
旨在通过天气和气候服务系统对信息的价值进行建模。价值通常用经济学术语来描述，过程中的
每个步骤中都可以增加或减少价值

19.2 次季节—季节预测交流、传播和参与的方法和实践

19.2.1 次季节—季节预测对公众的可用性

作者于 2017 年 3 月完成了对面向公众的水文气象机构网站中与次季节—季节预测有关的内容的审查，它提供了关于当前信息可用性的快照。共审查了 34 个不同的网站，并特别关注以下属性：可访问性、内容（如变量、时空覆盖和分辨率）、格式、语言/术语、质量/验证以及配套指南的可用性。许多国家的水文、气象机构制作了次季节—季节时间尺度的预报，但向公众只提供了零星的预报产品，这些预报产品在各种标题下呈现，如"中期""延伸期""长期""月度"和"季节性"预测或展望，这些标题代表不同的时间范围，如 6～15 d、7～45 d、10～30 d、7～60 d、月度（即未来一个月的预期状况）和季节性（即未来 3 个月的预期状况）。此外，不同国家的气象机构在如何划分预报窗口方面存在不一致的情况，一些国家将次季节—季节产品划归到天气产品类下，而一些则划归在气候类下，只有在少数情况下，月度或季节预报是有单独的归类，可以直接从气象局的主页上获得。值得一提的是，在调查过的网站中，没有一个网站以"次季节预报"这一归类提供预报。

当气象机构向公众提供季节预报信息时，通常会以粗略的分辨率提供描述性的注释（图 19.2）。气候展望、气候报告或者月度展望提供了未来 1 个月的预期天气状况的文字叙述，并且会描述气候的大规模驱动因素和前期的气候或天气条件（例如，观察到的降雨量），这些描述通常是关于整个国家或者大尺度范围内的描述，对于局地的细节是有限的，使用户难以针对地方的具体情况进行决策。地方细节的缺乏往往反映了这种小尺度的预报技巧有限，导致用户期望和现有能力的不匹配。

三分图提供网格化的确定性或概率性信息，说明高于、低于或接近正常状况的可能性，主要关注降水和温度两个变量。这种方法假定具备关于过去气候条件的背景知识，然而如果没

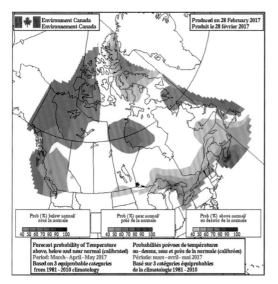 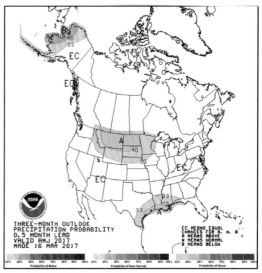

图 19.2　季节预报图示例

左图来自加拿大环境部,显示温度高于、低于和接近正常的概率(时间段:2017 年 3—5 月,预报制作时间:2017 年 2 月 28 日);右图来自 NOAA,显示降水高于、低于和接近正常的概率
(时间段:2017 年 4—6 月,预报制作时间:2017 年 3 月 16 日)
(左图来自 https://weather.gc.ca/saisons/prob_e.html,右图来自 http://www.cpc.noaa.gov/)

有与预报产品一起提供的话,用户很可能不具备这些背景知识(White et al.,2017)。它也没有提供任何关于高影响变量的信息,如极端降雨或温度的时间、频率和强度,或由此引发的一连串危害和影响(如洪水、热浪、粮食短缺、疾病或营养不良),因此,可能难以满足用户的需求(Marshall et al.,2011b;Hartmann et al.,2002)。许多用户希望了解不同情况下预报结果的可靠性,以便他们更好地使用预报来指导决策。然而,预报的可靠性和技能,有时是通过相对操作特征量图和可靠性图等形式来传达的,而用户对于这种形式的信息理解能力有限,在许多情况下,气象部门不太在意告知用户某一特定预报是否适合他们的具体使用或决策要求的方式是否合理。关于这个话题的更多信息见 http://www.cawcr.gov.au/projects/verification/#ROC。

次季节—季节预测产品经常被用于商业用途,向公众提供的部分较少,导致对于其他潜在用户来说,要获取次季节—季节预测产品难度较大,这使他们无法评估次季节—季节预测产品是否能够满足他们的需求。次季节预测信息向公众提供的形式主要是以文本的形式提供未来天气的展望,在有些情况下,也可以与季节预测类似,在地图的基础上发布产品。例如,日本气象局(JMA)提供的产品在地图显示了一些变量低于、高于和接近正常条件的概率,包括温度、降水、日照和降雪,产品包含 1 个月和 3 个月的预测信息。JMA 的预报信息产品是在县一级提供的。在大多数情况下,公共网站上次季节—季节预测信息的可用性、位置和风格是由气象机构中对于次季节—季节研究的定位决定的,而不是由终端用户的需求决定的。鉴于气象机构内部对于时间和资源的竞争,到目前为止,次季节—季节预测信息明显处于相对次要的位置。

通过社区参与改善次季节—季节预测公共服务:以澳大利亚气象局为例

与其他国家气象局不同,澳大利亚气象局(BoM)为加强其 S2S 公共服务投入了大量的时间和精力，与用户广泛接触以改善其公共服务。近年来，澳大利亚气象局与用户进行了两次大型磋商，一次在 2010—2011 年，另一次在 2015—2016 年。这些咨询的目的是确定：①用户对 S2S 预测的需求，②这种信息如何进入决策，以及③用户对其当前 S2S 公共服务的满意度和理解能力。BoM 使用了一系列的方法来收集信息，包括深入访谈、小组讨论和在线调查。结果表明，用户对当前服务的满意度很高；但是，对未来气候展望和模式预报能力图的理解还可以改进。满意度与理解水平有关，对于服务的理解能力越强，对服务的满意度越高。

用户对 BoM 服务不满意的最常见原因是不准确，即感受到的气象条件和预测的不一致，以及产品的分辨率不高。"三分展望"(Tercile outlooks)的展示形式对于用户来说有点难以理解，在最近的一项调查中，49％的人（由 117 人完成）对"三分"这个词感到"不舒服"。尽管如此，65％的用户正确地理解了测试中的三分图。这可能表明，使用那些非从业者不熟悉的术语，可能是用户难以很好地使用服务产品的部分原因。

调查的一个重要结论是，用户对于 S2S 信息的偏好存在差异，一些人喜欢地图的形式，另一些人则希望得到他们所在地区的气象参数数值或者网格上的数据、图表、文本摘要或音视频简报。2014 年，BoM 重新设计了网站，更新了未来气候展望的展示方式，提高用户对其服务的满意度和理解力（图 19.3；www.bom.gov.au/climate/ahead）。新的网站具有以下特点：

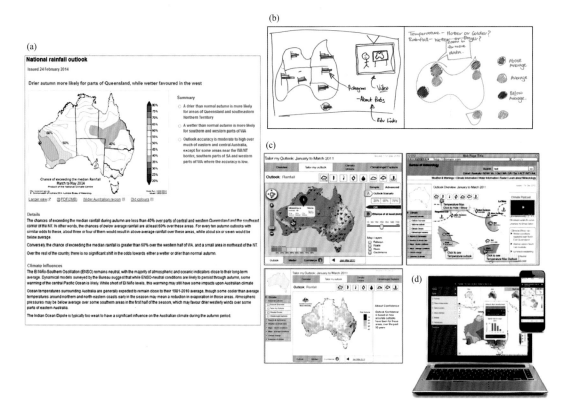

图 19.3　新网站的特点

(a)2014 年 BoM 展示的降雨量和温度季节性展望的例子；(b)在 2010 年咨询期间，研究了 40 个设计概念中的两个气候展望的提供方式；(c)一家以用户为中心的设计公司在与 BoM 专家和终端用户协商后，为 S2S 预测的网络门户提出的最终设计建议；(d)重建的网络门户（2014 年）的图片，展示了 BoM 的气候展望

• 降雨和温度的展望一目了然。

• 用户能够根据自己的位置和关键阈值定制预报(例如,框选位置、平移和缩放地图、用户可定制的降雨概率阈值)。

• 更好地提供模式预报准确度信息(例如,更容易理解的语言,更好的颜色方案,支持性的指南材料)。

• 发布由气候学家解释气候前景的简短视频,并将信息放在最近的条件和当前气候驱动因素的背景下进行分析。

• 提供关于服务的辅助解释信息,包括关于主要气候驱动因素的视频和信息图表。

BoM 与设计专家合作,根据用户反馈设计和创建了新的网站,过程中考虑了 40 多个设计概念,并在设计过程中举行了小组会议和访谈,以确保最终的设计与用户的偏好一致。

新的网络门户是改善 S2S 预测的可用性和交流的一个飞跃,但是并没有解决用户对于更高准确度和更高分辨率的预测要求。2013 年,BoM 通过从季节预测统计模型转换为季节预测动力模型——澳大利亚海洋大气气候预测模型,适度提高了其 S2S 预测的准确度,提供了比以前的统计系统更准确的整体预测(Charles et al.,2015),并提供了更高分辨率的建模潜力,以及在更多时间尺度上预测更多变量的能力,而不仅仅是温度和降水。2014 年向动力模式的过渡意味着,除了季节预报外,BoM 首次以面向用户的方式向公众提供单独月份的降雨和温度预报。2018 年,BoM 正在过渡到一个新的动力模式(ACCESS-S),它将以更高的分辨率(60 km,而当前的模式为 250 km)运行,预计将更准确地提供预测信息,它还能够更频繁地发布预测(每周一次,而不是目前的每月一次),并提供未来两周的气候预测(例如第 2 周和第 3 周以及第 3 周和第 4 周的预测),以填补目前 7 d 天气预报与每月和季节预测之间的空白。

为确保 S2S 预测信息的有效沟通和传播,BoM 采用了一种全面的方法,其范围比通过网站传递更广。一项全面的信息沟通战略规定了在发布预测时与传递给用户的方式,该战略围绕着信息的一致性,并承认需要不同的沟通渠道来传递给不同的用户群体。一些用户喜欢从网站上获取信息,另一些用户则喜欢从手机应用、电视、报纸、播客、社交媒体、广播甚至是电话短信/通知中获取信息。在可能的情况下,BoM 将受众与满足其偏好的信息相匹配。每月的传播服务包括:

• 网站信息更新。

• 每月在 BoM 网站和 YouTube 上提供气候和降水预测视频,同时也在一个澳大利亚全国性的电视节目中播放,观众数超 50 万。

• 全国气候和水资源简报,其主要听众是负责制定中、长期政策和规划决策的公共部门高级官员。

• 网络研讨会,主要听众是以州为单位的推广人员,他们与来自农业部门的决策者合作,他们需要关于可能的情况的详细解释。

• 电子邮件直销,包括订阅服务,每当有新的气候展望发布时,向用户提供电子提示。这类服务有 5000 多个订阅者,行业利益相关者和媒体是订阅者的主要组成部分。

• 媒体活动,未来气候展望张贴在 BoM 的媒体新闻室,主要发言人可以接受媒体的深入询问。

• 社交媒体活动(基于 Facebook、Twitter 和 LinkedIn 等社交平台),社交媒体的帖子经过精心设计,尽量满足大量不同受众的偏好,帖子中会包含 BoM 网站的链接。

• 分发关于关键信息和谈话要点的文件,供与媒体或利益相关者进行讨论的气象从业人员使用。这份文件不是给公众看的,但给气象工作人员提供了一个一致和明确的信息,以传达给媒体和利益相关者。

19.2.2 当前的次季节—季节预测研究以及应用

为了评估当前有关 S2S 应用和交流的情况,在 2011 年对同行评审的文献进行了广泛回顾,并在 2017 年进行了更新(Silver et al.,2018)。该综述通过几个著名的数据库,包括 Google Scholar、JSTOR 和 EBSCO,利用一些与 S2S 预测/预报相关的搜索词(例如,次季节预报、月度预报、季节预报和中期预报)来获取文章。然后对一些特定文献的参考文献列表进行筛选,筛选出更多相关的文献。最开始收集了 84 篇与 S2S 研究和应用有关的文章,这些文章被录入书目,描述了每篇文章的研究领域、方法和发现。2017 年的更新又增加了 30 篇文章,使回顾的文章总数达到 114 篇。

尽管这篇综述并非详尽无遗,但它确实提供了对 1976—2016 年 S2S 研究的系统性回顾(图 19.4)。不出所料,农业是本综述中涉及最多的领域,有 52 篇文章探讨了 S2S 信息在农业领域的价值、应用和限制,其他领域,包括水管理(11 篇)、灾害和风险管理(11 篇)、渔业(4 篇)和能源(7 篇),所占比重不大。文献中还包括大量评估 S2S 预测系统的文章,这些文章总体上没有关注任何特定领域。就地理位置而言,非洲和美国以及南美和澳大利亚都有较高占比。这并不完全令人惊讶,因为历史上普遍存在的严重干旱和洪水已经影响到这些国家的许多地区,而且大尺度环流模式能够应用于这些地区的这类事件。还应该注意的是,这些文章显示出对季节预报时间尺度的关注,较少的文章关注月时间尺度,只有一小部分文章具体关注 2~4 周的时间尺度。

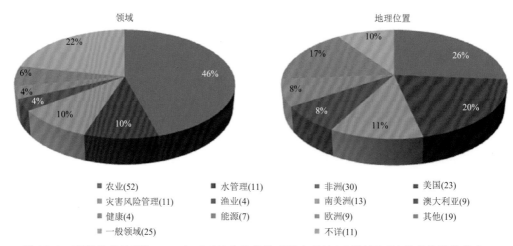

图 19.4 更新的书目(Silver et al.,2018)中收集的 S2S 文献按(a)领域和(b)地理位置的分布,文献发布时期在 1976—2016 年

综述还试图评估书目中文章的相对研究重点,重点是文章是否考虑了沟通、传播和参与方法,以解决用户如何获得、解释和利用 S2S 预测信息进行决策的问题。在绝大多数文章中,关于信息交流方面的非常少,甚至不存在,大多数文章反而关注在实际操作层面对 S2S 预报的

验证或者关注改进的预报对终端用户的预期经济效益。约 24％的文章对理解 S2S 预报的传播和在用户决策中的应用有实质性贡献。这些文章研究了个人如何获得 S2S 预测,他们如何理解他们收到的信息,以及如何在决策中使用这些信息。这些文献中有很大一部分强调了 S2S 预测的提供者和终端用户之间需要开展广泛的沟通,以增强用户对预测的信任、理解和利用。

19.2.2.1　农业领域

农业领域的 S2S 研究大多数关注:①提高与农业部门特别相关的变量(如降雨量、降雨开始时间和季节内干/湿流的发生)的预报水平;②确定预报对农业社区的社会和经济效益(Adams et al.,2003;Baethegen et al.,2009)。农业领域内的一小部分工作涉及将预报信息转化为决策的方法以及让用户参与进来以促进预测进步的思想。一些研究人员注意到,尽管 S2S 预报的预测水平、可靠性和适用性有所提高,但农业界对 S2S 信息的利用率普遍不高(Carberry et al.,2002;PytlikZillig et al.,2010;McCown et al.,2012;Prokopy et al.,2013)。其原因包括但不限于:①预报信息的发布缺乏相关背景知识;②用户对于发布的信息缺乏理解、经验或相关实践经验;③农业社区对知识和工具缺乏版权意识;④预测信息没有与农民的日常活动及其资源需求相结合(Ingram et al,2002);⑤用户需求具有多样性;⑥用户群体对于模式预测信息的价值持怀疑态度;⑦信息不充分或不适合他们的特定要求;⑧对信息来源的可靠性缺乏信任(Hu et al.,2006)。

S2S 预测提供的信息和实际可以得到使用的信息之间的差距,可在农业实践和决策中得到整合(White et al.,2017;Artikov et al.,2006),越来越多的企业和研究组织正在着手解决这个问题。用于支持决策的工具和门户网站,如 AgroClimate(Breuer et al.,2008,2009;Dinon et al.,2012)、FARMSCAPE(Carberry et al.,2002;McCown et al.,2009)、Africa Risk-View(UN-SPIDER,2012)、乌拉圭的国家农业信息系统(IDSS;Hansen et al.,2011)、Citrus Copper 应用调度器(Dewdney et al.,2012)以及 Strawberry 咨询系统(Pavan et al.,2011),旨在减少信息复杂性,提高信息可用性,加强有效决策,并根据天气和气候预报提供更多建设性的信息。这些工具主要通过翻译一系列专门的数据集(如天气/气候、农业、经济),并将数据信息与特定问题关联起来(如"晚发降雨的风险是什么?""什么时候是施用化肥/农药的最佳时间?""如果我采取了某种行动,这对我的生产力有什么影响?")。这些工具通常允许用户根据自己的农作物种类、管理作物的方法和地点的具体信息来定制服务。

调查显示,通过与用户的协作活动,这些类型的工具的利用率得到了极大改善。为了增强与用户社区的交流和联系,参与式的行动方案被业内广泛倡议(Sivakumar et al.,2014;Breuer et al.,2009;Cash et al.,2006),以确保预测信息的利用率(Tadesse et al.,2015)。这类工作的一个例子是巴西国家自然灾害预警和监测中心正在与奥地利应用系统分析研究所合作开展的关于干旱的项目。该项目开发了一个监测干旱对农业的影响的数据库平台,由一个名为 AgriSupport 的移动应用程序提供支持,该应用程序用于收集用户的农业数据(如耕地位置、种植日期和作物类型),并提供基于天气针对农业活动的警告以及支持小农户的种植和管理决策的信息。

现有的一些教育和推广活动广泛地鼓励 AgriSupport 应用的使用,比如 Cemaden Education Network 开办的关于灾害风险预防的网络学校和社区活动。高校学生和教师(Marchezini et al.,2016)、小农生产者、社区领导、政府组织的代表以及天气和气候专家一起举办了研讨会和讨论会,这些研讨会的目的是总结经验,构建知识体系,扩大对天气和气候信息的理解,并鼓励学习在决策中如何使用模式数据。这些行动的规模正在逐步扩大,以便生活在农村和城市的年轻一代能够通过联合研讨会和社区的支持来推广该应用程序。

为了确保 S2S 预测信息能够切实地带来效益(Adams et al.,2003;Jones et al.,2000b)、Artikov 等(2006)、Hansen(2002)和 Hu 等(2006)描述了在决策过程中人的因素的重要性(即个人态度;社会规范;以及对于预测信息进行使用时面临的认知障碍,如根据预测信息合理调整决策的能力)。为了充分了解这些因素,需要通过调查、研讨会、访谈和合作对话与用户群体进行持续和长期的接触,并利用经济技术(如衍生需求模型)和人类行为的社会心理学模型(如计划行为理论)进行研究。

BoM 目前正在开展更大规模的研讨会,以通过季节预报服务项目进一步改进其 S2S 服务。已经进行了一轮面对面的会议和互动研讨会(2015—2016 年),以了解随着科学能力的提高、用户需求的变化(例如,提供更高分辨率的预报和更精确、更频繁的预测以及新的两周一次的未来气候展望,见图 19.5)。大多数与会者来自农业部门,政府、卫生、能源、建筑、矿产和紧急服务部门也有较少的代表。农业用户的大量参与促使后来的研讨会包括了农场访问的环节,BoM 的工作人员前往工作的农场,并与每个农场主讨论天气、气候和水的问题(图 19.5),同时开车或者步行考察农场周围的环境。这种深度交流被证明是非常有价值的,获得了比办公室研讨会更好的结果,因为可以着眼于实际的农业活动开展交流。

图 19.5　未来气候展望

(a)BoM 于 2016 年在澳大利亚达尔文举办的用户研讨会;(b)昆士兰 Longreach 用户研讨会
中的现场农场访问环节(引自 Jenny Metcalfe,Econnect Communications)

农业用户群体对次季节时间尺度上的极端事件概率和用户自定义的气象参数阈值概率的预报表现出明显的偏好。虽然用户自定义的阈值预测在次季节时间尺度上更有意义,但极端情况的预测在季节尺度上也具有广泛的用户需求,因为根据不同提前期的预测可以做出不同的安排,例如,在次季节的时间尺度下,用户可以做出诸如何时施肥、何时种植或收获、何时转移存货或水以准备应对某些天气事件的决定。同时,在季节时间尺度下,可以做出不同类型的决定,如种植多少作物,种植什么作物品种,以及何时补种和减种。这些决定虽然时间尺度不同,但是都具有重大的社会和经济影响,因此,关于预报的不确定性和准确度的沟通是至关重要的,以便用户在了解可能的风险之后自行做出决策。然而,只有在 S2S 预测中提供的概率是基本可靠的才有意义,如果概率不准确(例如,60%的预测概率在现实世界的测试中实际上只有 30%),那么用户可能根本不会参考预测信息。

总的来说,从与用户详细交流中收集的信息确定了 S2S 服务发展的明确优先事项,同时还确定了用户对信息的偏好。移动设备对于信息传播是很重要的,因为基于移动设备可以提供基于用户具体位置的信息。人们希望网页或应用程序能整合更多的信息,而不仅仅是 S2S 预报,因为大多数决策不仅仅取决于天气或气候信息。同时,关于预测信息的不确定性和模式的预报水平的信息传播需要加强。这些优先事项正被纳入未来的发展计划中。

19.2.2.2　能源和水资源管理领域

能源和水资源领域有着很强的联系,特别是水库系统的建设和运行能够解决很多方面的问题,比如水电生产、防洪和灌溉等。这两个领域与天气和气候预测领域均有着很强的沟通和交流。有人认为,与这些部门建立成功的交流关系可能是比较容易的(Brunet et al.,2010),然而,Rayner 等(2005)指出,组织的保守性和复杂性、对传统大型基础设施的依赖、对创新的漠视以及监管限制,仍然在一定程度上阻碍了美国水资源管理者对预测信息的利用。与这两个部门建立关系需要广泛地与利益相关者沟通,从水资源管理者和个别公用事业公司经营者,到国家分销商、能源贸易商、政府部门和政策制定者。这两个领域与私营企业的互动往往较多,一些商业公司为他们提供解决方案(如 Steadysun、IrSOLav、RENES、EuroWind、Prewind和 AleaSoft)以促进改善决策。Gunasekera 等(2014)描述了与私营部门互动增加的机遇和挑战,包括服务形式和未来趋势,该研究指出,随着对 S2S 预测信息的认识和理解不断加深,随着参与、合作和服务提供模式的增加和改善,NMHS 的相对作用可能会下降。

随着可再生能源市场的扩大,评估 S2S 预测能力、价值、准确度和技巧的研究越来越多(Torralba et al.,2017;Ely et al.,2013;Clark et al.,2017;Hamlet et al.,2002;Lynch et al.,2014;Brayshaw et al.,2011;Buontempo et al.,2010)。这些研究关注的重点一般是季节尺度,围绕次季节尺度的文献虽然较少,但也在不断增加。然而关于 S2S 预测信息在能源行业的使用的材料仍然有限。Bruno Soares 和 Dessai(2015,2016)的工作说明了如何利用启发式研讨会和半结构化访谈来与这个行业接触。在 2013 年和 2014 年,他们使用这些方法来确定季节预测的用户、传递给用户的预测信息流以及使用季节预测面临的障碍和解决方案。结果表明,能源部门作为 S2S 预测信息的早期使用者,具有一些突出的特点,这些早期使用者大多是在国际或国家层面的大公司工作,具有一定程度的气象专业知识,可以很好地理解天气和气候信息(Bruno Soares et al.,2015)。其中一些早期使用者具有的专业知识意味着他们可以对季节尺度预报信息进行后处理,来得到自己想要的信息,而不需要国家气象局在提供预报信息时附带大量的额外支持。然而,访谈发现,季节预测推广的主要障碍是人们认为其缺乏可靠性,以及预测信息与他们的工作缺乏相关;而主要的促进因素是已有的合作关系,在一定程度上增加了用户对季节预测的理解,为用户提供了关于季节预测的资源和专业知识。

在 S2S 时间尺度上,关于径流、降雨、ENSO 以及水资源管理的研究较多,然而,主要集中在评估预测水平、预测的不确定性以及对于干旱和洪水等极端情况的预测能力上(Kwon et al.,2012;Sharma et al.,2010),几乎所有的文章都在审查季节预报的价值、预测技能和不确定性。人们普遍认为,S2S 预测能够为短期规划(即水资源分配和限制)提供信息,并且针对极端干旱或降雨事件开展灵活和适应性强的应急措施(即基础设施和管理系统)(White et al.,2017;Sharma et al.,2010),这对于水资源管理部门具有十分重要的价值。

人们对于水—能源—食品关系的认识越来越深刻,如果 S2S 预测信息对于某一个方面产生了影响,那么这种影响同时会传递到其他方面(Conway et al.,2015),然而,这种具有重要影响的预测信息的有效性和可用性受到科学、政策和政治的影响,特别是在一个国家或地区的管理行动会导致另一个国家或地区的后果时,受政治影响的可能性很大。Lemos 等(2002)强调,用于水和干旱决策的预测信息有可能被扭曲、错误解读和政治操纵,如果没有对预测信息的不确定性和可用性做出明确的指导,那么当这些预测信息被用户使用之后可能会产生广泛的负面影响。例如,政策制定者夸大预测信息的作用,这可能会迅速削弱信息的价值,在某些情况下,导致终端用户对预测的怀疑和不信任(Lemos et al.,2002)。这类研究背后的驱动信息是,S2S 预报信息可以为水资源管理部门和水—能源—食品整体提供效益,但只有将其纳入更广泛更高层次的发展目标,才能实现这种效益。

19.2.2.3 自然灾害和防灾、减灾

S2S 预测在准备和应急反应方面具有重要价值(White et al.,2017;Tadesse et al.,2016;Tall et al.,2012)。红十字会红新月会气候中心的"Ready-Set-Go!"方法最能说明这种价值(Coughlan de Perez et al.,2014),根据该方法,季节预测用于触发"Ready"阶段,次季节预测用于"Set"阶段,而短期天气预报用于"Go"阶段。每个阶段都需要根据灾害事件发生的可能性来完成具体的应对行动。这种方法在防灾、减灾行动中得到大量使用,其目的是使减灾管理人员能够更有效地应对灾害事件,以达到防灾、减灾的目的。

基于预测的救灾行动尽管仍处于起步阶段,但是也遵循"Ready-Set-Go!"这一概念方法,将一系列时间尺度的预测转化为相应的人道主义行动决策(Coughlan De Perez et al.,2015)。这个过程中的一个关键因素是资金的支付和标准操作流程(SOPs)的制定,一旦达到预测的阈值就必须采取相应的行动(图 19.6)。只有通过制定一个统一可实施的战略,并由所有贡献者(如气象学家、气候科学家、人道主义者和捐助者)做出承诺,救灾行动的目标才有可能达到。

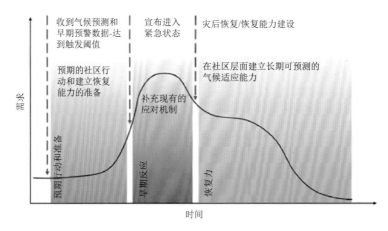

图 19.6 世界粮食计划署开发的粮食安全气候恢复力设施示意

与 FbF 的概念类似,FoodSECuRE 将气候和灾害预测与灵活的多用户融资联系起来,为政府提供快速释放资金的手段,以更好地开展灾害发生前的 DRR 活动

红十字会红新月会气候中心与德国联邦外交部和世界粮食计划署一起,于 2015 年 12 月公布了 FbF 方法的首次实际使用。在乌干达,FbF 允许向可能受到洪水影响的家庭分发净水

片、水罐、储存袋和肥皂。一旦预测值超过预先规定的阈值,乌干达红十字会就能向地区当局介绍援助计划,并与医生合作,向人们宣传如何使用净水片和识别疟疾的早期症状。确保预测达到阈值之后有相匹配的行动,并确保资金和操作流程得到充分的支持。

在发布预警时,很多国家的气象局也越来越多地使用"Ready-Set-Go!"的概念来管理信息流。在这种情况下,根据预测信息的可信度和提前期,分批次传播给用户群体。英国气象局在通报潜在的严重沿海洪水事件时采用了这一策略,其中的关键是 Coastal Decider 这一中长期业务预报工具(图 19.7),它可以挑选出沿海洪水概率增加的时间段。该工具由洪水预报中心(Flood Forecasting Centre,简称 FFC)使用,以提供关于高影响沿海洪水概率的提示(Neal et al.,2018)。预测时间为 1~7 周,预测范围比英国气象局风暴潮和海浪集合模型所提供的多 7 d。

由 FFC 水文气象学家共同制作的预测结果经过了测试和验证,以确保能够正确高效地评估洪水风险。Coastal Decider 为一个新的简报产品提供信息,旨在较长的提前期上向环境局传达重大沿海洪水的风险。当需要采取大规模的防灾行动(比如疏散)时,这个简报产品所提供的信息非常有用。FFC 会对重大洪水灾害的早期迹象进行监测,随着时间推移,预测能力上升,预测信息将通过每日电话会议和简报传递给环境局的监测和预测值班人员。一旦预测事件的发生时间来到 5 d 之内,更高分辨率的模型将被用来产生更详细的风险评估,根据这些信息来决定是否向公众发布预警。

19.2.2.4　健康领域

S2S 预测研究综述指出(Silver et al.,2018),S2S 预测在健康领域的应用尚处于发展阶段(Hudson et al.,2016;Teng et al.,2013),大多数的研究侧重于量化与疟疾有关的各种气候变量的预测技能。Thomson 等(2006b)、Jones 等(2007)、Jones 和 Morse(2012)以及 MacLeod 等(2015)讨论并证明了季节预测在预测与疟疾流行和传播有关的气候异常方面的成功。这些研究主要是在非洲进行的,那里的气候同时驱动着蚊虫媒介和寄生虫的繁殖速度(Thomson et al.,2006b)。

最近在南美洲发生的寨卡病毒传播事件证明传染病及关键环境因素与社会、经济和政治方面的联系,该事件与巴西夏季奥运会的筹备时间吻合,随后在 2016 年初蔓延到中美洲和美国大陆。世界卫生组织(World Health Organization,简称 WHO)于 2016 年 2 月 1 日宣布了与寨卡病毒有关的公共卫生紧急情况。蚊虫消杀行动是由传统的环境卫生协议驱动的,传统协议受到短期天气预报的强烈影响,通常是因为环境卫生干预措施的有效性会受到短期大气环境的影响。

自世卫组织发表声明以来,美国卫生当局开展了流行病学监测、病例控制和后续行动,以及积极的环境卫生行动,其中包括对蚊子可以繁殖的水库环境进行消杀和广泛的卡车喷洒消杀行动,以消除蚊子的幼虫和成虫,同时还开展了空中喷洒等行动,以减少蚊虫数量。喷洒活动特别依赖于短期天气预报,在佛罗里达州曾由于意外的强风和强降水而暂停空中喷洒农药。同样,对于一些其他的活动,如液体的幼虫杀虫剂的使用需要一定的湿度,而对于喷洒型的成虫杀虫剂,低风速环境下的杀虫效率更高。

最近关于美国埃及伊蚊(传播寨卡病毒的蚊子物种)的空间和季节变化以及寨卡病毒高风险时期的研究,提供了一些对疾病防控决策有关的见解。例如,Monaghan 等(2016)在美国国立卫生研究院、NASA 和美国国家科学基金会(NSF)的支持下,使用 2006—2015 年的气象因子驱动模型来模拟美国 50 个城市的成年埃及伊蚊的潜在季节性丰度。这些模型包括人群易

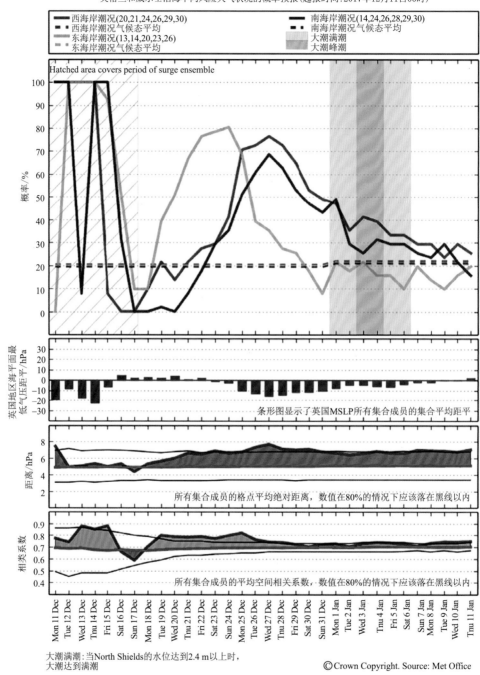

图 19.7　Coastal Decider 基于 ECMWF 的月度预测系统制作的英格兰和威尔士的月度区域汇总预报
区域预报显示了与浪涌事件有关的高风险天气模式的概率（上图），这些与浪涌相关的高风险天气
模式的气候态（上图中的虚线）和英国的平均海平面压力异常预测（中图）被提供出来作为背景。
距离图和相关图（下二图）用于评估集合成员和其指定天气模式之间的匹配程度

感性有关的变量,如旅行和社会经济因素。采用温度、降水和湿度条件来驱动两个基于过程的蚊虫生命周期模型,并模拟了最近 10 a 的埃及伊蚊的每日潜在丰度。模拟结果显示,在夏季高峰期(7—9 月),所有 50 个城市的气象条件都适合埃及伊蚊生存,尽管并非在所有城市都观察到这种蚊子。在冬季(12 月—次年 3 月),气象条件基本上不适合该物种生存,除了在美国佛罗里达州和得克萨斯州的南部地区,与夏季相比,可以维持低到中等的潜在蚊子数量。模型预测证实,随着 2016 年 12 月中旬寒冷天气的到来,埃及伊蚊的数量减少,寨卡病毒的传播也停止了(Cohen,2016)。为确保公共卫生决策充分发挥 S2S 时间范围内预测产品的优势,需要公共和环境卫生官员、昆虫学家和气候—天气科学家之间的不懈努力和密切协作,为 S2S 预测信息的实用性建立坚实的证据基础,随后根据预测信息调整卫生政策、计划和行动方案。

19.3　增进交流的指导原则

19.2 节中回顾了大量关于 S2S 预测的研究,说明提高 S2S 预测能力和可用性的好处,然而,只有当预测信息是可用的,用户群体才能实现这些好处。预测的可用性由许多因素共同决定,包括预报的水平、准确度、及时性和分辨率,以及许多社会、经济和环境因素。这些因素中的每一个的重要性是不同的,主要取决于用户群体和他们的要求。

S2S 预测信息在交流和传播过程中面临的一个问题是,预测信息是不确定的,通常只提供关于用户可能感兴趣的单个天气事件的时间、地点、规模或频率的有限信息。在传播过程中向用户说明这种不确定性和这些限制是增强用户对预测信心的关键。实验证明,当概率预报所提供的概率是准确的时候,能够更好地服务于决策(Joslyn et al.,2012;Ramos et al.,2013;Roulston et al.,2006),但它们在业务预报和决策中的应用并不像预期的那样广泛(Demeritt et al.,2013)。然而,尽管对集合天气预报技术及其应用的研究已经超过 10 a,许多公开的天气预报仍然不包括不确定性信息(Joslyn et al.,2012;Morss et al.,2008a)。

传播预测的不确定性信息面临的挑战有很多,包括:①业务预报员对用户理解概率预报的能力持怀疑态度(Demeritt et al.,2010);②一些用户对预报能力的理解力低,对不确定性的理解力差(例如,风险管理的专业知识低,对概率的理解力低,对模式能力和可靠性指标的理解力低或没有);③一些用户不愿意花时间了解关于预报能力的信息,因为他们希望所有发布的预报都是完全准确的;④用户更加在意预报信息的易获取性和信息发布的形式,而不是信息的准确性(例如,需要快速信息的用户会使用方便的网站或应用程序,或者在一个地方提供他们需要的所有信息,而不是分析哪个供应商的预测是最准确的)。因此,在发布预测时必须从用户可以理解的角度来描述预测的准确性,以确保用户了解预测信息对于他们特定需求的可用性。

尽管存在这些挑战,向用户传播预测不确定性的经验强调了对不确定性来源进行明确是必要的。用于解释预测信息对不同用户群体的适用性的额外教育宣传和补充材料越来越多,以跨越研究人员—从业人员和预测提供者—用户这两种界限传播知识。然而,这应该通过双向沟通来完成,以确保用户对当前科学能力的期望是现实的,他们的需求在预报的最大能力范围内得到满足,所提供的信息是相关的、可理解的,并可通过他们偏好的渠道获得。同样,预测的准确度和可靠性需要被传达,以确保信息的有效使用。如果预测缺乏可靠性,那么它们可能带来的更多是负面的作用,用户需要以通俗的语言被告知预测的可靠性信息。

预报信息、工具和预警系统的主要目的是树立意识和改善决策。S2S的时间尺度与天气和气候的时间尺度都不相同,因为它既可以支持可持续的长期准备行动(如教育宣传活动),也可以支持短期的应急活动(如分发药品和卫生用品包)。短期预报和S2S预测的受众也不同,S2S预测的受众主要是业界,而公众很少根据S2S概率预报做决定,但却是短期天气预报的主要受众。这种差异对于提供信息的渠道,信息的时间尺度和内容都有影响。例如,业界的核心用户可能能够理解和消化复杂的预测信息及其相关的不确定性,他们更喜欢原始的预测信息,以便更好地为他们自己的系统或定制的产品服务。同时,普通公众需要更容易理解的预测信息,并能通过网络、媒体或移动应用程序便捷地访问这些信息。

与短期天气预报一样,S2S预测同样能够为具有重大经济、安全或环境价值的决策提供信息,然而短期天气预报的用途更加针对短期的高影响天气过程。尽管普通用户在大部分情况下对于预报信息的需求仅仅是用于一些生活上的决策(例如,出门是否带伞,是否晾晒衣服等),但是这并不意味对公众提供的预报信息是不重要的,因为如果在平时不能给出准确的预报信息,在极端事件将要发生时,用户就会对预报缺乏信任,同时也会对S2S预测的能力和作用产生偏见。

通过参与式行动,向用户社区传播S2S预报信息并进行交流和沟通,为用户提供了从被动接受预测信息过渡到主动参与贡献的机会。事实上,成功的沟通、传播和参与会使社区的发展更加健康。通过教育宣传、共同生产、公开对话和合作,增加用户对预报产品发展的理解是至关重要的,这样可以让用户群体理解科学的发展是如何使他们受益的。

国家气象局是模式开发和预测方面的专家,而当地社区和部门用户是当地环境、日常决策方面的专家,承认和纳入用户的技能和知识可以提高预测信息的可用性(Chengula et al.,2016)。合作交流方法还增强了国家气象局教育用户的能力,使用户了解预报的能力和局限性以及将S2S预报信息用于其业务中的潜在长期利益。

19.4 总结和对未来研究的建议

本章揭示了在目前运行的工作和业务系统中,S2S预测信息的沟通和交流发展很不充分,在设计、开发和推出预测服务时很少考虑沟通、传播和用户参与的问题。基于对相关研究工作的回顾,提出了以下建议,其中许多建议不仅仅局限于S2S预测的范围:

• 用户的沟通和参与对于从S2S时间范围内产生对决策有指导意义的预测信息至关重要。沟通和参与必须是反复迭代的,以考虑模式性能和预报产品开发的进展,以及用户不断变化的要求,这些要求随着金融市场、政策和政治的变化以及其部门内的技术进步而变化。目前的用户参与战略包括研讨会、调查、讨论会和一对一的采访,以及咨询活动和合作讨论会议,这些活动将致力于把开发预测产品的科学家和最终使用这些信息的用户聚集在一起。

• 教育推广是提高用户对S2S服务的理解和增强S2S服务利用率的重要组成部分。在不同层面(如个人、青年、部门和政府)的教育推广也开辟了新的传播途径。

• 协助决策的合作工具是非常重要的,而且必须跨越研究学科和研究—从业人员以及提供者—用户的界限。这些工具开发的重点需要由用户需求来引导。

• 成功的沟通、传播和参与应能增进用户的理解并赋予用户群体一定的权力。随着用户参与的应用与服务增加,气象职能部门的作用必然会相对下降,然而由于更多人的参与,这个体系的服务能力反而会增强,而且会逐步弱化从业者与用户、专家与公众之间的界限。

• 鉴于 S2S 时间尺度的预测具有很强的不确定性,在预警和减灾中应用 S2S 预测时,必须考虑信息管理以及适合的管理结构。在信息传播的每一步根据信息的不同情况传递给适当的受众也很关键,它有助于提高信息的利用率和信任,并最终为社会提供切实的效益。

• 目前仍然很难与私营部门或特殊部门开展沟通和交流(比如保险、能源和军事部门等)。气象职能部门、大学研究人员和非政府团体应做出更大努力与私营部门组织接触和合作,以确定在不影响商业服务的情况下如何共享知识,以造福公共卫生和安全。

• 为了研究和业务中进一步发展交流和沟通,需要对 S2S 信息交流和使用的所有方面进行明确和系统的记录、评估和公布。

• 此外,需要持续努力设计、试验和运行新的 S2S 服务,并在数年内,而不是在几个月或传统的较短期限内衡量其有效性和可用性。

第 20 章

无缝预测季风的暴发、活跃和中断期

20.1 引言

印度夏季季风(Indian Summer Monsoon,简称 ISM)的时间谱特征中占主导地位的是 1～7 d 的天气模式(季风低点和低气压)、10～20 d 的模式(向西传播的超同步模式)和 20～80 d 的模式(向北传播的季风季节内模式)。印度次大陆的降雨分布被认为是这些季风模式共同作用的结果。这些由 ISM 季节内或次季节波动引起的降雨是区域水文循环的一个组成部分,几个世纪以来一直是印度次大陆上可靠的水资源来源。在季风季,有效利用这些水资源对于水坝和水库管理、农业作物管理、卫生服务、灾害管理和其他社会服务是至关重要的。在不同的空间和时间尺度上,对季风降雨的次季节波动的预测是加强水资源利用的一个重要组成部分。

尽管在不同尺度上预报降雨和温度的能力取决于许多不同的因素,但是基于预测和对季风动力学理解的进步,一种精简的多尺度无缝预测平台正在慢慢发展。本章的目的是根据我们对延伸期内次季节尺度季风变化的理解,审查和评估这种预测策略。季风季(6—9 月)的次季节变化显示了从天气尺度(<7 d)到季内尺度(约 90 d)的变化,不同尺度的预报需要不同的模式策略。本章将重点讨论延伸期的预报。

ISM 具有明显的季节周期,在 6—9 月(即 JJAS)期间,降水开始并随后向北传播,这种向北传播是 ISM 降雨量(ISMR)的次季节变化的一个组成部分。与季内雨带向北传播有关的降水增强(减弱)表现为 ISMR 的活跃(中断)期,这种向北传播的第一个阶段标志着 ISM 的开始(Goswami,2005)。尽管 ISM 的开始日期与随后的季风发展或季节平均值没有关系,但它的时间对农业生产力有相当大的影响,反过来也对印度经济有影响(Gadgil et al.,2006)。

相反,活跃/中断期的持续时间和频率在很大程度上决定了季节平均季风的异常(即,高于正常、正常或低于正常),因此,提前预测季风的开始和活跃/中断周期是非常重要的。尽管预测 9 月的季风消退对农业也很重要,但由于季风的消退缺乏明确的指示参数,这里不做讨论。

为了预测印度地区的季风降水变化,通常定义印度季风区(Monsoon Zone of India,简称 MZI),由印度气象局(IMD)指定(Rajeevan et al.,2010),包括印度中部大部分和毗邻的经历季风季节性波动的地区(图 20.1a)。MZI 地区降雨量的空间平均日降雨指数被用来优化识别降雨的活跃/中断期。除了时间上的变化外,ISM 还具有空间不均匀的特点。尽管 ISM 的活跃/中断期会体现在降雨的空间分布上,但是这种空间分布没有统一的特征(Chattopadhyay et al.,2008)。在正常的季风年,印度的一些地区降雨量较大,而另一些地区降雨量较小;在这种情况下,空间平均的全印度时间序列可以抹平区域差异。动力学的次季节预报应该被调整以捕捉几个地区的区域降雨模式,这种预报的提前期可以达到数周,有助于提高对大型和小型降雨事件的准备。目前,印度气象局正在对 6—9 月季风季的最高空间分辨率和从短期到季尺度的多种提前期的降雨预测进行业务测试。

当试验性预报在早期以准业务化的形式发布时,次季节和延伸期预报的重要性主要得到了水文气候学和农业气象学相关人员的认可。在多个空间尺度上对季风暴发、活跃和中断期的准确预测,可以为农业界和水资源管理者提供有关在小区域可能出现极端情况时要实施的决策信息。以下是一个关于季风暴发期预测的例子,农作劳动者期待季风期的到来,季风期的强度和开始时间可以对喀拉拉邦的播种模式、作物选择、浇水模式、杀虫剂喷洒模式等方面的决策造成影响,如果季风预测的提前期可以达到 2~3 周,那么农业和卫生部门就有足够的时间来制定规划方案。

众所周知,如果考虑的区域越大,预报的可靠性就越高,而目前对于较小空间尺度的预报需求已经大幅度增加。虽然印度国土被划分为 5 个同质区域(图 20.1a),以方便在季节和延伸期时间尺度内进行大规模预测,然而目前对于印度最小的行政区划的预测也有需求,另外,由于各种原因,人们不时地寻求地区级的预报(相当于几个街区)。另一方面,IMD 为气象分区(图 20.1b)发布预报,以帮助国家和地方机构对洪水、干旱和其他极端天气发生时进行应急管理。因此,当前的预报需要量体裁衣,以无缝方式为可能比气象分区更小的行政单位在多个时空尺度上提供服务。这一章我们将讨论一套印度自主的延伸期预报系统的预报能力,从较大空间尺度开始,然后慢慢放大到分区尺度,以评估在目前可用资源下无缝季风预测的实际可行性。

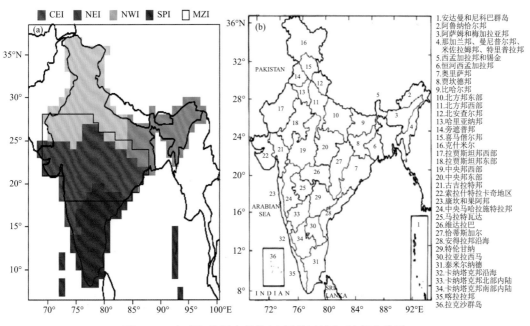

图 20.1　印度气象局定义的(a)同质区域和(b)气象分区

20.2 季风次季节变化的延伸期预测

印度地区以及东南亚几个热带地区夏季季风降雨的次季节可预测性已经相当成熟,由于存在超出天气尺度的低频次季节变化,许多机构已经开始尝试进行实际业务预测。以无缝方式预测各种空间尺度上的次季节降雨期具有若干实用价值,特别是对印度次大陆的洪水和灾害预报以及农业规划很有意义。因此,在过去的 10 a 中,除了开展季风理论研究之外,次季节尺度的业务预测也成为一种必要。在过去的 20 a 中,季风季内振荡(Monsoon Intraseasonal Oscillations,简称 MISOs)和热带季内振荡的统计预测模式已经取得了很好的效果(Waliser et al.,1999;Jones et al.,2000a;Xavier et al.,2007;Chattopadhyay et al.,2008;Jiang et al.,2008)。季风次季节预测对于水文气象和农业气象领域的应用十分重要,基于 MISO 的 40 a 振荡周期这一隐含假设,早期的统计学延伸期预报研究专门开展了水文预报(Webster et al.,2004),后来,其他线性和非线性模式被用于实时预测(Xavier et al.,2007;Chattopadhyay et al.,2008),这些统计预测模型使得近年来对次季节尺度的动力学预测效果越来越好。

早期的研究表明,使用动力学模式,次季节尺度内潜在预报技能的极限可以超过 15 d。近年来,一些研究验证了这种对次季节预报技能的评估,Liu 等(2014a)指出,NCEP 耦合预报系统第 2 版(NCEP CFSv2)在亚洲几个热带海区的夏季季风降水的次季节预报中展示出了合理的预报技能。

研究者们开展了一些 BSISO 模式次季节预测研究,Lee 等(2015)在 ISVHE 中研究了亚洲季风区上空 BSISO 的可预报性和预报技巧,发现在 BSISO 初始振幅较强的情况下,多模式平均 BSISO 的可预报性和预报技巧分别约为 45 d 和 22 d。最近,Neena 等(2017)根据基于 27 个大气环流模式(GCMs)进行的 20 d 后报评估了 BSISO 预测技巧,其中许多 GCM 模拟出了 BSISO 的传播,但在降水模拟中出现了明显的偏差,其中向北和向东的传播被更好地捕捉到。这两项研究表明,对于 BSISO 的预测还有很大的改进空间。

作为印度国家季风任务(National Monsoon Mission,简称 NMM)计划的一部分,为了提高印度季风地区的预测能力,印度热带气象研究所(Indian Institute of Tropical Meteorology,简称 IITM)开发了一个多模式集合(Multimodel Ensemble,简称 MME)预测系统,现在已经在 IMD 运行,系统的动力模式来自于 NCEP 开发的一个延伸期(2~3 周)气候模式。为了生成模式集合,我们使用了 CFSv2 的一个版本(Saha et al.,2006,2014),分别在 T126(110 km)和 T382(38 km)两个水平分辨率下运行。模式集合还包括 CFSv2 的大气模块,即 GFS,也以 T126 和 T382 水平分辨率运行。在 CFSv2 耦合模式中,GFS 与一个海洋模式、一个海冰模式和一个陆面模式相耦合,海洋模式用的是 GFDL MOM4(Modular Ocean Model,version 4p0d,Griffies et al.,2004)。单独 GFS 与耦合的 CFSv2 的物理选项略有不同,单独 GFS 模式用 CFSv2 的每日偏差校正的预测海表温度(SST)进行强迫的,偏差校正主要是减去平均偏差,以最优内插海表温度观测值(Reynolds et al.,2007)为参考,这组 GFS 预报我们称为 GFS-bc,其中 bc 表示偏差校正的边界条件(Abhilash et al.,2015)。

选择一个合适的方法来生成初始条件是集合预报的关键,尽管有几种方法可以生成不同初始条件的集合,我们使用类似于 Buizza(2008)的方法,生成了一个扰动大气初始条件的集合以及一个实际的初始条件。实际的(即未扰动的)初始条件是由 NCEP 的耦合资料同化系统准备的,该系统具有 T574L64(约 23 km 的水平分辨率,64 个垂直层次)分辨率的大气同化和基于 MOM4 的海洋同化,是 CFSR 的实时扩展(Saha et al.,2010)。这些初始场都是实时生成的,并由新德里的印度国家中期天气预报中心(National Centre for Medium-range Weather Forecasting,简称 NCMRWF)和海德拉巴的印度国家海洋信息服务中心(Indian National Centre for Ocean Information Services,简称 INCOIS)通过持续的合作提供给业务预报系统。每个集合成员的预报是通过扰动这些实际的初始气候条件产生的,我们对风场、温度场和水汽场进行扰动,所有变量的扰动幅度与每个变量在特定垂直层面的方差大小一致。关于集合生成技术的更多细节可以在 Abhilash 等(2014)中找到,更多关于 GFSbc、CFST126 和 CFST382 的模式和试验细节以及技巧评估,可参见 Abhilash 等(2013,2014)和 Sahai 等(2015)。

MME 使用了 CFSv2 和单独 GFS 以及它们的一些改动版本,具有不同的分辨率、参数和耦合配置(以解决耦合的 SST 偏差),这些配置和参数的选择是由可能对延伸期季风预报有影响的各种物理机制决定的。基于模式的计算性能测试结果以及现有的计算资源,我们选择了一个由 16 个成员组成的预报组合用于业务预报。使用 CFS,我们运行了 CFST126(约 100 km)的 4 个成员和 CFST382(约 38 km)的 4 个成员。同样,对于 GFS,我们用 GFS-bc 的两个分辨率各运行 4 个成员,用 CFS 的偏差校正预报 SST 进行强迫。IMD 从 2017 年季风季开始采用该系统对印度地区进行业务化的延伸期预报(Extended-range Prediction,简称 ERP)(模式和预报策略流程见图 20.2)。目前,4 周提前期的预测在业务上是每周运行一次(周三)。

这个 ERP 系统正在发布各种定制的预测产品,其中包括事件的延伸期预测:ISM 的活跃暴发期,季风的开始、发展、消退,热浪和寒潮,监测 MISO 和 MJO、气旋发生以及许多其他事件。现在,这个 ERP 系统能够为各种特定部门的应用生成延伸期预报,如农业、水文、能源、保险、再保险、城市规划和健康。图 20.2 为 ERP 业务系统的端到端预报和传播系统的示意图。由于这些部门依赖各种空间和时间尺度的预报,出于业务上的考虑,需要一个跨越多种空间和时间尺度的无缝次季节预报方案。

这种预测方案已经展示出一定的效益和前景,并且适合于从较大的印度同质区域到较小的街区的无缝预测,其应用已在几项研究中有详细报告,相比其他模式展示出了一定的优越性(Abhilash et al.,2014;Pattanaik et al.,2014;Sahai et al.,2015;Joseph et al.,2015)。对于较大的同质区预测,它与最先进的 ECMWF 中期预报模式的效果相当(Chattopadhyay et al.,2017)。本章的其余部分将介绍 2003—2014 年不同空间尺度后报的预报技巧,在这些后报的基础上,还将展示最近几年大尺度条件的业务预测,将采取从大到小的验证方法,首先描述大尺度特征的预报,然后介绍较小空间尺度的预报技巧。

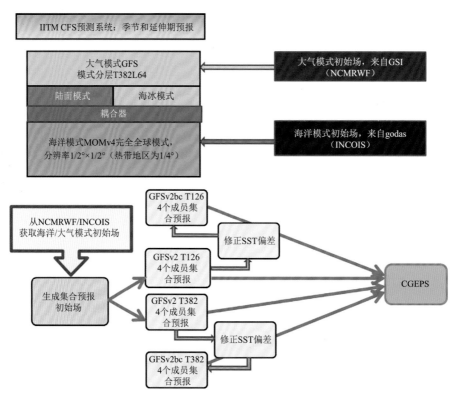

图 20.2　IMD 最新的预测系统示意

20.3　季风的暴发、活跃和中断期的识别

20.3.1　印度喀拉拉邦季风暴发（MOK）的标准

ISM 的暴发发生在南部半岛的喀拉拉邦，因此，喀拉拉邦的季风暴发（Monsoon Onset over Kerala，简称 MOK）具有重大的业务重要性。在过去的几年里，确定性的预测已经可以实时生成，如表 20.1 所示，MOK 的标准已经从模型的后报预测（Joseph et al.，2015）和 2001—2014 年的 MOK 预测中确定。在制定标准时，考虑了区分季风雨和季风前雷阵雨的主要特征（即低层风的季节性逆转，MOK 日期后降雨和低层风的持续存在），以避免出现与季风系统无关的"假暴发"现象。图 20.3 的左图显示了基于喀拉拉邦降雨量（Rainfall over Kerala，简称 ROK）和阿拉伯海上空的纬向风强度（uARAB）识别出的季风暴发日期（MOK），上、下两图预报的起始时间分别为 2003 年 5 月 16 日和 2005 年 5 月 16 日。同时，图 20.3 的右图显示了基于 MME 预报集合平均值的风和降水的合成分布，并与 14 a 期间 MOK 的观测值（OBS）进行了比较，该图表明，在季风暴发阶段，MME 与观测到的空间分布具有良好的吻合度。

表 20.1　2001—2014 年 IMD 发布的 MOK 和模式预测的 MOK 的比较

年份	实际 MOK	预测 MOK	集合预报标准差/d	实际 MOK 与预测 MOK 时间差/d
2001	5.23	5.25	2	2
2002	5.29	5.21	5	8
2003	6.8	5.30	5	9
2004	5.18	5.18	1	0
2005	6.5	6.5	3	0
2006	5.26	5.25	2	1
2007	5.28	6.2	8	5
2008	5.31	6.2	7	1
2009	5.23	5.24	2	1
2010	5.31	5.30	5	1
2011	5.29	6.1	2	3
2012	6.5	6.4	4	1
2013	6.1	5.29	2	3
2014	6.6	6.5	6	1

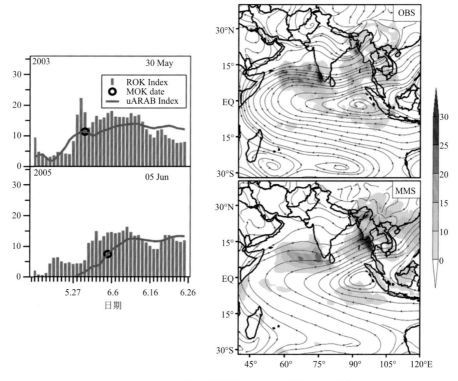

图 20.3　左图为给定年份的 MOK 延伸期预报实例；

右图为 2001—2014 年 MOK 日降雨量(单位:mm/d)和 850 hPa 风速(单位:m/s)的观测

和 MME 预测的对比

20.3.2　季风活跃和中断期与季风季内振荡的关联

MISO 的周期为 20～80 d，因为它们在印度中部的大部分地区产生降雨，并在维持季风槽方面起主导作用，因此，需要特别关注。为了预测和跟踪 MISO，我们使用了 MISO 指数，该指数由 Suhas 等（2012）基于对每日降雨量的扩展经验正交函数（Extended Empirical Orthogonal Function，简称 EEOF）的分析而提出，与 Wheeler 和 Hendon（2004）提出的监测验证 MJO 的方法类似。EEOF 的前两个主成分 MISO1(t) 和 MISO2(t)（其中 t 为运行时间）的散点图给出了对流云在南北方向的位置。

根据 MISO 的相位，我们定义了与 MISO 相关的季风活跃期和中断期。活跃期是根据散点图中相位点（MISO1，MISO2）的位置来确定的。如果归一化的 MISO 振幅，即 (MISO1^2(t)/MISO2^2(t))$^{\frac{1}{2}}$ > 1，并且相位点（MISO1(t)，MISO2(t)）位于相位空间的某一位置，该位置的对流位于印度中部的 MZI 区域，那么该相位点对应的日期即被视为季风活跃日。同样，根据活跃期和中断期的跷跷板模式，当对流在印度洋上空时，则对应地定义为印度中部的中断期。对于延伸期模式来说，在延伸期尺度上对这些季风期进行预测是十分重要的。此外，用户希望在较长的提前期上对强降雨事件同时进行确定性和概率性预报。在下一节中，我们将根据这一节描述的季风期识别标准对季风的活跃期和中断期进行预报，尽管对强降雨事件的估计可能有一些时空误差，但它仍然可以作为即将发生的事件的指导。

20.4　季风次季节无缝预测的示范

20.4.1　大尺度季风季内振荡指数随位相变化的技能

图 20.4 以双变量相关系数（Bivariate Correlation Coefficients，简称 BVCC）表示从大气初始场中不同 MISO 阶段开始时的 MISO 预报技能。BVCC 定义如下（Rashid et al.，2011）：

$$\mathrm{BVCC}(\tau) = \frac{\sum_{t=1}^{N} \left[a_1(t)b_1(t,\tau) + a_2(t)b_2(t,\tau) \right]}{\sqrt{\sum_{t=1}^{N} \left[a_1^2(t) + a_2^2(t) \right]} \sqrt{\sum_{t=1}^{N} \left[b_1^2(t,\tau) + b_2^2(t,\tau) \right]}}$$

式中，$a_1(t)$ 和 $a_2(t)$ 指的是在时间 t 上观察到的 MISO1 和 MISO2 时间序列；$b_1(t,\tau)$ 和 $b_2(t,\tau)$ 是各自对时间 t 的预测，提前期为 τ 天；N 是预测的数量。初始大气状态是根据观察到的 MISO 阶段进行分类的，即从活跃到中断（Act2Brk），从中断到活跃（Brk2Act），以及包含各种阶段的初始条件集合（All）。MME 和其他参与的单一模式集合（Single-model Ensembles，简称 SME）的 MISO 预测技巧表明，MME 的有用预测的极限，即以 0.5 的阈值相关系数（CC）来衡量，对于全阶段初始条件分类（All），大约是 18 d（图 20.4 的蓝色曲线）。对于 Act2Brk 和 Brk2Act 初始条件，MME 的预测技巧没有明显的差异（黑色和红色曲线）。CFST126 和 CFST382 的阈值相关系数在 16 d 时下降到 0.5 以下，对 Brk2Act 初始条件的有用预测极限略微延长到 18 d。然而，在 T126 和 T382 分辨率下，所有 3 类初始条件都显示出 GFSbc 的预测极限扩展为 18～19 d，与 ECMWF 和 BoM 模式对于 BSISO 的预测能力相当，如 Jie 等（2017）中的图 8 所示。

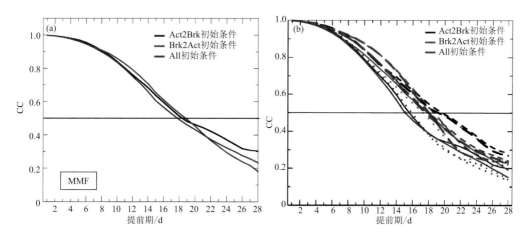

图 20.4　MME 预测结果的阶段性评估(a)不同初始条件下的 MISO 预测技能评分(BVCC);
(b)不同模式在不同初始条件下的集合平均预测技能(以上结果来自 CFST126(点)、
GFST126(虚线)和 GFST382(点虚线)模式对 2003—2014 年间的后报运行结果)

图 20.5 给出了 MME 和其他模式在全阶段初始条件下的 BVCC 评分(2013—2016 年),不同提前期的 MISO 指数预测能力每年都不一样,表明预测能力存在明显的年际差异。2015年,MME 以及各个模型的差异可以忽略不计,而在 2016 年则出现了最大差异。

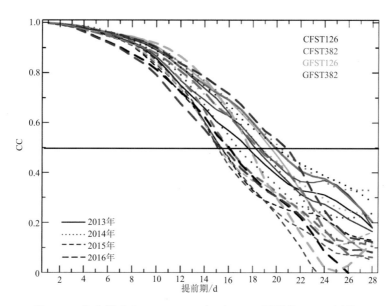

图 20.5　各个模式在 2013—2016 年对 MISO 预测的 BVCC 评分,
气候态数据基于 2003—2014 的后报结果给出

20.4.2　季风季内振荡集合预测成员标准差与均方根误差的关系

在给定的预报提前期内,集合成员标准差和均方根误差(RMSE)衡量了集合预报的准确度:对于一个经过良好校准的预报,它们应该相等。图 20.6 显示了 MME 和单个模型的

BVCC、标准差和双变量 RMSE 随提前期的变化，双变量 RMSE 的定义为：

$$\mathrm{RMSE}\,(\tau) = \sqrt{\frac{1}{N}\sum_{t=1}^{N}\left[(a_1(t) - b_1(t,\tau))^2 + (a_2(t) - b_2(t,\tau))^2\right]}$$

可以看出，MME 的 BVCC 技能在 18 d 内都保持在显著水平以上，达到了延伸预报的目的(图 20.6a)。从图 20.6b 可以看出，与单个模式相比，MME 的 RMSE(实线)有所提高，标准差(虚线)有所扩大。这表明 MME 优于单个模型，而且同一模式的不同版本组合可以使预报技能得到提高。预测技能的提高归功于 MME，它以单一模式的动力学核心为基础，对物理参数化、模式分辨率、边界和初值偏差修正进行了多种配置。如图 20.7 所示，多模式组合改善了集合体成员之间的标准差，导致技能的提高，因此，MME 对季风季内振荡提供了更好地预测。

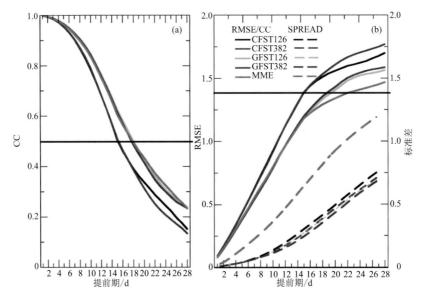

图 20.6　来自 CFST126、CFST382、GFST126、GFST382 和 MME 的二元(a)BVCC 和
(b)RMSE 以及 MISO 传播指数(这些结果来自 2003—2014 年的后报数据)

20.4.3　印度 5 个同质化地区的预测技能

尽管大范围的预报对监测 MISO 很有用，但它不能提供印度地区的区域降雨分布形势信息。另外，由于逐日的降雨预报目前还不能延伸到几天到 1 周，所以预报和观测数据是按周平均的，关于预报技能的评估也是按周平均值来描述的。根据降雨量分布和区域气候学，印度陆地区域被划分为 5 个同质区域(图 20.1a)。图 20.7 显示了单个分量模式和 MME 在不同同质区域的后报相关水平。可以看出，在第 1 周(即第 1~7 d 的平均预报)，MME 和单个分量模式的相关水平是相似的，在更长的提前期上，MME 的预报技能比 GFST382 更好，因此，MME 提高了延伸期的预报技能，在更长的提前期上，对印度南半岛(South Peninsular India，简称 SPI)和印度东北部(Northeast India，简称 NEI)地区的预报技能一般，而对印度中部地区的预报效果较好，农业和水资源管理活动有可能从这些预报中受益。

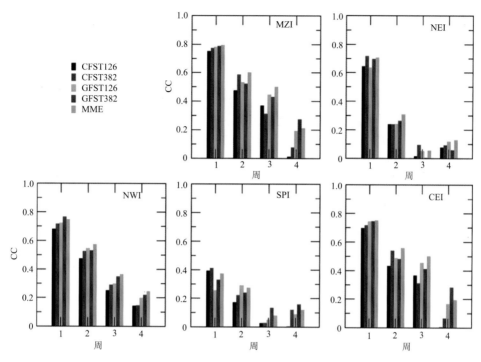

图 20.7　单个分量模式和 MME 在不同同质区域的降雨量后报相关系数

20.4.4　不同分区季风活跃和中断期的预报水平

由于用户群体对较小空间尺度预报的需求越来越大,必须评估 MME 在印度各气象分区的技能,以便在使用这些地区的预报时对于准确性有一定的预期。图 20.8 显示了 JJAS 期间的后报降水的距平相关系数(Anomaly Correlation Coefficient,简称 ACC)。地图上的阴影表示相关性在 99.9% 的信度水平上是显著的。很明显,除了泰米尔纳德邦地区(该地区在 JJAS 没有受到季风降雨的影响),MME 在第 1 周的预报中几乎对整个印度区域都有良好的预报水平,虽然预报水平随着时间的推移而降低,但全印度大部分地区在第 3 周前都有不错的结果。这是一个很好的迹象,表明这个 MME 可以在较小的空间范围内用于业务目的。

20.4.5　多模式集合预报在更小空间尺度上的可行性

尽管对超高分辨率预报的业务需求很高,但在给街区级别的高分辨率空间尺度提供预报之前,必须对这种分辨率下的业务可预报性进行调查。分数技巧评分(Fractions Skill Score, 简称 FSS;Mittermaier et al.,2010;Mittermaier et al.,2013;Sahai et al.,2015)决定了特定提前期上可预报性的空间尺度。图 20.9 显示了当前一代预报系统对高于正常值(对应活跃期)和低于正常值(对应中断期)类别在不同提前期上的 FSS。横坐标表示网格块的大小(1°×1°、2°×2°、3°×3°)等,分别表示为 1、2、3),图中的虚线表示 FSS=0.67 的目标值,低于 0.67 的预报就被认为是不具有意义的(Sahai et al.,2015)。对于第 1 周(1~7 d 的提前期)的预测,2°×

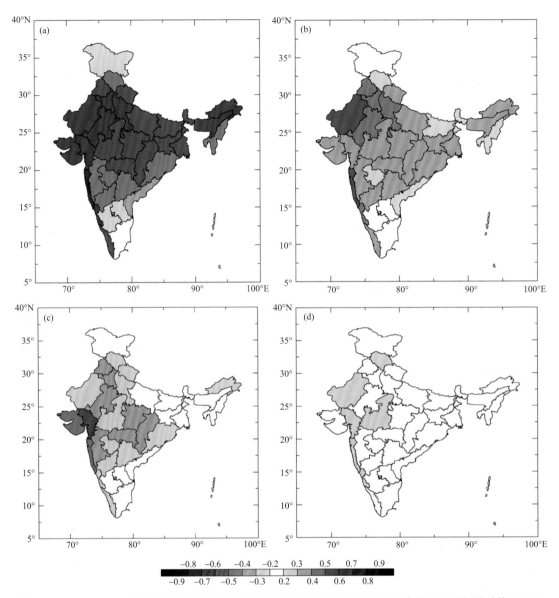

图 20.8　2003—2014 年不同提前期上对于印度各气象分区 JJAS 期间的后报降水的距平相关系数（ACC）
（a～d 分别提前 1～4 周）

2°和 3°×3°（FSS 曲线与目标相交的地方）时的预报技巧最好。随着提前期的增加,预测技巧最好的空间尺度也在增大,和预期一致。MISOs 可以在较长的提前期进行预报,然而提前期较长时,预报的空间尺度就不能太小。活跃期和中断期的结果对比表明,对活跃期预报技巧较高的空间尺度比中断期小得多,因此,在地区（2°×2°）或者街区（1°×1°）级别,1 周提前期的预报是最好的。

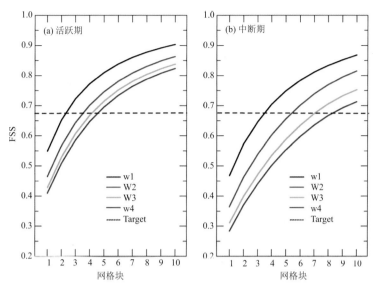

图 20.9　当前预报系统对高于正常值(对应活跃期)(a)和低于正常值(对应中断期);
(b)类别在不同提前期上的 FSS 评分

20.4.6　多模式集合预报应用于极端事件的一个例子

任何意外的、不寻常的和非季节性的天气事件,如暴雨、热浪或寒潮或气旋,都可以被定义为极端天气事件。如果这类事件受到大尺度强迫因素的影响,那么它们的概率应该是可以在更大范围内预测的。图 20.10 显示了 MME 在预测 2013 年 6 月发生在印度北部 Uttarakhand 的强降雨事件中的应用。带点的黑色实线代表 Uttarakhand 地区(29°—31°N,78°—80°E)的观测降雨量,红色(蓝色)实线表示 T382(T126)集合平均预报,预报起始时间为 2013 年 6 月 5 日,棕色虚线表示 T382(11 个成员)和 T126(11 个成员)的单个集合成员,起报时间相同。很明显,T382 的 MME 至少提前 10~15 d 预测了该事件,而 T126 的 MME 则严重低估了降雨量,说明足够高的模式空间分辨率有利于降雨量的预测。

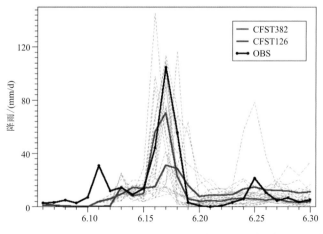

图 20.10　2013 年 6 月 Uttarakhand 暴雨事件的极端天气预报实例

20.5 总结

20.5.1 前景和挑战

本章回顾了基于 MME 的集合预报系统的延伸期预报技巧,该系统由 IITM 开发,最近在 IMD 投入使用。讨论中的几个例子表明,用最先进的 IMD 预报系统进行的空间无缝次季节预报可以投入使用,尽管其在街区一级预报技巧需要大幅度改进。

研究发现,在更大的空间尺度上,MME 在预测季风季节的降雨方面具有良好的保真度。基于大尺度指数(即 MISO1 和 MISO2)的活跃期和中断期提前 $15 \sim 20$ d 显示出显著的相关。MISO 振幅在长达 15 d 的提前期上显示出了显著的相关。活跃期和中断期在当前模式中显示出类似的预测能力。对印度的同质区的预报表明,印度中部平原的大部分区域的预报能力可以达到 3 周,而南半岛和印度东北部区域在当前预报系统中的预报能力为 $1 \sim 2$ 周。

一些地区的低预报技巧可能与以下因素有关:MISO 向北传播期间的降水分布并不遵循具有固定空间结构的简单周期性模式,相反,它是一个具有多尺度结构的演变中的对流系统。例如,关于对流参数化和微观物理学方案的试验表明,由于季风地区对流系统的表现极为复杂,在不同的方案下,技能可能存在很大的差异。因此,我们建议通过加入多种物理过程的选项来改进 MME 模型(比如在不同的空间分辨率下使用不同的对流参数化方案)。此外,昼夜循环的作用在耦合模式中并没有很好地表现,CFSv2 在预报对流的昼夜循环时有很大的偏差。

20.5.2 空间无缝次季节预测的未来发展方向

尽管出于研究的目的可以继续进行模式物理过程和动力框架的试验,然而对于较小空间尺度的业务预测的需求正在增加。因此,建议进一步对模式输出进行后处理,以改善区域预测,特别是对影响较小区域的极端降雨事件的预测,极端降雨事件往往与天气尺度过程和大尺度 MISO 的相互作用有关。为了获得高度本地化的预报,全球大气模型必须有很高的空间分辨率,这需要大量的计算资源,在这种情况下,基于低分辨率的统计和动力模式的降尺度可以成为提供有用预报的一种方式。IMD 和印度研究机构现在的重点是改进降尺度的方法,以找出如何改进区域和更小尺度层面的预测。单一的降尺度方法很难满足要求,因此,一套统计和动力的降尺度技术是必不可少的。

第21章

利用概率气候预测为部门决策提供信息：25 年的工作中所吸取的教训

21.1 引言

自古以来,人类的生产、生活都受到气候变化的影响,人类社会发展形成了各种机制来应对气候风险。自 20 世纪 80 年代初以来,在季时间尺度上预测气候变化已经取得了重大进展,如今,大多数预测中心都已经常规发布季节气候预测(Seasonal Climate Forecasts,简称 SCFs)。

鉴于很多具有重大社会经济意义的活动都会受到气候变异的极大影响,人们普遍期望气候预测能够为决策过程提供参考,以减轻气候变异带来的风险。然而,事实证明,将概率气候预测转化为实际决策十分具有挑战性,而且并不总是能达到预期的效果(Lemos,2003)。

从气候科学的角度来看,科学研究主要关注气候预测本身的特点,包括它们的提前期、预报技巧、预测手段和物理因果关系。然而因为预测是概率性的,其表现形式也具有重要的实际意义,因此,季节气候预测已经用三分法(高于、低于或接近正常)的概率来表达。当试图将气候预测引入实际决策时,所有这些问题都至关重要。在这一章中,我们重点关注将气候预测嵌入到决策过程中的过程,识别和描述一些通常遇到的困难,给出几个例子以更好地可视化它们,并提出最佳方案来处理这些问题。本章是作者 25 a 来在将 SCF 嵌入不同社会经济部门的实际规划和决策过程中得到的经验和教训。

研究者们开展了关于提出适应气候变化的倡议(Lesnikowski et al.,2011)和建立气候服务(Vaughan et al.,2017)的研究,这些研究倡导了一系列关于将气候预测引入实际决策的活动,这些活动包括:①建立适当的机构体系,②在这些机构中确定发挥领导作用的倡导者,以及③促进气候和部门社区之间的建设性合作,可以让信息的使用者直接参与气候信息的生成和使用。

在过去几年中,国际气候科学界开始投入大量精力,探索 S2S 时间尺度上的气候可预测性,即中期天气预报(最长 2 周)和季节性展望(3~6 个月)之间的空白。目前正在努力研究 S2S 预测的效用和可用性,以便为业务模式的决策和规划提供信息(Vitart et al.,2012b)。我们认为,将 S2S 气候预测纳入实际决策、规划和政策制定的过程,与过去几十年中 SCF 纳入决策过程是相似的。

本章讨论了在将 SCF 纳入部门决策和计划的努力中所获得的经验,希望其中一些经验能够为 S2S 预测的类似应用提供参考。第 21.2 节概述了机构内决策过程的各个方面,在尝试嵌入气候预测之前,需要充分了解这些方面,第21.3节将讨论这一步骤。第21.4节介绍了两个关于气候信息慢慢地影响部门决策的例子。第21.5节总结了所学到的经验和结论。

21.2 相关工作现状

在讨论如何将气候预测纳入决策之前,我们首先要了解原本的决策方式是什么样的,以及这种决策方式的内在逻辑以及其演变历程。只有在此基础上,才有希望实施决策方式的变革。我们应该意识到,在不确定性条件下做出的决策总是涉及一些经济、个人或政治上的风险,利益相关者不可能采取不考虑现有条件和风险的决策,这种决策方式是当前的常态,这些也是在尝试将气候预测引入决策之前必须解决的一些问题。

21.2.1 不确定因素和相关风险的描述

当与决策者交流以将气候预测嵌入决策时,首先最重要的步骤包括明确显示与决策相关的气候变量的分布,以向决策者准确地传递关于其后不确定性的信息。此外,决策者往往不习惯处理关于气候变化的图片或数据。协助利益相关者熟悉气候状态分布情况,是在决策中充分发挥气候预测作用的基础。

第二个更复杂的步骤包括确定气候系统的不确定性如何传播并对决策产生影响。其中一些传播的影响可以被建模并编写成算法,可以很清楚地展示某些变量的气候态变化对决策者的决策产生的影响。然而,值得注意的是,决策涉及其他定量和定性的信息,这些信息不能被编入算法,但却可以严重影响决策,因此,算法只能作为参考。

另一个需要考虑的关键因素是决策的提前期相比预测的提前期的长短,决策的提前期取决于所关注事件的动态变化和时间尺度;在某些情况下,决策的时间可能是刚性的,而在其他情况下,可能有灵活的空间。预测的提前期是由可预测性的物理基础决定的,预测技巧可能随着理解、监测和建模的改进而提升,然而可预测性的上限是由基本物理规律控制的。

21.2.2 决策选项的可用性以及优劣

评估决策选项的可用性、优劣以及对气候变化的敏感性,需要了解气候的不确定性对决策系统的影响方式。即使气候变化对某个事件决策的影响很大,缺乏应对这些影响的决策选择的话,气候预测的效用则难以发挥。因此,如果对气候变化产生的影响缺乏应对措施,那么采取何种决策就没有意义,因此,气候预测便没有用武之地。气候预测的目标是提供有助于在各种选项中进行抉择的信息,因此,当选项本身不存在或者没有意义时,气候预测则是徒劳的。

在某些情况下,为了减少物质和财产损失,可供选择的决策选项不多。但是,仍然有可能采取干预措施,以控制损失或制定与即将发生的事件的应对战略。在这些情况下,预测信息能够助力于干预措施的制定。

21.2.3 决策形式

决策过程的形式可以有很大的不同。一种极端情况是,有一些机构拥有足够的经验,使他们能够建立一个复杂和严格的协议来管理气候风险;另一种极端情况是,由个人根据直觉和个人经验做出决定。人多数情况都介于这两个极端之间，存在一些制度和协议，然而决策主要是由一部分人做出的主观决定。

21.2.4　总结

前文所描述的内容与风险管理系统的要素非常相似：制度、程序、风险评估和风险管理。Baethgen(2010)提出了一个基于 4 个支柱的方法来改善与气候相关风险的管理：

①与相关领域利益相关者密切合作，确定特定系统(农业、水、能源、公共卫生等)因气候变化而可能产生的潜在受灾可能。

②描述、量化并在可能的情况下减少气候的不确定性，以助力各社会经济部门的决策。相关信息可能包括不同时间尺度的气候历史分析(了解过去)、气候监测系统(观察现在)和未来气候预测(预测未来)。

③针对气候变化的特殊年份，设立相应的应对技术和方法，以降低对气候变化的易受灾性。以农业领域为例，采取的措施包括作物播种多样化，改进耕作系统以增加土壤储水，提高植物用水效率以及使用抗旱栽培品种等。

④确定政策和制度安排，以减少极端气候造成的危害，或是使人们能够利用有利于生产的气候条件。例如，可以通过改善预警和反应系统以及通过各种形式的保险来实现减轻风险。

最近，这一方法又增加了第 5 个支柱(Goddard et al.，2016)，其中涉及对结果的监测和评估。只要有可能，前 4 个支柱中提到的干预措施就应该在监测和评估框架内实施，包括设立基准条件以及评估干预措施后的变化。评估有助于人们确定哪些影响可以归因于干预措施，并根据需要对干预过程进行调整。

在很多情况下，这几个组成部分并不总是十分明确的，也没有使用上述的术语来进行描述。尽管如此，如果某个正在进行的业务可能受到气候变化的影响，那么一定存在相应的气候风险管理活动，虽然这些活动可能比较隐性或简单。在一些比较小的组织中，决策往往是由一个人做出的，整个风险管理战略可能在于这个决策者自己的判断。这方面的一个关键信息是，在任何机构(无论大小)尝试将气候预测纳入决策之前，必须充分了解当前的气候风险管理策略。

经验表明，将气候预测纳入决策需要风险管理策略的所有组成部分是公开透明的。此外，如果任何一个组成部分太弱，最好在尝试应用气候预测之前加强它。

21.3　在决策中使用概率性的气候预测

如同上一节所述，气候的不确定性已经被以不同的程度被纳入决策系统中。因此，为了适应多变的气候，决策者必须拥有充足的相关知识来应对预期的气候变化，甚至可以说，气候平均态的预期变化趋势已经成为决策系统的一部分。尽管气候变化的重要性在决策系统中越来越得到重视，但是对于决策者来说，如果决策者收到的实际气候预测相对于预期气候变化只是很小的一部分，那么他们可能很难察觉到这些差异。

如果想要适当地将气候预测同化到决策过程中的话，需要对决策过程进行微妙的修改，以便预测中展示出的预期气候的轻微变化也能受到足够的重视，然而这种微妙修改的有效性很难评估,实施起来也并不容易。为了描述常见的困难,我们将通过提出 3 个步骤,即气候不确定性的转变,以及相关的风险变化和利益相关者的参与来调整激励机制。

21.3.1　气候不确定性的特征及其预测的转变

根据我们的经验,在这个过程的早期阶段通常会出现两个误解,需要加以澄清。第一个误解是认为季节尺度气候预测(SCFs)在某种程度上消除了气候的不确定性,这是利益相关者们的长期愿望。第二个误解与前者相反,发生在利益相关者对气候不确定性认识不足的情况下,并错误地认为气候的不确定性是由气候预测引起的。因此,在与决策者交流时应该澄清,预测会改变不确定性,在某些情况下甚至可以减少不确定性,但既不能消除也不能创造不确定性。

必须强调的是,应该将气候预测视为常规决策方法的变体,而不是全新的事物,因此,决策系统需要明确考虑气候不确定性及影响,否则,概率预测就失去了意义。只要有可能,气候风险的可量化部分就需要明确地计算出来。在引入任何与预测有关的转变之前,应进行这种定量估计并进行测试。气候不确定性传播建模的缺陷是一个关键的问题,这个问题独立于将预测纳入决策的问题,应相应地加以解决。一旦形成相应的解决算法,这种算法在解决气候不确定性的传播问题时能够很好地建立气候预测与决策的关系,最终,一种透明地包含气候预测的决策方法可能会成为新的常态。

类似的思维也适用于处理气候不确定性中更定性和更主观的成分,必须尽一切努力使其不确定性明确,并使决策过程所有阶段所涉及的每个人都熟悉不确定性的存在,不确定性的性质及其对相关活动的影响。只有这样,才能将气候预测作为额外信息纳入到决策过程中。

21.3.2　评估决策风险和决策选项的变化

在纳入气候信息之前,应将备选决策方案作为风险管理系统的固有组成部分。此外,备选方案应表现为一组连续可能性的变化,而且只要有可能,就应该重新制定全有或全无的决定。备选方案可能揭示企业在风险管理方法方面的欠缺,而完善的备选方案也是引入气候预测的先决条件。

利益相关者做出决策时,经常要面对多种来源的不确定因素。气候的不确定性从来不是唯一的不确定因素,但是是相当重要的因素。只有当预测的气候变化会产生重要影响时,而且这种具有重要影响的气候变化相比于正常的气候态属于特殊情况时,气候预测的应用才会有意义。

决策过程的灵活性也可以通过在不同时间尺度上及时分配决策选项来实现。美国哥伦比亚大学国际气候与社会研究所(IRI)与红十字会红新月会气候中心共同制定了一个"Ready-Set-Go"的框架,以说明在气候信息的推动下,在各个时间尺度上做出的各种决策。在第一阶段,SCF 可能会通过更新准备计划来使得利益相关者做好准备,并且通常还可以通过建立典型的无悔行动来做好准备,这些行动可以在不利的情况下提供帮助,并且在最大程度上减小徒劳无功的风险。第二阶段("Set"阶段),侧重于具有相对较高分辨率和较强预报技巧的中期预测,这可以促使采取具体行动以加强准备。第三阶段("Go"阶段)由高分辨率的短期天气预报激活,具有最高的精度,利益相关者通常采取行动在短期内降低风险(例如,由于洪水的可能性很高而疏散一个地区)。这种风险管理方法可以在广泛的时间尺度上使用诊断和预测气候信息:从实时气象监测到天气尺度预报,再到S2S预测及季节预测。我们的经验表明,将不同时间尺度的决策和相关气候信息结合起来,有助于在决策中纳入气候信息。延伸期预报和季节预测之间的可预测性空缺已经成为将气候信息纳入决策的障碍(Vitart et al.,2012b),这对 S2S 预测既是挑战也是机遇,它可以指导随着季节的变化对准备活动进行调整,并以这种方式更好地使季节预测服务于行动。

21.3.3　利益相关者的参与

在技术层面上,利益相关者需要参与将气候信息嵌入决策的过程,以提供有关风险管理系统细节的必要专业知识:不确定性、决策选项、相关的优点和缺点等。此外,利益相关者熟悉和信任正在开发的信息和工具对于决策的开展也至关重要。气候预测试图发挥作用的决策中总是涉及风险,包括人身安全风险、财务风险或政治风险。人类的天性是:当人们能够获取既得利益时,他们不会轻易改变他们的行为方式。经验表明,将气候信息纳入实际决策所需的信任是在利益相关者以及科学家和其他技术人员之间建立的。没有这种信任的建立,气候预测信息在决策中的实施和采用是比较困难的。

当决策机构存在委托代理问题或代理困境时,就会出现另一个挑战(Laffont et al.,2002)。管理人员的激励措施可能并不总是与机构本身的利益一致。如果评估不准确的话,盲目对业务进行更改可能会使工作面临风险。气候季节预报本质上是概率性的,特别是在短时间内很难给出准确的评估。当预测被嵌入到一个同时面临其他来源的不确定性的决策系统中时,这种困难就会被继承并进一步放大。当决策机构规模很大时,甚至可能有许多具有不同激励措施的代理人,这与气候风险对各个部门具有不同的影响有关。在这种情况下,在试图实施变革之前,关键是要对变革行动做出充分的制度上的规定和承诺,让大量人员参与进来。

21.4　个例分析

在本节中,我们提供了两个成功整合气候信息(包括季节预测)以做出决策的例子。一个例子是在电力部门,另一个例子是在农业部门。两者都来自乌拉圭,某些季节的降水变化受到 ENSO(Pisciottano et al.,1994)的显著影响。

21.4.1　电力系统的管理

1988—1989 年,一场严重的干旱(图 21.1)影响了南美洲南部地区,这场干旱与 ENSO 的极冷阶段有关(Rivera et al.,2014)。当时,乌拉圭电力系统包括 1199 MW 的水力发电能力在正常年份能够产生约 140% 的年能源需求(约 5000 GW·h),还有 255 MW 的火力发电能力作为备用(DNE,2017)。如果乌拉圭国内发电量不足以满足用电需求,剩下的唯一选择就是从邻国进口能源(如果有的话),如果无法进口就只能面对停电的局面。鉴于乌拉圭没有化石燃料矿藏,除水电站外的所有选择都会给国家经济带来巨大的成本。由于长时间的干旱导致水力发电不足,1988 年和 1989 年所需的火力发电量分别占全年能源总量的 27.5% 和 39.4%(INE,2017),对国民经济造成严重影响(INE,2017),见图 21.2 和图 21.3。

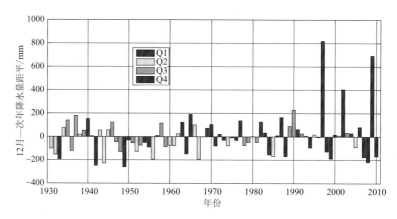

图 21.1　不同 ENSO 程度下的乌拉圭西北部两个站点(萨尔托和阿蒂加斯)的季节性(11—次年1月(NDJ))降水距平(四分位数是根据 12 月—次年 1 月的 Nino3.4 指数定义的,N3.4 指数取自 https://www.esrl.noaa.gov/psd/gcos_wgsp/Timeseries/Data/nino34.long.anom.data)

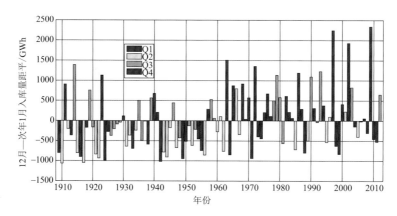

图 21.2　不同 ENSO 程度下的 NDJ 季节累计流入发电站水库的水流量,按照不同发电站的能量因子加权,上限是涡轮发电机的容量(图中数据的单位虽然与能量一致,但它并不是所产生能量的时间序列。ENSO 四分位数的定义如图 21.1,但由于时期不同,可能不会完全重合)

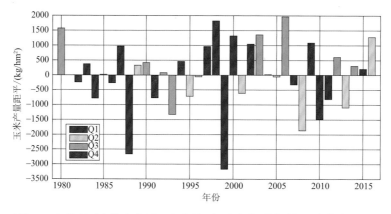

图 21.3　不同 ENSO 程度下乌拉圭全国玉米产量(为了消除不同时期生产技术水平的差异,图中产量表示为实际产量与订正到 2016—2017 年生长季节技术水平的玉米产量预期值的偏差)

这一事件促使管理整个电力系统(发电、输电和配电)的政府事业机构(UTE)与乌拉圭大学合作,资助建立一个气候小组,该小组将专注于区域气候多变性(特别是 ENSO 现象)及其对能源部门的影响。在随后的几年中进行了一系列研究,以描述降水和流入大坝的水量的变化,并评估了主要与 ENSO 有关的不同时间尺度上的可预测性。

当时在气候知识方面取得的进步有助于了解能源部门所面临的气候不确定性挑战,并将预期气候条件的变化与 ENSO 的不同阶段联系起来。反过来,这种新知识有助于建立第 21.2 节和第 21.3 节中所描述的决策过程的第一步(Pisciottano et al.,1994)。据推测,当对 ENSO 演变的预测准确可信时,这些预测信息会助力于管理决策的转变。事实上,与 ENSO 及其对乌拉圭当地气候的影响有关的信息逐步受到重视并且成为主流。然而,UTE 的决策是否受到季节尺度气候预测的影响还没有得到明确的证实。

直到 20 世纪 90 年代,尽管乌拉圭大学的气候科学家和 UTE 的决策者保持着密切的交流,但是本章第 21.2、21.3 节中描述的决策系统还没有完全建立起来。

UTE 是一家大型机构,拥有约 6700 名员工和多个部门。多年来,UTE 与乌拉圭大学的气候科学家合作的重点发生了几次变化。气候科学家们与 UTE 的几个部门进行了交流,包括水文部门(提供供内部使用的水文预报信息),调度部门和规划部门。每个部门的决策所涉及的风险和时间尺度都大不相同,甚至会有利益冲突,这些决策包括:石油的进口、水力发电与火力发电的调度、安排停电、与邻国的谈判、针对电力的投资以及其他问题。大多数利益相关者主要关注的是预测严重干旱的能力,而不是如何优化平时的运行管理策略,然而因为极端干旱过程的可预测性很低,因此,早期季节尺度气候预测 SCF 使用得很少。

2005 年前后发生了一系列的变化,这些变化使得 SCF 成功地嵌入到决策中。经过几年的停顿空白,UTE 的工程师和乌拉圭大学的研究人员恢复了联合工作。在中断了几年之后,UTE 的工程师与乌拉圭大学的研究人员恢复了交流合作,双方的信任开始恢复,大学应 UTE 的要求提供了一个关于气候可预测性的定制课程,UTE 的员工也参与了与大学研究人员的合作研究项目。慢慢地,在气候科学和电力系统管理方面的共同知识基础逐渐形成。

同时,在制度层面上发生了一些变化,涉及电力系统的装机容量和系统本身的演变。新的监管框架允许向私人发电机开放系统接入权限(输电和配电仍然集中),并创建了一个新的非政府公共机构 Administración del Mercado Eléctrico(ADME),以管理电力系统和运行调度。由于调度现在涉及几个发电厂(一个占主导地位的公共发电厂和几个私人发电厂),因此,需要公开透明地定义电力资源的交易成本和价格。

值得一提的是,近年来电力系统中新增的容量主要是风电,这极大地改变了电力系统的运作特点。截至 2016 年底,电力系统的装机容量包括 1538 MW 水电、650 MW 火电、1146 MW 风电(2008 年时风电的装机容量为 0),以及 329 MW 其他来源(DNE,2017)。该系统所面临的不确定性已大大多样化,水力发电有助于平滑风力发电的短期变化,水电在电力系统中处于最基础最重要的地位,可以根据其他各种电力的发电情况进行调节,从而减轻长期气候变化对电力可用性的影响。系统的更大复杂性极大地改变了调度以及短期、中期和长期规划的策略(Chaer et al.,2012)。ADME 和乌拉圭大学电气工程系开发了一种用于优化和模拟综合电力系统的全新算法—SimSEE(Chaer,2008)。它由动态随机优化算法组成,该算法可最大限度地降低直接成本(即满足当前需求而产生的成本)以及未来的预期成本。当然,后者取决于系统面临的不确定性,这些不确定性是通过随机过程建模的。在 SimSEE 中,气候影响的特征通过流入水库流量的随机模型进行定量表示,该模型旨在再现气候态的长期变化和短期变化的自相关关系,但缺乏任何其他动力学模型。SimSEE 明确考虑了所有可用的选项,并计算出最佳的操作策略。SimSEE 是一个开放的、模块化的代码,并且仍然在持续开发中(http://simsee.adme.uy/simsee_principal/simsee.php)。从 2007 年开始,乌拉圭大学每年提供一门关于 SimSEE 的课程,参与者来自 UTE、ADME、私人发电厂用户、政府机构和大学研究人员。SimSEE 现在是 ADME 对电力市场和其他交易成本进行建模的官方模型。

SimSEE 支持来自 ADME、UTE 和大学的气候研究人员联合工作,使得 ENSO 信息可以嵌入到 SimSEE 模拟水库入流量的随机过程中,以明确与 ENSO 信号相关的不确定性。这种方案只涉及水库入流量模型的微小改变,而模型又只是 SimSEE 的一个小组件,这与所陈述的原则是一致的,即将气候预测纳入决策并不意味着对决策系统进行重大改革,而只需要进行小幅调整。2016 年 11 月,在 1988—1989 年大干旱发生 25 a 后,ADME 首次在半年一次季节发展规划中加入了与 ENSO 相关的气候预测行动(http://www.adme.com.uy/dbdocs/Docs_secciones/nid_230/PES_Nov2015_Abr2016_v8.pdf)。将 ENSO 信号整合到 SimSEE 中,规范了气候预测在季节规划中的使用,因为 ENSO 信号的引入是直接体现在模型的代码中的,具有明确的运行流程。

此外,经过充分的调整,SimSEE 是适用于各种时间尺度决策的模型平台,从电力市场的管理到发电能力演变的长期分析,以及季节规划和嵌套的每周计划的制定。将气候预测信息成功整合到 SimSEE 中,是一项宝贵的经验财富,可以为从天气到季节的无缝气候预测带来启发。事实上,目前正在开展很多工作来将诊断性和预测性的气候信息嵌入 SimSEE 中:短期风能和径流预测;风能、太阳能和径流的气候协变性;以及气候与能源需求的关系。

已经纳入的 ENSO 信息对于管理电力系统中最大的水库——Gabriel Terra 大坝,具有重要的意义,该水库具有大约 5 个月的电力存储容量;而第二大水库——Salto Grande 大坝仅仅拥有几周的存储容量,因此,如果 S2S 预测水平足够高的话,Gabriel Terra 大坝的管理可能会受益良多,鉴于它占乌拉圭电能力的 25%,可以说,成熟的 S2S 预测对整个国家电力系统的运营都具有相当大的影响。

21.4.2 农业和渔业部与最近的 3 场旱灾

乌拉圭的经济主要依赖农业:出口总额的约 70% 是农产品或农工业产品。在过去 10 年中,受农产品价格利好的影响,该国的食品出口(即牛肉、大豆、大米、乳制品和纤维素)增加了 400%(Duran,2014)。

除水稻外,大多数一年生作物都是靠雨水浇灌的,因此,气候多变性极大地影响了农业生产力和出口商品的数量。鉴于农业生产对农工业活动和运输/物流部门的重要性,减产对国家经济的影响成倍增加。例如,2008—2009 年干旱的影响导致牛肉生产部门直接损失约 3 亿美元,而国民经济的相关损失约为 10 亿美元——也就是说,由于对就业、物流和其他领域的影响,总的经济损失是直接损失的 3 倍以上(Paolino et al.,2010)。

第 21.4.1 节中提到了乌拉圭 1988—1989 年的干旱,从那次旱灾中发现,乌拉圭农业部门没有专门的机构或特殊的政策和预案来应对干旱。当时,干旱被视为非常低频率的现象,不能成为建立特殊机构或计划的理由。因此,从历史上看,乌拉圭政府对干旱的反应是传统的"危机管理"措施,例如灾后针对受影响地区的特别援助计划。

1989 年年中,乌拉圭政府聘请了　家咨询公司,协助制定应对干旱的战略。咨询公司提出了一系列关于改进干旱风险管理的建议,强调需要建立适当的应对机构和制度来应对干旱(例如,干旱防灾委员会、应急防灾系统等)。

如第 21.4.1 节所述,关于 ENSO 对乌拉圭降雨影响的研究始于 1988 年。Ropelewski 和 Halpert(1987)在 1987 年发表了第一篇文章,展示了南美洲东南部 ENSO 异常与降雨模式的相关。乌拉圭大学的气候科学家最早对 ENSO 的影响进行了研究,该研究于 20 世纪 90 年代初发表(Pisciottano et al.,1994)。

总而言之,1988—1989 年的干旱暴露了乌拉圭在应对旱灾方面存在的一系列问题:没有建立防灾制度和机构,没有评估或监测气候的能力,以及对于 ENSO 对降雨影响的研究也不充分。导致的结果是,牛群数量在旱灾中损失了 16%(Bartaburu et al.,2009),畜牧业直接损失约为 6.4 亿美元。除了干旱造成的直接损失之外,间接的损失还要大得多,在 1988—1989 年之后的几年里,繁殖动物的数量减少了,在未来几年里都对畜牧业造成了严重影响,由于火灾频繁,林业部门也有了重大损失,全国夏季作物的产量下降 40% 以上。

近 10 a 后(1999—2000 年),旱灾再次袭击乌拉圭,然而,自上次干旱以来,乌拉圭发生了一些变化。首先,政府设立了处理包括干旱在内的紧急情况的机构,包括:由总统办公室任命的国家应急系统,由研究人员、一些政府办公室和几个私营部门组织组成的国家防旱委员会,隶属于农业部及农业部下属的国家干旱委员会,由研究人员(农业和气候)、一些政府办公室和几个私营部门组织组成。

1997 年 12 月,在一次强厄尔尼诺过程中,乌拉圭主办了第一届东南南美区域(Southeast South America,简称 SESA)气候展望论坛(Regional Climate Outlook Forum,简称 RCOF)。来自阿根廷、巴西、巴拉圭和乌拉圭的气象学家会见了哥伦比亚大学国际气候与社会研究所 IRI、美国国家海洋和大气局以及其他国际机构的专家,并针对该地区 SCF 的开展进行了协商。从那时起,SESA 区域每年至少组织一次气候展望论坛。

最后,国际农业研究所(National Institute for Agricultural Research,简称 INIA)成立了一个跨学科团队(GRAS),开始与国际研究机构(包括 IRI)合作。团队的工作涉及研究 SCF 在农业部门的应用,并为农业部门开发信息和决策支持系统。合作的内容还包括成立一个技术工作组(Technical Working Group,简称 TWG),以改进气候信息的生成、传播和应用。TWG 由研究人员(农业和气候领域)以及农业生产者组织、农业综合企业和政府办公室的代表组成。TWG 定期举行会议,讨论 IRI 产生的季节气候展望以及农作物的现状。在 TWG 会议期间,气候科学家介绍了最新的气候展望,农业科学家介绍了应用气候信息改进决策的工具的进展,来自公共和私营部门的利益相关方讨论了他们收到的气候展望信息的可能用途和缺点。这个跨学科小组的工作是多方协同合作的一个很好的例子,它极大地促进了研究人员和农业利益相关者之间信任的建立。

合作项目中产生的所有信息都在 INIA 的网页上发布并不断更新,访问网页的用户主要包括农民、农企代表、农学家和政府官员。此外,研究人员与农业和渔业部合作,进行了几次现场讲座和电话会议,这些会议的受众覆盖了乌拉圭的大部分地区,可惜的是在与农业和渔业部合作时,关于这些合作行动的记录和档案较少,因此,无法考察气候信息在这些部门的使用方式,然而与农民顾问、农学家和农民的非正式交流表明,气候监测和预报信息被广泛用于协助决策。

　　农业和渔业部在 1999—2000 年干旱期间采取的行动有更多的相关资料和记录。在 2000 年的头几个月里,干旱的影响已经相当明显,农业部决定制定一项应急计划,并确定向全国各地区分配援助的优先次序。在 1999—2000 年的干旱之前,这种优先次序的依据主要是基于农业部在实地工作的工作人员编写的报告。然而并不是全国各地都有相应的实地工作人员,因此,在分发援助时有几个地区被忽略了。

　　在 1999—2000 年的干旱中,农业部根据以下信息来确定援助的优先次序:即 NDVI 和 IRI 产生的季节预报。用当时的农业和渔业部长胡安·诺塔罗的话来说:

　　"研究小组在干旱期间的工作结果有助于做出决策,他们的研究成果能够使我们将精力集中在缺水最严重和持续时间最长的地区。"

　　"从政治角度来看,这项工作为我们提供了客观的信息,在全国每个省长、政治家和农民都在要求援助的时候,为我们的援助优先次序提供了依据。同样,这项工作也有助于减轻舆论压力,因为我们向新闻界和公众提供了透明的、技术上合理的、精确的信息,有助于民众理解和支持我们的决策。"

　　"最重要的是,最令人担心的干旱导致牛群大量死亡的情况没有发生,这要归功于所采取的迅速的援助行动,如果没有你们提供的信息,这样迅速的行动是无法完成的。"

　　这是气候信息首次被明确纳入乌拉圭的实际农业政策中,在接下来的几年里,IRI、INIA 和乌拉圭大学继续制作气候信息和产品,并逐渐在决策、计划和政策中得到应用。

　　2010 年 9 月,由 IRI 制定的 10—12 月的气候季节预测显示,降雨量低于正常水平的概率很高,ENSO 展望信息显示有 98% 的概率为拉尼娜年。到 2010 年 10 月,卫星数据开始显示植被出现负面异常,INIA-IRI 的土壤水分平衡显示植物可用水分低。根据 INIA-IRI 团队提供的信息,农业部长于 2010 年 12 月宣布乌拉圭北半部大部分地区的所有警区进入国家紧急状态,该声明引发了一系列干预措施,包括免除税收和设立补贴信贷额度,以帮助农业生产者购买饲料以及帮助小农户解决水资源危机。

　　2011 年 2 月,降雨量仍然低于正常水平,农业部长被召集到议会,就目前的干旱情况进行报告,并汇报农业部门为减少干旱对农业生产的影响所采取的具体行动。在汇报中,部长表示,在 2010 年 8 月和 9 月,农业部门已经公布了 IRI 的季节预测,显示当地春季(10—12 月)降雨量低的可能性很大,分享这些预测的主要目的是为了促使农业部门采取预防措施,最后,他在幻灯片中介绍了植被和土壤含水量的现状(INIA-IRI 的工作)以及 IRI 对 2011 年 2—4 月的最新季节降雨预测,该预测显示 2—4 月的降雨量仍然有可能低于正常水平。

　　2012 年,农业部实施了一个由世界银行贷款资助的项目,名为"发展和适应气候变化",其中包括建立一个国家农业信息系统(National Agricultural Information System,简称 NAIS),以协助私营企业进行规划和决策,并协助政府拟定公共政策。建立 NAIS 是为了利用 INIA、IRI 及其合作者在前几年所做的工作,包括一些在 1999—2000 年干旱中成功使用的工具。此外,NAIS 还整合了农业部的众多数据库,通过提高不同数据库之间的互通来协助决策和计划(Baethgen et al.,2016)。最后,IRI 与乌拉圭气象局合作,帮助他们建立和提高 SCF 的能力水平。

21.5　结束语

事实证明，成功地将 SCF 纳入决策是一个缓慢的过程，它所需要的远远不仅是对特定气候信息的阐述。首先，必要的第一步是充分了解现有的风险管理策略，不管它是显式的或是隐式的，如果风险管理策略是隐式的，应尽可能地明确在决策中风险是如何被评估的。纳入气候预测应有助于风险管理策略的微调，但它不会取代或掩盖风险管理策略中预先存在的缺陷。即使是严重气候事件（如干旱）的情况，也可能需要在事件的发展过程中对决策方法进行微小的调整。在将气候信息纳入决策之前，应该解决对气候不确定性如何在系统中传播，以及气候不确定性与其他不确定性来源相互作用情况不了解的问题，缺乏可以逐步调整以应对预期气候转变的可选择性的问题，以及组织机构的问题。

决策过程中的敏感部分需要在可信任的范围内充分公开，利益相关者与其他相关部门的共同参与是将气候预测纳入决策过程的最理想的方式，然而要发展利益相关者与其他部门的信任是一个漫长的过程，例如，在本章描述的乌拉圭案例中，这种信任关系是在 INIA、IRI、乌拉圭大学以及农业和能源部门的利益相关者之间进行了十多年的合作后实现的。

一旦建立了信任基础，有了在决策过程中嵌入 SCF 的成功经验，采取下一步行动（例如，纳入 S2S 产品）就简单多了。此外，不同时间尺度的气候信息可以很容易地按照前面描述的"Ready-Set-Go"框架以协同的方式相互补充。因此，熟练的 S2S 预测可以提高 SCF 的有用性和适用性，弥补 SCF 与天气预报时间尺度之间的空白，或在季节预报技巧低下时提供有用的信息。此外，对于那些准备时间更短，而所需要的信息比季节预测更加详细的决策，次季节预测能够很好地提供帮助。

第 22 章

在次季节—季节时间尺度上预测气候对健康的影响

22.1 引言

气候变化可以对人类健康产生广泛的影响。该影响可分为直接影响和间接影响,直接影响包括极端天气对人类生命造成的直接危险,如大风、洪水、风暴潮和与天气有关的事故。间接影响包括气候引起的虫害爆发导致作物歉收,造成饥荒或依赖雨水灌溉的地区的干旱造成的饥荒(World Health Organization,2012)。由于疾病病原体、病媒或宿主对气候变化的敏感性,各种疾病的传播也受到气候的影响。

由于降雨量、温度和湿度(以及其他相关因素)在多个时间尺度上的变化,从天气变化(天到周)到季节变化(周到月)再到十年变化和气候变化(年到世纪),都可能对人类健康产生影响。本章的重点是预测在几周到 2 个月的 S2S 时间尺度上预测气候及其对健康的影响,这个时间尺度介于短期天气预报和季节尺度气候预测之间。短期天气预报预测的是准确的大气初始条件下的演变,对于更长时间尺度的预测,在每个预测时间尺度上,大气和海洋的一些典型的变化模式可以提供可预测性,例如在季节时间尺度上的 ENSO 或在次季节时间尺度上的 MTO。

在本章中,我们探讨了 S2S 预测对健康部门的决策者的潜在价值,并寻求在开发健康预警系统(Health Early Warning System,简称 HEWS)时为当前天气预报和季节气候预测(SCF)的应用增加价值的机会。利用本章共同作者所提供的 4 个案例研究,介绍了有效的基于 S2S 的健康形势预测的工作要求,这些案例中显示了大气预报和 SCF 为决策提供信息的潜力。在本章的讨论中,我们将热浪早期预警的结果与传染病的结果进行了比较,包括病毒(登革热)和寄生虫(疟疾)病媒传播疾病以及空气传播的细菌感染(脑膜炎球菌性脑膜炎)。尽管使用 S2S 预测来支持公共卫生决策的应用仍然处于早期阶段,但我们相信可以吸取宝贵的经验教训并将其广泛应用于气候敏感性疾病的防治中。

虽然气候的变化对发达国家和发展中国家民众的健康都有影响,但发展中国家受影响的程度更深。相对来说,发展中国家的家庭和工作场所缺乏对极端温度下的保护,病媒传染更为普遍。因此,这里的案例研究主要集中在全球的发展中地区。

22.1.1 气候对健康的影响

天气和气候的变化会对人类的健康产生影响,气候信息已经被隐含或明确地纳入健康相关的决策中,例如将气候纳入疟疾空间风险图的制作(Hay et al. ,2006;Omumbo et al. ,2013)或在针对疾病的干预规划中考虑疾病的季节性周期(Jancloes et al. ,2014)。因此,只要充分了解气候与健康的联系,对气候的准确预测可以带来有价值的信息,有助于为特定的健康事件做准备。通常,气候和健康结果的关系是根据经验确定的,使用单变量或双变量分析,将降雨量、温度或两者同时作为许多健康事件的关键决定因素,特别是那些与病媒传播疾病有关的事件。例如,人们早就知道非洲高原地区有记录的疟疾爆发与厄尔尼诺现象有关,并被归因于降雨量增大和温度升高(Kilian et al.,1999;Lindblade et al.,1999),降雨量和疟疾之间的简单经验关系被一个早期的、开创性的季节预报系统的原型所采纳(Thomson et al.,2006a)。最近的统计模型的工作已经发展到使用广义加性模型或线性模型(Lowe et al.,2011,2013a,2013b,2016a;Colón-González et al.,2016)。

使用统计模型的一个优点是能够同时考虑气候危害、社会经济差异和人的脆弱性与预测疾病风险在空间和时间上的复杂相互作用(Lowe et al.,2016)。这种方法试图使用一系列社会经济和环境参数来预测与健康相关的数据,其中一些可以作为气候变量的指标,例如海拔(可作为温度的指标)、位置或月份。通过向统计模型提供温度和降雨量的线性和非线性函数,然后确定与健康数据的拟合度是否得到改善。这种方法侧重于气候的长期变化和健康的关系,这可以在多个时间尺度上进行预测,包括由 S2S 气候预测系统进行预测。统计方法的缺点是需要高质量长时间的数据集,以及这种模型主要适用于与开发模型的社会和生态流行病学条件相似的地区。通常情况下,模型在其产生的地区被证明是有技巧的,但是在其他地区则不一定。这对于由降雨量驱动的模型来说尤其如此,因为降雨量与健康结果之间可能存在非线性的复杂关系,而这些非线性关系很大程度上取决于环境。

表 22.1 举例说明了降雨如何影响一些常见的健康结果,在每种情况下,因为环境的不同,降雨都可能对健康结果产生不同的影响。例如,一般认为疟疾的传播主要发生在雨季,因为降雨为疟疾的病媒蚊子提供了繁殖场所需要的水。一项对萨赫勒村庄疟疾的研究显示,病例的产生相对于降雨的时间大约有 2 个月的延迟(Bomblies et al.,2009)。相反,在河流附近,在干旱期间也可能会爆发传播疟疾,因为随着河流水流速度变慢或停止,而产生了静止的池塘为蚊虫的繁殖提供了场所(Kusumawathie et al.,2006;Haque et al.,2010)。长期干旱还可能通过引起营养不良、群体免疫力丧失甚至通过病媒捕食者的丧失而影响人的脆弱性,一旦再次降雨,疾病传播恢复,就会造成更猛烈的疫情(Gagnon et al.,2002)。

表 22.1　由于降雨的变化而导致的健康事件示例,展示了不同环境下降雨与健康事件的不同联系方式

健康事件	与降雨的关系	参考文献
霍乱	降雨会增加干旱地区的传播风险,并降低河口地区的传播风险	Pascual et al.,2002
裂谷热	降雨会增加风险,干旱期之间的极端降雨可能会引发疫情	Caminade et al.,2011
疟疾	降雨为病媒提供了孳生地;干旱也有可能因为河流流速变慢或停止为病媒繁殖提供场所	Bomblies et al.,2009;Haque et al.,2010;Kusumawathie et al.,2006
登革热	降雨可以提供繁殖地,但低降雨量可能会增加城市储水量,如果储水设施管理不善,实际上会增加病媒密度	Brown et al.,2014;El-Badry et al.,2010;Padmanabha et al.,2010

降雨和霍乱的关系也取决于水文环境。降雨有时会增加干旱地区的风险,而在河谷地区降雨的稀释作用可能会导致霍乱发病率降低(Pascual et al.,2002)。在东非,裂谷热(Rift Valley Fever,简称 RVF)的传播经常伴随着与厄尔尼诺相关的短雨季(10—12 月)降雨异常而发生。在西非,降雨和 RVF 的关系似乎更加复杂,降雨过程之间的干燥期被确定为 RVF 爆

发的诱因(Caminade et al.,2011),这表明RVF与次季节尺度降雨变化的高度非线性关系,准确地预测次季节尺度降雨变化对S2S预测系统提出了挑战。最后,降雨也可以为登革热病媒提供露天繁殖场所,而为了应对干燥期,一些城市地区会增加储水,如果这些储水设施管理不善,实际上会增加病媒密度(Brown et al.,2014;El-Badry et al.,2010;Padmanabha et al.,2010)。事实上,储水和采水如果管理不善的话,可能会导致其他的健康事件,如血吸虫病和疟疾(Boelee et al.,2013)。

以上个例表明,由于环境影响,对气候-疾病相互作用进行建模的统计方法的有效性可能仅限于其衍生区。如果能够更好地理解疾病生物学,则可以通过疾病的数学模型来对经验统计方法进行补充,这些模型在理论上可能具有更好的通用性和可移植性。然而,这种模型也有其缺点,因为许多生物过程具有很强的不确定性。此外,病媒物种对于特定环境的适应性也可能影响模型的可移植性。因此,动态的疾病数学模型经常受到结构和参数方面不确定性的严重影响(Tompkins et al.,2018)。

22.1.2 健康领域的S2S预测应用

除了疾病模型的不确定性,任何气候驱动的健康预警系统的功效都取决于气候预报系统本身的基本技能。从气象学角度探讨气候与健康的关系,S2S系统技能在健康方面的应用重点是近地面气象学,想要在S2S系统中准确表示近地表温度,不仅需要准确计算地表和土壤水分,也需要对湍流、对流、云层微物理和大尺度动力过程进行准确表示。

近地面参数中比较关键的是降雨量、温度、相对湿度、风和辐射通量。S2S预测系统可以从1~60 d的提前期上对这些参数进行预测,预测信息可以用于驱动疾病模型。根据不同的气候与健康的相关关系,预测信息触发的健康事件预警也有不同的形式。健康事件可能与气象异常(例如,洪水或热浪)同时发生,或涉及数周至数月的延迟(例如,病媒传播的疾病风险)。就疟疾而言,考虑到疟疾的传播相对于降雨可能存在2个月的延迟,使用成熟的S2S预测系统,气候监测提供的1~2个月提前期的预警可能还会再延长2个月。事实上,SCF已经在某些地区和季节显示出了一定的预测能力(Doblas-Reyes et al.,2013),研究表明,有机会将气候预测信息纳入登革热和疟疾等气候敏感疾病的预警系统(Connor et al.,2008;Thomson et al.,2006a;Lowe et al.,2014;Ballester et al.,2016)。相比于SCF,S2S系统的优势在于,它们更频繁地进行初始化,通常比同一气候中心的同等SCF系统具有更高的空间分辨率,同时,模型的升级也更加及时(Vitart et al.,2008)。欧洲中期天气预报中心对非洲的S2S和SCF系统的直接对比表明,S2S的预测技巧明显优于SCF系统,特别是对于2 m气温的预测结果(Tompkins et al.,2015)。

总之,HEWS需要确定会导致不利健康影响的关键气象因子阈值,同时需要具备准确预测这些气象条件并将其转化为特定的潜在健康事件的能力。预测信息应该发布给决策者,指出是否有可能达到触发健康事件的关键气象阈值,同时也需要将预测信息的不确定性有效传达给决策者。此外,应该建立一套标准的业务系统,根据所提供的预测信息来实施相应的减少风险的措施,该系统需要通过一系列过去的事件来进行评估检验,以确保其决策的正确性。以上的这些步骤,每一步都面临着科学研究和运营决策方面的重大挑战。尽管S2S预测有明显的应用潜力,而且政策制定者通常很清楚气候变化和健康事件的关系,但气候信息仍然很少被用来帮助预防和控制这种健康风险。在本章中我们将会介绍4种疾病的个例研究,以明确在健康预警系统中纳入 S2S 时间尺度的气候信息可能带来的价值。本章着重描述了在健康预警系统中纳入气候信息存在的一些障碍和瓶颈,这些障碍和瓶颈需要被克服,以有效地运作这些系统,我们提出了一些建议来解决这些问题,确保目前最先进的气候观测和预测系统的潜力得到充分开发,以补充公共卫生决策,最终改善福祉。

22.2　个例研究

22.2.1　疟疾

疟疾长期以来一直与环境有关,在罗马时代就发现瘟疫与干燥的沼泽地有关(O'Sullivan et al.,2008)。在发现蚊子是疟疾的载体后,与提供载体繁殖地的降雨的直接联系被牢固确立,到了第一次世界大战期间,环境工程技术被用于疟疾的防治,直到 1960 年蚊子才得到有效控制重点方法是杀虫剂二氯二苯三氯乙烷(DDT)的应用(Konradsen et al.,2004;Tompkins et al.,2016b)。虽然一些工程解决方案(如沼泽排水)可以归类为长期的消减干预措施,但一些每年开展的干预措施(如 DDT 的使用)通常是根据疾病的季节性来进行的。

最早的研究之一是在 20 世纪 20 年代早期进行的,Gill(1923)试图利用降雨量异常来预测未来季节的疟疾传播异常,以提供疟疾防治指导,此后数十年间一直采用这种方法,并声称成功地将印度西北部旁遮普省的 5 月降雨量异常与深秋的疟疾传播联系了起来(Swaroop,1949)。印度和巴基斯坦的分离被认为是该省这种疟疾预警系统停止运行的原因(Swaroop,1949),然而,1955 年后,开始引进杀虫剂和新开发的药物,旨在消除疟疾,导致公众对预测和预警系统的关注度和兴趣大幅度下降(Rogers et al.,2002)。

在 20 世纪 70 年代干预措施失效以及随后的疾病反弹之后,人们对预警系统的兴趣在 20 世纪 80 年代和 90 年代被重新点燃(Connor et al.,1998)。对疟疾易发地区疾病传播的早期预警,可以用于指导关于室内喷洒消毒、蚊帐分发、医疗用品保障以及公共卫生宣传的行动决策,并根据疾病传播环境采取适当行动。虽然人们知道温度和湿度会影响疾病的传播(Mayne,1930),但大多数关于疾病预警的研究都是单变量的,主要是将降雨量的变化作为传播的预测因素。1998 年极端的厄尔尼诺事件引发非洲高原疟疾的广泛爆发,极大地提高了人们对疟疾预警系统的兴趣,虽然关注的重点仍然是降雨量,但一些研究也指出,与厄尔尼诺相关的较高的热带温度也可能引起高海拔地区的疾病爆发(Kilian et al.,1999;Lindblade et al.,1999;Hay et al.,2001)。降雨和疾病传播之间有 1~2 个月的延迟,这意味着许多早期的预警工作是基于降雨的现场观测或遥感数据来进行监测的(Grover-Kopec et al.,2005),与简单地实时病例监测相比,这种预警方式提供了较长的准备时间。病例监测,特别是在第一代和第二代数字化卫生管理和信息系统实施之前,由于集中整理纸质记录的延迟,基本都不是实时的。

考虑到月和季节时间尺度预测的使用,疾病防治的准备时间还能进一步延长(Cox et al.,2007)。虽然这是在降雨量预测的背景下讨论的,但为了最大限度地发挥气候预测的潜在效益,考虑影响疾病的所有气候变量的多变量方法是更有益的。这里并不否认降雨对于疟疾传播的首要重要性,降雨为疟疾病媒提供了孳生地,然而这种关系并不是单一的,在某些情况下,次季节尺度上的极端事件会冲刷幼虫的繁殖地,甚至在短期内降低病媒密度(Paaijmans et al.，2007)。这可能解释了为什么对疟疾-降雨量关系的统计分析经常显示出高度非线性相关，在1个月内降雨量为3～5 mm/d时，疟疾传播达到峰值(Thomson et al.，2006a；Lowe et al.，2013a；Colo′n-Gonza′lez et al.，2016)。温度影响寄生虫和病媒的发展速度，而较高的温度影响幼虫和成虫阶段的病媒死亡率(Craig et al.，1999)。湿度也会影响病媒的生存(Mayne，1930；Thomson，1938；Lyons et al.，2014)，然而目前对于这种影响机制的理解还不够深入。由于缺乏实验，这些相关关系的不确定性很大，更重要的是，复杂的地形和不同的土地覆盖情况可能意味着气候在空间上有相当大的变化，因此，卫星或站点测量可能无法准确反映成蚊及其幼虫所处的微气候的变化。

最近对疟疾预警系统的调研表明，大多数系统都是基于气候监测，少数系统使用SCF(Mabaso et al.，2012；Zinszer et al.，2012)。这些系统中与疟疾的联系包括统计模型(Lowe et al.，2013a)以及易感—暴露—感染—恢复数学分区模型(Laneri et al.，2010)，此外还有试图对全病媒和寄生虫生命周期的关键要素进行建模的全过程模型，主要依靠使用实验室环境的实验结果来设定生命周期参数(Hoshen et al.，2004；Bomblies et al.，2009；Tompkins et al.，2013)。

利用动力学气候预测来建立疾病预警模型系统的首次尝试之一，是利用来自季节尺度预测项目DEMETER(Palmer et al.，2004)的多模式降水预报来驱动的一个简单的单变量统计模型，模型将博茨瓦纳的全国疟疾病例总数与月降水数据相匹配(Thomson et al.，2006a)。交叉验证表明，这个疾病预警系统在这个地区展现出良好的预警能力，该地区气候与厄尔尼诺现象有明显的远程联系。博茨瓦纳的病例数据最近也被用来测试一个使用较新的气候预测来驱动的疟疾模型系统，该系统在疟疾高发年份的预测取得了一些成功(MacLeod et al.，2015)。其他一些研究也证明由新的季节尺度集合气候预测系统驱动的疟疾预警系统的潜力(Weisheimer et al.，2009；Jones et al.，2010，2012)。然而，这些研究的一个缺点是使用了一些所谓的二级验证，即根据气候再分析驱动的疟疾模型(Dee et al.，2011)而非实际病例数据来验证疟疾预测。

大多数疟疾预警系统都使用了季节尺度气候预测系统，但作为本书主题的S2S预测系统的潜力如何？如前所述，S2S预测系统相比于SCF的优势在于，在1～2个月的提前期上具有更强的预测能力。由于S2S预测系统相对较新，到目前为止，对它们在疟疾预测方面的潜力评估工作是有限的。一项研究(Tompkins et al.，2015)将ECMWF(Vitart et al.，2008)的S2S预测系统和其季节预报系统(Molteni et al.，2011)一同使用并进行了对比，该研究表明，与非洲季节预测系统相比，月尺度预报系统的降水和温度预报能力都有所提高，在这一研究中，在预报的前32 d使用S2S预测系统，然后由季节预测系统补充。该研究的一个创新点是，疟疾预警系统的初始状态不是人工设置的，而是使用再分析数据驱动疟疾数据模型生成，这样，在预测开始之前的几周和几个月内，比平均水平更潮湿、更温暖的环境将导致初始条件下的病媒密度升高和寄生虫比率提高。该研究表明，S2S预测系统将疟疾预警从1～2个月(只需使用气候监测即可获得)延长至2～3个月，在特定的区域内，SCF系统能够进一步延长预警时间(图22.1)，单独分析S2S预测系统对各个变量的预测能力与疟疾的关系表明，大部分疟疾预测能力实际上来自温度预测，而温度预测往往比降雨预测更加成熟，然而，这项研究的一个局限是，对于结果的评估仍然使用的是二级验证，也就是说，根据气候再分析驱动的疟疾模型来验证疟疾预测。最近的一项研究针对乌干达的实际

病例数据对疟疾预测系统进行了评估,证明系统的预测能力可达 4 个月(Tompkins et al.,
2016a)。

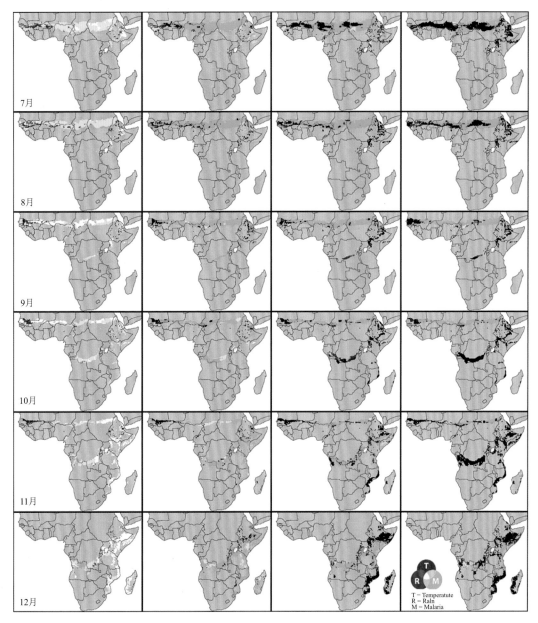

图 22.1　从 1~4 个月的提前期上,对非洲气温、降雨以及疟疾病例具有显著预测能力的地点
(计算方法详见 Tompkins et al.,2015),预测结果使用再分析数据进行评估

该图显示,在预测的第一个月,通常所有 3 个变量(或者温度和疟疾两个变量)都能够被成功地预测出
来,从预测的第 2 个月开始,由于降雨和疟疾之间的滞后,只有疟疾被成功预测,这突出了正确初始化
疟疾建模系统的重要性。然而对于系统的正确初始化是一项挑战,因为没有关于病媒密度、滋生环境
信息和寄生虫患病率的实时信息。它还表明,在 1~2 个月提前期上的气候预测扩大了疟疾的
可预测性范围

总之,虽然一些有限的研究证明了 S2S 气候预测系统在预测疟疾方面的潜在用途,但迄今为止,健康领域对 S2S 预测系统的接受程度仍有限。随着数据库的发展,预计 S2S 系统将得到进一步的使用。在没有访问延迟的情况下,对实时预报的开放访问也有利于对基于 S2S 的疟疾预警系统的评估和开发。

22.2.2　登革热

登革热是一种通过蚊子传播的病毒感染,广泛存在于热带和亚热带地区(Guzman et al.,2015)。在巴西,登革热的流行往往是在没有预警的情况下发生的,并可能使公共卫生服务不堪重负(Lowe et al.,2016b)。SCF 与登革热监测系统的早期数据相结合,为公共卫生服务部门提供了提前数月预测登革热爆发的机会。这可以改善干预措施的分配,比如有针对性的病媒控制活动和医疗供应,以援助那些疾病传播风险最大的地区。

在最近的一项研究中,Lowe 等(2014)为巴西开发了一个登革热的早期预警系统。实时 SCF 和疾病监测数据被整合到一个时、空模型框架中,以产生概率性的登革热预报,该模型被用来预测 2014 年巴西世界杯前 3 个月的登革热风险,巴西世界杯的观众超过 300 万人,是一场空前的大规模聚会。

巴西被划分为 550 多个细分区域,作者通过对每个区域的登革热风险进行概率预测,评估了比赛期间登革热流行的可能性,并对比赛所在的 12 个城市发出了登革热风险等级警告。登革热预警系统是使用贝叶斯时、空模型框架制定的(Lowe et al.,2011,2013b),允许以概率的形式解决具体的公共卫生问题。它由 3—5 月期间的实时 SCF 和 2014 年 2 月报告给巴西卫生部的登革热病例驱动,这些信息被结合起来,制作了 2014 年 3 月初的登革热预测。

这项研究对登革热发病率(Dengue Incidence Rates,简称 DIRs)的预测概率分布进行了总结,并转化为风险警告,这些风险警告的阈值与巴西卫生部国家登革热控制计划规定的一致,即每 10 万居民 100 例和 300 例的登革热风险阈值。登革热发病率落入预定的低、中、高风险类别的概率采用可视化技术绘制,其中颜色饱和度表示预测的确定性(Jupp et al.,2012),在提供预测的同时,还提供了一个验证图,表达了模型在过去的表现,这表明该模型在巴西不同地区的可信度。

世界杯结束后,作者根据活动期间实际报告的登革热病例对原模型进行了评估。图 22.2 显示了一个三元概率预测图和相应的观察到的 DIR 类别(低、中、高)。该模型正确地预测了巴西南部和亚马孙大片地区低登革热风险的高概率(用颜色饱和度描绘出确定性)。在巴西东北部的部分地区也正确地预测到了高风险的细分区域。在巴西利亚,观察到的 DIR 比预测的要大。对于圣保罗州的一些细分区域,模型对登革热发病率不确定(用白色表示),然而其中一些地区在 2014 年 6 月经历了高 DIRs。

该预测模型正确预测了举办世界杯比赛的 12 个城市中 7 个城市的登革热风险水平。该预测模型与基于历史登革热发病率的季节平均值的空模型进行了比较。对比这两个模型预测整个巴西登革热高风险的能力,预测模型比空模型产生了更高的命中率和更少的遗漏事件,预测模型的命中率为 57%,而空模型为 33%。因此,基于 SCF 和早期监测数据的预测模型优于简单的季节性概况,将 SCF 和登革热病例的早期报告落实到预警系统中,现在是公共卫生当局的优先事项(Lowe et al.,2016b)。这一行动可能有助于他们为登革热和以蚊子为媒介传播的其他疾病(包括寨卡和基孔肯雅病)的流行做好准备并将其风险降至最低。

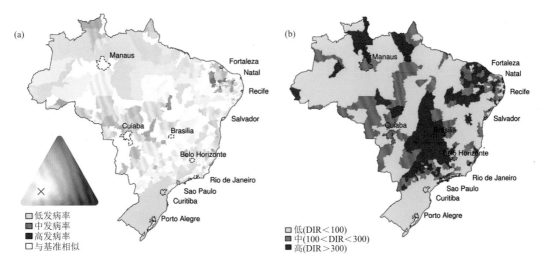

图 22.2　2014 年 6 月巴西的登革热概率预测和观察到的登革热发病率

(a)2014 年 6 月巴西的登革热概率预测(3 类发病率的两个边界分别为每 10 万居民 100 例和每 10 万居民 300 例。颜色的饱和度越高,对特定结果的预测就越确定,深红色表示登革热风险高的概率大,强蓝色表示登革热风险低的概率高,接近白色的颜色表示与基准(巴西登革热发病率的长期平均分布)相似的预测,用叉子标记);(b)2014 年 6 月观察到的登革热发病率类别(引自 Lowe et al.,2016b)

　　巴西的登革热预警系统原型是由网络项目开发的,项目名称为欧洲—巴西改善南美季节性预报倡议项目(EURO-Brazilian Initiative for Improving South American Seasonal Forecasts,简称 EUROBRISA),该项目探讨了如何更好地利用 SCF 来提高南美的气候复原力(Coelho et al.,2006)。EUROBRISA 开发了一个业务预报系统,旨在产生 3 个月的平均预报,提前 1 个月发布。为了适应登革热模型框架中季节预报系统的设计,降水和温度变量是登革热预测月份之前 3 个月的平均值。然而,月、周或日尺度的气候数据,如昼夜温差或一个月内降水超过设定阈值的天数可能会更好地解决蚊子生命周期的气候敏感性(Lambrechts et al.,2011;Chen et al.,2012)。事实上,应用 S2S 气候预测系统的挑战之一是登革热预测需要使用每周而不是每月平均的气候数据作为驱动。

　　在厄瓜多尔,研究发现登革热与降雨量和最低气温的滞后时间从几周到 2 个月不等,这一特征对登革热预测非常重要(Stewart-Ibarra et al.,2013a,2013b)。最近的一项研究使用 SCF 预测厄瓜多尔沿海城市马查拉的 2016 年登革热的季节演变,在这之前发生了有记录以来最强的厄尔尼诺事件之一(Lowe et al.,2017)。SCF 预测结果来自美国国家大气研究中心开发的气候预测系统(CFSv2)模型。预测的起报时间为 2016 年 1 月 1 日,采用 24 个成员的集合预测,生成预测开始后 10 个月的月平均降水量和日最低气温。

　　考虑到气候变量的异常和登革热发病率有 1 个月的延迟,制作了未来 11 个月的登革热预测。这些气候驱动成功地预测了登革热发病率的峰值将比预期提前 3 个月发生(Lowe et al.,2017)。通过在登革热模型框架中纳入次一级 SCF 信息,可以进一步提高登革热预报的时间分辨率,这是一个正在积极研究的领域。

22.2.3 脑膜炎

细菌性脑膜炎(脑膜炎球菌或脑膜炎奈瑟菌)是一种具有高度传染性的、人与人之间的脑膜传染病,脑膜是覆盖大脑和脊髓的薄层。世界上的一些地区特别容易受到脑膜传染病的威胁,如"非洲脑膜炎带"(Lapeyssonnie,1963),这是一个从塞内加尔延伸到埃塞俄比亚的半干旱地区,这个地区的脑膜炎发病率是世界上最高的,每年都有地方性的传染,也有影响整个脑膜炎带若干年发生一次的大传染(Broutin et al.,2007)。

脑膜炎环境风险信息技术(MERIT)倡议(Thomson et al.,2013)成立于2007年,是一个多学科的合作伙伴社区,他们开展研究推动利用气候相关信息加强公共卫生战略,以控制非洲的流行性脑膜炎。在这一举措的同时,一种新的名为MenAfriVac(Frasch et al.,2012)的针对A群流脑(NmA)的结合疫苗在该地区进行了测试和推广。该疫苗迅速抑制了病例数,但它并没有消除对脑膜炎早期预警系统的需求,也没有促进对疾病的环境驱动因素的更好理解。A群流脑以外的脑膜炎仍然具有很大的威胁,而且目前无法通过预防性疫苗接种加以控制(Agier et al.,2017)。

脑膜炎的传播和动态可以在不同范围内受到宿主免疫力、合并感染、家庭生活方式、人口密度和动态以及社会经济条件的影响(Agier et al.,2017)。此外,20世纪60年代就发现了脑膜炎与气候的联系,现在该疾病被认为是非洲对气候最敏感的疾病之一。世界卫生组织在2012年指出,"虽然气候和脑膜炎的时间联系是明显的,但什么会引发或结束流行病还不清楚"。流行病学家的一个假设是,极低的空气湿度加上持续多周的高粉尘量,可能有助于宿主的易感性,包括对黏膜的物理损害,以至于定植脑膜炎球菌更有可能侵入鼻咽上皮(Mueller et al.,2010)。在任何情况下,尽管感染机制本身仍有不确定性,但如果有足够准确的预测系统,公认的炎热、干燥和扬尘这些气候风险因素在S2S时间尺度上是可以预测的。

非洲脑膜炎带的地理边界受到北部(约为15°N)300 mm和南部(7°N)1100 mm降水等值线的限制(Lapeyssonnie,1963),这与萨赫勒地带的气候学定义一致。以前的研究清楚地表明,脑膜炎的爆发发生在1—5月的旱季,由强劲、温暖、干燥和充满灰尘的东北哈曼丹季风(Harmattan wind)主导,这些风从撒哈拉沙漠吹向副热带的萨赫勒地带,直到季风期前的降雨阻止疫情爆发(Sultan et al.,2005;Thomson et al.,2006b;Dukic et al.,2012;Broman,2013;Perez Garci'a-Pando et al.,2014;Perez et al.,2014;Cuevas et al.,2015;Pandya et al.,2015;Diokhane et al.,2016)。最近的一篇综述(Agier et al.,2017)报告了在不同空间(国家/地区/县/个人)和时间(年/季/月/周)范围内解释影响脑膜炎发病率因素所采用的统计方法(回归模型、疾病分布图、假设解释模型、数学建模),最常用于解释脑膜炎发病率的气候因素是风、湿度、温度和灰尘。

根据以前的研究,气候变化在一定程度上解释了脑膜炎的年际变化(Yaka et al.,2008)。10月、11月和/或12月的经向风分量具有重要意义:旱季开始时哈曼丹风的增强可能影响脑膜炎的病例数,并在几个月后引发脑膜炎的流行。10—12月的气候条件有时可能会导致脑膜炎的早期病例,早期病例又可能通过人与人的接触和宿主规模的增多来影响感染的最终规模。脑膜炎发病率统计模型在尼日尔的健康卫生区尺度上进行了改进,增加了旱季开始时的灰尘、脑膜炎早期病例和人口密度作为新的预测因素(Perez et al.,2014)。下一个关键挑战是解释脑膜炎在特定时间点的发病率,以便更接近于防治业务的需求。

布基纳法索是非洲脑膜炎带上受影响最大的国家之一（Agier et al.，2008）。根据发病率（脑膜炎病例数/10 万人口），在 1979—2014 年，该国有 7 a 被确定为流行病年份，分别是：1984年、1996 年、1997 年、2001 年、2002 年、2006 年和 2007 年。月度气候综合指数（流行病年份减去所有年份）突出了流行病年份的特定气候条件，11 月的合成图突出了东北方向的地表风的明显加强（图 22.3a）。这影响了相对湿度，导致该地区出现明显的干异常（图 22.3b）。

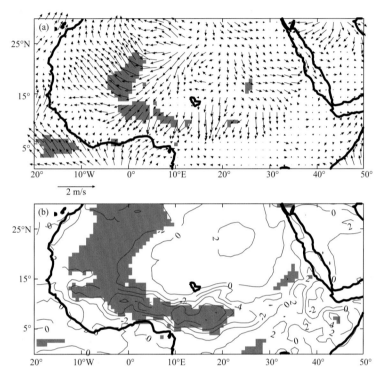

图 22.3   ERA Interim 数据集中 1984 年、1996 年、1997 年、2001 年、2002 年、2006 年和 2007 年的(a)10 m 风和(b)相对湿度相对于 1979—2016 年平均值的距平（单位：%）

（阴影区域表示差异在 90% 信度水平上是显著的）

Agier 等（2008）的研究使用了 1997—2007 年卫生区尺度上的标准化 WHO 每周脑膜炎发病率数据集来确定脑膜炎流行年份的发病周，结果显示平均发病日期在每年的第 5 周和第6 周之间（平均持续 1.6 周）。他们构建了周气候综合指数来突出在流行病发病前可能出现的特定条件，发现在平均发病日期之前的几周，有明显的哈曼丹风增强的现象。

Sultan 等（2005）在马里开发了一个 HEWS 脑膜炎指数，证明流行病开始的那一周与脑膜炎指数冬季最高点的那一周（一年中的第 6 周，±2 周）高度相关。他们的 HEWS 策略既包括在传播季节之前的 11 月进行的较长提前期的季节性预测，又补充了从 1 月底开始的基于风、温度和湿度预测的每周更新的预测。第二阶段这种较短提前期的每周更新的预测非常适合S2S 预测系统的应用。最近对尼日尔疾病的分析表明，纬向风和含尘量可用于预测当地和地区范围内的病例（Pérez García-Pando et al.，2014），强调了 S2S 系统在预测脑膜炎发病率方面可以发挥更精细的周时间尺度的作用，由于目前大多数 S2S 预测系统在其输出中不提供气溶胶信息，因此，除了直接使用 S2S 系统输出的风之外，还可以用风来驱动尘埃模型，作为预警系统的输入。

脑膜炎发病率的微分方程被应用于使用 4 个气象变量(东北地表风、相对湿度、降雨量和温度,除了这 4 个气象变量之外,还会使用布基纳法索的 4 种粉尘产品之一)的多变量对数线性回归分析,以确定它们对脑膜炎病例数的各自贡献(Nakazawa et al.,2017)。结果表明:东北风对病例数的变化有主要影响。在所有的回归模型中,同时使用 4 个气象变量的模型预测与观测的相关系数最高,尽管如此,仅仅使用风的单参数模型同样展现出了良好的预测技巧,这一结论简化了 HEWS 的开发。最近的其他研究比较了灰尘和其他气候变量对 1—3 月脑膜炎的驱动情况,结果表明在国家尺度上(尼日尔和马里),脑膜炎每周病例数的变化似乎是由沙尘引发的,沙尘和脑膜炎病例变化之间有 1~2 周的时间差(Martiny et al.,2013)。湿度观测也被用于早期预警系统,其预警提前期为 2 周(Pandya et al.,2015),这个时间差在尼日尔的地区空间尺度上使用不同的气溶胶数据集(Deroubaix et al.,2013)得到证实(Agier et al.,2008),与脑膜炎细菌约 14 d 的潜伏期一致(Stephens et al.,2007)。在印度,Sinclair 等(2010)强调了脑膜炎流行的结束与相对湿度升高的关系,S2S 驱动的预警系统有可能在非洲大陆以外的地区得到应用,但要经过严格的当地流行病学研究和评估。

如果对气象条件和气溶胶的观测可以预测 2 周内的病例数,那么 S2S 预测系统对这些参数的成熟预测可以将预警提前期再延长 4~8 周,这取决于 S2S 的预测水平。因此,相对于疟疾等通常与气候有较长滞后期的疾病,S2S 对脑膜炎的预警时间的影响可能是巨大的。

22.2.4 热浪

极端高温是美国和欧洲造成与天气有关的人员死亡的主要原因(Changnon et al.,1996;Klinenberg,2015;Lowe et al.,2015),2015 年全球 10 起最严重的自然灾害中,4 起与极端高温有关(UNISDR et al.,2015)。然而,与极端高温有关的疾病和死亡在很大程度上是可以预防的,热浪行动计划(Heat Action Plans,简称 HAP)在全球许多地方都得到实施,并已被证明可以通过改善防灾准备工作来拯救生命(Ebi et al.,2004;McGregor et al.,2014;Natural Resources Defense Council et al.,2017;Bittner et al.,2013)。

如果将可靠的天气和气候预报纳入更广泛的防灾战略,在各种时间尺度上采取防灾措施,不管是长期的灾害风险减少和季节性准备,或是早期预警系统和应急反应,都可以促进中短期资源管理和调度的优化。当高温预警系统与减少风险的行动策略相搭配时,可以成为这种防灾战略的有效组成部分。正如本章引言中所说,高温预警系统包括确定与不利健康影响有关的关键气象阈值,发布表明是否可能达到这些阈值的预报,以及一套实施风险减少措施的标准操作程序。

有效的高温预警系统是根据当地情况制定的,根据当地人口的脆弱性确定阈值,并根据当地的行动能力在适当的时间发布与这些阈值有关的预测。通过对高温与健康关系的研究,以及通过调查和社区咨询,可以确定人群中更易受灾的部分。针对预警采取的具体行动取决于目标脆弱人群、当地政府和利益相关者的应对能力、可用资源和预测的技巧。

印度的艾哈迈达巴德市是南亚第一个 HAP 所在地(Knowlton et al.,2014a)。该计划是为了应对 2010 年的超强热浪而制定的,与往年同期相比,死于热浪的人数增加了近 1350 人(Azhar et al.,2014),类似的 HAP 现在正在印度其他 13 个城市推广(Council,2016)。对每日最高温度数据、全因死亡率、入院人数和救护车呼叫开展分析,加上专题访谈和抽样调查,结果表明居住在贫民窟的人、户外工作者、老年人和新生儿是最脆弱的群体。在对 2010 年热浪期间的温度和死亡率数据进行分析后,一致确定了从"无警报"到"极端高温健康警报"等不同级别警报的临界最高温度阈值(Knowlton et al.,2014a;Azhar et al.,2014)。一旦触发了预警,该计划概述了一系列需要采取的行动,其中包括提醒社区工作人员和医院等主要利益相关者做好相关准备,开放冷却中心,并通过短信和广播循环播放预警。除了高温预警系统以外,HAP 还涉及季节性活动,包括社区宣传和提高公众认知的计划,培训关键人员,以及采购冰袋和其他用品。

艾哈迈达巴德 HAP 现在使用印度气象局(IMD)每天发布的 7 d 最高温度确定性预报。预警是由专门的官员与预报员协商后,提前 1~7 d 酌情发布的。更成熟的高温预警系统使用的是概率预报,在英国,当至少连续 2 d 达到关键温度阈值的概率为 60% 时,就会触发高温预警(England et al.,2015)。虚假预警的代价很高,而且会损害相关责任人和责任机构的信誉(Coughlan De Perez et al.,2015)。使用概率预测可以最大限度地延长准备时间,同时将错误预警的风险降至决策者认为可以接受的水平,决策者可以在对预测的信心和更长的准备时间之间进行权衡,英国的预测通常在热浪来袭前 2~3 d 达到最低 60% 可信度水平。

许多防灾、减灾行动所需要的预警时间比天气预报提供几天的提前期更长。图 22.4 说明了如果可以延长预报的提前期,可以采取一些措施来防止极端高温对健康的影响,出于这个原因,将预报的提前期延长到天气时间尺度之外,是提高一系列危害的备灾能力的重要方法(Knowlton et al.,2014a;IFRC,2008;England et al.,2015;Letson et al.,2007;Vitart et al.,2012)。对于更长的提前期来说,预测的可靠性对于预警系统来说变得至关重要。确定性的预报没有提供预测的可信度,这是次季节预测受关注的重点,因为次季节预测的预测技能经常比较差。可靠的概率预测是指预测出某一结果的概率与观察到的该结果的概率一致,例如,当热浪的发生被预测为 70% 的概率时,热浪应该正好在 70% 的时间内发生。可靠的预测是至关重要的,因为它们允许决策者根据预测结果采取适当的行动。低成本的干预措施,如重新宣传防灾应急程序或密切监测天气预报,可以根据低概率的预报结果来开展。成本较高的行动,可能包括重新安排户外体育活动或设立紧急饮用水站,可以根据较高概率的预测结果来触发。

热浪为次季节预测在预警系统中的使用提供了一个很好的测试案例。对于山洪和气旋等水文气象灾害的防灾、减灾行动可能涉及高成本的干预措施,如疏散人群和防洪加固,相比之下,对于热浪的应对,有许多低成本干预措施,从开展医务人员和社区外联人员的培训到采购紧急饮用水等(Indian Institute of Public Health Ganghinagar et al.,2017)。

在较长的提前期上,要预测灾害发生的具体位置是十分困难的,而灾害的防治行动通常需要较长的准备时间,所以必须在较长的提前期上发布较大区域的预报,而不是提前几天发布高分辨率天气预报(Vitart et al.,2014)。覆盖较大区域的预报对洪水或暴雨等水文气象灾害的早期预警提出了挑战,这些灾害往往是高度局地化的。相比之下,热浪发生的区域要大得多,人群的脆弱性和暴露度是热浪防治中需要重点考虑的因素,因此,援助可以针对最脆弱的人群(如老人或幼儿)和暴露的人群(如建筑工人),降低对长期预报准确性的要求。

此外,在一些地区,热浪在次季节尺度上的可预测性已经得到了证明。一些研究注意到大气温度和陆地表面条件之间的强烈耦合,低土壤湿度在 2003 年和 2010 年欧洲和俄罗斯的主要热浪中发挥了作用(Miralles et al.,2014;Hirschi et al.,2011)。基于陆地表面状态的预测

图 22.4　基于 S2S 预报系统，城市管理者可以采取的针对极端高温的准备和风险减少战略
这些例子取自印度、英国和其他地区的高温行动计划，以及南亚的气候服务研讨会（Knowlton et al.,
2014b；McGregor et al.,2015；PHE,2015）。季节性准备措施也可以在没有气候预测的情况下，
基于地区的气候特点来启动。灰色的项目表示随着次季节预测技术的提高和可操作性的
提高，可能会采取的行动

技能可以扩展到土壤水分发挥作用的天气时间尺度之外，在孟加拉国，热浪来临之前平均有几周的时间可以检测到低土壤水分状况。

最近的一项研究开发了一个气候驱动的死亡率模型，以模拟 16 个国家的 54 个欧洲地区在热浪和寒潮情况下超过紧急死亡阈值的概率（Lowe et al.,2015）。当由来自再分析的体感温度数据驱动时，该模型显示出良好的技巧，然后评估了 S2S 气候预测可纳入 HAP 的程度，以支持在欧洲即将发生的热浪事件之前及时做出公共卫生决策（Lowe et al.,2016）。不同提前期（从 1 d 到 3 个月）的体感温度预测被用来生成 2003 年欧洲热浪事件的概率死亡率预测，并与由观测体感温度驱动的死亡率预测进行比较。该模型显示，预测提前期超过 1 周时，预测技巧迅速下降。然而，在西班牙和英国的一些地区，提前 3 个月就发现了超额死亡率。总的来说，死亡率预测的技巧不受死亡率模型的限制，而是受欧洲 S2S 时间尺度上气候变量的可预测性的限制。

总之，这些研究表明，在某些地区存在次季节时间尺度的极端高温的可预测性，表明将 S2S 预测纳入现有 HAP 可以更好地做好防灾准备。成熟和可靠的预测是 HAP 的一个重要组成部分，但是有效的防灾、减灾行动需要适当的宣传活动以及不同社会机构和个人的共同参与。

22.3　S2S 预测应用业务化面临的挑战和机遇

　　尽管将地表气候参数的 S2S 预测应用于预测健康形势和防灾、减灾行动的潜力明显并且在不断增强,但迄今为止,实际的业务应用还很匮乏。许多成功展示此类系统潜力的示范项目仅仅停留在研究阶段,也没有带来健康方面的好处和更有效的卫生资源分配。接下来将讨论造成这些瓶颈的一些潜在原因。

22.3.1　数据访问和使用

　　将健康预测系统投入使用的关键障碍之一是缺乏对气候和健康事件的高质量观测。付费获取信息以两种方式阻碍了业务发展:它不仅直接阻碍了健康预测系统的运行,而且首先抑制了开发这些系统所需的研究。由于卫生部门往往难以从该国的国家机构获得观测数据,使得研究工作受到阻碍。同样,虽然一些国家率先公开了汇总的卫生数据集,并通过卫生部的网站可以轻松获取,但这仍然是例外而非常规的,用于研究的卫生数据的获取仍然很难。通常情况下,卫生数据只能通过特定的研究项目来获得,尽管有可能应用严格的匿名化技术来确保满足隐私上的要求,但是数据的传播和获取仍要遵守严格的第三方条件。

　　这种情况正在得到改善。对于气候观测资料,由业务中心制作的大多数再分析数据集,结合了各种观测,已经可以免费用于研究,如 NCEP(Kistler et al.,2001)和 ERA-Interim(Dee et al.,2011)的数据集。虽然这些数据很有价值,但这些产品是在 100 km 左右的粗网格上提供的;高分辨率的业务分析数据(截至 2017 年,ECMWF 的 8 km 分辨率数据)仍然是封闭的。然而,改进的再分析产品将很快成为欧洲联盟(EU)资助的哥白尼计划气候服务项目的一部分(如 ERA-5)。另一个进展是增强国家气候服务(Enhancing National Climate Services,简称ENACTS)项目,这是 IRI 的一个倡议(Dinku et al.,2014;Thomson et al.,2014)。该项目旨在将卫星数据与所有可用的国家级气象站数据合并,以产生一个高质量的、网格化的降雨数据集,可供国家服务使用。ENACTS 产品已经在卢旺达、肯尼亚、马达加斯加、坦桑尼亚、埃塞俄比亚、赞比亚、马里、加纳以及即将在乌干达提供访问。

　　随着越来越多的国家引入第二代基于网络的数字信息系统,卫生数据的获取也将得到改善(Karuri et al.,2014)。除了提高数据的可靠性外,这些系统还可以快速、方便地汇总卫生数据,以便更广泛地使用,这些数据十分有利于开展研究,最终将使卫生组织受益。

　　对于预报本身而言,天气预报信息的商业价值导致美国以外的运营中心实施了封闭的数据访问政策,在提供预报信息的地方,往往采取图形地图的形式而不是直接的预报数据,不能用来驱动统计或动力模型。幸运的是这种问题也在逐步得到解决。次季节和季节尺度预测系统必须对过去时期以大量的数据集进行后报,以便对它们进行偏差和错误校准。这些数据集是宝贵的研究资源,并且已经开始着手将它们从多个中心集中到一个机构统一发布。世界气候研究计划(WCRP)的次季节至 10 a 预测工作组(WGSIP)拥有一流的气候系统历史预测项目(CHFP),该项目公开了大量业务中心的季节性后报(Tompkins et al.,2017),自 2015 年以来,建立了 S2S 数据库,以提供对次季节预测系统的访问(Vitart et al.,2016)。自 2017 年底以来,被称为哥白尼气候变化服务(C3S)的欧盟项目已将 3 个运行中的季节预测系统的数据实时提供,此外,还有相关的后报数据集。因此,我们正在进入一个前所未有的气候预报数据共享时代,可以方便地用于研究和业务活动。

22.3.2 气候信息应用业务化

在卫生规划中引入气候信息的最大障碍可能不是系统开发上的障碍,而是为有效利用这些系统所需的策略的调整。虽然许多疾病的季节性已经得到充分的认识,疾病干预的年度计划也会考虑疾病的季节性(Tompkins et al.,2016b),但在卫生规划中使用月或者季节预测仍然是一种新的业务形式。对于具有明确季节性周期的地方性疾病,要采取常规的干预措施;如果一种疾病的爆发不具有规律性,那么重点是病例监测和应急反应。利用气候预测来制定干预计划或未来几个月的药品储备方案,是一种全新的业务形式。

为了将气候信息纳入规划,可能需要对预测的空间尺度和不确定性进行明确。根据我们与学术界和卫生部门官员互动的研讨会的经验,一个经常被提及的反对使用气候信息的理由是信息的空间尺度。这个论点是,健康形势通常在小的空间尺度上是高度异质的,因此,由 $10\sim100$ km 量级尺度的气候信息驱动的预测系统由于其分辨率较低,可能对地方一级卫生部门提供的指导是有限的。这一论点将平均风险与风险异常混为一谈,气候驱动的异常现象发生的尺度可能在数十千米甚至数百千米,这种大规模的异常现象会叠加在各个地区异质的脆弱性分布之上,形成各个地区不同的风险形势,脆弱性分布主要体现了各个地区的水资源、收入水平、医疗保健资源的不同情况。Kienberger 和 Hagenlocher(2014)等开展的绘图工作旨在帮助将气候驱动的危害预测应用到更小的空间尺度。此外,在地方和地区范围内,区卫生官员对其管辖范围内的疾病发病情况非常熟悉。影响脆弱性和疾病传播强度的因素会逐年变化,但这些因素通常是固有的不可预测的,为模型预测提供了许多误差来源之一。因此,S2S预测系统的任务之一是试图确定疾病传播中受气候影响的很大的年际变化部分的信息(Tompkins et al.,2015)。

另一个影响气候信息应用的方面涉及对预测的信心。S2S 时间尺度的预测信息是不确定的,通常需要使用集合预测技术进行评估,这种不确定性对疾病预警模型有较大的影响(Ruiz et al.,2014;Caminade et al.,2014)。对决策中的不确定性进行评估是非常具有挑战性的,对预测的不确定性进行准确评估和有效沟通是全关重要的。可以借助经济学的成本—损失分析方法进行分析(Murphy,1977),如果通过引入预测信息正确地采取了干预行动,从而避免了损失(例如,通过推出干预措施防止疫情爆发或减轻热浪的影响),这就可以从成本效益的角度评估集合预测或确定性预测的技能水平。当预测不正确导致干预措施的成本浪费,或者导致对疾病的爆发没有应对,那么预测不正确时产生的损失可以与正确预测所带来的效益相抵消。虽然这种分析可以提供指导,但通常很难根据这种分析来精确地确定干预行动的触发阈值,并通过将健康结果转化为等效伤残调整生命年来与健康成本进行关联。

卫生方面的事件,不仅会产生经济损失(如生产力损失),而且还会产生严重的、可能是致命的健康影响。在资金充足的情况下,卫生官员可能偏向谨慎地采取预防措施,而不是冒着热浪或疾病爆发的风险不采取任何准备措施。此外,如果采取了行动,就很难证明是否因此而避免了健康危机,因为有可能在不采取任何措施的情况下,健康危机也不会发生(Lowe et al.,2016b)。虽然对极端温度的预测可以在随后得到验证,但不可能说干预措施防止了登革热或疟疾等疾病的爆发,除非具有类似气候异常和没有干预措施的邻近地区遭受了异常的疾病爆发作为对比。我们目前对疾病干预措施的功效的理解仍然严重依赖于理想化的模型,其结果并不能准确表示实际的情况。

气候驱动的预警系统提供的信息与卫生官员决策过程的这种脱节,也许是在大多数情况下预警系统对气候信息吸收缓慢的一个原因。热浪预警系统是个例外,因为热浪的发生可以很容易地得到验证,对于热浪的预测在较短的几天提前期内有很高的预测技能,可以提供有用的预警。要把气候预测信息引入到决策中,还需要更多的努力。气候异常与健康方面的决策一定是相关的吗? 这一点还没有被证明,这种脱节可以部分解释卫生部门对气候预测产品的低需求,这不仅与气候预测数据的粗糙空间分辨率有关,也与要达到足够的预测技能,则提前期就相对较短的限制有关。

以 2006—2007 年肯尼亚爆发的 RVF 疫情为例,由于干预措施开始得较晚,获取疫苗库存并随后在现场分发疫苗花费了大量的时间,从而导致干预措施并没有对疫情传播产生明显的影响(Jost et al.,2010)。由于疫苗的保质期有限,而疫苗的获取和分发也需要一定的时间,足够准确的 S2S 预测所提供的 1 个月的准备时间对于应对疫情的干预措施是不够的。在这种情况下,需要借助有几个月的提前期的季节尺度预测,以提供充足的时间用于疫苗的准备和分发。

22.3.3　研讨会形式的互动交流

引入气候信息的这些瓶颈的背后,是多方面参与者之间的沟通障碍问题。卫生官员可能对气候数据改善公共卫生结果的潜力缺乏了解,以及不了解如何获取、解释气候数据或基于气候的预测产品。此外,小规模的研究示范项目在更大范围内实施的可行性是存在疑问的(Awoonor-Williams et al.,2004)。同样,气候和天气专家也可能对健康规划的需求和国家或地区健康领域的决策过程理解不深。根据国际机构(如 WHO)或资助机构和捐助者的建议,在国家或地区层面规划干预行动往往是自上而下的,这使得在没有世卫组织明确支持的情况下,对于小国或者某些国家规模不大的地区,引入新的方法和技术的空间有限。

在此背景下,世卫组织越来越认识到将气候纳入卫生规划的重要性,并与世界气象组织建立了一个联合办公室以推进这一过程。世界气象组织也将健康作为其全球气候服务框架(GFCS)的一个重要优先事项,该计划旨在协调并向国家、区域和全球范围内的利益相关者传达气象领域研究和观测的进展。S2S 和季节尺度预测可以以现有的比较成熟的时间尺度上的预测技能作为立足点,包括短期预测、极端天气的预测或者具有一定水平的长期气候预测,这些预测越来越多地被纳入最不发达国家的国家适应行动方案计划(Füssel,2007;Kalame et al.,2011)。

总的来说,由于在许多地区的预测技能水平较低,因此,很难从 SCF 中获得与决策有关的信息,然而,较短提前期预测的价值可能会更高,因为它们的预测技巧提高了,这种价值也在热浪预警应用中得到了证明(Lowe et al.,2016)。具有更好预测技巧的次季节预测可能有助于提高欧洲对气候预测信息的吸收和使用。由于卫生决策往往是从国家层面自上而下实施的,而忽视了在卫生区层面利用气候信息可以获得的诸多潜在收益,因为卫生区的决策可以对当地产生直接的影响,因而在一定程度上比国家层面的决策更具有指导意义。虽然卫生区的官员有繁忙的日程安排和严格的行动目标,但发达国家的地方公共官员正越来越具有气候意识(Bedsworth,2009),可以预见的是,这种趋势也将出现在发展中国家中。

预测的发布总是基于一定的背景的,比如预测的结论是"高于正常"的现象将会发生,那么用户必须很好地理解什么是"正常",以及观察到的气候如何影响他们所关心的健康问题。使用实时观测到的降雨量和温度,对病媒传播疾病的预测可以有 2 个月或更长的准备时间,这是因为一旦气候条件有利,病媒种群和病原体建立流行周期需要这么长的时间。在这种预测中,不确定性主要来自于观测的质量,而不是预测的内在随机性。直到 2019 年前后,卫生部门的研究人员和从业人员才认识到方便公开地获取历史和监测气候数据的重要性,因为在很多国家和地区,数据的访问都是不公开的或者有限制的。我们认为,熟悉和使用适当时间和空间尺度的观测数据(如 ENACTS 提供的数据)为引入具有一定不确定性但具有前瞻性的预测信息奠定了基础。

数据获取的问题可以通过加强沟通在一定程度上缓解,研讨会是最常见的沟通形式。还需要对卫生从业人员进行宣传和培训,介绍气候信息作为一种可能的资源对卫生事业可能存在的影响,同时也需要加强对气象和气候学家的沟通,以便他们能够理解他们的预测信息可能被潜在使用的方式,同时针对气候产品的使用和不确定性开展沟通交流。再次,像世界卫生组织这样的泛国家组织的参与和赞助对全球气候服务系统的支持和协调是非常宝贵的,扩大这类活动的规模可以提高其价值和渗透力,可以借助网络来开展,并与传统的现场研讨会环境相结合(Barteit et al. ,2015)。在开展这类活动时,有必要进行相应的记录,以便日后类似的活动参考和借鉴经验(Tompkins et al. ,2012;Lowe et al. ,2016c)。

22.4 展望

本章总结了目前在卫生领域引入 2 周至 2 个月时间尺度的 S2S 预测信息的潜在应用机会。4 个案例研究分析了可以应用 S2S 的领域,或者已经有试点或预运行系统的领域。通常情况下,从试点到运营系统的一步是最具挑战性的,并讨论了这一过程中的一些关键障碍。尽管存在很多挑战,S2S 和相关倡议将有助于展示 S2S 预测系统的潜力,提高对这些系统的认识,并帮助思考如何使用这些系统来助力卫生决策。气候服务在健康领域的成功应用需要一系列组织机构的密切合作,包括气候科学家和气象从业人员、数据管理员、医疗专业人士、医院、公共卫生机构和政府。

第23章

结　语

本书目的是提供一个关于 S2S 预测研究、业务化和应用现状的综述。我们在各章的末尾对未来 S2S 的前景和还需要进一步开展的研究做了一些思考。

第一部分和第二部分讨论了许多 S2S 可预测性的来源,强调了近年来在更好地理解和利用这些不同的 S2S 可预测性来源方面取得的重要进展。最近人们对 S2S 预测的兴趣增加了,原因之一是统计和动力学模型在表示这些可预测性来源方面表现出了良好的预测技巧,特别是 MJO(预测技巧可达 5 周)和平流层突然增温。然而,这些预测仍有很大的改进余地,例如,动力学模式难以模拟出 MJO 传播到整个海洋大陆的情况以及强烈低估了 MJO 与北半球外热带地区其他系统的远程联系,成为阻碍动力学模式充分利用这些可预测性的重要障碍。这种缺陷在一定程度上可以被看作是一个好消息,因为它明确了当前的 S2S 预测系统存在的缺陷,说明 S2S 预测系统的技能还可以得到很大的提高。除了本书所描述的那些,可能还存在其他的 S2S 可预测性来源,例如,大气成分(气溶胶、臭氧等)在 S2S 动力模型中通常用气候态平均值表示,它与天气演变过程的相互作用可能对 S2S 预测存在影响。

尽管第二部分的每一章都单独描述了一个可预测性来源,但越来越多的证据表明,这些可预测性来源可能并不总是独立的。例如,第 11 章,关于次季节可预测性和平流层的关系,强调了 QBO 和 MJO 之间可能的相互作用,而最近的一些出版物表明,MJO 和极地涡旋的平流层突然变暖之间存在联系。这些联系还没有被完全认识,它们的物理机制仍然是假设性的。尽管如此,对各种可预测性来源之间的相互作用的研究,在未来几年内可能会呈现增强势头。这些相互作用也可以跨越时间尺度;例如,由于 MJO 和 ENSO 相互影响,MJO 变化的影响可能扩展到季节时间尺度;较长时间尺度的过程也可以对 S2S 的可预测性产生影响,如 ENSO 和 PDO。

由于 S2S 预测的发展比中期预报和季节预测要晚得多,用于制作 S2S 预测的方法主要借助中期天气预报和季节预测。虽然原则上应该从同一个预报系统中产生从中期到季节时间尺度的无缝预报,但在实践中,考虑到每个时间尺度预测的特殊性,中期预报和季节预测系统通常是单独开发的。一些业务中心利用他们的季节预测系统制作次季节预测,而其他中心则扩展他们的中期天气预报来制作 S2S 预测,目前还不清楚哪种策略更好,而且两种方法可能都不是 S2S 预测的最佳方法。例如,集合预报的成员通常经过调整以生成可靠的季节预测或中期预报。对 MJO 的次季节集合预测通常面临离散度不足的问题。迄今为止,对模式方面问题的研究非常少,如不同集合成员生成方式的影响,以及 S2S 预测系统中大气和海洋的水平和垂直分辨率的影响。在 S2S 时间尺度上,可预测性同时受初始条件和边界条件的影响,因此,良好的初始场和复杂的地球系统模式至关重要。目前,大多数业务系统都是单独初始化地球系统的各个组成部分,大气-海洋-陆地-冰冻圈系统的耦合资料同化的发展,可能会在不久的将来带来更一致的 S2S 预测初始场。预报校准和多模式耦合目前使用的技术主要是基于以前的季节预测的经验。S2S 预测的验证也处于起步阶段，可以参考第 17 章关于 S2S 预测极端天气的讨论。

本书第三部分记录了 S2S 预测可以通过新的天气或气候服务、极端事件的预警和早期行动以及气候智能决策造福于社会的几个领域：灾害预警、水文、农业、健康应用、能源等。对 S2S 预测的潜在应用研究最近才开始，而与决策完全结合的基于 S2S 的预警系统还没有出现。S2S 预测的应用仍然面临许多挑战，需要进一步提升系统的预测技巧，开发更多用户友好的预测产品，以更好地为决策服务。

S2S 预测系统的开发需要进一步优化，以更好地满足用户的需求，在季节预测应用的成熟经验基础上，第 19 章和第 21 章都强调，成功地将 S2S 预测纳入实际决策，需要 S2S 预测系统开发者和利益相关者在可以建立信任的共同生产过程中进行建设性和持续性的互动。对于卫生领域，第 22 章建议通过全球气候服务框架(GFCS)和相关机制创建合作平台，以使气候和卫生领域的学术界和业务界能够在实时健康预警系统方面开展合作，特别是对于卫生发展水平相对落后的发展中国家。因此，世界气候研究计划 S2S 预测项目的主要目标之一是建立有潜在用户参与的示范项目，以展示 S2S 预测的应用前景。

参考文献 *

Abbe, C., 1901. The physical basis of long-range weather forecasts. Mon. Weather Rev. 29, 551–561.

Abhilash, S., Sahai, A.K., Pattnaik, S., De, S., 2013. Predictability during active break phases of Indian summer monsoon in an ensemble prediction system using climate forecast system. J. Atmos. Sol. Terr. Phys. 100–101, 13–23. https://doi.org/10.1016/j.jastp.2013.03.017.

Abhilash, S., Sahai, A.K., Borah, N., et al., 2014. Prediction and monitoring of monsoon intraseasonal oscillations over Indian monsoon region in an ensemble prediction system using CFSv2. Clim. Dyn. 42, 2801–2815. https://doi.org/10.1007/s00382-013-2045-9.

Abhilash, S., Sahai, A.K., Borah, N., et al., 2015. Improved spread-error relationship and probabilistic prediction from CFS based grand ensemble prediction system. J. Appl. Meteorol. Climatol., 1569–1578.

Adames, A.F., Kim, D., 2016. The MJO as a dispersive, convectively coupled moisture wave: theory and observations. J. Atmos. Sci. 73, 913–941.

Adames, A.F., Wallace, J.M., 2014. Three dimensional structure and evolution of the MJO and its relation to the mean flow. J. Atmos. Sci. 71, 2007–2026.

Adams, R.M., Houston, L.L., McCarl, B.A., Tiscareno, M.L., Matus, J.G., Weiher, R.F., 2003. The benefits to Mexican agriculture of an El Niño-southern oscillation (ENSO) early warning system. Agric. For. Meteorol. 115, 183–194.

Agier, L., et al., 2013. Timely detection of bacterial meningitis epidemics at district level: a study in three countries of the African meningitis belt. Trans. R. Soc. Trop. Med. Hyg. 107, 30–36.

Agier, L., et al., 2017. Towards understanding the epidemiology of Neisseria meningitidis in the African meningitis belt: a multi-disciplinary overview. Int. J. Infect. Dis. 54, 103–112.

Agustí-Panareda, A., et al., 2014. Forecasting global atmospheric CO_2. Atmos. Chem. Phys. 14, 11959–11983.

Ahn, M.-S., Kang, I.-S., 2018. A practical approach to scale-adaptive deep convection in a GCM by controlling the cumulus base mass flux. npj Clim. Atmos. Sci. https://doi.org/10.1038/s41612-018-0021-0.

Ahn, M.-S., Kim, D., Sperber, K.R., Kank, I.-S., Maloney, E., Waliser, D., Hendon, H., 2017. MJO simulation in CMIP5 climate models: MJO skill metrics and process oriented diagnostics. Clim. Dyn. 49, 4023–4045.

Albergel, C., de Rosnay, P., Balsamo, G., Isaksen, L., Muñoz-Sabater, J., 2012. Soil moisture analyses at ECMWF: evaluation using global ground-based in situ observations. J. Hydrometeorol. 13, 1442–1460.

Albers, J.R., Birner, T., 2014. Vortex preconditioning due to planetary and gravity waves prior to sudden stratospheric warmings. J. Atmos. Sci. 71, 4028–4054. https://doi.org/10.1175/JAS-D-14-0026.1.

Aldrian, E., 2008. Dominant factors of Jakarta's three largest floods. J. Hidrosfir Indones 3, 105–112.

Alessio, S.M., 2016. Digital Signal Processing and Spectral Analysis for Scientists: Concepts and Applications. Springer International Publishing, Switzerland. http://www.springer.com/us/book/9783319254661.

Alfieri, L., Burek, P., Dutra, E., Krzeminski, B., Muraro, D., Thielen, J., Pappenberger, F., 2013. GloFAS—global ensemble streamflow forecasting and flood early warning. Hydrol. Earth Syst. Sci. 17, 1161–1175. https://doi.org/10.5194/hess-17-1161-2013.

Allen, J.T., Tippett, M.K., Sobel, A.H., 2015. Influence of the El Nino/Southern Oscillation on tornado and hail frequency in the United States. Nat. Geosci. 8, 278–283. https://doi.org/10.1038/ngeo2385.

Ambaum, M.H.P., Hoskins, B.J., 2002. The NAO troposphere–stratosphere connection. J. Clim. 15, 1969–1978. https://doi.org/10.1175/1520-0442(2002)015<1969:TNTSC>2.0.CO;2.

AMS, 2000. In: Glickman, T.S. (Ed.), Glossary of Meteorology. American Meteorological Society. Available at: http://glossary.ametsoc.org/wiki/.

Andersen, J.A., Kuang, Z., 2012. Moist static energy budget of MJO-like disturbances in the atmosphere of a zonally symmetric aquaplanet. J. Clim. 25, 2782–2804. https://doi.org/10.1175/JCLI-D-11-00168.1.

Anderson, J.L., 1997. The impact of dynamical constraints on the selection of initial conditions for ensemble predictions: low-order perfect model results. Mon. Weather Rev. 125 (11), 2969–2983.

---

* 参考文献沿用原版书中内容，未做改动。

Anderson, J.L., 2001. An ensemble adjustment Kalman filter for data assimilation. Mon. Weather Rev. 129, 2884–2903.

Anderson, J.L., Van den Dool, H.M., 1994. Skill and return of skill in dynamic extended-range forecasts. Mon. Weather Rev. 122, 507–516.

Anderson, D., Stockdale, T., Balmaseda, A., Ferranti, L., Vitart, F., Molteni, F., Doblas-Reyes, F., Mogensen, K., Vidard, A., 2007. Development of the ECMWF seasonal forecast System 3. In: ECMWF Research Department Technical Memorandum n. 503, p. 58. Available from ECMWF, Shinfield Park, Reading RG2-9AX, UK.

Anderson, G., Carson, J., Clements, J., Fleming, G., Frei, T., Kootval, H., Kull, D., Lazo, J., Letson, D., Mills, B., Perrels, A., Vaughan, C., Zillman, J., 2015. Valuing Weather and Climate: Economic Assessment of Meteorological and Hydrological Services. World Meteorological Organization, The World Bank, and Climate Services Partnership, Geneva. WMO No. 1153.

Andreae, M.O., et al., 2002. Biogeochemical cycling of carbon, water, energy, trace gases, and aerosols in Amazonia: the LBA-EUSTACH experiments. J. Geophys. Res. 107. LBA33-1–LBA33-25.

Andrews, D.G., Holton, J.R., Leovy, C.B., 1987. Middle Atmosphere Dynamics. Academic Press, Cambridge, MA. 489 pp.

Annamalai, H., Slingo, J.M., 2001. Active/break cycles: diagnosis of the intraseasonal variability of the Asian summer monsoon. Clim. Dyn. 18, 85–102.

Anstey, J.A., Shepherd, T.G., 2014. High-latitude influence of the quasi-biennial oscillation. Q. J. R. Meteorol. Soc. 140, 1–21. https://doi.org/10.1002/qj.2132.

Anstey, J.A., Scinocca, J.F., Keller, M., 2016. Simulating the QBO in an atmospheric general circulation model: sensitivity to resolved and parameterized forcing. J. Atmos. Sci. 73, 1649–1665. https://doi.org/10.1175/JAS-D-15-0099.1.

Arakawa, A., Jung, J.-H., Wu, C.-M., 2011. Toward unification of the multiscale modeling of the atmosphere. Atmos. Chem. Phys. 11 (8), 3731–3742.

Arguez, A., Vose, R.S., 2011. The definition of the standard WMO climate normal: the key to deriving alternative climate normals. Bull. Am. Meteorol. Soc. 92, 699–704.

Arribas, A., Glover, M., Maidens, A., Peterson, K., Gordon, M., MacLachlan, C., Graham, R., Fereday, D., Camp, J., Scaife, A.A., Xavier, P., McLean, P., Colman, A., Cusack, S., 2011. The GloSea4 ensemble prediction system for seasonal forecasting. Mon. Weather Rev. 139, 1891–1910.

Artikov, I., Hoffman, S.J., Lynne, G.D., PytlikZillig, L.M., Hu, Q., Tomkins, A.J., Hubbard, K.G., Hayes, M.J., Waltman, W., 2006. Understanding the influence of climate forecasts on farmer decisions as planned behavior. J. Appl. Meteorol. Climatol. 45, 1202–1214.

Asaadi, A., Brunet, G., Yau, P., 2016a. On the dynamics of the formation of the Kelvin cat's eye in tropical cyclogenesis: Part I: Climatological investigation. J. Atmos. Sci. 73, 2317–2338.

Asaadi, A., Brunet, G., Yau, P., 2016b. On the dynamics of the formation of the Kelvin cat's eye in tropical cyclogenesis: Part II: Numerical simulation. J. Atmos. Sci. 73, 2339–2359.

Asaadi, A., Brunet, G., Yau, P., 2017. The importance of critical layer in differentiating developing from non-developing easterly waves. J. Atmos. Sci. 74, 409–417.

Atger, F., 2001. Verification of intense precipitation forecasts from single models and ensemble prediction systems. Nonlinear Process. Geophys. 8, 401–417.

Awoonor-Williams, J.K., et al., 2004. Bridging the gap between evidence-based innovation and national health-sector reform in Ghana. Stud. Fam. Plan. 35, 161–177.

Ayarzagüena, B., Orsolini, Y.J., Langematz, U., Abalichin, J., Kubin, A., 2015. The relevance of the location of blocking highs for stratospheric variability in a changing climate. J. Clim. 28, 531–549. https://doi.org/10.1175/JCLI-D-14-00210.1.

Azhar, G.S., et al., 2014. Heat-related mortality in India: excess all-cause mortality associated with the 2010 Ahmedabad heat wave. PLoS ONE 9.

Baddeley, A.J., 1992a. Errors in binary images and an Lp version of the Hausdorff metric. NieuwArch. Wiskunde 10, 157–183.

Baddeley, A.J., 1992b. An error metric for binary images. In: Forstner, W., Ruwiedel, S. (Eds.), Robust Computer Vision: Quality of Vision Algorithms. Wichmann, pp. 59–78.

Baethegen, W.E., Carriquiry, M., Ropelewski, C., 2009. Tilting the odds in maize yields: how climate information can help manage risks. Bull. Am. Meteorol. Soc. 90 (2), 179–183.

Baethgen, W.E., 2010. Climate risk management for adaptation to climate variability and change. Crop Sci. 50 (2), 70–76.

Baethgen, W.E., Berterretche, M., Gimenez, A., 2016. Informing decisions and policy: the national agricultural information system of Uruguay. Agrometeoros 24, 97–112.

Bai, Z., Demmel, J., Dongarr, J., Ruh, A., Van Der Vorst, H. (Eds.), 2000. Generalized Hermitian Eigenvalue Problems. Templates for the Solution of Algebraic Eigenvalue Problems: A Practical Guide. SIAM, Philadelphia, ISBN: 978-0-89871-471-5.

Bailey, R., 2012. Famine Early Warning and Early Action: The Cost of Delay. Chatham House, London.

Baldwin, M.P., Dunkerton, T.J., 2001. Stratospheric harbingers of anomalous weather regimes. Science 294, 581–584. https://doi.org/10.1126/science.1063315.

Baldwin, M.P., Gray, L.J., Dunkerton, T.J., Hamilton, K., Haynes, P.H., Randel, W.J., Holton, J.R., Alexander, M.J., Hirota, I., Horinouchi, T., Jones, D.B.A., Kinnersley, J.S., Marquardt, C., Sato, K., Takahashhi, M., 2001. Quasi-biennial oscillation. Rev. Geophys. 39, 179–229.

Baldwin, M.P., Stephenson, D.B., Thompson, D.W.J., Dunkerton, T.J., Charlton, A.J., O'Neill, A., 2003. Stratospheric memory and skill of extended-range weather forecasts. Science (80-) 301, 636–640. https://doi.org/10.1126/science.1087143.

Ballester, J., Lowe, R., Diggle, P.J., Rodó, X., 2016. Seasonal forecasting and health impact models: challenges and opportunities. Ann. N. Y. Acad. Sci. 1382, 8–20.

Balsamo, G., Beljaars, A., Scipal, K., Viterbo, P., van den Hurk, B., Hirschi, M., Betts, A.K., 2009. A revised hydrology for the ECMWF model: verification from field site to terrestrial water storage and impact in the Integrated Forecast System. J. Hydrometeorol. 10, 623–643.

Balsamo, G., Dutra, E., Stepanenko, V.M., Viterbo, P., Miranda, P., Mironov, D., 2010. Deriving an effective lake depth from satellite lake surface temperature data: a feasibility study with MODIS data. Boreal Environ. Res. 15, 178–190.

Balsamo, G., Pappenberger, F., Dutra, E., Viterbo, P., van den Hurk, B.J.J.M., 2011. A revised land hydrology in the ECMWF model: a step towards daily water flux prediction in a fully-closed water cycle. Hydrol. Proc. 25, 1046–1054.

Balsamo, G., Salgado, R., Dutra, E., Boussetta, S., Stockdale, T., Potes, M., 2012. On the contribution of lakes in predicting near-surface temperature in a global weather forecasting model. Tellus A 64, 15829.

Balsamo, G., Agustì-Panareda, A., Albergel, C., Beljaars, A., Boussetta, S., Dutra, E., Komori, T., Lang, S., Muñoz-Sabater, J., Pappenberger, F., de Rosnay, P., Sandu, I., Wedi, N., Weisheimer, A., Wetterhall, F., Zsoter, E., 2014. Representing the Earth surfaces in the Integrated Forecasting System: recent advances and future challenges. In: ECMWF Research Department Technical Memorandum n. 729, p. 50 Available from ECMWF, Shinfield Park, Reading RG2-9AX, UK.

Balsamo, G., et al., 2015. ERA-Interim/Land: a global land surface reanalysis data set. Hydrol. Earth Syst. Sci. 19, 389–407.

Bao, M., Hartmann, D.L., 2014. The response to MJO-like forcing in a nonlinear shallow-water model. Geophys. Res. Lett. 41, 1322–1328. https://doi.org/10.1002/2013GL057683.

Barbu, A.L., Calvet, J.C., Mahfouf, J.F., Lafont, S., 2014. Integrating ASCAT surface soil moisture and GEOV1 leaf area index into the SURFEX modelling platform: a land data assimilation application over France. Hydrol. Earth Syst. Sci. 18, 173–192.

Barlow, M., Salstein, D., 2006. Summertime influence of the Madden-Julian Oscillation on daily rainfall over Mexico and Central America. Geophys. Res. Lett. 33L21708.

Barnes, E.A., Screen, J.A., 2015. The impact of Arctic warming on the midlatitude jetstream: Can it? Has it? Will it? WIREs Clim. Change 6, 277–286.

Barnett, D.G., 1980. A long-range ice forecasting method for the north coast of Alaska. Sea Ice Process. Models, 402–409.

Barnston, A.G., Livezey, R.E., 1987. Classification, seasonality and persistence of low-frequency atmospheric circulation patterns. Mon. Weather Rev. 115, 1083–1126. https://doi.org/10.1175/1520-0493(1987)115<1083:CSAPOL>2.0.CO;2.

Barnston, A.G., Tippett, M.K., 2017. Do statistical pattern corrections improve seasonal climate predictions in the North American multimodel ensemble models? J. Clim. 30 (20), 8335–8355.

Barnston, A.G., Leetmaa, A., Kousky, V.E., Livezey, R.E., O'Lenic, E.A., Van den Dool, H., Wagner, A.J., Unger, D.A., 1999. NCEP forecasts for the El Nino of 1997–98 and its U.S. impacts. Bull. Am. Meteorol. Soc. 80, 1829–1852.

Barnston, A.G., Li, S., DeWitt, D., Goddard, L., Gong, X., 2010. Verification of the first 11 years of IRI's seasonal climate forecasts. J. Clim. Appl. Meteorol. 49, 493–520.

Barnston, A.G., Tippett, M.K., L'Heureux, M.L., et al., 2012. Skill of real-time seasonal ENSO model predictions during 2002-2011: is our capability increasing? Bull. Am. Meteorol. Soc. 93, 631–651. https://doi.org/10.1175/BAMS-D-11-00111.1. http://journals.ametsoc.org/doi/abs/10.1175/BAMS-D-11-00111.1.

Barrett, B.S., Gensini, V.A., 2013. Variability of central United States April–May tornado day likelihood by phase of the Madden-Julian Oscillation. Geophys. Res. Lett. 40, 2790–2795. https://doi.org/10.1002/grl.50522.

Barsugli, J.J., Battisti, D.S., 1998. The basic effects of atmosphere–ocean thermal coupling on midlatitude variability. J. Atmos. Sci. 55, 477–493. https://doi.org/10.1175/1520-0469(1998)055,0477:TBEOAO.2.0.CO;2.

Bartaburu, D., Duarte, E., Montes, E., Morales Grosskopf, H., Pereira, M., 2009. Las sequías: un evento que afecta la trayectoria de las empresas y su gente. In: Grosskopf, M., Cameroni, D. (Eds.), Familias y campo. Rescatando estrategias de adaptación. IPA, Montevideo, pp. 155–168. www.planagropecuario.org.uy/publicaciones/libros/Familias_y_campo/Capitulo_4_155.pdf.

Barteit, S., et al., 2015. Self-directed e-learning at a tertiary hospital in Malawi—a qualitative evaluation and lessons learnt. GMS Z. Med. Ausbild. 32.

Bates, J.R., 1981. A dynamical mechanism through which variations in solar ultraviolet radiation can influence tropospheric climate. Sol. Phys. 74, 399–415. https://doi.org/10.1007/BF00154526.

Batté, L., Déqué, M., 2012. A stochastic method for improving seasonal predictions. Geophys. Res. Lett. 39(9).

Bauer, P., Thorpe, A., Brunet, G., 2015. The quiet revolution of numerical weather prediction. Nature 525, 47–55.

Baxter, S., Weaver, S., Gottschalck, J., Xue, Y., 2014. Pentad evolution of wintertime impacts of the Madden–Julian oscillation over the contiguous United States. J. Clim. 27, 7356–7367. https://doi.org/10.1175/JCLI-D-14-00105.1.

Bechtold, P., Köhler, M., Jung, T., Doblas-Reyes, F., Leutbecher, M., Rodwell, M.J., Vitart, F., Balsamo, G., 2008a. Advances in simulating atmospheric variability with the ECMWF model: from synoptic to decadal timescales. Q. J. R. Meteorol. Soc. 137, 553–597.

Bechtold, P., Koehler, M., Jung, T., Doblas-Reyes, P., Leutbecher, M., Rodwell, M., Vitart, F., 2008b. Advances in simulating atmospheric variability with the ECMWF model: from synoptic to decadal time-scales. Q. J. R. Meteorol. Soc. 134, 1337–1351.

Becker, E.J., Berbery, E.H., Higgins, R.W., 2011. Modulation of cold-season U.S. daily precipitation by the Madden–Julian oscillation. J. Clim. 24, 5157–5166. https://doi.org/10.1175/2011JCLI4018.1.

Bedsworth, L., 2009. Preparing for climate change: a perspective from local public health officers in California. Environ. Health Perspect. 117, 617.

Belanger, J.I., Webster, P.J., Curry, J.A., Jelinek, M.T., 2012. Extended prediction of North Indian Ocean tropical cyclones. Weather Forecast. 27, 757–769.

Beljaars, A.C., Viterbo, P., Miller, M.J., Betts, A.K., 1996. The anomalous rainfall over the United States during July 1993: sensitivity to land surface parameterization and soil moisture anomalies. Mon. Weather Rev. 124, 362–383.

Bell, C.J., Gray, L.J., Charlton-Perez, A.J., Joshi, M.M., Scaife, A.A., 2009. Stratospheric communication of El Niño teleconnections to European winter. J. Clim. 22, 4083–4096.

Bellprat, O., Massonnet, F., Siegert, S., Prodhomme, C., Macias-Gomez, M., Guemas, V., Doblas-Reyes, F.J., 2017. Exploring observational uncertainty in verification of climate model predictions. Remote Sens. Environ. Under review.

Bender, M.A., Ginis, I., 2000. Real-case simulations of hurricane-ocean interaction using a high-resolution coupled model: effects on hurricane intensity. Mon. Weather Rev. 128, 917–946.

Benedict, J.J., Randall, D.A., 2009. Structure of the Madden–Julian Oscillation in the superparameterized CAM. J. Clim. 66, 3277–3296.

Benedict, J.J., Maloney, E.D., Sobel, A.H., Frierson, D.M.W., 2014. Gross moist stability and MJO simulation skill in three full-physics GCMs. J. Atmos. Sci. 71, 3327–3349.

Bengtsson, L., 1991. Advances and prospects in numerical weather prediction. Q. J. R. Meteorol. Soc. 117, 855–902.

Benzi, R., Malguzzi, P., Speranza, A., Sutera, A., 1986. The statistical properties of general atmospheric circulation: observational evidence and a minimal theory of bimodality. Q. J. R. Meteorol. Soc. 112, 661–674. https://doi.org/10.1256/smsqj.47305.

Berbery, E.H., Nogués-Paegle, J., 1993. Intraseasonal interactions between the tropics and extratropics in the Southern Hemisphere. J. Atmos. Sci. 50, 1950–1965.

Bergthorsson, P., Doos, B., 1955. Numerical weather map analysis. Tellus 7, 329–340.

Berhane, F., Zaitchik, B., 2014. Modulation of daily precipitation over East Africa by the Madden–Julian Oscillation. J. Clim. 27, 6016–6034.

Berner, J., Shutts, G., Leutbecher, M., Palmer, T.N., 2008. A spectral stochastic kinetic energy backscatter scheme and its impact on flow-dependent predictability in the ECMWF ensemble prediction system. J. Atmos. Sci. 66, 603–626.

Bernie, D.J., Guilyardi, E., Madec, G., Slingo, J.M., Woolnough, S.J., Cole, J., 2008. Impact of resolving the diurnal cycle in an atmosphere-ocean GCM. Part 2: A diurnally coupled CGCM. Clim. Dyn. 31, 909–925.

Best, M.J., Pryor, M., Clark, D.B., Rooney, G.G., Essery, R.L.H., Ménard, C.B., Edwards, J.M., Hendry, M.A., Porson, A., Gedney, N., Mercado, L.M., Sitch, S., Blyth, E., Boucher, O., Cox, P.M., Grimmond, C.S.B., Harding, R.J., 2011. The Joint UK Land Environment Simulator (JULES), model description. Part 1: Energy and water fluxes. Geosci. Model Dev. 4, 677–699.

Best, M., Lock, A., Santanello, J., Svensson, G., Holtslag, B., 2013. A new community experiment to understand land-atmosphere coupling processes. GEWEX News 23 (2), 3–5.

Best, M.J., et al., 2015. The plumbing of land surface models: benchmarking model performance. J. Hydrometeorol. 16, 1425–1442.

Betts, A.K., 1994. Relation between equilibrium evaporation and the saturation pressure budget. Bound.-Layer Meteorol. 71, 235–245.

Betts, A.K., Ball, J.H., Beljaars, A.C.M., Miller, M.J., Viterbo, P.A., 1996. The land surface-atmosphere interaction: a review based on observational and global modeling perspectives. J. Geophys. Res. 101, 7209–7225.

Bhattacharya, K., Ghil, M., Vulis, I.L., 1982. Internal variability of an energy-balance model with delayed albedo effects. J. Atmos. Sci. 39, 1747–1773.

Bhumralkar, C.M., 1975. Numerical experiments on the computation of ground surface temperature in an atmospheric general circulation model. J. Appl. Meteorol. 14, 1246–1258.

Biello, J.A., Majda, A.J., 2005. A new multiscale model for the Madden-Julian Oscillation. J. Atmos. Sci. 62, 1694–1721.

Bishop, C.H., Etherton, B.J., Majumdar, S.J., 2001. Adaptive sampling with the ensemble transform Kalman filter. Part I: theoretical aspects. Mon. Weather Rev. 129, 420–436.

Bittner, M.-I., Matthies, E.F., Dalbokova, D., Menne, B., 2013. Are European countries prepared for the next big heatwave? Eur. J. Pub. Health 24, 615–619.

Bitz, C.M., Roe, G.H., 2004. A mechanism for the high rate of sea ice thinning in the Arctic Ocean. J. Clim. 17 (18), 3623–3632.

Bitz, C.M., Battisti, D.S., Moritz, R.E., Beesley, J.A., 1996. Low-frequency variability in the Arctic atmosphere, sea ice, and upper-ocean climate system. J. Clim. 9 (2), 394–408.

Bitz, C.M., Holland, M.M., Hunke, E.C., Moritz, R.E., 2005. Maintenance of the sea ice edge. J. Clim. 18 (15), 2903–2921.

Bjerknes, V., 1904. Das Problem der Wettervorhersage betrachtet vom Standpunkt der Mechanik und Physik. Meteorol. Z. 21, 1–7.

Blackburn, M., Methven, J., Roberts, N., 2008. Large-scale context for the UK floods in summer 2007. Weather 63, 280–288.

Blackmon, M.L., 1976. A climatological spectral study of the 500 mb geopotential height of the Northern Hemisphere. J. Atmos. Sci. 33, 1607–1623.

Blackmon, M.L., Lee, Y.-H., Wallace, J.M., 1984. Horizontal structure of 500 mb height fluctuations with long, intermediate and short time scales. J. Atmos. Sci. 41, 961–979.

Blackport, R., Kushner, P.J., 2017. Isolating the atmospheric circulation response to Arctic Sea ice loss in the coupled climate system. J. Clim. 30, 2163–2185. https://doi.org/10.1175/JCLI-D-16-0257.1.

Bladé, I., Hartmann, D.L., 1995. The linear and nonlinear extratropical response to tropical intraseasonal heating. J. Atmos. Sci. 52, 4448–4471. https://doi.org/10.1175/1520-0469(1995)052<4448:TLANER>2.0.CO;2.

Blanchard-Wrigglesworth, E., Bitz, C.M., 2014. Characteristics of Arctic sea ice thickness variability in GCMs. J. Clim. 27 (21), 8244–8258.

Blanchard-Wrigglesworth, E., Armour, K.C., Bitz, C.M., DeWeaver, E., 2011a. Persistence and inherent predictability of Arctic sea ice in a GCM ensemble and observations. J. Clim. 24 (1), 231–250.

Blanchard-Wrigglesworth, E., Bitz, C.M., Holland, M.M., 2011b. Influence of initial conditions and climate forcing on predicting Arctic sea ice. Geophys. Res. Lett. 38(18).

Blanchard-Wrigglesworth, E., Cullather, R.I., Wang, W., Zhang, J., Bitz, C.M., 2015. Model forecast skill and sensitivity to initial conditions in the seasonal Sea Ice Outlook. Geophys. Res. Lett. 42 (19), 8042–8048.

Blondin, C., 1991. Parameterization of land-surface processes in numerical weather prediction. In: Schmugge, T.J., Andre, J.C. (Eds.), Land Surface Evaporation—Measurement and Parameterization. Springer-Verlag, pp. 31–54.

Blyth, E.M., et al., 2006. JULES: a new community land surface model. In: Global Change Newsletter. vol. 66. IGBP, Stockholm, Sweden, pp. 9–11.

Boelee, E., et al., 2013. Options for water storage and rainwater harvesting to improve health and resilience against climate change in Africa. Reg. Environ. Chang. 13, 509–519.

Boer, G.J., 2000. A study of atmosphere-ocean predictability on long time scales. Clim. Dyn. 16 (6), 469–477.

Boer, G.J., 2003. Predictability as a function of scale. Atmosphere-Ocean 41 (3), 203–215. https://doi.org/10.3137/ao.410302.

Boer, G.J., Hamilton, K., 2008. QBO influence on extratropical predictive skill. Clim. Dyn. 31, 987–1000. https://doi.org/10.1007/s00382-008-0379-5.

Boffetta, G., Guliani, P., Paladin, G., Vulpiani, A., 1998. An extension of the Lyapunov analysis for the predictability problem. J. Atmos. Sci. 55, 3409–3416.

Bomblies, A., Duchemin, J.B., Eltahir, E.A.B., 2009. A mechanistic approach for accurate simulation of village scale malaria transmission. Malar. J. 8, 223. https://doi.org/10.1186/1475-2875-8-223.

Bonan, G., 2008. Ecological Climatology—Concepts and Applications. Cambridge University Press, second ed. 550 pp.

Bonavita, M., Hólm, E., Isaksen, L., Fisher, M., 2016. The evolution of the ECMWF hybrid data assimilation system. Q. J. R. Meteorol. Soc. 142, 287–303.

Bonavita, M., Trémolet, Y., Holm, E., Lang, S.T.K., Chrust, M., Janiskova, M., Lopez, P., Laloyaux, P., De Rosnay, P., Fisher, M., Hamrud, M., English, S., 2017. A Strategy for Data Assimilation. ECMWF Research Department Tech. Memorandum n. 800, .p. 44. Available from ECMWF, Shinfield Park, Reading, RG2 9AX UK, or from the ECMWF Web Site, https://www.ecmwf.int/en/elibrary/technical-memoranda.

Bond, N.A., Vecchi, G.A., 2003. The influence of the Madden–Julian oscillation on precipitation in Oregon and Washington. Weather Forecast. 18, 600–613. https://doi.org/10.1175/1520-0434(2003)018<0600:TIOTMO>2.0.CO;2.

Boone, A., Calvet, J.C., Noilhan, J., 1999. Inclusion of a third layer in a land surface scheme using the force restore. J. J. Appl. Meteorol. 38, 1611–1630.

Booth, J.F., Thompson, L., Patoux, J.K., Kelly, K.A., Dickinson, S., 2010. The signature of midlatitude tropospheric storm tracks in the surface winds. J. Climate 23, 1160–1174.

Bouillon, S., Morales Maqueda, M.A., Legat, V., Fichefet, T., 2009. An elastic-viscous-plastic sea-ice model formulated on Arakawa B and C grids. Ocean Model. 27, 174–184.

Bourke, R.H., Garrett, R.P., 1987. Sea ice thickness distribution in the Arctic Ocean. Cold Reg. Sci. Technol. 13 (3), 259–280.

Bourke, W., Hart, T., Steinle, P., Seaman, R., Embery, G., Naughton, M., Rikus, L., 1995. Evolution of the Bureau of Meteorology's Global Assimilation and Prediction system. Part 2: resolution enhancements and case studies. Aust. Meteorol. Mag. 44, 19–40.

Bourke, W., Buizza, R., Naughton, M., 2004. Performance of the ECMWF and the BoM ensemble systems in the Southern Hemisphere. Mon. Weather Rev. 132, 2338–2357.

Boussetta, S., et al., 2013a. Natural land carbon dioxide exchanges in the ECMWF Integrated Forecasting System: implementation and offline validation. J. Geophys. Res. 118, 5923–5946.

Boussetta, S., Balsamo, G., Baljaars, A., Kral, T., Jarlan, L., 2013b. Impact of a satellite-derived leaf area index monthly climatology in a global numerical weather prediction model. Int. J. Remote Sens. 34, 3520–3542.

Bouttier, F., Mahfouf, J., Noilhan, J., 1993a. Sequential assimilation of soil-moisture from atmospheric low-level parameters. 1. Sensitivity and calibration studies. J. Appl. Meteorol. 32, 1335–1351.

Bouttier, F., Mahfouf, J., Noilhan, J., 1993b. Sequential assimilation of soil-moisture from atmospheric low-level parameters. 2. Implementation in a mesoscale model. J. Appl. Meteorol. 32, 1352–1364.

Boville, B.A., 1984. The influence of the polar night jet on the tropospheric circulation in a GCM. J. Atmos. Sci. 41, 1132–1142. https://doi.org/10.1175/1520-0469(1984)041<1132:TIOTPN>2.0.CO;2.

Bowler, N.E., Arribas, A., Mylne, K.R., Robertson, K.B., 2007. Numerical weather prediction: the MOGREPS short-range ensemble prediction system. Part I: system description. In: UK Met. Office NWP Technical Report No. 497, p. 18.

Bowler, N.E., Arribas, A., Mylne, K.R., Robertson, K.B., Shutts, G.J., 2008. The MOGREPS short-range ensemble prediction system. Q. J. R. Meteorol. Soc. 134, 703–722.

Branković, Č., Palmer, T.N., 1997. Atmospheric seasonal predictability and estimates of ensemble size. Mon. Weather Rev. 125, 859–874.

Brankovic, C., Molteni, F., Palmer, T.N., Cubasch, U., 1988. In: Extended range ensemble forecasting at ECMWF.Proc. ECMWF Workshop on Predictability in the Medium and Extended Range, Reading, United Kingdom, ECMWF, pp. 45–87.

Branstator, G., 1985. Analysis of general circulation model sea-surface temperature anomaly simulations using a linear model. Part I: Forced solutions. J. Atmos. Sci. 42, 2225–2241.

Branstator, G., 1987. A striking example of the atmosphere's leading traveling pattern. J. Atmos. Sci. 44, 2310–2323. https://doi.org/10.1175/1520-0469(1987)044<2310:aseota>2.0.co;2.

Brassington, G.B., Martin, M.J., Tolman, H.L., Akella, S., Balmeseda, M., Chambers, C.R.S., Chassignet, E., Cummings, J.A., Drillet, Y., Jansen, P.A.E.M., Laloyaux, P., Lea, D., Mehra, A., Mirouze, I., Ritchie, H., Samson, G., Sandery, P.A., Smith, G.C., Suarez, M., Todling, R., 2015. Progress and challenges in short- to medium-range coupled prediction. J. Oper. Oceanogr. 8 (Suppl. 2), 2015.

Brayshaw, D.J., Troccoli, A., Fordham, R., Methven, J., 2011. The impact of large scale atmospheric circulation patterns on wind power generation and its potential predictability: a case study over the UK. Renew. Energy 36, 2087–2096.

Breiman, L., 2001. Random forests. Mach. Learn. 45, 5–32.

Bretherton, F.P., 1966. Critical layer instability in baroclinic flows. Q. J. R. Meteorol. Soc. 92, 325–334.

Breuer, N.E., Cabrera, V.E., Ingram, K.T., Broad, K., Hildebrand, P.E., 2008. AgClimate: a case study in participatory decision support system development. Clim. Chang. 87 (3-4), 385–403.

Breuer, N.E., Fraisse, C.W., Hildebrand, P.E., 2009. Molding the pipeline into a loop: the participatory process for developing AgroClimate, a decision support system for climate risk reduction in agriculture. J. Serv. Climatol. 3 (1), 1–12.

Brier, G.W., 1950. Verification of forecasts expressed in terms of probability. Mon. Weather Rev. 78, 1–3.

Briggs, R.J., Daugherty, J.D., Levy, R.H., 1970. Role of Landau damping in crossed-field electron beams and inviscid shear flow. Phys. Fluids 13, 421–433.

Bright, D.R., Mullen, S.L., 2002. Short-range ensemble forecasts of precipitation during the southwest monsoon. Weather Forecast. 17, 1080–1100.

Broad, K., Pfaff, A., Taddei, R., Sankarasubramanian, A., Lall, U., de Assis de Souza Filho, F., 2007. Climate stream flow prediction and water management in northeast Brazil: societal trends and forecast value. Clim. Chang. 84, 217–239.

Broman, D.P., 2013. Spatio-Temporal Variability and Predictability of Relative Humidity and Meningococcal Meningitis Incidence in the West African Monsoon Region. Ph.D. thesis, Architectural Engineering.

Brooks, H.E., et al., 2011. Evaluation of European Storm Forecast Experiment (ESTOFEX) forecasts. Atmos. Res. 100, 538–546. https://doi.org/10.1016/j.atmosres.2010.09.004.

Broutin, H., et al., 2007. Comparative study of meningitis dynamics across nine African countries: a global perspective. Int. J. Health Geogr. 6, 29.

Brown, A.R., et al., 2002. Large-eddy simulation of the diurnal cycle of shallow cumulus convection over land. Q. J. R. Meteorol. Soc. 128, 1075–1093.

Brown, L., Medlock, J., Murray, V., 2014. Impact of drought on vector-borne diseases—how does one manage the risk? Public Health 128, 29–37.

Brunet, G., 1994. Empirical normal mode analysis of atmospheric data. J. Atmos. Sci. 51, 932–952.

Brunet, G., Methven, J., 2018. Identifying wave processes associated with predictability across time scales: an empirical normal mode approach. In: Robertson, A.W., Vitart, F. (Eds.), The Gap Between Weather and Climate Forecasting: Sub-Seasonal to Seasonal Prediction. Elsevier. (Chapter 4). 40 pp.

Brunet, G., Vautard, R., 1996. Empirical normal modes versus empirical orthogonal functions for statistical prediction. J. Atmos. Sci. 53, 3468–3489.

Brunet, G., Shapiro, M., Hoskins, B., Moncrieff, M., Dole, R.M., Kiladis, G.N., et al., 2010. Collaboration of the weather and climate communities to advance subseasonal-to-seasonal prediction. Bull. Am. Meteorol. Soc. 91, 1397–1406. https://doi.org/10.1175/2010BAMS3013.1.

Bruno Soares, M., Dessai, S., 2015. Exploring the use of seasonal climate forecasts in Europe through expert elicitation. Clim. Risk Manag. 10, 8–16.

Bruno Soares, M., Dessai, S., 2016. Barriers and enablers to the use of seasonal climate forecasts amongst organisations in Europe. Clim. Chang. 137 (1), 89–103.

Bryan, G.H., Morrison, H., 2012. Sensitivity of a simulated squall line to horizontal resolution and parameterization of microphysics. Mon. Weather Rev. 140 (1), 202–225.

Bryan, G.H., Wyngaard, J.C., Fritsch, J.M., 2003. Resolution requirements for the simulation of deep moist convection. Mon. Weather Rev. 131 (10), 2394–2416.

Bryan, F.O., Tomas, R., Dennis, J.M., Chelton, D.B., Loeb, N.G., McClean, J.L., 2010. Frontal scale air-sea interaction in high-resolution coupled climate models. J. Clim. 23, 6277–6291. https://doi.org/10.1175/2010JCLI3665.1.

Buizza, R., 2001. Accuracy and economic value of categorical and probabilistic forecasts of discrete events. Mon. Weather Rev. 129, 2329–2345.

Buizza, R., 2008. The value of probabilistic prediction. Atmos. Sci. Lett. 9, 36–42. https://doi.org/10.1002/asl.170.

Buizza, R., 2010. The value of a variable resolution approach to numerical weather prediction. Mon. Weather Rev. 138, 1026–1042.

Buizza, R., 2014. The TIGGE medium-range, global ensembles. In: ECMWF Research Department Technical Memorandum n. 739. ECMWF, Shinfield Park, Reading, p. 53. http://www.ecmwf.int/sites/default/files/elibrary/2014/7529-tigge-global-medium-range-ensembles.pdf.

Buizza, R., Leutbecher, M., 2015. The forecast skill horizon. Q. J. R. Meteorol. Soc. 141, 3366–3382. https://doi.org/10.1002/qj.2619.

Buizza, R., Palmer, T.N., 1995. The singular-vector structure of the atmospheric general circulation. J. Atmos. Sci. 52 (9), 1434–1456.

Buizza, R., Tribbia, J., Molteni, F., Palmer, T.N., 1993. Computation of optimal unstable structures for a numerical weather prediction model. Tellus 45A, 388–407.

Buizza, R., Miller, M., Palmer, T.N., 1999. Stochastic representation of model uncertainties in the ECMWF Ensemble Prediction System. Q. J. R. Meteorol. Soc. 125, 2887–2908.

Buizza, R., Houtekamer, P.L., Toth, Z., Pellerin, G., Wei, M., Zhu, Y., 2005. A comparison of the ECMWF, MSC, and NCEP global ensemble prediction systems. Mon. Weather Rev. 133, 1076–1097.

Buizza, R., Bidlot, J.-R., Wedi, N., Fuentes, M., Hamrud, M., Holt, G., Vitart, F., 2007a. The new ECMWF VAREPS (variable resolution ensemble prediction system). Q. J. R. Meteorol. Soc. 133, 681–695.

Buizza, R., Cardinali, C., Kelly, G., Thepaut, J.-N., 2007b. The value of observations—Part II: the value of observations located in singular vectors-based target areas. Q. J. R. Meteorol. Soc. 133, 1817–1832.

Buizza, R., Leutbecher, M., Isaksen, L., 2008. Potential use of an ensemble of analyses in the ECMWF Ensemble Prediction System. Q. J. R. Meteorol. Soc. 134, 2051–2066. https://doi.org/10.1002/qj.346.

Buizza, R., Leutbecher, M., Thorpe, A., 2015. Leaving with the butterfly effect: a seamless view of predictability. In: ECMWF Newsletter n. 145. ECMWF, Shinfield Park, Reading, pp. 18–23.

Bunzel, F., Notz, D., Baehr, J., Müller, W.A., Fröhlich, K., 2016. Seasonal climate forecasts significantly affected by observational uncertainty of Arctic sea ice concentration. Geophys. Res. Lett. 43 (2), 852–859.

Buontempo, C., Brookshaw, A., Arribas, A., Mylne, K., 2010. Multi-Scale Projections of Weather and Climate at the UK Met Office. Management of Weather and Climate Risk in the Energy Industry. Springer, Netherlands, pp. 39–50.

Bushuk, M., Msadek, R., Winton, M., Vecchi, G.A., Gudgel, R., Rosati, A., Yang, X., 2017. Summer enhancement of Arctic sea ice volume anomalies in the September-ice zone. J. Clim. 30 (7), 2341–2362.

Bushuk, M., Giannakis, D., 2017. The seasonality and interannual variability of Arctic Sea ice reemergence. J. Clim.

Businger, J., Wyngaard, J., Izumi, Y., Bradley, E., 1971. Flux-profile relationships in the atmospheric surface layer. J. Atmos. Sci. 28, 181–189.

Butler, A.H., Seidel, D.J., Hardiman, S.C., Butchart, N., Birner, T., Match, A., 2015. Defining sudden stratospheric warmings. Bull. Am. Meteorol. Soc. 96, 1913–1928. https://doi.org/10.1175/BAMS-D-13-00173.1.

Butler, A.H., et al., 2016. The climate-system historical forecast project: do stratosphere-resolving models make better seasonal climate predictions in boreal winter? Q. J. R. Meteorol. Soc. 142. https://doi.org/10.1002/qj.2743.

Butler, A.H., Sjoberg, J.P., Seidel, D.J., Rosenlof, K.H., 2017. A sudden stratospheric warming compendium. Earth Syst. Sci. Data 9, 63–76. https://doi.org/10.5194/essd-9-63-2017.

Cagnazzo, C., Manzini, E., 2009. Impact of the stratosphere on the winter tropospheric teleconnections between ENSO and the North Atlantic and European Region. J. Clim. 22, 1223–1238. https://doi.org/10.1175/2008JCLI2549.1.

Cai, M., Yu, Y., Deng, Y., van den Dool, H.M., Ren, R., Saha, S., Wu, X., Huang, J., 2016. Feeling the pulse of the stratosphere: an emerging opportunity for predicting continental-scale cold-air outbreaks 1 month in advance. Bull. Am. Meteorol. Soc. 97, 1475–1489. https://doi.org/10.1175/BAMS-D-14-00287.1.

Calvet, J.-C., Rivalland, V., Picon-Cochard, C., Guehl, J.-M., 2004. Modelling forest transpiration and CO_2 fluxes-response to soil moisture stress. Agric. For. Meteorol. 124, 143–156.

Calvo, N., Marsh, D.R., 2011. The combined effects of ENSO and the 11 year solar cycle on the Northern Hemisphere polar stratosphere. J. Geophys. Res. Atmos. 116. https://doi.org/10.1029/2010JD015226.

Calvo, N., Giorgetta, M.A., Garcia-Herrera, R., Manzini, E., 2009. Nonlinearity of the combined warm ENSO and QBO effects on the Northern Hemisphere polar vortex in MAECHAM5 simulations. J. Geophys. Res. 114, D13109. https://doi.org/10.1029/2008JD011445.

Calvo, N., Polvani, L.M., Solomon, S., 2015. On the surface impact of Arctic stratospheric ozone extremes. Environ. Res. Lett. 10, 94003. https://doi.org/10.1088/1748-9326/10/9/094003.

Camargo, S.J., Wheeler, M.C., Sobel, A.H., 2009. Diagnosis of the MJO modulation of tropical cyclogenesis using an empirical index. J. Atmos. Sci. 66, 3061–3074.

Camberlin, P., Moron, V., Okoola, R., Philippon, N., Gitau, W., 2009. Components of rainy seasons' variability in Equatorial East Africa: onset, cessation, rainfall frequency and intensity. Theor. Appl. Climatol. 98, 237–249.

Caminade, C., et al., 2011. Mapping Rift Valley fever and malaria risk over West Africa using climatic indicators. Atmos. Sci. Lett. 12, 96–103.

Caminade, C., et al., 2014. Impact of climate change on global malaria distribution. Proc. Natl. Acad. Sci. 111, 3286–3291.

Camp, C.D., Tung, K.K., 2007. Surface warming by the solar cycle as revealed by the composite mean difference projection. Geophys. Res. Lett. 34, L14703. https://doi.org/10.1029/2007GL030207.

Candille, G., 2009. The multi-ensemble approach: the NAEFS example. Mon. Weather Rev. 137, 1655–1665.

Candille, G., Côté, C., Houtekamer, P.L., Pellerin, G., 2007. Verification of an ensemble prediction system against observations. Mon. Weather Rev. 135, 1140–1147.

Carberry, P.S., Hochman, Z., McCown, R.L., Dalgliesh, N.P., Foale, M.A., Poulton, P.L., Hargreaves, J.N.G., Hargreaves, D.M.G., Cawthray, S., Hollcoat, N., Robertson, M.J., 2002. The FARMSCAPE approach to decision support: farmers', advisers', researchers' monitoring, simulation, communication and performance evaluation. Agric. Syst. 74 (1), 141–177.

Carbin, G.W., Tippett, M.K., Lillo, S.P., Brooks, H.E., 2016. Visualizing long-range severe thunderstorm environment guidance from CFSv2. Bull. Am. Meteorol. Soc. 97, 1021–1031. https://doi.org/10.1175/BAMS-D-14-00136.1.

Carmago, S.J., 2009. Diagnosis of the MJO modulation of tropical cyclogenesis using an empirical index. J. Atmos. Sci. 66, 3061–3074.

Carton, J.A., Giese, B.S., 2008. A reanalysis of ocean climate using Simple Ocean Data Assimilation (SODA). Mon. Weather Rev. 136, 2999–3017.

Carvalho, L.M.V., Jones, C., Ambrizzi, T., 2005. Opposite phases of the Antarctic Oscillation and relationships with intraseasonal to interannual activity in the Tropics during austral summer. J. Clim. 18, 702–718.

Casati, B., 2010. New developments of the intensity-scale technique within the Spatial Verification Methods Intercomparison Project. Weather Forecast. 25, 113–143.

Cash, D.W., Borck, J.C., Patt, A.G., 2006. Countering the loading-dock approach to linking science and decision making: comparative analysis of El Niño/Southern Oscillation (ENSO) forecasting systems. Sci. Technol. Hum. Values 31 (4), 465–494.

Cassou, C., 2008. Interannual interaction between the Madden-Julian Oscillation and the North Atlantic Oscillation. Nature 455 (7212), 523–527. https://doi.org/10.1038/nature07286.

Cassou, C., Terray, L., Phillips, A.S., 2005. Tropical Atlantic influence on European heat waves. J. Clim. 18 (15), 2805–2811.

Castanheira, J.M., Barriopedro, D., 2010. Dynamical connection between tropospheric blockings and stratospheric polar vortex. Geophys. Res. Lett. 37. https://doi.org/10.1029/2010GL043819.

Cattiaux, J., Vautard, R., Cassou, C., Yiou, P., Masson-Delmotte, V., Codron, F., 2010. Winter 2010 in Europe: a cold extreme in a warming climate. Geophys. Res. Lett. 37. https://doi.org/10.1029/2010GL044613.

Chaer, R., 2008. Simulación del Sistema de Energía Eléctrica. Tesis de maestría en Ingeniería Eléctrica. Universidad de la República, Montevideo, Facultad de Ingeniería.https://iie.fing.edu.uy/publicaciones/2008/Cha08/Cha08.pdf.

Chaer, R., Cornalino, E., Coppes, E., 2012. In: Modeling and simulation of the power energy system of Uruguay in 2015 with high penetration of wind energy.XII SEPOPE, Rio de Janeiro, Brazil, 20–23 May, SP082, 10. http://iie.fing.edu.uy/publicaciones/2012/CCC12/CCC12.pdf.

Chan, C.J., Plumb, R.A., 2009. The response to stratospheric forcing and its dependence on the state of the troposphere. J. Atmos. Sci. 66, 2107–2115. https://doi.org/10.1175/2009JAS2937.1.

Chang, C.-H., Johnson, N.C., 2015. The continuum wintertime Southern Hemisphere Atmospheric teleconnection patterns. J. Clim. 28, 9507–9529. https://doi.org/10.1175/JCLI-D-14-00739.s1.

Chang, C.P., Lau, K.-M., 1980. Northeasterly cold surges and near-equatorial disturbances over the winter MONEX area during December 1974. Part II: Planetary-scale aspects. Mon. Weather Rev. 108, 298–312.

Chang, E.K.M., Lee, S.Y., Swanson, K.L., 2002. Storm track dynamics. J. Clim. 15, 2163–2183. https://doi.org/10.1175/1520-0442(2002)015,02163:STD.2.0.CO;2.

Chang, C.-P., Harr, P.A., J., C. H., 2005. Synoptic disturbances over the equatorial South China Sea and western Maritime Continent during boreal winter. Mon. Weather Rev. 133, 489–503.

Chang, C.P., Ghil, M., Latif, M., Wallace, J.M. (Eds.), 2015. Climate Change: Multidecadal and Beyond. World Scientific, Singapore.

Changnon, S.A., et al., 1996. Impacts and responses to the 1995 heat wave: a call to action. Bull. Am. Meteorol. Soc. 77, 1497–1506.

Charles, A.N., Duell, R.E., Robyn, E., Wang, X.D., Watkins, A.B., Andrew, B., 2015. Seasonal forecasting for Australia using a dynamical model: improvements in forecast skill over the operational statistical model. Aust. Meteorol. Oceanogr. J. 65 (3-4), 356–375.

Charlton, A.J., Polvani, L.M., 2007. A new look at stratospheric sudden warmings. Part I: Climatology and modeling benchmarks. J. Clim. 20, 449–469. https://doi.org/10.1175/JCLI3996.1.

Charlton, A.J., O'Neill, A., Stephenson, D.B., Lahoz, W.A., Baldwin, M.P., 2003. Can knowledge of the state of the stratosphere be used to improve statistical forecasts of the troposphere? Q. J. R. Meteorol. Soc. 129, 3205–3224. https://doi.org/10.1256/qj.02.232.

Charlton, A.J., Oneill, A., Lahoz, W.A., Massacand, A.C., 2004. Sensitivity of tropospheric forecasts to stratospheric initial conditions. Q. J. R. Meteorol. Soc. 130, 1771–1792. https://doi.org/10.1256/qj.03.167.

Charlton, A.J., O'Neill, A., Berrisford, P., Lahoz, W.A., 2005. Can the dynamical impact of the stratosphere on the troposphere be described by large-scale adjustment to the stratospheric PV distribution? Q. J. R. Meteorol. Soc. 131, 525–543. https://doi.org/10.1256/qj.03.222.

Charlton-Perez, A.J., et al., 2013. On the lack of stratospheric dynamical variability in low-top versions of the CMIP5 models. J. Geophys. Res. Atmos. 118, 2494–2505. https://doi.org/10.1002/jgrd.50125.

Charney, J.G., DeVore, J.G., 1979. Multiple flow equilibria in the atmosphere and blocking. J. Atmos. Sci. 36, 1205–1216.

Charney, J.G., Drazin, P.G., 1961. Propagation of planetary-scale disturbances from the lower into the upper atmosphere. J. Geophys. Res. 66, 83–109. https://doi.org/10.1029/JZ066i001p00083.

Charney, J., Straus, D., 1980. Form-drag instability, multiple equilibria and propagating planetary waves in baroclinic, orographically forced, planetary wave systems. J. Atmos. Sci. 37, 1157–1176. https://doi.org/10.1175/1520-0469(1980)037<1157:FDIMEA>2.0.CO;2.

Charney, J., Fjørtoft, R., von Neumann, J., 1950. Numerical integration of the barotropic vorticity equation. Tellus 2 (4), 237–254.

Charney, J.G., Shukla, J., Mo, K.C., 1981. Comparison of a barotropic blocking theory with observation. J. Atmos. Sci. 38, 762–779. https://doi.org/10.1175/1520-0469(1981)038<0762:coabbt>2. 0.co;2.

Charron, M., Brunet, G., 1999. Gravity wave diagnosis using empirical normal modes. J. Atmos. Sci. 56, 2706–2727.

Charron, M., Pellerin, G., Spacek, L., Houtekamer, P.L., Gagnon, N., Mitchell, H.L., Michelin, L., 2010. Toward random sampling of model error in the Canadian ensemble prediction system. Mon. Weather Rev. 138, 1877–1901.

Chattopadhyay, R., Sahai, A.K., Goswami, B.N., 2008. Objective identification of nonlinear convectively coupled phases of monsoon intraseasonal oscillation: implications for prediction. J. Atmos. Sci. 65, 1549–1569. https://doi.org/10.1175/2007JAS2474.1.

Chattopadhyay, R., Phani, M., Susmitha, J., et al., 2017. A Comparison of Extended-Range Prediction of Monsoon in the IITM-CFSv2 with ECMWF S2S Forecast System. Indian Institute of Tropical Meteorology, Pune (accepted).

Chekroun, M.D., Kondrashov, D., 2017. Data-adaptive harmonic spectra and multilayer Stuart-Landau models. Chaos. 27, 093110. https://doi.org/10.1063/1.4989400.

Chekroun, M., Simonnet, E., Ghil, M., 2011a. Stochastic climate dynamics: random attractors and time-dependent invariant measures. Physica D 240, 1685–1700. https://doi.org/10.1016/j.physd.2011.06.005.

Chekroun, M.D., Kondrashov, D., Ghil, M., 2011b. Predicting stochastic systems by noise sampling, and application to the El Niño-Southern Oscillation. Proc. Natl. Acad. Sci. 108, 11766–11771. https://doi.org/10.1073/pnas.1015753108.

Chekroun, M., Neelin, J., Kondrashov, D., McWilliams, J., Ghil, M., 2014. Rough parameter dependence in climate models: the role of Ruelle-Pollicott resonances. Proc. Natl. Acad. Sci. 111, 1684–1690. https://doi.org/10.1073/pnas.1321816111.

Chelton, D.B., Xie, S.P., 2010. Coupled ocean-atmosphere interactions at oceanic mesoscales. Oceanography 23, 52–69.

Chelton, D.B., Schlax, M.G., Freilich, M.H., Milliff, R.F., 2004. Satellite measurements reveal persistent small-scale features in ocean winds. Science 303, 978–983.

Chelton, D.B., Schlax, M.G., Samelson, R.M., 2011. Global observations of nonlinear mesoscale eddies. Prog. Oceanogr. 91, 167–216.

Chen, T.-C., Alpert, J.C., 1990. Systematic errors in the annual and intraseasonal variations of the planetary-scale divergent circulation in NMC medium-range forecasts. Mon. Weather Rev. 118, 2607–2623.

Chen, F., Dudhia, J., 2001. Coupling an advanced land surface—hydrology model with the Penn State—NCAR MM5 modeling system. Part I: Model implementation and sensitivity. Mon. Weather Rev. 129, 569–585.

Chen, D., Yuan, X., 2004. A Markov model for seasonal forecast of Antarctic sea ice. J. Clim. 17 (16), 3156–3168.

Chen, F., Mitchell, K., Schaake, J., Xue, Y., Pan, H.-L., Koren, V., Duan, Q.Y., Ek, M., Betts, A., 1996a. Modeling of land-surface evaporation by four schemes and comparison with FIFE observations. J. Geophys. Res. 101, 7251–7268.

Chen, S.S., Houze, R.A., Mapes, B.E., 1996b. Multiscale variability of deep convection in relation to large-scale circulation in TOGA-COARE. J. Atmos. Sci. 53, 1380–1409.

Chen, F., Janjic, Z., Mitchell, K., 1997. Impact of atmospheric surface-layer parameterizations in the new land-surface scheme of the NCEP mesoscale Eta model. Bound.-Layer Meteorol. 85, 391–421.

Chen, Y., Brunet, G., Yau, P., 2003. Spiral bands in a simulated hurricane. Part II: Wave activity diagnostics. J. Atmos. Sci. 60, 1239–1256.

Chen, M.-J., et al., 2012. Effects of extreme precipitation to the distribution of infectious diseases in Taiwan, 1994–2008. PLoS One 7. e34651.

Chen, M., Wang, W., Kumar, A., 2013. Lagged ensembles, forecast configuration, and seasonal predictions. Mon. Weather Rev. 141, 3477–3497.

Chen, C., Cane, M.A., Henderson, N., Lee, D.E., Chapman, D., Kondrashov, D., Chekroun, M.D., 2016. Diversity, nonlinearity, seasonality, and memory effect in ENSO simulation and prediction using empirical model reduction. J. Clim. 29, 1809–1830. https://doi.org/10.1175/JCLI-D-15-0372.1.

Cheng, X., Wallace, J.M., 1993. Cluster analysis of the Northern Hemisphere wintertime 500-hPa height field: spatial patterns. J. Atmos. Sci. 50, 2674–2696. https://doi.org/10.1175/1520-0469(1993) 050<2674:caotnh>2.0.co;2.

Chengula, F., Nyambo, B., 2016. The significance of indigenous weather forecast knowledge and practices under weather variability and climate change: a case study of smallholder farmers on the slopes of Mount Kilimanjaro. Int. J. Agric. Educ. Exten. 2 (2), 031–043.

Chevallier, M., Salas y Mélia, D., Voldoire, A., Déqué, M., & Garric, G., 2013. Seasonal forecasts of the pan-Arctic sea ice extent using a GCM-based seasonal prediction system. J. Clim. 26 (16), 6092–6104.

Chevallier, M., Salas-Mélia, D., 2012. The role of sea ice thickness distribution in the Arctic sea ice potential predictability: a diagnostic approach with a coupled GCM. J. Clim. 25 (8), 3025–3038.

Chevallier, M., Smith, G.C., Dupont, F., Lemieux, J.F., Forget, G., Fujii, Y., et al., 2017. Intercomparison of the Arctic sea ice cover in global ocean–sea ice reanalyses from the ORA-IP project. Clim. Dyn., 1–30.

Chorin, A.J., Hald, O.H., 2006. Stochastic tools in mathematics and science. In: Number 147 in Surveys and Tutorials in the Applied Mathematical Sciences. Springer, New York.

Chorin, A.J., Hald, O.H., Kupferman, R., 2002. Optimal prediction with memory. Physica D 166, 239–257. https://doi.org/10.1016/s0167-2789(02)00446-3.

Christensen, H.M., Moroz, I.M., Palmer, T.N., 2014. Simulating weather regimes: impact of stochastic and perturbed parameter schemes in a simple atmospheric model. Clim. Dyn. 44, 2195–2214. https://doi.org/10.1007/s00382-014-2239-9.

Christiansen, B., 2005. Downward propagation and statistical forecast of the near-surface weather. J. Geophys. Res. Atmos. 110. https://doi.org/10.1029/2004JD005431.

Chu, P.C., 1999. Two kinds of predictability in the Lorenz system. J. Atmos. Sci. 56, 1427–1432.

Clapp, R.B., Hornberger, G.M., 1978. Empirical equations for some soil hydraulic properties. Water Resour. Res. 14, 601–604.

Clark, M., Gangopadhyay, S., Hay, L., Rajagopalan, B., Wilby, R., 2004. The schaake shuffle: a method for reconstructing space–time variability in forecasted precipitation and temperature fields. J. Hydrometeorol. 5 (1), 243–262.

Clark, R.T., Bett, P.E., Thornton, H.E., Scaife, A.A., 2017. Skilful seasonal predictions for the European energy industry. Environ. Res. Lett. 12 (2), 024002. https://doi.org/10.1088/1748-9326/aa57ab.

Coelho, C., Stephenson, D., Balmaseda, M., Doblas-Reyes, F., van Oldenborgh, G., 2006. Toward an integrated seasonal forecasting system for South America. J. Clim. 19, 3704–3721.

Coelho, C.A.S., Firpo, M.A.F., de Andrade, F.M., 2018. A verification framework for South American sub-seasonal precipitation predictions. Meteorol. Z. https://doi.org/10.1127/metz/2018/0898.

Coffey, K., Haile, M., Halperin, M., Wamukoya, G., Hansen, J., Kinyangi, J., Fantaye, K.T., 2015. Expanding the Contribution of Early Warning to Climate-Resilient Agricultural Development in Africa. CCAFS Working Paper no. 115. Copenhagen, Denmark. CGIAR Research Program on Climate Change, Agriculture and Food Security. Available online at:www.ccafs.cgiar.org.

Cohen, J., 2016. Yes, Zika will soon spread in the United States. But it won't be a disaster. Science. https://doi.org/10.1126/science.aaf9988.

Cohen, J., Entekhabi, D., 1999. Eurasian snow cover variability and northern hemisphere climate variability. Geophys. Res. Lett. 26, 345–348.

Cohen, J., Jones, J., 2011. Tropospheric precursors and stratospheric warmings. J. Clim. 24, 6562–6572. https://doi.org/10.1175/2011JCLI4160.1.

Cohen, J., Barlow, M., Kushner, P.J., Saito, K., 2007. Stratosphere-troposphere coupling and links with Eurasian land surface variability. J. Clim. 20, 5335–5343. https://doi.org/10.1175/2007JCLI1725.1.

Cohen, J., Foster, J., Barlow, M., Saito, K., Jones, J., 2010. Winter 2009–2010: a case study of an extreme Arctic Oscillation event. Geophys. Res. Lett. 37, L17707.

Cohen, J., Screen, J.A., Furtado, J.C., Barlow, M., Whittleston, D., Coumou, D., et al., 2014. Recent Arctic amplification and extreme mid-latitude weather. Nat. Geosci. 7 (9), 627–637.

Cohen-Tannoudji, C., Diu, B., Laloe, F., 1973. Mécanique Quantique (tome 1 et 2). Hermann, p. 889.

Coles, S.G., 2001. An Introduction to Statistical Modeling of Extreme Values. Springer Verlag, New York.

Collimore, C.C., et al., 2003. On the relationship between the QBO and tropical deep convection. J. Clim. 16, 2552–2568. https://doi.org/10.1175/1520-0442(2003)016<2552:OTRBTQ>2.0.CO;2.

Colón-González, F.J., Tompkins, A.M., Biondi, R., Bizimana, J.P., Namanya, D.B., 2016. Assessing the effects of air temperature and rainfall on malaria incidence: an epidemiological study across Rwanda and Uganda. Geospat. Health 11 (1s), 18–37. https://doi.org/10.4081/gh.2016.379.

Colucci, S.J., Kelleher, M.E., 2015. Diagnostic comparison of tropospheric blocking events with and without sudden stratospheric warming. J. Atmos. Sci. 72, 2227–2240. https://doi.org/10.1175/JAS-D-14-0160.1.

Comiso, J.C., 1995. SSM/I Ice Concentrations Using the Bootstrap Algorithm. NASA Report 1380.

COMNAP, 2015. COMNAP Sea Ice Challenges Workshop, Hobart, Tasmania, Australia-13 May 2015 Workshop Report. Council of Managers of National Antarctic Programs (COMNAP).https://www.comnap.aq/Publications/Comnap%20Publications/COMNAP_Sea_Ice_Challenges_BKLT_Web_Final_Dec2015.pdf.

Connor, S.J., Mantilla, G.C., 2008. Integration of seasonal forecasts into early warning systems for climate-sensitive diseases such as malaria and dengue. In: Thomson M.C., Garcia-Herrera R., Beniston M. (Eds.), Seasonal Forecasts, Climatic Change and Human Health. Advances in Global Change Research, vol. 30, 2008, Springer, Dordrecht, 71–84.

Connor, S.J., Mantilla, G.C., 2008. Integration of seasonal forecasts into early warning systems for climate-sensitive diseases such as malaria and dengue. In: Seasonal Forecasts, Climatic Change and Human Health. Springer, pp. 71–84.

Connor, S.J., Thomson, M.C., Flasse, S.P., Perryman, A.H., 1998. Environmental information systems in malaria risk mapping and epidemic forecasting. Disasters 22, 39–56.

Conway, D., Archer van Garderen, E., Derying, D., Dorling, S., Krueger, T., Landman, W., Lankford, B., Lebek, K., Osborn, T., Ringler, C., Thurlow, J., Zhu, T., Dalin, C., 2015. Climate and southern Afirca's water-energy-food nexus. Nat. Clim. Chang. 5, 837–846.

Cook, A.R., Schaefer, J.T., 2008. The relation of El Nino–Southern Oscillation (ENSO) to winter tornado outbreaks. Mon. Weather Rev. 136, 3121–3137. https://doi.org/10.1175/2007MWR2171.1.

Cooper, F.C., Haynes, P., 2011. Climate sensitivity via a nonparametric fluctuation-dissipation theorem. J. Atmos. Sci. 68, 937–953.

Corti, S., Molteni, F., Palmer, T.N., 1999. Signature of recent climate change in frequencies of natural atmospheric circulation regimes. Nature 398, 799–802. https://doi.org/10.1038/19745.

Cotton, W.R., Lin, M.-S., McAnelly, R.L., Tremback, C., 1989. A composite model of mesoscale convective complexes. Mon. Weather Rev. 117, 765–783.

Coughlan de Perez, E., Mason, S.J., 2014. Climate information for humanitarian agencies: some basic principles. Earth Perspect. 1, 11. https://doi.org/10.1186/2194-6434-1-11.

Coughlan De Perez, E., et al., 2015. Forecast-based financing: an approach for catalyzing humanitarian action based on extreme weather and climate forecasts. Nat. Hazards Earth Syst. Sci. 15, 895–904.

Coumou, D., Petoukhov, V., Rahmstorf, S., 2014. Quasi-resonant circulation regimes and hemispheric synchronization of extreme weather in boreal summer. PNAS 111, 12331–12336.

Courtier, P., Thépaut, J.N., Hollingsworth, A., 1994. A strategy for operational implementation of 4D-VAR, using an incremental approach. Q. J. R. Meteorol. Soc. 120, 1367–1388.

Coutinho, M.M., 1999. Ensemble Prediction Using Principal-Component-Based Perturbations. Thesis in Meteorology, National Institute for Space Research (INPE), p. 136 (in Portuguese).

Coutinho, M.M., Hoskins, B.J., Buizza, R., 2004. The influence of physical processes on extratropical singular vectors. J. Atmos. Sci. 61, 195–209.

Cox, J., Abeku, T.A., 2007. Early warning systems for malaria in Africa: from blueprint to practice. Trends Parasitol. 23, 243–246.

Cox, P.M., Betts, R.A., Bunton, C.B., Essery, R.L.H., Rowntree, P.R., Smith, J., 1999. The impact of new land surface physics on the GCM simulation of climate and climate sensitivity. Clim. Dyn. 15, 183–203.

Coy, L., Eckermann, S., Hoppel, K., 2009. Planetary wave breaking and tropospheric forcing as seen in the stratospheric sudden warming of 2006. J. Atmos. Sci. 66, 495–507. https://doi.org/10.1175/2008JAS2784.1.

Craig, M.H., Snow, R.W., le Sueur, D., 1999. A climate-based distribution model of malaria transmission in sub-Saharan Africa. Parasitol. Today 15, 105–111.

Crommelin, D.T., 2003. Regime transitions and heteroclinic connections in a barotropic atmosphere. J. Atmos. Sci. 60, 229–246. https://doi.org/10.1175/1520-0469(2003)060<0229:rtahci>2.0.co;2.

Crommelin, D.T., 2004. Observed nondiffusive dynamics in large-scale atmospheric flow. J. Atmos. Sci. 61, 2384–2396. https://doi.org/10.1175/1520-0469(2004)061<2384:ondila>2.0.co;2.

Crooks, S.A., Gray, L.J., 2005. Characterization of the 11-year solar signal using a multiple regression analysis of the ERA-40 dataset. J. Clim. 18, 996–1015. https://doi.org/10.1175/JCLI-3308.1.

Cuevas, E., et al., 2015. The MACC-II 2007–2008 reanalysis: atmospheric dust evaluation and characterization over northern Africa and the Middle East. Atmos. Chem. Phys. 15, 3991–4024.

Cunningham, C.A., 2017. Subseasonal Prediction of Extreme Runoff Over the South America Monsoon Region—A Case Study Over the Upper São Francisco Watershed. Unpublished manuscript.

Curran, M.A.J., van Ommen, T.D., Morgan, V.I., Phillips, K.L., Palmer, A.S., 2003. Ice core evidence for Antarctic Sea ice decline since the 1950s. Science 302 (5648), 1203–1206. https://doi.org/10.1126/science.1087888.

D'Andrea, F., 2002. Extratropical low-frequency variability as a low-dimensional problem. II: Stationarity and stability of large-scale equilibria. Q. J. R. Meteorol. Soc. 128, 1059–1073. https://doi.org/10.1256/003590002320373201.

D'Andrea, F., Vautard, R., 2001. Extratropical low-frequency variability as a low-dimensional problem. I: A simplified model. Q. J. R. Meteorol. Soc. 127, 1357–1374. https://doi.org/10.1256/ smsqj.57412.

Dahlin, K.M., Fisher, R.A., Lawrence, P.J., 2015. Environmental drivers of drought deciduous phenology in the Community Land Model. Biogeosciences 12, 5061–5074.

Dai, A., Lin, X., Hsu, K.-L., 2009. The frequency, intensity, and diurnal cycle of precipitation in surface and satellite observations over low-to mid-latitudes. Clim. Dyn. 29, 727–744.

Daley, R., 1991. Atmospheric Data Analysis. Cambridge University Press.

Danabasoglu, G., Yeager, S.G., Bailey, D., Behrens, E., Bentsen, M., Bi, D., et al., 2014. North Atlantic simulations in coordinated ocean-ice reference experiments phase II (CORE-II). Part I: mean states. Ocean Model. 73, 76–107.

D'Andrea, F., Gentine, P., Betts, A.K., Lintner, B.R., 2014. Triggering deep convection with a probabilistic plume model. J. Atmos. Sci. 71, 3881–3901.

Davies, J.M., Johns, R.H., 1993. The Tornado: its structure, dynamics, pre- diction, and hazards. Some wind and instability parameters associated with strong and violent tornadoes. 1. Wind shear and helicity. Geophys. Monogr., Am. Geophys. Union vol. 79. 573–582.

Davies, T., Warrilow, D., 1986. Soil model and surface temperatures. In: Boer, G. (Ed.), Research Activities in Atmospheric and Oceanic Modelling, Report No. 9. In: vol. 141. WMO/TD, pp. 4.50–4.53.

Davies, J.M., Johns, R.H., Leftwich, P.W., 1993. The Tornado: its structure, dynamics, prediction, and hazards. Some wind and instability parameters associated with strong and violent tornadoes. 2. Variations in the combinations of wind and instability parameters. Geophys. Monogr., Am. Geophys. Union 79, 573–582.

Davis, R.E., 1976. Predictability of sea surface temperature and sea level pressure anomalies over the North Pacific Ocean. J. Phys. Oceanogr. 6, 249–266.

Davis, M., 2000. Late Victorian Holocausts: El Niño Famines and the Making of the Third World. Verso. 464 pp., ISBN 1-85984-739-40.

Davis, C.A., Bosart, L.F., *2004*. Forecasting the tropical transition of cyclones. Bull. Am. Meteorol. Soc., *1657–1662*.

Davis, C., Brown, B., Bullock, R., 2006a. Object-based verification of precipitation forecasts. Part I: Methods and application to mesoscale rain areas. Mon. Weather Rev. 134, 1772–1784.

Davis, C.A., Brown, B.G., Bullock, R.G., 2006b. Object-based verification of precipitation forecasts, Part II: Application to convective rain systems. Mon. Weather Rev. 134, 1785–1795.

Dawson, A., Palmer, T.N., 2014. Simulating weather regimes: impact of model resolution and stochastic parameterization. Clim. Dyn. 44, 2177–2193. https://doi.org/10.1007/s00382-014-2238-x.

Day, J.J., Tietsche, S., Hawkins, E., 2014. Pan-Arctic and regional sea ice predictability: initialization month dependence. J. Clim. 27 (12), 4371–4390.

Day, J.J., Tietsche, S., Collins, M., Goessling, H.F., Guemas, V., Guillory, A., Hurlin, W.J., Ishii, M., Keeley, S.P., Matei, D., Msadek, R., Sigmond, M., Tatebe, H., Hawkins, E., 2016. The Arctic predictability and prediction on seasonal-to-interannual timescales (APPOSITE) data set version 1. Geosci. Model Dev. 9 (6), 2255.

De Felice, M., Alessandri, A., Catalano, F., 2015. Seasonal climate forecasts for medium-term electricity demand forecasting. Appl. Energy 137, 435–444.

De Lannoy, G.J.M., Reichle, R.H., 2016. Assimilation of SMOS brightness temperatures or soil moisture retrievals into a land surface model. Hydrol. Earth Syst. Sci. 20, 4895–4911.

de Leeuw, J., Methven, J., Blackburn, M., 2016. Variability and trends in England and Wales precipitation. Int. J. Climatol. 36, 2823–2836.

de Rosnay, P., Balsamo, G., Albergel, C., Muñoz-Sabater, J., Isaksen, L., 2014. Initialisation of land surface variables for numerical weather prediction. Surv. Geophys. 35, 607–621.

Deardorff, J.W., 1979. Prediction of convective mixed-layer entrainment for realistic capping inversion structure. J. Atmos. Sci. 36, 424–436.

Deardorff, J.W., Willis, G., 1980. Laboratory studies of the entrainment zone of a convectively mixed layer. J. Fluid Mech. 100, 41–64.

Decharme, B., Douville, H., 2006. Introduction of a sub-grid hydrology in the ISBA land surface model. Clim. Dyn. 26, 65–78.

Dee, D., 2009. Representation of climate signals in reanalysis.Presentation at the Fifth International Symposium on Data Assimilation, Melbourne, Australia, 5–9 October 2009. https://www.dropbox.com/s/ifge2r5wimiyc3h/Dee_2009_Melbourne.pdf?dl=0.

Dee, D.P., et al., 2011. The ERA-Interim reanalysis: configuration and performance of the data assimilation system. Q. J. R. Meteorol. Soc. 137, 553–597.

DeFlorio, M.J., Waliser, D.E., Guan, B., Lavers, D.A., Ralph, F.M., Vitart, F., 2018a. Global prediction skill of atmospheric rivers. J. Hydrometerol. submitted.

DeFlorio, M.J., Waliser, D.E., Guan, B., Ralph, F.M., Vitart, F., 2018b. Global evaluation of atmospheric river subseasonal prediction skill. Clim. Dyn. in revision.

Delle Monache, L., Nipen, T., Liu, Y., Roux, G., Stull, R., 2011. Kalman filter and analog schemes to postprocess numerical weather predictions. Mon. Weather Rev. 139 (11), 3554–3570.

Deloncle, A., Berk, R., D'Andrea, F., Ghil, M., 2007. Weather regime prediction using statistical learning. J. Atmos. Sci. 64, 1619–1635. https://doi.org/10.1175/jas3918.1.

DelSole, T., 2007. A Bayesian framework for multimodel regression. J. Clim. 20 (12), 2810–2826.

Demeritt, D., Nobert, S., Cloke, H., Pappenberger, F., 2010. Challenges in communicating and using ensembles in operational flood forecasting. Meteorol. Appl. 17, 209–222.

Demeritt, D., Nobert, S., Cloke, H., Pappenberger, F., 2013. The European Flood Alert System and the communication, perception, and use of ensemble predictions for operational flood risk management. Hydrol. Process. 27 (1), 147–157.

DeMott, C.A., Randall, D.A., Khairoutdinov, M., 2007. Convective precipitation variability as a tool for general circulation model analysis. J. Clim. 20, 91–112.

DeMott, C.A., Klingaman, N.P., Woolnough, S.J., 2015. Atmosphere-ocean coupled processes in the Madden–Julian Oscillation. Rev. Geophys. 53, 1099–1154.

DeMott, C.A., Benedict, J.J., Klingaman, N.P., Woolnough, S.J., Randall, D.A., 2016. Diagnosing ocean feedbacks to the MJO: SST modulated surface fluxes and the moist static energy budget. J. Geophys. Res. Atmos. 121, 8350–8373.

Demuth, J.L., Morss, R.E., Lazo, J.K., Hilderbrand, D.C., 2013. Improving effectiveness of weather risk communication on the NWS Point-and-Click web page. Weather Forecast. 28, 711–726.

Denis, B., Côté, J., Laprise, R., 2002. Spectral decomposition of two-dimensional atmospheric fields on limited-area domains using the discrete cosine transform (DCT). Mon. Weather Rev. 130, 1812–1829.

Denis, B., Laprise, R., Caya, D., 2003. Sensitivity of a regional climate model to the resolution of the lateral boundary conditions. Clim. Dyn. 20, 107–126.

Déqué, M., 1997. Ensemble size for numerical seasonal forecasts. Tellus A 49, 74–86.

Déqué, M., Royer, J.F., 1992. The skill of extended-range extratropical winter dynamical forecasts. J. Clim. 5, 1346–1356.

Deremble, B., Simonnet, E., Ghil, M., 2012. Multiple equilibria and oscillatory modes in a midlatitude ocean-forced atmospheric model. Nonlinear Process. Geophys. 19, 479–499. https://doi.org/10.5194/ npg-19-479-2012.

Derome, J., Lin, H., Brunet, G., 2005. Seasonal forecasting with a simple general circulation model: predictive skill in the AO and PNA. J. Clim. 18, 597–609.

Deroubaix, A., Martiny, N., Chiapello, I., Marticoréna, B., 2013. Suitability of OMI aerosol index to reflect mineral dust surface conditions: preliminary application for studying the link with meningitis epidemics in the Sahel. Remote Sens. Environ. 133, 116–127.

Deser, C., Timlin, M.S., 1997. Atmosphere–ocean interaction on weekly timescales in the North Atlantic and Pacific. J. Clim. 10, 393–408.

Deser, C., Walsh, J.E., Timlin, M.S., 2000. Arctic sea ice variability in the context of recent atmospheric circulation trends. J. Clim. 13 (3), 617–633.

Deser, C., Tomas, R., Alexander, M., Lawrence, D., 2010. The seasonal atmospheric response to projected Arctic sea ice loss in the late 21st century. J. Clim. 23, 333–351. https://doi.org/10.1175/2009JCLI3053.1.

Deser, C., Simpson, I.R., McKinnon, K.A., Phillips, A.S., 2017. The northern hemisphere extratropical atmospheric circulation response to ENSO: how well do we know it and how do we evaluate models accordingly? J. Clim. 30, 5069–5082.

Dettinger, M.D., 2013. Atmospheric rivers as drought busters on the U.S. West Coast. J. Hydrometeorol. 14, 1721–1732. https://doi.org/10.1175/JHM-D-13-02.1.

Dettinger, M.D., Ralph, F.M., Das, T., Neiman, P.J., Cayan, D.R., 2011. Atmospheric rivers, floods and the water resources of California. Water 3, 445–478. https://doi.org/10.3390/w3020445.

Deutsche Meteorologische Gesellschaft e.V, 2000. 50th Anniversary of Numerical Weather Prediction Commemorative Symposium, Postdam, 9-10 March 2000. Book of Lectures, published by Deutsche Meteorologische Gesellschaft, ISBN: 3-928903-22-5.

Dewdney, M.M., Fraisse, C.W., Zortea, T., Burrow, J., 2012. A Web-Based Tool for Timing Copper Applications in Florida Citrus. PP289. Plant Pathology Department, Florida Cooperative Extension Service, Institute of Food and Agricultural Sciences, University of Florida, Gainesville. Available at: http://agroclimate.org/tools/ Citrus-Copper-Application-Scheduler/PP28900.pdf. [(Accessed 24 March 2017)].

Diamond, J., 2005. Collapse. Penguin Books, New York. 616 pp.

Dickey, J.O., Ghil, M., Marcus, S.L., 1991. Extratropical aspects of the 40–50 day oscillation in length-of-day and atmospheric angular momentum. J. Geophys. Res. Atmos. 96, 22643–22658. https://doi.org/10.1029/91jd02339.

Dickinson, M., Molinari, J., 2002. Mixed Rossby—gravity waves and western Pacific tropical cyclogenesis. Part I: Synoptic evolution. J. Atmos. Sci. 59, 2183–2196.

Dijkstra, H.A., 2005. Nonlinear Physical Oceanography: A Dynamical Systems Approach to the Large Scale Ocean Circulation and El Niño, second ed. Springer Science & Business Media, Berlin/Heidelberg, Germany.

Dijkstra, H.A., 2013. Nonlinear Climate Dynamics. Cambridge University Press, Cambridge.

Dijkstra, H.A., Ghil, M., 2005. Low-frequency variability of the large-scale ocean circulation: a dynamical systems approach. Rev. Geophys. 43. RG3002 https://doi.org/10.1029/2002RG000122.

Dinku, T., et al., 2014. Bridging critical gaps in climate services and applications in Africa. Earth Perspect. 1, 15.

Dinon, H., Breuer, N., Boyles, R., Wilkerson, G., 2012. North Carolina Extension Agent Awareness of and Interest in Climate Information for Agriculture. Southeast Climate Consortium Tech. Rep. 12–003, 44 pp. Available at: http://www.seclimate.org/pdfpubs/SECCsurveyReportFinal.pdf. [(Accessed 24 March 2017)].

Diokhane, A.M., Jenkins, G.S., Manga, N., Drame, M.S., Mbodji, B., 2016. Linkages between observed, modeled Saharan dust loading and meningitis in Senegal during 2012 and 2013. Int. J. Biometeorol. 60, 557–575.

Dirkson, A., Merryfield, W.J., Monahan, A., 2017. Impacts of sea ice thickness initialization on seasonal Arctic Sea ice predictions. J. Clim. 30 (3), 1001–1017.

Dirmeyer, P.A., 1999. Assessing GCM sensitivity to soil wetness using GSWP data. J. Meteorol. Soc. Jpn. 77, 367–385.

Dirmeyer, P.A., 2006. The hydrologic feedback pathway for land-climate coupling. J. Hydrometeorol. 7, 857–867.

Dirmeyer, P.A., 2013. Characteristics of the water cycle and land-atmosphere interactions from a comprehensive reforecast and reanalysis data set: CFSv2. Clim. Dyn. 41, 1083–1097.

Dirmeyer, P.A., Halder, S., 2017. Application of the land-atmosphere coupling paradigm to the operational Coupled Forecast System (CFSv2). J. Hydrometeorol. 18, 85–108.

Dirmeyer, P.A., Dolman, A.J., Sato, N., 1999. The pilot phase of the Global Soil Wetness Project. Bull. Am. Meteorol. Soc. 80, 851–878.

Dirmeyer, P.A., Gao, X., Zhao, M., Guo, Z., Oki, T., Hanasaki, N., 2006a. GSWP-2: multimodel analysis and implications for our perception of the land surface. Bull. Am. Meteorol. Soc. 87, 1381–1397.

Dirmeyer, P.A., Koster, R.D., Guo, Z., 2006b. Do global models properly represent the feedback between land and atmosphere? J. Hydrometeorol. 7, 1177–1198.

Dirmeyer, P.A., Schlosser, C.A., Brubaker, K.L., 2009. Precipitation, recycling and land memory: an integrated analysis. J. Hydrometeorol. 10, 278–288.

Dirmeyer, P.A., Gochis, D.J., Hogue, T.S., Barros, A., Duffy, C.J., Friedrich, K., Hughes, M., Krajewski, W., Molotch, N.P., 2014. In: Advancing hydrometeorological-hydroclimatic-ecohydrological process understanding and predictions.White Paper: Hydrologic-Atmospheric Community Workshop, Golden, Colorado. 12 pp. Available at: http://inside.mines.edu/~thogue/nsf-hydro-atmo-workshop/NSFHydroAtmosWorkshopWhitePaper 120314FINAL.pdf.

Dirmeyer, P.A., Peters-Lidard, C., Balsamo, G., 2015. Land-atmosphere interactions and the water cycle. In: Brunet, G., Jones, S., Ruti, P.M. (Eds.), Seamless Prediction of the Earth System: From Minutes to Months. World Meteorological Organization (WMO-No. 1156), Geneva (Chapter 8).

Dirmeyer, P.A., et al., 2016. Confronting weather and climate models with observational data from soil moisture networks over the United States. J. Hydrometeorol. 17, 1049–1067.

DNE (National Energy Agency of Uruguay), 2017. Statistical Time Series of Electric Energy. http://www.dne.gub. uy/web/energia/-/series-estadisticas-de-energia-electrica.

Doblas-Reyes, F.J., Hagedorn, R., Palmer, T.N., 2005. The rationale behind the success of multi-model ensembles in seasonal forecasting-II. Calibration and combination. Tellus A 57 (3), 234–252.

Doblas-Reyes, F.J., Weisheimer, A., Déqué, M., Keenlyside, N., McVean, M., Murphy, J.M., Rogel, P., Smithd, D., Palmer, T.N., 2009. Addressing model uncertainty in seasonal and annual dynamical ensemble forecasts. Q. J. R. Meteorol. Soc. 135, 1538–1559.

Doblas-Reyes, F.J., García-Serrano, J., Lienert, F., Biescas, A.P., Rodrigues, L.R., 2013. Seasonal climate predictability and forecasting: status and prospects. Wiley Interdiscip. Rev. Clim. Chang. 4, 245–268.

Dodson, J.B., Randall, D.A., Suzuki, K., 2013. Comparison of observed and simulated tropical cumuliform clouds by CloudSat and NICAM. J. Geophys. Res. Atmos. 118, 1852–1867.

Dole, R.M., Gordon, N.D., 1983. Persistent anomalies of the extratropical Northern Hemisphere wintertime circulation: geographical distribution and regional persistence characteristics. Mon. Weather Rev. 111, 1567–1586. https://doi.org/10.1175/1520-0493(1983)111<1567:paoten>2.0.co;2.

Dole, R., Hoerling, M., Perlwitz, J., Eischeid, J., Pegion, P., Zhang, T., Quan, X.-W., Xu, T., Murray, D., 2011. Was there a basis for anticipating the 2010 Russian heat wave? Geophys. Res. Lett. 38, L06702. https://doi.org/10.1029/ 2010GL046582.

Domeisen, D.I.V., Butler, A.H., Fröhlich, K., Bittner, M., Müller, W.A., Baehr, J., 2015. Seasonal predictability over Europe arising from El Niño and stratospheric variability in the MPI-ESM seasonal prediction system. J. Clim. 28, 256–271. https://doi.org/10.1175/JCLI-D-14-00207.1.

Donald, A., Meinke, H., Power, B., Maia, A.d.H.N., Wheeler, M.C., White, N., Stone, R.C., Ribbe, J., 2006. Near-global impact of the Madden-Julian Oscillation on rainfall. Geophys. Res. Lett. 33, L09704.

Doocy, S., Daniels, A., Murray, S., Kirsch, T.D., 2013. The human impact of floods: a historical review of events 1980-2009 and systematic literature review. In: PLOS Currents Disasters, first ed. Apr 16.

Doswell III, C.A., Brooks, H.E., Maddox, R.A., 1996. Flash flood forecasting: an ingredients-based methodology. Weather Forecast. 11, 560–581. https://doi.org/10.1175/1520-0434(1996)0110560:FFFAIB2.0.CO;2.

Douville, H., 2009. Stratospheric polar vortex influence on Northern Hemisphere winter climate variability. Geophys. Res. Lett. 36, L18703. https://doi.org/10.1029/2009GL039334.

Douville, H., Chauvin, F., 2000. Relevance of soil moisture for seasonal climate prediction: a preliminary study. Clim. Dyn. 16, 719–736.

Douville, H., Royer, J.-F., Mahfouf, J.-F., 1995. A new snow parameterization for the Meteo-France climate model. Part II: Validation in a 3-D GCM experiment. Clim. Dyn. 12, 37–52.

Douville, H., Chauvin, F., Broqua, H., 2001. Influence of soil moisture on the Asian and African monsoons. Part I: mean monsoon and daily precipitation. J. Clim. 14, 2381–2403.

Douville, H., Conil, S., Tyteca, S., Voldoire, A., 2007. Soil moisture memory and West African monsoon predictability: artefact or reality? Clim. Dyn. 28, 723–742.

Downes, S.M., Farneti, R., Uotila, P., Griffies, S.M., Marsland, S.J., Bailey, D., et al., 2015. An assessment of Southern Ocean water masses and sea ice during 1988–2007 in a suite of interannual CORE-II simulations. Ocean Model. 94, 67–94.

Draper, C., Reichle, R., 2015. The impact of near-surface soil moisture assimilation at subseasonal, seasonal, and interannual timescales. Hydrol. Earth Syst. Sci. 19, 4831–4844.

Dreybrodt, W., 1988. Processes in Karst Systems: Physics, Chemistry, and Geology. Springer, Berlin 288 pp.

Drobot, S.D., 2007. Using remote sensing data to develop seasonal outlooks for Arctic regional sea ice minimum extent. Remote Sens. Environ. 111 (2), 136–147.

Drobot, S.D., Maslanik, J.A., 2002. A practical method for long-range forecasting of ice severity in the Beaufort Sea. Geophys. Res. Lett. 29(8).

Drobot, S.D., Maslanik, J.A., Fowler, C., 2006. A long-range forecast of Arctic summer sea-ice minimum extent. Geophys. Res. Lett. 33(10).

Drótos, G., Bódai, T., Tél, T., 2015. Probabilistic concepts in a changing climate: a snapshot attractor picture. J. Clim. 28, 3275–3288. https://doi.org/10.1175/jcli-d-14-00459.1.

Dubuisson, M.-P., Jain, A.K., 1994. A modified Hausdorff distance for object matching.Proc. International Conference on Pattern Recognition, Jerusalem, Israel, pp. 566–568.

Duchon, C., 1979. Lanczos filtering in one and two dimensions. J. Appl. Meteorol. 18, 1016–1022.

Duffy, C., et al., 2006. Towards and Integrated Observing Platform for the Terrestrial Water Cycle: From Bedrock to Boundary Layer. Available online, http://www.usgcrp.gov/usgcrp/Library/watercycle/ssg-whitepaper-dec2006.pdf.

Dukhovskoy, D.S., Ubnoske, J., Blanchard-Wrigglesworth, E., Hiester, H.R., Proshutinsky, A., 2015. Skill metrics for evaluation and comparison of sea ice models. J. Geophys. Res. Oceans 120, 5910–5931. https://doi.org/10.1002/2015JC010989.

Dukić, V., et al., 2012. The role of weather in meningitis outbreaks in Navrongo, Ghana: a generalized additive modeling approach. J. Agric. Biol. Environ. Stat., 1–19.

Dunn-Sigouin, E., Shaw, T.A., 2015. Comparing and contrasting extreme stratospheric events, including their coupling to the tropospheric circulation. J. Geophys. Res. Atmos. 120, 1374–1390. https://doi.org/10.1002/2014JD022116.

Dunstone, N., Smith, D., Scaife, A., Hermanson, L., Eade, R., Robinson, N., Andrews, M., Knight, J., 2016. Skilful predictions of the winter North Atlantic Oscillation one year ahead. Nat. Geosci. 9, 809–814. https://doi.org/10.1038/ngeo2824.

Duran, V., 2014. Situación y perspectivas de las cadenas agroindustriales. In: OPYPA Yearbook. MGAPwww.mgap.gub.uy/sites/default/files/anuario_opypa_2014.pdf.

Dutra, E., Balsamo, G., Viterbo, P., Miranda, P.M.A., Beljaars, A., Schär, C., Elder, K., 2010a. An improved snow scheme for the ECMWF land surface model: description and offline validation. J. Hydrometeorol. 11, 899–916.

Dutra, E., Stepaneko, V.M., Balsamo, G., Viterbo, P., Miranda, P., Mironov, D., Schär, C., 2010b. An offline study of the impact of lakes in the performance of the ECMWF surface scheme. Boreal Environ. Res. 15, 100–112.

Dutra, E., Di Giuseppe, F., Wetterhall, F., Pappenberger, F., 2013. Seasonal forecasts of droughts in African basins using the Standardized Precipitation Index. Hydrol. Earth Syst. Sci. 17, 2359–2373. https://doi.org/10.5194/hess-17-2359-2013.

Dutra, E., Wetterhall, F., Di Giuseppe, F., Naumann, G., Barbosa, P., Vogt, J., Pozzi, W., Pappenberger, F., 2014a. Global meteorological drought—Part 1: Probabilistic monitoring. Hydrol. Earth Syst. Sci. 18, 2657–2667. https://doi.org/10.5194/hess-18-2657-2014.

Dutra, E., Pozzi, W., Wetterhall, F., Di Giuseppe, F., Magnusson, L., Naumann, G., Barbosa, P., Vogt, J., Pappenberger, F., 2014b. Global meteorological drought—Part 2: Seasonal forecasts. Hydrol. Earth Syst. Sci. 18, 2669–2678. https://doi.org/10.5194/hess-18-2669-2014.

Ebert, E.E., 2008. Fuzzy verification of high resolution gridded forecasts: a review and proposed framework. Meteorol. Appl. 15, 51–64.

Ebert, E.E., McBride, J.L., 2000. Verification of precipitation in weather systems: determination of systematic errors. J. Hydrol. 239, 179–202.

Ebi, K.L., Teisberg, T.J., Kalkstein, L.S., Robinson, L., Weiher, R.F., 2004. Heat watch/warning systems save lives: estimated costs and benefits for Philadelphia 1995–98. Bull. Am. Meteorol. Soc. 85, 1067–1073.

Ebisuzaki, W., Kalnay, E., 1991. Ensemble experiments with a new lagged average forecasting scheme. WMO, Research activities in atmospheric and oceanic modeling, pp. 6.31–6.32. Report #15. (Available from WMO, C.P. No 2300, CH1211, Geneva, Switzerland).

ECMWF, 2010. SAT/DA Training Course. Available at: https://www.google.com/url?sa=i&rct=j&q=&esrc=s&source=images&cd=&ved=2ahUKEwikpMiH3cTZAhUJHqwKHaqJCKwQjRx6BAgAEAY&url=http%3A%2F%2Fslideplayer.com%2Fslide%2F752902%2F&psig=AOvVaw0Q8FnypURbKUMOL-w31gxR&ust=1519773849498096.

ECMWF, 2016. ECMWF Strategy 2016-2025. Available from ECMWF, Shinfield Park, Reading RG2-9AX, UK. See also: https://www.ecmwf.int/sites/default/files/ECMWF_Strategy_2016-2025.pdf.

Edinburgh, T., Day, J.J., 2016. Estimating the extent of Antarctic summer sea ice during the Heroic Age of Antarctic Exploration. Cryosphere 10 (6), 2721–2730.

Egger, J., 1978. Dynamics of blocking highs. J. Atmos. Sci. 35, 1788–1801. https://doi.org/10.1175/1520-0469(1978)035<1788:dobh>2.0.co;2.

Ek, M.B., Holstlag, A.A.M., 2004. Influence of soil moisture on boundary layer cloud development. J. Hydrometeorol. 5, 86–99.

Ek, M.B., Mitchell, K.E., Lin, Y., Rogers, E., Grunmann, P., Koren, V., Gayno, G., Tarpley, J.D., 2003. Implementation of the Noah land surface model advances in the National Centers for Environmental Prediction operational mesoscale Eta model. J. Geophys. Res. 108.

El-Badry, A., Al-Ali, K., 2010. Prevalence and seasonal distribution of dengue mosquito, *Aedes aegypti* (Diptera: Culicidae) in Al-Madinah Al-Munawwarah, Saudi Arabia. J. Entomol. 7, 80–88.

Elsberry, R.L., Jordan, M.S., Vitart, F., 2010. Predictability of tropical cyclone events on intraseasonal timescales with the ECMWF monthly forecast model. Asia-Pacific J. Atmos. Sci. 46, 135. https://doi.org/10.1007/s13143-010-0013-4.

Elsner, J.B., Widen, H.M., 2013. Predicting spring tornado activity in the Central Great Plains by 1 March. Mon. Weather Rev. 142, 259–267. https://doi.org/10.1175/ MWR-D-13-00014.1.

Ely, C.R., Brayshaw, D.J., Methven, J., Cox, J., Pearce, O., 2013. Implications of the North Atlantic Oscillation for a UK-Norway renewable power system. Encrgy Policy. https://doi.org/10.1016/j.enpol.2013.06.037.

Emanuel, K.A., 1987. An air-sea interaction model of intra-seasonal oscillation in the tropics. J. Atmos. Sci. 44, 2324–2340.

Emanuel, K., et al., 2013. Influence of tropical tropopause layer cooling on Atlantic hurricane activity. J. Clim. 26, 2288–2301. https://doi.org/10.1175/JCLI-D-12-00242.1.

Entekhabi, D., Nakamura, H., Njoku, E., 1994. Solving the inverse problems for soil-moisture and temperature profiles by sequential assimilation of multifrequency remotely-sensed observations. IEEE Trans. Geosci. Remote Sens. 32, 438–448.

Entekhabi, D., et al., 2010. The Soil Moisture Active Passive (SMAP) mission. Proc. IEEE 98, 704–716.

Epstein, E.S., 1969a. A scoring system for probability forecasts of ranked categories. J. Appl. Meteorol. 8, 985–987.

Epstein, E.S., 1969b. Stochastic dynamic prediction. Tellus A 21, 739–759.

Errico, R.M., 1997. What is an adjoint model? Bull. Am. Meteorol. Soc. 78, 2577–2591.

Errico, R., Baumhefner, D., 1987. Predictability experiments using a high-resolution limited-area model. Mon. Weather Rev. 115, 488–504.

Errico, R.M., Prive, N.C., 2014. An estimate of some analysis-error statistics using the Global Modeling and Assimilation Office observing-system simulation framework. Q. J. R. Meteorol. Soc. 140 (680), 1005–1012. https://doi.org/10.1002/qj.2180.

Errico, R.M., Rasch, P.J., 1988. A comparison of various normal-mode initialization schemes and the inclusion of diabatic processes. Tellus 40A, 1–25.

Eshel, G., Cane, M.A., Farrell, B.F., 2000. Forecasting eastern Mediterranean droughts. Mon. Weather Rev. 128, 3618–3630.

Esler, J.G., Scott, R.K., 2005. Excitation of transient Rossby waves on the stratospheric polar vortex and the barotropic sudden warming. J. Atmos. Sci. 62, 3661–3682. https://doi.org/10.1175/JAS3557.1.

European Centre for Medium-Range Weather Forecasts, 2014. ECMWF ERA—Interim: Reduced N256 Gaussian Gridded Pressure Level Analysis Time Parameter Data (ggap). NCAS British Atmospheric Data Centre. 12th November 2017. http://catalogue.ceda.ac.uk/uuid/cae68b35c821ce036f28eda09e7d3a7c.

Evans, S., Marchand, R., Ackerman, T., 2014. Variability of the Australian monsoon and precipitation trends at Darwin. J. Clim. 27, 8487–8500.

Evensen, G., 1994. Sequential data assimilation with a non-linear quasi-geostrophic model using Monte Carlo methods to forecast error statistics. J. Geophys. Res. 99 (C5), 10143–10162.

Evensen, G., 2003. The Ensemble Kalman Filter: theoretical formulation and practical implementation. Ocean Dyn. 53, 343–367.

Eyring, V., Cionni, I., Arblaster, J., Sedlacek, J., Perlwitz, J., Young, P., Bekki, S., Bergmann, D., Cameron-Smith, P., Collins, W.J., Faluvegi, G., Gottschaldt, K.-D., Horowitz, L.W., Kinnison, D., Lamarque, J.-F., Marsh, D.R., Saint-Martin, D., Shindell, D.T., Sudo, K., Szopa, S., Watanabe, S., 2013. Long-term changes in tropospheric and stratospheric ozone and associated climate impacts in CMIP5 simulations. J. Geophys. Res. Atmos. 118 (10), 5029–5060.

Famiglietti, J.S., Devereaux, J.A., Laymon, C.A., Tsegaye, T., Houser, P.R., Jackson, T.J., Graham, S.T., Rodell, M., van Oevelen, P.J., 1999. Ground-based investigation of soil moisture variability within remote sensing footprints during the Southern Great Plains 97 (SGP97) hydrology experiment. Water Resour. Res. 35, 1839–1851.

Farneti, R., Downes, S.M., Griffies, S.M., Marsland, S.J., Behrens, E., Bentsen, M., et al., 2015. An assessment of Antarctic Circumpolar Current and Southern Ocean meridional overturning circulation during 1958–2007 in a suite of interannual CORE-II simulations. Ocean Model. 93, 84–120.

Faucher, M., Roy, F., Ritchie, H., Desjardins, S., Fogarty, C., Smith, G., Pellerin, P., 2010. Coupled atmosphere-ocean-ice forecast system for the gulf of St-Lawrence, Canada. Q. Newsl. 23.

Fauchereau, N., Pohl, B., Lorrey, A., 2016. Extratropical impacts of the Madden-Julian Oscillation over the New Zealand from a weather regime perspective. J. Clim. 2. https://doi.org/10.1175/JCLI-D-15-0152.1.

Feldmann, K., Scheuerer, M., Thorarinsdottir, T.L., 2015. Spatial postprocessing of ensemble forecasts for temperature using nonhomogeneous Gaussian regression. Mon. Weather Rev. 143 (3), 955–971.

Feldstein, S.B., 2003. The dynamics of NAO teleconnection pattern growth and decay. Q. J. R. Meteorol. Soc. 129, 901–924.

Feliks, Y., Ghil, M., Robertson, A.W., 2010. Oscillatory climate modes in the Eastern Mediterranean and their synchronization with the North Atlantic Oscillation. J. Clim. 23, 4060–4079. https://doi.org/10.1175/2010jcli3181.1.

Feliks, Y., Robertson, A.W., Ghil, M., 2016. Interannual variability in North Atlantic weather: data analysis and a quasigeostrophic model. J. Atmos. Sci. 73 (8), 3227–3248.

Feng, J., Liu, P., Chen, W., Wang, X., 2015. Contrasting Madden-Julian Oscillation activity during various stages of EP and CP El Niños. Atmos. Sci. Lett. 16, 32–37.

Ferranti, L., Palmer, T.N., Molteni, F., Klinker, E., 1989. Tropical-extratropical interaction associated with the 30–60 day oscillation and its impact on medium and extended range prediction. J. Atmos. Sci. 47, 2177–2199.

Ferreira, D., Marshall, J., Bitz, C.M., Solomon, S., Plumb, A., 2015. Antarctic ocean and sea ice response to ozone depletion: a two-time-scale problem. J. Clim. 28 (3), 1206–1226. https://doi.org/10.1175/JCLI-D-14-00313.1.

Ferro, C.A.T., 2007. Comparing probabilistic forecasting systems with the Brier score. Weather Forecast. 22, 1076–1088.

Ferro, C.A.T., 2014. Fair scores for ensemble forecasts. Q. J. R. Meteorol. Soc. 140, 1917–1923. https://doi.org/10.1002/qj.2270.

Ferro, C.A.T., Stephenson, D.B., 2011. Extremal dependence indices: improved verification measures for deterministic forecasts of rare binary events. Weather Forecast. 26, 699–713. https://doi.org/10.1175/WAF-D-10-05030.1.

Ferro, C.A.T., Richardson, D.S., Weigel, A.P., 2008. On the effect of ensemble size on the discrete and continuous ranked probability scores. Meteorol. Appl. 15, 19–24. https://doi.org/10.1002/met.45.

Fetterer, F., Knowles, K., Meier, W., Savoie, M., 2002. Sea Ice Index. Natl Snow and Ice Data Center, Boulder, CO. Available at http://nsidc.org/data/g02135.htm. [(Accessed 9 February 2009)].

Fichefet, T., Morales Maqueda, M.A., 1997. Sensitivity of a global sea ice model to the treatment of ice thermodynamics and dynamics. J. Geophys. Res. 102 (12), 612–646.

Findell, K.L., Eltahir, E.A.B., 2003. Atmospheric controls on soil moisture-boundary layer interactions. Part I: Framework development. J. Hydrometeorol. 4, 552–569.

Findell, K., Gentine, P., Lintner, B.R., Kerr, C., 2011. Probability of afternoon precipitation in eastern United States and Mexico enhanced by high evaporation. Nat. Geosci. 4, 434–439.

Finger, F.G., Teweles, S., 1964. The mid-winter 1963 stratospheric warming and circulation change. J. Appl. Meteorol. 3, 1–15. https://doi.org/10.1175/1520-0450(1964)003<0001:TMWSWA>2.0.CO;2.

Fischhoff, B., 1995. Risk perception and communication unplugged: twenty years of process. Risk Anal. 15 (2), 137–145.

Fitzjarrald, D.R., Acevedo, O.C., Moore, K.E., 2001. Climatic consequences of leaf presence in the eastern United States. J. Clim. 14, 598–614.

Flatau, M., Kim, Y.-J., 2013. Interaction between the MJO and polar circulations. J. Clim. 26, 3562–3574. https://doi.org/10.1175/JCLI-D-11-00508.1.

Flato, G.M., 1995. Spatial and temporal variability of Arctic ice thickness. Ann. Glaciol. 21 (1), 323–329.

Flato, G., Marotzke, J., Abiodun, B., Braconnot, P., Chou, S.C., Collins, W., Cox, P., Driouech, F., Emori, S., Eyring, V., Forest, C., Gleckler, P., Guilyardi, E., Jakob, C., Kattsov, V., Reason, C., Rummukainen, M., 2013. Evaluation of climate models. In: Stocker, T.F., Qin, D., Plattner, G.-K., Tignor, M., Allen, S.K., Boschung, J., Nauels, A., Xia, Y., Bex, V., Midgley, P.M. (Eds.), Climate Change 2013: The Physical Science Basis. Contribution of Working Group I to the Fifth Assessment Report of the Intergovernmental Panel on Climate Change. Cambridge University Press, Cambridge, United Kingdom and New York, NY, USA.

Fleming, R.J., 1971. On stochastic dynamic prediction: I. The energetics of uncertainty and the question of closure. Mon. Weather Rev. 99, 851–872.

Fletcher, C.G., Cassou, C., 2015. The dynamical influence of separate teleconnections from the Pacific and Indian Oceans on the northern annular mode. J. Clim. 28, 7985–8002. https://doi.org/10.1175/JCLI-D-14-00839.1.

Fletcher, C.G., Kushner, P.J., 2011. The role of linear interference in the annular mode response to tropical SST forcing. J. Clim. 24, 778–794. https://doi.org/10.1175/2010JCLI3735.1.

Food and Agriculture Organization, 1988. FAO-UNESCO Soil Map of the World. World Soil Resources Report 60. FAO, Rome.

Ford, T.W., Quiring, S.M., 2014. In situ soil moisture coupling with extreme temperatures: a study based on the Oklahoma Mesonet. Geophys. Res. Lett. 41, 4727–4734.

Frame, T.H.A., Methven, J., Roberts, N.M., Titley, H., 2015. Predictability of frontal waves and cyclones. Weather Forecast. 30, 1291–1302.

Frank, W.M., Roundy, P.E., 2006. The relationship between tropical waves and tropical cyclogenesis. Mon. Weather Rev. 134, 2397–2417.

Frankenberg, C., et al., 2011. New global observations of the terrestrial carbon cycle from GOSAT: patterns of plant fluorescence with gross primary productivity. Geophys. Res. Lett. 38, L17706.

Frankenberg, C., O'Dell, C., Guanter, L., McDuffie, J., 2012. Remote sensing of near-infrared chlorophyll fluorescence from space in scattering atmospheres: implications for its retrieval and interferences with atmospheric CO_2 retrievals. Atmos. Meas. Tech. 5, 2081–2094.

Frankenberg, C., et al., 2014. Prospects for chlorophyll fluorescence remote sensing from the Orbiting Carbon Observatory-2. Remote Sens. Environ. 147, 1–12.

Frankignoul, C., Hasselmann, K., 1977. Stochastic climate models, Part II Application to sea-surface temperature anomalies and thermocline variability. Tellus 29 (4), 289–305.

Frankignoul, C., Sennéchael, N., Kwon, Y.-O., Alexander, M.A., 2011. Influence of the meridional shifts of the Kuroshio and the Oyashio Extensions on the atmospheric circulation. J. Clim. 24, 762–777. https://doi.org/10.1175/2010JCLI3731.1.

Frasch, C., Preziosi, M.-P., LaForce, F.M., 2012. Development of a group A meningococcal conjugate vaccine, MenAfriVacTM. Hum. Vaccin. Immunother. 8, 715–724.

Frederiksen, J.S., 1982. A unified three-dimensional instability theory of the onset of blocking and cyclogenesis. J. Atmos. Sci. 39, 969–982.

Frederiksen, J.S., 1983. A unified three-dimensional instability theory of the onset of blocking and cyclogenesis. II. Teleconnection patterns. J. Atmos. Sci. 40, 2593–2609.

Frederiksen, J.S., 2002. Genesis of intraseasonal oscillations and equatorial waves. J. Atmos. Sci. 59, 2761–2781.

Frederiksen, J.S., 2007. Instability theory and predictability of atmospheric disturbances. In: Frontiers in Turbulence and Coherent Structures, pp. 29–58 (Chapter 2).

Frederiksen, J.S., Bell, R.C., 1987. Teleconnection patterns and the roles of baroclinic, barotropic and topographic instability. J. Atmos. Sci. 44, 2200–2218.

Frederiksen, C.S., Frederiksen, J.S., 1992. Northern Hemisphere storm tracks and teleconnection patterns in primitive equation and quasi-geostrophic models. J. Atmos. Sci. 49, 1443–1458.

Frederiksen, J.S., Frederiksen, C.S., 1993. Monsoon disturbances, intraseasonal oscillations, teleconnection patterns, blocking and storm tracks of the global atmosphere during January 1979: linear theory. J. Atmos. Sci. 50, 1349–1372.

Frederiksen, J.S., Frederiksen, C.S., 1997. Mechanism of the formation of intraseasonal oscillations and Australian monsoon disturbances: the roles of convection, barotropic and baroclinic instability. Contrib. Atmos. Phys. 70, 39–56.

Frederiksen, J.S., Frederiksen, C.S., 2011. Twentieth century winter changes in Southern Hemisphere synoptic weather modes. Adv. Meteorol. 353829 16 pp. https://doi.org/10.1155/2011/353829.

Frederiksen, J.S., Lin, H., 2013. Tropical-extratropical interactions of intraseasonal oscillations. J. Atmos. Sci. 70, 3180–3197.

Frederiksen, J.S., Webster, P.J., 1988. Alternative theories of atmospheric teleconnections and low-frequency fluctuations. Rev. Geophys. 26, 459–494.

Frenger, I., Gruber, N., Knutti, R., Munnich, M., 2013. Imprint of Southern Ocean eddies on winds, clouds and rainfall. Nat. Geosci. 6, 608–612. https://doi.org/10.1038/ngeo1863.

Fricker, T.E., Ferro, C.A.T., Stephenson, D.B., 2013. Three recommendations for evaluating climate predictions. Meteorol. Appl. 20, 246–255. https://doi.org/10.1002/met.1409.

Fu, X., Wang, B., Waliser, D.E., Tao, L., 2007. Impact of atmosphere-ocean coupling on the predictability of monsoon intraseasonal oscillations. J. Atmos. Sci. 64, 157–174.

Fu, X., Lee, J., Hsu, P.-C., Taniguchi, H., Wang, B., Wng, W., 2013. Multi-model MJO forecasting during DYNAMO/CINDY period. Clim. Dyn. 41, 1067–1081.

Fukutomi, Y., Yasunari, T., 2009. Cross-equatorial influences of submonthly scale southerly surges over the eastern Indian Ocean during Southern Hemisphere winter. J. Geophys. Res. 114D20119. https://doi.org/10.1029/2008JD011441.

Fukutomi, Y., Yasunari, T., 2014. Extratropical forcing of tropical wave disturbances along the Indian Ocean ITCZ. J. Geophys. Res. 119, 1154–1171. https://doi.org/10.1002/2013JD020696.

Füssel, H.-M., 2007. Adaptation planning for climate change: concepts, assessment approaches, and key lessons. Sustain. Sci. 2, 265–275.

Gadgil, S., 2003. The Indian monsoon and its variability. Annu. Rev. Earth Planet. Sci. 31, 429–467.

Gadgil, S., Rupa Kumar, K., 2006. The Asian monsoon—agriculture and economy. In: The Asian Monsoon. Springer, Berlin, Heidelberg, pp. 651–683.

Gagné, M.-È., Gillett, N.P., Fyfe, J.C., 2015. Observed and simulated changes in Antarctic sea ice extent over the past 50 years. Geophys. Res. Lett. 42, 90–95. https://doi.org/10.1002/2014GL062231.

Gagnon, A.S., Smoyer-Tomic, K.E., Bush, A.B., 2002. The El Niño southern oscillation and malaria epidemics in South America. Int. J. Biometeorol. 46, 81–89.

Gagnon, N., et al., 2007. In: An update on the CMC ensemble medium-range forecast system. Proc. ECMWF 11th Workshop on Meteorological Operational Systems, Shinfield Park, Reading, United Kingdom, ECMWF, pp. 55–59.

Gagnon, N., et al., 2014a. Improvements to the Global Ensemble Prediction System (GEPS) from version 3.1.0 to version 4.0.0. In: Canadian Meteorological Centre Technical Note. Available on request from Environment Canada, Centre Météorologique Canadien, Division du Dévelopement, 2121 route Transcanadienne, 4e étage, Dorval, Québec, H9P1J3 or via the following web site:http://collaboration.cmc.ec.gc.ca/cmc/CMOI/product_guide/docs/changes_e.html#20141118_geps_4.0.0.

Gagnon, N., et al., 2014b. Improvements to the Global Ensemble Prediction System (GEPS) Reforecast System From Version 3.1.0 to Version 4.0.0. Canadian Meteorological Centre Technical Note. Available on request from Environment Canada, Centre Météorologique Canadien, Division du Développement, 2121 route Transcanadienne, 4e étage, Dorval, Québec, H9P1J3 or via the following web site:http://collaboration.cmc.ec.gc.ca/cmc/cmoi/product_guide/docs/lib/Tech_Note_GEPS400_reforecast_v1.1_E.pdf.

Gagnon, N., et al., 2015. Improvements to the Global Ensemble Prediction System (GEPS) From Version 4.0.1 to Version 4.1.1. Canadian Meteorological Centre Technical Note. Available on request from Environment Canada, Centre Météorologique Canadien, Division du Développement, 2121 route Transcanadienne, 4e étage, Dorval, Québec, H9P1J3 or via the following web site:http://collaboration.cmc.ec.gc.ca/cmc/cmoi/product_guide/docs/changes_e.html#20151215_geps_4.1.1.

Gallo, B.T., Clark, A.J., Dembek, S.R., 2016. Forecasting tornadoes using convection-permitting ensembles. Weather Forecast. 31, 273–295. https://doi.org/10.1175/ WAF-D-15-0134.1.

Galway, J.G., 1989. The evolution of severe thunderstorm criteria within the Weather Service. Weather Forecast. 4, 585–592. https://doi.org/10.1175/1520-0434(1989) 0040585:TEOSTC2.0.CO;2.

Gandin, L.S., 1963. Objective analysis of meteorological fields. Gidrometeorologicheskoe Izdatelstvo, Leningrad English translation by Israeli Program for Scientific Translations, Jerusalem, 1965.

Garfinkel, C.I., Hartmann, D.L., 2008. Different ENSO teleconnections and their effects on the stratospheric polar vortex. J. Geophys. Res. 113, D18114. https://doi.org/10.1029/2008JD009920.

Garfinkel, C.I., Hartmann, D.L., 2011a. The influence of the Quasi-Biennial Oscillation on the troposphere in winter in a hierarchy of models. Part I: Simplified Dry GCMs. J. Atmos. Sci. 68, 1273–1289. https://doi.org/10.1175/2011JAS3665.1.

Garfinkel, C.I., Hartmann, D.L., 2011b. The influence of the Quasi-Biennial Oscillation on the troposphere in winter in a hierarchy of models. Part II: Perpetual winter WACCM runs. J. Atmos. Sci. 68, 2026–2041. https://doi.org/10.1175/2011JAS3702.1.

Garfinkel, C.I., Schwartz, C., 2017. MJO-related tropical convection anomalies lead to more accurate stratospheric vortex variability in subseasonal forecast models. Geophys. Res. Lett. 44, 10,054–10,062. https://doi.org/10.1002/2017GL074470.

Garfinkel, C.I., Hartmann, D.L., Sassi, F., 2010. Tropospheric precursors of anomalous northern hemisphere stratospheric polar vortices. J. Clim. 23, 3282–3299. https://doi.org/10.1175/2010JCLI3010.1.

Garfinkel, C.I., Butler, A.H., Waugh, D.W., Hurwitz, M.M., Polvani, L.M., 2012a. Why might stratospheric sudden warmings occur with similar frequency in El Niño and La Niña winters? J. Geophys. Res. Atmos. 117. https://doi.org/10.1029/2012JD017777.

Garfinkel, C.I., Feldstein, S.B., Waugh, D.W., Yoo, C., Lee, S., 2012b. Observed connection between stratospheric sudden warmings and the Madden-Julian Oscillation. Geophys. Res. Lett. 39. https://doi.org/10.1029/2012GL053144.

Garfinkel, C.I., Shaw, T.A., Hartmann, D.L., Waugh, D.W., 2012c. Does the Holton–Tan mechanism explain how the quasi-biennial oscillation modulates the arctic polar vortex? J. Atmos. Sci. 69, 1713–1733. https://doi.org/10.1175/JAS-D-11-0209.1.

Garfinkel, C.I., Waugh, D.W., Oman, L.D., Wang, L., Hurwitz, M.M., 2013. Temperature trends in the tropical upper troposphere and lower stratosphere: connections with sea surface temperatures and implications for water vapor and ozone. J. Geophys. Res. Atmos. 118, 9658–9672. https://doi.org/10.1002/jgrd.50772.

Garfinkel, C.I., Son, S.-W., Song, K., Aquila, V., Oman, L.D., 2017. Stratospheric variability contributed to and sustained the recent hiatus in Eurasian winter warming. Geophys. Res. Lett. 44, 374–382. https://doi.org/10.1002/2016GL072035.

Gedney, N., Cox, P.M., 2003. The sensitivity of global climate model simulations to the representation of soil moisture heterogeneity. J. Hydrometeorol. 4, 1265–1275.

Geer, A., 2016. Significance of changes in medium-range forecast score. Tellus A 68, 30229. https://doi.org/10.3402/tellusa.v68.30229.

Geller, M.A., et al., 2016. Modeling the QBO-improvements resulting from higher-model vertical resolution. J. Adv. Model. Earth Syst. 8, 1092–1105. https://doi.org/10.1002/2016MS000699.

Gensini, V.A., Marinaro, A., 2016. Tornado frequency in the United States related to global relative angular momentum. Mon. Weather Rev. 144, 801–810. https://doi.org/10.1175/MWR-D-15-0289.1.

Gentine, P., Entekhabi, D., Chehbouni, A., Boulet, G., Duchemin, B., 2007. Analysis of evaporative fraction diurnal behaviour. Agr. For. Meteorol. 143, 13–29.

Gentine, P., Entekhabi, D., Polcher, J., 2011a. The diurnal behavior of evaporative fraction in the soil-vegetation-atmospheric boundary layer continuum. J. Hydrometeorol. 12, 1530–1546.

Gentine, P., Polcher, J., Entekhabi, D., 2011b. Harmonic propagation of variability in surface energy balance within a coupled soil-vegetation-atmosphere system. Water Resour. Res. 47, 1–21.

Gentine, P., Holtslag, A.A.M., D'Andrea, F., Ek, M., 2013a. Surface and atmospheric controls on the onset of moist convection over land. J. Hydrometeorol. 14, 1443–1462.

Gentine, P., Betts, A.K., Lintner, B.R., 2013b. A probabilistic bulk model of coupled mixed layer and convection. Part I: Clear-sky case. J. Atmos. Sci. 70, 1543–1556.

Gentine, P., Betts, A.K., Lintner, B.R., 2013c. A probabilistic bulk model of coupled mixed layer and convection. Part II: Shallow convection case. J. Atmos. Sci. 70, 1557–1576.

Gentine, P., Chhang, A., Rigden, A., Salvucci, G., 2016. Evaporation estimates using weather station data and boundary layer theory. Geophys. Res. Lett. 43, 11,661–11,670.

Gerber, E.P., Polvani, L.M., 2009. Stratosphere-troposphere coupling in a relatively simple AGCM: the importance of stratospheric variability. J. Clim. 22, 1920–1933. https://doi.org/10.1175/2008JCLI2548.1.

Gerber, E.P., et al., 2010. Stratosphere-troposphere coupling and annular mode variability in chemistry-climate models. J. Geophys. Res. 115, D00M06. https://doi.org/10.1029/2009JD013770.

Germann, U., Zawadzki, I., 2004. Scale-dependence of the predictability of precipitation from continental radar images. Part II: Probability forecasts. J. Appl. Meteorol. 43, 74–89.

Gettleman, A., Forster, P.M., 2002. A climatology of the tropical tropopause layer. J. Meteorol. Soc. Jpn. 80, 911–924. https://doi.org/10.2151/jmsj.80.911.

Ghil, M., 1987. Dynamics, statistics and predictability of planetary flow regimes. In: Nicolis, C., Nicolis, G. (Eds.), Irreversible Phenomena and Dynamical Systems Analysis in the Geosciences. D. Reidel, Dordrecht/Boston/Lancaster, pp. 241–283.

Ghil, M., 2001. Hilbert problems for the geosciences in the 21st century. Nonlinear Process. Geophys. 8, 211–222. https://doi.org/10.5194/npg-8-211-2001.

Ghil, M., 2014. Climate variability: nonlinear and random aspects. In: North, G.R., Pyle, J., Zhang, F. (Eds.), Encyclopedia of Atmospheric Sciences, second ed. vol. 2. Elsevier, pp. 38–46.

Ghil, M., 2017. The wind-driven ocean circulation: applying dynamical systems theory to a climate problem. Discrete Cont. Dyn. Syst. Ser. A 37, 189–228. https://doi.org/10.3934/dcds.2017008.

Ghil, M., Childress, S., 1987. Topics in Geophysical Fluid Dynamics: Atmospheric Dynamics, Dynamo Theory, and Climate Dynamics. Springer, New York.

Ghil, M., Mo, K., 1991. Intraseasonal oscillations in the global atmosphere. Part I: Northern hemisphere and tropics. J. Atmos. Sci. 48, 752–779. https://doi.org/10.1175/1520-0469(1991)048<0752: ioitga>2.0.co;2.

Ghil, M., Robertson, A.W., 2000. Solving problems with GCMs: general circulation models and their role in the climate modeling hierarchy. In: Randall, D. (Ed.), General Circulation Model Development: Past, Present and Future. Academic Press, San Diego, pp. 285–325.

Ghil, M., Robertson, A.W., 2002. "Waves" vs. "particles" in the atmosphere's phase space: a pathway to long-range forecasting? Proc. Natl. Acad. Sci. 99 (Suppl. 1), 2493–2500.

Ghil, M., Ide, K., Bennet, A., Courtier, P., Kimoto, M., Nagata, M., Saiki, M., Sato, N. (Eds.), 1997. Data Assimilation in Meteorology and Oceanography. Meteor. Soc. Japan, Tokyo, Japan.

Ghil, M., Allen, M.R., Dettinger, M.D., Ide, K., Kondrashov, D., Mann, M.E., Robertson, A.W., Saunders, A., Tian, Y., Varadi, F., Yiou, P., 2002. Advanced spectral methods for climatic time series. Rev. Geophys. 40, 1003. https://doi.org/10.1029/2000GR000010.1029.

Ghil, M., Kondrashov, D., Lott, F., Robertson, A.W., 2003. In: Intraseasonal oscillations in the mid-latitudes: observations, theory and GCM results.Proceeding of the ECMWF/CLIVAR Workshop on Simulation and Prediction of Intra-Seasonal Variability With Emphasis on the MJO, 3–6 Nov. 2003, ECMWF, Reading, UK. 35–53.

Ghil, M., Chekroun, M., Simonnet, E., 2008. Climate dynamics and fluid mechanics: natural variability and related uncertainties. Physica D 237, 2111–2126. https://doi.org/10.1016/j.physd.2008.03.036.

Ghil, M., Read, P., Smith, L., 2010. Geophysical flows as dynamical systems: the influence of Hide's experiments. Astron. Geophys. 51 (4), 4.28–4.35. https://doi.org/10.1111/j.1468-4004.2010.51428.x.

Ghil, M., Chekroun, M.D., Stepan, G., 2015. A collection on 'climate dynamics: multiple scales and memory effects'. In: Ghil, M., Chekroun, M.D., Stepan, G. (Eds.), Proceedings of the Royal Society A. The Royal Society.In: vol. 471. p. 20150097.

Gill, C.A., 1923. The prediction of malaria epidemics. Indian J. Med. Res. 10, 1136–1143.

Gill, A.E., 1980. Some simple solutions for heat induced tropical circulations. Q. J. R. Meteorol. Soc. 106, 447–462.

Gill, A.E., 1982. Atmosphere-Ocean Dynamics. Academic Press, Orlando. 662 pp.

Gilleland, E., 2011. Spatial forecast verification: Baddeley's delta metric applied to the ICP test cases. Weather Forecast. 26, 409–415.

Gilleland, E., Ahijevych, D., Brown, B.G., Casati, B., Ebert, E., 2009. Intercomparison of spatial forecast verification methods. Weather Forecast. 24, 1416–1430.

Gilleland, E., Lindstrom, J., Lindgren, F., 2010. Analyzing the image warp forecast verification method on precipitation fields from the ICP. Weather Forecast. 25, 1249–1262.

Giorgetta, M.A., Bengtsson, L., Arpe, K., 1999. An investigation of QBO signals in the east Asian and Indian monsoon in GCM experiments. Clim. Dyn. 15, 435–450. https://doi.org/10.1007/s003820050292.

Glahn, H.R., Lowry, D.A., 1972. The use of model output statistics (MOS) in objective weather forecasting. J. Appl. Meteorol. 11 (8), 1203–1211.

Glahn, B., Peroutka, M., Wiedenfeld, J., Wagner, J., Zylstra, G., Schuknecht, B., Jackson, B., 2009. MOS uncertainty estimates in an ensemble framework. Mon. Weather Rev. 137 (1), 246–268.

Gloersen, P., 1995. Modulation of hemispheric sea-ice cover by ENSO events. Nature 373 (6514), 503–506.

Gneiting, T., Raftery, A.E., Westveld III, A.H., Goldman, T., 2005. Calibrated probabilistic forecasting using ensemble model output statistics and minimum crps estimation. Mon. Weather Rev. 133 (5), 1098–1118.

Gneiting, T., Balabdaoui, F., Raftery, A.E., 2007. Probabilistic forecasts, calibration and sharpness. J. R. Stat. Soc. Ser. B Stat Methodol. 69 (2), 243–268.

Gochis, D.J., et al., 2015. In: Operational, hyper-resolution hydrologic modeling over the contiguous U.S. using the multi-scale, multi-physics WRF-Hydro Modeling and Data Assimilation System.American Geophysical Union, Fall Meeting, H52A-02.

Goddard, L., Buizer, J., 2016. Integrating Climate Information and Decision Processes for Regional Climate Resilience. http://irapclimate.org/documents.

Goddard, L., Mason, S., Zebiak, S., Ropelewski, C., Basher, R., Cane, M., 2001. Current approaches to seasonal-to-interannual climate predictions. Int. J. Climatol. 21, 1111–1152.

Goddard, L., Bethgen, W.E., Bhojwani, H., Robertson, A.W., 2014. The International Research Institute for Climate & Society: why, what and how. Earth Perspect. 1–10.

Goessling, H.F., Tietsche, S., Day, J.J., Hawkins, E., Jung, T., 2016. Predictability of the Arctic sea ice edge. Geophys. Res. Lett. 43 (4), 1642–1650.

Gong, X., Barnston, A., Ward, M., 2003. The effect of spatial aggregation on the skill of seasonal precipitation forecasts. J. Clim. 16, 3059–3071.

Goo, T.-Y., Moon, S.-O., Cho, J.-Y., Cheong, H.-B., Lee, W.-J., 2003. Preliminary results of medium-range ensemble prediction at KMA: implementation and performance evaluation as of 2001. Korean J. Atmos. Sci. 6, 27–36.

Goosse, H., Zunz, V., 2014. Decadal trends in the Antarctic sea ice extent ultimately controlled by ice–ocean feedback. Cryosphere 8 (2), 453–470.

Goosse, H., Arzel, O., Bitz, C.M., de Montety, A., Vancoppenolle, M., 2009. Increased variability of the Arctic summer ice extent in a warmer climate. Geophys. Res. Lett. 36(23).

Goswami, B.N., 2005. South Asian monsoon. In: Intraseasonal Variability in the Atmosphere-Ocean Climate System. Springer, Berlin, Heidelberg, pp. 19–61.

Goswami, B.N., Shukla, J., 1991. Predictability and variability of a coupled ocean-atmosphere model. J. Mar. Syst. 1, 217–228.

Goswami, B.N., Ajayamohan, R.S., Xavier, P.K., Sengupta, D., 2003. Clustering of low pressure systems during the Indian summer monsoon by intraseasonal oscillations. Geophys. Res. Lett. 30, 1431. https://doi.org/10.1029/2002GL016734.

Goswami, B.B., Mani, N.J., Mukhopadhyay, P., Waliser, D.E., Benedict, J.J., Maloney, E.D., Khairoutdinov, M., Goswami, B.N., 2011. Monsoon intraseasonal oscillations as simulated by the superparameterized Community Atmosphere Model. J. Geophys. Res. 116, D22104. https://doi.org/10.1029/2011JD015948.

Gottschalck, J., Wheeler, M., Weickmann, K., Vitart, F., Savage, N., Lin, H., Hendon, H.H., Waliser, D.E., Sperber, K., Nakagawa, M., Prestrelo, C., Flatau, M., Higgins, W., 2010. A framework for assessing operational MJO forecasts: a CLIVAR MJO working group project. Bull. Am. Meteorol. Soc. 91, 1247–1258.

Gottschalck, J., Roundy, P.E., Shreck III, C.J., Vintzileos, A., Zhang, C., 2013. Largescale atmosphere and oceanic conditions during the 2011–2012 DYNAMO field campaign. Mon. Weather Rev. 141, 4173–4196.

Grabowski, W.W., Wu, X., Moncrieff, M.W., Hall, W.D., 1998. Cloud-resolving modeling of cloud systems during Phase III of GATE. Part II: Effects of resolution and the third spatial dimension. J. Atmos. Sci. 55 (21), 3264–3282.

Graham, R.J., Yun, W.-T., Kim, J., Kumar, A., Jones, D., Bettio, L., Gagnon, N., Kolli, R.K., Smith, D., 2011. Long-range forecasting and the Global Framework for Climate Services. Clim. Res. 47, 47–55.

Gray, W.M., 1979. Hurricanes: their formation, structure and likely role in the tropical circulation. In: Shaw, D.B. (Ed.), Meteorology Over Tropical Oceans. Roy. Meteor. Soc., James Glaisher House, Grenville Place, Bracknell, Berkshire, pp. 155–218.

Gray, W.M., 1984. Atlantic seasonal hurricane frequency: Part I: El Niño and 30-mb quasi-bienniel oscillation influences. Mon. Weather Rev. 112, 1649–1668.

Gray, M.E.B., Shutts, G.J., 2002. A stochastic scheme for representing convectively generated vorticity sources in general circulation models. In: APR Turbulence and Diffusion Note No. 285. Met Office, UK.

Gray, W.M., Sheaffer, J.D., Knaff, J.A., 1992. Hypothesized mechanism for stratospheric QBO influence on ENSO variability. Geophys. Res. Lett. 19, 107–110. https://doi.org/10.1029/91GL02950.

Green, J.K., Konings, A.G., Alemohammad, S.H., Berry, J., Entekhabi, D., Kolassa, J., Lee, J.-E., Gentine, P., 2017. Hotspots of terrestrial biosphere-atmosphere feedbacks. Nat. Geosci. NGS-2016-08-01557A.

Griffies, S., Harrison, M., Pacanowski, R., Rosati, A., 2004. A Technical Guide TO MOM4. GFDL Ocean Group, NOAA GFDL.

Groth, A., Ghil, M., 2011. Multivariate singular spectrum analysis and the road to phase synchronization. Phys. Rev. E. 84, 036206. https://doi.org/10.1103/PhysRevE.84.036206.

Groth, A., Dumas, P., Ghil, M., Hallegatte, S., 2015. Impacts of natural disasters on a dynamic economy. In: Chavez, M., Ghil, M., Urrutia-Fucugauchi, J. (Eds.), Extreme Events: Observations, Modeling and Economics. In: Geophysical Monographs, vol. 214. American Geophysical Union & Wiley, pp. 343–359 (Chapter 19).

Groth, A., Feliks, Y., Kondrashov, D., Ghil, M., 2017. Interannual variability in the North Atlantic ocean's temperature field and its association with the wind stress forcing. J. Clim. 30, 2655–2678. https://doi.org/10.1175/jcli-d-16-0370.1.

Grover-Kopec, E., et al., 2005. An online operational rainfall-monitoring resource for epidemic malaria early warning systems in Africa. Malar. J. 4, 6. https://doi.org/10.1186/1475-2875-4-6.

Gruber, A., 1974. Wavenumber-frequency spectra of satellite measured brightness in the tropics. J. Atmos. Sci. 31, 1675–1680.

Guan, B., Molotch, N.P., Waliser, D.E., Fetzer, E.J., Neiman, P.J., 2010. Extreme snowfall events linked to atmospheric rivers and surface air temperature via satellite measurements. Geophys. Res. Lett. 37, L20401. https://doi.org/10.1029/2010GL044696.

Gudkovich, Z.M., 1961. Relation of the ice drift in the Arctic Basin to ice conditions in the Soviet Arctic seas. Tr. Okeanogr. Kom. Akad. Nauk SSSR 11, 14–21.

Guémas, V., Blanchard-Wrigglesworth, E., Chevallier, M., Day, J., Déqué, M., Doblas-Reyes, F., Fuckar, N., Germe, A., Hawkins, E., Keeley, S., Koenigk, T., Salas y Mélia, D., Tietsche, S., 2016. A review on Arctic sea ice predictability and prediction on seasonal-to-decadal timescales. Q. J. R. Meteorol. Soc. 142, 546–561. https://doi.org/10.1002/qj.2401.

Guillod, B.P., Orlowsky, B., Miralles, D.G., Teuling, A.J., Seneviratne, S.I., 2015. Reconciling spatial and temporal soil moisture effects on afternoon rainfall. Nat. Commun. 6, 6443.

Gunasekera, D., Troccoli, A., Boulahya, M.S., 2014. Energy and meteorology: partnership for the future. In: Weather Matters for Energy. Springer, New York, pp. 497–511.

Gunturi, P., Tippett, M.K., 2017. Managing Severe Thunderstorm Risk: Impact of ENSO on U.S. Tornado and Hail Frequencies. Tech. rep WillisRe. http://www.willisre.com/Media_Room/Press_Releases_(Browse_All)/2017/WillisRe_Impact_of_ENSO_on_US_Tornado_and_Hail_frequencies_Final.pdf

Guo, Z., et al., 2006. GLACE: the global land-atmosphere coupling experiment. 2. Analysis. J. Hydrometeorol. 7, 611–625.

Guzman, M.G., Harris, E., 2015. Dengue. Lancet 385, 453–465.

Hagedorn, R., Hamill, T.M., Whitaker, J.S., 2008. Probabilistic forecast calibration using ECMWF and GFS ensemble reforecasts. Part I: 2-meter temperature. Mon. Weather Rev. 136, 2608–2619.

Hagedorn, R., Buizza, R., Hamill, M.T., Leutbecher, M., Palmer, T.N., 2012. Comparing TIGGE multi-model forecasts with re-forecast calibrated ECMWF ensemble forecasts. Q. J. R. Meteorol. Soc. 138, 1814–1827.

Hagos, S., Zhang, C., Tao, W.-K., Lang, S., Takayabu, Y.N., Shige, S., Katsumata, M., Olson, B., L'Ecuyer, T., 2009. J. Clim. 23, 542–558.

Haidvogel, D.B., Arango, H.G., Budgell, W.P., Cornuelle, B.D., Curchitser, E., Di Lorenzo, E., Fennel, K., Geyer, W.R., Hermann, A.J., Lanerolle, L., Levin, J., McWilliams, J.C., Miller, A.J., Moore, A.M., Powell, T.M., Shchepetkin, A.F., Sherwood, C.R., Signell, R.P., Warner, J.C., Wilkin, J., 2008. Regional ocean forecasting in terrain-following coordinates: model formulation and skill assessment. J. Comput. Phys. 227, 3595–3624.

Haigh, J.D., 1996. The impact of solar variability on climate. Science (80-) 272, 981–984. https://doi.org/10.1126/science.272.5264.981.

Haigh, J.D., Blackburn, M., Day, R., 2005. The response of tropospheric circulation to perturbations in lower-stratospheric temperature. J. Clim. 18, 3672–3685. https://doi.org/10.1175/JCLI3472.1.

Hale, J.K., Verduyn Lunel, S.M., 1993. Introduction to Functional Differential Equations. Applied Mathematical Sciences, vol. 99. Springer-Verlag, New York.

Hall, A., Visbeck, M., 2002. Synchronous variability in the Southern Hemisphere atmosphere, sea ice, and ocean resulting from the annular mode. J. Clim. 15 (21), 3043–3057. https://doi.org/10.1175/1520-0442(2004)017<2249:COSVIT>2.0.CO;2.

Hall, N.M., Thibault, S., Marchesiello, P., 2017. Impact of the observed extratropics on climatological simulation of the MJO in a tropical channel model. Clim. Dyn. 48, 2541–2555. https://doi.org/10.1007/s00382-016-3221-5.

Ham, Y.-G., Jong-SeongKug, I.-S.K., Jin, F.-F., Timmermann, A., 2010. Impact of diurnal atmosphere-ocean coupling on tropical climate simulations using a coupled GCM. Clim. Dyn. 34, 905–917.

Hamill, T.M., Juras, J., 2006. Measuring forecast skill: is it real skill or is it the varying climatology? Q. J. R. Meteorol. Soc. 132, 2905–2923.

Hamill, T.M., Kildadis, G.N., 2014. Skill of the MJO and Northern Hemisphere blocking in GEFS medium-range forecasts. Mon. Weather Rev. 142, 868–885.

Hamill, T.M., Snyder, C., Morss, R.E., 2000. A comparison of probabilistic forecasts from bred, singular-vector, and perturbed observation ensembles. Mon. Weather Rev. 128, 1835–1851.

Hamill, T.M., Whitaker, J.S., Mullen, S.L., 2006. Reforecasts: an important dataset for improving weather predictions. Bull. Am. Meteorol. Soc. 87, 33–46.

Hamill, T.M., Hagedorn, R., Whitaker, J.S., 2008. Probabilistic forecast calibration using ECMWF and GFS ensemble reforecasts. Part II: precipitation. Mon. Weather Rev. 136, 2620–2632.

Hamill, T.M., Brennan, M.J., Brown, B., DeMaria, M., Rappaport, E.N., Toth, Z., 2012. NOAA's future ensemble-based hurricane forecast products, 2012. Bull. Am. Meteorol. Soc. 93, 209–220.

Hamill, T.M., Bates, G.T., Whitaker, J.S., Murray, D.R., Fiorino, M., Galarneau Jr., T.J., Zhu, Y., Lapenta, W., 2013. NOAA's second-generation global medium-range ensemble reforecast data set. Bull. Am. Meteorol. Soc. 94, 1553–1565.

Hamlet, A.F., Huppert, D., Lettenmaier, D.P., 2002. Economic value of long-lead streamflow forecasts for Columbia river hydropower. J. Water Resour. Plan. Manag. 128, 91–101.

Hannachi, A., Straus, D.M., Franzke, C.L.E., Corti, S., Woollings, T., 2017. Low-frequency nonlinearity and regime behavior in the Northern Hemisphere extratropical atmosphere. Rev. Geophys. 55, 199–234. https://doi.org/10.1002/2015rg000509.

Hansen, J.W., 2002. Realizing the potential benefits of climate prediction to agriculture: issues, approaches, challenges. Agric. Syst. 74, 309–330.

Hansen, J., Coffey, K., 2011. Agro-Climate Tools for a New Climate-Smart Agriculture. CCAFS Rep. 4 pp.

Hansen, A.R., Sutera, A., 1995. The probability density distribution of the planetary-scale atmospheric wave amplitude revisited. J. Atmos. Sci. 52, 2463–2472. https://doi.org/10.1175/1520-0469(1995) 052<2463:tpddot>2.0.co;2.

Hansen, M.C., DeFries, R.S., Townshend, J.R.G., Carroll, M., Dimiceli, C., Sohlberg, R.A., 2003. Global percent tree cover at a spatial resolution of 500 meters: first results of the MODIS vegetation continuous fields algorithm. Earth Interact. https://doi.org/10.1175/1087-3562(2003)007<0001:GPTCAA>2.0.CO;2.

Hansen, F., Greatbatch, R.J., Gollan, G., Jung, T., Weisheimer, A., 2017. Remote control of North Atlantic Oscillation predictability via the stratosphere. Q. J. R. Meteorol. Soc. 143, 706–719. https://doi.org/10.1002/qj.2958.

Haque, U., et al., 2010. The role of climate variability in the spread of malaria in Bangladeshi highlands. PLoS ONE 5, e14341. https://doi.org/10.1371/journal.pone.0014341.

Harnik, N., 2009. Observed stratospheric downward reflection and its relation to upward pulses of wave activity. J. Geophys. Res. 114, D08120. https://doi.org/10.1029/2008JD010493.

Harnik, N., Lindzen, R.S., 2001. The effect of reflecting surfaces on the vertical structure and variability of stratospheric planetary waves. J. Atmos. Sci. 58, 2872–2894. https://doi.org/10.1175/1520-0469(2001)058<2872:TEORSO>2.0.CO;2.

Harper, K., Uccellini, L.W., Kalnay, E., Carey, K., Morone, L., 2007. 50th anniversary of operational numerical weather prediction. Bull. Am. Meteorol. Soc. 88, 639–650.

Harr, P.A., Elsberry, R.L., 2000. Extratropical transition of tropical cyclones over the western North Pacific. Part I: Evolution of structural characteristics during the transition process. Mon. Weather Rev. 128, 2613–2633.

Hart, R.E., Evans, J.L., 2001. A climatology of extratropical transition of Atlantic tropical cyclones. J. Clim. 14, 546–564.

Hartley, D.E., Villarin, J.T., Black, R.X., Davis, C.A., 1998. A new perspective on the dynamical link between the stratosphere and troposphere. Nature 391, 471–474. https://doi.org/10.1038/35112.

Hartmann, D.L., Lo, F., 1998. Wave-driven zonal flow vacillation in the southern hemisphere. J. Atmos. Sci. 55, 1303–1315. https://doi.org/10.1175/1520-0469(1998)055<1303:WDZFVI>2.0.CO;2.

Hartmann, D.L., Moy, L.A., Fu, Q., 2001. Tropical convection and the energy balance at the top of the atmosphere. J. Clim. 14, 4495–4511. https://doi.org/10.1175/1520-0442(2001)014<4495:TCATEB>2.0.CO;2.

Hartmann, H.C., Pagano, T.C., Sorooshian, S., Bales, R., 2002. Confidence builders: evaluating seasonal climate forecasts from user perspectives. Bull. Am. Meteorol. Soc. 83 (5), 683–698.

Hashino, T., Satoh, M., Hagihara, Y., Kubota, T., Matsui, T., Nasuno, T., Okamoto, H., 2013. Evaluating cloud microphysics from NICAM against CloudSat and CALIPSO. J. Geophys. Res. Atmos. 118, 7273–7292.

Hasselman, K.H., 1988. PIPs and POPs: the reduction of complex dynamical systems using principal interaction and oscillation patterns. J. Geophys. Res. 93, 11015–11021.

Hasselmann, K., 1976. Stochastic climate models. I: Theory. Tellus 28, 473–485.

Hastie, T., Tibshirani, R., Friedman, J., 2009. The Elements of Statistical Learning, second ed. Springer Series in Statistics, New York.

Haughton, N., et al., 2016. The plumbing of land surface models: is poor performance a result of methodology or data quality? J. Hydrometeorol. 17, 1705–1723.

Haurwitz, B., 1940. The motion of atmospheric disturbances on the spherical earth. J. Mar. Res. 3, 254–267.

Hay, S.I., Snow, R.W., 2006. The malaria atlas project: developing global maps of malaria risk. PLoS Med. 3, e473. https://doi.org/10.1371/journal.pmed.0030473.

Hay, S.I., Rogers, D.J., Shanks, G.D., Myers, M.F., Snow, R.W., 2001. Malaria early warning in Kenya. Trends Parasitol. 17, 95–99.

Haylock, M., McBride, J., 2001. Spatial coherence and predictability of Indonesian wet season rainfall. J. Clim. 14, 3882–3887.

Haynes, P.H., 1988. Forced, dissipative generalizations of finite-amplitude wave-activity conservation relation for zonal and nonzonal flows. J. Atmos. Sci. 45, 2352–2362.

Haynes, P.H., 2005. Stratospheric dynamics. Annu. Rev. Fluid Mech. 37, 263–293.

Haynes, P.H., McIntyre, M.E., Shepherd, T.G., Marks, C.J., Shine, K.P., 1991. On the "downward control" of extratropical diabatic circulations by eddy-induced mean zonal forces. J. Atmos. Sci. 48, 651–678. https://doi.org/10.1175/1520-0469(1991)048<0651:OTCOED>2.0.CO;2.

Hazeleger, W., Wang, X., Severijns, C., Stefanescu, S., Yang, S., Wang, X., Wyser, K., Dutra, E., Baldasano, J.M., Bintanja, R., Bougeault, P., Caballero, R., AML, E., Christensen, J.H., van den Hurk, B., Jimenez, P., Jones, C., Kallberg, P., Koenigk, T., McGrath, R., Miranda, P., van Noije, T., Palmer, T., Parodi, J.A., Schmith, T., Selten, F., Storelvmo, T., Sterl, A., Tapamo, H., Vancoppenolle, M., Viterbo, P., Willen, U., 2010. EC-Earth: a seamless Earth system prediction approach in action. Bull. Am. Meteorol. Soc. 91, 1357–1363.

He, J., Lin, H., Wu, Z., 2011. Another look at influences of the Madden-Julian Oscillation on the wintertime East Asian weather. J. Geophys. Res. 116, D03109. https://doi.org/10.1029/2010JD014787.

Heatwave Plan for England, 2015. Public Health England. PHE publications gateway number: 2015049, Available from, https://www.gov.uk/government/uploads/system/uploads/attachmentdata/file/429384/Heatwave Main Plan 2015.pdf.

Heifetz, E., Bishop, C.H., Hoskins, B.J., Methven, J., 2004. The counter-propagating Rossby wave perspective on baroclinic instability. Part I: Mathematical basis. Q. J. R. Meteorol. Soc. 130, 211–231.

Held, I., 1985. Pseudomomentum and the orthogonality of modes in shear flows. J. Atmos. Sci. 42, 527–565.

Held, I.M., 2005. The gap between simulation and understanding in climate modeling. Bull. Am. Meteorol. Soc. 86, 1609–1614. https://doi.org/10.1175/bams-86-11-1609.

Held, I.M., Lyons, S.W., Nigam, S., 1989. Transients and the Extratropical Response to El Nino. J. Atmos. Sci. 46, 163–174.

Hemri, S., Lisniak, D., Klein, B., 2015. Multivariate postprocessing techniques for probabilistic hydrological forecasting. Water Resour. Res. 51 (9), 7436–7451.

Henderson, G.R., Barrett, B.S., Lafleur, D.M., 2014. Arctic sea ice and the Madden–Julian Oscillation (MJO). Clim. Dyn. 43 (7-8), 2185–2196.

Henderson, S.A., Maloney, E.D., Son, S.-W., 2017. Madden-Julian Oscillation teleconnections: the impact of the basic state and MJO representation in general circulation models. J. Clim. 30, 4567–4587.

Hendon, H.H., Salby, M.L., 1994. The life cycle of the Madden-Julian Oscillation. J. Atmos. Sci. 51, 2225–2237.

Hendon, H.H., Zhang, C., Glick, J.D., 1999. Interannual variations of the Madden-Julian Oscillation during austral summer. J. Clim. 12, 2538–2550.

Hendon, H.H., Liebmann, B., Newman, M., Glick, J., 2000. Medium-range forecast errors associated with active episodes of the Madden-Julian oscillation. Mon. Weather Rev. 128, 69–86.

Heygster, G., Alexandrov, V., Dybkjær, G., von Hoyningen-Huene, W., Girard-Ardhuin, F., Katsev, I.L., et al., 2012. Remote sensing of sea ice: advances during the DAMOCLES project. Cryosphere 6 (6), 1411.

Higgins, R.W., Mo, K.C., 1997. Persistent North Pacific circulation anomalies and the tropical intraseasonal oscillation. J. Clim. 10, 223–244.

Higgins, R.W., Schemm, J.-K.E., Shi, W., Leetmaa, A., 2000. Extreme precipitation events in the western United States related to tropical forcing. J. Clim. 13, 793–820. https://doi.org/10.1175/1520-0442(2000)013h0793: EPEITWi2.0.CO;2.

Hirons, L.C., Inness, P., Vitart, F., Bechtold, P., 2013. Understanding advances in the simulation of intraseasonal variability in the ECMWF model. Part I: The representation of the MJO. Q. J. R. Meteorol. Soc. 139, 1417–1426.

Hirschi, M., et al., 2011. Observational evidence for soilmoisture impact on hot extremes in southeastern Europe. Nat. Geosci. 4, 17–21. https://doi.org/10.1038/ngeo1032.

Hitchcock, P., Haynes, P.H., 2016. Stratospheric control of planetary waves. Geophys. Res. Lett. 43, 11,884–11,892. https://doi.org/10.1002/2016GL071372.

Hitchcock, P., Simpson, I.R., 2014. The downward influence of stratospheric sudden warmings. J. Atmos. Sci. 71, 3856–3876. https://doi.org/10.1175/JAS-D-14-0012.1.

Hitchcock, P., Simpson, I.R., 2016. Quantifying eddy feedbacks and forcings in the tropospheric response to stratospheric sudden warmings. J. Atmos. Sci. 73, 3641–3657. https://doi.org/10.1175/JAS-D-16-0056.1.

Hitchcock, P., Shepherd, T.G., Manney, G.L., 2013. Statistical characterization of Arctic Polar-Night Jet oscillation events. J. Clim. 26, 2096–2116. https://doi.org/10.1175/JCLI-D-12-00202.1.

Hoag, 2014. Russian summer tops 'universal' heatwave index. Nature. https://doi.org/10.1038/nature.2014.16250.

Hoffman, R.N., Kalnay, E., 1983. Lagged average forecasting, an alternative to Monte Carlo forecasting. Tellus A 35A, 100–118.

Hoke, J.E., Phillips, N.A., DiMego, G.J., Tuccillo, J.J., Sela, J.G., 1989. The regional analysis and forecast system of the national meteorological center. Weather Forecast. 4, 323–334.

Holland, P., 2014. The seasonality of Antarctic sea ice trends. Geophys. Res. Lett. 41, 4230–4237. https://doi.org/10.1002/2014GL060172.

Holland, M.M., Stroeve, J., 2011. Changing seasonal sea ice predictor relationships in a changing Arctic climate. Geophys. Res. Lett. 38(18).

Holland, M.M., Bitz, C.M., Hunke, E.C., 2005. Mechanisms forcing an Antarctic dipole in simulated sea ice and surface ocean conditions. J. Clim. 18 (12), 2052–2066.

Holland, M.M., Bailey, D.A., Vavrus, S., 2011. Inherent sea ice predictability in the rapidly changing Arctic environment of the Community Climate System Model, version 3. Clim. Dyn. 36 (7), 1239–1253.

Holland, M.M., Blanchard-Wrigglesworth, E., Kay, J., Vavrus, S., 2013. Initial-value predictability of Antarctic sea ice in the Community Climate System Model 3. Geophys. Res. Lett. 40 (10), 2121–2124.

Holland, M.M., Landrum, L., Kostov, Y., Marshall, J., 2016. Sensitivity of Antarctic sea ice to the Southern Annular Mode in coupled climate models. Clim. Dyn. 1–19. https://doi.org/10.1007/s00382-016-3424-9.

Hollingsworth, A., 1980. In: An experiment in Monte Carlo forecasting.Proceedings of the ECMWF Workshop on Stochastic Dynamic Forecasting, pp. 65–86 Available from ECMWF, Shinfield Park, Reading RG2 9AX, UK.

Holloway, C.E., Woolnough, S.J., Lister, G.M.S., 2013. The effects of explicit versus parameterized convection on the MJO in a large-domain high-resolution tropical case study. Part I: Characterization of large-scale organization and propagation. J. Atmos. Sci. 70, 1342–1369.

Holloway, C.E., Woolnough, S.J., Lister, G.M.S., 2015. The effects of explicit versus parameterized convection on the MJO in a large-domain high resolution tropical case study. Part II: Processes leading to differences in MJO development. J. Atmos. Sci. 72, 2719–2743.

Holton, J.R., Lindzen, R.S., 1972. An updated theory for the quasi-biennial cycle of the tropical stratosphere. J. Atmos. Sci. 29, 1076–1080. https://doi.org/10.1175/1520-0469(1972)029<1076:AUTFTQ>2.0.CO;2.

Holton, J.R., Mass, C., 1976. Stratospheric vacillation cycles. J. Atmos. Sci. 33, 2218–2225. https://doi.org/10.1175/1520-0469(1976)033<2218:SVC>2.0.CO;2.

Holton, J.R., Tan, H.-C., 1980. The influence of the equatorial quasi-biennial oscillation on the global circulation at 50 mb. J. Atmos. Sci. 37, 2200–2208. https://doi.org/10.1175/1520-0469(1980)037<2200:TIOTEQ>2.0.CO;2.

Holton, J.R., Haynes, P.H., McIntyre, M.E., Douglass, A.R., Rood, R.B., Pfister, L., 1995. Stratosphere-troposphere exchange. Rev. Geophys. 33, 403–439. https://doi.org/10.1029/95rg02097.

Hong, Y., Liu, G., Li, J.-L.F., 2016. Assessing the radiative effects of global ice clouds based on CloudSat and CALIPSO measurements. J. Clim. 29, 7651–7674. https://doi.org/10.1175/JCLI-D-15-0799.1.

Hong, C.-C., Hsu, H.-H., Tseng, W.-L., Lee, M.-Y., Chow, C.-H., Jiang, L.-C., 2017. Extratropical forcing triggered the 2015 Madden-Julian Oscillation- El Nino event. Sci. Rep. 7, 46692. https://doi.org/10.1038/srep46692.

Horel, J.D., 1985. Persistence of the 500 mb height field during Northern Hemisphere winter. Mon. Weather Rev. 113, 2030–2042. https://doi.org/10.1175/1520-0493(1985)113<2030:potmhf>2.0.co;2.

Horel, J.D., Wallace, J.M., 1981. Planetary-scale atmospheric phenomena associated with the Southern Oscillation. Mon. Weather Rev. 109, 813–829. https://doi.org/10.1175/1520-0493(1981)109<0813:PSAPAW>2.0.CO;2.

Horsburgh, K.J., Wilson, C., 2007. Tide–surge interaction and its role in the distribution of surge residuals in the North Sea. J. Geophys. Res. Oceans 112, C08003. https://doi.org/10.1029/2006JC004033.

Hoshen, M.B., Morse, A.P., 2004. A weather-driven model of malaria transmission. Malar. J. 3, 32. https://doi.org/10.1029/2012GL054040.

Hoskins, B., 2012. The potential for skill across the range of the seamless weather-climate prediction problem: a stimulus for our science. Q. J. R. Meteorol. Soc. 139, 573–584. https://doi.org/10.1002/qj.1991.

Hoskins, B.J., 2013. Review article: the potential for skill across the range of the seamless weather-climate prediction problem: a stimulus for our science. Q. J. R. Meteorol. Soc. 139, 573–584.

Hoskins, B.J., Ambrizzi, T., 1661-1671. Rossby wave propagation on a realistic longitudinally varying flow. J. Atmos. Sci. 50.

Hoskins, B.J., James, I.N., 2014. Fluid Dynamics of the Mid-Latitude Atmosphere. Wiley, p. 300.

Hoskins, B.J., Karoly, D.J., 1981. The steady linear response of a spherical atmosphere to thermal orographic forcing. J. Atmos. Sci. 38, 1179–1196.

Hoskins, B.J., Yang, G.-Y., 2000. The equatorial response to higher-latitude forcing. J. Atmos. Sci. 57, 1197–1213.

Hoskins, B.J., James, I.N., White, G.H., 1983. The shape, propagation and mean-flow interactions of large-scale weather systems. J. Atmos. Sci. 40, 1595–1612.

Hoskins, B.J., McIntyre, M.E., Robertson, A.W., 1985. On the use and significance of isentropic potential vorticity maps. Q. J. R. Meteorol. Soc. 111, 877–946.

Hou, D., Toth, Z., Zhu, Y., Yang, W., 2008. Impact of a stochastic perturbation scheme on NCEP global ensemble forecast system. Proceedings of the 19th AMS Conference on Probability and Statistics, 21-24 January 2008, New Orleans, Louisiana.

Houtekamer, P.L., Derome, J., 1995. Methods for ensemble prediction. Mon. Weather Rev. 123, 2181–2196.

Houtekamer, P.L., Lefaivre, L., 1997. Using ensemble forecasts for model validation. Mon. Weather Rev. 125, 2416–2426.

Houtekamer, P.L., Mitchell, H.L., 2005. Ensemble Kalman filtering. Q. J. R. Meteorol. Soc. 131, 3269–3289.

Houtekamer, P.L., Derome, J., Ritchie, H., Mitchell, H.L., 1996. A system simulation approach to ensemble prediction. Mon. Weather Rev. 124, 1225–1242.

Houtekamer, P.L., Mitchell, H.L., Deng, X., 2009. Model error representation in an operational ensemble Kalman filter. Mon. Weather Rev. 137, 2126–2143.

Houtekamer, P.L., Deng, X., Mitchell, H.L., Baek, S.-J., Gagnon, N., 2014. Higher resolution in an operational ensemble Kalman filter. Mon. Weather Rev. 142, 1143–1162.

Hsu, H.-H., 1996. Global view of the intraseasonal oscillation during northern winter. J. Clim. 9, 2386–2406.

Hsu, P.-C., Li, T., 2012. Role of the boundary layer moisture asymmetry in causing the eastward propagation of the Madden–Julian Oscillation. J. Clim. 25, 4914–4931.

Hu, Q., Pytlik Zillig, L.M., Lynne, G.D., Tomkins, A.J., Waltman, W.J., Hayes, M.J., Hubbard, K.G., Artikov, I., Hoffman, S.J., Wilhite, D.A., 2006. Understanding farmer's forecast use from their beliefs, values, social norms, and perceived obstacles. J. Appl. Meteorol. Climatol. 45, 1190–1201.

Huang, J., van den Dool, H.M., Georgakakos, K.P., 1996. Analysis of model-calculated soil moisture over the United States (1931–1993) and applications to long-range temperature forecasts. J. Clim. 9, 1350–1362.

Hudson, D., Marshall, A.G., 2016. Extending the Bureau's Heatwave Forecast to Multi-Week Timescales. Bureau Research Report, No. 16. Bureau of Meteorology, Australia. Available online at:http://www.bom.gov.au/research/research-reports.shtml.

Hudson, D., Alves, O., Hendon, H.H., Marshall, A.G., 2011. Bridging the gap between weather and seasonal forecasting: intraseasonal forecasting for Australia. Q. J. R. Meteorol. Soc. 137, 673–689. https://doi.org/10.1002/qj.769. http://onlinelibrary.wiley.com/doi/10.1002/qj.769/abstract.

Hudson, D., Marshall, A.G., Yin, Y., Alves, O., Hendon, H.H., 2013. Improving intraseasonal prediction with a new ensemble generation strategy. Mon. Weather Rev. 141, 4429–4449. https://doi.org/10.1175/MWR-D-13-00059.1.

Hudson, D., Marshall, A.G., Alves, O., Young, G., Jones, D., Watkins, A., 2015a. Forewarned is forearmed: extended range forecast guidance of recent extreme heat events in Australia. Weather Forecast. https://doi.org/10.1175/WAF-D-15-0079.1.

Hudson, D., Marshall, A., Alves, O., Shi, L., Young, G., 2015b. Forecasting Upcoming Extreme Heat on Multi-Week To Seasonal Timescales: POAMA Experimental Forecast Products. Bureau Research Report, No. 1Bureau of Meteorology, Australia. Available online at http://www.bom.gov.au/research/research-reports.shtml.

Huffman, G.J., Adler, R.F., Morrissey, M., Bolvin, D.T., Curtis, R., Joyce, R., McGavock, B., Susskind, J., 2001. Global precipitation at one-degree daily resolution from multi-satellite observations. J. Hydrometeorol. 2, 36–50.

Huffman, G.J., Adler, R.J., Boivin, D.T., 2009. Improving the global precipitation record: GPCP version 2.1. Geophys. Res. Lett. 36, L17808.

Hung, C.-W., Hsu, H.-H., 2008. The first transition of the Asian summer monsoon, intraseasonal oscillation, and Taiwan Meiyu. J. Clim. 21, 1552–1568.

Hung, M.-P., Lin, J.-L., Wang, W., Kim, D., Shinoda, T., Weaver, S.J., 2013. MJO and convectively coupled equatorial waves simulated by CMIP5 climate models. J. Clim. 26, 6185–6214.

Hunke, E.C., Lipscomb, W.H., 2010. CICE: The Sea Ice Model Documentation and Software User's Manual, Version 4.1. Technical report LA-CC-06-012Los Alamos National Laboratory, Los Alamos, NM.

Hunke, E.C., Lipscomb, W.H., Turner, A.K., 2010. Sea ice models for climate study: retrospective and new directions. J. Glaciol. 56 (200), 1162–1172.

Hurrell, J.W., Meehl, G.A., Bader, D., Delworth, T., Kirtman, B., Wielicki, B., 2009. A unified modeling approach to climate system prediction. Bull. Am. Meteorol. Soc. 90, 1819–1832.

Huth, R., Beck, C., Philipp, A., Demuzere, M., Ustrnul, Z., Cahynova, M., Kysely, J., Tveito, O.E., 2008. Classifications of atmospheric circulation patterns. Ann. N. Y. Acad. Sci. 1146, 105–152. https://doi.org/10.1196/annals.1446.019.

IFRC (International Federation of Red Cross and Red Crescent Societies), 2008. Early warning > Early action. https://doi.org/10.5771/9783845252698-123.

Indian Institute of Public Health Ganghinagar, Mount Sinai, CDKN, Emory University & NRDC, 2018. Expert committee recommendations for a heat action plan based on the Ahmedabad experience. Tech. Rep.https://wwwhttps://www.nrdc.org/sites/default/files/ahmedabad-expert-recommendations.pdf

Indian Institute of Public Health Ganghinagar, Natural Resources Defense Council, Rollins School of Public Health of Emory University & Icahn School of Medicine at Mount Sinai, 2017. Evaluation of Ahmedabad's Heat Action Plan: Assessing India's First Climate Adaptation and Early Warning System for Extreme Heat. Tech. Rep.https://www.nrdc.org/resources/rising-temperatures-deadly-threat-preparing-communities-india-extreme-heat-events. [(Accessed 30 March 2017)].

INE (National Statistics Institute, Uruguay), 2017. Energy, Gas and Water Historical Timeseries. http://www.ine.gub.uy/web/guest/energia-gas-y-agua.

Ineson, S., Scaife, A.A., 2009. The role of the stratosphere in the European climate response to El Niño. Nat. Geosci. 2, 32–36. https://doi.org/10.1038/ngeo381.

Ingram, K.T., Roncoli, M.C., Kirshen, P.H., 2002. Opportunities and constraints for farmers of West Africa to use seasonal precipitation forecasts within Burkina Faso as a case study. Agric. Syst. 74, 331–349.

Inness, P.M., Slingo, J.M., Guilyardi, E., Cole, J., 2003. Simulation of the Madden- Julian Oscillation in a coupled general circulation model. Part II: The role of the basic state. J. Clim. 16, 365–382.

Inoue, T., Satoh, M., Hagihara, Y., Miura, H., Schmetz, J., 2010. Comparison of high-level clouds represented in a global cloud system–resolving model with CALIPSO/CloudSat and geostationary satellite observations. J. Geophys. Res. 115, D00H22.

Inoue, M., Takahashi, M., Naoe, H., 2011. Relationship between the stratospheric quasi-biennial oscillation and tropospheric circulation in northern autumn. J. Geophys. Res. Atmos. 116. https://doi.org/10.1029/2011JD016040.

Iorio, J., Duffy, P., Govindasamy, B., Thompson, S., Khairoutdinov, M., Randall, D., 2004. Effects of model resolution and subgrid-scale physics on the simulation of precipitation in the continental United States. Clim. Dyn. 23 (3-4), 243–258.

Isaksen, L., Fisher, M., Berner, J., 2007. In: Use of analysis ensembles in estimating flow-dependent background error variance. Proceedings of the ECMWF Workshop on Flow-Dependent Aspects of Data Assimilation. ECMWF, pp. 65–86. Available online at:http://www.ecmwf.int/publications/.

Isaksen, L., Bonavita, M., Buizza, R., Fisher, M., Haseler, J., Leutbecher, M., Raynaud, L., 2010. Ensemble of data assimilations at ECMWF. In: ECMWF Research Department Technical Memorandum n. 636. Available from ECMWF, Shinfield Park, Reading RG2-9AX. See also, http://old.ecmwf.int/publications/.

Itoh, H., Kimoto, M., 1996. Multiple attractors and chaotic itinerancy in a quasigeostrophic model with realistic topography: implications for weather regimes and low-frequency variability. J. Atmos. Sci. 53, 2217–2231. https://doi.org/10.1175/1520-0469(1996)053<2217:maacii>2.0.co;2.

Itoh, H., Kimoto, M., 1997. Chaotic itinerancy with preferred transition routes appearing in an atmospheric model. Physica D 109, 274–292. https://doi.org/10.1016/s0167-2789(97)00064-x.

Ivy, D.J., Solomon, S., Calvo, N., Thompson, D.W.J., 2017. Observed connections of Arctic stratospheric ozone extremes to Northern Hemisphere surface climate. Environ. Res. Lett. 12, 24004. https://doi.org/10.1088/1748-9326/aa57a4.

Jackson, T.J., Hsu, A.Y., 2001. Soil moisture and TRMM microwave imager relationships in the Southern Great Plains 1999 (SGP99) experiment. IEEE Trans. Geosci. Remote Sens. 39, 1632–1642.

Jackson, R.B., Canadell, J., Ehleringer, J.R., Mooney, H.A., Sala, O.E., Schulze, E.D., 1996. A global analysis of root distributions for terrestrial biomes. Oecologia 108, 389–411.

Jacobs, C.M.J., et al., 2008. Evaluation of European Land Data Assimilation System (ELDAS) products using in situ observations. Tellus A 60, 1023–1037.

James, I.N., 1994. Introduction to Circulating Atmospheres. Cambridge University Press, p. 422.

Jancloes, M., et al., 2014. Climate services to improve public health. Int. J. Environ. Res. Public Health 11, 4555–4559.

Janowiak, J.E., Bauer, P., Wang, W., Arkin, P.A., Gottschalck, J., 2010. An evaluation of precipitation forecasts from operational models and reanalyses including precipitation variations associated with mjo activity. Mon. Weather Rev. 138, 4542–4560.

Janssen, P., Bidlot, J.-R., Abdalla, S., Hersbach, H., 2005. Progress in ocean wave forecasting at ECMWF. In: ECMWF Research Department Technical Memorandum n. 478. Available from ECMWF, Shinfield Park, Reading RG2-9AX. See also, http://old.ecmwf.int/publications/.

Janssen, P., Breivik, O., Mogensen, K., Vitart, F., Balmaseda, M., Bidlot, J., Keeley, S., Leutbecher, M., Magnusson, L., Molteni, F., 2013. Air-sea interaction and surface waves. ECMWF Tech. Memorandum. 712, 36 pp.http://www.ecmwf.int/sites/default/files/elibrary/2013/10238-air-sea-interaction-and-surface-waves.pdf

Jarlan, L., Mangiarotti, S., Mougin, E., Mazzega, P., Hiernaux, P., Le Dantec, V., 2008. Assimilation of SPOT/VEGETATION NDVI data into a Sahelian vegetation dynamics model. Remote Sens. Environ. 112, 1381–1394.

Jarvis, P.G., 1976. The interpretation of the variations in leaf water potential and stomatal conductance found in canopies in the field. Philos. Trans. R. Soc. Lond. B 273, 593–610.

Jeong, J.-H., Ho, C.-H., Kim, B.-M., 2005. Influence of the Madden-Julian Oscillation on wintertime surface air temperature and cold surges in east Asia. J. Geophys. Res. 110D11104. https://doi.org/10.1029/2004DJ005408.

Jeong, J.-H., Kim, B.-M., Ho, C.-H., Noh, Y.-H., 2008. Systematic variation in wintertime precipitation in East-Asia by MJO-induced extratropical vertical motion. J. Clim. 21, 788–801.

Jia, L., et al., 2017. Seasonal prediction skill of northern extratropical surface temperature driven by the stratosphere. J. Clim. https://doi.org/10.1175/JCLI-D-16-0475.1 JCLI-D-16-0475.1.

Jiang, X., 2017. Key processes for the eastward propagation of the Madden-Julian Oscillation based on multimodel simulations. J. Geophys. Res. Atmos. 122, 755–770.

Jiang, X., Waliser, D.E., Wheeler, M.C., et al., 2008. Assessing the Skill of an All-Season Statistical Forecast Model for the Madden–Julian Oscillation. Mon. Weather Rev. 136, 1940–1956. https://doi.org/10.1175/2007MWR2305.1.

Jiang, X., Waliser, D.E., Olson, W.S., Tao, W.-K., L'Ecuyer, T.S., Li, K.-F., Yung, Y.L., Shige, S., Lang, S., Takayabu, Y.N., 2011. Vertical diabatic heating structure of the MJO: intercomparison between recent reanalyses and TRMM estimates. Mon. Weather Rev. 139, 3208–3223.

Jiang, X., Zhao, M., Waliser, D.E., 2012. Modulation of tropical cyclones over the eastern Pacific by the Intraseasonal Variability Simulated in an AGCM. J. Clim. 25, 6524–6538.

Jiang, X., Waliser, D.E., Xavier, P.K., Petch, J., Klingaman, N.P., Woolnough, S.J., Guan, B., Bellon, G., Crueger, T., DeMott, C., Hannay, C., Lin, H., Hu, W., Kim, D., Lappen, C.-L., Lu, M.-M., Ma, H.-Y., Miyakawa, T., Ridout, J.A., Schubert, S.D., Scinocca, J., Seo, K.-H., Shindo, E., Song, X., Stan, C., Tseng, W.-L., Wang, W.,

Wu, T., Wyser, K., Zhang, G.J., Zhu, H., 2015. Vertical structure and physical processes of the Madden–Julian Oscillation: exploring key model physics in climate simulations. J. Geophys. Res. Atmos. 120, 4718–4748.

Jie, W., Vitart, F., Wu, T., Liu, X., 2017. Simulations of the Asian summer monsoon in the sub-seasonal to seasonal prediction project (S2S) database. Q. J. R. Meteorol. Soc. 143, 2282–2295. https://doi.org/10.1002/qj.3085.

Jin, F.F., Ghil, M., 1990. Intraseasonal oscillations in the extratropics: Hopf bifurcation and topographic instabilities. J. Atmos. Sci. 47, 3007–3022. https://doi.org/10.1175/1520-0469(1990)047<3007:ioiteh>2.0.co;2.

Jin, F., Hoskins, B.J., 1995. The direct response to tropical heating in a baroclinic atmosphere. J. Atmos. Sci. 52, 307–319.

Jin, F.F., Neelin, J.D., Ghil, M., 1994. El Niño on the devil's staircase: annual subharmonic steps to chaos. Science 264, 70–72. https://doi.org/10.1126/science.264.5155.70.

Johnson, C.M., Lemke, P., Barnett, T.P., 1985. Linear prediction of sea ice anomalies. J. Geophys. Res. Atmos. 90 (D3), 5665–5675.

Johnson, N.C., Collins, D.C., Feldstein, S.B., L'Heureux, M.L., Riddle, E.E., 2014. Skillful wintertime North American temperature forecasts out to 4 weeks based on the state of ENSO and the MJO. Weather Forecast. 29, 23–38. https://doi.org/10.1175/WAF-D-13-00102.1.

Jolliffe, I., Stephenson, D.B., 2012a. Jolliffe, I., Stephenson, D. (Eds.), Forecast Verification: A Practitioner's Guide. Wiley, p. 292.

Jolliffe, I.T., Stephenson, D.B., 2012b. Forecast Verification: A Practitioner's Guide in Atmospheric Science. John Wiley & Sons.

Jones, C., 2017. Predicting subseasonal precipitation variations based on the MJO. In: Wang, S. et al., (Ed.), In Climate Extremes: Patterns & Mechanisms. In: AGU Monograph, Wiley. ISBN: 1119067847.

Jones, C., Carvalho, L.M.V., 2012. Spatial-intensity variations in extreme precipitation in the contiguous United States and the Madden–Julian oscillation. J. Clim. 25, 4849–4913.

Jones, C., Dudhia, J., 2017. Potential predictability during a Madden-Julian Oscillation event. J. Clim. in review.

Jones, A.E., Morse, A.P., 2010. Application and validation of a seasonal ensemble prediction system using a dynamic malaria model. J. Clim. 23, 4202–4215.

Jones, A.E., Morse, A.P., 2012. Skill of ENSEMBLES seasonal re-forecasts for malaria prediction in West Africa. Geophys. Res. Lett. 39, L23707. https://doi.org/10.1029/2012GL054040.

Jones, C., Waliser, D.E., Schemm, J.-K.E., Lau, W.K.M., 2000a. Prediction skill of the Madden and Julian Oscillation in dynamical extended range forecasts. Clim. Dyn. 16, 273–289. https://doi.org/10.1007/s003820050327.

Jones, J.W., Hansen, J.W., Royce, F.S., Messina, C.D., 2000b. Potential benefits of climate forecasting to agriculture. Agric. Ecosyst. Environ. 82, 169–184.

Jones, C.L., Waliser, D.E., Lau, K.-M., Stern, W., 2004. Global occurences of extreme precipitation and the Madden-Julian Oscillation: observations and predictability. J. Clim. 17, 4575–4589.

Jones, A.E., Wort, U.U., Morse, A.P., Hastings, I.M., Gagnon, A.S., 2007. Climate prediction of El Niño malaria epidemics in north-west Tanzania. Malar. J. 6, 162.

Jones, C., Gottschalck, J., Carvalho, L.M.V., Higgins, W.R., 2011. Influence of the Madden-Julian Oscillation on forecasts of extreme precipitation in the contiguous United States. Mon. Weather Rev. 139, 332–350.

Joseph, S., Sahai, A.K., Abhilash, S., et al., 2015. Development and evaluation of an objective criterion for the real-time prediction of Indian summer monsoon onset in a coupled model framework. J. Clim. 28, 6234–6248. https://doi.org/10.1175/JCLI-D-14-00842.1.

Joslyn, S.L., LeClerc, J.E., 2012. Uncertainty forecasts improve weather-related decisions and attenuate the effects of forecast error. J. Exp. Psychol. Appl. 18, 126–140.

Jost, C.C., et al., 2010. Epidemiological assessment of the Rift Valley fever outbreak in Kenya and Tanzania in 2006 and 2007. Am. J. Trop. Med. Hyg. 83, 65–72.

Joyce, T.M., Kwon, Y.-O., Yu, L., 2009. On the relationship between synoptic wintertime atmospheric variability and path shifts in the Gulf Stream and the Kuroshio Extension. J. Clim. 22, 3177–3192. https://doi.org/10.1175/2008JCLI2690.1.

Julian, P.R., Labitzke, K.B., 1965. A Study of Atmospheric Energetics During the January–February 1963 Stratospheric Warming. J. Atmos. Sci. 22, 597–610. https://doi.org/10.1175/1520-0469(1965)022<0597:ASOAED>2.0.CO;2.

Jung, J.-H., Arakawa, A., 2004. The resolution dependence of model physics: illustrations from nonhydrostatic model experiments. J. Atmos. Sci. 61 (1), 88–102.

Jung, T., Barkmeijer, J., 2006. Sensitivity of the tropospheric circulation to changes in the strength of the stratospheric polar vortex. Mon. Weather Rev. https://doi.org/10.1175/MWR3178.1.

Jung, E., Kirtman, B.P., 2016. Can we predict seasonal changes in high impact weather in the United States? Environ. Res. Lett. 11, 074018.

Jung, T., Leutbecher, M., 2007. Performance of the ECMWF forecasting system in the Arctic during winter. Q. J. R. Meteorol. Soc. 133, 1327–1340. https://doi.org/10.1002/qj.99.

Jung, T., Leutbecher, M., 2008. Scale-dependent verification of ensemble forecasts. Q. J. R. Meteorol. Soc. 132, 2905–2923.

Jung, T., Klinker, E., Uppala, S., 2004. Reanalysis and reforecast of three major European storms of the twentieth century using the ECMWF forecasting system. Part I: analyses and deterministic forecasts. Meteorol. Appl. 11, 343–361. https://doi.org/10.1017/S1350482704001434.

Jung, T., Vitart, F., Ferranti, L., Morcrette, J.-J., 2011. Origin and predictability of the extreme negative NAO winter of 2009/10. Geophys. Res. Lett. 38. https://doi.org/10.1029/2011GL046786.

Jung, T., Kasper, M.A., Semmler, T., Serrar, S., 2014. Arctic influence on subseasonal midlatitude prediction. Geophys. Res. Lett. 41, 3676–3680. https://doi.org/10.1002/2014GL059961.

Jung, T., Doblas-Reyes, F., Goessling, H., Guemas, V., Bitz, C., Buontempo, C., Caballero, R., Jakobsen, E., Jungclaus, J., Karcher, M., Koenigk, T., Matei, D., Overland, J., Spengler, T., Yang, S., 2015. Polar-lower latitude linkages and their role in weather and climate prediction. Bull. Am. Meteorol. Soc. 96, 197–200. https://doi.org/10.1175/BAMS-D- 15-00121.1.

Jung, T., Gordon, N., Bauer, P., Bromwich, D., Chevallier, M., et al., 2016. Advancing polar prediction capabilities on daily to seasonal time scales. Bull. Am. Meteorol. Soc. 97, 1631–1647.

Jupp, T.E., Lowe, R., Coelho, C.A., Stephenson, D.B., 2012. On the visualization, verification and recalibration of ternary probabilistic forecasts. Phil. Trans. R. Soc. A 370, 1100–1120.

Juricke, S., Goessling, H.F., Jung, T., 2014. Potential sea ice predictability and the role of stochastic sea ice strength perturbations. Geophys. Res. Lett. 41 (23), 8396–8403.

Kai, J., Kim, H., 2014. Characteristics of initial perturbations in the ensemble prediction system of the Korea Meteorological Administration. Weather Forecast. 29, 563–581.

Kain, J.S., 2004. The Kain–Fritsch convective parameterization: an update. J. Appl. Meteorol. 43, 170–181. https://doi.org/10.1175/1520-0450(2004)043,0170:TKCPAU.2.0.CO;2.

Kalame, F.B., Kudejira, D., Nkem, J., 2011. Assessing the process and options for implementing National Adaptation Programmes of Action (NAPA): a case study from Burkina Faso. Mitig. Adapt. Strateg. Glob. Chang. 16, 535–553.

Kalnay, E., 2012. Atmospheric Modelling, Data Assimilation and Predictability, seventh ed. Cambridge University Press, p. 341.

Kalnay, E., Livezey, R., 1985. Weather predictability beyond a week: an introductory review. In: Ghil, M., Benzi, R., Parisi, G. (Eds.), Turbulence and Predictability in Geophysical Fluid Dynamics and Climate Dynamics. North-Holland, Amsterdam, pp. 311–346.

Kamsu-Tamo, P.-H., Janicot, S., Monkam, D., Lenouo, A., 2014. Convection activity over the Guinean coast and Central Africa during northern spring from synoptic to intra-seasonal timescales. Clim. Dyn. 43, 3377–3401.

Kanamitsu, M., et al., 2002. NCEP-DOE AMIP-II reanalysis (R-2). Bull. Am. Meteorol. Soc. 83, 1631–1643.

Kang, I.-S., Kim, H.-M., 2010. Assessment of MJO predictability for boreal winter with various statistical and dynamical models. J. Clim. 23, 2368–2378.

Kang, W., Tziperman, E., 2017. More frequent sudden stratospheric warming events due to enhanced MJO forcing expected in a warmer climate. J. Clim. 30, 8727–8743. https://doi.org/10.1175/JCLI-D-17-0044.1.

Kang, I.-S., Yang, Y.-M., Tao, W.-K., 2015. GCMs with implicit and explicit representation of cloud microphysics for simulation of extreme precipitation frequency. Clim. Dyn. 45, 325–335.

Kang, I.-S., Ahn, M.-S., Yang, Y.-M., 2016. A GCM with cloud microphysics and its MJO simulation. Geosci. Lett. 3, 16.

Karpechko, A.Y., Perlwitz, J., Manzini, E., 2014. A model study of tropospheric impacts of the Arctic ozone depletion 2011. J. Geophys. Res. Atmos. 119, 7999–8014. https://doi.org/10.1002/2013JD021350.

Karpechko, A.Y., Hitchcock, P., Peters, D.H.W., Schneidereit, A., 2017. Predictability of downward propogation of major sudden stratospheric warmings. Q. J. R. Meteorol. Soc. https://doi.org/10.1002/qj.3017.

Karuri, J., Waiganjo, P., Daniel, O., MANYA, A., 2014. DHIS2: the tool to improve health data demand and use in Kenya. J. Health Inf. Dev. Countries 8.

Kauker, F., Kaminski, T., Karcher, M., Giering, R., Gerdes, R., Voßbeck, M., 2009. Adjoint analysis of the 2007 all time Arctic sea-ice minimum. Geophys. Res. Lett. 36(3).

Keil, C., Craig, G.C., 2007. A displacement-based error measure applied in a regional ensemble forecasting system. Mon. Weather Rev. 135, 3248–3259.

Keil, C., Craig, G.C., 2009. A displacement and amplitude score employing an optical flow technique. Weather Forecast. 24, 1297–1308.

Kelly, G., Thepaut, J.-N., Buizza, R., Cardinali, C., 2007. The value of observations - Part I: data denial experiments for the Atlantic and the Pacific. Q. J. R. Meteorol. Soc. 133, 1803–1815.

Kelly, K.A., Small, R.J., Samelson, R.M., Qiu, B., Joyce, T.M., Kwon, Y.-O., Cronin, M.F., 2010. Western boundary currents and frontal air–sea interaction: Gulf Stream and Kuroshio Extension. J. Clim. 23, 5644–5667. https://doi.org/10.1175/ 2010JCLI3346.1.

Kerns, B.W., Chen, S.S., 2016. Large-scale precipitatino tracking and the MJO over the Maritime Continent and Indo-Pacific warm pool. J. Geophys. Res. Atmos. 121, 8755–8776.

Kerr, Y.H., et al., 2010. The SMOS mission: new tool for monitoring key elements of the global water cycle. Proc. IEEE 98, 666–687.

Kessler, W.S., 2001. EOF representation of the Madden-Julian Oscillation and its connection with ENSO. J. Clim. 14, 3055–3061.

Khairoutdinov, M.F., Kogan, Y.L., 1999. A large eddy simulation model with explicit microphysics: validation against aircraft observations of a stratocumulus-topped boundary layer. J. Atmos. Sci. 56 (13), 2115–2131.

Khairoutdinov, M.F., Randall, D.A., 2003. Cloud resolving modeling of the ARM summer 1997 IOP: model formulation, results, uncertainties, and sensitivities. J. Atmos. Sci. 60 (4), 607–625.

Khairoutdinov, M., Randall, D., 2006. High-resolution simulation of shallow-to-deep convection transition over land. J. Atmos. Sci. 63, 3421–3436.

Khairoutdinov, M., Randall, D., DeMott, C., 2005. Simulations of the atmospheric general circulation using a cloud-resolving model as a superparameterization of physical processes. R. Meteorol. Soc. Interface 62 (7), 2136–2154.

Kharin, V.V., Zwiers, F.W., Gagnon, N., 2001. Skill of seasonal hindcasts as a function of the ensemble size. Clim. Dyn. 17, 835–843.

Kidston, J., Gerber, E.P., 2010. Intermodel variability of the poleward shift of the austral jet stream in the CMIP3 integrations linked to biases in 20th century climatology. Geophys. Res. Lett. 37. https://doi.org/10.1029/ 2010GL042873.

Kienberger, S., Hagenlocher, M., 2014. Spatial-explicit modeling of social vulnerability to malaria in East Africa. Int. J. Health Geogr. 13, 29.

Kikuchi, K., Takayabu, Y.N., 2004. The development of organized convection associated with the MJO during TOGA COARE IOP: trimodal characteristics. Geophys. Res. Lett. 31L10101.

Kiladis, G.N., Weickmann, K.M., 1992. Extratropical forcing of tropical Pacific convection during northern winter. Mon. Weather Rev. 120, 1924–1938.

Kiladis, G.N., Straub, K.H., Haertel, P.N., 2005. Zonal and vertical structure of the Madden-Julian Oscillation. J. Atmos. Sci. 62, 2790–2809.

Kiladis, G.N., Wheeler, M.C., Haertel, P.T., Straub, K.H., Roundy, P.E., 2009. Convectively coupled equatorial waves. Rev. Geophys. 47, RG2003. https://doi.org/10.1029/2008RG000266.

Kiladis, G.N., Dias, J., Straub, K.H., Wheeler, M.C., Tulich, S.N., Kikuchi, K., Weickmann, K.M., Ventrice, M.J., 2014. A comparison of OLR and circulation based indices for tracking the MJO. Mon. Weather Rev. 142, 1697–1715.

Kilian, A., Langi, P., Talisuna, A., Kabagambe, G., 1999. Rainfall pattern, El Niño and malaria in Uganda. Trans. R. Soc. Trop. Med. Hyg. 93, 22–23.

Kim, H., 2017. The impact of the mean moisture bias on the key physics of MJO propagation in the ECMWF reforecast. J. Geophys. Res. Atmos. 122, 7772–7784.

Kim, D., Kang, I.-S., 2012. A bulk mass flux convection scheme for climate model: description and moisture sensitivity. Clim. Dyn. 38, 411–429.

Kim, T.-W., Valdés, J.B., 2003. Nonlinear model for drought forecasting based on a conjunction of wavelet transforms and neural networks. J. Hydrol. Eng. 8, 319–328.

Kim, D., et al., 2009. Application of MJO simulation diagnostics to climate models. J. Clim. 22, 6413–6436.

Kim, B.-M., Son, S.-W., Min, S.-K., Jeong, J.-H., Kim, S.-J., Zhang, X., Shim, T., Yoon, J.-H., 2014. Weakening of the stratospheric polar vortex by Arctic sea-ice loss. Nat. Commun. 5, 4646. https://doi.org/10.1038/ncomms5646.

Kim, D., Kug, J.S., Sobel, A.H., 2014a. Propagating versus nonpropagating Madden-Julian Oscillation events. J. Clim. 27, 111–125.

Kim, D., Xavier, P., Maloney, E., Wheeler, M., Waliser, D., Sperber, K., Hendon, H., Zhang, C., Neale, R., Yen-Tinh, H., Liu, H., 2014b. Process-oriented MJO simulation diagnostic: moisture sensitivity of simulated convection. J. Clim. 27, 5379–5395.

Kim, H.-M., Webster, P.J., Toma, V.E., Kim, D., 2014c. Predictability and prediction skill of the MJO in two operational forecasting systems. J. Clim. 27, 5364–5378.

Kim, H.-M., Kim, D., Vitart, F., Toma, V., Kug, J.-S., Webster, P.J., 2016. MJO propagation across the Maritime Continent in the ECMWF ensemble prediction system. J. Clim. 29, 3973–3988.

Kimoto, M., Ghil, M., 1993a. Multiple flow regimes in the northern hemisphere winter. Part I: Methodology and hemispheric regimes. J. Atmos. Sci. 50, 2625–2644. https://doi.org/10.1175/1520-0469(1993)050<2625:mfritn>2.0.co;2.

Kimoto, M., Ghil, M., 1993b. Multiple flow regimes in the northern hemisphere winter. Part II: Sectorial regimes and preferred transitions. J. Atmos. Sci. 50, 2645–2673. https://doi.org/10.1175/1520-0469(1993)050<2645:mfritn>2.0.co;2.

King, M.P., Hell, M., Keenlyside, N., 2016. Investigation of the atmospheric mechanisms related to the autumn sea ice and winter circulation link in the Northern Hemisphere. Clim. Dyn. 46, 1185–1195. https://doi.org/10.1007/s00382-015-2639-5.

Kinter, J.L., et al., 2013. Revolutionizing climate modeling with project Athena: a multi-institutional, international collaboration. Bull. Am. Meteorol. Soc. 94, 231–245.

Kirtman, B.P., Ming, D., Infanti III, J.M., Kinter, J.L., Paolino, D.A., Zhang, Q., van den Dool, H., Saha, S., Mendez, M.P., Becker, E., Peng, P., Tripp, P., Huang, J., Witt, D.G.D., Tippet, M.K., Barnston, A.G., Schubert, S.D., Rienecker, M., Suarez, M., Li, Z.E., Marshak, J., Lim, Y.-K., Tribbia, J., Pegion, K., Merryfield, W.J., Denis, B., Wood, E.F., 2014. The North American multimodel ensemble: Phase-1 Seasonal-to-interannual prediction; Phase-2 toward developing intraseasonal prediction. Bull. Am. Meteorol. Soc. 49, 585–601.

Kistler, R., et al., 2001. The NCEP-NCAR 50-year reanalysis: monthly means CD-ROM and documentation. Bull. Am. Meteorol. Soc. 82, 247–267.

Klasa, M., Derome, J., Sheng, J., 1992. On the interaction between the synoptic-scale eddies and the PNA teleconnection pattern. Beitr. Phys. Atmos. Contrib. Atmos. Phys. 65, 211–222.

Klinenberg, E., 2015. Heat Wave: A Social Autopsy of Disaster in Chicago. University of Chicago Press.

Klingaman, N.P., Woolnough, S.J., 2014a. The role of air-sea coupling in the simulation of the Madden-Julian Oscillation in the Hadley Centre model. Q. J. R. Meteorol. Soc. 140, 2272–2286.

Klingaman, N.P., Woolnough, S.J., 2014b. Using a case-study approach to improve the Madden–Julian Oscillation in the Hadley Centre model. Q. J. R. Meteorol. Soc. 140, 2491–2505.

Klotzbach, P.J., 2014. The Madden-Julian Oscillation's impact on worldwide tropical cyclone activity. J. Clim. 27, 2317–2330.

Knippertz, P., 2007. Tropical-extratropical interactions related to upper-level troughs at low latitudes. Dyn. Atmos. Ocean 43, 36–62.

Knowlton, K., et al., 2014. Development and implementation of South Asia's first heat-health action plan in Ahmedabad (Gujarat, India). Int. J. Environ. Res. Public Health 11, 3473–3492.

Knutson, T.R., Weickmann, K.M., 1987. 30-60 day atmospheric oscillations: composite life cycles of convection and circulation anomalies. Mon. Weather Rev. 115, 1407–1436.

Knutson, T.R., Sirutis, J., Zhao, M., Tuleya, R.E., Bender, M., Vecchi, G.A., Villarini, G., Chavas, D., 2015. Global projections of intense tropical cyclone activity for the late twenty-first century from dynamical downscaling of CMIP5/RCP4.5 scenarios. J. Clim. 28, 7203–7224.

Kobayashi, S., Ota, Y., Harada, Y., Ebita, A., Moriya, M., Onoda, H., Onogi, K., Kamahori, H., Kobayashi, C., Endo, H., Miyaoka, K., Takahashi, K., 2015. The JRA-55 reanalysis: general specifications and basic characteristics. J. Meteorol. Soc. Jpn. 93, 5–48.

Kodama, C., Yamada, Y., Noda, A.T., Kikuchi, K., Kajikawa, Y., Nasuno, T., Tomita, T., Yamaura, T., Takahashi, H.G., Hara, M., Kawatani, Y., Satoh, M., Sugi, M., 2015. A 20-year climatology of a NICAM AMIP-type simulation. J. Meteorol. Soc. Jpn. 93, 393–424.

Kodera, K., 1995. On the origin and nature of the interannual variability of the winter stratospheric circulation in the northern hemisphere. J. Geophys. Res. 100, 14077. https://doi.org/10.1029/95JD01172.

Koenigk, T., Mikolajewicz, U., 2009. Seasonal to interannual climate predictability in mid and high northern latitudes in a global coupled model. Clim. Dyn. 32 (6), 783–798.

Kolassa, J., Gentine, P., Prigent, C., Aires, F., 2016. Soil moisture retrieval from AMSR-E and ASCAT microwave observation synergy. Part 1: Satellite data analysis. Remote Sens. Environ. 173, 1–14.

Kondrashov, D., Berloff, P., 2015. Stochastic modeling of decadal variability in ocean gyres. Geophys. Res. Lett. 42, 1543–1553. https://doi.org/10.1002/2014GL062871.

Kondrashov, D., Ide, K., Ghil, M., 2004. Weather regimes and preferred transition paths in a three-level quasigeostrophic model. J. Atmos. Sci. 61, 568–587. https://doi.org/10.1175/1520-0469(2004) 061<0568: wraptp>2.0.co;2.

Kondrashov, D., Kravtsov, S., Robertson, A.W., Ghil, M., 2005. A hierarchy of data-based ENSO models. J. Clim. 18, 4425–4444. https://doi.org/10.1175/jcli3567.1.

Kondrashov, D., Kravtsov, S., Ghil, M., 2006. Empirical mode reduction in a model of extratropical low-frequency variability. J. Atmos. Sci. 63, 1859–1877. https://doi.org/10.1175/jas3719.1.

Kondrashov, D., Shen, J., Berk, R., D'Andrea, F., Ghil, M., 2007. Predicting weather regime transitions in Northern Hemisphere datasets. Clim. Dyn. 29, 535–551. https://doi.org/10.1007/s00382-007-0293-2.

Kondrashov, D., Kravtsov, S., Ghil, M., 2011. Signatures of nonlinear dynamics in an idealized atmospheric model. J. Atmos. Sci. 68, 3–12. https://doi.org/10.1175/2010jas3524.1.

Kondrashov, D., Chekroun, M.D., Robertson, A.W., Ghil, M., 2013. Low-order stochastic model and "past-noise forecasting" of the Madden-Julian oscillation. Geophys. Res. Lett. 40, 5305–5310. https://doi.org/10.1002/grl.50991.

Kondrashov, D., Chekroun, M.D., Ghil, M., 2015. Data-driven non-Markovian closure models. Physica D 297, 33–55. https://doi.org/10.1016/j.physd.2014.12.005.

Kondrashov, D., Chekroun, M.D., Ghil, M., 2018. Data-adaptive harmonic decomposition and prediction of Arctic sea ice extent. Dyn. Stat. Clim. Syst. 3 (1). https://doi.org/10.1093/climsys/dzy001.

Kondrashov, D., Chekroun, M.D., Yuan, X., Ghil, M., 2017. Data-adaptive harmonic decomposition and stochastic modeling of Arctic sea ice. In: Tsonis, A. (Ed.), Advances in Nonlinear Geosciences. Springer, Cham, Switzerland, pp. 179–205. https://doi.org/10.1007/978-3-319-58895-7_10.

Konings, A.G., Entekhabi, D., Moghaddam, M., Saatchi, S.S., 2013. The effect of variable soil moisture profiles on P-band backscatter. IEEE Trans. Geosci. Remote Sens. 52, 6315–6325.

Konings, A.G., Williams, A.P., Gentine, P., 2017. Sensitivity of grassland productivity to aridity controlled by stomatal and xylem regulation. Nat. Geosci. 7, 2193–2197.

Konradsen, F., van der Hoek, W., Amerasinghe, F.P., Mutero, C., Boelee, E., 2004. Engineering and malaria control: learning from the past 100 years. Acta Trop. 89, 99–108.

Koo, S., Robertson, A.W., Ghil, M., 2002. Multiple regimes and low-frequency oscillations in the Southern Hemisphere's zonal-mean flow. J. Geophys. Res. Atmos. 107, https://doi.org/10.1029/2001jd001353 ACL 14-1–13.

Kopp, T.J., Kiess, R.B., 1996. The air force global weather central snow analysis model. Preprints, 15th Conf. on Weather Analysis and Forecasting, Norfolk, VA. Amer. Meteor. Soc, pp. 220–222.

Koster, R.D., Suarez, M.J., 1995. Relative contributions of land and ocean processes to precipitation variability. J. Geophys. Res. 100, 13,775–13,790.

Koster, R.D., Suarez, M.J., 2001. Soil moisture memory in climate models. J. Hydrometeorol. 2, 558–570.

Koster, R.D., Dirmeyer, P.A., Hahmann, A.N., Ijpelaar, R., Tyahla, L., Cox, P., Suarez, M.J., 2002. Comparing the degree of land-atmosphere interaction in four atmospheric general circulation models. J. Hydrometeorol. 3, 363–375.

Koster, R.D., et al., 2004. Regions of strong coupling between soil moisture and precipitation. Science 305, 1138–1140.

Koster, R.D., et al., 2006. GLACE: the global land-atmosphere coupling experiment. 1. Overview and results. J. Hydrometeorol. 7, 590–610.

Koster, R.D., et al., 2010a. Contribution of land surface initialization to subseasonal forecast skill: first results from a multi-model experiment. Geophys. Res. Lett. 37L02402.

Koster, R.D., Mahanama, S.P.P., Yamada, T.J., Balsamo, G., Berg, A.A., Boisserie, M., Dirmeyer, P.A., Doblas-Reyes, F.J., Drewitt, G., Gordon, C.T., Guo, Z., Jeong, J.-H., Lee, W.-S., Li, Z., Luo, L., Malyshev, S., Merryfield, W.J., Seneviratne, S.I., Stanelle, T., van den Hurk, B.J.J.M., Vitart, F., Wood, E.F., 2010b. The second phase of the global land-atmosphere coupling experiment: soil moisture contributions to subseasonal forecast skill. J. Hydrometeorol. https://doi.org/10.1175/2011JHM1365.1.

Koster, R.D., Chang, Y., Schubert, S.D., 2014. A mechanism for land-atmosphere feedback involving planetary wave structures. J. Clim. 27, 9290–9301.

Kravtsov, S., Kondrashov, D., Ghil, M., 2005. Multi-level regression modeling of nonlinear processes: derivation and applications to climatic variability. J. Clim. 18, 4404–4424. https://doi.org/10.1175/JCLI3544.1.

Kravtsov, S., Kondrashov, D., Ghil, M., 2009. Empirical model reduction and the modeling hierarchy in climate dynamics and the geosciences. In: Palmer, T.N., Williams, P. (Eds.), Stochastic Physics and Climate Modeling. Cambridge University Press, Cambridge, UK, pp. 35–72.

Kren, A.C., Marsh, D.R., Smith, A.K., Pilewskie, P., 2014. Examining the stratospheric response to the solar cycle in a coupled WACCM simulation with an internally generated QBO. Atmos. Chem. Phys. 14, 4843–4856. https://doi.org/10.5194/acp-14-4843-2014.

Kren, A.C., Marsh, D.R., Smith, A.K., Pilewskie, P., 2016. Wintertime northern hemisphere response in the stratosphere to the pacific decadal oscillation using the whole atmosphere community climate model. J. Clim. 29, 1031–1049. https://doi.org/10.1175/JCLI-D-15-0176.1.

Kretschmer, M., Coumou, D., Donges, J.F., Runge, J., 2016. Using causal effect networks to analyze different arctic drivers of midlatitude winter circulation. J. Clim. 29, 4069–4081. https://doi.org/10.1175/JCLI-D-15-0654.1.

Krishnamurthy, V., Achuthavarier, D., 2012. Intraseasonal oscillations of the monsoon circulation over South Asia. Clim. Dyn. 38, 2335–2353. https://doi.org/10.1007/s00382-011-1153-7.

Krishnamurthy, V., Sharma, A.S., 2017. Predictability at intraseasonal time scale. Geophys. Res. Lett. 44, 8530–8537. https://doi.org/10.1002/2017GL074984.

Krishnamurthy, V., Shukla, J., 2000. Intraseasonal and interannual variability of rainfall over India. J. Clim. 13, 4366–4377.

Krishnamurthy, V., Shukla, J., 2008. Intraseasonal and seasonnally persisting patterns of Indian monsoon rainfall. J. Clim. 20, 3–20.

Kumar, A., 2009. Finite samples and uncertainty estimates for skill measures for seasonal prediction. Mon. Weather Rev. 137, 2622–2631.

Kumar, A., Chen, M., 2015. Inherent predictability, requirements on ensemble size, and complementarity. Mon. Weather Rev. 143, 3192–3203.

Kumar, A., Hoerling, M.P., 2000. Analysis of a conceptual model of seasonal climate variability and implications for seasonal prediction. Bull. Am. Meteorol. Soc. 81, 255–264.

Kumar, A., Barnston, A.G., Hoerling, M.P., 2001. Seasonal predictions, probabilistic verifications, and ensemble size. J. Clim. 14, 1671–1676.

Kumar, S.V., Peters-Lidard, C.D., Tian, Y., Reichle, R.H., Geiger, J., Alonge, C., Eylander, J., Houser, P., 2008. An integrated hydrologic modeling and data assimilation framework enabled by the Land Information System (LIS). IEEE Comput. 41, 52–59.

Kumar, A., et al., 2012. An analysis of the non-stationarity in the bias of sea surface temperature forecasts for the NCEP climate forecast system (CFS) version 2. Mon. Weather Rev. 140, 3003–3016.

Kumar, S.V., Dirmeyer, P.A., Peters-Lidard, C.D., Bindlish, R., 2017. Information theoretic evaluation of satellite soil moisture retrievals. Remote Sens. Environ. (submitted).

Kuo, H.L., 1974. Further studies of the parameterization of the effect of cumulus convection on large-scale flow. J. Atmos. Sci. 31, 1232–1240.

Kurihara, Y., Tuleya, R.E., Bender, M.A., 1998. The GFDL hurricane prediction system and its performance in the 1995 hurricane season. Mon. Weather Rev. 126 (5), 1306–1322.

Kuroda, Y., 2008. Role of the stratosphere on the predictability of medium-range weather forecast: a case study of winter 2003–2004. Geophys. Res. Lett. 35, L19701. https://doi.org/10.1029/2008GL034902.

Kuroda, Y., Kodera, K., 2001. Variability of the polar night jet in the northern and southern hemispheres. J. Geophys. Res. Atmos. 106, 20703–20713. https://doi.org/10.1029/2001JD900226.

Kushnir, Y., 1987. Retrograding wintertime low-frequency disturbances over the North Pacific ocean. J. Atmos. Sci. 44, 2727–2742. https://doi.org/10.1175/1520-0469(1987)044<2727:rwlfdo>2.0.co;2.

Kushnir, Y., Robinson, W.A., Bladé, I., Hall, N.M.J., Peng, S., Sutton, R., 2002. Atmospheric GCM response to extratropical SST anomalies: synthesis and evaluation. J. Clim. 15, 2233–2256. https://doi.org/10.1175/1520-0442(2002)015,2233:AGRTES.2.0.CO;2.

Kusumawathie, P., Wickremasinghe, A., Karunaweera, N., Wijeyaratne, M., Yapaban-dara, A., 2006. Anopheline breeding in river bed pools below major dams in Sri Lanka. Acta Trop. 99, 30–33.

Kwok, R., 2011. Satellite remote sensing of sea ice thickness and kinematics: a review. Ann. Glaciol. 56 (200), 1129–1140.

Kwok, R., Rothrock, D.A., 2009. Decline in Arctic sea ice thickness from submarine and ICESat records: 1958–2008. Geophys. Res. Lett. 36(15).

Kwon, Y.-O., Alexander, M.A., Bond, N.A., Frankignoul, C., Nakamura, H., Qiu, B., Thompson, L.A., 2010. Role of the Gulf Stream and Kuroshio–Oyashio systems in large-scale atmosphere–ocean interaction: a review. J. Clim. 23, 3249–3281. https://doi.org/10.1175/ 2010JCLI3343.1.

Kwon, H.-H., de Assis de Souza Filho, F., Block, P., Sun, L., Lall, U., Reis, D., 2012. Uncertainty assessment of hydrologic and climate forecast models in Northeastern Brazil. Hydrol. Process. 26 (25), 3875–3885.

L'Heureux, M.L., Higgins, R.W., 2008. Boreal winter links between the Madden–Julian oscillation and the Arctic Oscillation. J. Clim. 21, 3040–3050. https://doi.org/10.1175/2007JCLI1955.1.

Labitzke, K., 1977. Interannual variability of the winter stratosphere in the Northern Hemisphere. Mon. Weather Rev. 105, 762–770. https://doi.org/10.1175/1520-0493(1977)105<0762:IVOTWS>2.0.CO;2.

Labitzke, K., van Loon, H., 1992. Association between the 11-year solar cycle and the atmosphere. Part V: Summer. J. Clim. 5, 240–251. https://doi.org/10.1175/1520-0442(1992)005<0240:ABTYSC>2.0.CO;2.

Laffont, J.-J., Martimort, D., 2002. The Theory of Incentives: The Principal-Agent Model. Princeton University Press, Princeton, NJ.

Lalaurette, F., 2003. Early detection of abnormal weather conditions using a probabilistic extreme forecast index. Q. J. R. Meteorol. Soc. 129, 3037–3057.

Lambrechts, L., et al., 2011. Impact of daily temperature fluctuations on dengue virus transmission by *Aedes aegypti*. Proc. Natl. Acad. Sci. 108, 7460–7465.

Laneri, K., et al., 2010. Forcing versus feedback: epidemic malaria and monsoon rains in northwest India. PLoS Comput. Biol. https://doi.org/10.1371/journal.pcbi.1000898.

Lapeyssonnie, L., 1963. La meningite cerebro-spinale en Afrique.

Large, W.G., Yeager, S.G., 2009. The global climatology of an interannually varying air-sea flux data set. Clim. Dyn. 33, 341–364.

Latif, M., Anderson, D., Barnett, T., Cane, M., Kleeman, R., Leetmaa, A., et al., 1998. A review of the predictability and prediction of ENSO. J. Geophys. Res. Oceans 103 (C7), 14375–14393.

Lau, N.-C., 1988. Variability of the observed midlatitude storm tracks in relation to low-frequency changes in the circulation pattern. J. Atmos. Sci. 45, 2718–2743.

Lau, K.-M., Chen, P.H., 1986. Aspects of the 30–50 oscillation during summer as inferred from outgoing longwave radiation. Mon. Weather Rev. 114, 1354–1369.

Lau, K.M., Peng, L., 1987. Origin of low-frequency (intraseasonal) oscillations in the tropical atmosphere, Part I: Basic theory. J. Atmos. Sci. 44, 950–972.

Lau, K.M., Phillips, T.J., 1986. Coherent fluctuations of extratropical geopotential height and tropical convection in intraseasonal time scales. J. Atmos. Sci. 43, 1164–1181. https://doi.org/10.1175/1520-0469(1986)043<1164: CFOFGH>2.0.CO;2.

Lau, W.K.-M., Waliser, D.E., 2005. Intraseasonal Variability in the Atmosphere—Ocean Climate System. Springer.

Lau, W.K.-M., Waliser, D.E., 2012. Intraseasonal Variability in the Atmosphere—Ocean Climate System, second ed. Springer.

Lavaysse, C., Vogt, J., Pappenberger, F., 2015. Early warning of drought in Europe using the monthly ensemble system from ECMWF. Hydrol. Earth Syst. Sci. 19, 3273–3286. https://doi.org/10.5194/hess-19-3273-2015.

Lavaysse, C., Toreti, A., Vogt, J., 2017. On the use of atmospherical predictors to forecast meteorological droughts over Europe. JAMC. in revision.

Lavers, D.A., Villarini, G., 2015. The contribution of atmospheric rivers to precipitation in Europe and the United States. J. Hydrol. 522, 382–390. https://doi.org/10.1016/j.jhydrol.2014.12.010.

Le Barbé, L., Lebel, T., Tapsoba, D., 2002. Rainfall variability in West Africa during the years 1950-90. J. Clim. 15, 187–202.

Le Trent, H., Li, Z.-X., 1991. Sensitivity of an atmospheric general circulation model to prescribed SST changes: feedback effects associated with the simulation of cloud optical properties. Clim. Dyn. 5 (3), 175–187.

Lebel, T., Ali, A., 2009. Recent trends in the Central and Western Sahel rainfall regime (1990–2007). J. Hydrol. 375, 52–64.

Lee, H.-T., NOAA CDR Program, 2011. NOAA Climate Data Record (CDR) of Daily Outgoing Longwave Radiation (OLR), Version 1.2, 1996–2014. NOAA National Climatic Data Center. https://doi.org/10.7289/V5SJ1HH2 (Accessed: 12-11-2017).

Lee, M.-I., Kang, I.-S., Kim, J.-K., Mapes, B.E., 2001. Influence of cloud-radiation interaction on simulating tropical intraseasonal oscillation with an atmospheric general circulation model. J. Geophys. Res. 106 (14), 219–233.

Lee, S.-K., Atlas, R., Enfield, D., Wang, C., Liu, H., 2012. Is there an optimal ENSO pattern that enhances large-scale atmospheric processes conducive to tornado outbreaks in the United States? J. Clim. 26, 1626–1642. https://doi.org/10.1175/JCLI-D-12-00128.1.

Lee, J.-L., Wang, B., Wheeler, M.C., Fu, X., Waliser, D.E., Kang, I.S., 2013. Real-time multivariate indices for the boreal summer intraseasonal oscillation over the Asian summer monsoon region. Clim. Dyn. 40, 493–503.

Lee, S.-S., Wang, B., Waliser, D.E., et al., 2015. Predictability and prediction skill of the boreal summer intraseasonal oscillation in the Intraseasonal Variability Hindcast Experiment. Clim. Dyn. 45, 2123–2135. https://doi.org/10.1007/s00382-014-2461-5.

Lee, J.-Y., Fu, X., Wang, B., 2016. Predictability and prediction of the Madden-Julian oscillation: a review on progress and current status. In: Chang, C.-P., Kuo, H.-C., Lau, N.-C., Johnson, R.H., Wang, B., Wheeler, M.C. (Eds.), The Global Monsoon System: Research and Forecast, third ed. World Scientific Publishing Co, pp. 147–159.

Lefebvre, W., Goosse, H., Timmermann, R., Fichefet, T., 2004. Influence of the Southern Annular Mode on the sea ice-Ocean system. J. Geophys. Res. C: Oceans 109 (9), 1–12. https://doi.org/10.1029/2004JC002403.

Legras, B., Dritschel, D., 1993. Vortex stripping and the generation of high vorticity gradients in two-dimensional flows. Appl. Sci. Res. 51, 445–455.

Legras, B., Ghil, M., 1985. Persistent anomalies, blocking and variations in atmospheric predictability. J. Atmos. Sci. 42, 433–471. https://doi.org/10.1175/1520-0469(1985)042<0433:pabavi>2.0.co;2.

Lehtonen, I., Karpechko, A.Y., 2016. Observed and modeled tropospheric cold anomalies associated with sudden stratospheric warmings. J. Geophys. Res. Atmos. 121, 1591–1610. https://doi.org/10.1002/2015JD023860.

Leith, C.E., 1965. Theoretical skill of Monte Carlo forecasts. Mon. Weather Rev. 102, 409–418.

Leith, C.E., 1973. The standard error of time-average estimates of climatic means. J. Appl. Meteorol. 12, 1066–1069.

Leith, C.E., 1975. Climate response and fluctuation dissipation. J. Atmos. Sci. 32, 2022–2026. https://doi.org/10.1175/1520-0469(1975)032<2022:CRAFD>2.0.CO;2.

Leith, C., 1978. Objective methods for weather prediction. Annu. Rev. Fluid Mech. 10, 107–128.

Lemieux, J.-F., Beaudoin, C., Dupont, F., Roy, F., Smith, G.C., Shlyaeva, A., Buehner, M., Caya, A., Chen, J., Carrieres, T., Pogson, L., DeRepentigny, P., Plante, A., Pestieau, P., Pellerin, P., Ritchie, H., Garric, G., Ferry, N., 2015. The Regional Ice Prediction System (RIPS): verification of forecast sea ice concentration. Q. J. R. Meteorol. Soc. 142 (695), 632–643.

Lemke, P., Trinkl, E.W., Hasselmann, K., 1980. Stochastic dynamic analysis of polar sea ice variability. J. Phys. Oceanogr. 10 (12), 2100–2120.

Lemos, M.C., 2003. A tale of two policies: the politics of seasonal climate forecast Use in Ceará, Brazil. Policy. Sci. 32 (2), 101–123.

Lemos, M.C., Finan, T.J., Fox, R.W., Nelson, D.R., Tucker, J., 2002. The use of seasonal climatic forecasting in policymaking: lessons from northeastern Brazil. Clim. Chang. 55, 479–507.

Lengaigne, M., Boulanger, J.P., Menkes, C., Delecluse, P., Slingo, J., 2004. Westerly Wind Events in the tropical Pacific and their influence on the coupled ocean-atmosphere system: a review. In: Earth's Climate: The Ocean-Atmosphere Interaction. Geophys. Monogr. Ser., vol. 147. AGU, Washington D C, pp. 49–69.

Lepore, C., Tippett, M.K., Allen, J.T., 2017. CFSv2 forecasts of severe weather parameters. Clim. Atmos. Sci. in preparation.

Leppäranta, M., 2011. The Drift of Sea Ice. Springer Science & Business Media.

Leroy, A., Wheeler, M.C., 2008. Statistical prediction of weekly tropical cyclone activity in the Southern Hemisphere. Mon. Weather Rev. 136, 3637–3654.

Lesnikowski, A.C., et al., 2011. Adapting to health impacts of climate change: a study of UNFCCC Annex I Parties. Environ. Res. Lett. 6(4).

Letson, D., Sutter, D.S., Lazo, J.K., 2007. Economic value of hurricane forecasts: an overview and research needs. Natural Hazards Rev. 8, 78–86.

Leutbecher, M., Palmer, T.N., 2008. Ensemble forecasting. J. Comp. Phys. 227, 3515–3539.

Leutbecher, M., et al., 2016. Stochastic representations of model uncertainties at ECMWF: state of the art and future vision. In: ECMWF Research Department Technical Memorandum n. 785, p. 52. Available from ECMWF, Shinfield Park, Reading RG2-9AX. See also, http://old.ecmwf.int/publications/.

Lewis, J.M., 2005. Roots of ensemble forecasting. Mon. Weather Rev. 133, 1865–1885.

Lhomme, J.-P., 1997. An examination of the Priestley-Taylor equation using a convective boundary layer model. Water Resour. Res. 33, 2571–2578.

Li, Y., Lau, N.-C., 2013. Influences of ENSO on stratospheric variability, and the descent of stratospheric perturbations into the lower troposphere. J. Clim. 26, 4725–4748. https://doi.org/10.1175/JCLI-D-12-00581.1.

Li, S., Robertson, A.W., 2015. Evaluation of submonthly precipitation forecast skill from global ensemble prediction systems. Mon. Weather Rev. 143, 2871–2889.

Li, W., Duan, Q., Miao, C., Ye, A., Gong, W., Di, Z., 2017. A review on statistical postprocessing methods for hydro-meteorological ensemble forecasting. WIREs Water 4 (6), e1246. https://doi.org/10.1002/wat2.1246.

Liebmann, B., Hartmann, D.L., 1984. An observational study of tropical-midlatitude interaction on intraseasonal time scales during winter. J. Atmos. Sci. 41, 3333–3350.

Liebmann, B., Smith, C., 1996. Description of a complete (interpolated) outgoing longwave radiation dataset. Bull. Am. Meteorol. Soc. 77, 1275–1277.

Liebmann, B., Kiladis, G.N., Carvalho, L.M.V., Jones, C., Vera, C.S., Bladé, I., Allured, D., 2009. Origin of convectively coupled Kelvin waves over South America. J. Clim. 22, 300–315.

Liess, S., Geller, M.A., 2012. On the relationship between QBO and distribution of tropical deep convection. J. Geophys. Res. Atmos. 117. https://doi.org/10.1029/2011JD016317.

Liess, S., Waliser, D.E., Schubert, S.D., 2005. Predictability studies of the intraseasonal oscillation with the ECHAM5 GCM. J. Atmos. Sci. 62, 3320–3336. https://doi.org/10.1175/JAS3542.1.

Lim, S.Y., Marzin, C., Xavier, P., Chang, C.-P., Trimbal, B., 2017. Impacts of the boreal winter monsoon cold surges and the interaction with the MJO on Southeast Asia rainfall. J. Clim. 30, 4267–4281.

Lim, Y., Son, S.-W., Kim, D., 2018. MJO prediction skill of the sub-seasonal (S2S) models. J. Clim. 31, 4075–4094.

Limpasuvan, V., Hartmann, D.L., 2000. Wave-maintained annular modes of climate variability. J. Clim. 13, 4414–4429. https://doi.org/10.1175/1520-0442(2000)013<4414:WMAMOC>2.0.CO;2.

Limpasuvan, V., Thompson, D.W.J., Hartmann, D.L., 2004. The life cycle of the Northern Hemisphere sudden stratospheric warmings. J. Clim. 17, 2584–2596. https://doi.org/10.1175/1520-0442(2004)017<2584:TLCOTN>2.0.CO;2.

Limpasuvan, V., Hartmann, D.L., Thompson, D.W.J., Jeev, K., Yung, Y.L., 2005. Stratosphere-troposphere evolution during polar vortex intensification. J. Geophys. Res. 110D24101. https://doi.org/10.1029/2005JD006302.

Lin, S.-J., 2004. A "vertically Lagrangian" finite-volume dynamical core for global models. Mon. Weather Rev. 132 (10), 2293–2307.

Lin, H., Brunet, G., 2009. The influence of the Madden-Julian oscillation on Canadian wintertime surface air temperature. Mon. Weather Rev. 137 (7), 2250–2262.

Lin, H., Brunet, G., 2011. Impact of the North Atlantic Oscillation on the forecast skill of the Madden-Julian Oscillation. Geophys. Res. Lett. 38, L02802. https://doi.org/10.1029/2010GL046131.

Lin, H., Brunet, G., 2017. Extratropical response to the MJO: nonlinearity and sensitivity to initial state. J. Atmos. Sci. in press.

Lin, H., Derome, J., 1997. On the modification of the high and low-frequency eddies associated with PNA anomaly: an observational study. Tellus 49A, 87–99.

Lin, J.W.B., Neelin, J.D., 2000. Influence of a stochastic moist convective parameterization on tropical climate variability. Geophys. Res. Lett. 27, 3691–3694.

Lin, H., Wu, Z., 2011. Contribution of the autumn Tibetan Plateau snow cover to seasonal prediction of North American winter temperature. J. Clim. 24, 2801–2813.

Lin, Y.-L., Farley, R.D., Orville, H.D., 1983. Bulk parameterization of the snow field in a cloud model. J. Clim. Appl. Meteorol. 22 (6), 1065–1092.

Lin, J.L., Kiladis, G.N., Mapes, B.E., Weickmann, K.M., Sperber, K.R., Lin, W., Wheeler, M., Shubert, S.D., Del Genio, A., Donner, L.J., Emori, S., Gueremy, J.F., Hourdain, F., Rasch, P.J., Roeckner, E., Scinocca, J.F., 2006. Tropical intraseasonal variability in 14 IPCC AR4 climate models. Part I: Convective signals. J. Clim. 19, 2665–2690.

Lin, H., Brunet, G., Derome, J., 2007. Intraseasonal variability in a dry atmospheric model. J. Atmos. Sci. 64, 2441–2442.

Lin, H., Brunet, G., Derome, J., 2008. Forecast skill of the Madden–Julian Oscillation in two Canadian atmospheric models. Mon. Weather Rev. **136**, 4130–4149.

Lin, H., Brunet, G., Derome, J., 2009. An observed connection between the North Atlantic Oscillation and the Madden-Julian Oscillation. J. Clim. 22, 364–380.

Lin, H., Brunet, G., Fontecilla, J.S., 2010a. Impact of the Madden-Julian Oscillation on the intraseasonal forecast skill of the North Atlantic Oscillation. Geophys. Res. Lett. 37, L19803.

Lin, H., Brunet, G., Mo, R., 2010b. Impact of the Madden-Julian Oscillation on wintertime precipitation in Canada. Mon. Weather Rev. 138, 3822–3839.

Lin, H., Gagnon, N., Beauregard, S., Muncaster, R., Markovic, M., Denis, B., Charron, M., 2016. GEPS based monthly prediction at the Canadian Meteorological Centre. Mon. Weather Rev. 144, 4867–4883.

Lindblade, K.A., Walker, E.D., Onapa, A.W., Katungu, J., Wilson, M.L., 1999. Highland malaria in Uganda: prospective analysis of an epidemic associated with El Niño. Trans. R. Soc. Trop. Med. Hyg. 93, 480–487.

Lindley, D.V., Smith, A.F., 1972. Bayes estimates for the linear model. J. R. Stat. Soc. Ser. B Methodol., 1–41.

Lindsay, R., 2010. New unified sea ice thickness climate data record. EOS Trans. Am. Geophys. Union 91 (44), 405–406.

Lindsay, R.W., Zhang, J., Schweiger, A.J., Steele, M.A., 2008. Seasonal predictions of ice extent in the Arctic Ocean. J. Geophys. Res. Oceans 113(C2).

Lindsay, R., Wensnahan, M., Schweiger, A., Zhang, J., 2014. Evaluation of seven different atmospheric reanalysis products in the Arctic. J. Clim. 27 (7), 2588–2606.

Lindzen, R.S., 1986. Stationary planetary waves, blocking, and interannual variability. Adv. Geophys. 29, 251–273. https://doi.org/10.1016/s0065-2687(08)60042-4.

Lindzen, R.S., Holton, J.R., 1968. A theory of the Quasi-Biennial Oscillation. J. Atmos. Sci. 25, 1095–1107. https://doi.org/10.1175/1520-0469(1968)025<1095:ATOTQB>2.0.CO;2.

Lindzen, R., Nigam, S., 1987. On the role of sea surface temperature gradients in forcing low-level winds and convergence in the tropics. J. Atmos. Sci. 44, 2418–2436.

Lindzen, R.S., Farrell, B., Jacqmin, D., 1982. Vacillations due to wave interference: applications to the atmosphere and to annulus experiments. J. Atmos. Sci. 39, 14–23.

Liston, G.E., Sud, Y.C., Walker, G.K., 1993. Design of a global soil moisture initialization procedure for the simple biosphere model. NASA Tech. Memo. 104590. 138 pp.

Liu, Z., Alexander, M., 2007. Atmospheric bridge, ocean tunnel, and global climatic teleconnections. Rev. Geophys. 45, RG2007.

Liu, F., Wang, B., 2013. An air–sea coupled skeleton model for the Madden–Julian Oscillation. J. Atmos. Sci. 70, 3147–3156.

Liu, J., Curry, J.A., Hu, Y., 2004. Recent Arctic sea ice variability: connections to the Arctic Oscillation and the ENSO. Geophys. Res. Lett. 31(9).

Liu, Q., Lord, S., Surgi, N., Zhu, Y., Wobus, R., Toth, Z., Marchok, T., 2006. Hurricane relocation in global ensemble forecast system.Pre-prints, 27th Conf. on Hurricanes and Tropical Meteorology, Monterey, CA, Amer. Meteor. Soc. p. 5.13.

Liu, J., et al., 2009a. Validation of Moderate Resolution Imaging Spectroradiometer (MODIS) albedo retrieval algorithm: dependence of albedo on solar zenith angle. J. Geophys. Res. 114, D01106.

Liu, P., et al., 2009b. An MJO simulated by the NICAM at 14- and 7-km Resolutions. Mon. Weather Rev. 137, 3254–3268. https://doi.org/10.1175/2009MWR2965.1.

Liu, X., Yang, S., Li, Q., et al., 2014a. Subseasonal forecast skills and biases of global summer monsoons in the NCEP Climate Forecast System version 2. Clim. Dyn. 42, 1487–1508. https://doi.org/10.1007/s00382-013-1831-8.

Liu, C., Tian, B., Li, K.-F., Manney, G.L., Livesey, N.J., Yung, Y.L., Waliser, D.E., 2014b. Northern Hemisphere midwinter vortex-displacement and vortex-split stratospheric sudden warmings: influence of the Madden-Julian Oscillation and Quasi-Biennial Oscillation. J. Geophys. Res. Atmos. 119, 12,599–12,620. https://doi.org/10.1002/2014JD021876.

Liu, J., Song, M., Horton, R.M., Hu, Y., 2015. Revisiting the potential of melt pond fraction as a predictor for the seasonal Arctic sea ice extent minimum. Environ. Res. Lett. 10(5)054017.

Liu, X., Wu, T., Yang, S., et al., 2017. MJO prediction using the sub-seasonal to seasonal forecast model of Beijing Climate Center. Clim. Dyn. 48, 3283–3307.

Livina, V., Edwards, N., Goswami, S., Lenton, T., 2008. A wavelet-coefficient score for comparison of two-dimensional climatic-data fields. Q. J. R. Meteorol. Soc. 134 (633), 941–955.

Lloyd's report, 2012. In: House, C. (Ed.), Arctic Opening: Opportunity and Risk in the High North. Available at http://www.chathamhouse.org/publications/papers/view/182839.

Lorenz, E.N., 1956. Empirical Orthogonal Functions and Statistical Weather Prediction. Technical report, Statistical Forecast Project Report 1, Dep of Meteor, MIT: 49.

Lorenz, E.N., 1963. Deterministic nonperiodic flow. J. Atmos. Sci. 20 (130), 141.

Lorenz, E.N., 1969a. The predictability of a flow which possess many scales of motion. Tellus XXI (3), 289–307.

Lorenz, E.N., 1969b. Atmospheric predictability as revealed by naturally occurring analogues. J. Atmos. Sci. 26, 636–646.

Lorenz, E.N., 1969c. How much better can weather prediction become? Technol. Rev., 39–49. Accessible from the MIT Library, http://eaps4.mit.edu/research/Lorenz/publications.htm.

Lorenz, E.N., 1975. Climatic predictability. In: Bolin, B., et al., (Eds.), The Physical Basis of Climate and Climate Modelling. In: GARP Publication Series, vol. 16. World Meteorological Organization, Geneva, pp. 132–136.

Lorenz, E.N., 1982. Atmospheric predictability experiments with a large numerical model. Tellus 34, 505–513.

Lorenz, D.J., Hartmann, D.L., 2001. Eddy–Zonal flow feedback in the Southern Hemisphere. J. Atmos. Sci. 58, 3312–3327. https://doi.org/10.1175/1520-0469(2001)058<3312:EZFFIT>2.0.CO;2.

Lorenz, D.J., Hartmann, D.L., 2003. Eddy–Zonal flow feedback in the Northern Hemisphere winter. J. Clim. 16, 1212–1227. https://doi.org/10.1175/1520-0442(2003)16<1212:EFFITN>2.0.CO;2.

Lorenz, R., Jaeger, E.B., Seneviratne, S.I., 2010. Persistence of heat waves and its link to soil moisture memory. Geophys. Res. Lett. 37(9).

Lott, F., Robertson, A.W., Ghil, M., 2001. Mountain torques and atmospheric oscillations. Geophys. Res. Lett. 28, 1207–1210. https://doi.org/10.1029/2000gl011829.

Lott, F., Robertson, A.W., Ghil, M., 2004a. Mountain torques and Northern Hemisphere low-frequency variability. Part I: Hemispheric aspects. J. Atmos. Sci. 61, 1259–1271. https://doi.org/10.1175/1520-0469(2004)061<1259:mtanhl>2.0.co;2.

Lott, F., Robertson, A.W., Ghil, M., 2004b. Mountain torques and Northern Hemisphere low-frequency variability. Part II: Regional aspects. J. Atmos. Sci. 61, 1272–1283. https://doi.org/10.1175/1520-0469(2004)061<1272:mtanhl>2.0.co;2.

Loveland, T.R., Reed, B.C., Brown, J.F., Ohlen, D.O., Zhu, Z., Yang, L., Merchant, J.W., 2000. Development of a global land cover characteristics database and IGBP DISCover from 1 km AVHRR data. Int. J. Remote Sens. 21, 1303–1330.

Lowe, R., Rodó, X., 2016. Modelling Climate-Sensitive Disease Risk: A Decision Support Tool for Public Health Services. Springer International Publishing, pp. 115–130.

Lowe, R., et al., 2011. Spatio-temporal modelling of climate-sensitive disease risk: towards an early warning system for dengue in Brazil. Comput. Geosci. 37, 371–381.

Lowe, R., et al., 2013a. The development of an early warning system for climate-sensitive disease risk with a focus on dengue epidemics in Southeast Brazil. Stat. Med. 32, 864–883.

Lowe, R., Chirombo, J., Tompkins, A.M., 2013b. Relative importance of climatic, geographic and socio-economic determinants of malaria in Malawi. Malar. J. 12. https://doi.org/10.1186/1475-2875-12-416.

Lowe, R., et al., 2014. Dengue outlook for the World Cup in Brazil: an early warning model framework driven by real-time seasonal climate forecasts. Lancet Infect. Dis. 14, 619–626.

Lowe, R., et al., 2015. Evaluating the performance of a climate-driven mortality model during heat waves and cold spells in Europe. Int. J. Environ. Res. Public Health 12, 1279–1294.

Lowe, R., et al., 2016a. Evaluating probabilistic dengue risk forecasts from a prototype early warning system for Brazil. elife 5, e11285.

Lowe, R., et al., 2016b. Training a new generation of professionals to use climate information in public health decision-making. In: Shumake-Guillemot, J., Fernandez-Montoya, L. (Eds.), Climate Services for Health: Case Studies of Enhancing Decision Support for Climate Risk Management and Adaptation. WHO/WMO, Geneva, pp. 54–55.

Lowe, R., et al., 2016c. Evaluation of an early-warning system for heat wave-related mortality in Europe: implications for sub-seasonal to seasonal forecasting and climate services. Int. J. Environ. Res. Public Health 13, 206.

Lowe, R., Cazelles, B., Paul, R., Rodó, X., 2016d. Quantifying the added value of climate information in a spatio-temporal dengue model. Stoch. Env. Res. Risk A. 30, 2067–2078.

Lowe, R., et al., 2017. Climate services for health: predicting the evolution of the 2016 dengue season in Machala, Ecuador. Lancet Planet. Health.

Lu, L., Shuttleworth, W.J., 2002. Incorporating NDVI-derived LAI into the climate version of RAMS and its impact on regional climate. J. Hydrometeorol. 3, 347–362.

Lubis, S.W., Jacobi, C., 2015. The modulating influence of convectively coupled equatorial waves (CCEWs) on the variability of tropical precipitation. Int. J. Climatol. 35, 1465–1483.

Lubis, S.W., Matthes, K., Omrani, N.-E., Harnik, N., Wahl, S., 2016a. Influence of the Quasi-Biennial Oscillation and sea surface temperature variability on downward wave coupling in the Northern Hemisphere. J. Atmos. Sci. 73, 1943–1965. https://doi.org/10.1175/JAS-D-15-0072.1.

Lubis, S.W., Omrani, N.-E., Matthes, K., Wahl, S., 2016b. Impact of the Antarctic ozone hole on the vertical coupling of the stratosphere–mesosphere–lower thermosphere system. J. Atmos. Sci. 73, 2509–2528. https://doi.org/10.1175/JAS-D-15-0189.1.

Lukovich, J.V., Barber, D.G., 2007. On the spatiotemporal behavior of sea ice concentration anomalies in the Northern Hemisphere. J. Geophys. Res. Atmos. 112(D13).

Lüpkes, C., Gryanik, V.M., Witha, B., Gryschka, M., Raasch, S., Gollnik, T., 2008. Modelling convection over leads with LES and a non-eddy-resolving microscale model. J. Geophys. Res. 113, C09028. https://doi.org/10.1029/2007JC004099.

Lynch, P., 2002. Resonant motions of the three-dimensional elastic pendulum. Int. J. Nonlin. Mech. 37, 345–367.

Lynch, P., 2006. Weather prediction by numerical process. In: The Emergence of Numerical Weather Prediction. Cambridge University Press, ISBN: 978-0-521-85729-1, pp. 1–27.

Lynch, P., 2008. The origins of computer weather prediction and climate modeling. J. Comput. Phys. 227 (7), 3431–3444.

Lynch, K.J., Brayshaw, D.J., Charlton-Perez, A., 2014. Verification of European subseasonal wind speed forecasts. Mon. Weather Rev. 142 (8), 2978–2990.

Lyons, C.L., Coetzee, M., Terblanche, J.S., Chown, S.L., 2014. Desiccation tolerance as a function of age, sex, humidity and temperature in adults of the African malaria vectors Anopheles arabiensis Patton and Anopheles funestus Giles. J. Exp. Biol. https://doi.org/10.1242/jeb.104638.

Ma, X.H., Chang, P., Saravanan, R., Montuoro, R., Hsieh, J.S., Wu, D.X., Lin, X.P., Wu, L.X., Jing, Z., 2015. Distant influence of Kuroshio Eddies on North Pacific weather patterns? Sci. Rep. 5, 17785. https://doi.org/10.1038/srep17785.

Ma, X., Jing, Z., Chang, P., Liu, X., Montuoro, R., Small, R.J., Bryan, F.O., Greatbatch, R.J., Brandt, P., Wu, D., Lin, X., Wu, L., 2016. Western boundary currents regulated by interaction between ocean eddies and the atmosphere. Nature 535, 533–537. https://doi.org/10.1038/nature18640.

Ma, X.H., Chang, P., Saravanan, R., Montuoro, R., Nakamura, H., Wu, D.X., Lin, X.P., Wu, L.X., 2017. Importance of resolving Kuroshio Front and Eddy influence in simulating the North Pacific storm track. J. Clim. 30, 1861–1880.

Mabaso, M.L.H., Ndlovu, N.C., 2012. Critical review of research literature on climate-driven malaria epidemics in sub-Saharan Africa. Public Health 126, 909–919.

Maciel, F., Terra, R., Chaer, R., 2015. Economic impact of considering El Niño-southern oscillation on the representation of streamflow in an electric system simulator. Int. J. Climatol. 35, 4094–4102. https://doi.org/10.1002/joc.4269.

MacLachlan, C., Arribas, A., Peterson, K.A., Maidens, A., Fereday, D., Scaife, A.A., Gordon, M., Vellinga, M., Williams, A., Comer, R.E., Camp, J., Xavier, P., Madec, G., 2014. Global seasonal forecast system version 5 (GloSea5): a high-resolution seasonal forecast system. Q. J. R. Meteorol. Soc. 141, 1072–1084. https://doi.org/10.1002/qj.2396.

MacLeod, D.A., Jones, A., Di Giuseppe, F., Caminade, C., Morse, A.P., 2015. Demonstration of successful malaria forecasts for Botswana using an operational seasonal climate model. Environ. Res. Lett. 10, 044005.

Macleod, D., Torralba, V., Davis, M., Doblas-Reyes, F.J., 2017. Transforming climate model output to forecasts of wind power production: how much resolution is enough? Meteorol. Appl. https://doi.org/10.1002/met.1660.

Macron, C., Pohl, B., Richard, Y., Bessafi, M., 2014. How do Tropical Temperate Troughs form and develop over Southern Africa? J. Clim. 27, 1633–1647.

Madden, R., Julian, P., 1971. Detection of a 40–50-day oscillation in the zonal wind in the tropical Pacific. J. Atmos. Sci. 28, 702–708.

Madden, R., Julian, P., 1972. Description of global-scale circulation cells in the tropics with a 40–50-day period. J. Atmos. Sci. 29, 1109–1123.

Madden, R., Julian, P., 1994. Observations of the 40–50-day tropical oscillation: a review. Mon. Weather Rev. 112, 814–837.

Madec, G., 2008. NEMO Ocean Engine. Note du Pole de Modelisation. Institut Pierre-Simon Laplace (IPSL), Paris.

Magnusson, L., Leutbecher, M., Källén, E., 2008. Comparison between singular vectors and breeding vectors as initial perturbations for the ECMWF ensemble prediction system. Mon. Weather Rev. 136, 4092–4104.

Mahmood, R., et al., 2014. Land cover changes and their biogeophysical effects on climate. Int. J. Climatol. 34, 929–953.

Mahrt, L., Ek, M., 1984. The influence of atmospheric stability on potential evaporation. J. Clim. Appl. Meteorol. 23, 222–234.

Mahrt, L., Pan, H.-L., 1984. A two-layer model of soil hydrology. Bound.-Layer Meteorol. 29, 1–20.

Majda, A.J., Stechmann, S.N., 2009. The skeleton of tropical intraseasonal oscillations. Proc. Natl. Acad. Sci. 106, 8417–8422.

Majda, A.J., Stechmann, S.N., 2012. Multiscale theories for the MJO. In: Lau, W.K., Waliser, D.E. (Eds.), Intraseasonal Variability in the Atmosphere–Ocean Climate System, second ed. Springer Praxis, pp. 549–568.

Majda, A.J., Timofeyev, I., Vanden-Eijnden, E., 1999. Models for stochastic climate prediction. Proc. Natl. Acad. Sci. 96, 14687–14691. https://doi.org/10.1073/pnas.96.26.14687.

Majda, A.J., Franzke, C.L., Fischer, A., Crommelin, D.T., 2006. Distinct metastable atmospheric regimes despite nearly Gaussian statistics: a paradigm model. Proc. Natl. Acad. Sci. 103, 8309–8314. https://doi.org/10.1073/pnas.0602641103.

Malguzzi, P., Buzzi, A., Drofa, O., 2011. The meteorological global model GLOBO at the ISAC-CNR of Italy: assessment of 1.5 year of experimental use for medium-range weather forecasts. Weather Forecast. 26, 1045–1055.

Maloney, E.D., Hartmann, D.L., 2000. Modulation of eastern North Pacific hurricanes by the Madden–Julian oscillation. J. Clim. 13, 1451–1460.

Maloney, D.E., Zhang, C., 2016. Dr. Yanai's contributions to the discovery and science of the MJO. Meteorol. Monogr. 56, 4.1–4.18.

Manabe, S., 1969. Climate and the circulation. I. The atmospheric circulation and the hydrology of the earth's surface. Mon. Weather Rev. 97, 739–774.

Manney, G.L., et al., 2011. Unprecedented Arctic ozone loss in 2011. Nature 478, 469–475. https://doi.org/10.1038/nature10556.

Manzini, E., 2009. Atmospheric science: ENSO and the stratosphere. Nat. Geosci. 2, 749–750. https://doi.org/10.1038/ngeo677.

Mapes, B.E., 2000. Convective inhibition, subgrid-scale triggering energy, and stratiform instability in a toy tropical wave model. J. Atmos. Sci. 57, 1515–1535.

Marchezini, V., Trajber, R., 2016. Youth based learning in disaster risk reduction education: barriers and bridges to promote resilience. In: Companion, M., Chaiken, M.S. (Eds.), Responses to Disasters and Climate Change: Understanding Vulnerability and Fostering Resilience. CRC Press, Taylor and Francis Group, Boca Raton, FL, pp. 27–36.

Marcus, S.L., Ghil, M., Dickey, J.O., 1994. The extratropical 40-day oscillation in the UCLA general circulation model. Part I: Atmospheric angular momentum. J. Atmos. Sci. 51, 1431–1446. https://doi.org/10.1175/1520-0469(1994)051<1431:tedoit>2.0.co;2.

Marcus, S.L., Ghil, M., Dickey, J.O., 1996. The extratropical 40-day oscillation in the UCLA general circulation model. Part II: Spatial structure. J. Atmos. Sci. 53, 1993–2014. https://doi.org/10.1175/1520-0469(1996)053<1993:tedoit>2.0.co;2.

Marshall, J., Molteni, F., 1993. Toward a dynamical understanding of atmospheric weather regimes. J. Atmos. Sci. 50, 1993–2014.

Marshall, J.S., Palmer, W. McK., 1948. The distribution of raindrops with size. J. Meteor. 5, 165–166.

Marshall, A.G., Scaife, A.A., 2009. Impact of the QBO on surface winter climate. J. Geophys. Res. 114, D18110. https://doi.org/10.1029/2009JD011737.

Marshall, A.G., Scaife, A.A., 2010. Improved predictability of stratospheric sudden warming events in an atmospheric general circulation model with enhanced stratospheric resolution. J. Geophys. Res. 115, D16114. https://doi.org/10.1029/2009JD012643.

Marshall, A.G., Hudson, D., Wheeler, M.C., Hendon, H.H., Alves, O., 2011a. Assessing the simulation and prediction of rainfall associated with the MJO in the POAMA seasonal forecast system. Clim. Dyn. 37, 2129–2141.

Marshall, N.A., Gordon, I.J., Ash, A.J., 2011b. The reluctance of resource-users to adopt seasonal climate forecasts to enhance resilience to climate variability on the rangelands. Clim. Chang. 107 (3-4), 511–529.

Marshall, A.G., Hudson, D., Wheeler, M., Alves, O., Hendon, H.H., Pook, M.J., Risbey, J.S., 2014. Intra-seasonal drivers of extreme heat over Australia in observations and POAMA-2. Clim. Dyn. 43, 1915–1937.

Marshall, A.G., Hendon, H.H., Hudson, D., 2016a. Visualizing and verifying probabilistic forecasts of the Madden-Julian Oscillation. Geophys. Res. Lett. 43 (23), 12278–12286. https://doi.org/10.1002/2016GL071423.

Marshall, A.G., Hendon, H.H., Son, S.-W., Lim, Y., 2016b. Impact of the quasi-biennial oscillation on predictability of the Madden–Julian oscillation. Clim. Dyn. https://doi.org/10.1007/s00382-016-3392-0.

Marshall, A.G., Hendon, H.H., Son, S.-K., Lim, Y., 2017. Impact of the quasi-biennial oscillation on predictability of the Madden-Julian Oscillation. Clim. Dyn. 49, 1365–1377.

Marsigli, C., Boccanera, F., Montani, A., Paccagnella, T., 2005. The COSMO–LEPS ensemble system: validation of the methodology and verification. Nonlinear Process. Geophys. 12, 527–536.

Martineau, P., Son, S.-W., 2015. Onset of circulation anomalies during stratospheric vortex weakening events: the role of planetary-scale waves. J. Clim. 28, 7347–7370. https://doi.org/10.1175/JCLI-D-14-00478.1.

Martinez, Y., Brunet, G., Yau, P., 2010a. On the dynamics of two-dimensional hurricane-like vortex symmetrization. J. Atmos. Sci. 67, 3559–3580.

Martinez, Y., Brunet, G., Yau, P., 2010b. On the dynamics of two-dimensional hurricane-like concentric rings vortex formation. J. Atmos. Sci. 67, 3253–3268.

Martinez, Y., Brunet, G., Yau, P., 2011. On the dynamics of concentric eyewall genesis: space-time empirical normal modes diagnosis. J. Atmos. Sci. 68, 457–476.

Martiny, N., Chiapello, I., 2013. Assessments for the impact of mineral dust on the meningitis incidence in West Africa. Atmos. Environ. 70, 245–253.

Martius, O., Polvani, L.M., Davies, H.C., 2009. Blocking precursors to stratospheric sudden warming events. Geophys. Res. Lett. 36, L14806. https://doi.org/10.1029/2009GL038776.

Marzban, C., Sandgathe, S., 2010. Optical flow for verification. Weather Forecast. 25, 1479–1494.

Mason, I., 1982. A model for assessment of weather forecasts. Aust. Meteorol. Mag. 30, 291–303.

Mason, S.J., Graham, N.E., 2002. Areas beneath the relative operating characteristics (ROC) and relative operating levels (ROL) curves: statistical significance and interpretation. Q. J. R. Meteorol. Soc. 128, 2145–2166.

Mason, S.J., Tippett, M.K., 2017. Climate Predictability Tool Version 15.6.3. Columbia University Academic Commons. https://doi.org/10.7916/D8DJ6NDS.

Mason, S., Goddard, L., Graham, N., Yulaeva, E., Sun, L., Arkin, P., 1999. The IRI seasonal climate prediction system and the 1997/98 El Niño Event. Bull. Am. Meteorol. Soc. 80, 1853–1873. https://doi.org/10.1175/1520-0477(1999)080<1853:TISCPS>2.0.CO;2.

Massonnet, F., Fichefet, T., Goosse, H., 2015. Prospects for improved seasonal Arctic sea ice predictions from multivariate data assimilation. Ocean Model. 88, 16–25. https://doi.org/10.1016/j.ocemod.2014.12.013.

Mastrangelo, D., Malguzzi, P., Rendina, C., Drofa, O., Buzzi, A., 2012. First outcomes from the CNR-ISAC monthly forecasting system. Adv. Sci. Res. 8, 77–82.

Masunaga, H., Satoh, M., Miura, H., 2008. A joint satellite and global cloud-resolving model analysis of a Madden-Julian Oscillation event: model diagnosis. J. Geophys. Res. 113, D17210.

Masunaga, R., Nakamura, H., Miyasaka, T., Nishii, K., Qiu, B., 2016. Interannual modulations of oceanic imprints on the wintertime atmospheric boundary layer under the changing dynamical regimes of the Kuroshio Extension. J. Clim. 29, 3273–3296. https://doi.org/10.1175/JCLI-D-15-0545.1.

Matsueda, S., Takaya, Y., 2015. The global influence of the Madden-Julian Oscillation on extreme temperature events. J. Clim. 28, 4141–4151.

Matsuno, T., 1966. Quasi-geostrophic motions in the equatorial area. J. Meteorol. Soc. Jpn. 44, 25–42.

Matsuno, T., 1971. A dynamical model of the stratospheric sudden warming. J. Atmos. Sci. 28, 1479–1494. https://doi.org/10.1175/1520-0469(1971)028<1479:ADMOTS>2.0.CO;2.

Matthewman, N.J., Esler, J.G., 2011. Stratospheric sudden warmings as self-tuning resonances. Part I: Vortex splitting events. J. Atmos. Sci. 68, 2481–2504. https://doi.org/10.1175/JAS-D-11-07.1.

Matthews, A.J., 2000. Propagation mechanisms for the Madden–Julian Oscillation. Q. J. R. Meteorol. Soc. 126, 2637–2651.

Matthews, A.J., 2008. Primary and successive events in the Madden-Julian Oscillation. Q. J. R. Meteorol. Soc. 134, 439–453.

Matthews, A.J., Kiladis, G.N., 1999. The tropical-extratropical interaction between high-frequency Transients and the Madden-Julian Oscillation. Mon. Weather Rev. 127, 661–667.

Matthews, A.J., Hoskins, B.J., Masutani, M., 2004. The global response to tropical heating in the Madden–Julian oscillation during the northern winter. Q. J. R. Meteorol. Soc. 130, 1991–2011. https://doi.org/10.1256/qj.02.123.

Maury, P., Claud, C., Manzini, E., Hauchecorne, A., Keckhut, P., 2016. Characteristics of stratospheric warming events during Northern winter. J. Geophys. Res. Atmos. 121, 5368–5380. https://doi.org/10.1002/2015JD024226.

Maycock, A.C., Hitchcock, P., 2015. Do split and displacement sudden stratospheric warmings have different annular mode signatures? Geophys. Res. Lett. 42, 10,943–10,951. https://doi.org/10.1002/2015GL066754.

Maycock, A.C., Keeley, S.P.E., Charlton-Perez, A.J., Doblas-Reyes, F.J., 2011. Stratospheric circulation in seasonal forecasting models: implications for seasonal prediction. Clim. Dyn. 36, 309–321. https://doi.org/10.1007/s00382-009-0665-x.

Maykut, G.A., Untersteiner, N., 1971. Some results from a time-dependent thermodynamic model of sea ice. J. Geophys. Res. 76 (6), 1550–1575.

Mayne, B., 1930. A study of the influence of relative humidity on the life and infectibility of the mosquito. Indian J. Med. Res. 17, 1119–1137.

McColl, K.A., Alemohammad, S.H., Akbar, R., Konings, A.G., Yueh, S., Entekhabi, D., 2017. The global distribution and dynamics of surface soil moisture. Nat. Geosci. 10, 100–104.

McCown, R.L., Carberry, P.S., Hochman, Z., Dalgliesh, N.P., Foale, M.A., 2009. Reinventing model-based decision support with Australian dryland farmers. 1. Changing intervention concepts during 17 years of action research. Crop Pasture Sci. 60, 1017–1030.

McCown, R.L., Carberry, P.S., Dalgliesh, N.P., Foale, M.A., 2012. Farmers use intuition to reinvent analytic decision support for managing seasonal climatic variability. Agric. Syst. 106, 33–45.

McCusker, K.E., Fyfe, J.C., Sigmond, M., 2016. Twenty-five winters of unexpected Eurasian cooling unlikely due to Arctic sea-ice loss. Nat. Geosci. 9, 838–842. https://doi.org/10.1038/ngeo2820.

McGregor, G.R., Bessemoulin, P., Ebi, K., Menne, B., 2014. Heatwaves and Health: Guidance on Warning-System Development. Tech. Rep. WMO-No. 1142.

McGregor, G.R., Bessemoulin, P., Ebi, K.L., Menne, B., 2015. Heatwaves and Health: Guidance on Warning-System Development. World Meteorological Organization.

McIntyre, M.E., 1980. Towards a Lagrangian-mean description of stratospheric circulations and chemical transports. Philos. Trans. R. Soc., A Math. Phys. Sci. 296 (1418), 129–148.

McIntyre, M.E., Palmer, T.N., 1984. The 'surf zone' in the stratosphere. J. Atmos. Terr. Phys. 46, 825 849.

McIntyre, M.E., Shepherd, T., 1987. An exact local conservation theorem for finite-amplitude disturbances to non-parallel shear flows, with remarks on Hamiltonian structure and Arnold stability theorems. J. Fluid Mech. 181, 527–567.

McLandress, C., Shepherd, T.G., 2011. Separating the dynamical effects of climate change and ozone depletion. Part II: southern hemisphere troposphere. J. Clim. 24, 1850–1868.

McWilliams, J.C., 1980. An application of equivalent modons to atmospheric blocking. Dyn. Atmos. Oceans 5, 43–66.

Meehl, G., 1997. Influence of the land surface in the Asian summer monsoon: external conditions versus internal feedbacks. J. Clim. 7, 1033–1049.

Meier, W., Markus, T., 2015. Remote sensing of sea ice. In: Tedesco, M. (Ed.), Remote Sensing of the Cryosphere. John Wiley & Sons, Ltd.

Meinke, H., Nelson, R., Kokic, P., Stone, R., Selaraju, R., Baethgen, W., 2006. Actionable climate knowledge: from analysis to synthesis. Clim. Res. 33, 101–110.

Meng, J., Yang, R., Wei, H., Ek, M., Gayno, G., Xie, P., Mitchell, K., 2012. The land surface analysis in the NCEP climate forecast system reanalysis. J. Hydrometeorol. 13, 1621–1630.

Merryfield, W.J., Lee, W.S., Wang, W., Chen, M., Kumar, A., 2013. Multi-system seasonal predictions of Arctic sea ice. Geophys. Res. Lett. 40 (8), 1551–1556.

Methven, J., 2013. Wave activity for large amplitude disturbances described by the primitive equations on the sphere. J. Atmos. Sci. 70, 1616–1630.

Methven, J., Berrisford, P., 2015. The slowly evolving background state of the atmosphere. Q. J. R. Meteorol. Soc. 141, 2237–2258.

Methven, J., Frame, T., Boljka, L., Cafaro, C., 2018. Identifying Dynamical Modes of Variability From Global Data Including Boundary Wave Activity. Personal communication.

Michelangeli, P.A., Vautard, R., Legras, B., 1995. Weather regimes: recurrence and quasi stationarity. J. Atmos. Sci. 52, 1237–1256. https://doi.org/10.1175/1520-0469(1995)052<1237:wrraqs> 2.0.co;2.

Miller, M.A., et al., 2007. SGP Cloud and Land Surface Interaction Campaign (CLASIC): Science and Implementation Plan. Office of Biological and Environmental Research Office of Science, U.S. Department of Energy DoE/SC-ARM-0703. 14 pp.

Milrad, S.M., Gyakum, J.R., Atallah, E.H., 2015. A meteorological analysis of the 2013 Alberta flood: antecedent large-scale flow patterns and synoptic-dynamic characteristics. Mon. Weather Rev. 143, 2817–2841.

Minobe, S., Kuwano-Yoshida, A., Komori, N., Xie, S.P., Small, R.J., 2008. Influence of the Gulf Stream on the troposphere. Nature 452, 206–209. https://doi.org/10.1038/nature06690.

Mintz, Y., Serafini, Y., 1981. Global fields of soil moisture and surface evapotranspiration. NASA Tech. Memo. 83907, 178–180.

Miralles, D., den Berg, M., Teuling, A., de Jeu, R., 2012. Soil moisture- temperature coupling: a multiscale observational analysis. Geophys. Res. Lett. 39, L21707.

Miralles, D.G., Teuling, A.J., van Heerwaarden, C.C., Vila-Guerau de Arellano, J., 2014. Mega-heatwave temperatures due to combined soil desiccation and atmospheric heat accumulation. Nat. Geosci. 7, 345–349. http://www.nature.com/doifinder/10.1038/ngeo2141.

Mironov, D., Heise, E., Kourzeneva, E., Ritter, B., Schneider, N., Terzhevik, A., 2010. Implementation of the lake parameterisation scheme FLake into the numerical weather prediction model COSMO. Boreal Environ. Res. 15, 218–230.

Mishra, A., Desai, V., Singh, V., 2007. Drought forecasting using a hybrid stochastic and neural network model. J. Hydrol. Eng. 12, 626–638.

Mitchell, H.L., Derome, J., 1983. Blocking-like solutions of the potential vorticity equation: their stability at equilibrium and growth at resonance. J. Atmos. Sci. 40, 2522–2536. https://doi.org/10.1175/1520-0469(1983)040<2522:blsotp>2.0.co;2.

Mitchell, K.E., et al., 2004. The multi-institution North American Land Data Assimilation System (NLDAS): utilizing multiple GCIP products and partners in a continental distributed hydrological modeling system. J. Geophys. Res. 109, D07S90.

Mitchell, D.M., Charlton-Perez, A.J., Gray, L.J., 2011. Characterizing the variability and extremes of the stratospheric polar vortices using 2D moment analysis. J. Atmos. Sci. 68, 1194–1213. https://doi.org/10.1175/2010JAS3555.1.

Mittermaier, M., Roberts, N., 2010. Intercomparison of spatial forecast verification methods: identifying skillful spatial scales using the fractions skill score. Weather Forecast. 25, 343–354. https://doi.org/10.1175/2009WAF2222260.1.

Mittermaier, M., Roberts, N., Thompson, S.A., 2013. A long-term assessment of precipitation forecast skill using the Fractions Skill Score. Meteorol. Appl. 20, 176–186. https://doi.org/10.1002/met.296.

Miura, H., Satoh, M., Tomita, T., Noda, A.T., Nasuno, T., Iga, S., 2007a. A short-duration global cloud-resolving simulation with a realistic land and sea distribution. Geophys. Res. Lett. 34, L02804.

Miura, H., Satoh, M., Nasuno, T., Noda, A.T., Oouchi, K., 2007b. A Madden-Julian oscillation event realistically simulated by a global cloud-resolving model. Science 318 (5857), 1763–1765.

Miura, H., Miyakawa, T., Nasuno, T., Satoh, M., 2012. In: Simulations of the MJO events during the field campaign of 2011-12 by a global cloud-resolving model NICAM.Abstract A13O-03 presented at 2012 Fall Meeting, AGU, San Francisco, California, 3-7 December.

Miyakawa, T., Satoh, M., Miura, H., Tomita, H., Yashiro, H., Noda, A.T., Yamada, Y., Kodama, C., Kimoto, M., Yoneyama, K., 2014. Madden-Julian Oscillation prediction skill of a new-generation global model. Nat. Commun. 5, 3769.

Miyakawa, T., Satoh, M., Miura, H., Tomita, H., Yashiro, H., Noda, A.T., Yamada, Y., Kodama, C., Kimoto, M., Yoneyama, K., 2015. Madden-Julian Oscillation prediction skill of a new-generation global model demonstrated using a supercomputer. Nat. Commun. 5, 3769.

Miyakoda, K., Gordon, T., Caverly, R., Stern, W., Sirutis, J., Bourke, W., 1983. Simulation of a blocking event in January 1977. Mon. Weather Rev. 111, 846–869.

Miyakoda, K., Sirutis, J., Ploshay, J., 1986. One month forecast experiments—without anomaly boundary forcings. Mon. Weather Rev. 114, 2363–2401.

Miyoshi, T., Sato, Y., 2007. Assimilating satellite radiances with a local ensemble transform Kalman filter (LETKF) applied to the JMA global model (GSM). SOLA 3, 37–40.

Mlawer, E.J., Taubman, S.J., Brown, P.D., Iacono, M.J., Clough, S.A., 1997. Radiative transfer for inhomogeneous atmospheres: RRTM, a validated correlated-k model for the longwave. J. Geophys. Res. 102, 16663–16682. https://doi.org/10.1029/ 97JD00237.

Mo, K.C., Ghil, M., 1987. Statistics and dynamics of persistent anomalies. J. Atmos. Sci. 44, 877–902. https://doi.org/10.1175/1520-0469(1987)044<0877:sadopa>2.0.co;2.

Mo, K., Ghil, M., 1988. Cluster analysis of multiple planetary flow regimes. J. Geophys. Res. 93, 10927–10952. https://doi.org/10.1029/jd093id09p10927.

Mo, K.C., Higgins, R.W., 1998. Tropical convection and precipitation regimes in the western United States. J. Clim. 11, 2404–2423.

Mo, K.C., Lyon, B., 2015. Global meteorological drought prediction using the North American Multi-Model Ensemble. J. Hydrometeorol. 16, 1409–1424. https://doi.org/10.1175/JHM-D-14-0192.1.

Mo, K.C., White, G.H., 1985. Teleconnections in the Southern Hemisphere. Mon. Weather Rev. 113, 22–37.

Mo, K.C., Paegle, J.N., Higgins, R.W., 1997. Atmospheric processes associated with summer floods and droughts in the central United States. J. Clim. 10, 3028–3046.

Mogensen, K., Alonso Balmaseda, M., Weaver, A., 2012a. The NEMOVAR ocean data assimilation system as implemented in the ECMWF ocean analysis for System 4. In: ECMWF Research Department Technical

Memorandum n. 668, p. 59. Available from ECMWF, Shinfield Park, Reading RG2-9AX. See also, http://old.ecmwf.int/publications/.

Mogensen, K., Keeley, S., Towers, P., 2012b. Coupling of the NEMO and IFS models in a single executable. In: ECMWF Research Department Technical Memorandum n. 673, p. 23. Available from ECMWF, Shinfield Park, Reading RG2-9AX. See also, http://old.ecmwf.int/publications/.

Molina, M.J., Timmer, R.P., Allen, J.T., 2016. Importance of the Gulf of Mexico as a climate driver for U.S. severe thunderstorm activity. Geophys. Res. Lett. 43, 12,295–12,304. https://doi.org/10.1002/2016GL071603.

Möller, A., Lenkoski, A., Thorarinsdottir, T.L., 2012. Multivariate probabilistic forecasting using ensemble bayesian model averaging and copulas. Q. J. R. Meteorol. Soc. 139 (673), 982–991.

Molteni, F., Corti, S., 1998. Long-term fluctuations in the statistical properties of low-frequency variability: dynamical origin and predictability. Q. J. R. Meteorol. Soc. 124, 495–526. https://doi.org/10.1002/qj.49712454607.

Molteni, F., Cubasch, U., Tibaldi, S., 1986. In: 30- and 60-day forecast experiments with the ECMWF spectral models. Proc. ECMWF Workshop on Predictability in the Medium and Extended Range, Reading, United Kingdom, ECMWF, pp. 51–107.

Molteni, F., Sutera, A., Tronci, N., 1988. The EOFs of the geopotential eddies at 500 mb in winter and their probability density distributions. J. Atmos. Sci. 45, 3063–3080.

Molteni, F., Tibaldi, S., Palmer, T.N., 1990. Regimes in the wintertime circulation over northern extratropics. I: Observational evidence. Q. J. R. Meteorol. Soc. 116, 31–67. https://doi.org/10.1256/smsqj.49102.

Molteni, F., Buizza, R., Palmer, T.N., Petroliagis, T., 1996. The ECMWF ensemble prediction system: methodology and validation. Q. J. R. Meteorol. Soc. 122, 73–119.

Molteni, F., Stockdale, T., Balmaseda, M., Balsamo, G., Buizza, R., Ferranti, L., Magnusson, L., Mogensen, K., Palmer, T., Vitart, F., 2011. The new ECMWF Seasonal Forecast System (System 4). ECMWF Research Department Technical Memorandum n. 656, ECMWF, Shinfield Park, Reading, p. 51.

Molteni, F., Stockdale, T.N., Vitart, F., 2015. Understanding and modelling extra-tropical teleconnections with the Indo-Pacific region during the northern winter. Clim. Dyn. 45, 3119–3140.

Monaghan, A.J., Morin, C.W., Steinhoff, D.F., Wilhelmi, O., Hayden, M., Quattrochi, D.A., Reiskind, M., Lloyd, A.L., Smith, K., Schmidt, C.A., Scalf, P.E., Ernst, K., 2016. On the seasonal occurrence and abundance of the Zika virus vector mosquito Aedes Aegypti in the contiguous United States. PLoS Curr. Outbreaks. https://doi.org/10.1371/currents.outbreaks.50dfc7f46798675fc63e7d7da563da76.

Moncrieff, M.W., Klinker, E., 1997. Organized convective systems in the tropical western Pacific as a process in general circulation models. Q. J. R. Meteorol. Soc. 123, 805–828.

Moorthi, S., Suarez, M.J., 1992. Relaxed Arakawa–Schubert: a parameterization of moist convection for general circulation models. Mon. Weather Rev. 120, 978–1002.

Mori, M., Watanabe, M., 2008. The growth and triggering mechanisms of the PNA: a MJO-PNA coherence. J. Meteorol. Soc. Jpn. 86, 213–236.

Moron, V., Robertson, A., 2014. Interannual variability of Indian summer monsoon rainfall onset date at local scale. Int. J. Climatol. 34, 1050–1061.

Moron, V., Robertson, A., Ward, M., 2006. Seasonal predictability and spatial coherence of rainfall characteristics in the tropical setting of Senegal. Mon. Weather Rev. 134, 3248–3262.

Moron, V., Robertson, A.W., Ward, M.N., 2007. Spatial Coherence of tropical rainfall at Regional Scale. J. Clim. 20, 5244–5263.

Moron, V., Lucero, A., Hilario, F., Lyon, B., Robertson, A., DeWitt, D., 2009a. Spatiotemporal variability and predictability of summer monsoon onset over the Philippines. Clim. Dyn. 33, 1159–1177.

Moron, V., Robertson, A., Boer, R., 2009b. Spatial coherence and seasonal predictability of monsoon onset over Indonesia. J. Clim. 22, 840–850.

Moron, V., Robertson, A., Qian, J., 2010. Local versus regional-scale characteristics of monsoon onset and post-onset rainfall over Indonesia. Clim. Dyn. 34, 281–299.

Moron, V., Robertson, A., Ghil, M., 2012. Impact of the modulated annuam cycle and intraseasonal oscillation on daily-to-interannual rainfall variability across monsoonal India. Clim. Dyn. 38, 2409–2435.

Moron, V., Camberlin, P., Robertson, A., 2013. Extracting sub-seasonal scenarios: an alternative method to analyze seasonal predictability of regional-scale tropical rainfall. J. Clim. 26, 2580–2600.

Moron, V., Boyard-Micheau, J., Camberlin, P., Hernandez, V., Leclerc, C., Mwongera, C., Philippon, N., Fossa-Riglos, F., Sultan, B., 2015a. Ethnographic context and spatial coherence of climate indicators for farming communities—a multi-regional comparative assessment. Clim. Risk Manag. 8, 28–46.

Moron, V., Robertson, A.W., Qian, J.-H., Ghil, M., 2015b. Weather types across the Maritime Continent: from the diurnal cycle to interannual variations. Front. Environ. Sci. 2, 65.

Moron, V., Robertson, A., Pai, D., 2017. On the spatial coherence of sub-seasonal to seasonal Indian rainfall anomalies. Clim. Dyn. 49, 3403–3423.

Morss, R.E., Demuth, J.L., Lazo, J.K., 2008a. Communicating uncertainty in weather forecasts: a survey of the U.S. public. Weather Forecast. 23, 974–991.

Morss, R., Lazo, J., Brooks, H., Brown, B., Ganderton, P., Mills, B., 2008b. Societal and economic research and application priorities for the North American THORPEX programme. Bull. Am. Meteorol. Soc. 89 (3), 335–346.

Msadek, R., Vecchi, G.A., Winton, M., Gudgel, R.G., 2014. Importance of initial conditions in seasonal predictions of Arctic sea ice extent. Geophys. Res. Lett. 41 (14), 5208–5215.

Mudelsee, M., 2014. Climate Time Series Analysis. vol. 42. Atmospheric and Oceanographic Sciences Library.

Mueller, J.E., Gessner, B.D., 2010. A hypothetical explanatory model for meningococcal meningitis in the African meningitis belt. Int. J. Infect. Dis. 14, e553–e559.

Mueller, B., Seneviratne, S.I., 2012. Hot days induced by precipitation deficits at the global scale. Proc. Natl. Acad. Sci. 109, 12398–12403.

Mueller, B., et al., 2013. Benchmark products for land evapotranspiration: LandFlux-EVAL multi-data set synthesis. Hydrol. Earth Syst. Sci. 17, 3707–3720.

Mukougawa, H., 1988. A dynamical model of "quasi-stationary" states in large-scale atmospheric motions. J. Atmos. Sci. 45, 2868–2888. https://doi.org/10.1175/1520-0469(1988)045<2868:admoss>2.0.co;2.

Mukougawa, H., Hirooka, T., Kuroda, Y., 2009. Influence of stratospheric circulation on the predictability of the tropospheric Northern Annular Mode. Geophys. Res. Lett. 36, L08814. https://doi.org/10.1029/2008GL037127.

Müller, W.A., Appenzeller, C., Doblas-Reyes, F.J., Liniger, M.A., 2005. A debiased ranked probability skill score to evaluate probabilistic ensemble forecasts with small ensemble sizes. J. Clim. 18, 1513–1523.

Munich Re, 2011a. Press Release. https://www.munichre.com/en/media-relations/publications/press-releases/2011/2011-01-03-press-release/index.html.

Munich Re, 2011b, February. Topics Geo Natural Catastrophes 2010: Analyses, Assessments, Positions. Retrieved May 19, 2011, from, http://bit.ly/i5zbut.

Muñoz, Á., Yang, X., Vecchi, G., Robertson, A., Cooke, W., 2017. A weather-type based cross-timescale diagnostic framework for coupled circulation models. J. Clim. 30, 8951–8972. https://doi.org/10.1175/jcli-d-17-0115.1.

Murakami, T., Nakazawa, T., He, J., 1984. On the 40-50 dat oscillation during the 1979 Northern Hemisphere summer, Part I: Phase propagation. J. Meteorol. Soc. Jpn. 62, 440–467.

Murphy, A.H., 1977. The value of climatological, categorical and probabilistic forecasts in the costloss ratio situation. Mon. Weather Rev. 105, 803–816.

Murphy, A.H., 1988a. Skill scores based on the mean square error and their relationships to the correlation coefficient. Mon. Weather Rev. 116, 2417–2424.

Murphy, J.M., 1988b. The impact of ensemble forecasts on predictability. Q. J. R. Meteorol. Soc. 114, 463–493.

Murphy, A.H., 1993. What is a good forecast? An essay on the nature of goodness in weather forecasting. Weather Forecast. 8, 281–293.

Murphy, A.H., 1996. The Finley Affair: a signal event in the history of forecast verification. Weather Forecast. 11, 4–20.

Murphy, A.H., Winkler, R.L., 1987. A general framework for forecast verification. Mon. Weather Rev. 115, 1330–1338.

NAEFS, 2018. The North American Ensemble Forecasting System, see NAEFS web page hosted by NCEP. http://www.emc.ncep.noaa.gov/gmb/ens/NAEFS.html. and web page hosted by MSC Canada:http://weather.gc.ca/ensemble/naefs/index_e.html.

Nairn, J., Fawcett, R., 2013. Defining Heatwaves: Heatwave Defined as a Heat-Impact Event Servicing All Community and Business Sectors in Australia. CAWCR Technical Report 60, 84 pp.

Nairn, J.R., Fawcett, R., 2015. The excess heat factor: a metric for heatwave intensity and its use in classifying heatwave severity. Int. J. Environ. Res. Public Health 12, 227–253.

Naito, Y., Taguchi, M., Yoden, S., 2003. A parameter sweep experiment on the effects of the equatorial QBO on stratospheric sudden warming events. J. Atmos. Sci. https://doi.org/10.1175/1520-0469(2003)060<1380:APSEOT>2.0.CO;2.

Nakajima, T., Tsukamoto, M., Tsushima, Y., Numaguti, A., 1995. Modelling of the radiative processes in an AGCM. Clim. Syst. Dyn. Model. 3, 104–123.

Nakamura, N., 1995. Modified Lagrangian-mean diagnostics of the stratospheric polar vortices. Part I: Formulation and analysis in GFDL, SKYHI and GCM. J. Atmos. Sci. 52, 2096–2108.

Nakamura, H., Sampe, T., Goto, A., Ohfuchi, W., Xie, S.-P., 2008. On the importance of midlatitude oceanic frontal zones for the mean state and dominant variability in the tropospheric circulation. Geophys. Res. Lett. 35, L15709. https://doi.org/10.1029/ 2008GL034010.

Nakazawa, T., 1986. Intraseasonal variations of OLR in the tropics during the FGGE year. J. Meteorol. Soc. Jpn. 64, 17–34.

Nakazawa, T., 1998. Tropical super clusters within intraseasonal variations over the western Pacific. J. Meteorol. Soc. Jpn. 66, 823–829.

Nakazawa, T., Matsueda, M., 2017. Relationship between meteorological variables/dust and the number of meningitis cases in Burkina Faso. Meteorol. Appl. 24, 423–431.

Namias, J., 1962. In: Influences of abnormal surface heat sources and sinks on atmospheric behavior.Proc. Int. Symp. on Numerical Weather Prediction, Tokyo, Meteor. Soc. Japan, pp. 615–627.

Namias, J., 1963. In: Surface-atmosphere interactions as fundamental causes of drought and other climatic fluctuations.Proc. Rome Symposium on Changes of Climate, UNESCO, Paris, pp. 345–359.

Namias, J., 1968. Long-range weather forecasting: history, current status and outlook. Bull. Am. Meteorol. Soc. 49, 438–470.

NAS, 2016. National Academies of Sciences, Engineering, and Medicine. Next Generation Earth System Prediction: Strategies for Subseasonal to Seasonal Forecasts. The National Academies Press, Washington, DC.https://doi.org/10.17226/21873.

National Academies of Sciences, Engineering and Medicine, 2016. Next Generation Earth System Prediction: Strategies for Subseasonal to Seasonal Forecasts. National Academies of Sciences, Engineering, and Medicine, The National Academies Press, Washington.https://doi.org/10.17226/21873.

National Academies of Sciences, Engineering, and Medicine, 2016. Next Generation Earth System Prediction: Strategies for Subseasonal to Seasonal forecasts., p. 350. Washington, DC.

National Academy of Sciences, 2016. Next Generation Earth System Prediction: Strategies for Subseasonal to Seasonal Forecasts. The National Academy Press, Washington, DC, 351 pp.

National Research Council, 2010. Assessment of Intraseasonal to Interannual Climate Prediction and Predictability. Committee on Assessment of Intraseasonal to Interannual Climate Prediction and Predictability, Board on Atmospheric Sciences and Climate, Division on Earth and Life Studies, National Research Council. National Academies Press, Washington.https://www.nap.edu/catalog/12878/assessment-of-intraseasonal-to-interannual-climate-prediction-and-predictability. [(Accessed October 2016)].

Natural Resources Defense Council, 2016. Expanding Heat Resilient Cities Across India Ahmedabad 2016 Heat Action Plan. NRDC International, India.https://www.nrdc.org/resources/rising-temperatures-deadly-threat-preparing-communities-india-extreme-heat-events. [(Accessed 30 March 2017)].

Naumann, G., Vargas, W.M., 2010. Joint diagnostic of the surface air temperature in southern South America and the Madden–Julian oscillation. Weather Forecast. 25, 1275–1280.

Nayak, M.A., Villarini, G., Bradley, A.A., 2016. Atmospheric rivers and rainfall during NASA's Iowa Flood Studies (IFloodS) campaign. J. Hydrometeorol. 17, 257–271. https://doi.org/10.1175/JHM-D-14-0185.1.

Neal, R., Fereday, D., Crocker, R., Comer, R.E., 2016. A flexible approach to defining weather patterns and their application in weather forecasting over Europe. Meteorol. Appl. 23 (3), 389–400.

Neal, R., Dankers, R., Saulter, A., Lane, A., Millard, J., Evans, G., Price, D., 2018. The use of probabilistic medium to long-range weather pattern forecasts for identifying periods with an increases likelihood of coastal flooding around the UK. Meteorol. Appl. 1–14. https://doi.org/10.1002/met.11719.

Nearing, G.S., Gupta, H.V., 2015. The quantity and quality of information in hydrologic models. Water Resour. Res. 51, 524–538.

Neelin, J.D., Yu, H.-Y., 1994. Modes of tropical variability under convective adjustment and the Madden-Julian Oscillation. Part I: Analytical theory. J. Atmos. Sci. 51, 1876–1894.

Neelin, J., Battisti, D., Hirst, A., Jin, F.F., Wakata, Y., Yamagata, T., Zebiak, S., 1998. ENSO theory. J. Geophys. Res. 104 (C7), 14261–14290. https://doi.org/10.1029/97jc03424.

Neelin, J.D., Held, I.M., Cook, K.H., 1987. Evaporation-wind feedback and low-frequency variability in the tropical atmosphere. J. Atmos. Sci. 44, 2341–2348.

Neena, J.M., Lee, J.-Y., Waliser, D., Wang, B., Jiang, X., 2014. Predictability of the Madden-Julian Oscillation in the intraseasonal variability hindcast experiment (ISVHE). J. Clim. 27, 4531–4543.

Neena, J.M., Waliser, D., Jiang, X., 2017. Model performance metrics and process diagnostics for boreal summer intraseasonal variability. Clim. Dyn. 48, 1661–1683. https://doi.org/10.1007/s00382-016-3166-8.

Nehrkorn, T., Hoffman, R.N., Grassotti, C., Louis, J.-F., 2003. Feature calibration and alignment to represent model forecast errors: empirical regularization. Q. J. R. Meteorol. Soc. 129, 195–218.

Newman, P.A., Nash, E.R., 2005. The unusual southern hemisphere stratosphere winter of 2002. J. Atmos. Sci. 62, 614–628. https://doi.org/10.1175/JAS-3323.1.

Newman, P.A., Coy, L., Pawson, S., Lait, L.R., 2016. The anomalous change in the QBO in 2015-16: The anomalous change in the 2015-16 QBO. Geophys. Res. Lett. 43.

Newman, M., Sardeshmukh, P.D., Winkler, C.R., Whitaker, J.S., 2003. A study of subseasonal predictability. Mon. Weather Rev. 131, 1715–1732.

Nie, J., Sobel, A.H., 2015. Responses of tropical deep convection to the QBO: cloud-resolving simulations. J. Atmos. Sci. 72, 3625–3638. https://doi.org/10.1175/JAS-D-15-0035.1.

Nie, Y., Zhang, Y., Chen, G., Yang, X.-Q., Burrows, D.A., 2014. Quantifying barotropic and baroclinic eddy feedbacks in the persistence of the Southern Annular Mode. Geophys. Res. Lett. 41, 8636–8644. https://doi.org/10.1002/2014GL062210.

Nishii, K., Nakamura, H., Miyasaka, T., 2009. Modulations in the planetary wave field induced by upward-propagating Rossby wave packets prior to stratospheric sudden warming events: a case-study. Q. J. R. Meteorol. Soc. 135, 39–52. https://doi.org/10.1002/qj.359.

Nishimoto, E., Yoden, S., 2017. Influence of the stratospheric Quasi-Biennial Oscillation on the Madden-Julian Oscillation during austral summer. J. Atmos. Sci. https://doi.org/10.1175/JAS-D-16-0205.1 JAS-D-16-0205.1.

Nissan, H., Burkart, K., Mason, S.J., Coughlan de Perez, E., van Aalst, M., 2017. Defining and predicting heat waves in Bangladesh. J. Appl. Meteorol. Climatol. https://doi.org/10.1175/JAMC-D-17-0035.1 in press.

Nitsche, G., Wallace, J.M., Kooperberg, C., 1994. Is there evidence of multiple equilibria in planetary wave amplitude statistics? J. Atmos. Sci. 51, 314–322. https://doi.org/10.1175/1520-0469(1994) 051<0314:iteome>2.0.co;2.

Niu, G.-Y., et al., 2011. The community Noah land surface model with multiparameterization options (Noah-MP): 1. Model description and evaluation with local-scale measurements. J. Geophys. Res. 116, D12109.

NOAA, 2013. Billion-Dollar Weather and Climate Disasters. National Oceanic and Atmospheric Administration, National Climatic Data Center.

Noda, A.T., et al., 2010. Importance of the subgrid-scale turbulent moist process: cloud distribution in global cloud-resolving simulations. Atmos. Res. 96, 208–217.

Noguchi, S., Mukougawa, H., Kuroda, Y., Mizuta, R., Yabu, S., Yoshimura, H., 2016. Predictability of the stratospheric polar vortex breakdown: an ensemble reforecast experiment for the splitting event in January 2009. J. Geophys. Res. Atmos. 121, 3388–3404. https://doi.org/10.1002/2015JD024581.

Noh, Y., Kim, H.J., 1999. Simulations of temperature and turbulence structure of the oceanic boundary layer with the improved near surface process. J. Geophys. Res. 104, 15621–15634.

Noilhan, J., Mahfouf, J.-F., 1996. The ISBA land surface parameterization scheme. Glob. Planet. Chang. 13, 145–159.

Noilhan, J., Planton, S., 1989. A simple parameterization of land surface processes for meteorological models. Mon. Weather Rev. 117, 536–549.

Nonaka, M., Sasai, Y., Sasaki, H., Taguchi, B., Nakamura, H., 2016. How potentially predictable are midlatitude ocean currents? Sci. Rep. 6, 20153. https://doi.org/10.1038/srep20153.

North, G.R., 1984. Empirical orthogonal functions and normal modes. J. Atmos. Sci. 41, 879–887.

Norton, W.a., 2003. Sensitivity of northern hemisphere surface climate to simulation of the stratospheric polar vortex. Geophys. Res. Lett. https://doi.org/10.1029/2003GL016958.

Norton, A.J., Rayner, P.J., Koffi, E.N., Scholze, M., 2017. Assimilating solar-induced chlorophyll fluorescence into the terrestrial biosphere model BETHY-SCOPE: model description and information content. Geosci. Model Dev. Discuss., 1–26.

Notz, D., Bitz, C., 2017. Sea ice in Earth system models. In: Thomas, D.N. (Ed.), Sea Ice. John Wiley & Sons.

Notz, D., Haumann, F.A., Haak, H., Jungclaus, J.H., Marotzke, J., 2013. Sea ice evolution in the Arctic as modeled by MPI-ESM. J. Adv. Model. Earth Syst. https://doi.org/10.1002/jame.20016.

O'Connor, R.E., Yarnal, B., Dow, K., Jocoy, C.L., Carbone, G.L., 2005. Feeling at risk matters: water managers and decision to use forecasts. Risk Anal. 25 (5), 1265–1275.

O'Neill, A., Oatley, C.L., Charlton-Perez, A.J., Mitchell, D.M., Jung, T., 2017. Vortex splitting on a planetary scale in the stratosphere by cyclogenesis on a subplanetary scale in the troposphere. Q. J. R. Meteorol. Soc. 143, 691–705. https://doi.org/10.1002/qj.2957.

O'Reilly, C.H., Czaja, A., 2015. The response of the Pacific storm track and atmospheric circulation to Kuroshio Extension variability. Q. J. R. Meteorol. Soc. 141, 52–66. https://doi.org/10.1002/ qj.2334.

O'Sullivan, L., Jardine, A., Cook, A., Weinstein, P., 2008. Deforestation, mosquitoes, and ancient Rome: lessons for today. Bioscience 58, 756–760.

Obled, C., Bontron, G., Gar͵con, R., 2002. Quantitative precipitation forecasts: a statistical adaptation of model outputs through an analogues sorting approach. Atmos. Res. 63 (3-4), 303–324.

Oglesby, R.J., Erickson III, D.J., 1989. Soil moisture and persistence of North American drought. J. Clim. 2, 1362–1380.

Oleson, K.W., Bonan, G.B., Schaaf, C., Gao, F., Jin, Y., Strahler, A., 2003. Assessment of global climate model land surface albedo using MODIS data. Geophys. Res. Lett. 30, 1443.

Omumbo, J.A., Noor, A.M., Fall, I.S., Snow, R.W., 2013. How well are malaria maps used to design and finance malaria control in Africa? PLoS ONE 8, e53198.

Oouchi, K., Noda, A.T., Satoh, M., Miura, H., Tomita, H., Nasuno, T., Iga, S., 2009. A simulated preconditioning of typhoon genesis controlled by a boreal summer Madden-Julian Oscillation event in a global cloud-system-resolving model. SOLA 5, 65–68.

Orlanski, I., 1975. A rationale subdivision of scales for atmospheric processes. Bull. Am. Meteorol. Soc. 56, 527–530.

Orsolini, Y.J., Senan, R., Balsamo, G., Doblas-Reyes, F.J., Vitart, F., Weisheimer, A., Carrasco, A., Benestad, R.E., 2013. Impact of snow initialization on sub-seasonal forecasts. Clim. Dyn. 41, 1969–1982. https://doi.org/10.1007/s00382-013-1782-0.

Orsolini, Y.J., Senan, R., Vitart, F., Balsamo, G., Weisheimer, A., Doblas-Reyes, F.J., 2016. Influence of the Eurasian snow on the negative North Atlantic Oscillation in subseasonal forecasts of the cold winter 2009/2010. Clim. Dyn. 47, 1325–1334. https://doi.org/10.1007/s00382-015-2903-8.

Orszag, S.A., 1969. Numerical methods for the simulation of turbulence. Phys. Fluids 12 (Suppl. II), 250–257.

Osprey, S.M., Gray, L.J., Hardiman, S.C., Butchart, N., Hinton, T.J., 2013. Stratospheric variability in twentieth-century CMIP5 simulations of the met office climate model: high top versus low top. J. Clim. 26, 1595–1606. https://doi.org/10.1175/JCLI-D-12-00147.1.

Osprey, S.M., Butchart, N., Knight, J.R., Scaife, A.A., Hamilton, K., Anstey, J.A., Schenzinger, V., Zhang, C., 2016. An unexpected disruption of the atmospheric quasi-biennial oscillation. Science 353, 1424–1427. https://doi.org/10.1126/science.aah4156.

Otkin, J.A., Svoboda, M., Hunt, E.D., Ford, T.W., Anderson, M.C., Hain, C., Basara, J.B., 2017. Flash droughts: a review and assessment of the challenges imposed by rapid onset droughts in the United States. Bull. Am. Meteor. Soc. 99, 911–919. https://doi.org/10.1175/BAMS-D-17-0149.1.

Otto, J., Brown, C., Buontempo, C., Doblas-Reues, F., Jacob, D., Juckes, M., Keup-Thiel, E., Kurnik, B., Schulz, J., Taylor, A., Verhoelst, T., Walton, P., 2016. Uncertainty: lessons learned for climate services. Bull. Am. Meteorol. Soc. 97 (12), ES265–ES269. https://doi.org/10.1175/bams-d-16-0173.1.

Overland, J., Francis, J., Hall, R., Hanna, E., Kim, S.J., Vihma, T., 2015. The melting Arctic and midlatitude weather patterns: are they connected? J. Clim. 28 (20), 7917–7932.

Owen, J.A., Palmer, T.N., 1987. The impact of El-Niño on an ensemble of extended-range forecasts. Mon. Weather Rev. 115, 2103–2117.

Paaijmans, K.P., Wandago, M.O., Githeko, A.K., Takken, W., 2007. Unexpected high losses of *Anopheles gambiae* larvae due to rainfall. PLoS ONE 2, e1146. https://doi.org/10.1371/journal.pone.0001146.

Padmanabha, H., Soto, E., Mosquera, M., Lord, C., Lounibos, L., 2010. Ecological links between water storage behaviors and *aedes aegypti* production: implications for dengue vector control in variable climates. EcoHealth 7, 78–90.

Pai, D., Sridhar, L., Rajeevan, M., Sreejith, O., Satbhai, N., Mukhopadhyay, B., 2014. Development of a new high spatial resolution (0.25 × 0.25) long period (1901–2010) daily gridded rainfall data set over India and its comparison with existing data sets over the region. Mausam 65, 1–18.

Palmer, T.N., 1999. A nonlinear dynamical perspective on climate prediction. J. Clim. 12, 575–591.

Palmer, T.N., 2012. Towards the probabilistic Earth-system simulator: a vision for the future of climate and weather prediction. Q. J. R. Meteorol. Soc. 138 (665), 841–861.

Palmer, T.N., Williams, P. (Eds.), 2009. Stochastic Physics and Climate Modeling. Cambridge University Press, Cambridge, UK.

Palmer, T.N., Brankovic, C., Molteni, F., Tibaldi, S., 1990. Extended range predictions with ECMWF models. I: Interannual variability in operational model integrations. Q. J. R. Meteorol. Soc. 116, 799–834.

Palmer, T.N., Molteni, F., Mureau, R., Buizza, R., Chapelet, P., Tibbia, J., 1993. In: Ensemble prediction. Proc. ECMWF Seminar Proc on Validation of Models over Europe. vol. 1. ECMWF, Shinfield Park, Reading, pp. 21–66.

Palmer, T.N., et al., 2004. Development of a European multimodel ensemble system for seasonal- to-interannual prediction (DEMETER). Bull. Am. Meteorol. Soc. 85, 853–872.

Palmer, T.N., Buizza, R., Doblas-Reyes, F., Jung, T., Leutbecher, M., Shutts, G.J., Steinheimer, M., Weisheimer, A., 2009. Stochastic parametrization and model uncertainty. In: ECMWF Research Department Technical Memorandum No. 598, p. 42. Available from ECMWF, Shinfield Park, Reading RG2-9AX, UK.

Paltan, H., Waliser, D., Lim, W.H., Guan, B., Yamazaki, D., Pant, R., Dadson, S., 2017. Global floods and water availability driven by atmospheric rivers. Geophys. Res. Lett. https://doi.org/10.1002/2017GL074882.

Pandya, R., et al., 2015. Using weather forecasts to help manage meningitis in the West African Sahel. Bull. Am. Meteorol. Soc. 96, 103–115.

Pang, B., Chen, Z., Wen, Z., Lu, R., 2016. Impacts of two types of El Niño on the MJO during boreal winter. Adv. Atmos. Sci. 33, 979–986.

Paolino, C., Methol, M., Quintans, D., 2010. Estimación del impacto de una eventual sequía en la ganadería nacional y bases para el diseño de políticas de seguros. In: OPYPA-Yearbook. MGAP. www.mgap.gub.uy/sites/default/files/anuario2010.zip.

Park, Y.Y., Buizza, R., Leutbecher, M., 2008. TIGGE: preliminary results on comparing and combining ensembles. Q. J. R. Meteorol. Soc. 134, 2029–2050.

Parkinson, C.L., Cavalieri, D.J., 2012. Antarctic sea ice variability and trends, 1979–2010. Cryosphere 6 (4), 871.

Parrish, D.F., Derber, J.C., 1992. The National Meteorological Center's spectral statistical interpolation analysis system. Monthly Weather Rev. 120 (8), 1747–1763. https://doi.org/10.1175/1520-0493(1992)120<1747:TNMCSS>2.0.CO;2.

Pascual, M., Bouma, M.J., Dobson, A.P., 2002. Cholera and climate: revisiting the quantitative evidence. Microbes Infect. 4, 237–245.

Patricola, C.M., Li, M.K., Xu, Z., Chang, P., Saravanan, R., Hsieh, J.S., 2012. An investigation of tropical Atlantic bias in a high-resolution coupled regional climate model. Clim. Dyn. 39, 2443–2463. https://doi.org/10.1007/s00382-012-1320-5.

Pattanaik, D.R., Kumar, A., 2014. Comparison of intra-seasonal forecast of Indian summer monsoon between two versions of NCEP coupled models. Theor. Appl. Climatol. 118, 331–345. https://doi.org/10.1007/s00704-013-1071-1.

Pauluis, O., Garner, S., 2006. Sensitivity of radiative-convective equilibrium simulations to horizontal resolution. J. Atmos. Sci. 63 (7), 1910–1923.

Pavan, W., Fraisse, C.W., Peres, N.A., 2011. Development of a web-based disease forecasting system for strawberries. Comput. Electron. Agric. 71 (1), 169–175.

Peatman, S.C., Matthews, A.J., Stevens, D.P., 2014. Propagation of the Madden-Julian Oscillation through the Maritime Continent and scale interaction with the diurnal cycle of precipitation. Q. J. R. Meteorol. Soc. 140, 814–825.

Pedlosky, J., 1987. Geophysical Fluid Dynamics, second ed. Springer, New York.

Peings, Y., Brun, E., Mauvais, V., Douville, H., 2013. How stationary is the relationship between Siberian snow and Arctic Oscillation over the 20th century? Geophys. Res. Lett. 40, 183–188. https://doi.org/10.1029/2012GL054083.

Pellerin, P., Benoit, R., Kouwen, N., Ritchie, H., Donaldson, N., Joe, P., Soulis, R., 2002. On the use of coupled atmospheric and hydrologic models at regional scale. In: High Performance Computing Systems and Applications. Springer US, pp. 317–322.

Peña, M., Toth, Z., 2014. Estimation of analysis and forecast error variances. Tellus A 66, 21767. https://doi.org/10.3402/tellusa.v66.21767.

Penland, C., 1989. Random forcing and forecasting using principal oscillation pattern analysis. Mon. Weather Rev. 117, 2165–2185.

Penland, C., 1996. A stochastic model of IndoPacific sea surface temperature anomalies. Physica D 98, 534–558. https://doi.org/10.1016/0167-2789(96)00124-8.

Penland, C., Ghil, M., 1993. Forecasting Northern Hemisphere 700-mb geopotential height anomalies using empirical normal modes. Mon. Weather Rev. 121, 2355–2372. https://doi.org/10.1175/1520-0493(1993) 121<2355:fnhmgh>2.0.co;2.

Penland, C., Sardeshmukh, P.D., 1995. The optimal growth of tropical sea surface temperature anomalies. J. Clim. 8, 1999–2024. https://doi.org/10.1175/1520-0442(1995)008<1999:togots>2.0.co;2.

Pérez García-Pando, C., et al., 2014. Soil dust aerosols and wind as predictors of seasonal meningitis incidence in Niger. Environ. Health Perspect. 122, 679–686.

Pérez, G.-P., et al., 2014. Meningitis and climate: from science to practice. Earth Perspect. 1, 14.

Perkins, S.E., 2015. A review on the scientific understanding of heat waves—their measurement, driving mechanisms, and changes at the global scale. Atmos. Res. 164–165 (2015), 242–267.

Perlwitz, J., Graf, H.-F., 1995. The statistical connection between tropospheric and stratospheric circulation of the Northern Hemisphere in winter. J. Clim. 8, 2281–2295. https://doi.org/10.1175/1520-0442(1995)008<2281: TSCBTA>2.0.CO;2.

Perlwitz, J., Harnik, N., 2003. Observational evidence of a stratospheric influence on the troposphere by planetary wave reflection. J. Clim. 16, 3011–3026. https://doi.org/10.1175/1520-0442(2003)016<3011:OEOASI>2.0.CO;2.

Persson, A., 2005. Early operational numerical weather prediction outside the USA: an historical introduction. Part 1: Internationalism and engineering NWP in Sweden, 1952–69. Meterol. Appl. 12, 135–159.

Persson, O., Vihma, T., 2017. The atmosphere over sea ice. In: Thomas, D.N. (Ed.), Sea ice. John Wiley & Sons.

Peters-Lidard, C.D., et al., 2007. High performance earth system modeling with NASA/GSFC's Land Information System. Innov. Syst. Softw. Eng. 3, 157.

Peterson, K.A., Arribas, A., Hewitt, H.T., Keen, A.B., Lea, D.J., McLaren, A.J., 2015. Assessing the forecast skill of Arctic sea ice extent in the GloSea4 seasonal prediction system. Clim. Dyn. 44 (1-2), 147–162.

Petoukhov, V., Semenov, V.A., 2010. A link between reduced Barents-Kara sea ice and cold winter extremes over northern continents. J. Geophys. Res. 115, D21111. https://doi.org/10.1029/2009JD013568.

Petoukhov, V., Rahmstorf, S., Petri, S., Schellnhuber, H.J., 2013. Quasi-resonant amplification of planetary waves and recent Northern Hemisphere weather extremes. PNAS 110, 5336–5341.

Petrich, C., Eicken, H., 2017. Growth, structure and properties of sea ice. In: Thomas, D.N. (Ed.), Sea Ice. In: vol. 2. John Wiley & Sons.

Pfister, L., Savenije, H.H.G., Fenicia, F., 2009. Leonardo da Vinci's water theory; on the origin and date of water. IAHS Spec. Publ. 9, 94 pp.

Phillips, N.A., 1956. The general circulation of the atmosphere: a numerical experiment. Q. J. R. Meteorol. Soc. 82, 123–154.

Piazza, M., Terray, L., Boé, J., Maisonnave, E., Sanchez-Gomez, E., 2016. Influence of small-scale North Atlantic sea surface temperature patterns on the marine boundary layer and free troposphere: a study using the atmospheric ARPEGE model. Clim. Dyn. 46, 1699–1717. https://doi.org/10.1007/ s00382-015-2669-z.

Pielke Jr., R., Carbone, R.E., 2002. Weather, impacts, forecasts, and policy: an integrated perspective. Bull. Am. Meteorol. Soc. 83 (3), 393–403.

Pisciottano, G., Díaz, A., Cazes, G., Mechoso, C.R., 1994. El Niño-Southern oscillation impact on rainfall in Uruguay. J. Clim. 7, 1286–1302.

Plaut, G., Vautard, R., 1994. Spells of low-frequency oscillations and weather regimes in the Northern Hemisphere. J. Atmos. Sci. 51, 210–236. https://doi.org/10.1175/1520-0469(1994)051<0210: solfoa>2.0.co;2.

Plumb, R.A., 1981. Instability of the distorted polar night vortex: a theory of stratospheric warmings. J. Atmos. Sci. 38, 2514–2531. https://doi.org/10.1175/1520-0469(1981)038<2514:IOTDPN>2.0.CO;2.

Plumb, R.A., Semeniuk, K., 2003. Downward migration of extratropical zonal wind anomalies. J. Geophys. Res. 108, 4223. https://doi.org/10.1029/2002JD002773.

Pohl, B., Camberlin, P., 2006. Influence of the Madden-Julian oscillation on East-African rainfall. Part I: Intraseasonal variability and regional dependency. Q. J. R. Meteorol. Soc. 132, 2521–2539.

Pohl, B., Camberlin, P., 2006a. Influence of the Madden-Julian Oscillation on East African rainfall, Part I: Intraseaonal variability and regional dependency. Q. J. R. Meteorol. Soc. 132, 2521–2539.

Pohl, B., Camberlin, P., 2006b. Influence of the Madden-Julian Oscillation on East African rainfall, Part II: March-May seasonal extremes and interannual variability. Q. J. R. Meteorol. Soc. 132, 2541–2558.

Pohl, B., Janicot, S., Fontaine, B., Marteau, R., 2009. Implication of the Madden-Julian Oscillation in the 40-50 day variability of the monsoon. J. Clim. 22, 3769–3785.

Polvani, L.M., Kushner, P.J., 2002. Tropospheric response to stratospheric perturbations in a relatively simple general circulation model. Geophys. Res. Lett. 29, 1114. https://doi.org/10.1029/2001GL014284.

Polvani, L.M., Smith, K.L., 2013. Can natural variability explain observed Antarctic sea ice trends? New modeling evidence from CMIP5. Geophys. Res. Lett. 40 (12), 3195–3199.

Polvani, L.M., Waugh, D.W., Correa, G.J.P., Son, S.-W., 2011. Stratospheric ozone depletion: the main driver of twentieth-century atmospheric circulation changes in the Southern Hemisphere. J. Clim. 24, 795–812. https:// doi.org/10.1175/2010JCLI3772.1.

Polvani, L.M., Sun, L., Butler, A.H., Richter, J.H., Deser, C., 2017. Distinguishing stratospheric sudden warmings from ENSO as key drivers of wintertime climate variability over the North Atlantic and Eurasia. J. Clim. 30, 1959–1970.

Prates, F., Buizza, R., 2011. PRET, the Probability of RETurn: a new probabilistic product based on generalized extreme-value theory. Q. J. R. Meteorol. Soc. 137, 521–537. https://doi.org/10.1002/qj.759.

Price Waterhouse Coopers, 2011. Protecting Human Health and Safety During Severe and Extreme Heat Events: A National Framework. Commonwealth Government Report, Australia.

Privé, N., Errico, R.M., 2015. Spectral analysis of forecast error investigated with an observing system simulation experiment. Tellus 67. https://doi.org/10.3402/tellusa.v67.25977.

Prodhomme, C., Doblas-Reyes, F., Bellprat, O., Dutra, E., 2016. Impact of land-surface initialization on sub-seasonal to seasonal forecasts over Europe. Clim. Dyn. 47, 919–935. https://doi.org/10.1007/s00382-015-2879-4.

Prokopy, L.S., Haigh, T., Mase, A.S., Angel, J., Hart, C., Knutson, C., Lemos, M.C., Lo, Y., McGuire, J., Wright Morton, L., Perron, J., Todey, D., Widhalm, M., 2013. Agricultural advisors: a receptive audience for weather and climate information? Weather Clim. Soc. 5 (2), 162–167.

Proshutinsky, A., Aksenov, Y., Kinney, J.C., Gerdes, R., Golubeva, E., Holland, D., et al., 2011. Recent advances in Arctic ocean studies employing models from the Arctic Ocean Model Intercomparison Project.

Public Health England, NHS England, Local Government Association & UK Met Office, 2015. Heatwave Plan for England. Tech. Rep. PHE publications gateway number: 2015049.

Putrasahan, D.A., Miller, A.J., Seo, H., 2013. Isolating meso-scale coupled ocean–atmosphere interactions in the Kuroshio Extension region. Dyn. Atmos. Oceans 63, 60–78. https://doi.org/10.1016/ j.dynatmoce.2013.04.001.

PytlikZillig, L.M., Hu, Q., Hubbard, K.G., Lynne, G.D., Bruning, R.H., 2010. Improving farmers' perception and use of climate predictions in farming decisions: a transition model. J. Appl. Meteorol. Climatol. 49 (6), 1333–1340.

Qian, J.-H., Robertson, A.W., Moron, V., 2010. Interactions among ENSO, the monsoon, and diurnal cycle in rainfall variability over Java. J. Atmos. Sci. 67, 3509–3524.

Qiu, B., Chen, S., Schneider, N., Taguchi, B., 2014. A coupled decadal prediction of the dynamic state of the Kuroshio Extension system. J. Clim. 27, 1751–1764. https://doi.org/10.1175/JCLI-D-13-00318.1.

Quaife, T., Lewis, P., De Kauwe, M., Williams, M., Law, B.E., Disney, M., Bowyer, P., 2008. Assimilating canopy reflectance data into an ecosystem model with an Ensemble Kalman Filter. Remote Sens. Environ. 112, 1347–1364.

Quesada, B., Vautard, R., Yiou, P., Hirschi, M., Seneviratne, S.I., 2012. Asymmetric European summer heat predictability from wet and dry southern winters and springs. Nat. Clim. Chang. 2 (10), 736–741.

Quiroz, R.S., 1986. The association of stratospheric warmings with tropospheric blocking. J. Geophys. Res. 91, 5277. https://doi.org/10.1029/JD091iD04p05277.

R Core Team, 2017. R: A Language and Environment for Statistical Computing. R Foundation for Statistical Computing, Vienna, Austria.

Rajagopalan, B., Lall, U., Zebiak, S.E., 2002. Categorical climate forecasts through regularization and optimal combination of multiple gcm ensembles. Mon. Weather Rev. 130 (7), 1792–1811.

Rajeevan, M., Gadgil, S., Bhate, J., 2010. Active and break spells of the Indian summer monsoon. J. Earth Syst. Sci. 119, 229–247. https://doi.org/10.1007/s12040-010-0019-4.

Ralph, F.M., Dettinger, M.D., 2011. Storms, floods, and the science of atmospheric rivers. Eos. Trans. AGU 92, 265. https://doi.org/10.1029/2011EO320001.

Ralph, F.M., Dettinger, M.D., 2012. Historical and national perspectives on extreme west coast precipitation associated with atmospheric rivers during December 2012. Bull. Am. Meteorol. Soc. 93, 783–790. https://doi.org/ 10.1175/BAMS-D-11-00188.1.

Ralph, F.M., Neiman, P.J., Wick, G.A., 2004. Satellite and CALJET aircraft observations of atmospheric rivers over the eastern North-Pacific Ocean during the El Niño winter of 1997/98. Mon. Weather Rev. 132, 1721–1745. https://doi. org/10.1175/1520-0493(2004)132<1721:SACAOO>2.0.CO;2.

Ralph, F.M., Neiman, P.J., Wick, G.A., Gutman, S.I., Dettinger, M.D., Cayan, D.R., White, A.B., 2006. Flooding on California's Russian River: role of atmospheric rivers. Geophys. Res. Lett. 33, L13801. https://doi.org/10.1029/ 2006GL026689.

Ralph, F.M., et al., 2016. CalWater field studies designed to quantify the roles of atmospheric rivers and aerosols in modulating U.S. west coast precipitation in a changing climate. Bull. Am. Meteorol. Soc. 97, 1209–1228. https:// doi.org/10.1175/BAMS-D-14-00043.1.

Ramos, M.H., van Andel, S.J., Pappenberger, F., 2013. Do probabilistic forecasts lead to better decisions? Hydrol. Earth Syst. Sci. 17, 2219–2232.

Rampal, P., Weiss, J., Marsan, D., Lindsay, R., Stern, H., 2008. Scaling properties of sea ice deformation from buoy dispersion analysis. J. Geophys. Res. Oceans. 113(C3).

Randall, D.A., 2013. Beyond deadlock. Geophys. Res. Lett. 40, 5970–5976.

Randall, D., Khairoutdinov, M., Arakawa, A., Grabowski, W., 2003. Breaking the cloud parameterization deadlock. Bull. Am. Meteorol. Soc. 84, 1547–1564.

Rashid, H.A., Hendon, H.H., Wheeler, M.C., Alves, O., 2011. Prediction of the Madden–Julian oscillation with the POAMA dynamical prediction system. Clim. Dyn. 36, 649–661. https://doi.org/10.1007/s00382-010-0754-x.

Rasmusson, E., Carpenter, T., 1982. Variations in tropical sea surface temperature and surface wind fields associated with the Southern Oscillation El Nino. Mon. Weather Rev. 111, 517–528.

Rauhala, J., Schultz, D.M., 2009. Severe thunderstorm and tornado warnings in Europe. Atmos. Res. 93, 369–380. https://doi.org/10.1016/j.atmosres. 2008.09.026.

Ray, P., Zhang, C., 2010. A case study of the mechanisms of extratropical influence on the initiation of the Madden-Julian oscillation. J. Atmos. Sci. 67, 515–528. https://doi.org/10.1175/2009JAS3059.1.

Raymond, D.J., 2001. A new model of the Madden–Julian Oscillation. J. Atmos. Sci. 58, 2807–2819.

Raymond, D.J., Fuchs, Z., 2009. Moisture modes and the Madden-Julian Oscillation. J. Clim. 22, 3031–3046.

Rayner, S., Lach, D., Ingram, H., 2005. Weather forecasts are for wimps: why water resource managers do not use climate forecasts. Clim. Chang. 69, 197–227.

Redelsperger, J.L., Thorncroft, C., Diedhiou, A., Lebel, T., Parker, D.J., Polcher, J., 2006. African Monsoon Multidisciplinary Analysis (AMMA): an international research project and field campaign. Bull. Am. Meteorol. Soc. 87, 1739–1746.

Reichle, R., 2008. Data assimilation methods in the Earth sciences. Adv. Water Resour. 31, 1411–1418.

Reichle, R.H., Koster, R.D., Liu, P., Mahanama, S.P.P., Njoku, E.G., Owe, M., 2007. Comparison and assimilation of global soil moisture retrievals from the Advanced Microwave Scanning Radiometer for the Earth Observing System (AMSR-E) and the Scanning Multichannel Microwave Radiometer (SMMR). J. Geophys. Res. 112, D09108.

Reichle, R.H., Crow, W.T., Koster, R.D., Sharif, H.O., Mahanama, S.P.P., 2008. Contribution of soil moisture retrievals to land data assimilation products. Geophys. Res. Lett. 35, L01404.

Reid, G.C., Gage, K.S., 1985. Interannual variations in the height of the tropical tropopause. J. Geophys. Res. 90, 5629. https://doi.org/10.1029/JD090iD03p05629.

Reinhold, B., Pierrehumbert, R., 1982. Dynamics of weather regimes: quasi-stationary waves and blocking. Mon. Weather Rev. 110, 1105–1145. https://doi.org/10.1175/1520-0493(1982)110<1105:DOWRQS>2.0.CO;2.

Renggli, D., Leckebusch, G.C., Ulbrich, U., Gleixner, S.N., Faust, E., 2011. The skill of seasonal ensemble prediction systems to forecast wintertime windstorm frequency over the North Atlantic and Europe. Mon. Weather Rev. 139, 3052–3068.

Reynolds, R.W., Smith, T.M., Liu, C., et al., 2007. Daily high-resolution-blended analyses for sea surface temperature. J. Clim. 20, 5473–5496. https://doi.org/10.1175/2007JCLI1824.1.

Ricciardulli, L., Sardeshmukh, P., 2002. Local time- and space scales of organized tropical deep convection. J. Clim. 15, 2775–2790.

Richardson, L.F., 1922. Weather Prediction by Numerical Process. Cambridge University Press, Cambridge, MA. Reprinted in 2006 by Cambridge University Press with a new introduction by Peter Lynch.

Richardson, D.S., 2000. Skill and economic value of the ECMWF Ensemble Prediction System. Q. J. R. Meteorol. Soc. 126, 649–668.

Richardson, D.S., 2001. Measures of skill and value of ensemble prediction systems, their interrelationship and the effect of ensemble size. Q. J. R. Meteorol. Soc. 127, 2473–2489.

Richardson, D., Bidlot, J., Ferranti, L., Haiden, T., Hewson, T., Janousek, M., Prates, F., Vitart, F., 2013. Evaluation of ECMWF Forecasts, Including 2012–2013 Upgrades. Tech. rep ECMWF Technical Memo, Reading.

Richter, J.H., Matthes, K., Calvo, N., Gray, L.J., 2011. Influence of the quasi-biennial oscillation and El Niño–Southern Oscillation on the frequency of sudden stratospheric warmings. J. Geophys. Res. 116, D20111. https://doi.org/10.1029/2011JD015757.

Richter, J.H., Deser, C., Sun, L., 2015. Effects of stratospheric variability on El Niño teleconnections. Environ. Res. Lett. 10, 124021. https://doi.org/10.1088/1748-9326/10/12/124021.

Riddle, E.E., Butler, A.H., Furtado, J.C., Cohen, J.L., Kumar, A., 2013. CFSv2 ensemble prediction of the wintertime Arctic Oscillation. https://doi.org/10.1007/s00382-013-1850-5.

Rieck, M., Hohenegger, C., Gentine, P., 2015. The effect of moist convection on thermally induced mesoscale circulations. Q. J. R. Meteorol. Soc. 141, 2418–2428.

Riesz, N., Sz-Nagy, B., 1953. Functional Analysis. Frederick Ungar Publishing, New York.

Ring, M.J., Plumb, R.A., 2008. The response of a simplified GCM to axisymmetric forcings: applicability of the fluctuation–dissipation theorem. J. Atmos. Sci. 65, 3880–3898. https://doi.org/10.1175/2008JAS2773.1.

Ripa, P., 1983. General stability conditions for zonal flows in a one-layer model on the β-plane or the sphere. J. Fluid Mech. 126, 463–489.

Rivera, J.A., Penalba, O.C., 2014. Trends and spatial patterns of drought affected area in Southern South America. Climate 2, 264–278. https://doi.org/10.3390/cli2040264.

Rivest, C., Farrell, B.F., 1992. Upper-tropospheric synoptic-scale waves. Part II: Maintenance and excitation of quasi-modes. J. Atmos. Sci. 49, 2120–2138.

Roads, J.O., 1986. Forecasts of time averages with a numerical weather prediction model. J. Atmos. Sci. 43, 871–892.

Robbins, J.C., Titley, H.A., 2018. Evaluating high-impact weather forecasts from the Met Office Global Hazard Map using a global impact database. Meteorol. Appl. in press.

Roberts, N.M., Lean, H.W., 2008. Scale-selective verification of rainfall accumulations from high-resolution forecasts of convective events. Mon. Weather Rev. 136, 78–97.

Robertson, A.W., Metz, W., 1989. Three-dimensional linear instability of persistent anomalous large-scale flows. J. Atmos. Sci. 46, 2783–2801.

Robertson, A.W., Kumar, A., Peña, M., Vitart, F., 2015. Improving and promoting subseasonal to seasonal prediction. Bull. Am. Meteorol. Soc. 96 (3), ES49–53.

Robine, J.-M., Cheung, S.L.K., Le Roy, S., Van Oyen, H., Griffiths, C., Michel, J.-P., Herrmann, F.R., 2008. Death toll exceeded 70,000 in Europe during the summer of 2003. C. R. Biol. 331 (2), 171–178.

Robinson, W.A., 1988. Irreversible wave–mean flow interactions in a mechanistic model of the stratosphere. J. Atmos. Sci. 45, 3413–3430. https://doi.org/10.1175/1520-0469(1988)045<3413:IWFIIA>2.0.CO;2.

Robinson, W.A., 1991. The dynamics of the zonal index in a simple model of the atmosphere. Tellus A. https://doi.org/10.3402/tellusa.v43i5.11953.

Robinson, W.A., 1996. Does eddy feedback sustain variability in the zonal index? J. Atmos. Sci. 53, 3556–3569. https://doi.org/10.1175/1520-0469(1996)053<3556:DEFSVI>2.0.CO;2.

Rodell, M., et al., 2004. The global land data assimilation system. Bull. Am. Meteorol. Soc. 85, 381–394.

Rodney, M., Lin, H., Derome, J., 2013. Subseasonal prediction of wintertime North American surface air temperature during strong MJO events. Mon. Weather Rev. 141, 2897–2909. https://doi.org/10.1175/MWR-D-12-00221.1.

Rodri´guez-Iturbe, I., Entekhabi, D., Bras, R.L., 1991a. Nonlinear dynamics of soil-moisture at climate scales. 1. Stochastic-analysis. Water Resour. Res. 27, 1899–1906.

Rodri´guez-Iturbe, I., Entekhabi, D., Lee, J., Bras, R.L., 1991b. Nonlinear dynamics of soil-moisture at climate scales. 2. Chaotic analysis. Water Resour. Res. 27, 1907–1915.

Roebber, P.J., 2009. Visualizing multiple measures of forecast quality. Weather Forecast. 24, 601–608.

Roff, G., Thompson, D.W.J., Hendon, H., 2011. Does increasing model stratospheric resolution improve extended-range forecast skill? Geophys. Res. Lett. 38. https://doi.org/10.1029/2010GL046515.

Rogers, D.J., Randolph, S.E., Snow, R.W., Hay, S.I., 2002. Satellite imagery in the study and forecast of malaria. Nature 415, 710–715.

Roh, W., Satoh, M., Nasuno, T., 2017. Improvement of a cloud microphysics scheme for a global nonhydrostatic model using TRMM and a satellite simulator. J. Atmos. Sci. 74, 167–184.

Ropelewski, C., Halpert, M., 1987. Global and regional scale precipitation patterns associated with the El Nino Southern Oscillation. Mon. Weather Rev. 115, 1606–1626.

Ropelewski, C., Halpert, M., 1996. Quantifying Southern Oscillation-precipitation relationships. J. Clim. 9, 1043–1059.

Rossby, C.-G., 1939. Relation between variations in the intensity of the zonal circulation of the atmosphere and the displacements of the semi-permanent centers of action. J. Mar. Res. 2, 38–55. https://doi.org/10.1357/002224039806649023.

Rotunno, R., 1983. On the linear-theory of the land and sea breeze. J. Atmos. Sci. 40, 1999–2009.

Roulston, M.S., Bolton, G.E., Kleit, A.N., Sears-Collins, A.L., 2006. A laboratory study of the benefits of including uncertainty information in weather forecasts. Weather Forecast. 21, 116–122. https://doi.org/10.1175/WAF887.1.

Roundy, P.E., 2012. Tropical extratropical interactions. In: Lau, W.K.M., Waliser, D.E. (Eds.), Intraseasonal Variability in the Atmosphere-Ocean Climate System, second ed. Springer, pp. 497–512.

Roundy, P., 2014. Some aspects of western hemisphere circulation and the Madden-Julian Oscillation. J. Atmos. Sci. 71, 2027–2039.

Roundy, J.K., Wood, E.F., 2015. The attribution of land-atmosphere interactions on the seasonal predictability of drought. J. Hydrometeorol. 16, 793–810.

Rowell, D., 1998. Assessing potential seasonal predictability with an ensemble of multidecadal GCM Simulations. J. Clim. 11, 109–120.

Rowntree, P.R., Bolton, J.A., 1983. Effects of soil moisture anomalies over Europe in summer. In: Street-Perrott, A., et al., (Eds.), Variations in the Global Water Budget. D. Reidel, pp. 447–462.

Roy, F., Chevallier, M., Smith, G., Dupont, F., Garric, G., Lemieux, J.-F., Lu, Y., Davidson, F., 2015. Arctic sea ice and freshwater sensitivity to the treatment of the atmosphere-ice-ocean surface layer. J. Geophys. Res. Oceans 120, 4392–4417. https://doi.org/10.1002/2014JC010677.

Rui, H., Wang, B., 1990. Development characteristics and dynamic structure of tropical intraseasonal oscillations. J. Atmos. Sci. 47, 357–379.

Ruiz, D., et al., 2014. Testing a multi-malaria-model ensemble against 30 years of data in the Kenyan highlands. Malar. J. 13, 1.

Rutledge, S.A., Hobbs, P.V., 1983. The mesoscale and microscale structure and organization of clouds and precipitation in midlatitude cyclones VIII: a model for the "seeder-feeder" process in warm-frontal rain bands. J. Atmos. Sci. 40, 1185–1206.

Rutledge, S.A., Hobbs, P.V., 1984. The mesoscale and microscale structure and organization of clouds and precipitation in midlatitude cyclones XII: a diagnostic modeling study of precipitation development in narrow cold frontal rainbands. J. Atmos. Sci. 41, 2949–2972.

S2S, 2018. The WMO Sub-seasonal to Seasonal prediction research project: see the S2S web pages hosted by WMO. http://www.s2sprediction.net/. And the page hosted by ECMWF:http://www.ecmwf.int/en/research/projects/s2s.

Saha, S., Nadiga, S., Thiaw, C., et al., 2006. The NCEP climate forecast system. J. Clim. 19, 3483–3517. https://doi.org/10.1175/JCLI3812.1.

Saha, S., et al., 2010. The NCEP climate forecast system reanalysis. Bull. Am. Meteorol. Soc. 91, 1015–1057.

Saha, S., et al., 2011. NCEP Climate Forecast System Version 2 (CFSv2) 6-Hourly Products. updated dailyResearch Data Archive at the National Center for Atmospheric Research, Computational and Information Systems Laboratory.https://doi.org/10.5065/D61C1TXF. [(Accessed 19 August 2016)].

Saha, S., Moorthi, S., Wu, X., et al., 2014. The NCEP climate forecast system version 2. J. Clim. 27, 2185–2208. https://doi.org/10.1175/JCLI-D-12-00823.1.

Sahai, A.K., Chattopadhyay, R., Joseph, S., et al., 2015. Real-time performance of a multi-model ensemble-based extended range forecast system in predicting the 2014 monsoon season based on NCEP-CFSv2. Curr. Sci. 109, 1802–1813.

Salomon, J.G., Schaaf, C.B., Strahler, A.H., Gao, F., Jin, Y., 2006. Validation of the MODIS bidirectional reflectance distribution function and albedo retrievals using combined observations from the aqua and terra platforms. IEEE Trans. Geosci. Remote Sens. 44, 1555–1565.

Sansom, P.G., Stephenson, D.B., Ferro, C.A.T., Zappa, G., Shaffrey, L., 2013. Simple uncertainty frameworks for selecting weighting schemes and interpreting multimodel ensemble climate change experiments. J. Clim. 26 (12), 4017–4037.

Santanello, J.A., Peters-Lidard, C.D., Kumar, S.V., Alonge, C., Tao, W.-K., 2009. A modeling and observational framework for diagnosing local land-atmosphere coupling on diurnal time scales. J. Hydrometeorol. 10, 577–599.

Santanello, J.A., Peters-Lidard, C.D., Kumar, S.V., 2011a. Diagnosing the sensitivity of local land-atmosphere coupling via the soil moisture-boundary layer interaction. J. Hydrometeorol. 12, 766–786.

Santanello, J.A., et al., 2011b. Local land-atmosphere coupling (LoCo) research: status and results. GEWEX News 21 (4), 7–9.

Santanello, J.A., et al., 2015. The importance of routine planetary boundary layer measurements over land from space. In: White Paper in Response to the Earth Sciences Decadal Survey Request for Information (RFI) From the National Academy of Sciences Space Studies Board. 5 pp.

Saravanan, R., 1998. Atmospheric low-frequency variability and its relationship to midlatitude SST variability: studies using the NCAR climate system model. J. Clim. 11, 1386–1404.

Saravanan, R., McWilliams, J.C., 1998. Advective ocean–atmosphere interaction: an analytical stochastic model with implications for decadal variability. J. Clim. 11, 165–188.

Sardeshmukh, P.D., Hoskins, B.J., 1988. The generation of global rotational flow by steady idealized tropical divergence. J. Atmos. Sci. 45, 1228–1251. https://doi.org/10.1175/1520-0469(1988)045<1228:TGOGRF>2.0.CO;2.

Sardeshmukh, P.D., Penland, C., 2015. Understanding the distinctively skewed and heavy tailed character of atmospheric and oceanic probability distributions. Chaos 25, 036410. https://doi.org/10.1063/1.4914169.

Sato, N., Sellers, P.J., Randall, D.A., Schneider, E.K., Shukla, J., Kinter III, J.L., Hou, Y.-T., Albertazzi, E., 1989. Effects of implementing the Simple Biosphere model in a general circulation model. J. Atmos. Sci. 46, 2757–2782.

Satoh, M., Matsuno, T., Tomita, H., Miura, H., Nasuno, T., Iga, S., 2008. Nonhydrostatic icosahedral atmospheric model (NICAM) for global cloud resolving simulations. J. Comput. Phys. 227, 3486–3514.

Satoh, M., Iga, S., Tomita, H., Tsushima, Y., Noda, A.T., 2012. Response of upper clouds in global warming experiments obtained using a global nonhydrostatic model with explicit cloud processes. J. Clim. 25, 2178–2191. https://doi.org/10.1175/JCLI-D-11-00152.1.

Satoh, M., et al., 2014. The non-hydrostatic icosahedral atmospheric model: description and development. Prog Earth Planet Sci 1, 18.

Scaife, A.A., Knight, J.R., 2008. Ensemble simulations of the cold European winter of 2005-2006. Q. J. R. Meteorol. Soc. 134, 1647–1659. https://doi.org/10.1002/qj.312.

Scaife, A.A., et al., 2014a. Skilful long-range prediction of European and North American winters. Geophys. Res. Lett. 41, 2514–2519. https://doi.org/10.1002/2014GL059637.

Scaife, A.A., et al., 2014b. Predictability of the quasi-biennial oscillation and its northern winter teleconnection on seasonal to decadal timescales. Geophys. Res. Lett. 41, 1752–1758. https://doi.org/10.1002/2013GL059160.

Scaife, A.A., et al., 2016. Seasonal winter forecasts and the stratosphere. Atmos. Sci. Lett. 17, 51–56. https://doi.org/10.1002/asl.598.

Schecter, D.A., Montgomery, M.T., 2006. Conditions that inhibit the spontaneous radiation of spiral inertia-gravity waves from an intense mesoscale cyclone. J. Atmos. Sci. 63, 435–456.

Schecter, D.A., Dubin, D.H.E., Cass, A.C., Driscoll, C.F., Lansky, I.M., O'Neil, T.M., 2000. Inviscid damping of asymmetries on a two-dimensional vortex. Phys. Fluids 12, 2397–2412.

Schecter, D.A., Montgomery, M.T., Reasor, P.D., 2002. A theory for the vertical alignment of a quasigeostrophic vortex. J. Atmos. Sci. 59, 150–168.

Schefzik, R., 2017. Ensemble calibration with preserved correlations: unifying and comparing ensemble copula coupling and member-by-member postprocessing. Q. J. R. Meteorol. Soc. 143 (703), 999–1008.

Schefzik, R., Thorarinsdottir, T.L., Gneiting, T., 2013. Uncertainty quantification in complex simulation models using ensemble copula coupling. Stat. Sci. 28 (4), 616–640.

Schenzinger, V., Osprey, S., Gray, L., Butchart, N., 2016. Defining metrics of the Quasi-Biennial Oscillation in global climate models. Geosci. Model Dev. Discuss. https://doi.org/10.5194/gmd-2016-284.

Scher, S., Haarsma, R.J., de Vries, H., Drijfhout, S.S., van Delden, A.J., 2017. Resolution dependence of extreme precipitation and deep convection over the Gulf Stream. J. Adv. Model. Earth Syst. 9. https://doi.org/10.1002/2016MS000903.

Scheuerer, M., Hamill, T.M., Whitin, B., He, M., Henkel, A., 2017. A method for preferential selection of dates in the Schaake shuffle approach to constructing spatiotemporal forecast fields of temperature and precipitation. Water Resour. Res. 53 (4), 3029–3046.

Schiller, A., Godfrey, J.S., 2003. Indian ocean intraseasonal variability in an ocean general circulation model. J. Clim. 16, 21–39.

Schlax, M.G., Chelton, D.B., 1992. Frequency-domain diagnostics for linear smoothers. J. Am. Stat. Assoc. 87, 1070–1081. https://doi.org/10.1080/01621459.1992.10476262.

Schneider, S.H., Dickinson, R.E., 1974. Climate modeling. Rev. Geophys. Space Phys. 25, 447–493.

Schroeder, D., Feltham, D.L., Flocco, D., Tsamados, M., 2014. September Arctic sea ice minimum predicted by spring melt-pond fraction. Nat. Clim. Chang. 4 (5), 353–357.

Schubert, S.D., 1985. A statistical-dynamical study of empirically determined modes of atmospheric variability. J. Atmos. Sci. 42, 3–17.

Schubert, S., Dole, R., van den Dool, H., Suarez, M., Waliser, D., 2002. Prospects for Improved Forecasts of Weather and Short-Term Climate Variability on Subseasonal (2-Week to 2-Month) Time Scales. NASA Technical Report Series on Global Modeling and Data Assimilation, 23, NASA/TM-2002-104606. 171 pp.

Schwarz, G., 1978. Estimating the dimension of a model. Ann. Stat. 6 (2), 461–464.

Schwedler, B.R.J., Baldwin, M.E., 2011. Diagnosing the sensitivity of binary image measures to bias, location, and event frequency within a forecast verification framework. Weather Forecast. 26, 1032–1044.

Schweiger, A., Lindsay, R., Zhang, J., Steele, M., Stern, H., Kwok, R., 2011. Uncertainty in modeled Arctic sea ice volume. J. Geophys. Res. Oceans. 116(C8).

Scott, R.K., 2016. A new class of vacillations of the stratospheric polar vortex. Q. J. R. Meteorol. Soc. 142, 1948–1957. https://doi.org/10.1002/qj.2788.

Scott, R.K., Haynes, P.H., 2000. Internal vacillations in stratosphere-only models. J. Atmos. Sci. 57, 3233–3250. https://doi.org/10.1175/1520-0469(2000)057<3233:IVISOM>2.0.CO;2.

Scott, R.K., Polvani, L.M., 2004. Stratospheric control of upward wave flux near the tropopause. Geophys. Res. Lett. 31. https://doi.org/10.1029/2003GL017965.

Screen, J.A., 2017a. Simulated atmospheric response to regional and pan-arctic sea-ice loss. J. Clim. https://doi.org/10.1175/JCLI-D-16-0197.1 JCLI-D-16-0197.1.

Screen, J.A., 2017b. The missing Northern European cooling response to Arctic sea ice loss. Nat. Commun. 8, 14603.

Seiki, T., Kodama, C., Noda, A.T., Satoh, M., 2015. Improvement in global cloud-system-resolving simulations by using a double-moment bulk cloud microphysics scheme. J. Clim. 28, 2405–2419.

Sekiguchi, M., Nakajima, T., 2008. A k-distribution-based radiation code and its computational optimization for an atmospheric general circulation model. J. Quant. Spectrosc. Radiat. Transf. 109, 2779–2793.

Sellers, P.J., Dorman, J.L., 1987. Testing the Simple Biosphere model (SiB) using point micrometeorological and biophysical data. J. Clim. Appl. Meteorol. 26, 622–651.

Sellers, P.J., Mintz, Y., Sud, Y.C., Dalcher, A., 1986. A simple biosphere model (SiB) for use within general circulation models. J. Atmos. Sci. 43, 505–531.

Sellers, P.J., Hall, F.G., Asrar, G., Strebel, D.E., Murphy, R.E., 1992. An overview of the First International Satellite Land Surface Climatology Project (ISLSCP) Field Experiment (FIFE). J. Geophys. Res. 97, 18,345–18,372.

Sellers, P.J., et al., 1995. The Boreal Ecosystem-Atmosphere Study (BOREAS): an overview and early results from the 1994 field year. Bull. Am. Meteorol. Soc. 76, 1549–1577.

Sellers, P.J., et al., 1997. Modeling the exchanges of energy, water, and carbon between the continents and the atmosphere. Science 275, 502–509.

Semmler, T., Jung, T., Serrar, S., 2016a. Fast atmospheric response to a sudden thinning of Arctic winter sea ice from an ensemble of model simulations. Clim. Dyn. 46, 1015–1025. https://doi.org/10.1007/s00382-015-2629-7.

Semmler, T., Stulic, J., Jung, T., Tilinina, N., Campos, C., Gulev, S., Koracin, D., 2016b. Impact of reduced Arctic sea ice on the Northern Hemisphere atmosphere in an ensemble of coupled model simulations. J. Clim. 29, 5893–5913. https://doi.org/10.1175/JCLI-D-15-0586.1.

Semmler, T., Kasper, M.A., Jung, T., Serrar, S., 2016c. Remote impact of the Antarctic atmosphere on the southern mid-latitudes. Meteorol. Z. 25, 71–77. https://doi.org/10.1127/metz/2015/0685.

Semmler, T., Kasper, M.A., Jung, T., Serrar, S., 2017. Using NWP to assess the influence of the Arctic atmosphere on mid-latitude weather and climate. Adv. Atmos. Sci. https://doi.org/10.1007/s00376-017-6290-4 accepted.

Semtner Jr., A.J., 1976. A model for the thermodynamic growth of sea ice in numerical investigations of climate. J. Phys. Oceanogr. 6 (3), 379–389.

Seneviratne, S.I., Lüthi, D., Litschi, M., Schär, C., 2006. Land–atmosphere coupling and climate change in Europe. Nature 443 (7108), 205–209.

Seneviratne, S.I., et al., 2010. Investigating soil moisture-climate interactions in a changing climate: a review. Earth-Sci. Rev. 99, 125–161.

Seo, K.-H., Kumar, A., 2008. The onset and life span of the Madden-Julian Oscillation. Theor. Appl. Climatolol. 94, 13–24.

Seo, K.H., Son, S.W., 2012. The global atmospheric circulation response to tropical diabatic heating associated with the Madden–Julian oscillation during northern winter. J. Atmos. Sci. 69, 79–96. https://doi.org/10.1175/2011JAS3686.1.

Seo, K.-H., Wang, W., 2010. The Madden–Julian oscillation simulated in the NCEP Climate Forecast System model: the importance of stratiform heating. J. Clim. 23, 4770–4793.

Seo, K.-H., Wang, W., Gottschalck, J., Zhang, Q., Schemm, J.-K.E., Higgins, W.R., Kumar, A., 2009. Evaluation of MJO forecast skill from several statistical and dynamical forecast models. J. Clim. 22, 2372–2388.

Seo, J., Choi, W., Youn, D., Park, D.-S.R., Kim, J.Y., 2013. Relationship between the stratospheric quasi-biennial oscillation and the spring rainfall in the western North Pacific. Geophys. Res. Lett. 40, 5949–5953. https://doi.org/10.1002/2013GL058266.

Seviour, W.J.M., Hardiman, S.C., Gray, L.J., Butchart, N., MacLachlan, C., Scaife, A.A., 2014. Skillful seasonal prediction of the Southern Annular Mode and Antarctic Ozone. J. Clim. 27, 7462–7474. https://doi.org/10.1175/JCLI-D-14-00264.1.

Shapiro, M., et al., 2010. An earth-system prediction initiative for the 21st century. Bull. Am. Meteorol. Soc. 91, 1377–1388. https://doi.org/10.1175/2010BAMS2944.1.

Sharma, K.D., Gosain, A.K., 2010. Application of climate information and predictions in water sector: capabilities. Procedia Environ Sci 1, 120–129.

Shaw, T.A., Perlwitz, J., 2013. The life cycle of Northern Hemisphere downward wave coupling between the stratosphere and troposphere. J. Clim. 26, 1745–1763. https://doi.org/10.1175/JCLI-D-12-00251.1.

Shaw, T.A., Perlwitz, J., Harnik, N., 2010. Downward wave coupling between the stratosphere and troposphere: the importance of meridional wave guiding and comparison with zonal-mean coupling. J. Clim. 23, 6365–6381. https://doi.org/10.1175/2010JCLI3804.1.

Shaw, T.A., Perlwitz, J., Weiner, O., 2014. Troposphere-stratosphere coupling: links to North Atlantic weather and climate, including their representation in CMIP5 models. J. Geophys. Res. Atmos. 119, 5864–5880. https://doi.org/10.1002/2013JD021191.

Shchepetkin, A.F., McWilliams, J.C., 2005. The Regional Ocean Modeling System: a split-explicit, free-surface, topography-following coordinates ocean model. Ocean Model. 9, 347–404. https://doi.org/10.1016/j.ocemod.2004.08.002.

Shelly, A., Xavier, P., Copsey, D., Johns, T., Rodriguez, J.M., Milton, S., Klingaman, N.P., 2014. Coupled versus uncoupled hindcast simulations of the Madden–Julian oscillation in the year of tropical convection. Geophys. Res. Lett., 5670–5677.

Shepard, D., 1968. Two-dimensional interpolation function for irregularly spaced data. In: Proc. 1968 ACM Nat. Conf., pp. 517–524.

Shepherd, T.G., 2003. Ripa's theorem and its relatives. In: Velasco Fuentes, O.U., Sheinbaum, J., Ochoa, J. (Eds.), Nonlinear Processes in Geophysical Fluid Dynamics: A Tribute to the Scientific Work of Pedro Ripa. Kluwer Academic, Dordrecht, pp. 1–14.

Shukla, J., 1981. Dynamical predictability of monthly means. J. Atmos. Sci. 38 (12), 2547–2572.

Shukla, J., 1998. Predictability in the midst of chaos: a scientific basis for climate forecasting. Science 282, 728–731.

Shukla, J., Mintz, Y., 1982. Influence of land-surface evapotranspiration on the earth's climate. Science 215, 1498–1501.

Shukla, S., Voisin, N., Lettenmaiser, D.P., 2012. Value of medium range weather forecasts in the improvement of seasonal hydrological prediction skill. Hydrol. Earth Syst. Sci. Discuss. 9, 1827–1857.

Shuttleworth, W.J., 2012. Terrestrial Hydrometeorology. John Wiley and Sons. 448 pp.

Shutts, G., 2005. A kinetic energy backscatter algorithm for use in ensemble prediction systems. Q. J. R. Meteorol. Soc. 131, 3079–3100.

Siegert, S., Sansom, P.G., Williams, R.M., 2016a. Parameter uncertainty in forecast recalibration. Q. J. R. Meteorol. Soc. 142 (696), 1213–1221.

Siegert, S., Stephenson, D.B., Sansom, P.G., Scaife, A.A., Eade, R., Arribas, A., 2016b. A Bayesian framework for verification and recalibration of ensemble forecasts: how uncertain is NAO predictability? J. Clim. 29 (3), 995–1012.

Sigmond, M., Scinocca, J.F., Kushner, P.J., 2008. Impact of the stratosphere on tropospheric climate change. Geophys. Res. Lett. 35. https://doi.org/10.1029/2008GL033573.

Sigmond, M., Scinocca, J.F., Kharin, V.V., Shepherd, T.G., 2013. Enhanced seasonal forecast skill following stratospheric sudden warmings. Nat. Geosci. https://doi.org/10.1038/ngeo1698.

Silver, A., Mills, B., 2018. The Value and Application of Sub-seasonal to Seasonal Weather Forecasts. Unpublished annotated bibliography, Department of Geography and Environmental Management, University of Waterloo, Waterloo, Canada. 173 pp.

Silverman, B.W., 1986. Density Estimation for Statistics and Data Analysis. CRC Press, New York, NY.

Simmons, A.J., Wallace, J.M., Branstator, G.W., 1983. Barotropic wave propagation and instability, and atmospheric teleconnection patterns. J. Atmos. Sci. 40, 1363–1392.

Simpson, I.R., Polvani, L.M., 2016. Revisiting the relationship between jet position, forced response, and annular mode variability in the southern midlatitudes. Geophys. Res. Lett. https://doi.org/10.1002/2016GL067989.

Simpson, I.R., Hitchcock, P., Shepherd, T.G., Scinocca, J.F., 2013. Southern annular mode dynamics in observations and models. Part I: The influence of climatological zonal wind biases in a comprehensive GCM. J. Clim. 26, 3953–3967. https://doi.org/10.1175/JCLI-D-12-00348.1.

Sinclair, D., Preziosi, M.-P., Jacob John, T., Greenwood, B., 2010. The epidemiology of meningococcal disease in india. Tropical Med. Int. Health 15, 1421–1435.

Sirovich, L., Everson, R., 1992. Management and analysis of large scientific datasets. J. Super. Appl. 6, 50–58.

Sivakumar, M., 1988. Predicting rainy season potential from the onset of rains in southern Sahelian and Sudanian climatic zones of West-Africa. Agric. For. Meteorol. 42, 295–305.

Sivakumar, M.V.K., Collins, C., Jay, A., Hansen, J., 2014. Regional Priorities for Strengthening Climate Services for Farmers in Africa and South Asia. CCAFS Working Paper no. 71, CGIAR Research Program on Climate Change, Agriculture and Food Security (CCAFS), Copenhagen, Denmark. Available online at:www.ccafs.cgiar.org.

Skamarock, W.C., et al., 2008. A Description of the Advanced Research WRF Version 3. NCAR Tech. Note NCAR/TN-4751STR, 113 pp. https://doi.org/10.5065/D68S4MVH.

Slingo, J.M., Sperber, K.R., Boyle, J.S., Ceron, J.-P., Dix, M., Dugas, B., Ebisuzaki, W., Fyfe, J., Gregory, D., Gueremy, J.-F., Hack, J., Harzallah, A., Inness, P., Kitoh, A., Lau, W.K.-M., McAvaney, B., Madden, A., R.and Matthews, Palmer, T. N., Parkas, C.-K., Randall, D., & Renno, N., 1996. Intraseasonal oscillations in 15 atmospheric general circulation models: results from an AMIP diagnostics subproject. Clim. Dyn. 12, 325–357.

Slingo, J.M., Rowell, D.P., Sperber, K.R., Nortley, F., 1999. On the predictability of the interannual behaviour of the Madden-Julian Oscillation and its relationship with El Niño. Q. J. R. Meteorol. Soc. 125, 583–609.

Slingo, J., Inness, P., Neale, R., Woolnough, S., Yang, G.-Y., 2003. Scale interactions on diurnal to seasonal time scales and their relevance to model systematic errors. Ann. Geophys. 46, 139–155.

Small, R.J., et al., 2008. Air–sea interaction over ocean fronts and eddies. Dyn. Atmos. Oceans 45, 274–319. https://doi.org/10.1016/j.dynatmoce.2008.01.001.

Small, R.J., Tomas, R.A., Bryan, F.O., 2014. Storm track response to ocean fronts in a global high-resolution climate model. Clim. Dyn. 43, 805–828. https://doi.org/10.1007/s00382-013-1980-9.

Smith, A.K., 1989. An investigation of resonant waves in a numerical model of an observed sudden stratospheric warming. J. Atmos. Sci. 46, 3038–3054. https://doi.org/10.1175/1520-0469(1989)046<3038:AIORWI>2.0.CO;2.

Smith, S., 2013. Digital Signal Processing: A Practical Guide for Engineers and Scientists. Elsevier, p. 672.

Smith, K.L., Kushner, P.J., 2012. Linear interference and the initiation of extratropical stratosphere-troposphere interactions. J. Geophys. Res. Atmos. 117. https://doi.org/10.1029/2012JD017587.

Smith, K.L., Polvani, L.M., 2014. The surface impacts of Arctic stratospheric ozone anomalies. Environ. Res. Lett. 9, 74015. https://doi.org/10.1088/1748-9326/9/7/074015.

Smith, K.L., Scott, R.K., 2016. The role of planetary waves in the tropospheric jet response to stratospheric cooling. Geophys. Res. Lett. 43, 2904–2911. https://doi.org/10.1002/2016GL067849.

Smith, L.C., Stephenson, S.R., 2013. New Trans-Arctic shipping routes navigable by midcentury. Proc. Natl. Acad. Sci. 110 (13), E1191–E1195.

Smith, D., Gasiewski, A., Jackson, D., Wick, G., 2005. Spatial scales of tropical precipitation inferred from TRMM microwave imager data. IEEE Trans. Geosci. Remote Sens. 43, 1542–1551.

Smith, K.L., Fletcher, C.G., Kushner, P.J., 2010. The role of linear interference in the annular mode response to extratropical surface forcing. J. Clim. 23, 6036–6050. https://doi.org/10.1175/2010JCLI3606.1.

Smith, G.C., Roy, F., Reszka, M., Colan, D.S., He, Z., Deacu, D., et al., 2014. Sea ice forecast verification in the Canadian Global Ice Ocean Prediction System. Q. J. R. Meteorol. Soc. 695 (142), 659–671.

Smyth, P., Ide, K., Ghil, M., 1999. Multiple regimes in Northern Hemisphere height fields via mixture model clustering. J. Atmos. Sci. 56, 3704–3723. https://doi.org/10.1175/1520-0469(1999)056<3704: mrinhh>2.0.co;2.

Snyder, A.D.S., Pu, H., Zhu, Y., 2010. Tracking and verification of east Atlantic tropical cyclone genesis in the NCEP global ensemble: case studies during the NASA African Monsoon multidisciplinary analyses. Weather Forecast. 25, 1397–1411.

Sobel, A., Wang, S., Kim, D., 2014. Moist static energy budget of the MJO during DYNAMO. J. Atmos. Sci. 71, 4276–4291.

Sobolowski, S., Gong, G., Ting, M., 2010. Modeled climate state and dynamic responses to anomalous North American snow cover. J. Clim. 23, 785–799.

Son, S.-W., et al., 2010. Impact of stratospheric ozone on Southern Hemisphere circulation change: a multimodel assessment. J. Geophys. Res. 115, D00M07. https://doi.org/10.1029/2010JD014271.

Son, S.-W., Purich, A., Hendon, H.H., Kim, B.-M., Polvani, L.M., 2013. Improved seasonal forecast using ozone hole variability? Geophys. Res. Lett. 40, 6231–6235. https://doi.org/10.1002/2013GL057731.

Son, S.-K., Lim, Y., Yoo, C., Hendon, H.H., Kim, J., 2017. Stratopsheric control of the Madden-Julian Oscillation. J. Clim. 30, 1909–1922.

Song, Y., Robinson, W.A., 2004. Dynamical mechanisms for stratospheric influences on the troposphere. J. Atmos. Sci. 61, 1711–1725. https://doi.org/10.1175/1520-0469(2004)061<1711:DMFSIO>2.0.CO;2.

Sontakke, N., Singh, N., Singh, H., 2008. Instrumental period rainfall series of the Indian region (AD 1813-2005): revised reconstruction, update and analysis. The Holocene 18, 1055–1066.

Souza, E.B., Ambrizzi, T., 2006. Modulation of the intraseasonal rainfall over tropical Brazil by the Madden-Julian Oscillation. Int. J. Cimatol. 26, 1759–1776.

Sperber, K.R., 2003. Propagation and the vertical structure of the Madden-Julian Oscillation. Mon. Weather Rev. 131, 3018–3037.

Stan, C., Straus, D.M., Frederiksen, J.S., Lin, E.D., Malooney, H., Schumacher, C., 2017. Review of tropical-extratropical teleconnections on intraseasonal time scales. Rev. Geophys. 55, 902–937.

Stephens, D.S., Greenwood, B., Brandtzaeg, P., 2007. Epidemic meningitis, meningococcaemia, and Neisseria meningitidis. Lancet 369, 2196–2210.

Stephenson, D., Kumar, K.R., Doblas-Reyes, F., Royer, J., Chauvin, F., Pezzulli, S., 1999. Extreme daily rainfall events and their impact on ensemble forecasts of the Indian monsoon. Mon. Weather Rev. 127, 1954–1966.

Stephenson, D.B., Hannachi, A., O'Neill, A., 2004. On the existence of multiple climate regimes. Q. J. R. Meteorol. Soc. 130, 583–605. https://doi.org/10.1256/qj.02.146.

Stephenson, D.B., Coelho, C.A.S., Doblas-Reyes, F.J., Balmaseda, M., 2005. Forecast assimilation: a unified framework for the combination of multi-model weather and climate predictions. Tellus A 57 (3), 253–264.

Stephenson, D.B., Casati, B., Ferro, C.A.T., Wilson, C.A., 2008. The extreme dependency score: a non-vanishing measure for forecasts of rare events. Meteorol. Appl. 15, 41–50.

Stewart-Ibarra, A.M., Lowe, R., 2013. Climate and non-climate drivers of dengue epidemics in southern coastal Ecuador. Am. J. Trop. Med. Hyg. 88, 971–981.

Stewart-Ibarra, A.M., et al., 2013. Dengue vector dynamics (*Aedes aegypti*) influenced by climate and social factors in Ecuador: implications for targeted control. PLoS One 8, e78263.

Stinis, P., 2006. A comparative study of two stochastic mode reduction methods. Physica D 213, 197–213. https://doi.org/10.1016/j.physd.2005.11.010.

Straub, K.H., 2013. MJO initiation in the real-time multivariate MJO index. J. Clim. 26, 1130–1151.

Straub, K.H., Kiladis, G.N., 2003. Extratropical forcing of convectively coupled Kelvin waves during austral winter. J. Atmos. Sci. 60, 526–543.

Straus, D.M., 1983. On the role of the seasonal cycle. J. Atmos. Sci. 40, 303–313.

Straus, D.M., Molteni, F., 2004. Circulation regimes and SST forcing: results from large GCM ensembles. J. Clim. 17, 1641–1656. https://doi.org/10.1175/1520-0442(2004)017<1641:crasfr>2.0.co;2.

Straus, D.M., Corti, S., Molteni, F., 2007. Circulation regimes: chaotic variability versus SST-forced predictability. J. Clim. 20, 2251–2272. https://doi.org/10.1175/jcli4070.1.

Straus, D.M., Molteni, F., Corti, S., 2017. Atmospheric regimes: the link between weather and the large-scale circulation. In: Franzke, C.L.E., OKane, T.J. (Eds.), Nonlinear and Stochastic Climate Dynamics. Cambridge University Press, Cambridge, UK, pp. 105–135. https://doi.org/10.1017/9781316339251.005.

Stroeve, J.C., Serreze, M.C., Holland, M.M., Kay, J.E., Malanik, J., Barrett, A.P., 2012. The Arctic's rapidly shrinking sea ice cover: a research synthesis. Clim. Chang. 110 (3), 1005–1027.

Stroeve, J., Hamilton, L.C., Bitz, C.M., Blanchard-Wrigglesworth, E., 2014. Predicting September sea ice: ensemble skill of the SEARCH sea ice outlook 2008–2013. Geophys. Res. Lett. 41 (7), 2411–2418.

Strong, C.M., Jin, F.F., Ghil, M., 1993. Intraseasonal variability in a barotropic model with seasonal forcing. J. Atmos. Sci. 50, 2965–2986. https://doi.org/10.1175/1520-0469(1993)050<2965: iviabm>2.0.co;2.

Strong, C., Jin, F.f., Ghil, M., 1995. Intraseasonal oscillations in a barotropic model with annual cycle, and their predictability. J. Atmos. Sci. 52, 2627–2642. https://doi.org/10.1175/1520-0469(1995) 052<2627:ioiabm>2.0.co;2.

Strounine, K., Kravtsov, S., Kondrashov, D., Ghil, M., 2010. Reduced models of atmospheric low-frequency variability: parameter estimation and comparative performance. Physica D 239, 145–166. https://doi.org/10.1016/ j.physd.2009.10.013.

Stull, R.B., 1988. An Introduction to Boundary Layer Meteorology. Springer. 666 pp.

Su, X., Yuan, H., Zhu, Y., Luo, Y., Wang, Y., 2014. Evaluation of TIGGE ensemble predictions of Northern Hemisphere summer precipitation during 2008-2012. J. Geophys. Res. Atmos. 119 (12), 7292–7310.

Suhas, E., Neena, J., Goswami, B., 2012. An Indian monsoon intraseasonal oscillations (MISO) index for real time monitoring and forecast verification. Clim. Dyn., 1–12. https://doi.org/10.1007/s00382-012-1462-5.

Sultan, B., Labadi, K., Guegan, J.-F., Janicot, S., 2005. Climate drives the meningitis epidemics onset in West Africa. PLoS Med. 2, e6.

Sun, L., Deser, C., Tomas, R.A., 2015. Mechanisms of stratospheric and tropospheric circulation response to projected arctic sea ice loss. J. Clim. 28, 7824–7845. https://doi.org/10.1175/JCLI-D-15-0169.1.

Sura, P., Newman, M., Penland, C., Sardeshmukh, P., 2005. Multiplicative noise and non-gaussianity: a paradigm for atmospheric regimes? J. Atmos. Sci. 62, 1391–1409. https://doi.org/10.1175/ jas3408.1.

Swaroop, S., 1949. Forecasting of epidemic malaria in the Punjab, India. Am. J. Trop. Med. Hyg. 1, 1–17.

Sweeney, C.P., Lynch, P., Nolan, P., 2011. Reducing errors of wind speed forecasts by an optimal combination of post-processing methods. Meteorol. Appl. 20 (1), 32–40.

Swenson, E.T., Straus, D.M., 2017. Rossby wave breaking and transient eddy forcing during Euro-Atlantic circulation regimes. J. Atmos. Sci. in press.

Szoter, E., 2006. Recent developments in extreme weather forecsting, 2006. ECMWF Newslett. 107, 8–17.

Szunyogh, I., Toth, Z., 2002. The effect of increased horizontal resolution on the NCEP global ensemble mean forecasts. Mon. Weather Rev. 130, 1125–1143.

Szunyogh, I., Kostelich, E.J., Gyarmati, G., Kalnay, E., Hunt, B.R., Ott, E., Satterfield, E., Yorke, J.A., 2008. A local ensemble transform Kalman filter data assimilation system for the NCEP global model. Tellus 60A, 113–130.

Tabatabaeenejad, A., Burgin, M., Duan, X., Moghaddam, M., 2014. P-Band radar retrieval of subsurface soil moisture profile as a second-order polynomial: first AirMOSS results. IEEE Trans. Geosci. Remote Sens. 53, 645–658.

Tadesse, T., Bathke, D., Wall, N., Petr, J., Haigh, T., 2015. Participatory research workshop on seasonal prediction of hydroclimatic extremes in the greater horn of Africa. Bull. Am. Meteorol. Soc. 96, ES139–142. https://doi.org/10.1175/BAMS-D-14-00280.1.

Tadesse, T., Haigh, T., Wall, N., Shiferaw, A., Zaitchik, B., Beyene, S., Berhan, G., Petr, J., 2016. Linking seasonal predictions to decision-making and disaster management in the greater horn of Africa. Bull. Am. Meteorol. Soc. 97 (4), ES89–ES92. https://doi.org/10.1175/BAMS-D-15-00269.1.

Taguchi, M., 2014. Predictability of major stratospheric sudden warmings of the vortex split type: case study of the 2002 Southern Event and the 2009 and 1989 Northern Events. J. Atmos. Sci. 71, 2886–2904. https://doi.org/10.1175/JAS-D-13-078.1.

Taguchi, M., 2015. Changes in frequency of major stratospheric sudden warmings with El Niño/Southern Oscillation and Quasi-Biennial Oscillation. J. Meteorol. Soc. Jpn. Ser. II 93, 99–115. https://doi.org/10.2151/jmsj.2015-007.

Takata, K., Emori, S., Watanabe, T., 2003. Development of minimal advanced treatments of surface interaction and runoff. Glob. Planet. Chang. 38, 209–222.

Takaya, K., Nakamura, H., 2001. A formulation of a phase-independent wave-activity flux for stationary and migratory quasigeostrophic eddies on a zonally varying basic flow. J. Atmos. Sci. 58, 608–627.

Takaya, Y., Hirahara, S., Yasuda, T., Matsueda, S., Toyoda, T., Fujii, Y., Sugimoto, H., Matsukawa, C., Ishikawa, I., Mori, H., Nagasawa, R., Kubo, Y., Adachi, N., Yamanaka, G., Kuragano, T., Shimpo, A., Maeda, S., Ose, T., 2017. Japan Meteorological Agency/Meteorological Research Institute-Coupled Prediction System version 2 (JMA/MRI-CPS2): atmosphere–land–ocean–sea ice coupled prediction system for operational seasonal forecasting. Clim. Dyn. https://doi.org/10.1007/s00382-017-3638-5.

Takayabu, Y.N., 1994. Large-scale disturbances associated with equatorial waves. Part I: spectral features of the cloud disturbances. J. Meteor. Soc. Japan 72, 433–448.

Tall, A., Mason, S.J., Van Aalst, M., Suarez, P., Ait-Chellouche, Y., Diallo, A.A., Braman, L., 2012. Using seasonal climate forecasts to guide disaster management: the red cross experience during the 2008 West Africa floods. Int. J. Geophys., 986016. https://doi.org/10.1155/2012/986016.

Tanaka, H.L., Tokinaga, H., 2002. Baroclinic instability in high latitudes induced by polar vortex: a connection to the Arctic Oscillation. J. Atmos. Sci. 59, 69–82. https://doi.org/10.1175/1520-0469(2002)059<0069:BIIHLI>2.0.CO;2.

Tantet, A., van der Burgt, F.R., Dijkstra, H.A., 2015. An early warning indicator for atmospheric blocking events using transfer operators. Chaos 25, 036406. https://doi.org/10.1063/1.4908174.

Tao, W.-K., Simpson, J., Baker, D., Braun, S., Chou, M.-D., Ferrier, B., Johnson, D., Khain, A., Lang, S., Lynn, B., 2003. Microphysics, radiation and surface processes in the Goddard Cumulus Ensemble (GCE) model. Meteorol. Atmos. Phys. 82 (1), 97–137.

Taub, L., 2003. Ancient Meteorology. Psychology Press. 271 pp.

Tawfik, A.B., Dirmeyer, P.A., 2014. A process-based framework for quantifying the atmospheric preconditioning of surface triggered convection. Geophys. Res. Lett. 41, 173–178.

Taylor, K.E., 2001. Summarizing multiple aspects of model performance in a single diagram. JGR 106, 7183–7192.

Taylor, K.E., Stouffer, R.J., Meehl, G.A., 2012. An overview of CMIP5 and the experiment design. Bull. Am. Meteorol. Soc. 93, 485–498.

The GLACE Team, Koster, R.D., Dirmeyer, P.A., Guo, Z., Bonan, G., Chan, E., Cox, P., Gordon, C.T., Kanae, S., Kowalczyk, E., Lawrence, D., Liu, P., Lu, C.-H., Malyshev, S., McAvaney, B., Mitchell, K., Mocko, D., Oki, T.,

414

Oleson, K., Pitman, A., Sud, Y.C., Taylor, C.M., Verseghy, D., Vasic, R., Xue, Y., Yamada, T., 2004. Regions of strong coupling between soil moisture and precipitation. Science 305, 1138–1140.

Teixeira, L., Reynolds, C.A., 2008. Stochastic nature of physical parameterizations in ensemble prediction: a stochastic convection approach. Mon. Weather Rev. 136, 483–496.

Teng, H., Branstator, G., Wang, H., Meehl, G.A., Washington, W.M., 2013. Probability of US heat waves affected by a subseasonal planetary wave pattern. Nat. Geosci. 6, 1056–1061.

Teufel, B., et al., 2016. Investigation of the 2013 Alberta flood from weather and climate perspectives. Clim. Dyn. 48, 2881–2899.

Teuling, A.J., et al., 2010. Contrasting response of European forest and grassland energy exchange to heatwaves. Nat. Geosci. 3, 722–727.

Theis, S.E., Hense, A., Damrath, U., 2005. Probabilistic precipitation forecasts from a deterministic model: a pragmatic approach. Meteorol. Appl. 12, 257–268.

The WAMDI Group, 1988. The WAM Model - a third generation ocean wave prediction model. J. Phys. Oceanogr. 18, 1775–1810.

Thompson, P.D., 1957. Uncertainty of initial state as a factor in the predictability of large scale atmospheric flow patterns. Tellus 9, 275–295.

Thompson, D.B., Roundy, P.E., 2013. The relationship between the Madden-Julian oscillation and U.S. violent tornado outbreaks in the spring. Mon. Weather Rev. 141, 2087–2095. https://doi.org/10.1175/MWR-D-12-00173.1.

Thompson, D.W.J., Solomon, S., 2002. Interpretation of recent Southern Hemisphere climate change. Science (80-). https://doi.org/10.1126/science.1069270.

Thompson, D.W.J., Wallace, J.M., 2000. Annular modes in the extratropical circulation. Part I: Month-to-month variability. J. Clim. 13, 1000–1016. https://doi.org/10.1175/1520-0442(2000)013<1000:AMITEC>2.0.CO;2.

Thompson, D.W., Baldwin, M.P., Wallace, J.M., 2002. Stratospheric connection to Northern Hemisphere wintertime weather: implications for prediction. J. Clim. 15, 1421–1427.

Thompson, D.W.J., Furtado, J.C., Shepherd, T.G., 2006a. On the tropospheric response to anomalous stratospheric wave drag and radiative heating. J. Atmos. Sci. 63, 2616–2629. https://doi.org/10.1175/JAS3771.1.

Thompson, M.C., Doblas-Reyes, F.J., Mason, S.J., Hagedorn, R., Connor, S.J., Phindela, T., Morse, A.P., Palmer, T.N., 2006b. Malaria early warnings based on seasonal climate forecasts from multi-model ensembles. Nature 439, 576–579.

Thomson, R.C., 1938. The reactions of mosquitoes to temperature and humidity. Bull. Entomol. Res. 29, 125–140.

Thomson, M.C., et al., 2006a. Malaria early warnings based on seasonal climate forecasts from multimodel ensembles. Nature 439, 576–579.

Thomson, M.C., et al., 2006b. Potential of environmental models to predict meningitis epidemics in Africa. Tropical Med. Int. Health 11, 781–788.

Thomson, M.C., et al., 2013. A climate and health partnership to inform the prevention and control of *meningoccocal meningitis* in sub-Saharan Africa: the MERIT initiative. In: Climate Science for Serving Society. Springer, pp. 459–484.

Thomson, M.C., et al., 2014. Climate and health in Africa. Earth Perspect. 1, 17.

Thorndike, A.S., 1992. Estimates of sea ice thickness distribution using observations and theory. J. Geophys. Res. 97 (C8), 12601–12605. https://doi.org/10.1029/92JC01199.

Thorndike, A.S., Rothrock, D.A., Maykut, G.A., Colony, R., 1975. The thickness distribution of sea ice. J. Geophys. Res. 80, 4501–4513.

THORPEX, 2018. THe Observing system Research and Predictability Experiment. See THORPEX web page hosted by WMO:http://www.wmo.ch/thorpex/.

Tian, D., Wood, E.F., Yuan, X., 2017. CFSv2-based sub-seasonal precipitation and temperature forecast skill over the contiguous United States. Hydrol. Earth Syst. Sci. 21, 1477–1490.

Tibaldi, S., Brankovic, C., Cubasch, U., Molteni, F., 1988. In: Impact of horizontal resolution on extended-range forecasts at ECMWF.Proc. ECMWF Workshop on Predictability in the Medium and Extended Range, Reading, United Kingdom, ECMWF, pp. 215–250.

Tibshirani, R., 1996. Regression shrinkage and selection via the lasso. J. R. Stat. Soc. Ser. B Methodol. 58 (1), 267–288.

Tiedtke, M., 1984. Sensitivity of The Time-Mean Large-Scale Flow to Cumulus Convection in the ECMWF Model., pp. 297–316.

Tietsche, S., Notz, D., Jungclaus, J.H., Marotzke, J., 2013. Predictability of large interannual Arctic sea ice anomalies. Clim. Dyn. 41 (9-10), 2511.

Tietsche, S., Day, J.J., Guemas, V., Hurlin, W.J., Keeley, S.P.E., Matei, D., Msadek, R., Collins, M., Hawkins, E., 2014. Seasonal to interannual Arctic sea ice predictability in current global climate models. Geophys. Res. Lett. 41 (3), 1035–1043.

TIGGE, 2005. The report of the 1st TIGGE Workshop, held at ECMWF in 2005. WMO/TD-No. 1273 WWRP-THORPEX No. 5, is available from the WMO web site at www.wmo.int/thorpex See also the ECMWF web site: and the, http://www.ecmwf.int/en/research/projects/tigge and the WMO web site:https://www.wmo.int/pages/prog/arep/wwrp/new/thorpex_gifs_tigge_index.html.

TIGGE_LAM, 2018. See the ECMWF web site, https://software.ecmwf.int/wiki/display/TIGL/Project.

Timmreck, C., Pohlmann, H., Illing, S., Kadow, C., 2016. The impact of stratospheric volcanic aerosol on decadal-scale climate predictions. Geophys. Res. Lett. 43, 834–842. https://doi.org/10.1002/2015GL067431.

Tippett, M.K., Barnston, A.G., DelSole, T., 2010. Comments on "Finite samples and uncertainty estimates for skill measures for seasonal prediction". Mon. Weather Rev. 138, 1487–1493.

Tippett, M.K., Sobel, A.H., Camargo, S.J., 2012. Association of U.S. tornado occurrence with monthly environmental parameters. Geophys. Res. Lett. 39, L02801. https://doi.org/10.1029/2011GL050368.

Tippett, M.K., Sobel, A.H., Camargo, S.J., Allen, J.T., 2014. An empirical relation between U.S. tornado activity and monthly environmental parameters. J. Clim. 27, 2983–2999. https://doi.org/10.1175/JCLI-D-13-00345.1.

Tokioka, T., 2000. Climate services at the Japan Meteorological Agency using a general circulation model: dynamical one-month prediction. In: Randall, D.A. (Ed.), General Circulation Model Development: Past, Present and Future. Academic Press, pp. 355–371.

Tokioka, T., Yamazaki, K., Kitoh, A., Ose, T., 1988. The equatorial 30–60 day oscillation and the Arakawa-Schubert penetrative cumulus parameterization. J. Meteorol. Soc. Jpn. 66, 883–901.

Tolstykh, M.A., Diansky, N.A., Gusev, A.V., Kiktev, D.B., 2014. Simulation of seasonal anomalies of atmospheric circulation using coupled atmosphere–ocean model. Izvestiya, Atmos. Ocean. Phys. 50 (2), 111–121.

Tomita, H., 2008. New microphysical schemes with five and six categories by diagnostic generation of cloud ice. J. Meteorol. Soc. Jpn. 86A, 121–142.

Tomita, H., Satoh, M., 2004. A new dynamical framework of nonhydrostatic global model using the icosahedral grid. Fluid Dyn. Res. 34, 357–400.

Tomita, H., Tsugawa, M., Satoh, M., Goto, K., 2001. Shallow water model on a modified icosahedral geodesic grid by using spring dynamics. J. Comput. Phys. 174, 579–613.

Tomita, H., Miura, H., Iga, S., Nasuno, T., Satoh, M., 2005. A global cloud-resolving simulation: preliminary results from an aqua planet experiment. Geophys. Res. Lett. 32, 1–4. https://doi.org/10.1029/2005GL022459.

Tompkins, A.M., Di Giuseppe, F., 2015. Potential predictability of malaria using ECMWF monthly and seasonal climate forecasts in Africa. J. Appl. Meteorol. Climatol. 54, 521–540.

Tompkins, A.M., Ermert, V., 2013. A regionalscale, high resolution dynamical malaria model that accounts for population density, climate and surface hydrology. Malar. J. 12 https://doi.org/10.1186/1475-2875-12-65.

Tompkins, A.M., Thomson, M.C., 2018. Uncertainty in malaria simulations due to initial condition, climate and malaria model parameter settings investigated using a constrained genetic algorithm. PLoS One. accepted, in revision.

Tompkins, A.M., et al., 2012. The Ewiem Nimdie summer school series in Ghana: capacity building in meteorological education and research, lessons learned, and future prospects. Bull. Am. Meteorol. Soc. 93, 595–601.

Tompkins, A.M., Di Giuseppe, F., Colon-Gonzalez, F.J., Namanya, D.B., 2016a. A planned operational malaria early warning system for Uganda provides useful district-scale predictions up to 4 months ahead. In: Shumake-Guillemot, J., Fernandez-Montoya, L. (Eds.), Climate Services for Health: Case Studies of Enhancing Decision Support for Climate Risk Management and Adaptation. WHO/WMO, Geneva, pp. 130–131.

Tompkins, A.M., Larsen, L., McCreesh, N., Taylor, D.M., 2016b. To what extent does climate explain variations in reported malaria cases in early 20th century Uganda? Geospat. Health 11 (1s), 38–48. https://doi.org/10.4081/gh.2016.407.

Tompkins, A., de Zarate, M.I.O., Saurral, R.I., Verra, C., Saulo, C., Merryfield, W.J., Sigmond, M., Lee, W.-S., Baehr, J., Braun, A., Butler, A., Deque, M., Doblas-Reyes, F.J., Gordon, M., Scaife, A.A., Imada, Y., Ose, T., Kirtman, B., Kumar, A., Muller, W.A., Pirani, A., Stockdale, T., Rixen, M., Yasuda, T., 2017. The Climate-System historical forecast project-providing open access to seasonal forecast ensembles from centers around the globe. Bull. Am. Meteorol. Soc. 49, 2293–2301.

Torralba, V., Doblas-Reyes, F.J., MacLeod, D., Christel, I., Davis, M., 2017. Seasonal climate prediction: a new source of information for the management of wind energy resources. J. Appl. Meteorol. Climatol. 56, 1231–1247. http://journals.ametsoc.org/doi/suppl/10.1175/JAMC-D-16-0204.1.

Toth, Z., 1995. Degrees of freedom in Northern Hemisphere circulation data. Tellus A 47, 457–472. https://doi.org/10.1034/j.1600-0870.1995.t01-3-00005.x.

Toth, Z., Kalnay, E., 1993. Ensemble forecasting at NMC: the generation of perturbations. Bull. Am. Meteorol. Soc. 74, 2317–2330.

Toth, Z., Kalnay, E., 1997. Ensemble forecasting at NCEP and the breeding method. Mon. Weather Rev. 125, 3297–3319.

Toth, Z., Pena-Mendez, M., Vintzileos, A., 2007. Bridging the gap between weather and climate forecasting: research priorities for intraseasonal prediction. Bull. Am. Meteorol. Soc. 88, 1427–1429.

Townsend, R.D., Johnson, D.R., 1985. A diagnostic study of the isentropic zonally averaged mass circulation during the first {GARP} global experiment. J. Atmos. Sci. 42, 1565–1579.

Tracton, M.S., Kalnay, E.S., 1993. Operational ensemble prediction at the National Meteorological Center: practical aspects. Weather Forecast. 8, 379–398.

Tracton, M.S., Mo, K., Chen, W., Kalnay, E., Kistler, R., White, G., 1989. Dynamical extended range forecast (DERF) at the National Meteorological Center. Mon. Weather Rev. 117, 1604–1635.

Trenary, L., DelSole, T., Tippett, M.K., Pegion, K., 2017. A new method for determining the optimal lagged ensemble. J. Adv. Model. Earth Syst. 9, 291–306.

Trenberth, K., Zhang, Y., Gehne, M., 2017. Intermittency in precipitation: duration, frequency, intensity and amounts using hourly data. J. Hydrometeorol. 18, 1393–1412.

Trevisan, A., Buzzi, A., 1980. Stationary response of barotropic weakly non-linear Rossby waves to quasi-resonant orographic forcing. J. Atmos. Sci. 37, 947–957. https://doi.org/10.1175/1520-0469(1980)037<0947:SROBWN>2.0.CO;2.

Tribbia, J., Baumhefner, D., 2003. Scale interactions and atmospheric predictability: an updated perspective. Mon. Weather Rev. 132, 703–713.

Tripathi, O.P., et al., 2015. The predictability of the extratropical stratosphere on monthly time-scales and its impact on the skill of tropospheric forecasts. Q. J. R. Meteorol. Soc. 141, 987–1003. https://doi.org/10.1002/qj.2432.

Tripathi, O.P., et al., 2016. Examining the predictability of the stratospheric sudden warming of January 2013 using multiple NWP systems. Mon. Weather Rev. 144, 1935–1960. https://doi.org/10.1175/MWR-D-15-0010.1.

Tsushima, Y., Iga, S., Tomita, H., Satoh, M., Noda, A.T., Webb, M.J., 2014. High cloud increase in a perturbed SST experiment with a global nonhydrostatic model including explicit convective processes. J. Adv. Model. Earth Syst. 6, 571–585.

Tung, K.K., Lindzen, R.S., 1979. A theory of stationary long waves. Part II: Resonant Rossby waves in the presence of realistic vertical shears. Mon. Weather Rev. 107, 735–750. https://doi.org/10.1175/1520-0493(1979)107<0735:ATOSLW>2.0.CO;2.

Tziperman, E., Stone, L., Cane, M., Jarosh, H., 1994. El Niño chaos: overlapping of resonances between the seasonal cycle and the Pacific ocean-atmosphere oscillator. Science 264, 72–74. https://doi.org/10.1126/science.264.5155.72.

UNISDR, 2015. USAID & Centre for Research on the Epidemiology of Disasters. 2015. Disasters in Numbers. Tech. Rep.

Uno, I., Cai, X.-M., Steyn, D.G., 1995. A simple extension of the Louis method for rough surface layer modelling. Boundary-Layer Meteorol. 76, 395–409.

UN-SPIDER, 2012. Africa RiskView Online: Climate and Disaster Risk Solutions. Available at http://www.un-spider.org/sites/default/files/AfricaRiskViewOnlineNewsletter.pdf. [(Accessed 23 March 2017)].

Vallis, G.K., 2006. Atmospheric and Oceanic Fluid Dynamics. Cambridge University Press, p. 745.

van den Brink, H.W., Können, G.P., Opsteegh, J.D., van Oldenborgh, G.J., Burgers, G., 2005. Estimating return periods of extreme events from ECMWF seasonal forecast ensembles. Int. J. Climatol. 25, 1345–1354. https://doi.org/10.1002/joc.1155.

Van den Dool, H.M., 1994. Searching for analogues, how long must one wait? Tellus A 46, 314–324.

Van den Dool, H.M., Barnston, A.G., 1995. In: Forecasts of global sea surface temperature out to a year using the constructed analogue method. Proceedings of the 19th Annual Climate Diagnostics Workshop, Nov. 14–18, 1994, College Park, Maryland, pp. 416–419.

van den Hurk, B.J.J.M., Viterbo, P., 2003. The Torne-Kalix PILPS 2 (e) experiment as a test bed for modifications to the ECMWF land surface scheme. Glob. Planet. Chang. 38, 165–173.

van den Hurk, B.J.J.M., Viterbo, P., Beljaars, A.C.M., Betts, A.K., 2000. Offline validation of the ERA40 surface scheme. ECMWF Tech. Memo 295. [Available from ECMWF, Shinfield Park, Reading, RG2 9AX, United Kingdom]. 42 pp.

van Heerwaarden, C.C., de Arellano, J.V.-G., Moene, A.F., Holtslag, A.A.M., 2009. Interactions between dry-air entrainment, surface evaporation and convective boundary-layer development. Q. J. R. Meteorol. Soc. 135, 1277–1291.

van Heerwaarden, C.C., Mellado, J.P., De Lozar, A., 2014. Scaling laws for the heterogeneously heated free convective boundary layer. J. Atmos. Sci. 71, 3975–4000.

Van Woert, M.L., Zou, C.Z., Meier, W.N., Hovey, P.D., Preller, R.H., Posey, P.G., 2004. Forecast verification of the Polar Ice Prediction System (PIPS) sea ice concentration fields. J. Atmos. Ocean. Technol. 21 (6), 944–957.

Vanneste, J., Vial, F., 1994. On the nonlinear interactions of geophysical waves in shear flows. Geophys. Astrophys. Fluid Dyn. **78**, 115–141.

Vaughan, C., Dessai, S., 2014. Climate services for society: origins, institutional arrangements, and design elements for an evaluation framework. WIREs Clim. Change 2014 (5), 587–603. https://doi.org/10.1002/wcc.290.

Vaughan, C., Dessai, S., Hewitt, C., Baethgen, W., Terra, R., Berterreche, M., 2017. Creating an enabling environment for investment in agricultural climate services: the case of Uruguay's National Agricultural Information System. Clim. Serv. 8, 62–71.

Vautard, R., 1990. Multiple weather regimes over the North Atlantic: analysis of precursors and successors. Mon. Weather Rev. 118, 2056–2081.

Vautard, R., Ghil, M., 1989. Singular spectrum analysis in nonlinear dynamics, with applications to paleo-climatic time series. Physica D 35, 395–424. https://doi.org/10.1016/0167-2789(89)90077-8.

Vautard, R., Legras, B., 1988. On the source of midlatitude low-frequency variability. Part II: Nonlinear equilibration of weather regimes. J. Atmos. Sci. 45, 2845–2867. https://doi.org/10.1175/ 1520-0469(1988)045<2845:otsoml>2.0.co;2.

Vautard, R., Mo, K.C., Ghil, M., 1990. Statistical significance test for transition matrices of atmospheric Markov chains. J. Atmos. Sci. 47, 1926–1931. https://doi.org/10.1175/1520-0469(1990) 047<1926:sstftm>2.0.co;2.

Vautard, R., et al., 2007. Summertime European heat and drought waves induced by wintertime Mediterranean rainfall deficit. Geophys. Res. Lett. 34, L07711.

Vecchi, G.A., Bond, N.A., 2004. The Madden-Julian Oscillation (MJO) and the northern high latitude wintertime surface air temperatures. Geophys. Res. Lett. 31L04104. https://doi.org/10.1029/2003GL018645.

Verseghy, D.L., 2000. The Canadian land surface scheme (CLASS): its history and future. Atmos. Ocean 38, 1–13.

Vigaud, N., Robertson, A.W., Tippett, M.K., 2017a. Multimodel ensembling of subseasonal precipitation forecasts over North America. Mon. Weather Rev. 145, 3913–3928. https://doi.org/10.1175/MWR-D-17-0092.1.

Vigaud, N., Robertson, A.W., Tippett, M.K., Acharya, N., 2017b. Subseasonal predictability of boreal summer monsoon rainfall from ensemble forecasts. Front. Environ. Sci. 5, 67. https://doi.org/10.3389/fenvs.2017.00067.

Vincent, L.A., Mekis, É., 2006. Changes in daily and extreme temperature and precipitation indices for Canada over the twentieth century. Atmosphere-Ocean 44 (2), 177–193. https://doi.org/10.3137/ao.440205.

Vitart, F., 2009. Impact of the Madden Julian Oscillation on tropical storms and risk of landfall in the ECMWF forecast system. Geophys. Res. Lett. 36, L15802. https://doi.org/10.1029/2009GL039089.

Vitart, F., 2014. Evolution of ECMWF sub-seasonal forecast skill scores. Q. J. R. Meteorol. Soc. 140, 1889–1899.

Vitart, F., 2017. Madden-Julian Oscillation prediction and teleconnection in the S2S database. Q. J. R. Meteorol. Soc. 143, 2210–2220.

Vitart, F., Jung, T., 2010. Impact of the Northern Hemisphere extratropics on the skill in predicting the Madden-Julian Oscillation. Geophys. Res. Lett. 37, L23805.

Vitart, F., Molteni, F., 2010. Simulation of the Madden-Julian Oscillation and its teleconnections in the ECMWF forecast system. Q. J. R. Meteorol. Soc. **136**, 842–855. https://doi.org/10.1002/qj.v136:649. http://onlinelibrary.wiley.com/doi/10.1002/qj.623/pdf.

Vitart, F., Stockdale, T.N., 2001. Seasonal forecasting of tropical storms using coupled GCM integrations. Mon. Weather Rev. 129 (10), 2521–2527.

Vitart, F., Woolnough, J., Balmaseda, M.A., Tompkins, A.M., 2007. Monthly forecast of the Madden–Julian Oscillation using a coupled GCM. Mon. Weather Rev. 135, 2700–2715.

Vitart, F., et al., 2008. The new VarEPS-monthly forecasting system: a first step towards seamless prediction. Q. J. R. Meteorol. Soc. 134, 1789–1799.

Vitart, F., Prates, F., Bonet, A., Sahin, C., 2012a. New tropical cyclone products on the web. ECMWF Newslett. 130, 17–23.

Vitart, F., Robertson, A.W., Anderson, D.L.T., 2012b. Subseasonal to seasonal prediction project, 2012: bridging the gap between weather and climate. WMO Bull. 61 (2), 23–28.

Vitart, F., Balsamo, G., Buizza, R., Ferranti, L., Keeley, S., Magnusson, L., Molteni, F., Weisheimer, A., 2014a. Subseasonal predictions. In: ECMWF Research Department Technical Memorandum No. 738, p. 45. Available from ECMWF, Shinfield Park, Reading, RG2-9AX, U.K. See also:http://www.ecmwf.int/sites/default/files/elibrary/2014/12943-sub-seasonal-predictions.pdf.

Vitart, F., Robertson, A.W., S2S Steering Group, 2014b. Sub-seasonal to seasonal prediction: linking weather and climate. In: Seamless Prediction of the Earth System: From Minutes to Months. World Meteorological Organisation, pp. 385–401. WMO-No.1156 (Chapter 20).

Vitart, F., Ardilouze, C., Bonet, A., et al., 2016. The subseasonal to seasonal (S2S) prediction project database. Bull. Am. Meteorol. Soc. 98, 163–173. https://doi.org/10.1175/BAMS-D-16-0017.1.

Vitart, F., Ardilouze, C., Bonet, A., Brookshaw, A., Chen, M., Codorean, C., Déqué, M., Ferranti, L., Fucile, E., Fuentes, M., Hendon, H., Hodgson, J., Kang, H.-S., Kumar, A., Lin, H., Liu, G., Liu, X., Malguzzi, P., Mallas, I., Manoussakis, M., Mastrangelo, D., MacLachlan, C., McLean, P., Minami, A., Mladek, R., Nakazawa, T., Najm, S., Nie, Y., Rixen, M., Robertson, A.W., Ruti, P., Sun, C., Takaya, Y., Tolstykh, M., Venuti, F., Waliser, D., Woolnough, S., Wu, T., Won, D.-J., Xiao, H., Zaripov, R., Zhang, L., 2017. The subseasonal to seasonal (S2S) prediction project data base. Bull. Am. Meteorol. Soc. 98, 163–173. http://journals.ametsoc.org/doi/pdf/10.1175/BAMS-D-16-0017.1.

Viterbo, P., Beljaars, A.C.M., 1995. An improved land surface parameterization scheme in the ECMWF model and its validation. J. Clim. 8, 2716–2748.

Von Neumann, J., 1955. Some remarks on the problem of forecasting climatic fluctuations. In: Pfeffer, R.L. (Ed.), Dynamics of Climate. Pergamon Press, Oxford, UK, pp. 9–11. https://doi.org/10.1016/b978-1-4831-9890-3.50009-8.

Vrac, M., Friederichs, P., 2015. Multivariate—intervariable, spatial, and temporal—bias correction. J. Clim. 28 (1), 218–237.

Waliser, D., 2005. Predictability and forecasting. In: Lau, W.K., Waliser, D.E. (Eds.), Intraseasonal Variability in the Atmosphere-Ocean Climate System. Springer Praxis, pp. 389–423.

Waliser, D.E., 2011. Predictability and forecasting. In: Lau, W.K.M., Waliser, D.E. (Eds.), Intraseasonal Variability of the Atmosphere-Ocean Climate System, second ed. Springer, Heidelberg, Germany, pp. 433–468.

Waliser, D.E., Guan, B., 2017. Extreme winds and precipitation during landfall of atmospheric rivers. Nat. Geosci. https://doi.org/10.1038/NGEO2894. in press.

Waliser, D.E., Jones, C., Schemm, J.-K.E., Graham, N.E., 1999. A statistical extended-range tropical forecast model based on the slow evolution of the Madden–Julian Oscillation. J. Clim. 12, 1918–1939. https://doi.org/10.1175/1520-0442(1999)012<1918:ASERTF>2.0.CO;2.

Waliser, D.E., Lau, K.M., Stern, W., Jones, C., 2003a. Potential predictability of the Madden–Julian Oscillation. Bull. Am. Meteorol. Soc. 84, 33–50. https://doi.org/10.1175/BAMS-84-1-33.

Waliser, D.E., Stern, W., Schubert, S., Lau, K.M., 2003b. Dynamic predictability of intraseasonal variability associated with the Asian summer monsoon. Q. J. R. Meteorol. Soc. 129, 2897–2925.

Waliser, D., Hendon, H., Kim, D., Maloney, E., Wheeler, M., Weickmann, K., Zhang, C., Donner, L., Gottschalck, J., Higgins, W., Kang, I.-S., Legler, D., Moncrieff, M., Schubert, S., Stern, W., Vitart, F., Wang, B., Wang, W., Woolnough, S., 2009. MJO simulation diagnostics. J. Clim. 22, 3006–3030.

Walker, G.T., Bliss, E.W., 1932. World weather V. Mem. Roy. Meteorol. Soc. 4, 53–84.

Wallace, J.M., 2000. North Atlantic Oscillation/annular mode: two paradigms-one phenomenon. Q. J. R. Meteorol. Soc. 126, 791–805. https://doi.org/10.1256/smsqj.56401.

Wallace, J.M., Gutzler, D.S., 1981. Teleconnections in the geopotential height field during the Northern Hemisphere winter. Mon. Weather Rev. 109 (4), 784–812. https://doi.org/10.1175/1520-0493.

Wallace, J., Mitchell, T., Deser, C., 1989. The influence of sea surface temperature on surface wind in the eastern equatorial pacific: seasonal and interannual variability. J. Clim. 2, 1492–1499.

Walsh, J.E., 1980. Empirical orthogonal functions and the statistical predictability of sea ice extent. In: Sea Ice Processes and Models. University of Washington Press, Seattle, pp. 373–384.

Walsh, J.E., Johnson, C.M., 1979. An analysis of Arctic sea ice fluctuations, 1953–77. J. Phys. Oceanogr. 9 (3), 580–591.

Walters, D.N., Best, M.J., Bushell, A.C., Copsey, D., Edwards, J.M., Falloon, P.D., Harris, C.M., Lock, A.P., Manners, J.C., Morcrette, C.J., Roberts, M.J., Stratton, R.A., Webster, S., Wilkinson, J.M., Willett, M.R., Boutle, I.A., Earnshaw, P.D., Hill, P.G., MacLachlan, C., Martin, G.M., Moufouma-Okia, W., Palmer, M.D., Petch, J.C., Rooney, G.G., Scaife, A.A., Williams, K.D., 2011. The Met Office unified model global atmosphere 3.0/3.1 and JULES global land 3.0/3.1 configurations. Geosci. Model Dev. 4, 919–941.

Wang, B., 1988. Dynamics of tropical low-frequency waves: an analysis of the moist Kelvin wave. J. Atmos. Sci. 2051–2065, 45.

Wang, B., 2012. Theories. In: Lau, W.K., Waliser, D.E. (Eds.), Intraseasonal Variability in the Atmosphere-Ocean Climate System, second ed. Springer Praxis, pp. 335–398.

Wang, X., Bishop, C.H., 2003. A comparison of breeding and ensemble transform Kalman filter ensemble forecast schemes. J. Atmos. Sci. 60, 1140–1158.

Wang, B., Chen, G., 2017. A general theoretical framework for understanding essential dynamics of Madden-Julian Oscillation. Clim. Dyn. 49, 2309–2328.

Wang, B., Rui, H., 1990a. Dynamics of the coupled moist Kelvin-Rossby wave on an equatorial beta-plane. J. Atmos. Sci. 47, 397–413.

Wang, B., Rui, H., 1990b. Synoptic climatology of transient tropical intraseasonal convection anomalies 1975-1985. Meteorog. Atmos. Phys. 44, 43–61.

Wang, W., Schlesinger, M.E., 1999. The dependence on convective parameterization of the tropical intraseasonal oscillation simulated by the UIUC 11-layer atmospheric GCM. J. Clim. 12, 1423–1457.

Wang, X., Bishop, C.H., Julier, S.J., 2004. Which is better, an ensemble of positive/negative pairs or a centered spherical simplex ensemble? Mon. Weather Rev. 132, 1590–1605.

Wang, B., Webster, P., Kikuchi, K., Yasunari, T., Qi, Y., 2006. Boreal summer quasi-monthly oscillation in the global tropics. Clim. Dyn. 27, 661–675.

Wang, X., Hamill, T.M., Whitaker, J.S., Bishop, C.H., 2007. A comparison of hybrid ensemble transform Kalman filter–optimum interpolation and ensemble square root filter analysis schemes. Mon. Weather Rev. 135, 1055–1076.

Wang, W., et al., 2014. MJO prediction in the NCEP climate forecast system version 2. Clim. Dyn. 42, 2509–2520.

Wang, Q., Ilicak, M., Gerdes, R., Drange, H., Aksenov, Y., Bailey, D.A., et al., 2016. An assessment of the Arctic Ocean in a suite of interannual CORE-II simulations. Part I: Sea ice and solid freshwater. Ocean Model. 99, 110–132.

Wang, L., Ting, M., Kushner, P.J., 2017. A robust empirical seasonal prediction of winter NAO and surface climate. Sci. Rep. 7, 279. https://doi.org/10.1038/s41598-017-00353-y.

Wang, B., Lee, S.-S., Waliser, D.E., Zhang, C., Sobel, A., Maloney, E., Li, T., Jiang, X., Ha, K.-J., 2018. Dynamics-oriented diagnostics for the Madden-Julian Oscillation. J. Clim. 31, 3117–3135.

Warrilow, D.A., Sangster, A.B., Slingo, A., 1986. Modelling of Land Surface Processes and Their Influence on European Climate. DCTN 38, Dynamical Climatology Branch, United Kingdom Meteorological Office, Bracknell, Berkshire.

Watt-Meyer, O., Kushner, P.J., 2015. Decomposition of atmospheric disturbances into standing and traveling components, with application to Northern Hemisphere planetary waves and stratosphere–troposphere coupling. J. Atmos. Sci. 72, 787–802. https://doi.org/10.1175/JAS-D-14-0214.1.

Waugh, D.W., Sisson, J.M., Karoly, D.J., 1998. Predictive skill of an NWP system in the southern lower stratosphere. Q. J. R. Meteorol. Soc. 124, 2181–2200. https://doi.org/10.1002/qj.49712455102.

Waugh, D.W., Sobel, A.H., Polvani, L.M., Waugh, D.W., Sobel, A.H., Polvani, L.M., 2017. What is the polar vortex and how does it influence weather? Bull. Am. Meteorol. Soc. 98, 37–44. https://doi.org/10.1175/BAMS D 15 00212.1.

Weary, D.J., Doctor, D.H., 2014. Karst in the United States: a digital map compilation and database. US Department of the Interior, US Geological Survey. Report 2014–1156, 27pp.

Webster, P.J., Holton, J.R., 1982. Wave propagation through a zonally varying basic flow: the influences of mid-latitude forcing in the equatorial regions. J. Atmos. Sci. 39, 722–733.

Webster, P.J., Hoyos, C., 2004. Prediction of monsoon rainfall and river discharge on 15–30-day time scales. Bull. Am. Meteorol. Soc. 85, 1745–1765. https://doi.org/10.1175/BAMS-85-11-1745.

Webster, P.J., Lukas, R., 1992. TOGA-COARE: the coupled ocean-atmosphere response experiment. Bull. Am. Meteorol. Soc. 73, 1377–1416.

Weckwerth, T.M., et al., 2004. An overview of the International H2O Project (IHOP_2002) and some preliminary highlights. Bull. Am. Meteorol. Soc. 85, 253–277.

Wedi, N.P., Hamrud, M., Mozdzynski, G., 2013. A fast spherical harmonics transform for global NWP and climate models. Mon. Weather Rev. 141 (10), 3450–3461.

Wei, M., Toth, Z., Wobus, R., Zhu, Y., Bishop, C., Wang, X., 2006. Ensemble Transform Kalman Filter-based ensemble perturbations in an operational global prediction system at NCEP. Tellus A 58, 28–44.

Wei, M., Toth, Z., Wobus, R., Zhu, Y., 2008. Initial perturbations based on the ensemble transform (ET) technique in the NCEP global operational forecast system. Tellus A 60, 62–79.

Weickmann, K.M., Lussky, G.R., Kutzbach, J.E., 1985. Intraseasonal (30–60 day) fluctuations of outgoing longwave radiation and 250 mb streamfunction during northern winter. Mon. Weather Rev. 113, 941–961. https://doi.org/10.1175/1520-0493(1985)113<0941:idfool>2.0.co;2.

Weigel, A.P., Mason, S., 2011. The generalized discrimination score for ensemble forecasts. Mon. Weather Rev. 139, 3069–3074.

Weigel, A.P., Liniger, M.A., Appenzeller, C., 2007a. The discrete Brier and ranked probability skill scores. Mon. Weather Rev. 135, 118–124.

Weigel, A.P., Liniger, M.A., Appenzeller, C., 2007b. Generalization of the discrete brier and ranked probability skill scores for weighted multimodel ensemble forecasts. Mon. Weather Rev. 135, 2778–2785.

Weigel, A., Baggenstos, D., Liniger, M.A., Vitart, F., Appenzeller, C., 2008. Probabilistic verification of monthly temperature forecasts. Mon. Weather Rev. **136**, 5162–5182. https://doi.org/10.1175/2008MWR2551.1.

Weigel, A.P., Knutti, R., Liniger, M.A., Appenzeller, C., 2010. Risks of model weighting in multimodel climate projections. J. Clim. 23 (15), 4175–4191.

Weisheimer, A., Palmer, T., 2014. On the reliability of seasonal climate forecasts. J. R. Soc. Interface 11. https://doi.org/10.1098/rsif.2013.1162.

Weisheimer, A., et al., 2009. ENSEMBLES: a new multi-model ensemble for seasonal-to-annual predictions—skill and progress beyond DEMETER in forecasting tropical Pacific SST. Geophys. Res. Lett. 36, L21711. https://doi.org/10.1029/2009GL040896.

Weisman, M.L., Skamarock, W.C., Klemp, J.B., 1997. The resolution dependence of explicitly modeled convective systems. Mon. Weather Rev. 125 (4), 527–548.

Wheeler, M.C., Hendon, H.H., 2004. An all-season real-time multivariate MJO index: development of an index for monitoring and prediction. Mon. Weather Rev. 132, 1917–1932.

Wheeler, M., Kiladis, G., 1999. Convectively coupled equatorial waves: analysis of clouds and temperature in the wavenumber-frequency domain. J. Atmos. Sci. 56, 374–399.

Wheeler, M., Kiladis, G.N., Webster, P.J., 2000. Large-scale dynamical fields associated with convectively coupled equatorial waves. J. Atmos. Sci. 57, 613–640.

Wheeler, M.C., Hendon, H.H., Cleland, S., Meinke, H., Donald, A., 2009. Impacts of the Madden–Julian oscillation on Australian rainfall and circulation. J. Clim. 22, 1482–1498.

Wheeler, M.C., Zhu, H., Sobel, A.H., Hudson, D., Vitart, F., 2017. Seamless precipitation prediction skill comparison between two global models. Q. J. R. Meteorol. Soc. 143 (702), 374–383.

Whelan, J.A., Frederiksen, J.S., 2017. Dynamics of the perfect storms: La Niña and Australia's extreme rainfall and floods of 1974 and 2011. Clim. Dyn. 48, 3935–3948. https://doi.org/10.1007/s00382-016-3312-3.

Whitaker, J.S., Hamill, T.M., Wei, X., Song, Y., Toth, Z., 2008. Ensemble data assimilation with the NCEP global forecast system. Mon. Weather Rev. 136, 463–482.

White, G.F., Kates, R.W., Burton, I., 2001. Knowing better and losing even more: the use of knowledge in hazards management. Environ. Hazards 3 (3-4), 81–92.

White, C.J., Hudson, D., Alves, O., 2013. ENSO, the IOD and intraseasonal prediction of heat extremes across Australia using POAMA-2. Clim. Dyn. 43, 1791–1810. https://doi.org/10.1007/s00382-013-2007-2.

White, C.J., Hudson, D., Alves, O., 2014. ENSO, the IOD and the intraseasonal prediction of heat extremes across Australia using POAMA-2. Clim. Dyn. 43, 1791–1810.

White, C.J., Carlsen, H., Robertson, A.W., Klein, R.J.T., Lazo, J.K., Kumar, A., Vitart, F., Coughlan de Perez, E., Ray, A.J., Murray, V., Bharwani, S., MacLeod, D., James, R., Fleming, L., Morse, A.P., Eggen, B., Graham, R., Kjellström, E., Becker, E., Pegion, K.V., Holbrook, N.J., McEvoy, D., Depledge, M., Perkins-Kirkpatrick, S., Hodgson-Johnston, I., Buontempo, C., Lamb, R., Meinke, H., Arheimer, B., Zebiak, S.E., 2017. Potential applications of subseasonal-to-seasonal (S2S) predictions. Meteorol. Appl. https://doi.org/10.1002/met.1654.

WHO, 2012. Atlas of Health and Climate. WHO Press, World Health Organization, Geneva.

Wigneron, J.-P., Chanzy, A., Calvet, J.-C., Olioso, A., Kerr, Y., 2002. Modeling approaches to assimilating L-band passive microwave observations over land surfaces. J. Geophys. Res. 107. ACL 11-1–ACL 11-14.

Wigneron, J.P., et al., 2017. Modelling the passive microwave signature from land surfaces: a review of recent results and application to the L-band SMOS & SMAP soil moisture retrieval algorithms. Remote Sens. Environ. 192, 238–262.

Wilber, C.D., 1881. The Great Valleys and Prairies of Nebraska and the Northwest. Daily Republican Printing Company, Omaha, Nebraska, USA. 382 pp.

Wilcox, L.J., Charlton-Perez, A.J., 2013. Final warming of the Southern Hemisphere polar vortex in high- and low-top CMIP5 models. J. Geophys. Res. Atmos. 118, 2535–2546. https://doi.org/10.1002/jgrd.50254.

Wilhite, D.A., Glantz, M.H., 1985. Understanding: the drought phenomenon: the role of definitions. Water Int. 10, 111–120.

Wilks, D., 2005. Statistical Methods in the Atmospheric Sciences, second ed. vol. 100. Academic Press, ISBN: 9780080456225p. 648.

Wilks, D.S., 2011a. Statistical Methods in the Atmospheric Sciences, third ed. Elsevier. 676 pp.

Wilks, D., 2011b. Statistical Methods in the Atmospheric Sciences, third ed. Academic Press.

Williams, G., Maksym, T., Wilkinson, J., Kunz, C., Murphy, C., Kimball, P., Singh, H., 2015. Thick and deformed Antarctic sea ice mapped with autonomous underwater vehicles. Nat. Geosci. 8 (1), 61–67.

Willison, J., Robinson, W.A., Lackmann, G.M., 2013. The importance of resolving mesoscale latent heating in the North Atlantic storm track. J. Atmos. Sci. 70, 2234–2250. https://doi.org/10.1175/JAS-D-12-0226.1.

Wilson, L., 2000. Comments on "Probabilistic prediction of precipitation using the ECMWF ensemble prediction system" Weather Forecast. 15, 361–364.

Wilson, L., 2014. Forecast Verification for the African Severe Weather Forecasting Demonstration Projects, WMO Technical Document TD 1132. 38 pp. Available on the WMO website.

Wilson, L., Giles, A., 2013. A new index for the verification of accuracy and timeliness of weather warnings. Meteorol. Appl. 20, 206–216.

Winsemius, H.C., Dutra, E., Engelbrecht, F.A., Archer Van Garderen, E., Wetterhall, F., Pappenberger, F., Werner, M.G.F., 2014. The potential value of seasonal forecasts in a changing climate in southern Africa. Hydrol. Earth Syst. Sci. 18, 1525–1538. https://doi.org/10.5194/hess-18-1525-2014.

Wittman, M.A.H., Charlton, A.J., Polvani, L.M., 2007. The effect of lower stratospheric shear on Baroclinic instability. J. Atmos. Sci. 64, 479–496. https://doi.org/10.1175/JAS3828.1.

Wolock, D.M., 1997. STATSGO Soil Characteristics for the Conterminous United States. US Department of the Interior, US Geological Survey. Report 97–656, 200 pp.

Woo, S.-H., Sung, M.-K., Son, S.-W., Kug, J.-S., 2015. Connection between weak stratospheric vortex events and the Pacific Decadal Oscillation. Clim. Dyn. 45, 3481–3492. https://doi.org/10.1007/s00382-015-2551-z.

Woodgate, R.A., Weingartner, T., Lindsay, R., 2010. The 2007 Bering Strait oceanic heat flux and anomalous Arctic sea-ice retreat. Geophys. Res. Lett. 37(1).

Woolnough, S.J., Vitart, F., Balmaseda, M.A., 2007. The role of the ocean in the Madden-Julian Oscillation: implications for the MJO prediction. Q. J. R. Meteorol. Soc. 133, 117–128.

Worby, A.P., Geiger, C.A., Paget, M.J., Van Woert, M.L., Ackley, S.F., DeLiberty, T.L., 2008. Thickness distribution of Antarctic sea ice. J. Geophys. Res. Oceans. 113(C5).

World Meteorological Organization, 2010. Manual on the Global Data-Processing and Forecasting System, WMO No. 485, Geneva, Switzerland. Available online at http://www.wmo.int/pages/prog/www/DPFS/Manual/GDPFS-Manual.html.

World Meteorological Organization, 2013. Subseasonal to Seasonal Prediction Research Implementation Plan, p. 63. Available online athttp://s2sprediction.net/static/documents#publications.

World Meteorological Organization, 2015. Seamless Prediction of the Earth System: From Minutes to Months, WMO No. 1156, Geneva, Switzerland. Available online at https://public.wmo.int/en/resources/library/seamless-prediction-of-earth-system-from-minutes-months.

Wu, C.-H., Hsu, H.-H., 2009. Topographic influence on the MJO in the Maritime Continent. J. Clim. 22, 5433–5448.

Wulfmeyer, V., Turner, D., 2016. Land-Atmosphere Feedback Experiment (LAFE) Science Plan. US Dept. of Energy. DOE/SC-ARM-16-038. 44 pp.

Wyngaard, J., Moeng, C., 1992. Parameterizing turbulent-diffusion through the joint probability density. Bound.-Layer Meteorol. 60, 1–13.

Xavier, P.K., Goswami, B.N., 2007. An analog method for real-time forecasting of summer monsoon subseasonal variability. Mon. Weather Rev. 135, 4149–4160. https://doi.org/10.1175/2007MWR1854.1.

Xavier, P., Rahmat, R., Cheong, W.K., Wallace, E., 2014. Influence of Madden-Julian Oscillation on Southeast Asian rainfall extremes. Geophys. Res. Lett. 41, 4406–4412.

Xia, Y., Sheffield, J., Ek, M.B., Dong, J., Chaney, N., Wei, H., Meng, J., Wood, E.F., 2014. Evaluation of multimodel simulated soil moisture in NLDAS-2. J. Hydrol. 512, 107–125.

Xie, S.-P., 2004. Satellite observations of cool ocean–atmosphere interaction. Bull. Am. Meteorol. Soc. 85, 195–208. https://doi.org/10.1175/ BAMS-85-2-195.

Xie, P., Arkin, P., 1996. Analyses of global monthly precipitation using gauge observations, satellite estimates, and numerical model predictions. J. Clim. 9, 840–858.

Xie, F., et al., 2016. A connection from Arctic stratospheric ozone to El Niño-Southern oscillation. Environ. Res. Lett. 11, 124026. https://doi.org/10.1088/1748-9326/11/12/124026.

Xu, L., Dirmeyer, P., 2013. Snow-atmosphere coupling strength. Part II: Albedo effect versus hydrological effect. J. Hydrometeorol. 14, 404–418.

Yaka, P., et al., 2008. Relationships between climate and year-to-year variability in meningitis outbreaks: a case study in Burkina Faso and Niger. Int. J. Health Geogr. 7, 34.

Yamaguchi, M., Majumdar, S.J., 2010. Using TIGGE data to diagnose initial perturbations and their growth for tropical cyclone ensemble forecasts. Mon. Weather Rev. 138, 3634–3655.

Yamaguchi, M., Nakazawa, T., Aonashi, K., 2012. Tropical cyclone track forecasts using JMA model with ECMWF and JMA initial conditions. Geop. Res. Lett. 39, L09801.

Yamaguchi, M., Vitart, F., Lang, S.T.K., Magnusson, L., Elsberry, R.L., Elliott, G., Kyouda, M., Nakazawa, T., 2015. Global distribution on the skill of tropical cyclone activity forecasts from short- to medium-range time scales. Weather Forecast. 30, 1695–1709.

Yanai, M., Lu, M.-M., 1983. Equatorially trapped waves at the 200 mb level and their association with meridional convergence of wave energy flux. J. Atmos. Sci. 40, 2785–2803.

Yang, G.-Y., Slingo, J., 2001. The diurnal cycle in the tropics. Mon. Weather Rev. 129, 784–801.

Yang, G.-Y., Hoskins, B., Slingo, J., 2007. Convectively coupled equatorial waves. Part III: synthesis structure and their forcing and evolution. J. Atmos. Sci. 64, 3438–3451.

Yang, Q., Fu, Q., Hu, Y., 2010. Radiative impacts of clouds in the tropical tropopause layer. J. Geophys. Res. 115, D00H12. https://doi.org/10.1029/2009JD012393.

Yang, X.-Y., Yuan, X., Ting, M., 2016. Dynamical link between the Barents–Kara sea ice and the Arctic Oscillation. J. Clim. 29, 5103–5122. https://doi.org/10.1175/JCLI-D-15-0669.1.

Yao, W., Lin, H., Derome, J., 2011. Submonthly forecasting of winter surface air temperature in North America based on organized tropical convection. Atmosphere-Ocean 49, 51–60. https://doi.org/10.1080/07055900.2011.556882.

Yasunari, T., 1979. Cloudiness fluctuations associated with the Nothern Hemisphere summer monsoon. J. Meteorol. Soc. Jpn. 57, 227–242.

Yates, E., Anquetin, S., Ducrocq, V., Creutin, J.-D., Ricard, D., Chancibault, K., 2006. Point and areal validation of forecast precipitation fields. Meteorol. Appl. 13, 1–20.

Yin, Y., Alves, O., Oke, P.R., 2011. An ensemble ocean data assimilation system for seasonal prediction. Mon. Weather Rev. 139, 786–808.

Yoden, S., 1987. Bifurcation properties of a stratospheric vacillation model. J. Atmos. Sci. 44, 1723–1733. https://doi.org/10.1175/1520-0469(1987)044<1723:BPOASV>2.0.CO;2.

Yoo, C., Son, S.-W., 2016. Modulation of the boreal wintertime Madden-Julian oscillation by the stratospheric quasi-biennial oscillation. Geophys. Res. Lett. 43, 1392–1398. https://doi.org/10.1002/2016GL067762.

Yoo, C., Lee, S., Feldstein, S.B., 2012. Mechanisms of Arctic surface air temperature change in response to the Madden–Julian oscillation. J. Clim. 25, 5777–5790. https://doi.org/10.1175/JCLI-D-11-00566.1.

Yoo, C., Park, S., Kim, D., Yoon, J.-H., Kim, H.-M., 2015. Boreal winter MJO teleconnection in the community atmosphere model version 5 with the unified convection parameterization. J. Clim. 28, 8135–8150.

Yuan, X., 2004. ENSO-related impacts on Antarctic sea ice: a synthesis of phenomenon and mechanisms. Antarct. Sci. 16 (4), 415–425.

Yuan, X., Martinson, D.G., 2001. The Antarctic dipole and its predictability. Geophys. Res. Lett. 28 (18), 3609–3612.

Yuan, H., Toth, Z., Pena, M., 2018. Overview of weather and climate systems. In: Duan, Q., Yuan, H., Toth, Z. (Eds.), Handbook of Hydrometeorological Ensemble Forecasting. Springer. under review.

Zadra, A., 2000. Empirical Normal Mode Diagnosis of Reanalysis Data and Dynamical-Core Experiments. PhD Thesis, McGill University, p. 221.

Zadra, A., Brunet, G., Derome, J., 2002a. An empirical normal mode diagnostics algorithm applied to NCEP reanalyses. J. Atmos. Sci. 59, 2811–2829.

Zadra, A., Brunet, G., Derome, J., Dugas, B., 2002b. Empirical normal mode study of the GEM model's dynamical core. J. Atmos. Sci. 59, 2498–2510.

Zaitchik, B.F., 2017. Madden-Julian Oscillation impacts on tropical African precipitation. Atmos. Res. 184, 88–102.

Zangvil, A., 1975. Temporal and spatial behaviour of large-scale disturbances in tropical cloudiness deduced from satellite brightness data. Mon. Weather Rev. 103, 904–920.

Zangvil, A., Yanai, M., 1980. Upper tropospheric waves in the tropics. Part I: Dynamical analysis in the wavenumber-frequency domain. J. Atmos. Sci. 37, 283–298.

Zhang, C., 2005. Madden–Julian oscillation. Rev. Geophys. 43, 1–36.

Zhang, C.D., 2013. Madden-Julian oscillation bridging weather and climate. Bull. Am. Meteorol. Soc. 94, 1849–1870.

Zhang, Z., Krishnamurti, T.N., 1999. A perturbation method for hurricane ensemble predictions. Mon. Weather Rev. 127, 447–469.

Zhang, G.J., Mu, M., 2005. Simulation of the Madden–Julian Oscillation in the NCAR CCM3 using a revised Zhang–McFarlane convective parameterization scheme. J. Clim. 18, 4046–4064.

Zhang, C., Webster, P.J., 1989. Effects of zonal flows on equatorially trapped waves. J. Atmos. Sci. 46, 3632–3652.

Zhang, C., Webster, P.J., 1992. Laterally forced equatorial perturbations in a linear model. Part I: Stationary transient forcing. J. Atmos. Sci. 49, 585–607.

Zhang, J., Steele, M., Lindsay, R., Schweiger, A., Morison, J., 2008. Ensemble 1-year predictions of Arctic sea ice for the spring and summer of 2008. Geophys. Res. Lett. 35(8).

Zhang, L., Wang, B., Zeng, Q., 2009. Impact of the Madden-Julian oscillation on summer rainfall in southeast China. J. Clim. 22, 201–216.

Zhang, C., Gottschalck, J., Maloney, E.D., Moncrieff, M.W., Vitart, F., Waliser, D.E., Wang, B., Wheeler, M.C., 2013a. Cracking the MJO nut. Geophys. Res. Lett. 40, 1223–1230. https://doi.org/10.1002/grl.50244.

Zhang, Q., Shin, C.-S., van den Dool, H., Cai, M., 2013b. CFSv2 prediction skill of stratospheric temperature anomalies. Clim. Dyn. 41, 2231–2249. https://doi.org/10.1007/s00382-013-1907-5.

Zhang, J., Tian, W., Chipperfield, M.P., Xie, F., Huang, J., 2016. Persistent shift of the Arctic polar vortex towards the Eurasian continent in recent decades. Nat. Clim. Chang. 6, 1094–1099. https://doi.org/10.1038/nclimate3136.

Zhou, S., L'Heureux, M., Weaver, S., Kumar, A., 2012. A composite study of the MJO influence on the surface air temperature and precipitation over the continental United States. Clim. Dyn. 38, 1459–1471. https://doi.org/10.1007/s00382-011-1001-9.

Zhou, G., Latif, M., Greatbatch, R.J., Park, W., 2015. Atmospheric response to the North Pacific enabled by daily sea surface temperature variability. Geophys. Res. Lett. 42, 7732–7739. https://doi.org/10.1002/2015GL065356.

Zhou, X., Zhu, Y., Hou, D., Kleist, D., 2016. A comparison of perturbations from an ensemble transform and an ensemble Kalman filter for the NCEP global ensemble forecast system. Weather Forecast. 31, 2057–2074.

Zhu, Y., Newell, R.E., 1998. A proposed algorithm for moisture fluxes from atmospheric rivers. Mon. Weather Rev. 126, 725–735. https://doi.org/10.1175/15200493(1998)126<0725:APAFMF>2.0.CO;2.

Zhu, H., Hendon, H., Jakob, C., 2009. Convection in a parameterized and superparameterized model and its role in the representation of the MJO. J. Atmos. Sci. 66 (9), 2796–2811.

Zhu, H., Wheeler, M.C., Sobel, A.H., Hudson, D., 2014. Seamless precipitation prediction skill in the tropics and extratropics from a global model. Mon. Weather Rev. 142, 1556–1569.

Zinszer, K., et al., 2012. A scoping review of malaria forecasting: past work and future directions. BMJ Open 2, e001992.

Zsótér, E., 2006. Recent developments in extreme weather forecasting. ECMWF Newsletter 107, 8–17. http://old.ecmwf.int/publications/newsletters/pdf/107.pdf.

Zsoter, E., Buizza, R., Richardson, D., 2009. 'Jumpiness' of the ECMWF and UK Met Office EPS control and ensemble-mean forecasts. Mon. Weather Rev. 137, 3823–3836.

Zuo, H.M., Balmaseda, A., Mogensen, K., 2014. The ECMWF-MyOcean2 eddy-permitting ocean and sea-ice reanalysis ORAP5. Part 1: Implementation. In: ECMWF Research Department Technical Memorandum No. 736, p. 42. Available from ECMWF, Shinfield Park, Reading, RG2-9AX, U.K. See also:http://www.ecmwf.int/sites/default/files/elibrary/2014/12943-sub-seasonal-predictions.pdf.

Zuo, H., Balmaseda, M.A., Mogensen, K., 2015. The new eddy-permitting ORAP5 ocean reanalysis: description, evaluation and uncertainties in climate signals. Clim. Dyn.

索　引

L